苏祖芳论文选集

《苏祖芳论文选集》编委会　编

东南大学出版社
·南京·

图书在版编目(CIP)数据

苏祖芳论文选集/《苏祖芳论文选集》编委会编.—南京：东南大学出版社,2015.3
 ISBN 978-7-5641-5579-7

Ⅰ.①苏… Ⅱ.①苏… Ⅲ.①作物-栽培学-文集 Ⅳ.①S3-53

中国版本图书馆 CIP 数据核字(2015)第 048546 号

苏祖芳论文选集

著　　者	《苏祖芳论文选集》编委会
出版发行	东南大学出版社
出 版 人	江建中
社　　址	南京市四牌楼 2 号
邮　　编	210096
销售电话	(025)83794121/83795801
网　　址	http://www.seupress.com
电子邮箱	press@seupress.com
经　　销	全国各地新华书店
印　　刷	江苏凤凰扬州鑫华印刷有限公司
开　　本	880 mm×1230 mm　1/16
印　　张	24.25
字　　数	603 千字
版 印 次	2015 年 3 月第 1 版　2015 年 3 月第 1 次印刷
书　　号	ISBN 978-7-5641-5579-7
定　　价	159.00 元

本社图书若有印装质量问题，请直接与营销部联系。电话:025-83791830。

我的水稻栽培生涯（代前言）

我出生在江南鱼米之乡——无锡县（今无锡市锡山区）的农民家庭，从小就热爱农业，初中毕业后辍学在家，跟父兄和乡亲初步学会了插秧等种田技术，认识了水稻等作物；1960年考入苏北农学院农学系本科，大学四年学习了农作物栽培理论知识。1964年8月28日刚办好毕业手续，就和扬州地区农业局吴孟镛老师到兴化县调查稻油作物生长情况，同年9月被派到学校施桥农业样板点锻炼，1965年底留校，在农学系稻麦研究室工作；1969—1971年被派到江都县丁沟乡省农药研究所基点参与研制新农药"杀螟松"工作；1972—1975年被派到南京大学外文系学习法语；1976年在校青山教学基地教水稻栽培实习课和指导水稻育秧实习工作。

1964—1976年12年间，在老师们指导下我积极开展调查研究和在农村开展农技推广工作，了解当地的农业状况，并初步掌握了唐宝铭劳动模范水稻高产经验；和省农药研究所的同事们研究螟虫的生活习性及其对水稻的危害，对防治螟害等知识有了比较高的感性认识。1976年春青山育秧实习课，指导30多位学生种稻（从选种到育出壮秧），身教言传，身体力行，培育出了壮秧。这些经历，都为后来几十年稻作技术研究与应用奠定了实践基础。

1977—1979年我与冯顺义同志合作进行杂交水稻发育特性与栽培技术的研究，取得一些有价值的成果，在《江苏农学院科技简报》上发表。

1980年凌启鸿教授率先提出了"水稻不同品种生育进程的叶龄模式"，为完善其技术内容，凌启鸿教授主持省科技基金项目"水稻最佳栽培方案"后改为"水稻不同品种生育进程的叶龄模式"，我是主要参加者，实施"壮秧指标、最适基本苗、不同叶龄期穗肥和灌溉"课题的试验，并在全省不同生态稻区进行高产"百亩方"示范，获得重大进展，完善了水稻叶龄模式理论与技术体系，通过省级鉴定，这是一种国内外新的栽培理论与技术体系，是对水稻栽培学科的重大贡献。这项研究先后获1984年江苏省政府科技进步一等奖1项（第2完成人）、1985年国家科技进步三等奖1项（第2完成人）。

1986年在当时少免耕栽培发展形势下,开展了促进再生稻的研究和利用。在院科研基金支持下,"再生稻高产栽培研究"立项(1988年为省重大项目"新型耕作栽培技术与应用"的内容之一),我与张洪程、龚荐教授合作研究再生稻生育特性、产量形成和高产技术,取得重要进展。1990年获得了江苏农学院科技成果进步二等奖1项(第1完成人)。

1988—1990年我与马继发研究员主持国家、农业部、省重点推广项目"水稻叶龄模式应用与推广"。在实施中我与有关稻区协作组的同志一起讨论当地限制水稻产量提高的主要因子,帮助他们设计有针对性的专题研究课题、制订切合当地实际的示范、推广实施方案。举办全国性水稻叶龄模式培训班,并应邀到湖北、河南、广西、贵州、河南、安徽等稻区的有关单位考察水稻生产或讲课,还帮助各地农技员修改专题总结或论文,为培养农业科技人才,提高种稻技术水平,作出不懈努力。1988—1990年"水稻叶龄模式应用与推广"的实施,取得了显著的经济、生态和社会效益。同时在推广中有所创新,其内容丰富了叶龄模式的理论,并将水稻叶龄模式体系扩大到全国各稻区,扩大了应用范围。获1992年国家教委科技进步二等奖1项(第1完成人)。

1991—1996年主要参与由凌启鸿教授主持的"水稻高产群体质量指标及其调控技术"的研究,主要承担"最佳抽穗期"和"基蘖肥与穗粒肥配比"专题试验。通过省级鉴定,该技术是水稻高产理论的新发展,在江苏省示范应用中经济和社会效益显著,是江苏省吨粮田建设的核心技术。"水稻高产群体质量指标及其调控技术"获1995年江苏省政府科技进步二等奖(第3完成人)。1995—1997年参与主持"水稻高产群体质量栽培技术转化应用"项目,针对省内不同稻区的生态和生产实际情况开展后续研究和在江苏进行巡回定期专题讲课、现场指导、田头咨询等,加速了该成果的转化,取得了极显著的经济、社会效益,其研究成果丰富了水稻高产群体质量栽培理论。获1997年江苏省政府科技转化一等奖1项(第3完成人)。

1997—2002年我与唐明珍研究员等合作主持江苏省青年科技基金项目"水稻高产高效株型指标及其调控技术",其研究结果,提出的单茎茎鞘重、叶面积生长速率、叶片松散度、势粒比等株型指标和调控技术,丰富了作物栽培学理论。获江苏省科技进步三等奖1项(第1完成人)。

1992—2000年我与彭永欣教授、吕贞龙研究员主持承担江苏省高邮市司徒乡省级农业综合开发实验区二、三期建设和国家农业综合科技示范项目工作,在省、市、校领导的关心和主持下,克服困难,推广农业科技新成果、新技术,带动有关教师,团结一致,和当地干群一起为农业综合开发科技取得效益,培养农村科技人才,加速农村经济发展,做了大量工作,司徒实验区的农业总产值比开发前增加4.5倍,人均收入增长4

倍多,科技贡献份额增长10个百分点。使司徒乡的经济跨入了高邮市先进行列,也推动了高邮市农业的发展,先后获江苏省财政厅、江苏省农业资源开发局农业综合开发科技一等奖1项、二等奖2项及先进个人1项。

2003年退休后,在张洪程教授主持的"国家水稻丰产工程"课题组,继续做一些力能所及的水稻栽培研究与推广工作。

我自1964年由学校毕业以来,从事作物栽培学教学与水稻高产科学研究半个世纪。在教学工作方面,除给本科生讲授水稻(小麦)栽培课程外,还教授《农学概论》和《创汇栽培学》,硕士研究生课程《作物诊断》和《水稻高产栽培理论与实践》专题。先后指导硕士研究生19名。

自20世纪70年代末至21世纪初,我参与或牵头编写的稻作技术著作9部。其中,参与编写的论著有:《江苏稻作科学》(杨立炯,崔继林,汤玉庚主编,江苏科学技术出版社,1990),执笔《叶龄模式高产栽培理论与技术体系》;《稻作新理论》(凌启鸿,张洪程,苏祖芳,科学出版社,1993,2001年获中国高校科学技术二等奖);《作物群体质量》(凌启鸿主著,上海科学技术出版社,2000,教育部研究生工作办公室推荐研究生教学用书),执笔《水稻群体质量及调控理论》;《无公害稻米生产》(张益彬,杜永林,苏祖芳主编,上海科学技术出版社,2002,获第十七届华东地区科技出版社优秀科技图书二等奖);《稻作诊断》(苏祖芳,周纪平,丁海红主编,上海科学技术出版社,2007);《水稻株型栽培理论与技术》(张海泉,华国怀,苏祖芳主编,东南大学出版社,2004);《水稻叶龄模式的应用和发展》(罗永藩,马继发,苏祖芳主编,江苏科学技术出版社,1991);《江苏吨粮田建设》(周立达主编,苏祖芳副主编,江苏科学技术出版社,1993);《水稻高效高产栽培技术与理论》(张洪程,苏祖芳等主编,东南大学出版社,1991),执笔再生稻部分。

牵头编写稻作技术科普书籍8部。《水稻因苗管理图册》(江苏农学院农学系作物栽培教研室,农业出版社,1979,获1979—1982年全国农村读物评选二等奖),苏祖芳主编;《水稻叶龄模式的应用》(凌启鸿主编,江苏科学技术出版社,1991年,获1991年度华东地区科技出版社优秀科技图书二等奖),主要编写人之一;《水稻旱育稀植栽培技术》(苏祖芳,黄土俊,吕贞龙主编,中国农业出版社,1997);《水稻看苗诊断》(苏祖芳,沈巨云,江苏科学技术出版社,1989),1998年再版,发行量大;《水稻高产栽培技术》(苏祖芳主编,农村读物出版社,1981),此书发行量大,深受基层农技员的欢迎,为当时的农村培训教材;《农业十项推广技术》(中国农业科学院,国务院农村发展研究中心,学术期刊出版社,1989),执笔其中的"水稻叶龄模式栽培技术";《稻作高产栽培新技术》(冯惟珠,苏祖芳,沈建辉,周春和,中国农业出版社,1999);《南方单季稻超高产密码》(苏祖芳主编,中国农业出版社,2009)。

　　回首半个世纪的水稻栽培教育与研究工作,对水稻栽培的情怀和执著追求,不断探索,对水稻高产优质高效做了一些研究,做了一些有益工作,取得了一些成果,虽有辛劳,也感欣慰。在我年届七十六载之际,部分学生将我几十年来撰写的文章和译文选编成论文集,作一个工作总结,也作为对过去的见证。本选集收录已公开发表的论文、文章,其中收录主持撰写的论文41篇和共同执笔撰写的论文11篇;译文6篇;另将主持或参与未录的49篇论文题目、著作名称、获奖科研成果等列于附录中。

　　最后,借此机会由衷感谢各位老师和前辈的教诲,感谢苏北农学院、江苏农学院和扬州大学农学院领导的关心和支持,感谢作物栽培教研室和农业部长江流域稻作技术创新中心各位老师和合作者的关心和热情帮助。

苏祖芳
2014年6月10日

目 录

水稻叶龄模式理论与发展

水稻茎秆维管束数与穗部性状关系及其应用的研究 ………………………………… 3
水稻壮秧指标的研究 ………………………………………………………………… 13
群体茎蘖滞增叶龄期秧苗的特点及其应用 …………………………………………… 19
水稻基本苗公式的论证 ……………………………………………………………… 22
水稻不同叶龄期施用穗肥的研究 …………………………………………………… 32
粳稻不同叶龄期施用氮素穗肥的效应 ………………………………………………… 42
水稻叶龄模式栽培技术 ……………………………………………………………… 46
盐粳 2 号的栽培特性及高产技术 …………………………………………………… 66
叶龄模式的推广促进水稻栽培技术的发展 …………………………………………… 72
叶龄模式的推广对发展我国水稻生产的作用 ………………………………………… 77

水稻群体质量原理与调控

水稻生育中期群体质量与产量形成关系的研究 ……………………………………… 83
水稻灌浆期源质量与产量关系及氮素调控的研究 …………………………………… 90
水稻抽穗后源质量与产量关系的研究 ………………………………………………… 100
水稻单茎茎鞘重与产量形成关系及其高产栽培途径的探讨 ………………………… 105
水稻单茎茎鞘重与产量形成关系及其影响因素的研究 ……………………………… 113
水稻成穗率与群体质量的关系及其影响因素的研究 ………………………………… 121
抽穗结实期的温度对水稻产量构成因素的影响 ……………………………………… 129
基蘖肥与穗粒肥配比对水稻产量形成和群体质量的影响 …………………………… 135
穗肥施用期对水稻产量及群体质量的影响 …………………………………………… 145
搁田始期对水稻成穗率、产量形成和群体质量的影响 ……………………………… 151

水稻高产株型指标及其应用研究

水稻群体叶面积动态类型的研究 ·· 161
水稻拔节期群体茎蘖结构对叶面积指数和产量的影响 ···················· 168
水稻群体茎蘖动态与成穗率和产量形成关系的研究 ······················ 173
高产水稻生育前期株型指标的研究 ·· 179
水稻抽穗后株型指标与产量形成关系的研究 ······························ 185
高产水稻株型和籽粒增重动态的探讨 ·· 192
水稻高产株型指标的研究 ··· 197
水稻高产株型栽培研究（综述） ·· 200

栽培技术措施与产量形成关系的研究

密肥条件对水稻氮素吸收和产量形成的影响 ································ 209
施氮量和移栽密度对水稻产量及稻米品质的影响 ·························· 217
旱育中籼稻根系形态性状及其与产量构成因素关系的研究 ··············· 224
不同谷粒比重对水稻幼苗质量的影响 ·· 229
施氮水平对旱秧本田期氮素营养、根系生长和产量形成的影响 ·········· 233
培肥方法对苗床理化性状和水稻旱秧苗素质的影响 ······················· 240
水稻床土调施剂对土壤和秧苗素质的影响 ·································· 244
水稻秧苗素质对分蘖成穗率及产量构成因素的影响 ······················· 251
栽插密度对水稻分蘖和穗粒的影响 ··· 257
栽插行距对水稻产量结构和叶面积组成的影响 ····························· 261
施氮肥时期对土壤供氮、稻株吸氮及产量的影响 ·························· 267
水稻出穗后叶片数及质量对籽粒结实能力的影响 ·························· 274
水稻拔节期穗数预测法及其应用 ··· 279
水稻合理密植的研究进展 ··· 284
水稻叶色诊断法研究进展 ··· 292

再生稻栽培研究与应用

再生稻幼穗分化形成规律及其应用的研究 ··································· 297
再生稻的生育特性及高产栽培技术研究 ····································· 303
水稻潜伏芽生长和穗分化形成规律及其应用的研究 ······················· 310

现代农业发展与作物研究方法

加快吨粮田建设,实现"三高"农业 ····· 321
加快发展无公害优质稻米生产基地建设刍议 ····· 325
调整种植业结构 实现高效农业 ····· 329
关于提高基层农业推广服务水平的几点思考 ····· 332
农业综合开发与科技推广结合加速农村经济发展 ····· 335
凌启鸿作物栽培学研究思想与方法 ····· 339

译　文

光照和温度对冬小麦抗寒能力和亚麻酸含量的影响 ····· 353
应用酶学法选择抗寒小麦品种 ····· 358
大麦系统选育后代和单倍体加倍后代之间的比较 ····· 362
地中海气候条件下二化螟绒茧蜂的越冬(摘要) ····· 364
辐射对无性繁殖植物的作用 ····· 367
铝对蚕豆和扁豆吸收矿质营养的影响 ····· 372

附录 ····· 374
(一)未收入选集的其他研究论文题目 ····· 374
(二)著作、编导农业科普影视片一览 ····· 376
(三)获奖科技成果、发明专利 ····· 377
(四)学术专题报告与讲座(附表) ····· 378

水稻叶龄模式理论与发展

水稻茎秆维管束数与穗部性状关系及其应用的研究*

水稻茎秆大维管束是营养器官向穗部输送水分、矿物质和有机养分的通道。星川的研究结果[1],稻穗上每个一次枝梗内部都有与茎秆相通的一个大维管束,穗轴中的大维管束数,随穗节节位的升高而递减。因而,茎秆中大维管束数的多少和穗上一次枝梗和总颖花数有正相关关系。一些观察结果认为水稻茎秆基部第一节间的大维管束数与一次枝梗数的比例为(3~4):1[2],而另一些研究认为茎第二节间与穗颈节间的大维管束数的比例,因水稻品种而不同,可分5种比例类型,而水稻品种区分为大穗型、小穗型、偏大穗型、中间型等恰与这些比值有关[3]。因此,了解茎秆内大维管束数和穗一次枝梗数间的比例关系,以及决定这种比例关系的条件,对于育种和栽培均有相当的理论和实践指导意义。

本试验的目的在于进一步搞清:(1)品种间穗型的大小与茎秆内大维管束数;(2)品种内穗型的大小与茎秆内大维管束数;(3)影响茎秆内大维管束数的时间和条件。

1 试验方法

1976年在几内亚波尔多农业研究站试验,供试品种为南京11号。1979和1980年在江苏农学院进行。供试品种扩大到41个,其中籼型(Indica)24个,粳型(Sinica或Japonica)36个,爪哇型(Javannica)1个。除爪哇稻外,籼、粳两类型中都包括不同熟期、穗型(表1)。设置密、肥等不同处理,并在网室内辅以水培试验、每品种在灌浆至成熟期间取20个单株,用徒手切片法,镜检各节间的大维管束数,切片部位在离上一个节1/3处。同时,考察穗部的一次枝梗、总颖花数和结实率等性状。

根据对1 000多个单株的观察,从基部第一节间至倒二节间的大维管束数十分相近(基部第一节间内比倒2节间少1~2个),各品种较稳定。因此,本研究用基部节间大维管束数目作为除穗颈节间外茎秆各节间的代表值。

2 结果与分析

2.1 品种间穗型的大小与茎秆内大维管束数

2.1.1 品种间穗型的大小与茎秆内大维管束数的关系

表1表明,不论籼、粳,熟期,穗型疏密如何,水稻品种间穗型的大小和茎秆内大维管束数(MB)存在着密切的正相关关系,大穗型品种茎内大维管束数多。其一次枝梗数(PV)、总颖花数

---

* 原载《江苏农学院学报》1982,3(3):7-16;作者:凌启鸿,蔡建中,苏祖芳。

(FS)与茎秆基部节间大维管束数间的相关系数,17个粳稻品种分别为 0.772 5** 和 0.973 0**（$P=0.01, n=15, r=0.606\ 0$）（图 1），24 个籼稻品种分别为 0.876 1** 和 0.943 5**（$P=0.01, n=22, r=0.515$）（图 2），均达到了极显著的程度。说明大穗型品种是建立在茎秆内的大维管束数增多，进而使一次枝梗数增多这一生物学特性基础上的。

表 1 品种的穗型与茎秆内大维管束数

类型	品　种	MB	SB	PV	FS	MB∶PV	SB∶FS
粳稻	富士光	20.5	6.9	6.5	56.8	3.15	1.06
	早沙粳	24.55	8.55	8.0	84.3	3.07	1.06
	农垦 57	27.4	10.7	9.9	127.3	2.77	1.08
	矮鬼	25.2	9.6	8.7	123.8	2.89	1.10
	南粳 34	28.0	10.8	9.4	111.8	2.98	1.15
	奎稻	29.3	11.4	10.9	126.8	2.69	1.05
	南粳 33	30.0	11.1	10.3	—	2.91	1.06
	南粳 15	26.9	10.5	9.2	—	2.92	1.14
	沪选 19	32.4	11.7	10.7	—	2.98	1.11
	农垦 58	27.5	9.7	9.3	110	2.97	1.04
	853	28.5	14.3	11.1	148.8	2.56	1.21
	江丰 6 号	26.2	13.0	11.2	155.5	2.36	1.17
	黄壳早甘日	28.5	13.9	12.4	152.8	2.30	1.12
	桂花黄	29.58	13.0	12.4	196.3	2.38	1.12
	77032	27.1	13.1	13.1	204.9	2.06	1.1
	74-02	29.8	16.3	14.4	225.5	2.07	1.13
	根思精	34.1	20.1	18.4	292.9	1.85	1.1
籼稻	二九南 1 号	24.2	13.1	6.9	79.8	3.5	1.74
	吓一跳	23.3	10.6	6.5	53.4	3.58	1.78
	三十籽	28.5	12.7	7.8	—	3.69	1.59
	六十籽	29.0	12.1	8.8	—	3.36	1.38
	二九青	25.7	13.8	7.9	—	3.25	1.75
	莲塘早	28.0	14.2	8.3	—	3.37	1.71
	矮南早 1 号	25.6	12.8	7.0	—	3.66	1.83
	二九陆一	26.0	13.5	7.5	74.6	3.47	1.92
	广陆矮 4 号	24.8	13.8	7.5	81.6	3.31	1.84
	陆财导	27.2	15.5	8.2	79.9	3.32	1.89
	原丰早	29.0	17.1	9.3	83.2	3.12	1.84
	南特号	33.21	17.2	11.29	122.07	2.94	1.9
	珍珠矮	31.2	17.9	10.5	131.3	2.98	1.7
	爪哇稻	32.1	16.7	12.6	123.8	2.55	1.33
	南京 1 号	31.5	17.4	11.1	169.4	2.84	1.57
	南京 11 号	32.5	19.8	11.5	168.2	2.83	1.64
	IR24	26.4	18.2	10.1	149.7	2.61	1.45
	IR661	28.9	19.2	11.2	141.6	2.67	1.65
	IR28	30.7	17.4	12.3	174.7	2.49	1.77
	IR26	28.9	17.9	11.0	—	2.62	1.62
	IR8	30.2	21.0	11.74	—	2.57	1.79
	中农 4 号	31.0	22.1	11.3	176.2	2.63	1.80
	南优 3 号	32.7	19.8	13.1	192.4	2.50	1.51
	赣化 2 号	36.1	26.9	19.5	304.4	1.85	1.38

注：表中 MB 为基部节间,大维管束数 SB 为穗颈节间数,PV 为每穗一次枝梗数,FS 为每穗总颖花数。

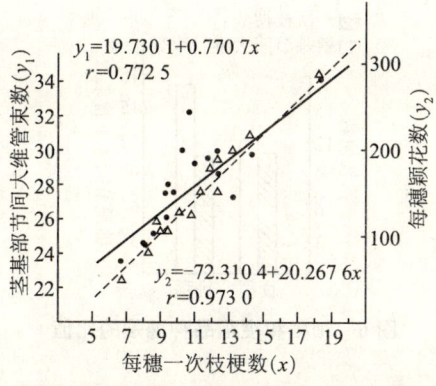
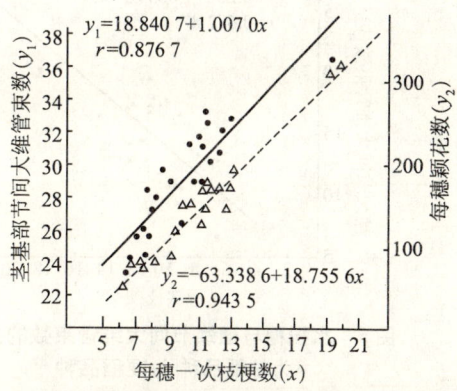

图1　粳稻茎秆内大维管束数与一次枝
　　梗数(·)和每穗颖花数(△)的关系

图2　籼稻茎秆内大维管束数与一次枝
　　梗数(·)和每穗颖花数(△)的关系

2.1.2　品种间穗型的大小与基部节间大维管束数和一次枝梗数的比值关系

表1表明,品种间穗型大小不同,也表现在茎内大维管束数(MB)和一次枝梗数(PV)的比值上,大穗型品种的MB/PV比值小,而小穗型品种的MB/PV比值大。品种间构型的大小与MB/PV的比值之间存在着密切的负相关关系(图3、4)。这样在MB相同的条件下,MB/PV比值小的品种能形成较多的PV而显示出它的大穗特性。例如表1中农垦58、农垦57及77032三个粳稻品种,其MB基本相同,但它们的MB/PV比值不同,因而它们之间的PV值差别较大,平均每穗总颖花数的差别更大,显示出MB/PV比值小的品种,穗型大。表1中籼稻品种间亦有同样的结果。由此可见,大穗型品种是建立在茎基部节间内维管束数增多和MB/PV比值减小这两个生物学特性基础上的。

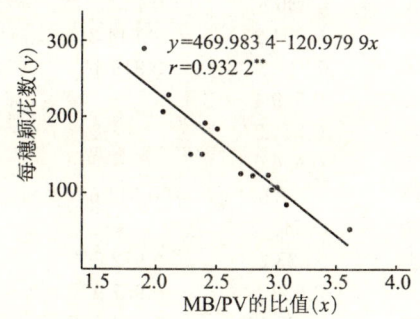
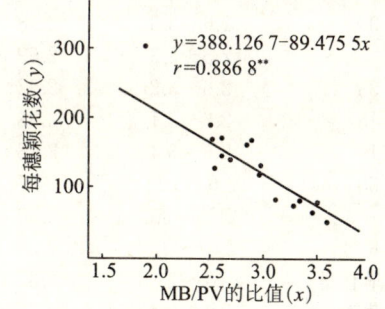

图3　粳稻(14个品种)MB/PV的比值关系　　图4　籼稻(13个品种)MB/PV的比值关系

2.1.3　籼、粳稻穗颈节间大维管束数与一次枝梗数的关系

穗颈节间的大维管束数与一次枝梗数之间亦有高度的正相关(图5),其相关系数为$0.672\ 8^{**}$($P=0.01, n=41, r=0.393$),达极显著程度,这和他人的研究结果相一致[1]。然而,穗颈节间大维管束数与一次枝梗之间的比值,却因籼、粳稻而有差异(图6),粳稻的一次枝梗数和穗颈节间的大维管束数很为接近,20多个品种的穗颈节间大维管束与一次枝梗的比值平均为1.097;而籼稻的一次枝梗数较穗颈节间的大维管束数少得多,20多个品种的比值平均为1.652。这是籼、粳稻在组织结构上的一个明显的区别。

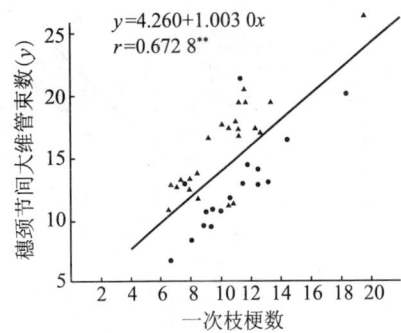

图5 水稻穗与穗颈节间大维管束数的关系
△为籼稻品种·为粳稻品种

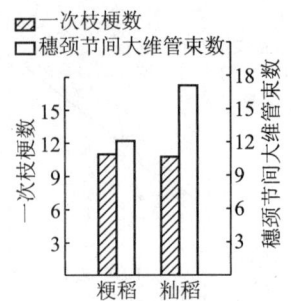

图6 籼稻和粳稻品种穗颈的比值

2.2 品种内穗型的大小与茎秆内大维管束数

2.2.1 品种内穗型的大小与茎秆内大维管束数的关系

表2表明,不论籼、粳稻,早、中、晚稻,疏穗或密穗型,水稻不同品种内穗型的大小和茎秆内大维管束数的多少也存在着密切的正相关关系,其一次枝梗与茎秆内大维管束数的相关系数呈显著或极显著(0.532 0*、−0.923 3**),每穗总颖花数与茎秆内大维管束数的相关关系,除74-02和赣化2号不显著外,其余亦均表现显著或极显著(0.585 9*、−0.972 6**)。

表2 水稻品种内茎秆内大维管束与穗部性状的相关关系及与一次枝梗数的比值

类型	品 种	R	平均值	变导系数	r_1	r_2	备注
粳稻	富士光	3.0~4.2	3.15	10.53	0.933 8**	0.935 9**	$P=0.5$
	早沙粳	2.7~3.33	3.07	6.51	0.895 4**	0.921 2**	$n=12$
	农垦57	2.4~3.1	2.77	8.66	0.917 2**	0.753 0**	$r=0.532$
	矮鬼	2.5~3.57	2.89	10.0	0.856 8**	0.763 5**	$P=0.01$
	南粳34	2.6~3.3	2.98	7.38	0.654 2*	0.614 2*	$n=12$
	奎稻	2.5~3.3	2.69	10.0	0.917 3**	0.919 4**	$r=0.661$
	南粳33	2.6~3.2	2.92	6.50	0.529 4*	—	
	南粳15	2.6~3.1	2.93	5.46	0.544 3*	—	
	沪选19	2.6~3.4	2.98	10.74	0.596 0*	—	
	农垦58	2.6~3.11	2.97	4.71	0.878 6**	0.811 6*	
	853	2.25~3.0	2.50	9.60	0.540 0*	—	
	江丰6号	2.07~3.0	2.36	13.14	0.833 2**	0.972 6**	
	黄壳早廿日	2.07~2.88	2.30	11.74	0.633 1*	0.957 9**	
	桂花黄	2.1~2.4	2.38	4.20	0.695 1**	0.884 8**	
	77032	2.0~2.16	2.06	2.43	0.532 9*	0.748 4**	
	74-02	1.82~2.37	2.07	10.63	0.566 1*	0.390 7	
	根思精	1.77~2.0	1.85	4.32	0.865 5**	0.624 2*	
籼稻	二九南1号	3.25~3.83	3.50	4.57	0.918 9**	0.681 4*	
	吓一跳	3.30~3.83	3.58	3.07	0.862 0**	0.650 3*	
	三十籽	3.5~3.88	3.65	3.29	0.800 5**	—	
	六十籽	2.9~3.5	3.36	5.65	0.629 6*	—	
	二九青	3.0~3.75	3.25	7.38	0.577 9*	—	
	莲塘早	2.8~3.8	3.37	9.50	0.565 1*	—	
	矮南早1号	3.4~4.0	3.66	5.19	0.715 5**	—	
	二九陆一	3.1~4.1	3.47	9.22	0.922 3**	—	

续表

类型	品　种	R	平均值	变导系数	r_1	r_2	备注
籼稻	广陆矮4号	3.0～3.8	3.24	6.48	0.863 1**	0.923 2**	
	陆财导	3.0～4.0	3.32	9.64	0.748 6**	0.883 3**	
	原丰早	2.8～3.75	3.12	8.01	0.903 1**	0.893 1**	
	南特号	2.6～3.0	2.44	4.42	0.761 7**	0.585 9*	
	珍珠矮	2.75～3.22	2.98	5.03	0.900 6**	0.809 1**	
	爪哇稻	2.26～2.9	2.55	6.56	0.796 1**	0.892 8**	
	南京1号	2.7～3.0	2.84	3.52	0.777 8**	—	
	南京11号	2.6～3.17	2.83	6.36	0.776 1**	0.948 5**	
	IR24	2.44～3.13	2.61	6.90	0.802 8**	0.853 6**	
	IR661	2.5～2.8	2.67	3.75	0.883 7**	0.959 1**	
	IR28	2.2～2.75	2.49	6.02	0.716 3**	—	
	IR26	2.36～3.0	2.62	5.34	0.650 4*		
	IR8	2.38～2.9	2.57	5.46	0.796 0**		
	中农4号	2.46～3.09	2.63	7.98	0.769 2**	0.699 2**	
	南优3号	2.3～2.8	2.50	6.4	0.808 3**	0.890 2**	
	赣化2号	1.67～2.1	1.85	7.57	0.716 2*	0.363 8	

注：表中 R 为 MB/PV 节距；r_1 为基部第一节间大维管束数与一次枝梗数的相关系数，r_2 为基部第一节间大维管束数与总颖花数的相关系数。

为了进一步分析品种内各个体间茎秆内大维管束数和穗部性状间关系的具体表现形式，将南京 11 号和广陆矮 4 号两个品种的观察样本，汇入图 7 和图 8。

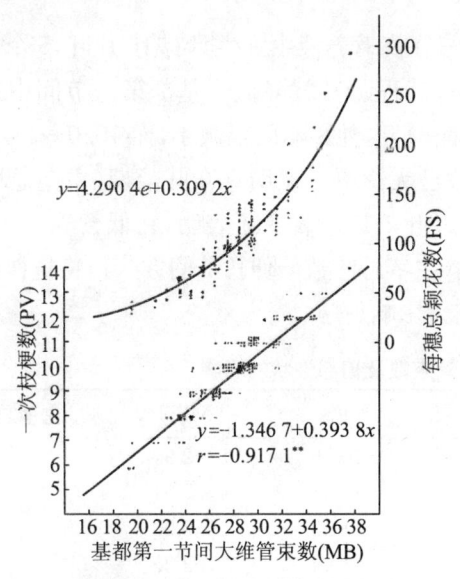

图 7　中籼南京 11 号 MB、PV 和 FS 的关系

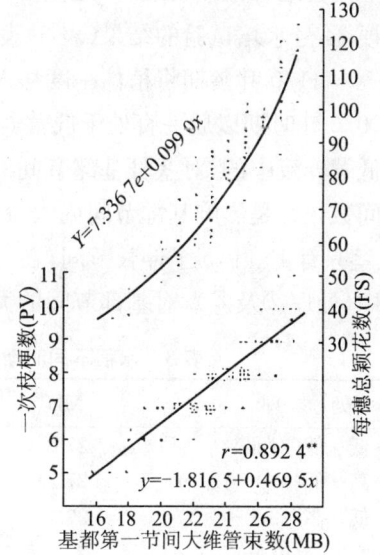

图 8　中籼广陆矮 4 号 MB、PV 和 FS 的关系

从图 7 和图 8 看出茎秆内大维管束数与一次枝梗数之间呈直线相关关系，一次枝梗数目基本上随茎秆内大维管束数的增加而增加。亦即这两品种基本上平均每增加 2.6 个茎秆内大维管束数就增加 1 个一次枝梗。然而每穗颖花数与茎秆内大维管束数之间呈指数函数关系，随着茎秆内大维管束数的增加，每穗颖花数的增加幅度愈益增大。南京 11 号比中籼广陆矮 4 号的增幅更为明显，这是因为随着茎秆充分发育，一次枝梗数的增加，每个一次枝梗发育愈益良好，二次枝梗和颖

花的分化数愈益增加之故。这说明充分发挥壮秆大穗的作用来夺取高产，从生物学观点来看是十分经济的。

2.2.2 品种内穗型大小与 MB/PV 比值的关系

表 2 和图 7、图 8 的结果表明，各品种内各个体间茎秆内大维管束数和一次枝梗的比值存在一定的差异，穗型特小的比值大，穗型特大的比值小。但从全群来看，MB/PV 的变异系数较小，41 个品种变动在 2.43%～13.14%，其中 87.8% 的品种，其变异系数在 10% 以下，61% 又集中在 5% 左右 (2.43%～7.38%)。说明 MB/PV 比值，就一个品种而言，是比较稳定的。

2.3 影响茎秆内大维管束数的时间和条件

2.3.1 影响茎秆内大维管束数的时间

川原的研究已经明确，当 n 叶露尖时，这叶叶鞘所包节间内的大维管束数已被决定[4]。因此，在 $n-1$ 叶出生的过程中，正是 n 叶叶鞘所包的节间大维管束数最后分化形成的时间。这样，茎基部第一节间的大维管束数最后分化形成的时间应在"主茎总叶数—伸长节间数"叶龄期，而影响基部第一节间大维管束的时间，至少应在"主茎总叶数—伸长节间数—1"叶龄期之前。例如南京 11 号在该试验条件下，主茎只有 13 叶，5 个伸长节间，在按叶龄一次施氮的条件下，施用基肥直至 6/0 叶龄期追肥的各处理，均能明显增加茎基部第一节间的大维管束数，而且处理间未有规律性差异，而 7/0 叶龄期施肥，茎秆内大维管束数高于对照，但明显少于 6/0 叶龄期前施肥的各处理；8/0 叶龄期以后的各施肥处理和对照已无差异。说明 7 叶龄期（主茎总叶数—伸长节间数—1）是影响基部第一节间大维管束数的最后叶龄期。

南粳 34 号水培试验的结果（表 3）表明，南粳 34 号在高营养液中一生具有 16 片叶，5 个伸长节间，当 8/0～11/0 叶龄将植株一度移入低营养液中（处理⑦），就降低了基部第一节间中的大维管束数；9/0 叶时期以后一直处于低营养液中的（处理⑨），这种影响已很微小，而 10/0～13/0 叶龄期处于低营养液中的，对茎秆基部节间的大维管束数已无影响。说明 9/0 叶龄期（主茎总叶数—伸长节间数—2）是影响基部节间内大维管束数的最迟叶龄期。表 3 还表明，在低营养液中，南粳 34 号主茎只有 15 叶，5 个伸长节间，在 9/0 叶出生期（主茎总叶数—伸长节间数—1）将植株移入高营养液中（处理②及④），对基部节间的大维管束数已无影响。

表 3 水稻不同时期供氮对茎秆维管束数及穗部性状的影响*

处理	MB	PV	FS	MB/PV	主茎总叶数
① 低—低—低（对照）	27.0	9.3	101.9	2.90	
② 低—高—低（9/0～12/0）	27.2	9.3	102.6	2.94	15
③ 低—低—高（13/0～ ）	27.1	9.4	111.3	2.90	
④ 低—高—高（9/0～ ）	27.2	9.5	110.4	2.80	
⑤ 高—高—高（对照）	29.0	10.2	118.4	2.85	
⑥ 高—低—高（10/0～13/0）	28.9	10.1	116.3	2.86	
⑦ 高—低—高（8/0～11/0）	28.0	9.8	114.2	2.86	16
⑧ 高—高—低（13/0～ ）	29.0	10.0	114.7	2.90	
⑨ 高—低—低（9/0～ ）	28.9	9.6	112.8	2.99	

* 1979 年 5 月 15 日播种，每处理 14 株，观察 5 株，品种为南粳 34 号。Espion 培养液水培，"高"为标准浓度；"低"为标准液的 1/2 浓度；低—低—低（9/0～12/0），表示 9/0～12/0 叶龄期在标准浓度培养液中，其余时间均在低浓度培养液中；高（13/0～ ）表示 n 叶龄期起直到成熟全在高浓度培养液中。

两试验的结果一致证明,影响基部节间大维管束数最迟的时间,在"主茎总叶数－伸长节间数－1"叶龄期之前。而要显著增加茎秆内大维管束数,对植株采取措施的时期,要比这个叶龄期早。图9中二次施肥的⑬、⑮及⑯三处理,均在7/0叶龄期(最后影响叶龄期)第一次施肥期,而基部第一节间内大维管束数,决定于另一次施肥期的迟早,依次表现为基肥(处理③)＞4叶龄期施肥(处理⑮)＞11叶龄期追肥(处理⑫),亦即施肥愈早愈好。因而,在播种至幼苗期施肥的基础上,再配合基部节间内维管束分化以前(即有效分蘖期)的施肥,才能发挥促进茎秆内大维管束数的最大效能(图9处理⑬及⑮)。

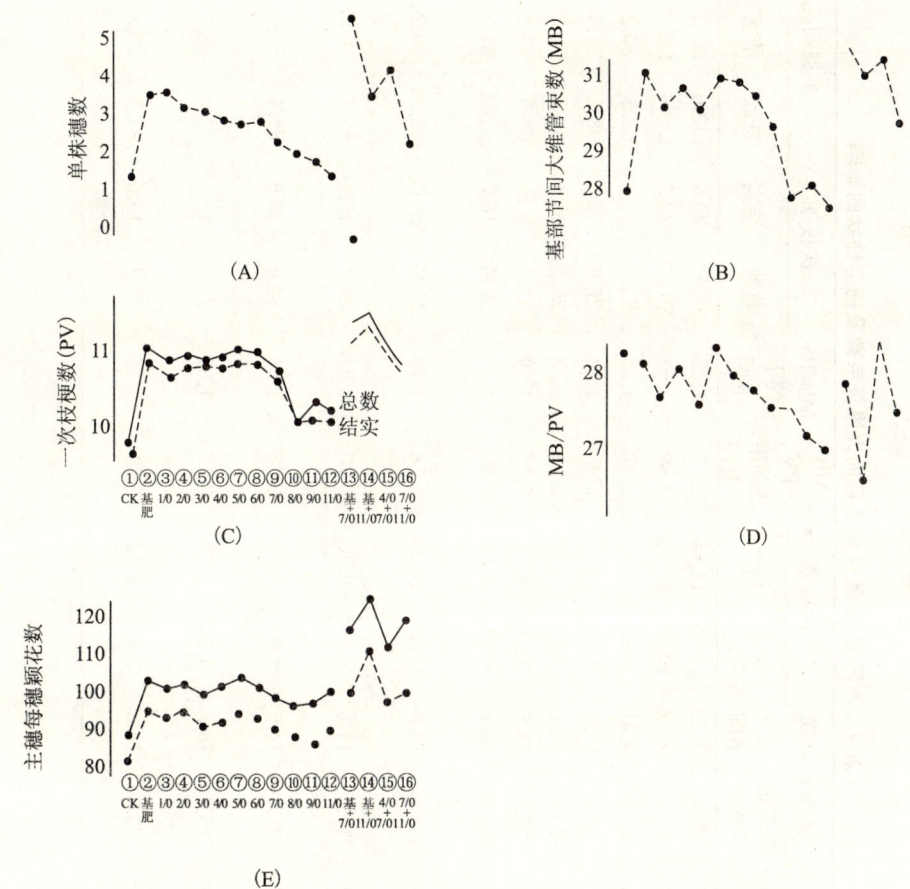

图9　南京11号不同叶龄施肥对茎内大维管束数及穗部性状的影响
(注:本试验1976年于几内亚波尔多农研站进行。品种为南京11号,2月3日播种,直播,主茎总叶数13,②～⑫处理只施一次肥,每亩(1亩＝666.67 m²＝1/15 hm²,下同)施硫酸铵20 kg,⑬～⑯处理第一次施硫酸铵每亩20 kg,第二次每亩10 kg。观察材料为主茎,每处理10株)

图9和表3表明,MB对PV和FS有极显著的影响。可以说茎内形成较多的大维管束数是增加一次枝梗数、形成大穗所必要的组织结构基础。这种基础不好,以后是很难补偿的。例如图9中的处理⑯,因其在影响基部节间维管束数最活跃的时期(6/0叶龄期以前)缺肥;虽然在7/0叶龄期及11/0叶龄期两次施肥,但其MB和PV尚不及6/0叶龄期以前一次施肥处理高,因而其促进大穗的效果不如二次施肥中具有苗肥施肥的⑬、⑭及⑮等处理的效果好。再如表3中的处理⑨,

表4 不同密、肥条件对茎秆内大维管束数及穗部性状的影响

代号	处理	单株穗数	大维管束数 基部第一节间	大维管束数 穗下节间	一次枝梗 总数	一次枝梗 结实	MB/PV 基部第一节间	MB/PV 穗下节间	二次枝梗 总数	二次枝梗 结实	主穗颖花数 总数	主穗颖花数 结实	主穗颖花数 结实率(%)	全株平均颖花数 总数	全株平均颖花数 结实	全株平均颖花数 结实率(%)
①	10万苗高肥	2.72	32.08	18.25	11.66	11.66	2.75	1.59	36.83	30.5	143.0	129.0	90.2	120.0	104.3	86.92
②	20万苗高肥	1.48	31.40	46.70	10.90	10.90	2.88	1.53	30.90	22.3	130.6	115.3	88.25	102.3	85.2	83.28
③	30万苗高肥	0.98	27.9	14.10	9.08	8.90	3.07	1.55	23.4	15.4	92.3	80.9	87.65	90.7	77.5	85.45
④	10万苗低肥	1.71	29.5	14.6	10.00	9.8	2.95	1.46	26.6	19.1	98.2	91.3	92.97	89.2	81.3	91.14
⑤	20万苗低肥	1.25	27.3	14.1	9.20	8.9	2.99	1.53	20.6	13.4	86.3	79.2	91.77	79.3	72.3	91.17
⑥	30万苗低肥	0.95	25.4	13.6	8.54	8.14	2.97	1.59	16.6	9.10	69.5	63.2	90.93	69.3	60.8	87.13
⑦	30万苗低肥7叶龄期疏成10万苗	1.68	27.28	14.7	9.68	9.68	2.89	1.49	23.87	16.7	91.04	84.2	92.49	84.8	77.5	91.39
⑧	30万苗低肥7叶龄期疏成10万苗加肥	2.15	29.13	14.9	10.48	10.20	2.78	1.42	27.17	20.17	123.24	108.24	87.83	101.4	88.5	87.29
⑨	30万苗低肥7叶龄期加肥	1.00	25.4	14.2	9.64	8.92	2.70	1.51	20.3	15.6	86.3	74.74	86.6	82.33	69.9	84.90
⑩	30万苗低肥9叶龄期疏成10万苗	1.42	25.6	14.6	8.90	—	2.88	1.64	20.6	13.6	87.4	82.3	94.16	79.3	74.3	93.69
⑪	30万苗低肥9叶龄期疏成10万苗加肥	1.95	25.6	15.8	9.24	9.24	2.77	1.65	24.6	17.8	96.0	88.1	91.77	88.2	81.2	92.06
⑫	30万苗低肥9叶龄期加肥	1.01	25.3	14.3	8.63	8.63	2.74	1.55	19.7	15.5	81.3	70.8	87.7	80.0	67.8	84.76

因其 8/0 叶龄期以前处于高营养液中,以后虽一直处于低营养液中,但其每穗颖花数仍略高于 8/0 叶龄期以前处于低营养液中、9/0 叶龄期后一直处于高营养液中的处理④。

2.3.2 密、肥对茎大维管束分化的影响

南京 11 号在主茎具有 13 叶、5 个节间情况下,于播种前 7 叶及 9 叶期改变密、肥条件,结果是在基部节间大维管束形成之前,肥、密(光)两个因素共同影响着大维管束数(表 4);在初期,肥的作用较大,后期密(光)的作用比肥料大。并随着生长的推移,群体的增大,密(光)的影响逐渐超过了肥的影响,即在群体内光照条件良好的前提下,肥对增加一次枝梗数才具有明显的促进效果。

3 小结与讨论

(1) 穗部依靠维管束和植株的茎、叶和根系相连通,每个一次枝梗内,一般均有一个大维管束,它是由茎秆内大维管束直接伸入进去的。因此,形成大穗的第一步:增加一次枝梗数,必须建立在增加茎秆内大维管束这个组织结构基础上。

(2) 品种间穗型大小不同,反映在茎秆内大维管束数与一次枝梗的比值(MB/PV)上。大穗型品种茎秆内大维管束较多,比值较小,而小穗型品种恰相反。这是由品种的遗传性所决定的,是品种穗型大小的生物学基础和形态结构的主要特征。

(3) 穗型大小不同的品种,其 MB/PV 比值明显不同;同一品种的比值却相当稳定。因而有可能根据 MB/PV 比值区分品种的穗型大小。林巴翠[3]曾以穗下节间和顶上第 2 节间内大维管束数的比值而将品种分为 5 类,即 2∶1,2.25∶1,2.5∶1,2.75∶1 及 3∶1,依次分大穗型、偏大穗型、中间穗型、偏小穗型及小穗型。这种表示方法是以顶 2 节间与基部第 1 节间基本相等以及穗下节间内大维管束数和一次枝梗数基本相等作为根据的。但是我们的观察材料类型较其大为丰富,所得结果和他有两点不同之处:① 籼稻的穗下节间的大维管束数与一次枝梗数的比值,不能用作区分水稻品种穗型大小的统一指标,而 MB/PV 比值可以作为区分水稻品种类型大小的统一指标。② MB/PV 比值的范围可以扩大到 2.0~3.5。我们试将这个比值划分为 4 级,即 2.0 左右,2.5 左右,3.0 左右及 3.5 左右,而将品种划分为大穗型、偏大穗型、小穗型和特小穗型。未见有 MB/PV 比值为 4.0 左右的品种。

(4) 同一品种穗型的大小,在很大程度上决定于茎秆内大维管束数的多少。茎秆内大维管束数和一次枝梗数及每穗颖花数之间的相关系数分别为 0.532 0*,−0.923 3**及 0.585 9*,−0.972 6**,均达显著或极显著程度,而且随着茎内大维管束数和一次枝梗数的增加,每穗颖花数呈指数函数关系上升,说明促进茎秆内大维管束数的分化,对于形成大穗,不仅是必要的,而且是一个更为经济有效的途径。王天铎等[5]从产量形成的最低生物学产量和物质的分配方面分析,曾提出提高单茎重量是提高经济系数的生物学意义,本试验的结果,从大穗形成的组织结构方面,又为这一观点提供了生物学的论据。

(5) 影响茎秆内大维管束数的时间,最迟应在"主茎总叶数−伸长节间−1"叶龄期之前,而且是从幼苗期开始就接受影响,因此,6 叶龄期左右移栽的早稻和 7~9 叶龄期移栽的中、晚稻,茎基部节间的大维管束数基本上、甚至完全(早稻)在秧田期已被决定。生产实践早已证明,一次枝梗数的多少和每穗颖花数在很大程度上决定于秧田期秧苗的壮弱[6]。松岛省三[7]曾证明穗分化前的光、肥、水条件对每穗颖花数以很大影响,因而被人们理解为施用促花肥等可以促进大穗形成;

而忽略了壮秧更能促进壮秆大穗的作用。本研究的结果反复证明,前期生产条件不良的秧苗,即使到长穗前改善条件,其一次枝梗数和每穗总颖花数总是难以赶上前期生长良好、各期生长正常的植株,生产上的例子举不胜举。壮秧是大穗的前提,这对于早稻以及MB/PV比值小的大穗型品种,显得更为重要。

（6）在秧田期,密、肥因素影响秧苗的壮弱和茎秆内大维管束的多少。在落谷稀的情况下,幼苗期肥的作用大于密度,而在大苗期,密度的作用比肥的作用大,因而在落谷稀的基础上,抓住基肥和幼苗期施肥,是培育壮秧、促进茎秆内大维管束分化的关键所在。

参考文献

[1] 星川亲情.稻的生长.农文协,1975.
[2] 莫惠栋等.种稻原理和技术.南京:江苏人民出版社,1979:118.
[3] 林巴翠.日本作物学会纪事.1976,45(2):322-327.
[4] 川原治之助.日本作物学会纪事.1968,37(3):399-410.
[5] 王天铎.合理密植.农业科技通讯,1976(9).
[6] 黄岩县农业科学研究所.早稻广陆矮4号增产途径的探讨.浙江农业科学,1980(2).
[7] 松岛省三.稻作的理论与技术.养贤堂,1968.

The Relationship between the Number of Macro-Vascular Bundies in Culm and the Panicle Characters in Rice Plant and Its Application

LING Qi-hong   SU Zu-fang   CAI Jian-zhong

（Department of Agonomy, Jiangsu Agricutural College, Yangzhon 225009）

Abstract: According to the examination of 41 rice varieties including hsien(*indica*) and keng(*japonica*) types, the size of panicle is related both to the number of macro-vascular bundles in culm (MV) and to the ratio of MV to the number of primary branches of panicle (MV/PB). The bigger the panicle of a variety, the more the MV and the lower the ratio of MV/PB. Based on the values of MV/PB, rice varletes could be distingushed into 4 categories.

As to a single variety, the ratio of MV/PB is fairly stable and PB is closely correlated with MV. The period in which MV is affected is from the seedling stage to the time when the leaf of the total number of main-stem leaves minus the number of elongated internodes minus one emerges, The problem of techniques for increasing MV has been also treated.

水稻壮秧指标的研究*

高产水稻生育与季节的良好同步,其根本意义在于将抽穗结实期安排在最佳季节里,因而不同类型品种即依据其当地最佳抽穗期确定适宜播种期。播期确定后,秧龄的长短为前茬的早迟等所决定,所以生产上所需的秧龄是不一致的。根据我们研究,凡能保证移栽后正常发根活棵,且在拔节前至少长出3叶以上的秧苗均属适龄。4、5叶是各类型品种拔秧移栽的适宜起始叶龄,而最大适龄各类型品种均可用通式"主茎总叶数—伸长节间数—1"的叶龄表示。例如主茎12叶4个节间的品种类型为7叶,17叶5个节间的为11叶,19叶6~7个节间的是11~12叶。

各类型品种适宜秧龄幅度甚大,给确定壮秧指标增加了复杂性。而前人虽从多方面论述了秧苗壮弱的标准,但无一个适用于不同叶龄期的统一的实用指标。近年来,我们根据秧苗生理特点以及器官同伸规则,提出了在适龄范围内叶蘖基本保持同伸关系作为衡量壮秧的基本准则,得到水稻栽培工作者实践结果的证实。

由于秧苗群体中各株分蘖状况是不绝对一致的,因此,为了保证秧苗叶蘖基本保持同伸和提高秧田利用率确定秧苗群体茎蘖停止增长(多数个体停止分蘖)叶龄期为移栽适期,同时将它作为群体的主要壮秧指标。为了验证以群体分蘖停止发生叶龄期,作为适龄壮秧指标在各地各类型品种上应用的可行性,设置了以下试验。

1 材料与方法

试验在昆山、赣榆、沛县、东海、高淳、扬州等地进行。供试品种为当地当家品种或组合。各品种播种量分3~4级,均在当地适宜播期落谷。然后于每个播量内设置3个处理:Ⅰ于秧苗群体分蘖停止叶龄期移栽;Ⅱ分蘖停止后1个叶龄期移栽;Ⅲ分蘖停止后2个叶龄期移栽。每处理重复3次,小区面积13 m²以上,随机排列。移栽密度均按叶龄模式基本苗公式确定。栽插规格与肥水管理同高产田。同时,测定了秧苗发根力、分蘖成活率、群体茎蘖动态等,最后分区实收产量。

2 结果与分析

2.1 秧田分蘖成活率

表1表明,不同类型品种同一播量的秧苗,分别在分蘖开始停止叶龄期(Ⅰ),停止后1个叶龄

---

* 原载《江苏农学院学报》,1985,6(2):1-6;作者:江苏水稻叶龄模式研究协作组(执笔人:凌启鸿,苏祖芳,蔡建中,张洪程)。

期（Ⅱ）及停止后2个叶龄期（Ⅲ）移栽，形成了分蘖成活率上的明显差别。无论是大分蘖，或是小分蘖，移栽后的成活率变化大致趋势均为Ⅰ＞Ⅱ＞Ⅲ。其中2叶以下小分蘖这种变化趋势尤为突出。例如亩播量为20 kg的双城糯3叶以上大蘖成活率是：Ⅰ97.3％＞Ⅱ94.3％＞Ⅲ88.9％；2叶以下小蘖成活率Ⅰ52.0％＞Ⅱ40.0％＞Ⅲ33.3％。

表1 分蘖停止状况与秧田分蘖移栽成活率的关系（%）

品种	播量/kg	Ⅰ分蘖开始停止		Ⅱ停止后1个叶龄		Ⅲ停止后2个叶龄	
		3叶以上分蘖	2叶以下分蘖	3叶以上分蘖	2叶以下分蘖	3叶以上分蘖	2叶以下分蘖
汕优3号	7.5	100.0	66.7	100.0		100.0	51.0
	12.5	96.0	75.0	88.5		89.5	50.0
	17.5	100.0	43.8	95.7		92.7	10.0
双城糯	10	97.7	47.8	95.6	47.6	93.6	40.9
	20	97.3	52.0	94.3	40.0	88.9	33.3
	30	87.1	52.2	82.6	40.9	85.2	40.0

若以不同播量将移栽叶龄调节到大致相同的水平上，设置成分蘖停止状况不同的处理进行比较，同样是分蘖停止时移栽表现分蘖成活率高，而分蘖停止后1～2叶龄移栽的秧苗则分蘖成活率明显降低。例如，我们以汕优3号为供试组合，每亩5 kg播量的分蘖停止时移栽叶龄为10.0，每亩15 kg播量的分蘖停止后1个叶龄时移栽叶龄是9.5，二者叶龄大致相似，但分蘖成活率前者较高，其中3叶以上大蘖成活率提高5％以上，2叶以下小蘖成活率提高7％左右。

2.2 对发根力的影响

分蘖状况不同的秧苗移栽后发根力存在着显著差别。表2说明不同类型品种分蘖停止叶龄期移栽的秧苗发根数较多，根干重也较高。分蘖停止后1个叶龄期、分蘖停止后2个叶龄期的处理发根数分别比分蘖停止叶龄期处理降低16.66％、45.05％，移栽后7 d单株所发根系的干重分别下降25.89％、29.44％。同一品种不同密度的秧苗发根数与根干重也随移栽叶龄增加而降低。

2.3 够苗期的差别

秧苗移栽到本田后，群体茎蘖数在有效分蘖临界叶龄期或稍前达到预期穗数值，是高产水稻生育前期早发的一个关键性指标。同时实践还证明，在一般情况下于有效分蘖临界叶龄期前一个叶位够苗，利于高产稳产群体的形成。当秧苗在停止分蘖时及时移栽，由于发根力强，活棵返青快，分蘖成活率高，因而有利于群体在理想叶龄期按时够苗。例如1983年沛县农科所以汕优8号为供试组合，在每亩播量为5 kg、10 kg、15 kg的不同等级内，分别设置不同分蘖状况移栽处理，结果是不同播量的秧苗，在分蘖停止时即行移栽处理的，由于大田分蘖发生率高，均可于有效分蘖临界叶龄期前够苗，而停止后的其他两处理均推迟够苗期。

2.4 主茎总叶片数的变化

秧苗分蘖停止状况的差异，实质是营养生长正常与否在形态上的反映，因而移栽后除导致发根与分蘖形成差别外，主茎总叶片数亦相应产生变化。

对4个品种（组合）测定的结果（表3）指出，分蘖停止状况不同的秧苗处理主茎一生总叶片数Ⅰ＞Ⅱ＞Ⅲ，其中处理Ⅰ较处理Ⅱ叶片数多0.5～1.0张，这一结果充分说明当分蘖开始停止时即行移栽,秧苗的素质可保证营养生长较为正常,为生殖生长打好基础;相反,推迟在分蘖停止后1~2个叶龄移栽,则抑制了水稻的营养生长。

表2 分蘖停止状况对秧苗发根力的影响*

品种	播量/(kg·亩⁻¹)	分蘖停止叶龄期		分蘖停止后1个叶龄				分蘖停止后2个叶龄			
		根数	根重/g	根数	百分率/%	根重/g	%	根数	%	根重/g	百分率/%
南粳35	15	51.9	0.96	37.4	72.1	0.77	82.2	20.0	38.5	0.32	33.3
	30	21.6	1.28	20.2	93.5	0.26	92.9	21.2	98.2	0.26	92.3
	45	14.8	0.13	10.7	72.3	0.05	38.5	15.5	104.7	0.12	80.0
	$\bar{X}$	29.4	0.46	22.8	77.55	0.36	78.3	18.9	64.3	0.23	50.7
汕优3号	5	48.0	0.098	62.0	129.2	0.09	86.7				
	10	43.0	0.086	35.0	81.4	0.06	94.4				
	15	44.4	0.071	29.0	65.3	0.05	69.0				
	$\bar{X}$	45.1	0.083	42.0	93.1	0.07	79.5				
双城糯	10	25.0	0.080	19.0	76.0	0.07	87.5	26.0	104.0	0.07	87.5
	20	23.0	0.80	20.0	86.9	0.05	67.5	20.0	87.0	0.05	62.5
	30	27.0	0.09	22.0	81.5	0.07	77.7	20.0	74.1	0.05	55.5
	$\bar{X}$	25.0	0.083	20.3	81.2	0.06	77.1	22.0	88.0	0.6	71.3
竹系26	30	22.6	0.22	15.5	68.6	0.12	54.5	20.8	92.0	0.17	77.3
	50	18.5	0.16	16.6	88.6	0.11	68.8	18.2	98.4	0.14	87.5
	85	10.7	0.09	10.4	97.2	0.05	58.8	10.6	99.1	0.14	93.3
	$\bar{X}$	17.3	0.16	14.0	80.98	0.09	59.9	16.5	95.4	0.13	81.3
昆稻2号	15	35.2		20.3	57.7			18.8	53.3		
	25	18.8		17.2	91.5			14.9	79.3		
	35	21.1		15.7	74.4			16.6	78.7		
	45	14.8		11.5	77.7			13.6	91.9		
	$\bar{X}$	21.5		16.2	75.3			15.0	69.8		
平均		27.66	0.197	23.06	83.4	0.15	74.1	14.5	52.4	0.14	70.6

* 发根力采用20株剪根处理栽培后7d的根数和干重表示。表中的百分率均以分蘖开始停止移栽处理为10%。

表3 秧苗分蘖停止状况不同移栽处理的主茎总叶龄

品种	Ⅰ	Ⅱ	Ⅲ	测定地点
汕优3号	18.97	18.17	18.17	沛县农科所
双城糯	18.20	17.90	17.80	赣榆县
南粳35	16.23	15.83	15.70	东海县
昆稻2号	17.59	17.28	16.47	昆山县

2.5 对产量及其结构的影响

分蘖停止不同状况秧苗在本田生长的上述差异,亦在最终产量上得到连锁反应。

从表4可以看出,不同类型品种间均以秧苗分蘖开始停止期移栽产量最高,秧苗分蘖停止后1个叶龄移栽平均减产4.78%,分蘖停止后2个叶龄移栽减产9.23%。

具体分析双城糯不同播量秧苗移栽时分蘖停止状况差异对产量及其结构的影响,更可证实分蘖始停即移栽产量确实最高。通过表5、6可得到以下几点：① 不同的各处理内，虽播种量和移栽叶龄相差较大，但只要是在分蘖停止状况相同条件下移栽，产量无显著变化；② 同一播量条件下，分蘖停止状况不同进行移栽，产量高低变化明显，其产量趋势为Ⅰ＞Ⅱ＞Ⅲ；③ 不同播量条件下，分蘖停止状况不同的处理间产量变化亦较大，其产量高低顺序是Ⅰ＞Ⅱ＞Ⅲ；④ 上述的产量变化，从产量结构上看反映在每亩穗数，特别是每穗粒数的增减上，在不同处理间每亩穗数与每穗粒数的高低趋势是一致的，依然是Ⅰ＞Ⅱ＞Ⅲ。至于结实率与粒重，二者均较稳定。

表4　秧苗分蘖停止状况不同处理的产量比较

处理	南粳35		双城糯		淮稻1号		竹系26	
	kg/亩	±%	kg/亩	±%	kg/亩	±%	kg/亩	±%
Ⅰ	563.15		518.4		448.9		391.4	
Ⅱ	524.4	−6.9	465.7	−10.2	444.7	−0.9	387.0	−1.1
Ⅲ	510.8	−9.3	431.8	−16.7	435.3	−3.0	360.3	−7.9

表5　双城糯不同播量秧苗移栽时分蘖停止状况差异对产量的影响（赣榆县）

处理	播量	移栽叶龄	穗数/(万·亩$^{-1}$)	每穗粒数	结实率/%	千粒重/g	理论产量/(kg·亩$^{-1}$)	实产/(kg·亩$^{-1}$)
Ⅰ	10	8.62	26.57	93.5	85.12	25.40	535.73	522.30
	20	7.79	26.24	93.1	79.16	25.43	528.23	524.65
	30	7.70	26.11	92.0	84.35	25.40	514.65	508.20
	$\bar{X}$		26.31	92.9	82.88	25.41	526.7	518.39
Ⅱ	10	9.66	25.97	88.6	85.27	25.30	496.62	469.06
	20	8.71	25.03	88.4	84.34	25.37	473.44	479.85
	30	8.40	24.65	86.4	84.72	25.36	457.74	448.15
	$\bar{X}$		25.21	87.88	84.78	25.34	475.93	465.69
Ⅲ	10	10.00	24.92	82	85.64	25.33	444.52	424.87
	20	9.40	24.63	81.2	85.67	25.30	433.32	443.95
	30	9.58	24.57	84.5	83.83	25.37	441.40	426.47
	$\bar{X}$		24.71	82.6	85.0	26.33	439.95	431.76

采用播量的差别，造成移栽时叶龄相似而分蘖停止状况不同的秧苗进行比较试验，对阐明分蘖停止状况不同的秧苗生产性能更有帮助，供试品种双城糯（表6），A组以亩10 kg的播量培育两种秧苗，这两种秧苗同时移栽，移栽时秧苗同为9叶期，但前者在秧田分蘖刚停止，而后者已是分蘖停止后的1个叶龄。在大田同等栽培水平下，结果前者每亩穗数与每穗粒数显著提高，亩产为522.3 kg，而后者每亩穗数与每穗粒数则较低，因而单产减少14.2%，为448.2 kg。B组秧苗是用A组延迟一个叶龄期形成的，栽插时均为10叶期，但其一是分蘖停止后的1个叶龄，其二则为分蘖停止后的2个叶龄。此二者所得实产亦差异甚大，后者降低9.08%。从这一试验结果的分析不难看出，分蘖开始停止的秧苗具有良好的生产性能，而分蘖停止后叶龄愈大，则生产性能愈劣。

在大苗移栽条件下，分蘖开始停止的秧苗同样具有高产性能。表7说明，不同寄秧规格的大苗分蘖开始停止时移栽后均可增加单株穗数与每穗位数，因而达到高产，而分蘖停止后1～2个叶龄移栽的秧苗都与此相反，亩产减5%～10%。

表6 秧苗素质对产量的效应

组别	处理	移栽期（月/日）	移栽叶龄	穗数/（万·亩$^{-1}$）	每穗粒数	结实率/%	千粒重/g	理论产量/(kg·亩$^{-1}$)	实产/(kg·亩$^{-1}$)	实产±%
A组	分蘖停止叶龄/播量10 kg	6/23	8.62	26.57	93.52	85.12	25.4	537.23	522.30	—
	分蘖停止后1叶龄/播量30 kg	6/23	8.4	24.65	86.43	84.72	25.36	457.74	448.15	14.2
B组	分蘖停止叶龄/播量10 kg	6/28	9.66	25.97	88.64	85.27	25.3	496.62	469.07	—
	分蘖停止后2叶龄/播量30 kg	6/28	9.58	24.57	84.47	83.83	25.37	441.14	426.46	9.08

表7 汕优3号不同分蘖状况大苗的产量比较（建湖县，1983）

寄秧规格	移栽时分蘖状况	移栽叶龄	单株穗数	每穗粒数	产量/(kg·亩$^{-1}$)	产量±%
6.6 cm×5.0 cm	分蘖始停止叶龄	8.5	8.6	168.8	548.3	
	分蘖停止后1叶龄	9.5	7.2	163.4	524.4	−4.36
	分蘖停止后2叶龄	10.5	7.0	162.8	497.2	−9.32
6.6 cm×6.6 cm	分蘖始停止叶龄	9.2	8.1	157.5	548.6	
	分蘖停止后1叶龄	10.2	7.1	153.7	486.05	−11.40
	分蘖停止后2叶龄	10.6	7.3	138.5	488.05	−11.04

2 小结与讨论

培育壮秧是水稻叶龄模式栽培理论与技术体系中的重要组成部分，对于壮秧的形态指标，过去曾有扁蒲秧、带蘖秧、三叉秧等提法，这些指标虽可形象地反映壮秧在形态上的一些特点，但只是一种定性的描述，缺少数量概念，不易规范化。近年来提出的秧田适宜叶面积指数界限、叶龄余数等指标，虽比以前的指标具有较广泛的生物学基础，并且数量化了，但两者受品种和肥水条件等因素的影响较大，难以概括出一个各类品种和多种栽培条件下的统一标准，且叶面积的准确测定不易，难以为广大群众所接受；而后者又只是一个不超秧龄的临界叶龄指标，仅是适龄壮秧的叶龄上限。近几年来我们根据秧苗的生理特点以及器官同伸的生物学规则，提出用个体分蘖开始停止发生与群体总茎蘖数开始停滞增长时的叶龄值，作为在适宜秧龄范围内移栽的临界指标，不仅在各类品种各种密度以及各个地区均可应用，且指标明确，方法简易，易为群众掌握。本试验表明，于分蘖停止发生时移栽的秧苗，不但秧苗发根力强，根干重较高，而且分蘖成活率高，有利于及时够苗，达到高产所需的穗数和每穗粒数，因而具备明显的高产性能。同时，还能保持较高的秧大田比，提高了经济效益。

欲达到上述壮秧指标，必须在最适播期、移栽茬口迟早和预定秧龄的前提下，按照预期秧龄与秧苗群体茎蘖滞增期一致的原则，确定播量。据试验，汕优3号6叶期移栽，播量为12.5～15 kg，7叶期为10～12.5 kg，8叶期为7.5～10 kg；汕优3号小苗株寄9～10叶期移栽，寄秧面积应为30～

40 cm²/株。

培育叶蘖同伸壮秧，还应以叶龄进程施肥灌溉，首先采用优质有机肥和无机肥，氮、磷、钾合理搭配，根据秧田肥力状况施足基肥，而后于1~2叶期施断奶肥，以缓和离乳期养分供求上的矛盾，使幼苗早进入超重期，促进低位分蘖按期同伸，3~4叶期视苗情施好接力促蘖肥，兼顾促平衡，确保主要肥效的发挥在拔秧前1叶龄期结束，使叶色褪淡，以利提高抗植伤能力。并可在拔秧前0.5~1.0叶龄期施好送嫁肥，达到"肥入苗体，叶不转嫩"，促进栽后发根活棵。

秧田灌溉技术应根据不同叶龄期生长与需水的特点进行，出苗到1叶期土壤湿润不建立水层，2叶期勤上跑马水，出苗至2叶期若需防御霜冻或低温，夜间则应建立水层护苗，进入8叶期后，保持强水层，并适当实行前水不见后水的间歇落干。

Studied on the Morphologic Index of Strong and Healthy Rice Seedling

Jiangsu Cooperative Group of Leaf-Age-Model of Rice

Abstract: In 1982—1984, an experiment was carried out with different kinds of varieties, sowing norms and transplanting stage at different leaf age of the population in rice plants in each rice belt in Jiangsu Province. It showed that the beginning to stagnate increasing the number of tillers of the population can be the index of a strong and healthy seedling for the suitable range of leaf age. The index has a wide-ranging adaptation, its method is simple and could easily be mastered by the masses.

The seedling transplanted at the leaf age of stagnating tilling of the population has stronger activity of developing roots, higher percentage of tiller success, earlier stage of desired number of main stems and tillers and higher grain yield. Genneally the grain yield could be decreased by 4.78% and 9.23% if the seedling was transplanted at one or two leaf age after stagnating tilling of the population.

群体茎蘖滞增叶龄期秧苗的特点及其应用*

在水稻生产中,秧苗是基础,培育壮秧是水稻高产栽培的技术关键。关于壮秧的形态指标,过去曾提出过扁蒲秧、三叉秧、带蘖秧、健壮秧等,但仅是秧苗在形态特点上的定性描述,缺乏数量概念,不易规范化。近年来,凌启鸿等根据秧苗生理特点和器官同伸规则提出用个体叶蘖基本同伸,群体茎蘖停滞增长(多数个体停止分蘖)叶龄期作为适龄移栽的壮秧指标。为了阐明群体茎蘖滞增叶龄期秧苗的特点,以及群体茎蘖滞增叶龄期、密度和壮秧的关系,明确移栽的适宜叶龄期与最适播量,特进行本试验,为大面积培育壮秧提供科学依据。

1 材料与方法

试验于1983、1984年在扬州江苏农学院农场进行。供试品种为杂交中籼稻汕优3号和中粳稻盐粳2号。秧田播量分3个等级,落谷期为5月中旬,分别于群体茎蘖滞增叶龄期(处理Ⅰ),群体茎蘖滞增后1个叶龄期(处理Ⅱ),群体茎蘖滞增后2个叶龄期(处理Ⅲ)移栽。重复3次。小区移栽密度均按基本苗公式估算而有不同。总用肥量同于高产田块,促控时间按"水稻叶龄管理模式"进行。同时测定了秧苗不同叶龄期移栽的分蘖发生率、分蘖消亡率、单茎带蘖数以及群体茎蘖数、叶面积指数等,移栽大田后测定秧田发根率、群体茎蘖动态、穗部性状和产量等。

2 结果与分析

2.1 群体茎蘖滞增叶龄期秧苗的特点

2.1.1 发根力强

两个品种的茎蘖滞增叶龄期移栽秧苗发根量均较多,分别比处理Ⅱ、Ⅲ的发根数增加3.5%~3.89%和9.5%~19.8%。根干重分别增加8.2%~15.6%和9.5%~15.2%。同一品种不同密度的秧苗发根数与根干重也随着移栽叶龄增大而降低。同时可以看出,密度愈大,随着叶龄增大而秧苗发根数和根干重下降的幅度亦增大。

2.1.2 分蘖多

据前人研究,主茎的第1叶到最后一叶,除去伸长节间外,其余叶腋间的分蘖芽都有可能长成分蘖。但分蘖能否发生,取决于当时秧苗所处的环境条件和营养水平。在不同播量条件下,由于秧苗营养面积和光照条件不同,对分蘖的发生影响极大。试验结果表明,随着播量增加,秧田基本

---

* 本文原载《江苏农业科学》,1985(12):4-6;作者:苏祖芳,蔡建中,张洪程,王余龙。

苗数也随着增加。到4叶期后,个体开始分蘖,群体也随着增大。播量少的秧田,光照和营养条件能较好地满足个体生长发育的需要,分蘖按 $n-3$ 叶蘖同伸关系发生,分蘖缺位少,发生率高。随着播量的增加,分蘖发生迟,缺位多,分蘖发生率低。如盐粳2号播种量20 kg/亩,第1叶蘖发生的叶龄为3.23,发生率为77%;播种量40 kg/亩,第1叶蘖发生的叶龄为3.36,发生率为25%;播种量60 kg/亩,第1叶蘖发生的叶龄为3.46,发生率仅为13%。汕优3号也有相同的趋势。但随着出叶和分蘖发生,群体增大,个体和群体矛盾日益激化,播量高的秧田群体大,个体与群体矛盾尤为突出,导致茎蘖滞增叶龄提前,单株带蘖数减少。但无论播量多少,均在茎蘖滞增叶龄期秧田群体达最高茎蘖数。茎蘖滞增叶龄期后,尽管播量高低不同,群体叶面积均进一步增大,基部光照少,小分蘖因营养不足而开始死亡,总茎蘖数下降,苗质也随之变劣。如处理Ⅰ秧田分蘖死亡率两品种平均为1.12%,处理Ⅱ平均为28.3%,处理Ⅲ平均为35.4%。总茎蘖数下降的速度,随着播量的增加而加快,最后随着叶龄的增加,不同播量之间的总茎蘖数逐渐接近。

2.1.3 叶面积适宜

试验表明,不同品种均随着播量的增加,茎蘖滞增叶龄期单株叶面积下降。如汕优3号每亩播量10 kg,单株叶面积为65.16 cm²,每亩15 kg为49.68 cm²,每亩20 kg为36.41 cm²,每亩播量20 kg的比10 kg单株叶面积下降44.12%。同时表明,供试品种虽然茎蘖滞增叶龄和单株叶面积均受播量的影响,但叶面积指数却较接近。如汕优3号不同播量的茎蘖滞增叶龄期的叶面积指数为3.54(3.16~4.08),盐粳2号为4.09(3.82~4.36),这一结果和以往研究相似。因此,亦可用叶面积指数4左右作为适龄壮秧移栽的一个指标。

2.1.4 产量高

汕优3号、盐粳2号在秧苗茎蘖滞增叶龄期移栽(处理Ⅰ)的产量最高,分别为605.5、542.8 kg。而处理Ⅱ、Ⅲ分别减产4.5%、2%和8.7%、4.3%。同一品种不同密度,则随着密度的增加,处理Ⅱ和处理Ⅲ均比处理Ⅰ减产,但盐粳2号不显著。同时还表明汕优3号和盐粳2号虽然不同播量的秧苗在移栽时叶龄差异大,但只要是在相同的茎蘖停滞状况下移栽,产量变化较小。例如汕优3号每亩播量为10、15、20 kg,其秧苗在茎蘖滞增叶龄期移栽时叶龄分别为8.12、6.63和5.97,其产量均在600 kg/亩左右,处理Ⅱ移栽时叶龄分别为9.08、7.73和6.92,其产量均在575 kg/亩左右,处理Ⅲ移栽时叶龄分别为9.68、8.56和7.80,其产量均在550 kg/亩左右。盐粳2号的这种结果尤为显著(表1)。

处理Ⅰ、Ⅱ、Ⅲ的秧苗,产量高低的原因主要在于每穗粒数增减和结实率的高低上。如汕优3号处理Ⅰ,每穗粒数为149.82粒,结实率为83.63%,而处理Ⅱ、Ⅲ的每穗粒数分别比处理Ⅰ减少4.3%~6.9%和2.8%~4.1%,结实率分别降低2.3%~4.9%和4.1%~5.9%。盐粳2号的结果相同。不同处理每穗总粒数的多少又反映在一次枝梗和二次枝梗的增减上,如汕优3号秧苗主茎和3叶以上大蘖成穗的一次枝梗、二次枝梗和总粒数,处理Ⅰ分别为13.9个、32.8个和177.3粒,而处理Ⅱ分别比处理Ⅰ下降5.8%、7.1%和4.2%,处理Ⅲ分别比处理Ⅰ下降7.2%、14%和6.2%;秧苗2叶以下小蘖穗和有效分蘖临界叶龄期前的分蘖穗的一次、二次枝梗数及每穗总粒数也存在着相似的情况。盐粳2号也有同样的趋势。这一结果充分说明,要提高产量,就必须在稳定穗数的基础上,促使每穗总粒数增加。而每穗总粒数的多少,与一次枝梗和二次枝梗数呈指数函数相关。也就是说,增加枝梗数,尤其通过增加一次枝梗数来增加每穗总粒数,比直接增加总粒数要多而经济。要想增加枝梗数目，就必须在秧苗期培育叶蘖同伸壮秧。

表 1　不同处理秧苗的产量比较

品种	处理	每亩播量 10 (20)kg		每亩播量 15(40)kg		每亩播量 20(60)kg		平均数	
		产量 /(kg·亩$^{-1}$)	±%	产量 /(kg·亩$^{-1}$)	±%	产量 /(kg·亩$^{-1}$)	±%	产量 /(kg·亩$^{-1}$)	±%
汕优 3 号	Ⅰ	592.2		626.8		599.1		605.5	
	Ⅱ	582.8	−2.3	582.9	−7.0	570.5	−4.8	578.7	−4.5
	Ⅲ	569.6	−5.6	545.4	−13.0	543.1	−10.4	552.7	−8.7
盐粳 2 号	Ⅰ	552.4		537.8		537.0		542.2	
	Ⅱ	534.7	−3.3	532.9	−1.0	527.5	−1.8	531.7	−2.0
	Ⅲ	530.2	−4.1	523.1	−2.8	505.1	−6.0	519.4	−4.3

2.2　群体茎蘖滞增叶龄期秧苗在生产上的应用

2.2.1　播量与群体茎蘖滞增叶龄期的关系

秧苗茎蘖滞增叶龄期与密度的关系极为密切，不同品种也随着播量增加而茎蘖滞增叶龄期提早。如汕优 3 号每亩播量 10 kg 的茎蘖滞增叶龄期为 8.12 叶，播量 15 kg 的为 6.63 叶，播量 20 kg 的为 5.97 叶；盐粳 2 号每亩播量 20 kg 的茎蘖滞增叶龄期为 7.4 叶，播量 40 kg 的为 5.85 叶，播量 60 kg 的为 5.28 叶。上述不同播量的群体茎蘖滞增叶龄期的差异，说明每亩播量少的，其单株营养面积大，能满足根、叶、分蘖等器官分化发生的时间长，茎蘖停滞增长叶龄期也就长，移栽叶龄可大些；反之，每亩播量多的单株营养面积小，能满足根、叶、分蘖等器官分化发生的时间就短，适宜移栽的叶龄小。由于分蘖发生要有充足的光照和土壤营养来保证，因此在具体应用时，在确定最佳播种期的同时，依据适宜移栽叶龄计算播量，不仅可以节省种子，而且能使秧苗在预期群体茎蘖滞增叶龄期范围内适时移栽，达到壮秧标准，利于早发高产。

2.2.2　秧田利用率与秧苗群体滞增叶龄期

移栽的关系。秧田播量增加，群体茎蘖滞增叶龄期提早，单株茎蘖数下降，秧田分蘖发生率下降。如盐粳 2 号在茎蘖滞增叶龄期的分蘖数，每亩播量 20 kg 的单株带蘖数为 1.52 个，播量 40 kg 的为 0.72 个，播量 60 kg 的为 0.34 个。播量过低，秧田基本苗少，群体茎蘖滞增叶龄期延迟，虽然分蘖较多，但秧田与大田比仍不高。播量过高，秧田基本苗多，群体茎蘖停滞增长叶龄期提早。分蘖少或者无分蘖，如不及时移栽，主茎蘖素质下降，且因光照不足而引起分蘖死亡和缩脚苗增多，秧田与大田比也不高。这种密播秧，只有在不影响正常成熟的情况下，用作小苗移栽，倒是较经济的一种方法。但在适宜播量范围内，秧田基本苗数适当，群体茎蘖滞增叶龄期的秧苗正是适宜中苗移栽的秧苗，又是叶蘖同伸壮秧。所以，适当降低播种量，争取大蘖作为基本苗利用，不仅节省用种量，又可提高秧田利用率。

培育叶蘖同种壮秧，除了确定适宜的播种量外，还应根据叶龄进程进行肥水管理，促使 4 叶期开始分蘖。在群体茎蘖滞增叶龄期移栽，秧苗叶色正常，叶片有弹性，可以提高抗植伤能力，促进栽后发根活棵，为穗多穗大产量高奠定基础。

水稻基本苗公式的论证

对水稻的基本苗数,以往定性描述者多,定量分析少。1981年前,我们通过对16个不同类型品种分蘖成穗规律的研究,提出了确定适宜基本苗简易公式。1982年后又通过广泛的协作研究和应用,确定了基本苗公式。

1 试验设计和方法

1.1 试验设计

供试品种:有竹系26、南粳35、双城糯、盐粳2号、汕优3号、IR24、昆稻2号。基本苗:对照(CK)为根据经验公式计算的基本苗,(r_1)、(r_2)一般分别以0.7、0.4计算,±25%、±50%为分别在CK的基础上增减的百分数。处理设置代号:I(CK−50%),Ⅱ(CK−25%),ⅢCK,Ⅳ(CK+25%),Ⅴ(CK+50%),Ⅵ秧田密度,Ⅶ延长1叶龄移栽,Ⅷ铲秧移栽。移栽时行距和每穴本数各处理相同,株距根据基本苗数而定,肥水管理等同"叶龄模式"试验田。

1.2 试验方法

处理观察记载项目:秧苗茎蘖移栽后的成活率,本田主茎和各级分蘖的发生率与成穗情况,分蘖起始叶龄(分蘖数达主茎和3叶以上大蘖的16%以上),及每一叶龄期的茎蘖数(直至最高分蘖期)。并在$N-n-1$、$N-n$、$N-n+1$、$N-n+2$各叶龄期,分别用不同颜色的塑料丝圈标记分蘖发生数,成熟期考察标记各叶位分蘖的成穗数、穗部性状,并计算各项参数的实际值。

2 结果

2.1 高产群体的有效分蘖临界叶龄期的准确划分

定量确定基本苗的目的,在于充分利用分蘖成穗并形成适宜穗数,这首先必须准确掌握穗数形成期。我们确认,有效分蘖临界叶龄期为$N-n$叶龄期左右。

2.1.1 $N-n$叶龄期的同伸分蘖,具有发生自生根系的生理基础

$N-n$叶龄期的同伸分蘖,至拔节叶龄期,已有自生根系。我们观察拔节期分蘖的发根率:IR24的3叶蘖占13%~66%,4叶蘖占86%~97%;双城糯3叶蘖占18%~66%,4叶蘖占100%,2叶蘖均不具根系。其他品种类同。在不同栽培条件下,由于$N-n$叶龄期发生有效分蘖,并非到此完全终止,故将$N-n$叶龄期称为有效分蘖临界叶龄期。$N-n+1$叶龄期发生的分蘖,

---

* 本文原载《江苏农学院学报》,1984,6(4):13-22;作者:江苏水稻叶龄模式研究协作组(执笔人:蔡建中,苏祖芳)。

有时也能成穗,把 $N-n+1$ 叶龄期称为动摇分蘖叶龄期。

2.1.2　$N-n$ 叶龄期的茎蘖数与穗数的关系密切,而与最高茎蘖数的关系不密切

1980 年对 50 块田的 IR24、IR661($N-n=17-5$)的统计分析,穗数与 12 叶龄期的茎蘖数呈极显著相关,$r=0.8627^{**}$；与最高茎蘖数呈显著相关,$r=0.3550$。1981 年进一步观察了上述关系：10 块田原丰早(12.5-4),穗数与 8.5 叶龄期的茎蘖数的 $r=0.9598^{**}$。穗数与最高茎蘖数的 $r=0.5006$；26 块田南粳 35(17.5-5)相关系数分别为 $r=0.7552^{**}$,$r=0.3844$；8 块田双城糯(18-6)相关系数分别为 $r=0.9664^{**}$,$r=0.6853^{**}$。又据赣榆县对 12 块田赣化 2 号(17-5)的分析,相关系数分别为 $r=0.8826^{**}$,$r=0.3130$。昆山县 52 块盐粳 2 号(16-5)穗数与 11 叶龄期茎蘖数的相关系数,$r=0.74579^{*}$。各协作单位对不同品种的观察,得到十分一致的结果。

2.1.3　在 $N-n$ 叶龄期及其稍前一个叶龄够苗最有利于获得高产

1978—1980 年间,对 56 块杂交稻和 65 块国际稻高产田块的分析,最后穗数相对于各茎蘖的叶龄期与产量的关系看出,群体有效茎蘖数出现于不同叶龄期与产量呈抛物线关系,过早或过迟够苗均不利于取得理想的产量,产量的最高点出现在 12 叶龄期($N-n$ 叶龄期)初及其前 1 叶龄期(11 叶龄期)。二次回归方程求出的最适有效分蘖临界叶龄期,籼型杂交中稻(17-5)为 11.0272,国际稻(17-5)为 11.2761。1983 年赣榆县对赣化 2 号(17-5)的分析,亩产 900 kg 以上的高产田总茎蘖数达到最后穗数的最适叶龄值为 11.3。高淳县 31 块竹系 26(11.7-4)最适有效分蘖叶龄期为 7.75。宜兴县徐舍区 3 年杂交稻亩产 650 kg 以上的高产田块均得到类似的结果。据 1981 年设置的 IR24(16.5-5)密度试验指出,提早于 9.3 叶够苗的,穗数虽多(21.57 万),因穗小(110.63 粒)产量仅 554.65 kg；延迟到 12.3 叶够苗,由于穗数较少(19.3 万),产量为 565.7 kg；恰于 $N-n$ 叶龄期内(10.9)够苗的,群体大小适当,无效分蘖少,在每亩穗数 20.9 万的基础上,获得了大穗(119.16 粒),产量最高,每亩产量为 609.7 kg。宜兴县 1982 年栽培的杂交稻亦得到了验证：10.5 叶龄期够苗的,产量为 654 kg；11 叶后期够苗的,亩产为 507.5 kg；9.5 叶期够苗的因群体过大,亩产仅 445 kg。

近年来,江苏的"百亩中试"各协作单位等试验和高产实践资料广泛地证明：高产田够苗期是在 $N-n$ 叶龄期及稍前一个叶龄期达到的,明确了适宜的穗数形成期,这为确立基本苗经验公式提供了确切的依据。

2.2　基本苗公式的确立

2.2.1　基本苗公式的确立

1981 年前根据有效分蘖临界叶龄期,大田有效分蘖叶位数,植伤位,有效分蘖发生率等,确立了基本苗简易公式 $[X=Y/(N-n-SN)r]$。1981 年经"百亩中试"等应用,得到初步验证,至今仍然是适用的。1982 年经全省不同生态条件的 10 单位的多点试验,根据不同品种的有效分蘖叶位数、秧龄与带蘖状况,预期的够苗叶龄,有效分蘖发生率和小蘖的成活率等,确立了如下的基本苗经验公式：

$$X=Y/(1+t_1)[1+(N-n-SN-1-a)r_1]+t_2 r_2$$

式中,X 为主茎苗；Y 为预期适宜穗数；$(1+t_1)$ 为主茎+移栽时 3 叶以上的大分蘖穗数；N 为主茎总叶数；n 为主茎伸长节间数；$N-n$ 为有效分蘖临界叶龄期；SN 为秧苗移栽叶龄；-1 为移栽植伤分蘖的缺位数；a 为有效分蘖临界叶龄期的矫正值；r_1 为本田有效分蘖叶位的平均发生率；($N-$

$n-SN-1-a)r_1$ 为主茎和 3 叶以上大分蘖在本田期能产生的有效分蘖数；t_2r_2 为秧田 2 叶以下小蘖数(t_2)与其成活率(r_2)之乘积，即小蘖移栽后的成活率。

2.2.2 基本苗公式的验证与应用成果

1981 年国际稻密度试验，按基本苗经验公式计算的茎蘖苗实栽 11.42 万为对照，分别增加 50%(16.61 万)和减少 50%(5.46 万)相比较，对照于 11 叶龄期够苗，亩产 609.7 kg；增加 50% 基本苗，提前 1.7 个叶龄期于 9.3 叶龄期够苗，亩产为 554.95 kg；减少 50% 基本苗，延迟 0.8 个叶龄期于 12.3 叶龄期够苗，亩产 565.7 kg。对双城糯密度试验亦得到相同的结果。1981 年在四川省开江县田庄大队 IR24"百亩方"应用按公式计算主茎苗 4.0 万(总茎蘖苗 10.96 万)，实栽 4.2 万苗(总茎蘖苗 11.5 万)，百亩平均单产为 562.03 kg，均得到了预期效果。据建湖县杂交稻(大苗密度)试验，按公式计算基本茎蘖苗 16.23 万为对照，每亩穗数 19.89 万，亩产 524.95 kg；基本苗增加 25%(茎蘖苗 20.46 万)，每亩穗数 21.43 万，亩产 502.85 kg；基本苗增加 12.6%(茎蘖苗 18.38 万)每亩穗数 21.28 万，亩产 516.63 kg，基本苗减少 12.6%(茎蘖苗 14.30 万)，每亩穗数 18.96 万，亩产 462 kg；基本苗减少 25%(茎蘖苗 12.3 万)，每亩穗数 19.00 万，亩产 458.15 kg，单产亦以对照为第一。该县于 1980—1982 年 3 年杂交稻大苗栽培的"百亩方"，由于根据多年试验累积的资料，准确掌据了 r 值，按公式计算基本苗，穗数均达到预期要求，每亩穗数分别为 19.81 万、19.17 万、20.9 万，亩产分别为 626.05 kg、604.6 kg、557.65 kg，获得 3 年平均亩产为 595.6 kg 的好收成。各协作单位的"百亩中试"和示范田均取得了良好的效果。

据近年来协作组对 8 个品种的 14 组对比试验，按公式计算基本苗的，其中 10 组产量第 1，4 组产量较低，究其产量不高的原因，计算基本苗的有关参数出入较大，从而未能获得预期的适宜穗数。因此，关键在于是否能确切掌握基本苗公式的有关参数，尤其是有效分蘖发生率(r_1)。

2.3 几个参数的论证

2.3.1 有效分蘖临界叶龄期的矫正值"a"

高产田块的有效分蘖终止叶龄期，出现在 $N-n\pm1$ 个叶龄期的范围内。只有把握穗数决定的确切时间，才能为计算基本苗提供可靠的依据。故有效分蘖实际的临界叶龄期，应根据具体情况而予以矫正，其变动值称为"a"。高产群体 a 值变化主要因移栽秧苗叶龄的大小而异。

2.3.1.1 中苗的 a 值。所谓中苗，从 5 叶期起，直至移栽叶龄离有效分蘖临界叶龄期 3 个叶龄期为止，a 值的变化幅度决定于移栽的基本苗的多少。

(1) 不同品种栽插密度对 a 值的影响。不同品种均随着基本苗增多够苗期提早；反之则推迟(表 1)。

表 1 不同类型品种不同密度的有效分蘖临界叶龄期

处理	IR24 (17−5)	盐粳 2 号 (16−5)	南粳 35 (17−5)	昆稻 2 号 (18−6)	双城糯 (18−6)	910 (17−5)	汕优 3 号 (17−5)
Ⅰ	11.8	12.25	11.8	11.7	12.3	13.0	12.2
Ⅱ	10.9	11.73	11.0	10.4	11.9	12.0	11.3
Ⅲ	10.5	11.04	10.2	10.4	11.5	11.5	10.7
Ⅳ	9.5	10.05	10.0	9.1	11.3	11.5	10.3
Ⅴ	9.1	9.26	9.6	9.9	11.1	10.5	9.9

表 1 表明,对照(Ⅲ),够苗期是在 $N-n$ 或 $N-n-1$ 叶龄期达到。加密处理(Ⅳ、Ⅴ),够苗期多数要提早 1~2 个叶龄期;分蘖力较弱的双城糯,则与对照同在 $N-n$ 叶龄期够苗,分蘖力较强的 IR24,则比对照提前 1 个叶龄期够苗。减密处理(Ⅰ、Ⅱ),延迟 0.5 个叶龄期以上够苗;分蘖力较强的 IR24,盐粳 2 号、汕优 3 号基本在 $N-n$ 叶龄期够苗(其中包括了 $r=0.7$ 的预计值过低的原因),但最迟够苗为动摇分蘖叶龄期,因此,最迟只宜利用动摇分蘖成穗。关键在于何时够苗有利于形成高产群体的适宜穗数。

(2) 中苗的适宜够苗期。中苗移栽后主茎有 3 个以上的有效分蘖叶位,争取分蘖成穗有较大的回旋余地。各地观察结果表明,不同密度与够苗期对产量的影响,以公式计算基本苗的处理Ⅲ,在 $N-n$ 叶龄期初或前一个叶龄期够苗达到预期穗数的茎蘖数,群体发展比较合理(表2、表3),穗数适宜,成穗率高,干物质积累多,产量较高。随着密度增加,穗数虽有增加,但每穗粒数和实粒数下降,终因抽穗时植株基部光照减弱产量生产期干物质积累少,产量降低;随着密度的减小,群数减少,每穗总粒数和实粒数虽有所增加,但每亩总颖花量少,产量亦不理想。

表 2　栽插密度对产量及其构成因素的影响[*]

品种	处理	穗数/(万·亩$^{-1}$)	每穗粒数	颖花量/(万·亩$^{-1}$)	每穗实粒数	结实率/%	千粒重/g	理论产量/(kg·亩$^{-1}$)	实产/(kg·亩$^{-1}$)
IR24	Ⅰ	17.78	91.9	1 634.7	81.7	88.85	31.52	457.9	442.6
	Ⅱ	20.29	87.5	1 774.8	76.8	87.88	30.84	458.4	440.9
	Ⅲ	22.23	91.4	2 031.8	83.7	91.55	31.45	585.0	454.1
	Ⅳ	23.06	84.9	1 957.6	76.4	88.55	31.10	540.9	453.2
	Ⅴ	24.90	78.7	1 960.6	69.1	87.85	30.90	510.7	443.6
双城糯	Ⅰ	19.71	118.6	2 337.6	105.4	88.80	25.03	518.0	485.0
	Ⅱ	22.11	105.2	2 325.9	96.3	91.57	24.88	529.7	490.6
	Ⅲ	23.83	102.5	2 442.6	93.8	93.30	24.49	547.4	505.1
	Ⅳ	24.70	99.2	2 450.2	99.2	88.90	24.49	547.4	496.2
	Ⅴ	24.21	90.6	2 193.4	82.1	90.60	24.26	482.2	478.5
910	Ⅰ	15.30	147.2	2 252.3	124.0	84.22	27.80	527.0	475.5
	Ⅱ	16.70	141.2	2 357.5	116.9	82.79	27.65	539.7	496
	Ⅲ	19.25	132.6	2 552.2	109.1	82.27	27.20	571.1	496
	Ⅳ	19.33	135.4	2 618.1	111.1	82.00	27.00	571.1	513
	Ⅴ	19.86	128.2	2 546.8	101.1	78.86	26.61	534.5	487.5

[*] IR24、双城糯为 1982 年资料,910 为 1983 年资料。

表 3　栽插密度对叶面积和干重的影响[*]

品种	处理	抽穗时基部光照	叶面积指数			干物质积累量/(kg·亩$^{-1}$)			
			够苗期	穗分化	抽穗期	穗分化	抽穗期	成熟期	抽穗至成熟
IR24	Ⅰ	3.29	1.17	3.81	4.66	216.01	466.60	891.6	425.5
	Ⅱ	2.42	1.68	4.12	4.89	268.92	500.75	910.5	411.75
	Ⅲ	2.46	2.15	5.96	6.89	333.09	553.71	999.4	445.60
	Ⅳ	1.50	2.19	6.10	6.14	403.20	555.45	978.7	423.15
	Ⅴ	1.29	2.42	8.44	5.54	449.06	529.20	950.4	421.20

续 表

品种	处理	抽穗时基部光照	叶面积指数			干物质积累量/(kg·亩$^{-1}$)			
			够苗期	穗分化	抽穗期	穗分化	抽穗期	成熟期	抽穗至成熟
910	Ⅰ	6.20	0.85	2.65	4.82	197.34	617.98	1 142.8	512.00
	Ⅱ	5.49	1.05	3.12	6.12	276.48	617.38	1 122.7	505.30
	Ⅲ	4.98	1.54	3.85	6.77	308.88	569.14	1 070.1	500.98
	Ⅳ	3.78	1.84	4.32	7.29	278.52	540.04	1 045.0	504.98
	Ⅴ	3.34	1.72	4.26	7.42	251.18	474.05	954.1	480.02

* IR24 为 1982 年资料，910 为 1983 年资料。

据 1982—1983 年 8 组密度对比试验，其中 $N-n$ 叶龄期够苗，产量第一位占 86%；于 $N-n-1$ 叶龄期够苗，产量第一位占 14%。这与近几年的"百亩中试"及大面积生产中的高产田块的实际有效分蘖临界叶龄亦完全一致。

(3) 中苗在 $N-n$ 或 $N-n-1$ 叶龄期够苗最有利于形成高产群体。争取 $N-n$ 或 $N-n-1$ 叶龄期的动摇分蘖成穗，表现成穗率低，经济性状差。据六合县分蘖追踪，汕优 3 号处理Ⅲ于 $N-n$ 叶龄期发生的分蘖，成穗率为 61.4%，$N-n+1$ 叶龄期发生的分蘖，成穗率仅 8.6%；处理Ⅰ的 $N-n+1$ 叶龄期，成穗率亦仅为 12.5%，$N-n+1$ 叶龄期分蘖数占苗数的 30.3%，其产量仅占 2.51%。指出在五级密度范围内，$N-n$ 叶龄期形成的穗数占 87.5%，产量占 97.49%，故即使稀植，产量仍然主要在 $N-n$ 叶龄期及其以前所形成的，且最具有经济性。

又据沛县小区试验指出，处理Ⅲ于有效分蘖临界叶龄期形成了总穗数的 98.5%，稻谷占总产量的 99%；处理Ⅰ分别为 68.2% 和 79.64%；处理Ⅴ分别为 88.0% 和 90.84%；处理Ⅲ具有穗型整齐等最佳的经济性状(表 4)。值得注意的是，处理Ⅰ固然会增加动摇分蘖成穗，但这些穗的经济性状很差；处理Ⅴ，单穗重急剧下降(降低 0.84～1.9 g)，其他试验均有类似结果。因此，中苗的 a 值以 0～1 最有利于形成高产群体，并能取得良好的经济效益。

表 4　分蘖穗的经济性状及产量

处理	穗数/(万·亩$^{-1}$)	每穗实粒数	分蘖穗经济性状				动摇分蘖成穗		$N-n$ 期前分蘖成穗	
			$N-n$ 期前		$N-n$ 期后		单株成穗	占总穗/%	单株成穗	占总穗/%
			单穗重/g	占总产/%	单穗重/g	占总产/%				
Ⅲ	18.9	118.1	4.00	99.0	2.09～3.16	1.0	0.13	1.5	8.5	98.5
Ⅰ	14.3	119.4	4.36	79.6	2.26～3.59	20.36	6.30	31.8	16.5	68.2
Ⅴ	21.9	92.2	2.67	90.8	1.52～2.26	9.16	1.00	12.0	6.8	88.0

2.3.1.2 大苗的 a 值。所谓大苗，指调查由有效分蘖临界叶龄期在 2 个叶龄以内者。大苗栽培，既要争得较高的产量，又要十分重视提高秧田的经济效益，其 a 值与中苗有一定的差异。

(1) 不同品种密度处理对大苗 a 值的影响。大苗移栽后的分蘖叶位少，为巩固秧田分蘖成穗，基肥和分蘖期的肥效，常延续到动摇分蘖叶龄期，据建湖县汕优 3 号大苗移栽不同密度处理，动摇分蘖成穗数均占有极高的比重，达 14.3%～28.4%，与中苗有很大的差异(表 5)。

表5　汕优3号(大苗)不同密度的穗数分布(%)

处理	主茎	5叶	6叶	7叶	8叶	9叶	10叶	11叶	12叶	13叶	14叶	15叶	16叶	17叶
Ⅰ	6.3	2.1	4.2	6.3	8.3	12.5	0	0	20.7	27.1	12.5	0	0	0
Ⅱ	9.4	2.7	4.1	8.1	9.4	17.6	2.3	0	6.8	28.1	9.5	1.4	0	0
Ⅲ	14.0	0	2.3	14.0	14.0	16.3	2.3	0	2.3	32.5	2.3	0	0	0
Ⅳ	16.7	0	9.5	14.3	14.3	11.9	0	0	9.6	19.0	4.8	0	0	0
Ⅴ	14.3	2.0	8.2	14.3	14.3	16.3	0	0	16.3	14.3	0	0	0	0

又据高淳县大田考察,早稻竹系26中苗栽培a值以0~0.11为好,三熟制大苗a值以-0.5左右有利夺取450 kg以上的单产(表6)。

表6　竹系26不同产量等级、移栽时与实际够苗叶龄的关系(高淳县)*

熟制	产量等级 /(kg·亩$^{-1}$)	平均产量 /(kg·亩$^{-1}$)	田块数	移栽叶龄	实际够苗叶龄	a值
两熟制	503~541	523.1	7	4.4(4.1~4.8)	7.7(7.5~8.0)	0.01
	455~496	478.5	18	5.2(4.1~6.0)	7.6(7.5~8.2)	0.11
	400~448	410.0	14	5.5(4.8~6.0)	7.7(7.2~9.3)	-0.01
两熟制	500~523	511.2	3	6.3(6.1~6.4)	8.0(8.0~8.3)	-0.43
	450~489	469.3	7	6.3(6.1~6.6)	8.3(8.1~8.6)	-0.63
	400~489	423.7	14	6.7(6.2~7.2)	8.6(8.2~9.0)	-0.88

*本表资料来源1980—1983年4年苗情资料和百亩高产中间试验资料。

(2) 大苗对动摇分蘖利用的经济性。据建湖县对56株大苗分蘖追踪,动摇分蘖叶龄期成穗数占总穗数的22.2%,谷重占产量的15.1%;其平均重1.77 g,占平均穗重2.62 g的67.6%,比中苗有较高的利用价值,这是由于返青后巩固了大田秧田分蘖成穗,同时也提高了动摇分蘖成穗有着一定的联系(表7)。加之大苗争取动摇分蘖成穗也有利于节省秧田。

表7　大苗各叶位同伸茎蘖的穗数和粒重分布(56株)

项目		主茎	5叶	6叶	7叶	8叶	9叶	10叶	11叶	12叶	13叶	14叶	15叶	合计
穗数	个	56.0	32	37	53	60	14	5	2.0	43	106	8	2.0	478
	%	11.7	6.7	7.7	11.1	12.6	15.5	1.0	0.4	9.0	22.2	1.7	0.4	100
粒数	个	210.1	97.3	116	138.2	183	170.0	10.4	5.2	90.4	187.1	139.	1.2	1250.6
	%	16.8	7.6	9.3	11.2	14.7	13.6	0.8	0.4	7.2	15.2	3.1	0.01	100

注:按公式计算基本苗。

又据高淳县早稻竹系26不同基本苗处理,随着基本苗增多,够苗期提前,单穗重下降。产量以a值0为最高,-0.4的第2位,动摇分蘖穗重达0.8 g左右,为平均穗重的40%以上;提前0.8~1个叶龄够苗的产量明显下降(表8),动摇分蘖穗重不到平均穗重的40%。

综上所述,为正确地应用基本苗经验公式,不同叶龄期移栽的a值,中苗取1—0;大苗单季稻取-0.5~-1,早稻取-0.5为好。

表 8 不同基本苗处理穗群质量分析(竹系 26)

处理	基本苗*/(万·亩$^{-1}$)	产量/(kg·亩$^{-1}$)	够苗叶龄	a 值	单穗重/(g·穗$^{-1}$)		
					穴平均	$N-n$ 叶龄期内分蘖穗	动摇分蘖期分蘖穗
Ⅲ	24.5	481.7	7.5	0	1.340	1.125	0.819
Ⅱ	22.9	467.5	7.9	−0.4	1.302	0.982	0.769
Ⅰ	14.4	449.8	8.1	−0.6	1.323	1.095	0.94.0
Ⅳ	28.2	449.8	6.7	0.8	1.300	0.570	0.510
Ⅴ	34.3	405.8	6.5	1.0	1.187	0.527	0.410

* 基本苗为返青后实查数。

2.3.2 大田有效分率的发生率"r_1"

分蘖发生率(r_1),指主茎和 3 叶以上大蘖在本田预期够苗期内的分蘖发生数占理论分蘖位的百分率,理论分率位为$(1+t_1)(N-n-SN-1-a)$。r_1对正确计算单株穗数,在本田期起着决定性的作用。

2.3.2.1 不同品种有效分蘖发生率的变化。不同品种的分蘖平均发生率,以籼型杂交中稻为最高,其次是粳稻,常规中籼 910 更次,以早籼竹系 26 为最低,且变幅最大(表 9)。

表 9 不同品种的分蘖发生率

	南粳 35(东海)	汕优 3 号		昆稻 2 号(昆山)	盐粳 2 号(扬州)	910		双城糯(赣榆)	竹系 26(高淳)
		(练湖)	(宜兴)			(邗江)	(六合)		
变幅	0.63 −0.90	0.68 −0.92	0.86 −0.78	0.56 −0.88	0.64 −0.90	0.51 −0.76	0.52 −0.82	0.57 −0.92	0.21 −1.0
平均	0.69	0.88	0.82	0.76	0.79	0.67	0.67	0.70	0.57

2.3.2.2 不同栽培条件对 r_1 的影响。栽插方式、密度和秧龄等,对 r_1 均有较大的影响。

(1) 栽插方式。铲秧由于植伤轻,缺位少,分蘖发生率高于拔秧。铲秧 r_1 平均为 0.77,拔秧为 0.67,约可提高 10%(表 10)。

(2) 栽插密度。r_1 值随着密度增加而下降(表 10)。如南粳 35 对照(Ⅲ)为 0.85,−50%(Ⅰ)区为 1.0,+50%(Ⅴ)区为 0.76。

表 10 栽插方式对分蘖发生率的影响

处理	南粳 35	汕优 63	昆稻 2 号	盐粳 2 号	910	双城糯	竹系 26	平均
拔秧	0.85	0.79	0.79	0.69	0.70	—	0.21	0.67
铲秧	1.0	0.92	0.73	0.90	0.77	—	0.32	0.77
Ⅰ	1.00	0.92	0.85	0.90	0.71	0.92	0.72	
Ⅱ	0.97	0.92	0.80	0.81	0.71	0.83	0.58	
Ⅲ	0.85	0.77	0.79	0.69	0.70	0.66	0.47	
Ⅳ	0.83	0.81	0.72	0.65	0.65	0.56	0.35	
Ⅴ	0.76	0.71	0.50	0.63	0.57	0.52	0.33	

此外,据建湖县对大苗分蘖追踪,10叶期移栽30个单株,3叶以上大茎蘖190个,实际r_1值为0.39,比一般中苗为低。各地试验还表明,肥力既影响分蘖发生率,也是调节r_1值按预期要求发展的有效手段。

综合各地试验和高产栽培资料分析,r_1值变动范围,粳稻在0.5～0.8,中籼稻在0.7～0.9,早籼稻在0.6左右。在应用基本苗公式时,凡秧苗壮,栽插质量高,栽插密度适宜,肥水条件良好,r_1就取高值;反之,则取低值。凡r_1实际值过低(<0.5)的,则表现迟发,个体生长不良,就难以形成高产群体。

2.3.2.3 够苗叶龄期的总茎蘖数作为穗数诊断的依据 够苗期的总茎蘖数,是由秧苗移栽后茎蘖的成活数和有效分蘖发生率决定的。够苗期的总茎蘖数乘以成穗率所形成的穗数,其不足部分通常由够苗期后发生的分蘖穗所补偿。

(1) 够苗叶龄期大田分蘖的成穗率。不同品种的r_1值有较大的变化,但分蘖发生后的成穗率变化小于发生率,品种间变动在0.72～0.89,约0.8左右(表11)。

表11 不同品种的分蘖发生率(%)和成穗率(%)

项目		南粳35 (东海)	汕优63 (练湖)	(宜兴)	昆稻3号 (昆山)	盐粳2号 (扬州)	910 (邗江)	(六合)	双城糯 (赣榆)	竹系26 (高淳)	变异系数 CV
分蘖发生率/%	变幅	0.63—0.90	0.63—0.92		0.56—0.88	0.64—0.90	0.51—0.76	0.52—0.82	0.57—0.92	0.21—1.0	12.8
	平均	0.70	0.88	0.82	0.79	0.79	0.67	0.67	0.70	0.57	
分蘖成穗率/%	变幅	0.47—0.90	0.71—0.89		0.54—0.92	0.61—0.86	0.56—0.88	0.66—0.96	0.79—0.98	0.48—0.93	3.3
	平均	0.73	0.82	0.88	0.75	0.75	0.75	0.84	0.89	0.72	

(2) 够苗叶龄期后分蘖穗的补偿作用。够苗期后的分蘖成穗数的补偿作用,可以看出这样的趋势,栽插密度大的补偿作用小;反之就大。如昆稻2号处理Ⅳ、Ⅴ,够苗期后的分蘖穗少,单株平均为0.20～0.05;处理Ⅲ分蘖穗为0.15;处理Ⅱ、Ⅰ,够苗期后分蘖穗多,分别为0.42～0.53穗。尽管随着密度不同在实际够苗叶龄期后的成穗数有差异,但够苗期前后两部分穗数相加基本相等于够苗叶龄期内的分蘖发生数。例如昆稻2号处理Ⅰ,$N-n$前后单株穗数两处相加为4.15个,和有效分蘖临界叶龄期前的分蘖发生数为4.37接近。处理Ⅱ分别为4.22和3.85;处理Ⅲ分别为3.72和3.66;处理Ⅳ分别为3.38和3.39,处理Ⅴ分别为2.77和2.26。同时还表明,栽插稀的单株穗数超过够苗叶龄期的分蘖发生数,栽插密的单株成穗低于够苗叶龄期的分蘖发生数。又如中籼910于不同叶龄期套圈追踪表明:① 在计划够苗的叶龄期内完成了全部有效穗的80.6%～81.6%,② 后一个叶龄期完成的穗数相当于计划叶龄期内已发生但未成穗苗的数量。汕优3号、盐粳2号等类型品种也有同样的趋势。这里不但证明预期够苗叶龄期在大田查苗预测穗数方法简便,推算穗数是准确无疑的。也表明这个结果是"够苗叶龄期",非"够穗叶龄期",所以生产上够苗之后轻搁田,使正在分蘖的叶位再发展一些成穗苗,也是有根据和必要的。

2.3.3 秧苗2叶以下小蘖的成活率"r_2"

秧苗主茎移栽后,通常都能成活。3叶以上(是指2.5叶龄期以上)的分蘖,在栽插质量较好的情况下,亦基本能成活。2叶以下分蘖的成活率则变动幅度较大。

2.3.3.1 不同品种 r_2 的变化　品种间的 r_2 平均值在 0.16～0.69(表12)。

表12　不同品种 r_2 值的变化

	南粳35 (东海)	汕优63 (练湖)	昆稻2号 (昆山)	盐粳2号 (扬州)	910		双城糯 (赣榆)	竹系26 (高淳)
					(邗江)	(六合)		
变幅	0.06 —0.34	0.16 —0.72	0.14 —0.51	0.06 —0.34	0.41 —0.48	0.16 —0.72	0.33 —0.79	0.50 —0.87
平均	0.16	0.45	0.33	0.16	0.43	0.45	0.48	0.65

2.3.3.2 不同栽培条件 r_2 的变化。苗质和栽插质量等因素,各地套圈追踪表明,对2叶以下小蘖的成活率(r_2)都有一定的影响。据宜兴县徐舍区观察,杂交稻秧苗在茎蘖滞增叶龄期移栽,r_2 为0.86,顺延1个叶龄移栽的,r_2 为0.43,顺延2个叶龄移栽的,r_2 为0.25。沛县同在8.4叶期移栽的杂交稻,播量为7.5 kg、15 kg,r_2 分别为0.29和0.14。建湖县杂交稻小苗株寄10叶期带蘖5.0～6.2移栽,r_2 平均为0.79。又如六合县株寄大苗的杂交稻,r_2 高达0.92;910 r_2 为0.50,比稀播一段秧高0.21。各地资料还表明,相同叶龄期移栽的秧苗,随着带蘖数增多,r_2 亦随着提高。

练湖农场铲、拔秧对比,r_2 分别为0.46和0.22;东海县黄川公社分别为0.35和0.13。移植密度对 r_2 的影响,各地处理间差异无明显的趋势。

总之,r_2 值的高低,内因决定于苗质(秧苗分蘖同伸率的高低,抗植伤力的强弱),外因取决于栽插质量(植伤)高低。因此,在不同生态和不同栽培条件下,品种间的差异不明显。r_2 值越高,表明栽插质量高,苗壮,预示着早发性越好;反之,则差。r_2 变化幅度在不同条件下虽很大,但在壮秧适期移栽等高产栽培的条件下,通常中苗为0.3～0.5,株寄大苗为0.5～0.7。

3　小结与讨论

3.1　确定够苗叶龄期是计算单株成穗数和基本苗的可靠依据

有效分蘖临界叶龄期($N-n$)与实际够苗叶龄期的差距,需以 a 值矫正。高产群体 a 值的变化主要因移栽秧苗叶龄的大小而异。本试验结果表明中苗的 a 值以0～1最利于形成高产群体,随秧龄增大,a 值递减。大苗的 a 值,单季稻取 -0.5～-1,早稻取 -0.5,这样既可获得较高单产,又能节省供秧面积,与中苗相比,动摇分蘖具有较高的经济利用价值。

3.2　r_1、r_2 有一定的变幅

根据7个单位7个品种的统计,不同类型品种的 r_1 平均为0.57～0.88,r_2 平均为0.16～0.69。在高产栽培条件下,r_1 粳稻为0.5～0.8,籼稻为0.7～0.9;r_2 中苗为0.3～0.5,大苗为0.5～0.7。凡秧苗壮、栽插质量高,栽培条件好的,取上限;反之,取下限。各地应找出不同条件下相应的 r 值,并应在栽培过程中及时看苗诊断,人为地予以调节,就能把握住高产群体茎蘖的合理动态,获得预期的适宜穗数。

A Proof to the Experimental Formula of the Number of Basic Seedlings in Rice

Jiangsu Cooperative Group of the Leaf-Age-Model of Rice

Abstract: In order to gain optimum number of panicls for high yielding in rice production, a experimental formula was setup as:

$$X=Y/(1+t_1)[1+(N-n-SN-1-a)r_1]+t_2r_2$$

In the formula, X stands for the number of basic seedlings:

Needed per mu, Y stands for the optimum number of panicles, $N-n$ stands for the critical leaf-age-period of effective tillers, SN for the leaf age of the seedlings transplanted, t_1 for the number of tillers having more than 1 leaves, t_2 for the number of tillers being less than two leaves. The r_1 and r_2 represent the rate of effective tillers occured in main tillers and the rate of survived, small tillers respectively.

With different representative rice varieties and different treatments such as the sowing norms, the seedlings being of different leaf-age-period, the forms of transplanting different densities of plants transplanted and different fertility levels, the experiment were carried out in various ecological districts in Jiangsu province. It was confirmed that the formula could be comprehensively used to determine the desirable number of panicles developed per seedling the panicles which depend on the main stems or on the tillers and the proportion of panicles which should develop from tillers, and that the formula was feasible to direct rice production.

水稻不同叶龄期施用穗肥的研究

本试验利用各种不同类型品种,从形态及生理等方面研究了不同叶龄期氮素穗肥对产量形成的效应,试图阐明各类品种因苗情、按叶龄合理施用穗肥的理论与技术。

1 材料与方法

试验于1981—1983年进行,前两年布置在江苏农学院砂壤土上,有机质含量1.42%,全氮0.104%,全磷0.362%,全钾1.96%。1981年供试品种(组合)16个:汕优3号、南优2号、IR661、南京11号、南京6号、802、沭阳大粒籼、748、农垦57、桂花黄、双城糯、东亭3号、黄壳早、南粳36、179、738。1982年供试品种(组合)4个:汕优3号、IR661、南粳35、双城糯。各品种均以高、低基肥量造成中期"稳长型"与"不足型"。所谓稳长型,即群体在有效分蘖临界叶龄期或稍前够苗,高峰苗为适宜穗数的1.5倍左右,叶色于无效分蘖期正常落黄;不足型是指群体于有效分蘖临界叶龄期后够苗,茎蘖数不足,叶色过早落黄。各类苗型分设不同叶龄期使用穗肥处理7个:不施穗肥为对照(CK),穗肥总施量折硫铵15 kg/亩,倒3至倒1叶等量肥料分3次施用,每次施用硫铵5 kg(Ⅲ-Ⅰ),和倒5(Ⅴ)叶、倒4叶(Ⅳ)、倒3叶(Ⅲ)、倒2叶(Ⅱ)及倒1叶(Ⅰ)分别使用施肥一次每亩15 kg。不同苗型同一处理施肥量一致。每处理重复3次,小区面积为0.05亩,区间以埂隔开,灌排独立门户。同时,在穗肥施用前测定顶3、顶4叶的叶色。还于幼穗分化期、抽穗期和成熟期分别测定叶面积、干物重等,最后实收产量。

为了验证和充实前两年研究的结果,1983年选择江苏水稻不同生态区,于宜兴、高淳、六合、扬州、邗江、建湖、赣榆等地扩大试验,供试品种采用各地当家品种,各品种中期除造成稳长型与不足型苗情外,还增设了中期群体过大、叶片长而深绿的旺长型。同时各类苗型减少了Ⅴ、Ⅳ两处理。测定内容同前两年。

由于1981—1982年试验所得资料较为系统,同时3年内试验同一处理所获结果亦基本一致,因此,下面主要根据前两年资料,以稳长型为重点进行分析讨论。

---

* 本文原载《江苏农学院学报》,1985,6(3):11—19;作者:江苏水稻叶龄模式研究协作组(执笔人:凌启鸿、张洪程、苏祖芳、蔡建中)。

2 结果与分析

2.1 物质积累和分配

从1981年试验中取代表主要类型的4个品种(组合)稳长型为例,分析不同穗肥处理的物质生产与分配。

2.1.1 物质生产与积累

由表1看出,在生育中期(倒4叶露尖至抽穗)各品种处理Ⅴ、Ⅳ、Ⅲ的光合势较Ⅱ、Ⅰ处理为大,尤其是Ⅴ与Ⅳ。因而尽管此两处理净同化率一致表现出明显的下降趋势,但每穴干物重日增重,与抽穗期亩干物重及其占生物学产量的比率均仍然较高;处理Ⅲ由于净同化率亦得以提高,故每穴干物质日增量与抽穗期干物质量占生物学产量的比率升高。

表1还说明,抽穗以后Ⅴ、Ⅳ、Ⅲ处理的物质生产与积累发生了很大变化,虽然它们的光合势在诸处理中仍然较高,但光合势在后期下降很快。例如南优2号对照下降2.08万m²·亩·d,而这3处理分别下降4.51、3.68和2.41万m²·亩·d,其余处理仅降低1～1.5万m²·亩·d。同时,处理Ⅴ、Ⅳ、Ⅲ的净同化率较其他施肥处理均明显下降。因此,每穴干物增长量不高,抽穗至成熟期的物质积累量及其占产量的百分率均低,结果是生物产量高而经济产量较低,施肥得不到良好的增产报酬。

处理Ⅲ-Ⅰ与Ⅱ特别是前者,在抽穗前不但有较大的光合势,而且净同化率高,因而中期亦可增长较多的物质积累量,但明显少于处理Ⅴ、Ⅳ及Ⅲ,所以抽穗期干物重占生物产量的比例亦低于前三者。相反,抽穗后这两处理光合势下降平缓,光合势仍较大,且保持较高的净同化率,例如南优2号此两处理的净同化率分别为3.246及2.824 g/m²·d,除处理Ⅰ与它们大致相似外,其余各处理均明显低于它们。由于这两处理后期物质生产能力旺盛,增加了抽穗后群体的物质积累,不仅生物产量较高,而且提高了后期干物质积累量占产量的比重,因此能获得高产,显示了良好的施肥效益。

在剑叶露尖施肥的处理Ⅰ,抽穗前光合势无明显变化,净同化率略有提高,故抽穗期的干物质积累量较对照增长甚少。但抽穗后光合势下降缓慢,且净同化率高,显著提高了后期的物质生产能力,使抽穗至成熟期的物质积累量达到处理Ⅲ-Ⅰ与Ⅱ的较高水平,然而生物产量次于这两处理,所以亦难以达到高产。

2.1.2 物质分配

不同施肥处理的物质积累与产量高低还与物质分配有关。表2指出,在抽穗期各品种Ⅴ、Ⅳ、Ⅲ处理叶干重占总干重的比率较对照与Ⅲ-Ⅰ、Ⅱ及Ⅰ为大,过多地增加了叶量;相反,茎鞘干重所占比例却比这些处理均小,这说明不利于壮秆大穗。至于穗干重占总干重的比重,处理间似无明显趋势。

Ⅴ、Ⅳ、Ⅲ处理成熟期与抽穗期相比,叶片和茎鞘的物质分配率恰好相反,叶片干重占总生物产量的比率较对照等处理为低,茎鞘干重所占比率则高,结果必然导致穗干重所占比率降低,因而经济系数不高。此种情况下,即使获得较高的生物产量,经济产量亦不理想。Ⅲ-Ⅰ、Ⅱ及Ⅰ处理由于叶片延长了功能期,衰黄正常,叶片干重下降得少,同时茎鞘内物质运输率得以提高,促使茎鞘干重的相对比率缩小,而穗干重比率明显增长,提高了经济系数,所以Ⅲ-Ⅰ、Ⅱ及Ⅰ处理只要具有高的生物产量,即可获得高产。

表 1 不同穗肥处理生育中、后期的物质生产与积累

品种	处理	光合势/(万m²·亩⁻¹·d)	净同化率/(g·m⁻²·d⁻¹)	日增重/(g·穴⁻¹)	抽穗期干重/(kg·亩⁻¹)	抽穗期干重占生物产量/%	光合势/(万m²·亩⁻¹·d)	净同化/(g·m⁻²·d⁻¹)	日增重/(g·穴⁻¹)	成熟期干重/(kg·亩⁻¹)	成熟-抽穗期干重/(kg·亩⁻¹)	抽穗后积累与产量/%	产量/(kg·亩⁻¹)
南优2号	CK	10.12	5.09	0.849	773.6	78.67	8.04	2.71	0.48	983.4	209.7	45.02	465.83
	V	14.12	4.63	1.023	912.7	81.43	9.61	2.39	0.390	1 120.8	208.1	38.68	537.98
	IV	15.22	4.68	0.895	949.1	82.74	11.54	1.85	0.396	1 133.4	184.3	33.87	544.05
	III	14.92	5.10	0.903	912.7	81.78	12.51	2.37	0.453	1 116.0	203.3	36.22	561.35
	II	12.22	5.06	0.742	815.9	72.66	11.18	2.82	0.473	1 123.0	307.1	52.50	584.88
	I	10.52	5.26	0.737	804.1	72.32	8.96	3.25	0.549	1 111.9	307.8	51.68	595.48
	III-I	14.38	5.04	0.848	833.4	70.50	13.57	3.25	0.489	1 182.0	348.8	55.65	626.80
汕优3号	CK	11.18	3.99	0.578	771.6	76.39	8.37	2.17	0.401	1 010.1	238.5	45.17	528.03
	V	14.80	3.75	0.708	889.9	76.33	12.84	2.53	0.309	1 165.8	275.9	48.91	564.10
	IV	15.67	3.86	0.763	837.9	76.24	13.46	1.99	0.323	1 099.1	261.2	48.31	540.58
	III	13.91	4.99	0.875	877.9	81.66	10.17	1.86	0.366	1 075.1	197.2	36.7	537.35
	II	11.96	4.45	0.674	814.8	72.43	10.17	2.99	0.384	1 125.1	310.2	50.88	609.63
	I	11.39	3.58	0.683	795.8	70.81	10.07	2.74	0.465	1 123.9	328.1	56.12	584.88
	III-I	12.77	5.38	0.783	841.4	70.65	11.66	2.96	0.373	1 185.9	344.5	58.39	589.98
IR24	CK	10.91	4.76	0.601	599.2	55.79	9.16	1.90	0.401	1 074.1	474.9	84.05	564.98
	V	13.80	4.25	1.058	757.4	62.66	11.65	1.27	0.387	1 028.6	451.3	79.61	566.83
	IV	15.15	4.20	0.822	839.7	71.49	13.89	1.17	0.482	1 174.5	334.8	62.65	534.42
	III	13.67	5.10	0.856	700.6	59.49	9.92	2.14	0.470	1 177.7	477.1	82.85	575.89
	II	11.05	4.81	0.679	633.6	56.00	9.43	2.47	0.487	1 131.5	497.9	80.70	617.00
	I	11.61	4.80	0.679	629.0	55.75	9.45	2.76	0.506	1 128.0	499.0	86.10	579.53
	III-I	11.03	5.12	0.726	696.7	57.85	10.25	2.77	0.579	1 204.5	507.8	79.36	639.86
南京11号	CK	8.42	5.85	0.741	659.7	75.14	8.05	2.51	0.355	877.1	218.3	46.02	474.29
	V			0.901	812.2	81.20				1 000.3	188.1	38.02	494.68
	IV	12.29	5.91	0.801	737.0	73.73	10.44	1.39	0.305	999.5	262.5	55.21	475.49
	III	11.94	6.38	0.746	692.1	67.48	10.04	1.77	0.351	1 025.6	333.5	65.36	510.21
	II	10.04	6.20	0.816	677.9	63.79	8.94	2.96	0.374	1 062.8	384.9	73.64	522.64
	I	8.86	6.19	0.803	669.8	68.69	9.33	3.23	0.450	975.2	305.4	59.99	509.79
	III-I	8.71	6.27	0.893	682.4	68.28	10.90	3.63	0.374	1 078.5	396.1	72.27	548.04

表2 不同穗肥处理生育中、后期干物质分配(%)

品种	处理	抽穗期各器官干重占总干重百分率/%			成熟期各器官干重占总干重百分率/%			茎鞘最终运输率/%	经济系数
		叶	茎鞘	穗	叶	茎鞘	穗		
南优2号	CK	25.87	55.69	18.44	6.42	28.55	65.03	31.96	0.47
	Ⅴ	32.09	50.40	17.31	7.33	35.50	57.17	20.97	0.48
	Ⅳ	31.15	50.27	18.58	8.50	33.01	58.49	23.3	0.48
	Ⅲ	31.42	51.06	17.52	9.04	31.82	59.14	31.16	0.50
	Ⅱ	29.68	52.60	17.72	10.05	29.05	60.87	34.18	0.52
	Ⅰ	28.82	53.71	18.47	10.68	27.23	62.08	37.16	0.52
	Ⅲ-Ⅰ	29.10	52.79	18.11	9.86	27.51	62.64	33.97	0.53
汕优3号	CK	23.50	49.49	17.00	7.50	31.33	61.10	28.02	0.52
	Ⅴ	32.36	50.32	17.32	8.18	37.15	54.68	16.64	0.48
	Ⅳ	32.40	51.68	16.10	7.82	36.29	55.89	22.82	0.49
	Ⅲ	30.01	52.28	17.73	8.42	34.05	57.53	27.23	0.50
	Ⅱ	28.41	53.88	17.69	10.30	32.31	57.39	33.11	0.54
	Ⅰ	28.41	55.45	16.13	10.67	31.13	58.20	34.69	0.50
	Ⅲ-Ⅰ	29.36	53.23	17.41	9.45	31.26	59.28	40.28	0.50
IR24	CK	29.63	51.17	14.21	6.64	32.06	61.30	21.52	0.53
	Ⅴ	35.25	50.32	14.44	8.68	34.76	56.56	16.03	0.47
	Ⅳ	35.28	50.86	12.85	8.42	34.97	57.01	19.30	0.46
	Ⅲ	32.63	51.96	11.42	8.97	33.28	57.86	18.15	0.49
	Ⅱ	26.81	52.44	12.45	9.80	30.57	59.63	21.73	0.56
	Ⅰ	31.50	54.11	14.39	9.14	32.24	58.62	20.58	0.51
	Ⅲ-Ⅰ	32.93	52.66	14.41	9.54	31.39	59.07	21.79	0.53
南京11号	CK	27.60	53.45	18.96	7.70	30.54	61.76	33.78	0.54
	Ⅴ								0.49
	Ⅳ	34.19	47.35	17.86	7.35	31.61	59.05	27.78	0.48
	Ⅲ	34.63	48.65	16.75	7.07	31.08	61.85	24.98	0.50
	Ⅱ	33.00	49.64	17.36	8.61	28.74	62.61	34.15	0.52
	Ⅰ	27.46	54.77	17.77	8.42	28.81	62.77	28.30	0.52
	Ⅲ-Ⅰ	30.76	51.17	18.07	8.06	27.83	64.15	29.42	0.51

2.2 库、源关系

不同穗肥处理在物质积累与分配上形成上述结果的原因,还可以从"库"、"源"关系上进一步分析。稻谷(库)灌浆充实所需光合产物(源)主要来自于叶片。因此,用最大叶面积时的每平方厘米叶所承受的颖花数,即粒/叶(cm^2)可较好地揭示不同穗肥处理的库、源关系。以1981年16个品种(组合)与1982年4个品种(组合)稳长型的穗肥资料为例(表3),Ⅴ、Ⅳ、Ⅲ三处理最大叶面积指数与亩颖花量较对照均有明显的增加,但总颖花量的增加幅度远小于叶量,故降低了粒/叶(cm^2)比。

由于光合强度受到光合产物需求量的支配,增加颖花量即扩大库,进而扩大库对光合产物的需求量,使库对源形成较强的"拉力",促进叶片的光合生产力;相反,叶量增加过多,不但对群体叶片光合生产力无促进意义,甚至有害。因此,这三处理叶面积指数过高,库、源关系失调,净光合率

表3 稳长型不同叶龄期施用穗肥处理的叶面积指数和颖花量较CK增加的百分率(%)

年份	项目	V	IV	III	II	I	III-I	CK
1982 (16个品种)	LAI	8.51	8.28	7.98	6.75	6.41	7.19	6.14
	较CK增%	38.6	34.9	30.0	9.9	4.4	17.1	0.0
	总颖花量/(万·亩$^{-1}$)	2 679.0	2 664.4	2 605.1	2 426.87	2 427.18	2 656.48	2 249.4
	较CK增%	19.5	18.45	14.9	10.5	7.9	18.1	0.0
	粒/叶(cm²)	0.47	0.48	0.50	0.54	0.57	0.55	0.55
1983 (4个品种)	LAI较	7.61	7.38	6.78	6.42	5.96	6.71	5.76
	CK增%	32.0	28.03	20.63	11.57	3.1	16.99	0.0
	总颖花量/(万·亩$^{-1}$)	2 867.8	2 725.9	2 689.0	2 646.24	2 497.7	2 694.83	2 339.8
	较CK增%	20.0	16.5	14.92	13.09	6.7	15.17	0.0
	粒/叶(cm²)	0.55	0.55	0.59	0.62	0.62	0.60	0.61

小,所以抽穗后干物质积累少。同时,茎鞘中干物质量虽高,而向穗部的输送量较小。这样,即使亩颖花量较高,也终因空秕粒增多而致不能高产。

处理Ⅱ与Ⅲ-Ⅰ总颖花量与叶量几乎呈平行关系显著增加。不仅库大源足,而且较高的粒/叶(cm²)比值显示了库、源的协调性,于内在因素上为提高抽穗至成熟期的光合量创造了条件。在叶量不足的条件下,提高粒/叶(cm²)比,可增加后期物质生产力而提高经济产量,但因抽穗前物质基础差难以形成高产,处理Ⅰ就是佐证,尽管颖花量增加幅度大于叶量,但终出叶量与颖花量不高而导致产量不能达到最佳水平。

2.3 产量及其结构

2.3.1 产量比较

1981—1982年试验结果表明(表4),汕优3号等4个品种(组合)在中期稳长的条件下,处理Ⅴ、Ⅳ一般比对照减产或者平产。处理Ⅲ、Ⅱ、Ⅰ及Ⅲ-Ⅰ较对照均可增产,其中以Ⅲ-Ⅰ与Ⅱ增产率较高。从处理的产量位次来看,不同品种在不同年份间此两处理的产量均名列第一或第二。同时,同年内每品种此两处理的实际产量无显著差异,有些品种这二者的产量几乎是相等的。在中期生长不足的情况下,不同叶龄期施用穗肥均有程度不同的增产效应。其中处理Ⅴ与Ⅰ增产幅度较小,亩产提高0.5%~0.6%;Ⅲ及Ⅲ-Ⅰ处理增产率较高,单产增加10.5%~19.3%,其产量名次均列首位或第二;其次,处理Ⅱ与Ⅴ亦可比对照增产10%左右。

表4 中期稳长型不同叶龄期施用穗肥的增产效应

品种	项目*	年份	III-I	V	IV	III	II	I	CK
汕优 3号	产量	1981	628.8	533.45	537.3	590.6	609.8	584.9	544.3
	较CK±%		17.03	-1.98	-1.28	9.92	13.42	8.86	0
	位次		1	7	6	4	2	2	7
	产量	1982	543.0	542.95	492.45	527.7	540.8	535.8	503.6
	较CK±%		7.8	0.64	2.2	4.8	7.4	6.4	0
	位次		1	6	5	4	2	3	6

续表

品种	项目*	年份	Ⅲ-Ⅰ	Ⅴ	Ⅳ	Ⅲ	Ⅱ	Ⅰ	CK
IR 661	产量 较CK±% 位次	1981	656.0 20.27 1	561.9 3.01 6	562.2 3.14 5	562.9 3.14 5	654.8 20.05 2	613.3 12.43 3	545.5 0 7
	产量 较CK±% 位次	1982	497.9 13.01 1	442.7 −1.78 7	430.1 2.37 5	487.9 10.75 4	495.4 12.45 2	490.6 11.35 3	440.6 0 6
南粳 35	产量 较CK±% 位次	1981	550.9 6.43 2	500.7 −3.27 6	490.8 −5.19 7	490.8 −5.19 7	552.2 6.67 1	540.8 4.47 3	512.7 0 5
	产量 较CK±% 位次	1982	479.5 6.64 1	442.7 0.26 7	454.5 2.91 4	467.5 5.9 3	471 9.86 2	442 0.1 6	441.5 0 5
双城糯	产量 较CK±% 位次	1981	512.1 2.5 2	486.2 −2.62 6	481.6 −3.54 7	481.6 −3.54 7	515.1 3.16 1	504.8 1.04 3	499.3 0 5
	产量 较CK±% 位次	1982	504.7 13.2 1	456.2 2.05 6	462.4 3.74 5	479 7.52 3	482.5 8.19 2	491.5 4.71 4	445.7 0 7

* 产量单位为(kg·亩$^{-1}$)。

进一步分析 1983 年 9 个试验点 10 个品种(组合)的试验资料,不同穗肥处理,产量名次出现率较一致地重演前两年的结果(表 5)。中期稳长型仍以Ⅲ-Ⅰ及Ⅱ处理施肥效果最佳,其中Ⅲ-Ⅰ处理产量名列第一、第二的概率分别为 56.6% 及 27.8%,处理Ⅰ名列第一、第二的分别为 16.7% 与 50.9%。中期不足型以处理Ⅲ及Ⅲ-Ⅰ较好,Ⅲ产量为第一、第二位的概率分别为 90% 及 10%;Ⅲ-Ⅰ名居第一、第二的概率分别为 10% 与 60%。中期旺长型以处理Ⅰ为佳,其产量为第一、二位的概率最高,分别占 42.9% 与 28.65%(表 5)。

表 5 不同叶龄期施用穗肥的产量名次出现率(%)

生长类型	位次	处理				
		CK	Ⅲ-Ⅰ	Ⅲ	Ⅱ	Ⅰ
旺长型(7个品种)	1	28.6	0.0	0.0	0.0	42.9
	2	0.0	28.6	14.3	28.6	28.6
	3	0.0	42.9	14.3	57.1	0.0
	4	57.1	14.3	14.3	0.0	28.6
	5	14.3	14.3	57.1	14.3	0.0
稳长型(9个品种)	1	0.0	55.6	11.1	33.3	11.1
	2	0.0	22.2	22.2	44.4	11.1
	3	0.0	11.1	44.4	22.3	44.4
	4	22.2	11.1	22.2	0.0	33.3
	5	77.8	0.0	0.0	0.0	0.0

续表

生长类型	位次	处理				
		CK	Ⅲ-Ⅰ	Ⅲ	Ⅱ	Ⅰ
不足型(10个品种)	1	0.0	10.0	90.0	0.0	0.0
	2	0.0	60.0	10.0	20.0	0.0
	3	10.0	30.	0.0	70.0	10.0
	4	10.0	0.0	0.0	10.0	80.0
	5	80.0	0.0	0.0	0.0	10.0

2.3.2 产量构成因素分析

穗肥不同处理的产量构成因素表现是不一致的。从前两年16个品种看中期稳长条件下各穗肥处理的产量因素的平均值分析,施肥早的处理Ⅴ、Ⅳ、Ⅲ每亩穗数显著增多,增长率为10%左右;同时每亩总颖花数亦有所提高,增加3%~5%;但结实率明显下降,降低5%~9%以上;千粒重亦减轻2%左右。因此,这些处理较对照减产或平产或略增产。Ⅱ、Ⅰ及Ⅲ-Ⅰ三处理的亩穗数、穗粒数与结实率均有不同程度的提高,而千粒重略有下降,由于处理Ⅰ及Ⅲ-Ⅰ亩穗数提高6.0%~8.7%,较Ⅰ增长率高,故一般增产10%以上。

1983年9个试验点的结果(表6)指出,稳长型的处理Ⅲ、Ⅱ、Ⅰ及Ⅲ-Ⅰ的亩穗数与穗颖花数一致重演了前两年的增长趋势。结实率和千粒重表现出不显著的增减。中期生长不足型处理Ⅲ与Ⅲ-Ⅰ较对照显著提高了亩穗数与穗颖花数,而处理Ⅱ与Ⅰ对亩穗数增加作用较小。至于结实率与千粒重的增减,所有处理均不明显。在旺长型中Ⅲ、Ⅱ、Ⅲ-Ⅰ亩穗数均有所增加,但结实率却明显下降,同时穗颖花量增加较少或不增加。因此,结果减产或增产甚微,仅有处理Ⅰ提高了穗颖花数,且稳定了亩穗数、结实率与粒重,因而约增产5%。

表6 不同穗肥处理产量构成因素比对照增减百分率(1983年)

生长类型	处理	产量构成因素				
		穗数/(万·亩$^{-1}$)	每穗粒数	结实率/%	千粒重/g	实产/(kg·亩$^{-1}$)
不足型(10个品种)	CK	0	0	0	0	0
	Ⅲ-Ⅰ	4.8	5.0	−1.8	0.82	8.8
	Ⅲ	8.7	9.0	−0.5	−0.44	10.4
	Ⅱ	4.8	6.7	0	0.07	6.8
	Ⅰ	0.9	4.1	−1.7	0.7	2.2
稳长型(9个品种)	CK	0	0	0	0	0
	Ⅲ-Ⅰ	5.6	2.32	1.13	−0.81	5.29
	Ⅲ	5.2	2.18	−2.1	−0.15	4.41
	Ⅱ	4.5	2.74	−1.07	0	5.43
	Ⅰ	3.4	1.34	−0.22	0.04	3.89
旺长型(7个品种)	CK	0	0	0	0	0
	Ⅲ-Ⅰ	2.98	3.03	−3.44	−0.23	−1.10
	Ⅲ	5.45	0.30	−4.19	−0.90	−1.94
	Ⅱ	2.98	3.18	−0.37	−0.67	2.47
	Ⅰ	0.08	4.79	−0.49	0.08	4.86

2.4 穗肥施用的若干原则

以上述及的不同叶龄期施用穗肥对水稻生育以及产量形成的效应,为确定穗肥的合理施用提供了依据。

2.4.1 中期"落黄"指标的掌握

除了中期群体大小及株型优劣外,叶色是否正常褪淡"落黄",亦是确定穗肥施用的主要依据之一。因此,准确地掌握"落黄"指标显得十分重要。应用顶4叶与顶3叶叶色比较法,可以较正确地诊断群体叶色的"黄黑"变化。例如1981年汕优3号等4个品种(组合)倒5至剑叶期的叶色测定结果表明:中期稳长条件下,倒3叶期顶4叶叶色略深于或等于顶3叶,此时群体叶色褪淡,例如汕优3号倒4叶期的5.5下降到5.1级,至倒2叶期,群体叶色继续下降,这时顶4叶叶色等于或淡于顶3叶。不足型一般在倒5或倒4叶期,顶4叶叶色等于或略深于顶3叶,群体叶色褪淡,汕优3号从5.0级下降到1.8级;至倒3叶期顶4叶叶色浅于或等于顶3叶,群体明显"落黄",汕优3号叶色为4.5级。旺长型一般到倒2叶期顶4叶叶色略深于或相似于顶3叶,群体叶色开始下降,至剑叶期群体"落黄",顶4叶叶色等于或略小于顶3叶。

2.4.2 因苗施用穗肥

根据本试验设置的3种苗情及其中期叶色变化,联系水稻形态、生理以及产量形成对不同叶龄期穗肥处理的反应,综合归纳以下几点可作为合理施用穗肥的重要原则。

(1) 无论中期稳长、旺长或是生长不足,一般均需在群体"落黄"基础上施用穗肥,才能达到较好的增产效果和施肥效益,若在叶色未褪淡条件下施肥,则不利于个体与群体的协调生育,因而增产率较低或不增产,降低了施肥效益,甚至某些情况下有害无益。例如旺长型与稳长型倒5与倒4叶施肥减产的结果充分证明了这一点。

(2) 群体大小适中,株型紧凑而叶姿挺拔,一般多于倒3叶期叶色褪淡"落黄",此种中期稳长型的群体采取倒2叶一次重施穗肥或倒3叶至倒1叶分次轻施穗肥,亩颖花量和叶面积可以平行地显著增加,粒/叶(cm^2)比值大,有利于抽穗后形成较高的物质产量,获得较高的生物学产量与经济系数,因而可达到理想的增产效益。如果倒3叶期群体叶色显著"落黄",更宜应用穗肥分次轻施法,既增穗,又增粒,有利于较稳地获得高产。

(3) 在中期旺长、群体过大、叶片披垂、株型松散、仅有待群体叶色明显"落黄"、叶姿挺起的前提下,于剑叶抽出期视苗情轻施穗肥,可获得一定的增产效果。倘若中期过旺,叶色始终不能明显"落黄",穗肥则应不施。

(4) 群体茎蘖数少,植株矮而挺拔,群体叶色在倒5或倒4叶期即开始褪淡"落黄",表明中期生长量不足,穗肥应因苗在倒3叶一次重施或倒3至倒1叶期分次轻施。从本试验结果来看,如果群体小,叶色于倒5叶期即褪淡"落黄",于倒3叶期一次重施穗肥,增产效果最佳。

3 讨论

从根本上讲,穗肥的施用是为了水稻群体更好地利用光、热、土等自然资源,生产与积累更多的有机物质,形成较高的经济产量。但不同苗情下不同叶龄期施用穗肥的物质生产与积累状况是有显著差别的。因此,如何利用穗肥促使群体抽穗后的物质生产与积累,合高产、稳产、优质、低耗之理,有一系列的问题值得讨论。

3.1 穗肥必须极大地提高群体的物质生产力

对1981年16品种(组合)穗肥处理间抽穗后亩干物质积累量与产量关系进行分析,二者呈显著或极显著的正相关,这几乎是所有品种的共同特点。例如南优2号抽穗后增加干物质重与产量的相关系数:$r=0.7938$,汕优3号$r=0.6101$。由此可见,稳长型Ⅲ-Ⅰ与Ⅱ处理产量高与它们后期干物质积累量大密切相关。因此,穗肥施用应首先考虑到能否有效地提高抽穗后的物质生产力。

3.2 穗肥必须注意把抽穗期干物质积累量调节到适宜水平

分别分析不同品种(组合),穗肥处理间抽穗期干物质积累量与产量的关系,发现此期亩干物质积累量并不是越高产量越高,二者之间呈抛物线关系。在本试验条件下,抽穗期干物重,汕优3号与南优2号均为800~850 kg时产量最高。若亩干物质量高于或低于此值均不利于高产。因而穗肥的施用,考虑到是否恰到好处地调节中期生长量,无疑是有积极意义的。

3.3 因苗确定穗肥的主攻方向

根据上述两点的分析,从物质生产与积累角度来确定穗肥的主攻方向,不同苗情应相应区别:

(1) 旺长型中期物质积累量很高,因而提高抽穗后群体的物质生长量和运转量是穗肥的主要目标,所以一般剑叶期因苗适量轻施穗肥效果较为理想。

(2) 不足型前、中期生长量小,首先只有把抽穗期干物质积累量提高到一定水平,后期的高积累才有基础。穗肥的首要目的应是合理增加中期群体生长量,同时兼顾后期光合量增长。从倒3叶期开始用肥易于收到此种效果。

(3) 中期稳长型穗肥施用策略,要求中、后期干物质积累量均有较大的增长,但又侧重于后期干物质积累量极大增加。倒2叶重施或倒3至倒1叶分次轻追穗肥,是较符合上述目的的。

(4) 穗肥处理Ⅲ-Ⅰ叶面积指数增减平稳,中、后期均有较大的光合势和较高的净同化率,既保证中期达到合理的较高物质积累量,又有效地提高了抽穗后的物质生产能力。3年的试验证明,在稳长型与不足型中此处理均可获得高产。因此,这种平稳促进施肥法(即稳健促进法)在实现大面积高产稳产中可能有广泛的应用价值。

参考文献

[1] 杜金泉.水稻合理施用穗肥的研究.作物学报,1965(4):299-312.

[2] 高平,周万余,傅龙昌,等.水稻优质群体特点及其调控技术//凌启鸿主编.水稻群体质量理论与实践.北京:中国农业出版社,1995:287-292.

[3] 王余龙,蒋军民,蔡建中,等.高产水稻养分吸收规律与氮素调控机理研究//凌启鸿主编.水稻群体质量理论与实践.北京:中国农业出版社,1995:18-130.

[4] 凌励.水稻高产高效量化施肥技术初步探讨//凌启鸿主编.水稻群体质量理论与实践.北京:中国农业出版社,1995:135-142.

[5] 凌励.高产水稻养分吸收特点分析//凌启鸿主编.水稻群体质量理论与实践.北京:中国农业出版社,1995:131-134.

[6] 凌启鸿,苏祖芳,张洪程.水稻品种不同生育类型的叶龄模式.中国农业科学,1983(1):10-19.

[7] 凌启鸿,张洪程,苏祖芳,等.水稻不同叶龄期施用穗肥的研究.江苏农学院学报,1995,6(3):11-19.

[8] 苏祖芳,张亚洁,张娟,等.基蘖肥和穗、粒肥配比对水稻产量形成的影响//凌启鸿主编.水稻群体质量理论与实践.北京:中国农业出版社,1995:155-161.

[9] 陶其骧,罗奇祥,范业成,等.双季杂交稻高产施肥技术研究.江西农业科学,1993,5(1):29-35.

[10] 王成瑷.水稻早熟品种氮肥施用时期与比例的研究初报.吉林农业科学,1988(1):45-50.

[11] 潘国璋,王伯良,吴新生,等.水稻不同氮肥运筹对群体质量和产量的影响//凌启鸿主编.水稻群体质量理论与实践.北京:中国农业出版社,1995:162-166.

Study on Using Ear-fertilizer at Different Leaf-Age-Period in Rice

Jiangsu Cooperative Group of the Leaf-Age-Model of Rice

Abstract: In 1981—1985, this experiment was made in the different ecological districts of Jiangsu province, in which various type of more than twenty rice varieties were selected. Three kind of seedling statuses that were steadily-growing type, overgrowing-type and insufficiently growing-type were created in the middle stage of growing of each variety. After that every status had treatments: not fertilizing, three times topdressing at the third leaf and the second leaf as well as the first leaf sprouting period from the uppermost(one time per leaf, 5 kg ammonium sulphate per mu per time), one time topdressing(15 kg ammonium sulphate per mu)at the fifth, fourth, third, second, first leaf sprouting period from the uppermost respectively. According to the comparisons and analyses about the distribution and collection of dry matter and the sink-source relation as well as the yield components between treatments, the results were as follows:

(1) In the community of steadily growing type, the size of community was moderate, the posture of leaf blade was upright, the color of leaf blade became light green and light yellow at the third leaf sprouting period from the uppermost. If ear-fertilizer was used heavily at the second leaf sprouting period from the uppermost once or was used lightly at the third to the first leaf sprouting period from the uppermost in batches, the amount of spikelets and leaf area would have a parallel notable increase which was helpful to forming higher dry matter yield after earing stage and obtaining high grain yield with the best quality.

(2) In the community of insufficiently growing type, in which the amount of tillers was not enough, and the color of leaf blade became fight green and yellow, ear-fertilizer should be used heavily at the third leaf sprouting period from the uppermost or was used lightly at the third to the first leaf sprouting period in batches according to the seedling status.

(3) In the community of overgrowing-type, in which the amount of tillers was over-large and the leaf blade was drooped, only could the ear-fertilizer be used lightly at the first leaf sprouting period from the uppermost after the color of leaf blade became obviously yellow.

粳稻不同叶龄期施用氮素穗肥的效应

穗肥对水稻产量的形成有很重要的作用,1983—1985年我们进行了水稻不同叶龄期施用氮素穗肥的试验,研究其对营养器官和产量的影响,以确定最适宜的施用穗肥的叶龄期,为生产上合理施用穗肥提供科学依据。

1 材料与方法

试验在江苏农学院农场进行。土壤属砂壤土,地力中等偏上,供试品种为盐粳2号,全生育期145 d左右,主茎总叶数16.5叶,伸长节间数5个。1983年亩施硫铵10 kg作基肥。1984—1985年未施基肥。1983—1984年设5个不同叶龄期施用穗肥处理;1985年设10个处理:(1)不施肥(CK);(2)倒4至倒2叶;(3)倒3至倒1叶;(4)倒2叶至孕穗期;(5)倒5叶;(6)倒6叶;(7)倒4叶;(8)倒3叶;(9)倒2叶;(10)倒1叶。处理(2)~(4)的穗肥为分次等量施用,处理(5)~(10)为一次施用。施用量:1983、1984年为硫铵15 kg/亩,1985年为硫铵20 kg/亩。每处理重复3次,小区面积为0.02亩,小区间以土埂隔开。每亩基本苗按叶龄模式经验公式计算,水浆管理和病虫防治同于当地高产田。

试验期间定点调查茎蘖动态,在不同叶龄期施肥心叶抽出10%(Ⅰ型)和60%(Ⅱ型)时各挂牌50株,并于施肥后一周剥查测量心叶内各叶的长度。抽穗期测定叶面积、总颖花量以及枝梗和颖花结实与退化数,同时测定根系活力和干重。成熟期测量主茎叶片、节间长度。最后实收产量。

2 结果与分析

2.1 不同叶龄期施用穗肥对营养器官的影响

2.1.1 对叶片伸长的效应

水稻心叶内包含3张幼叶和一个叶原基,即n叶(心叶)定长,$n+1$叶迅速伸长,$n+2$叶及$n+3$叶进一步发育,$n+4$叶原基正在分化。在心叶(n叶)露出10%或60%时施肥,叶片伸长的效应均以$n+2$为极显著,如处理(7)Ⅰ型和Ⅱ型$n+2$叶长分别比对照增加83.7%和79.84%;施肥对$n+1$和$n+3$叶也有不同程度的影响。如处理(7)Ⅰ型和Ⅱ型$n+1$叶长比对用分别增加47.63%和16.31%,$n+3$叶长比对照分别增加34.15%和19.65%,Ⅰ型和Ⅱ型的差别在于肥效对

---

* 本文原载《江苏农业科学》,1986(12):1-3;作者:苏祖芳、陈德华。

心叶内叶长效应顺序不同，Ⅰ型为 $n+2$ 叶＞$n+1$ 叶＞$n+3$ 叶，而Ⅱ型为 $n+2$ 叶＞$n+3$ 叶＞$n+1$ 叶，可见在心叶伸出部分增大时施用氮素穗肥，其内部幼叶的伸长也向前移一个时位，这是与生长发育的时期密切相关的。

就定型叶片而言，由于施肥叶龄不同，受肥效影响的叶位也有变化。成熟期测定的叶长表明：倒 5 叶龄施穗肥，倒 4、倒 3 叶龄长与对照比增长极显著；倒 4 叶龄施穗肥，倒 3、倒 2 叶长与对照比增长显著；倒 3 龄叶施肥，倒 2、倒 1 叶龄长与对照比增长显著；倒 2 叶龄施穗肥，倒 2 叶龄增长显著。同时表明，Ⅰ型和Ⅱ型不同叶龄施肥的肥效均在施肥后 1 个叶龄起影响，倒 5 叶龄后影响范围达 2 个叶龄，而倒 6 叶龄施肥后，肥效可以影响 3 个叶龄。其原因可能倒 6 叶龄处于有效分蘖期，出叶间隔小，出叶速度快的缘故。分次施穗肥和 1 次施穗肥对叶长的效应一样达到显著程度，但前者增长绝对值比后者小，表明分次施肥的肥效比较平稳。

2.1.2 对节间和穗长长度的影响

试验结果表明，不同叶龄期施用穗肥对节间长度的影响，基本上为 n 叶出生时施用穗肥对该叶鞘所包的节间即基部第 1 节间伸长呈显著影响，Ⅰ型植株基部第 1 节间的长度比对照增加 48.32%。Ⅱ型比对照增加 49.0%，倒 4 至倒 1 叶各次穗肥对其节间长度比对照分别增加 16.93%、19.38%、11.52% 和 9.73%，Ⅱ型和Ⅰ型无差异。

不同叶龄期施穗肥对穗长的影响，由于生育进程关系，只有处理（8）、（9）、（3）、（4）达显著水平，穗长分别比对照增长 22.5%、12.6%、18.20% 和 18.50%。为了促大穗增加穗轴长度，应在上述叶龄范围内施用穗肥。

2.1.3 对根器官活力的影响

水稻生长中期是根量最大和吸肥吸水量最多的时期。根系活力的强弱直接影响到穗部性状和株型，根系活力可通过伤流强度（mm/茎·h）及根干重来反映。试验结果表明，处理（5）、（6）、（7）抽穗期伤流强度和根干重均比对照低，而处理（8）、（9）、（10）及（2）、（3）、（4）均高于对照，高出的幅度：伤流强度为 1.63%～32.57%，根干重为 7.91%～11.69%，其中处理（3）伤流强度最高，为 118.04 mm/茎·h；处理（3）和（10）根干重重均为 2.188 g/穴。以上说明倒 3 叶龄抽出后施用穗肥能有效地增强根系活力，促进地上部生长，保持上部功能叶寿命，增强光合作用强度和干物质积累，特别是对促进基部节间充实，防止颖花退化和增加稻穗长度，有着重要意义。

2.2 不同叶龄期施用穗肥对产量的影响

2.2.1 对产量的效应

试验结果表明，水稻不同叶龄期施用氮素穗肥，处理（5）、（6）、（7）比对照减产，减产幅度为 2.42%～13.31%，其他处理均比对照高产，其中以处理（3）产量最高，3 年的产量分别为 583.65、520.25、595.0 kg/亩，比对照分别增产 9.7%、6.04% 和 22.1%。其次为处理（9）、（8）、（4），比对照分别增产 8.08%～17.51%、13.9%～14.08% 和 12.55%。

2.2.2 对产量因素的影响

2.2.2.1 对穗数的影响。试验表明，穗肥对穗数和成穗率的影响与施肥叶龄有关（表1），在倒 4 叶龄前施穗肥有增穗的效应，倒 3 叶龄后施穗肥增施效应不明显而保穗作用加强，由于处理（5）、（6）、（7）、（8）特别是前三处理无效分蘖增加过多，最高茎蘖数分别比对照增加 81.32%、80.24%、52.69%、32.93%，上部几张叶片过分增大，中下部遮光，郁闭严重，导致分蘖大量死亡，成穗率降低。而处理(9)、(3)、(4)、(2)、(10)由于控肥较早,控制了无效分蘖的发生和促进了大分蘖健壮生长,从而提高了成穗率。在不同年份、不同地力条件下,其结果完全一致。

2.2.2.2 对穗粒数的影响。穗肥对每穗颖花数的影响,因施肥叶龄不同而有变化。处理(5)、(6)、(7)主茎穗颖花数比对照略多一些,而处理(8)、(3)、(2)、(9)、(10)、(4)分别比对照高29.41%、25.76%、27.03%、7.31%、6.8%和7.55%,尤以处理(8)、(3)、(2)增花效应最显著,此时施穗肥促进了二次枝梗和颖花的分化,而对一次枝梗影响小,变异系数仅3.6%。由于施肥叶龄不同对二次枝梗影响有较大差异,如处理(5)、(6)、(7)对二次枝梗影响极小,而处理(8)、(9)、(10)、(3)、(2)、(4)对二次枝梗影响极显著,比对照增加15.5%~60.19%,其中处理(8)、(3)、(2)即倒3叶及倒3至倒2叶,倒4至倒2叶施肥,促进二次枝梗的分化最多,这是由于倒3叶出生时正处于枝梗分化期,同时也因颖花分化和二次枝梗分化几乎是同一时期的,因而此时施用氮素穗肥均有促进二次枝梗和颖花分化的作用。

表1 不同叶龄期施穗肥对茎蘖数和成穗率的影响

项 目	处 理									
	(5)	(6)	(7)	(8)	(9)	(10)	(2)	(3)	(4)	CK
穗数(万/亩)	32.34	31.87	31.52	27.20	26.29	24.0	26.74	26.51	24.50	22.72
最高茎蘖数(万/亩)	48.48	48.16	40.80	35.52	30.56	28.0	30.72	29.72	28.84	26.72
成穗率(%)	67.65	66.45	77.25	76.58	86.03	85.7	85.41	89.20	84.95	84.90

不同叶龄期施氮穗肥保花作用也有差异,处理(7)的枝梗和颖花退化最严重,二次枝梗退化数比对照增加12.2%,颖花退化数比对照增加129.41%,其他处理枝梗和颖花退化数均较对照少。这是因为倒4叶时施肥促使无效分蘖增高,导致在稻穗枝梗和颖花分化时养分缺乏,因而分化的颖花退化增多;倒3叶出生时施穗肥,其肥效正在二次枝梗和颖花分化时直至孕穗时发挥作用,因而可以减少颖花退化数;倒2叶后施用穗肥已没有促进颖花增加的作用,但能有效地防止分化枝梗和颖花的退化,起保花增粒作用,可见在倒3、倒2叶出生时及倒3叶至倒1叶时分次施穗肥对增粒增重有明显作用。

由上可知,为了促进颖花分化,最有效的施肥期为倒3叶一次施穗肥或倒3至倒1叶、倒4至倒2叶分次施穗肥;而保花的有效施肥期为倒3至倒2叶一次施肥或分次施肥都能起到防止退化的作用。

2.2.2.3 对结实率和千粒重的影响。根据试验结果(表2),施穗肥叶龄早、结实率和千粒重降低,如处理(5)、(6)、(7),结实率分别比对照降低6.05%、5.69%和9.11%,处理(8)和(2)的结实率分别比对照降低2.48%和5.27%,穗肥越迟,结实率有提高的趋势,但和对照无显著差异,如处理(9)、(10)、(3)、(4)分别比对照增加0.62%、2.11%、0.43%和1.51%。因此,穗肥的施用,应在大穗的基础上考虑到结实率的高低。同时还表明施穗肥叶龄早,千粒重低,如处理(5)、(6)、(7)、(8)及(2),而施肥叶龄迟的,千粒重高,如处理(9)、(10)、(3)、(4),千粒重比对照增加1.2%~4.33%,其中以倒1叶施穗肥效果最显著。这表明倒3至倒1叶等量肥料分次施用和倒3倒2叶一次施用穗肥,由于穗粒结构协调,每穗粒数多,结实率和千粒重高。

表 2 不同叶龄期施用穗肥的产量结构

处理	穗数/(万·亩$^{-1}$)	每穗粒数	结实率/%	千粒重/g	理论产量/(kg·亩$^{-1}$)	实产/(kg·亩$^{-1}$)
(5)	32.34	85.2	84.75	20.12	469.85	427.05
(6)	31.87	84.6	85.20	20.06	460.80	428.95
(7)	31.57	84.3	82.02	21.03	409.95	475.50
(8)	27.20	119.6	88.00	20.75	592.20	555.95
(9)	26.29	107.9	90.80	22.67	589.35	572.95
(10)	24.00	108.2	92.14	22.90	541.35	509.60
(2)	26.24	120.4	85.48	20.14	543.90	519.3
(3)	26.51	126.4	90.63	22.53	606.85	595.0
(4)	24.50	109.1	91.60	22.22	519.55	548.45
CK	22.35	102.5	90.24	21.95	474.05	487.30

综上所述,水稻在倒 3、倒 8 叶出生时 1 次施用穗肥,有增加有效穗和每穗总粒数、提高结实率和粒重的作用,产量较高;在倒 6、倒 5、倒 4 叶出生时施氮素穗肥,无效分蘖增多,虽每亩穗数增加一些,但每穗粒数少,结实率低,粒重轻,导致减产;在倒 3 叶至倒 1 叶分次等量施肥,有利于有效茎蘖的生长,提高了成穗率,并因叶面积指数略增,促进了颖花数、结实率和粒重的增加,较能获得高产。

水稻叶龄模式栽培技术*

1 水稻叶龄模式的涵义与应用

根据水稻叶龄进程,模式化地揭示其一生的生育规律,数量化地确定其高产的主要生育指标,并使不同类型品种的栽培技术趋向规范化的高产栽培理论与技术体系,叫做水稻叶龄模式。

水稻叶龄模式自1981年建立以来,除在江苏省大面积应用外,还相继于上海、安徽、湖南、山东、福建、辽宁、广西、新疆等21个省、自治区、直辖市推广,效果显著。这项成果曾获江苏省重大科技成果一等奖和国家级科技成果进步奖。至1985年,累计应用面积5 900万亩,平均增产12%,农本降低5%~11%,获得的总经济效益达13.3亿元。1986年全国采用叶龄模式栽培的水稻超过2 600万亩,其中江苏应用面积已占水稻总面积的76%。

水稻叶龄模式在其他方面也有广泛的应用价值。例如江苏连云港、徐州等地应用它指导杂交稻制种,制种产量均有显著提高。

2 水稻生育进程的叶龄模式

2.1 主茎总叶数和伸长节间数

水稻生长发育的进程,如分蘖期长短,有效分蘖临界期,第一节间伸长期(生物学拔节期),以及生育型(拔节与穗分化的关系)等,在形态上受主茎总叶数和地上部伸长节间数所制约。总叶数不同的品种,同一叶龄值时生育进程不同;总叶数相同而伸长节间数不同的品种,同一叶龄值时的生育进程也不尽相同;只有总叶数和伸长节间数相同的品种,一生各叶龄值时的生育进程才完全相同。因此,首先应掌握不同类型品种的主茎总叶数与伸长节间数的关系,才能运用不同的叶龄值,准确地诊断水稻的相关生长状况。我们对69个品种在江苏正常播期、肥水条件良好的栽培条件下观察表明,水稻主茎总叶数和伸长节间数之间,具有一定的变化规律,大体可归纳为"普通型"和"特殊型"两种类型。

普通型:通常情况下,水稻伸长节间数约为其主茎总叶数的1/3;按其生育期的长短,可分为早、中、晚稻三组,根据各组主茎总叶数的多少,又可分为早、中、晚熟类型。

(1)早稻组:主茎总叶数为9~13片,其中:特早熟品种,主茎总叶数9~10叶,在9叶情况下,绝大多数为3个节间;10叶情况下,为3~4个节间;早、中熟品种,主茎总叶数分别为11及12叶,

---

* 本文原载《农业十项推广技术》,北京:学术期刊出版社,1988;作者:凌启鸿,苏祖芳,张洪程,蔡建中,何杰升。

伸长节间数一般为4个；晚熟品种，主茎总叶数为13叶，伸长节间数为4个，少数有5个的。

表1 水稻不同品种在正常播期、肥水良好条件下主茎总叶和伸长节间数

类型	熟期	总叶数	节间数	品 种 名 称
普通型	特早熟早稻组	9	3	二九陆1号，二九南2号
		10	4-3	二九陆1号，二九南2号
	早稻组	11	4	矮南早1号，二九青，窄叶青，公交36，圭陆矮8号
		12	4	原丰早，矮南早39，福矮早20，九矮早20，九矮早1号，圭陆矮8号，富士光，有芒早沙粳
		13	4-5	广陆矮4号，团粒矮，矮南特，陀沿矮，矮南早39号，原丰早，先锋1号，竹系26，吓一跳，科情3号
	中稻组	14	5	珍珠矮，南京11号，中农4号，南京1号，农垦46，北陆12号，野地黄金，"74-02"
		15	5	珍珠矮，南京11号，北广17，农垦46，南粳34，"70-52"，扬糯5号，"74-02"，金刚30号，"738"，"748"
		16	5-6	农垦57，桂花黄，黄壳早廿日，洋早十日，金刚30号，东亭3号，"738"，"748"
	晚稻组	17	6	沪选19号，武农早，江西晚，香粳糯，双城糯，宇红3号
		18	6	老来青，农垦58，农虎6号，双城糯，宇红3号，根思稻，嘉粳762
		19	6-7	老来青，农垦58，根思稻，昆稻2号
		20	7	昆稻2号
特殊型	中稻组	15	5	"77032"（南粳35）
		16	5	南粳35，IR26，南优2、3号，汕优2、3号
		17	5	IR8，IR24，IR661，IR26，南优2、3号，汕优2、3号，泗优6号，威优2号，赣化2号
		18	5	IR6，IR24，IR661，南优2、3号，汕优2、3号，泗优6号，赣化2号，佳雅

(2) 中稻组：主茎总叶数为14～16叶；早、中熟品种，在14～15叶的情况下，伸长节间数为5个；晚稻品种16叶，伸长节间数为5～6个。

(3) 单季晚稻组：主茎总叶数为17～20叶，伸长节间数为6～7个；早、中熟品种，主茎17～18叶，伸长节间数为6个；晚熟品种19叶，伸长节间数为6～7个；有些晚熟品种主茎总叶数可达20叶，伸长节间数为7个。

上述各组中的晚熟品种群，其伸长节间数，常会出现前后两组交叉的情况，如16叶的中粳稻，伸长节间数为5（中稻组）～6个（跨入晚稻组），密穗型品种（如桂花黄）常以6个为主；19叶的晚熟晚稻，伸长节间数为6（晚稻组）～7个（跨入特晚熟组），密穗型品种（如昆稻2号）常以7个为主。各类品种在变更播种期总叶数发生变化时，伸长节间数也按上述关系相应地增减，如15叶的中粳稻（5个伸长节间）作双晚栽培时，主茎总叶数缩减为12叶，其伸长节间数亦减少为4个。

特殊型：目前生产上应用的IR24、IR661，以及由它配制的南优、汕优、泗优、矮优、威优、赣化2号等杂交稻组合，因播期、栽培条件不同，主茎总叶数变动在15～18叶，但伸长节间数均为5个。

以国际稻作亲本育成的佳雅(18叶),籼粳杂交种如密阳23(17叶)、77032,主茎总叶片数可变动在15～17叶,伸长节间数也为5个。这类品种和组合,伸长节间数相对稳定为5个,因此,我们把它称为特殊型。

上述归纳,只是为了帮助人们记忆和应用而已。事实上,也还存在着其他的类型。例如美国的早熟稻特矮,具有11叶,但它却只有3个伸长节间;非洲的浮水稻品种印支红稻,具有23～28叶,伸长节间数一般为总叶数的1/2。

通常,主茎总叶数越多的品种,实际生育期越长;反之,则越短。总叶数和伸长节间数相同的各品种、叶龄相同时,其所处生育期,各部器官的分化发育,生理年龄也相同。因此,搞清叶片及其伸长节间数,就在于把错综复杂的品种,归纳到不同生育类型的叶龄模式上来。在水稻栽培过程中,只要按品种类型把握其叶龄进程,对指导生产,具有较普遍的意义。

2.2 叶龄与器官建成

2.2.1 穗分化进程的叶龄期

据研究,不管品种的总叶数多少,穗分化开始(苞原基分化)的叶龄余数值都是在3.5左右,亦即倒4叶出生的后半期;倒3叶出生的过程为枝梗分化期(包括一、二次枝梗分化),倒2叶出生过程为颖花分化期(包括颖花原基及雌雄蕊分化);剑叶出生的中、后期为花粉母细胞形成及减数分裂期,孕穗期为花粉粒充实完成期。所以,用倒数叶龄值(叶龄余数)去诊断不同类型品种的穗分化,简捷而准确。例如苞原基分化期处于倒4叶出生的后半期,这对12叶品种为9叶出生后半期,对14叶品种为11叶出生后半期,对19叶品种为16叶出生的后半期等。只要人们知道了品种的主茎总叶数,就可推算出穗分化各期所处的叶龄期。

苞原基分化至颖花分化期,是分化增多颖花量的时期,称颖花增加期,相应的叶龄期为倒4叶至倒2叶抽出期。欲增加颖花量,措施的效应必须发挥在这一时期内,并需在此之前打下良好的营养生长基础。花粉母细胞形成至花粉粒充实完成期颖花数不再增加,反而发生退化,故称为颖花减退期。欲防止颖花退化,增加每穗结实粒数,措施效应必须发挥在剑叶抽出至孕穗这个时期内。错过了上述的相应叶龄期,都不能达到"促花"与"保花"的预期目的。

2.2.2 地上部节间伸长的叶龄期

水稻基部第一节间伸长期,称为生物学拔节期,各个节间伸长期的叶龄期,符合心叶(N叶)抽出,在其下方的第1叶($N-1$叶)和第2叶($N-2$叶)之间的节间伸长的同伸规则。由于不同品种的主茎伸长节间数不同、变异在3～7个节间,故可简化用倒数叶龄期(由剑叶向下数),即基部第一节间的伸长期的倒数叶龄期,为品种的伸长节间数(n)减2,即$n-2$的倒数叶龄期,伸长节间数为4、5、6、7的品种,其第一节间迅速伸长期分别处于倒2,倒3,倒4及倒5叶的出生过程中。例如12叶、4个伸长节间的早稻,其第一节间伸长应处于11叶(倒2叶)抽出的过程中,即11叶期为拔节始期,用△表示。同为5个伸长节间的品种,杂交水稻有17叶,在15叶(倒3叶)抽出期,为拔节始期,用△表示;而只具有15叶的中稻,在13叶(倒3叶)抽出期为拔节始期,用△表示。同理18叶、6个伸长节间的晚稻,在15叶期(倒4叶)为拔节始期△;20叶、7个伸长节间的特晚熟品种,在16叶(倒5叶)期为拔节始期△。

在拔节始期叶龄期以后,每出一叶,伸长节间的位置相应提高一位。故在拔节开始后各个叶龄期之下,都有与它同伸的节间次序数。且不论品种的总叶数和节间数多少,孕穗期总是顶上第二节间的迅速伸长期;抽穗期总是最上一个节间,即穗下节间迅速伸长将穗顶出剑叶鞘。

基部第一节间内的大维管束数目(和穗部的一次枝梗数有密切正相关关系,维管束数目多,是形成大穗的基础),在主茎总叶数(N)减伸长节间数(n)叶龄期时,已被确定。例如17叶、5个伸长节间的杂交水稻,在12叶期(17－5＝12)时已被确定,它们的分化形成当然应在此之前的有效分蘖期。

因此,水稻生育进程叶龄模式,能帮助了解各类品种茎秆组织分化和各个节间伸长的具体叶龄期。例如,为促进组织分化形成较多的大维管束,一切措施效应在 $N-n$ 叶龄期前发挥;而为了控制基部一、二节间的伸长以防止倒伏,肥水的效应一定要发挥在拔节始期的叶龄期(△)前后,而采取控制措施应稍前进行。

2.2.3 有效分蘖的临界叶龄期

主茎出叶与分蘖发生存在 $N-3$ 的同伸关系,即 N 叶(心叶)抽出,在其下方第三叶($N-3$ 叶)叶腋内发生分蘖,各品种的分蘖始期,一般最早始于主茎第4叶(4/0)抽出期,在1/0叶位上发生分蘖,故以 4↑ 示之。

有效分蘖发生的临界叶龄期,根据观察结果,是按母茎基部第一节间伸长时,具有4片叶以上的分蘖初具自生根系而能独立营养的原理确定的。这样,在群体适宜的情况(不过早封行)下,有效分蘖发生的临界叶龄期应在拔节叶龄期(△)之前的第3个叶位上,该叶龄期恰为主茎总叶数(N)减去伸长节间数(n)叶龄期。例如,一生具有13叶、4个伸长节间的广陆矮4号,有效分蘖的临界叶龄期为第9/0叶((13－4＝9)抽出期,以 ⑨ 表示;若该品种长出5个节间,则为第8/0叶抽出期,以 ⑧ 表示。一生15叶、5个伸长节间的南京11号,其有效分蘖临界叶龄期为第10叶期(⑩);17叶、5个伸长节间的杂交水稻,其有效分蘖临界叶龄期在12叶期(⑫);同理,18叶、6个伸长节间,或19叶、7个伸长节间的单季晚稻,其有效分蘖临界叶龄期均在12叶期(⑫)。

必须指出,群体的有效分蘖临界叶龄期还受基本亩数及肥水条件的影响而有迟早;密度过大时,有效分蘖临界叶龄期比上述叶龄期大为提前;而基本苗数不足或晚发时,有效分蘖的实际终止期会比上述叶龄期推迟0.5～1个叶龄,亦即可以争取部分在母茎拔节开始时只具有3叶的动摇分蘖成穗。

大量的高产实践证明,群体的总茎蘖数在有效分蘖临界叶龄期($N-n$)及其稍前一个叶龄期达到预期的穗数,是保证足穗,个体健壮,群体适宜的重要数量指标之一。例如17叶、5个节间的杂交稻,其每亩适宜穗数为18万～20万,在12叶或11叶(稍前一个叶龄)期,群体的总茎蘖数能达到18万～20万最为理想。过早够苗,常造成群体过大,过迟够苗,穗数常不足,均不易高产。

此外,在 $N-n$ 有效分蘖临界叶龄期以前,正是茎基部节间的大维管束等组织分化期,促进有效分蘖早发,不仅能保证足穗,同时也能为形成壮秆大穗奠定基础。因此,一切促进早发的措施效应,必须作用于 $N-n$ 叶龄期之前;过了这个叶龄期,会过多地促进无效分蘖等器官的生长,弊多利少。

2.2.4 叶龄进程与根系的发生

水稻在分蘖期按 $N-3$ 的同伸规则发根,主茎的次生根最早发生于4/0叶出生期;拔节后,按 $N-4$ 的同伸规则发根。故最上一个节位的根(着生于基部第一伸长节间基部),主要是在基部第一伸长节间的叶片出生后的第4叶抽出期发生的。这样,不同伸长节间的品种,它们的最高节位发根期所处的生育阶段差异较大。4个节间的品种,处于抽穗至乳熟期,5个节间的品种处于孕穗至抽穗期,7 个节间的品种则处于倒 2 叶至剑叶出生期。

水稻的根系,因发根节位不同及形态和功能上的差异而分为上层和下层根两组。上层根是指最上 3 个发根节位上发生的根系,一般始于拔节叶龄期前 1 个叶龄期,结束于拔节叶龄期后 3~4 个叶龄期,可见上层根的发生是和穗分化同时进行的,品种类型之间也有差异,5 个节间的品种和穗分化同步,6 和 7 个节间的品种始于穗分化前,4 个节间的品种始于穗分化之后。

抽穗后,上层根在数量上占绝对多数,在生理年龄上是较"年轻的新根",具有较强的吸收功能,是生育后期最主要的功能根系。这一组根的发生,从开始到结束历时 5~6 个叶龄期,但节间数不同的品种其发生的起迄叶龄不同。12 叶、4 个节间的品种,从 10 叶龄期开始,直至抽穗期,以 10、⚠4、12、孕穗、抽穗表示;15 叶、5 个节间的品种,从 12 叶龄期起至孕穗期,以 12,⚠,14,15,孕穗表示;其余类型的品种以同法表示。上层根发生的数量多,活力强;穗大,结实率高,粒重亦重。

上层根以下为下层根组,是在移栽后至分蘖末期内发生的,这组根发生多,分蘖也多。上层根发生后,下层根仍能继续发生分枝,对穗的发育和结实灌浆仍起积极的作用。在生育的中、后期,促进上层根生长和提高其功能的一切措施,对下层根也同样是有效的。

2.3 不同品种类型生育进程的叶龄模式

综合以上各部器官建成的叶龄进程的同伸和同步关系,把江苏省繁多的品种归类,用简易的叶龄模式表示(表2)。人们只要记住所栽培品种的总叶数和伸长节间数,就可在表2中找到它应属于哪一组,并知道它在各个叶龄期所处的生育进程,及其正在生长着的器官建成状况,为确定合理的栽培模式,以及相应的促控技术提供依据。

表 2 水稻不同类型生育进程的叶龄模式

组别	品种											稻穗分化期				孕穗	抽穗
特早熟组	9~10 叶 (以 10 叶作代表) 3~4 个伸长节间	(出叶次序)				1	2	3	↙4	5	⑥	⑦	8	⚠	⚠	孕穗	抽穗
		(节间伸长次序)									(3 个)				1	2	3
											(4 个)			1	2	3	4
早稻组	11~12 叶 (以 12 叶作代表) 4 个伸长节间			1	2	3	↙4	5	6	7	⑧	9	10	⚠	12	孕穗	抽穗
														1	2	3	4
	13 叶 4~5 个伸长节间		1	2	3	↙4	5	6	7	⑧	⑨	10	⚠	13	孕穗	抽穗	
		(4 个伸长节间)												1	2	3	4
		(5 个伸长节间)												1	2	3	4	5
中稻组	14~15 叶 (以 15 叶作代表) 5 个伸长节间		1	2	3	↙4	5	6	7	8	9	⑩	11	12	⚠	14	15	孕穗	抽穗
															1	2	3	4	5
	16 叶 5~6 个伸长节间	1	2	3	↙4	5	6	7	8	9	⑩	⑪	12	⚠	⚠	15	16	孕穗	抽穗
		(5 个伸长节间)													1	2	3	4	5
		(6 个伸长节间)												1	2	3	4	5	6

续　表

晚稻组	17～18叶 （以18叶作代表） 6个伸长节间			1	2	3	↙4	5	6	7	8	9	10	11	⑫	13	14 ⚠	16	17	18	孕穗	抽穗
																		1	2	3	4	5	6
	19叶 6～7个伸长节间		1	2	3	↙4	5	6	7	8	9	10	11	⑫	⑬	14 ⚠ ⚠	17	18	19	孕穗	抽穗
										（6个伸长节间）								1	2	3	4	5	6
										（7个伸长节间）									1	2	3	4	5	6	7
特晚熟组	20叶 7个伸长节间	1	2	3	↙4	5	6	7	8	9	10	11	12	⑬	14	15 ⚠	17	18	19	20	孕穗	抽穗
																		1	2	3	4	5	6	7
特殊型组	15～18叶 （以17叶作代表） 5个伸长节间			1	2	3	↙4	5	6	7	8	9	10	11	⑫	13	14 ⚠	16	17	孕穗	抽穗
																		1	2	3	4	5
图型	以16叶、5～6个伸长节间品种为例 ↙4：开始分蘖的最低叶龄期为4/0叶期 ⑩：6个伸长节间品种的群体有效分蘖临界叶龄期为第10/0叶期 ⑪：5个伸长节间品种的群体有效分蘖临界叶龄期为第11/0叶期 ⚠：6个伸长节间品种拔节始期在第13叶期，其下方1为第一节间伸长，⚠为5个伸长节间品种的拔节叶龄期，其下方1为第一节间伸长，13、14、15、16、孕、抽：表示5个节间品种最上三台根的发生期（其余各类型品种的符号均同上述表示）																	苞分化期顶←叶后半期	枝梗分化期	颖花分化期	花粉母细胞形成及减数分裂期	花粉充实完成期	

3　叶龄进程与培育叶蘖同伸壮秧

不同类型品种，对秧龄长短、秧苗形态以及生理状态等方面均有一定的要求，用叶龄模式指导育秧，对适龄壮秧及其培育的关键技术，均有明确的指标和要求。

3.1　适宜的秧苗移栽叶龄

秧龄，习惯上常用天数来表示，但由于播期早迟，气温高低不同，同样的天数，叶龄相差很大，而用叶龄表示秧龄，则较能正确反映秧苗的生理年龄。

不同类型品种，应根据当地最佳抽穗期来确定适宜播种期。由于受前茬离田的早迟影响，秧龄有长短之分，这就产生了秧苗适龄范围和最大秧龄的极限问题。根据出叶与发根的同伸规则，5(4.5)叶期的秧苗，发根力较强，可作为各类品种拔秧移栽的起始叶龄期。2(1.5)叶期的秧苗，胚乳养分残存率在45%以上，如采用温室无土育秧，此时是寄秧的适期，可借助较多的残存胚乳发根，活棵快，能于5叶龄期普遍分蘖，易于培育多蘖壮秧。2.2叶龄3叶期的秧苗，胚乳残存率养分不足10%，体内养分积累又少，发根力弱，只宜带土带肥移栽。

关于适龄秧苗叶龄上限值，各地的观察表明，只要密度适宜，在移栽后至少能长出3张叶以后才开始拔节的秧苗，均可获得高产。这时的叶龄值恰为$N-n-1$，正是基部节间内的大维管束数被确定的叶龄期，亦是有效分蘖临界叶龄期前一个叶龄期。在此叶龄期以前移栽，只要秧苗健壮，移栽密度合理,均可获得高产,可作为最大移栽秧龄期,此叶龄期以前均可作为适龄秧范围。例如,12叶、4个伸长节间的早稻品种,其最大秧龄为7叶期(12－4－1＝7);17叶、5个伸长节间的杂交水稻,其最大秧龄为11叶期。不同总叶数和伸长节间数的品种可依此类推。

3.2 叶龄进程与壮秧指标

壮秧具有较强的发根力和抗植伤能力,移栽后活棵返青快、分蘖早而强壮,是足穗早熟的重要条件。壮秧茎内分化形成的大维管束较多,是形成大穗的组织结构基础。

关于壮秧的诊断指标,可以用适龄范围内的叶蘖保持基本同伸关系来衡量。秧苗进入分蘖叶龄期后,分蘖状况是反映生育状况的一项综合性指标。分蘖一旦受阻,表明个体生长被削弱,分蘖一旦开始死亡,则表明个体进一步被削弱。因此可选择秧田内秧苗基本保持叶蘖同伸这一指标,如秧田分蘖一旦停止,就应及时移栽(图1)。在应用上,可定点查苗,每一叶龄查一次。发现茎蘖数停止增加时,可认为是该秧苗的移栽临界叶龄期,如果此叶龄期不移栽,苗质下降,产量就会降低。各地试验表明,茎叶停滞状况不同的秧苗,不同品种均以秧苗茎蘖停滞时的叶龄期移栽产

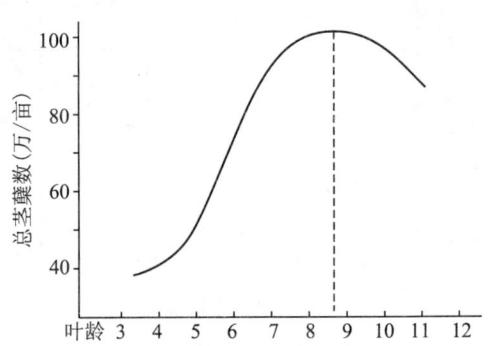

图1 秧田群体茎蘖动态(每亩播量10 kg)
图中虚线指移栽适期的叶龄

量最高,茎蘖停滞后1个叶龄期移栽,平均减产4.78%,茎蘖停滞后2个叶龄期移栽则减产9.23%。

3.3 秧苗移栽叶龄与密度

秧苗适宜移栽叶龄,就是秧苗群体茎蘖停滞期主茎叶龄值,主要决定于播种密度。播种密度大,停滞期出现早,叶龄小;反之,停滞期出现晚,叶龄大。这是因为:播种密度大,群体提早郁蔽,苗体内有机营养缺少,基部叶片枯黄,分蘖停止,并出现消亡。据研究,不同播量秧苗茎蘖停滞期的叶面积指数基本一致,一般为4.0左右。在4以下时秧苗能正常分蘖,当超过4.5时,分蘖即相继停止。因此,只要根据不同茎蘖停滞叶龄期秧苗个体的平均叶面积的试验数据,就可求出不同叶龄移栽的秧苗适宜苗数。如汕优3号于6叶龄期移栽,每亩播量应为12.5～15.0 kg,7叶期移栽为10.0～12.5 kg,8叶龄期移栽为7.5～10.0 kg。常规水稻品种,在3叶龄期移栽(温室育秧或工厂育秧),其播量为每亩400～500 kg,4叶期移栽的为100～150 kg,5叶期移栽的为50～75 kg,6叶龄期移栽的为35～40 kg,7叶龄期移栽的为25～30 kg,8叶龄期移栽的不宜超过25 kg。

在上述播量下,由于个体健壮,带蘖较多,本田基本苗可适当减少。而栽足的每亩总茎蘖苗能可靠地实现预期穗数,并不需要增加秧田面积。

3.4 叶龄进程与肥水管理原则

培育叶蘖同伸壮秧,应根据叶龄进程进行施肥和灌溉。

3叶露尖时胚乳养分行将耗尽,是有机营养"青黄不接"的困难时期。因为蛋白质(氮源)早在1叶1心期已基本分解完毕。而氮素营养又必须以碳素营养为骨架,才能进一步合成蛋白质(得氮耗糖效应),供扩大株体和提高光合功能,并增加碳素营养积累(得氮增糖效应)。因此,幼苗期的供氮宜早不宜晚,最好在出苗期就能得到氮,以便在1～3叶龄期加速胚乳中的碳素营养输出,建

立较大的营养体,缓和离乳期有机养分供求上的矛盾,使稻苗及早进入超重期,4叶期能按期发生同伸分蘖。而且1~2叶期苗体较小,群体内光照充足,得氮有利于形成矮而壮实的秧苗。

为此,秧田的基肥中有足够的速效氮肥,和适当的磷钾肥,并在1叶1心期前施用断奶肥,就可保证出苗至2叶期前吸收到足够的氮素营养,3叶期后发挥得氮耗糖,形成壮苗的作用。秧苗进入4叶期,应捉黄塘促平衡。基肥、断奶肥及接力肥的施用是否合理,对6叶期以上的秧苗来说,以能否在移栽前5~7天叶色褪淡为原则,移栽前能正常褪色的,既为提高抗植伤力积累较多的碳素营养,又为施好"起身肥"提供物质基础。"起身肥"于移栽前0.5~1叶龄施用,达到"肥入苗体,叶不转嫩"的程度时移栽,既促进发根,又具有较强的抗植伤力。

秧田灌溉应根据不同叶龄期生长与需水特点进行。2叶期以前的秧苗,促进扎根立苗是主攻目标,以便能为3叶期进入独立营养创造必要的条件。对萌发中的种谷供给充足的氧气,是促进扎根的关键措施,因此,落谷后至2叶期,应掌握湿润灌溉的原则,秧板上不能建立水层。只有当芽期出现霜冻,2叶期出现低于2~4℃的低温时,才需进行短暂的灌水护(芽)苗,并应采取夜灌(保温)日排(增温供氧)的方法。如低温时久灌不排,会造成绵腐病烂秧。3叶期起秧苗需要有充足的肥水供应,造成土壤的嫌气条件,能使土壤中的氮素以铵态存在,有利于秧苗吸收;同时还可以抑制土壤中腐霉菌活动,防止青枯死苗。

秧田期正确的灌水,总起来讲,除了盐碱地以外,基本上可概括为:1叶期基本上不灌水;2叶期跑马水;3叶以后保持浅层水,后水不见前水。

4 水稻高产群体茎蘖动态的叶龄模式

水稻高产栽培的关键在于培育形成一个既利于实现适宜穗数,又利于个体生长健壮、高光效、高积累的群体。调节和控制群体茎蘖动态,是实现这一目标的重要方面。为此,必须确切地掌握品种有效和无效分蘖发生的临界叶龄期,并研究其不同条件下的实际指标,有效地控制茎蘖合理发展。

4.1 准确划分高产群体的有效分蘖临界叶龄期

在适宜群体下,水稻有效分蘖临界叶龄期为 $N-n$ 叶龄期左右。$N-n$ 叶龄期发生的分蘖,至拔节叶龄期时,已具有自生根系。据观察,拔节期分蘖的发根率为:IR24 3叶蘖占13%~66%,4叶蘖占86%~97%,双城糯3叶蘖占18%~66%;4叶蘖占100%;2叶蘖均不具根系。其他品种类同。$N-n$ 叶龄期以前发生的分蘖,成穗的可靠性大,故将 $N-n$ 叶龄期称为有效分蘖临界叶龄期。但 $N-n+1$ 叶龄期发生的分蘖,有时也能成穗,故把 $N-n+1$ 叶龄期称为动摇分蘖叶龄期。

在群体条件下,有效分蘖临界叶龄期,因基本苗多少,肥、水管理水平高低等而有早迟。基本苗多时,于 $N-n$ 叶龄期前几个叶位达到预期穗数的茎蘖数;基本苗不足时,有效分蘖临界叶龄期往往推迟到 $N-n+1$ 叶龄期;基本苗适宜时,恰于 $N-n$ 叶龄期或稍前一个叶位够苗,总茎蘖数和最后穗数相等。例如,我们于1981年观察IR 24在不同基本茎蘖数下的有效分蘖叶龄期的变化(图2)为:平均总叶数16.5叶(16及17叶植株各半),5个伸长节间,其有效分蘖临界叶龄期的理论值为11.5,亦即在10.5~11.5这一叶的抽出期,该叶出生的中期叶龄值为11.00。在基本茎蘖苗较多(16.61万/亩)时,提前到9.3叶龄期够苗(较10.5早1.2叶龄),穗虽多而穗小;当基本茎蘖苗数较少((5.46万/亩)时,有效分蘖叶龄期推迟到12.3叶龄,比11.5叶龄期迟0.8个叶龄,穗数不足;

而基本茎蘖苗适宜(11.42万/亩)时,恰于$N-n$叶龄期够苗。同年,在19叶7个伸长节间的双城糯品种上观察到,基本苗适宜时,群体有效分蘖叶龄期处于12叶出生期内(19-7=12),而在基本苗不足或迟发的条件下,13叶龄期(19-7+1=13)发生的分蘖,有部分可以成穗。

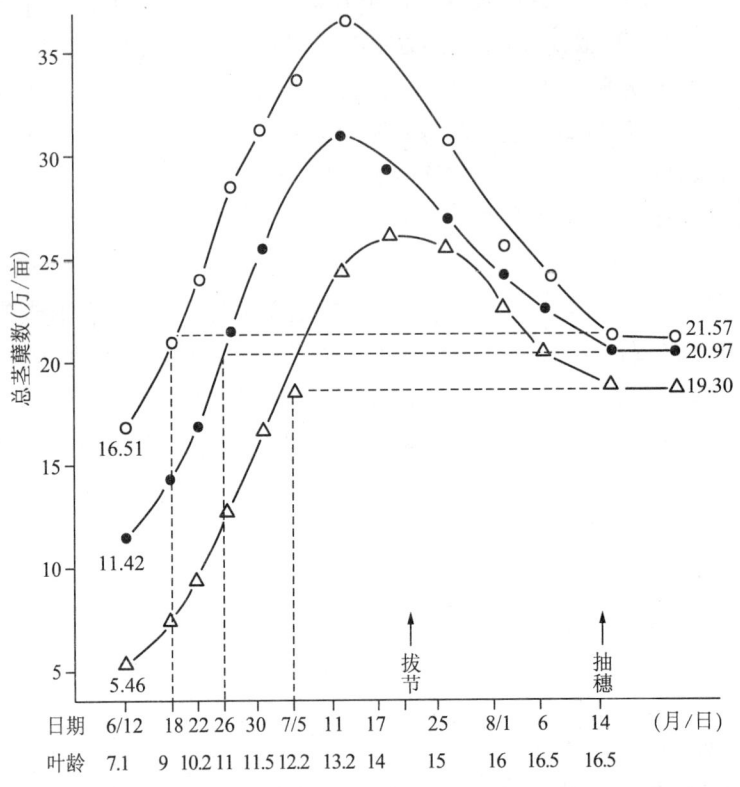

图2 不同基本苗数的分蘖动态及有效分蘖叶龄期(IR 24)

以上说明,基本苗过多,有效分蘖叶龄期提前;基本苗适宜,恰于$N-n$叶龄期或稍前够苗;而基本苗不足或迟发时,群体的有效分蘖叶龄期推迟,但一般只能推迟到$N-n-1$叶龄期。因而,把$N-n$叶龄期作为适宜群体的有效分蘖临界叶龄期的指标,是恰当的。

4.2 主茎总叶数(N)—伸长节间数(n)叶龄期的总茎蘖数与每亩穗数相关密切,而与最高茎蘖数相关不太密切

1980年在江苏省邗江县50块田上进行的IR24和IR661(17叶、5个伸长节间)高产栽培试验结果表明,每亩穗数和12叶龄期(17-5=12)的总茎蘖数相关密切(相关系数为0.862 7***),而与最高茎蘖数相关不太密切(相关系数为0.355 0*)。1981年观察10块田的早稻原丰早(12.5叶、4个伸长节间),26块田的早粳稻"77032"(17.5叶、5个伸长节间)和8块田的双城糯(19叶、7个伸长节间),结果原丰早8.5叶期的总茎蘖数与穗数之间的相关系数为0.958 5**,极密切,最高茎蘖数和穗数之间的相关系数仅为0.5006,达不到显著程度;"77032"12叶期茎蘖数和穗数之间的相关系数为0.755 2**,也很密切,最高茎蘖数和穗数之间的相关系数仅为0.324 4,亦达不到显著的程度;双城糯12叶龄期总茎蘖数和穗数之间的相关系数为0.900 4**,很密切,而最高茎蘖数和穗数之间的相关系数仅为0.685 3,仍达不到显著的程度。

可见,不管品种类型如何,为了获得足够数量的穗数,关键在于促进 $N-n$ 叶龄期以前达到预期穗数的总茎蘖数,过了此叶龄期再促进分蘖,往往是徒劳的。例如,1981 年对南优 2 号、南京 11 号、国际稻 661 等 8 个籼稻品种,和农垦 57、桂花黄等 8 个粳稻品种,在 $N-n$ 叶龄期以后进行不同施肥试验,观察最高分蘖数和每亩穗数之间的关系,结果 16 个品种最高茎蘖数和穗数之间的相关系数变动在 $-0.049 \sim 0.493\ 2$(相关系数 5% 的显著值应达 0.532),都达不到显著的程度。从而进一步证明,过了 $N-n$ 叶龄期再促进分蘖,对增加穗数无显著效果,而且往往会产生负作用。

4.3 在 $N-n$ 叶龄期及稍前一叶龄期移苗,最有利于获得高产

分析 1978—1980 年间 56 块杂交稻和 65 块国际稻高产试验田的总茎蘖数等于最后穗数的叶龄期与最后产量的关系(图 3 和图 4)可以看出,群体有效茎蘖数出现的不同叶龄期与产量呈抛物线关系,过早移苗,或过迟完成穗数均不利于取得理想的产量。产量的最高点出现在 12 叶龄期(恰为"$N-n$"叶龄期)及其前一叶,即 11 时期。二次回归方程求出的最适有效分蘖临界叶龄期,杂交水稻为 11.027 2,国际稻为 11.276 1,均说明以 11 叶末 12 叶初达到预期的有效总茎蘖数为最好。

1981 年设置的密度试验证明,16.5 叶,5 个伸长节间的 IR24,其理想的有效分蘖临界叶龄期在 $10.5 \sim 11.5$。基本茎蘖苗不足,茎蘖数和穗数相等的叶龄期延迟到 12.3 叶期的,由于穗数不足(19.3 万/亩),产量为每亩 565.7 kg;基本茎蘖苗过多,提前到 9.3 叶期时够苗的,虽穗数不少(21.57 万),但无效分蘖过多,群体过大,穗小,每亩产量仅 554.9 kg;而基本苗数适宜的,恰于 $N-n$ 叶龄期内(10.9)够苗,群体大小适当,无效茎蘖较少,在足穗(每亩 20.9 万)的基础上,获得了大穗,产量最高,每亩达 609.7 kg。

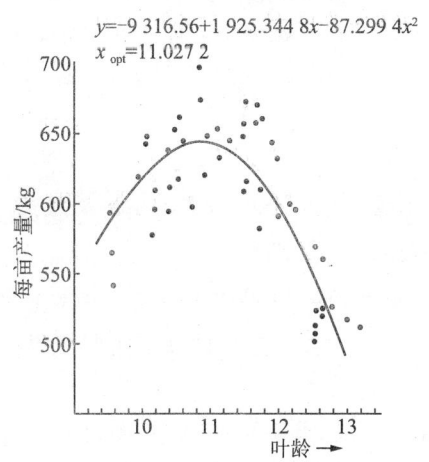

图 3　杂交稻不同叶龄期完成穗数与产量关系

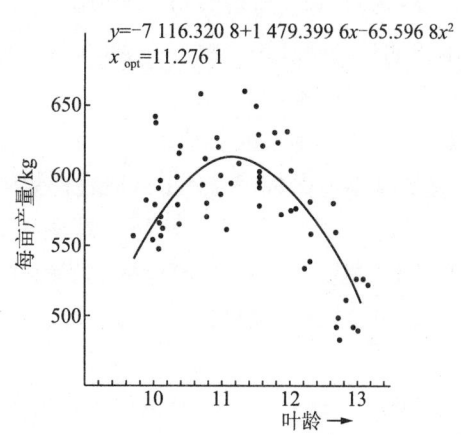

图 4　IR24、IRE661 不同叶龄期完成穗数与产量关系

4.4 高产群体合理茎蘖动态的叶龄模式

水稻高产群体的合理茎蘖动态的叶龄模式可概括为:在适宜基本苗数的基础上,积极促进有效分蘖早生快发,力争在"主茎总叶数减伸长节间数"叶龄期及其稍前达到预期穗数;到了该叶龄前后,够苗后应及时控制无效分蘖的发生(但切不可使分蘖数马上下降),把高峰苗期控制在拔节的前一个叶龄期,即"伸长节间数-1"的倒数叶龄期,例如 12 叶、4 个伸长节间的早稻,在倒 3 叶

(4−1)期,即第 10 叶龄期为高峰苗期。高峰苗数应控制在适宜穗数的 150%(1.5 倍)左右;以后保持分蘖平稳下降,抽穗期到达预期的穗数,无效分蘖基本上消亡殆尽。近几年江苏许多地方进行的"百亩连片高产栽培中间试验"表明,这样的群体茎蘖动态叶龄模式,最有利于促进群体的有效生长量,控制无效生长量,取得高产。

5 叶龄模式与基本苗数的确定

近二十年来,国内大量对稻、麦合理密度的研究,得出了两点基本结论:

(1) 在基本苗数相同时,单株成穗数越多的,产量越高。

(2) 在穗数相同时,基本苗越少的,产量越高。表明在满足一定穗数的基础上,应尽可能地利用分蘖成穗,使个体得到充分发展,以利形成大穗而提高产量。但是,单株成穗数受品种的总叶片数、秧龄、分蘖能力、秧苗的素质、肥水条件和栽培水平等多种因素的制约。因此,要确定合理的基本苗数,必须了解品种的适宜穗数和单株成穗数。

5.1 公式的确立

$$适宜基本苗数(X) = 每亩适宜穗数(Y) / 单株成穗数(ES)$$

每亩适宜穗数(Y)因品种和栽培方式(如单季、双季)而不同,但在同一个地区,每个品种的每亩适宜穗数则是比较稳定的。例如在江苏省,杂交水稻的每亩适宜穗数为 18 万左右(最多可达 20 万);IR24 及 IR 661 为 20 万~22 万;原丰早在 30 万左右;广陆矮 4 号为 36 万~40 万;农垦 57 号一类品种在 30 万左右;桂花黄一类品种在 25(23~27)万左右;"77032"在 20 万左右;南京 11 号在 25 万左右。各地应根据当地品种高产田的实际调查资料,首先确定每亩应该达到的适宜穗数。

单株成穗数(ES)决定于,从移栽时秧苗的叶龄(SN)到有效分蘖临界期($N-n$)还有几个有效分蘖叶龄期,和这段有效分蘖期内分蘖的发生率(r)。如果不是小苗移栽,而是采用适龄秧移栽,本田期只考虑利用一次分蘖成穗,秧田期长出的 3 叶以上大分蘖亦作为"主茎"对待,可归纳出以下两个估算基本苗的公式。

5.1.1 基本苗简易公式的确立

$$适宜基本茎蘖数(X) = 每亩适宜穗数(Y) / 移栽后有效分蘖叶位数(N-n-SN) \times 分蘖数(r)$$

$$即\ X = Y/(N-n-SN)r$$

式中,适宜的基本茎蘖数(X)包括主茎和秧田期 3 片叶以上的大分蘖在内,移栽活棵后基本上都能按期发生分蘖,移栽时只具 1~2 片叶的分蘖,成活率较低,不计在内,以提高估算基本苗成穗数的保证率。

移栽后,一般在缺一个叶位后才发生分蘖,例如 8 叶龄期移栽的水稻,一般要在 10 叶龄期才能发生分蘖,故在移栽后发生有效分蘖的叶位数,实际上应该为($N-n-SN-1$)个,即最多可能产生($N-n-SN-1$)个分蘖穗,若再加上母茎本身一个穗,便是 $N-n-SN-1+1=N-n-SN$ 个穗。例如,18 叶、5 个伸长节间的杂交水稻,在 8 叶龄期移栽,如主茎和 3 片叶以上的分蘖能 100%地按叶发生同伸分蘖,则各个基本茎蘖苗可能产生 4 个穗子(17−5−8=4)。同样,12 叶、4 个伸长节间的早稻原丰早,于 6 叶龄期移栽,每个基本茎蘖苗可能产生 2 个穗子(12−4−6=2)。

但在生产上,一般都不可能 100%地按期发生分蘖。据我们 1980—1982 年多点观察,在壮秧、浅插(3.3 cm 以内)和肥水较好的条件下,籼稻在有效分蘖期内分蘖率一般为 0.7~0.9,粳稻为

0.5~0.8。凡苗壮、浅插、植伤轻、肥水条件好的,分蘖率(r)均高;反之则低。

当得知品种的适宜穗数、总叶数、伸长节间数、移栽时的叶龄,以及分蘖发生率之后,我们便可根据上述公式,粗略地估算出所需的基本茎蘖数。例如已知杂交水稻的每亩适宜穗数为18万,一生17叶、5个伸长节间,移栽时叶龄为8,分蘖率r取平均值为0.8。则每亩适宜的基本茎蘖数为:

$$X = 18/(17-5-8) \times 0.8 = 18/3.2 = 5.63(万)3叶以上的总茎蘖苗$$

如果育成每株3叶以上的分蘖2个,连同主茎有3个茎蘖苗,则每亩主茎基本苗为5.63÷3=1.88万,即每亩栽1.88万穴,每穴1苗,即能满足在12叶龄期达18万穗,完成18万穗的要求;如育成的苗很壮,8叶龄期带3叶以上的分蘖达3个,连同主茎为4个茎蘖苗,则每亩主蘖基本苗1.41万(5.63÷4=1.41)也就够了。目前生产上杂交稻一般均在7(6叶1心)~8叶(7叶1心)移栽,高产田的每亩基本苗均为1.5万~1.8万,是符合上述估算情况的。但往往也有亩栽2万穴以上、12叶龄期达不到18万苗的,其原因多是没能育成多蘖壮秧,或栽插过深等所造成的。

再如,已知早稻原丰早在培育壮秧的情况下,常能出生12.5叶,4个伸长节间,6.1叶时移栽,叶龄应算成6.5〔(6+7)/2〕,为了获得30万穗,其基本茎蘖数为:

$$X = 30/(12.5-4-6.5) \times 0.8 = 30/1.6 = 18.8(万)总茎蘖$$

这与前述亩栽20万基本茎蘖苗(3叶以上大蘖及主茎),于12.5叶时,每亩超过30万是相符的。

5.1.2 基本苗经验公式的确立

生产中,人们常希望在"$N-n$"叶龄期前一个叶位够苗;而在长秧龄大苗移栽时,却往往需要尽可能地利用部分"$N-n+1$"叶龄期的分蘖,以节省基本苗,因而上述简易估算公式不能适应多种情况的需要。根据不同品种的有效分蘖叶位数、秧龄与带蘖状况、预期的够苗叶龄期、有效分蘖发生率和小蘖的成活率等,确立了如下的基本苗经验公式。

$$X = Y/(1+t_1)[1+(N-n-SN-1-a)r_1] + t_2 r_2$$

式中,X为主茎苗;Y为预期的适宜穗数。分母部分:为每个主茎苗最后可能得到的单株成穗数,包括主茎和3叶分蘖($1+t_1$)和移栽后在本田期产生的一次有效穗$(N-n-SN-1-a)r_1$,以及秧田2叶以下小蘖移栽后成活的穗数($t_2 r_2$)两个组成部分,其中:$1+t_1$=主茎+移栽时3叶以上的大分蘖数;N=主茎总叶数;n=主茎伸长节间数;$N-n$=有效分蘖临界叶龄期;SN=秧苗移栽叶龄;-1=移栽植伤分蘖的缺位数;$-a$=有效分蘖临界叶龄期的矫正值。若希望提前一个叶龄够苗,a为0~1,如长秧龄,大苗移栽,争取利用$N-n+1$叶龄期的分蘖,a为负值[(-0.5)~(-1)]。

r_1=本田有效分蘖叶位的平均发生率。指主茎和3叶以上大蘖在本田预期够苗内的分蘖发生数占理论分蘖位的百分率。理论分蘖位为$(1+t_1)(N-n-SN-1-a)$。$(N-n-SN-1-a)r_1$是它们在本田期实际产生的有效分蘖数,故r_1对正确计算单株成穗数,在本田期起着决定性的作用。

综合各地试验和高产栽培资料分析,r_1值变动范围,粳稻为0.5~0.8,中籼稻为0.7~0.9,早籼稻在0.6左右。应用基本苗公式时,凡秧苗壮、栽插质量高、密度适宜、肥水条件良好的,r_1就取高值,反之,则取低值。凡r_1实际值过低(<0.5)的,则表现迟发,个体生长不良,难以形成高产群体。

$t_2 r_2$=秧田2叶下小蘖数(t_2)与其成活率(r_2)之乘积,即小蘖移栽后的成活分蘖数。成活率r_2,在壮秧、浅栽、肥水好的条件下,籼稻变动在0.3~0.5,粳稻变动在0.2~0.6。

上述基本苗估算的经验公式的意义在于,能较为全面地反映单株成穗的实际情况,凡品种的出叶数多、秧龄短、秧壮带蘖多、栽培水平高、分蘖发生率和成活率高的,分母部分数值大,基本苗就少;反之,则增多。这个公式还可以对应该依靠主茎,还是依靠分蘖,以及分蘖应占多少比例等问题,在理论上和定量上给以回答。

5.2 基本苗估算的实例

1981年在江苏省邗江县进行百亩高产试验,其中IR24的常年出叶数为17叶,5个伸长节间,设计每亩预期穗数为21万~22万,并希望提前一个叶位,于11叶龄期够苗。移栽时考苗结果,叶龄7.5~7.7(以8.0计算),单株平均茎蘖数2.74,其中3叶以上大蘖1个,2叶以下小蘖0.74个,r_1值取0.8,r_2取0.4,按上述公式计算,适宜的基本苗数应为:

$$X = 22万/(1+1)[1+(17-5-8-1-1)\times0.8]+0.74\times0.4 = 4.0万$$

实际栽插每亩2.1万穴,每穴2苗,基本苗4.2万,总茎蘖苗11.5万,其中主茎和3叶以上大蘖为8.4万,2叶以下小蘖3.1万,因此用公式预测在11叶末期的茎蘖数为:

$$8.4[1+(11-8-1)0.8+3.1]\times0.4 = 23.08万$$

达到11.1叶龄期时,实查各块田总茎蘖数平均为23.48万,与理论预测相等,并随即排水控制无效分蘖,最后成穗20.9万,达到了预期的要求,百亩平均单产达562.02 kg。

江苏省镇江地区农科所于1981年进行中粳高产试验,品种筑紫晴,17叶,5~6个伸长节间;计划每亩穗数28万左右,预期于 $N-n$ 叶龄期够苗,a 值为0;移栽时心叶为第8叶,除主茎外,单株平均带蘖4.1个,其中3叶以上大蘖1.5个,2叶以下小蘖2.6个,实测 r_1 值为0.8,r_2 为0.9。基本苗数为:

$$X = 22万/(1+1.5)[1+(17-5.5-8-1)\times0.8]+2.6\times0.9 = 2.85万$$

即每亩2.85万基本苗(总茎蘖数为14.54万)时,可于11.5叶龄时达到28万茎蘖数。但实栽3万穴,每穴1苗,基本苗3万,总茎蘖数15.3万,因而于11叶龄期即够苗,达到预期穗数的要求,亩产超500 kg。

以上两个实例,说明公式的应用方法。实践中,有时主茎总叶数会出现较常年少0.5~1叶的情况,故需将叶龄校正值(a)取正1,以适应这一变化。同时,各地应注意积累当地具体品种的 r_1 和 r_2 值,提高公式的应用效果。

6 叶龄模式与肥水促控原则

6.1 高产栽培下群体叶色"黑""黄"变化的叶龄模式

叶色是反映稻体碳、氮代谢水平最敏感的形态指标。叶色深浅反映了光合产物的分配方向,并预示各部器官的生长状况,生产实践证明,高产水稻的一生,一般应有规律地出现"黑""黄"变化。

在有效分蘖期,稻体内具有较高的氮素代谢水平,叶色深,叫做"黑",有利于促进分蘖早发和茎秆内大维管束的分化形成;无效分蘖期叶色褪淡,叫做"落黄",有利于控制无效分蘖生长和新生叶片的伸长,使之挺拔,改善株型,促进根系的生长;拔节开始前后叶色褪淡"落黄",能有效地控制基部节间的伸长,进一步改善株型,并对防止倒伏、提高结实率有利;倒2叶龄期至孕穗期叶色显"黑",有利于促进颖花发育,减少退化,形成大穗;破口期的轻度"落黄",有利于增加茎、叶鞘内的淀粉积累,为抽穗后提高结实率创造条件,俗称"破口黄吃块糖",抽穗后保持较深的叶色,能提高灌浆结实期的光合生产力,增加粒重。多次"黑""黄"变化均有严格的时期,不可倒置和混乱。各地的高产实践一致证明,上述叶色变化时期是指导高产肥水管理的重要根据。

一生出叶数不同的早、中、晚稻的生育类型不同,生育过程的叶龄期当然也不相同;但同类型品种,高产田叶色变化的叶龄期,各地甚为相同。因而,我们将各类品种高产栽培叶色"黑""黄"变化出现的叶龄期,加以总结归纳于表3。

表3 不同类型品种群体叶色"黑""黄"变化的叶龄模式

品种类型		倒数叶位	9	8	7	6	5	4	3	2	剑叶		
	4个伸长节间	主茎总叶数	10	2	3	4	5	⑥	7	8	⑨	10	孕穗	抽穗
			11	3	4	5	6	⑦	8	9	⑩	11		
			12	4	5	6	7	⑧	9	10	⑪	12		
			13	5	6	7	8	⑨	10	11	⑫	13		
		"黑""黄"时期	够苗较早					"黄"					"黄"
			够苗较晚						"黄"				"黄"
			大苗移栽			移栽↓	"黄"						"黄"
	5个伸长节间	主茎总叶数	13	5	6	7	⑧	9	10	⑪	12	13	孕穗	抽穗
			14	6	7	8	⑨	10	11	⑫	13	14		
			15	7	8	9	⑩	11	12	⑬	14	15		
			16	8	9	10	⑪	12	13	⑭	15	16		
			17(IR种质型)	9	10	11	⑫	13	14	⑮	16	17		
		"黑""黄"时期	够苗较早				"黄"						"黄"
			够苗较晚						"黄"				"黄"
			大苗移栽			移栽↓	"黄"						"黄"
	6个伸长节间	主茎总叶数	16	8	9	⑩	11	12	⑬	14	15	16	孕穗	抽穗
			17	9	10	⑪	12	13	⑭	15	16	17		
			18	10	11	⑫	13	14	⑮	16	17	18		
			19	11	12	⑬	14	15	⑯	17	18	19		
		"黑""黄"时期	够苗较晚		"黄"			"黄"					"黄"
			大苗移栽					"黄"					"黄"
	7个伸长节间	主茎总叶数	19	11	⑫	13	14	⑮	16	17	18	19	孕穗	抽穗
			20	12	⑬	14	15	⑯	17	18	19	20		
		"黑""黄"时期	够苗较晚	"黄"		"黄"							"黄"
			大苗移栽				"黄"						"黄"

6.1.1 4个节间早稻的叶色变化

这类品种的有效分蘖临界叶龄期,处于倒5叶出生期;倒4叶出生的后半期开始穗分化;倒2

叶出生时开始拔节,此时穗分化已处于颖花分化期,不宜再"落黄",否则穗显著变小。因此,在叶龄上只允许有一次"落黄"的可能,即将无效分蘖期和拔节前合为一次"落黄"。这类品种移栽后的有效分蘖期很短,一般不可能提前在有效分蘖临界叶龄期以前够苗,在倒5叶够苗时才控制生长,所以"落黄"期一般只能出现在倒4、倒3叶期;从倒2叶抽出起,叶色应逐渐变深,到出剑叶至孕穗始期达最深,有利于形成大穗;破口时应略褪淡,有利于提高结实率。

在够苗迟的情况下,搁田控制要推迟到倒4叶出生期,其"落黄"时间推迟至倒3叶末、倒2叶初。倒2叶后半期起,叶色应开始逐渐变深。如因够苗迟而到倒2叶期才控制"落黄",穗必然显著变小。

采用长秧龄大苗栽培时,移栽时的叶龄在倒6叶、倒5叶和倒4叶期处于活棵发根的缓苗阶段,叶色自然处于"落黄"期。这类苗本田分蘖少,靠栽足基本茎蘖数保证穗数。因而从倒3叶期起叶色应开始逐渐变深,但切忌移栽后大量施肥,以免造成大量无效生长,使结实率大量下降或引起倒伏。

6.1.2 5个节间中稻的叶色变化

这类品种的有效分蘖临界叶龄期,处于倒6叶出生期,且往往可能在倒7叶期就够苗;而拔节期却在倒3叶出生期。因此,视苗情存在着一次或二次搁田"落黄"的可靠性。

如果发苗早,群体提前于倒7叶出生期(如17叶的杂交水稻于第11叶期)够苗,即行控制使之"落黄","落黄"时间可能出现在倒6~倒5叶初(12叶及13叶期初);复水后叶色变深,再到倒4叶期搁田,于倒3叶~倒2叶初再次"落黄";到倒2叶中后期至孕穗期叶色变深。这类田,控制中期两次"落黄",穗数多,秆壮穗大,结实率高。

如群体于倒6叶有效分蘖临界叶龄期够苗搁田,则"落黄"开始于倒5叶期。这样就不可能在中期出现两次,而只能是一次"落黄",即在倒5叶期至倒3叶期;倒2叶开始叶色逐渐变深。这类田,穗较多,秆壮穗大。

如前期发棵不足,倒6叶期未能够苗,则只能推迟倒5叶开始搁田控制,以争取部分动摇分蘖成穗,其"落黄"可能出现在倒4~倒3叶出生期;倒2叶出生开始,就应使叶色上升,以攻取大穗。这类田,穗较少,而穗很大,以大穗弥补穗数的不足,但如中期不"落黄"而旺长,会造成过多的无效生长,使有效穗的发育条件变坏,不能取得高产。

采用长秧龄大苗栽培时,移栽期往往处于倒7叶期左右,倒6~4叶期正值活棵缓苗期,叶色自然不会深,在栽足基本茎蘖苗的条件下,此时受移栽的影响,反而有利于控制无效分蘖,因而于倒3叶期叶色开始逐渐变深,有利于攻取大穗,获得高产。

6.1.3 6~7个节间中、晚稻的叶色变化

这类品种的有效分蘖临界叶龄期为倒7或倒8叶出生期,倒4或倒5叶期开始拔节,在时间上存在着中期两次"落黄"的条件,仍然可以采用陈永康同志单季晚粳"三黄三黑"的叶龄期指标。在早发的情况下,12叶(或13叶)期前够苗,出现一次"落黄";而后在倒4、倒3叶(15及16叶)期或倒5、倒4叶(15~16或16~17叶)期再次"落黄";破口期出现"三黄"。在迟发的情况下,"一黄"可不显,而只显"二黄"及"三黄"。

以上各类品种群体叶色变化的叶龄模式,都是根据各地高产栽培的实例归纳而成的。在生产实践中,应根据天时、地力和苗情变化的实际情况,采取因势利导的方法予以调节控制,不可强求

哪一种,更不可违反"黑""黄"出现的叶龄期。

6.1.4 关于"落黄"的概念和指标

"落黄"是指稻体内碳素代谢旺盛,叶色开始褪淡,叶片挺立,并非是指氮肥亏缺。它在形态上的一个重要指标是:由心叶(或顶叶)向下数的第 3、第 4 两叶(即顶 3、顶 4 两叶)的叶色相比较,当群体叶色显"黑"时,顶 4 叶的叶色,往往略深于顶 3 叶;当"落黄"时,两叶的叶色一致;当顶 4 叶叶色略淡于顶 3 叶时,是缺氮的开始;如顶 4 叶叶色明显淡于顶 3 叶,且顶 5 叶变"黄",是严重缺氮的表现。

高产栽培下的所谓"落黄",一般是指顶 4、顶 5 叶叶色一致。发苗不足、长秧龄大苗移栽田的"落黄"期,一定要保持这一长相指标,如出现顶 4 叶淡于顶 3 叶时,应及时施少量氮肥(切不可过多),以保持顶 4、顶 3 叶同色;对于群体过大,发苗过多的田块,也允许叶色褪淡到顶 4 叶略淡于顶 3 叶(顶 5 叶仅叶端变黄),并保持一段时间,以利于稳长。

6.2 按叶龄合理运筹肥水

按叶龄合理运筹肥水,使叶色出现"黑""黄"变化,应明确"以肥为主,以水为辅"的指导思想,切忌采用"肥促水控"的办法。施肥不合理,靠搁田来控制,是达不到目的的。

6.2.1 施肥技术

因品种按移栽秧苗的叶龄施用基(蘖)肥和看苗按叶龄施好穗肥,以基肥促早发稳长,以穗肥攻取大穗。

(1) 按秧龄施用基肥:施用基肥的目的,一是促进有效分蘖早发,二是保证拔节长穗期稳长;三是改良土壤。要求有机肥和速效肥相结合。有机肥的肥效较长,除了供有效分蘖期部分营养外,对中后期的稳长作用较大。为了使有效分蘖期内有较高的速效养分供应,基肥中还应增施速效化肥。氮肥作基肥,可提高肥效,减少逸失。在缺磷土壤上,基肥中应增施磷肥,一般每亩 15~25 kg 过磷酸钙。

基肥中氮肥的用量,因品种、栽培方法、栽培季节和土壤肥力而异。亩产 500 kg 稻谷,一般需施氮 12.5~15.0 kg。中苗移栽,基肥一般占总氮量的 60%~70%(7.5~10 kg 氮),其中速效化肥折纯氮 3~5 kg。田瘦、移栽秧苗叶龄小的宜多些,田肥、移栽秧苗叶龄大的宜少些。按以上原则运筹肥料,既可促进早活棵、早分蘖,又能确保适时褪劲。化肥基施,特别是碳铵,如上水旋耕后施用,逸失较多,应改为耕施入土。

(2) 补施分蘖肥:化肥基施后,一般不需施用分蘖肥,在活棵后补用少量氮化肥促平衡即可。小苗与中苗移栽,由于植伤严重,或因地力薄且未能施足基肥,在本田内发现移栽时的新叶长度伸足时,其叶枕仍低于下位叶叶枕,或移栽后长出第二个新叶时,还不能普遍分蘖,就必须及时追施化肥,其用量以在有效分蘖叶龄期后能及时褪劲为度;分蘖期补肥的最迟时间,应在有效分蘖临界叶龄期前 2 个叶龄,否则不能达到促进有效分蘖的目的。

当接近有效分蘖临界叶龄期时,应控制施用氮肥,即使茎蘖数偏少(与预期穗数值相差不多),亦不宜施用,以后可采取稳攻大穗的施肥法加以补救。

(3) 因苗施用穗肥:穗肥一定要在中期叶色"落黄"的基础上才能施用,否则不宜施用。穗肥的作用,既要利于巩固穗数,稳攻大穗,又要防止无效分蘖的发生、生长和叶面积过度增长;既要扩"库",形成较多的颖花量,又要强"源"畅"流",有较高的粒/叶(cm^2)比,达到结实率和千粒重高的目的。1980—1983年我们用不同类型品种在不同苗情下,做了不同叶龄期施用氮素穗肥的研究,所有参试品种的产量高低,均直接与其抽穗后群体干物质积累量相关。例如汕优3号、南优2号抽穗后干物质积累量与产量的相关系数分别为 0.610 1** 与 0.793 8**(图5)。这充分说明穗肥施用要着眼于最大限度地提高抽穗至成熟期的干物质积累量。生产实践中,由于品种、地力、施肥水平及气候条件的变化,长穗期的苗情各异,大体可归纳为三类苗情和三种穗肥施用方法。

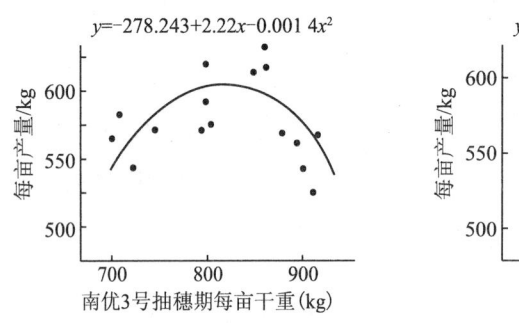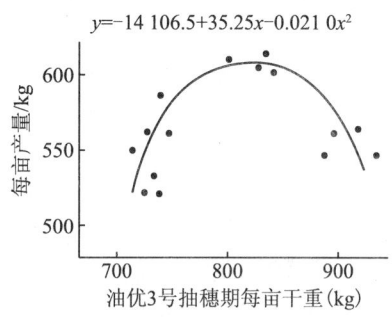

图5 不同穗肥处理抽穗期干物质积累量与产量关系

① 稳长型。即群体按时在有效分蘖临界叶龄期或稍前够苗,高峰苗控制在适宜穗数的1.5倍左右,叶色于无效分蘖期正常落黄,株型紧凑,叶姿挺拔,群体内光照条件良好。这种类型的群体要十分注意在攻取大穗的同时,防止叶面积的过度增大。

下面是我们于1981—1983年对稳长型按叶龄施用穗肥的试验:

一处理于倒5、倒4、倒3、倒2、倒1叶期作一次施用15 kg硫铵,另一处理于倒3、倒2、倒1叶期各施5 kg硫铵,以不施穗肥作对照。结果表明,穗肥施用愈早,促进总颖花量增加的效果愈大;施肥愈早,使叶面积增大的效果亦愈大;在倒3叶以前施肥,促进叶面积增大的作用远大于颖花量增多的作用(增加30%～100%),因而使粒/叶(cm^2)比值较对照显著下降。

而倒2叶起施用穗肥,促进颖花量增加的作用,超过叶面积增加的作用,粒/叶(cm^2)比值较对照略高。而倒3～倒1叶分次稳健促进的处理,能较多地增加颖花量,又不使粒/叶(cm^2)比值下降。试验结果还表明,不同叶龄期施用穗肥处理均能增加群体总干物质积累量。但倒5、倒4及倒3叶各处理主要是增加了抽穗以前的积累量,在成熟期的积累量虽亦较对照增多,但对产量起决定作用的抽穗至成熟期的干物质积累量并不比对照增加;在所有7个处理中,该3处理的产量绝大多数在第4位以后,仅略高于对照。倒2、倒1叶及倒3—1叶施肥的处理,抽穗以前增加的干物质积累量不多,主要是大幅度增加了抽穗至成熟期的干物质积累量,施肥的增产效果大,尤以倒3—1叶分次施肥的稳促法及倒2叶期施保花肥的增产效果最大,产量居第一、第二位。在江苏省不同生态区进行的相同处理的协作试验中,该两处理的实产亦均居第一、第二位。因而确定分次稳攻穗肥及保花肥作为中期稳长型群体施用穗肥的两种基本方法。

对于群体发展稍大、"落黄"出现较迟、田又比较肥的,宜采用保花肥法。在倒数第2叶出生中后期,即叶龄余数1.5～1.2时施用。这时施肥已不会影响基部节间伸长,仅能促进剑叶生长,比较安全,但可显著减少颖花退化,增加结实粒数和粒重。保花肥的用量,视叶色褪淡程度而有不同,每亩硫铵5～10 kg不等。双季早稻应轻施,后季稻要慎重,生育过程迟的不能施用。

对于群体较小、或群体较大而"落黄"较早、持续期较长（因无效分蘖期不宜施肥所致）、体内碳素营养水平较高、具有较多"消化"氮素能力的，宜采用分次稳施穗肥法。从倒3叶起至出剑叶，分3次或4次均衡施用，总施用量为硫铵10~15 kg不等，使从枝梗分化至抽穗前的穗分化期间土壤保持较富较稳的供氮水平，既能显著起促花、保花的作用，攻取大穗，又不致于使叶片增长过量。

② 不足型。指群体于有效分蘖临界叶龄期后够苗，茎蘖数不足，叶短株矮，过早"落黄"。总的说，这类群体以采取分次稳施穗肥法较为适宜。大穗型品种，特别是杂交籼稻上三叶不够挺立，单穗的颖花量较大，不但要增穗促花，更要注意保花和提高结实率，因此穗肥宜采取倒3、2、1叶期分次均衡稳施的方法。对于株型好、结实率与其他熟相指标较稳定的品种（如盐粳2号等），除可采取分次平稳施肥法外，为了省工，也可在倒3叶期与出剑叶期两次稳施，一追一补，前重后轻，同样可取得高产。

在采用两段育秧或长秧龄大苗移栽情况下，移栽活棵后正进入中期稳长阶段，此时的群体一般都偏小，是正常现象，但可把它视同为"不足型"。在穗肥施用上的最佳方案是倒3~倒1叶期分次平稳促进法，这已被各地大苗高产栽培的实践所一致证明。

③ 旺长型。指中期植株松散、叶片长披、叶色深绿而迟迟不褪淡"落黄"、且群体茎蘖数过多。此类稻苗，为了防止严重郁蔽引起重病或倒伏，提高结实率和千粒重，一般条件下，在剑叶抽出期少量补施穗肥的效果较为理想。若剑叶抽出期仍未明显褪淡"落黄"，则不必施用穗肥。

双季早稻，穗肥应注意轻施，以保预期成熟，不影响后季栽插；双季晚稻，穗肥更应慎重，在生育进程推迟、后期气温较低的情况下，穗肥一般不宜施用。

6.2.2 灌溉技术

水稻分蘖期以氮代谢为主，易吸收铵态氮。因此，在有效分蘖临界叶龄期以前，为促进早发，在生理生态上均要求以水层灌溉为主，故采取浅水勤灌。但也应适当结合断水落干，以利通气，在土壤通透性不良、低洼、以及有机肥施用较多的田块，尤需注意这一点。

(1) 进入无效分蘖期以后，要调整稻体的碳氮比，增强硝态氮的吸收和根系活力，促使中期稳长"落黄"，改善株型，因而应排水多次轻搁田。在有效分蘖期内每亩茎蘖数达到预期穗数时，即应排水搁田，以搁至土壤水分适中，无裂缝，叶片开始挺立为度，一次达不到预期目的，复跑马水后再行第二次搁田。总之，切忌一次重搁田，以防止土壤出现大裂缝，拉断根系，使分蘖数陡降，影响穗数与大穗的形成。对于晚发迟够苗的田块，搁田可推迟至有效分蘖临界叶龄期后一个叶龄。

除了有效分蘖临界叶龄期前后够苗需搁田外，基部节间开始伸长期亦需搁田。由于品种生育类型上有重叠、衔接和分离型之分，群体叶色"黑""黄"变化的叶龄模式在不同品种间有明显的区别（表3）。搁田的时间和次数应和表3相适应，此处不予赘述。

(2) 当植株进入长穗期后，一般应实行湿润灌溉，即灌一次水，头2~3天内有浅水层，中间2~3天仅沟内有水板面无水，后2~3天沟内无水，但板面仍呈湿润状。而后再灌水，周而复始。中期长穗阶段采取上述灌溉方式，既能满足水稻的需水，又能促进根系的正常发生与深扎。但须指出，孕穗阶段是水稻需水最多的时期，宜以浅水层灌溉为主。在抽穗前进行一次晾田，促使破口期群体叶色再出现一次轻度"落黄"，以增加稻体内的淀粉积累量，为提高结实率创造良好的物质条件。

(3) 抽穗扬花阶段，水稻对水分比较敏感，需以浅水层灌溉为主。结实期为了养根保叶，提高结实率与千粒重，在灌溉技术的掌握上，既要满足水稻的生理需水，又要创造一个通气性良好的土壤环境,以便增强根系活力,延长其寿命。因此,结实期以间歇灌溉为主,一直坚持到收获前5~7 d。大穗型品种灌浆结实期长,穗部强势粒和弱势粒之间的灌浆速度相差较大,具有两段灌浆的特点,故稻谷间的成熟度亦差异甚大,所以坚持间歇灌溉养好老稻,显得更为重要。

7 叶龄模式与杂交水稻制种

杂交水稻制种产量的高低,主要决定于花期相遇程度、母本穗数以及异交结实率三方面的因素。在生产中,亲本播差期直接影响花期是否良好相遇;正确确定基本苗数可以增加母本穗数;肥水管理能直接影响异交结实率。

应用水稻叶龄模式进行杂交水稻制种,能显著提高制种产量。例如 1983 年连云港市 14 555 亩杂交水稻制种田平均单产 110 kg,高产田达 226 kg。沛县 4 980 亩杂交水稻制种田,平均单产 97.5 kg,比一般制种田提高 69.2%。

7.1 播差期的确定和花期预测

7.1.1 根据叶龄确定父、母本播差期

杂交水稻制种中,欲使父母本花期相遇,当父本播种期确定后,确定母本与父本间的播差期至关重要。以往生产上采用积温时差和叶龄差等方法,比较起来,以叶龄差法较为直观,准确可靠。同一地区,在比较正常的气候和栽培管理条件下,父、母本主茎一生的叶片数是相对稳定的。例如连云港市父本于 4 月下旬或 5 月初播种,IR 26 全生育期的总叶数为 19.45 叶(c.r 1.524 9%),IR 24 为 19.5 叶(c.r 1.93%),V41A 为 13.13 叶(c.r 3.289 8%),29 南 A 为 11.23 叶(c.r 3.169 2%)。同时,父、母本的叶片,各自均按一定的间隔天数出生,出叶速度之间存在着较为稳定的差数。例如连云港市农业局测定,尽管季节和温度不同,母本的出叶比父本总要快 0.30~0.35 叶。这样,我们就可以根据父、母本一生的总叶数,以及它们之间的出叶比差数,确立父母本之间叶龄播差期公式:

$$X = M - F(1 - d)$$

式中,X 为播母本时父本应具有的叶龄;M 为父本一生总叶数;F 为母本一生总叶数;d 为母本与父本叶片出生速度比差(一般为 0.3~0.5)。由此式可计算出在连云港市父、母本播期的叶龄差:汕优 6 号为 10.24 叶,泗优 6 号为 10.83 叶,南优 16 号为 12.15 叶,南优 2 号为 12.1 叶。这样计算出的叶龄差,应用在生产上,可使花期相遇良好,制种产量较高。例如赣榆县一农户的制种田,南优 6 号、IR26 一期主茎叶片为 19.9 叶,二期为 19.5 叶,29 南 A 主茎叶片数为 11 叶。根据上述公式计算播期叶龄差为 12.75 叶,实际采用叶龄差为 12.61 叶,花期相遇良好,每亩产量为 174.7 kg。

7.1.2 根据叶龄预测花期

父、母本播差期确定之后,由于受气温、秧龄、肥水管理等影响,也可能造成花期不遇。因此,必须经常注意预测父、母本的生育进度,以便及时采取调节措施,确保花期相遇。以往预测花期相遇,主要依据直接检验幼穗分化过程。此法虽然可靠,但检测技术要求较高,比较麻烦。近年来,各地根据水稻叶龄进程中幼穗分化与叶龄余数的对应关系,运用当时父、母本的叶龄余数来判断幼穗发育的阶段,进一步推断花期相遇状况。由于父本的最后 4、5 个叶出生间隔为 7~8 d,母本的为 5~6 d,因此,欲使父本同时抽穗,父本应比母本早 9 d 开始幼穗分化,早 8 d 进入一次枝梗分化,早 6 d 左右进入颖花分化,早 3.5 d 左右进入花粉母细胞形成期,早 2 d 减数分裂,同时或早 1 d

抽穗。若以叶龄余数来表示,则为:

父本	母本
3.5(穗分化始)	5.0(未分化)
3.0(枝梗分化始)	4.4(未分化)
2.0(颖花分化始)	3.0(枝梗分化始)
1.5(雌雄蕊分化始)	2.4(二次枝梗分化)
0.7(花粉母细胞形成始)	1.3(雌雄蕊分化)
0(减数分裂期)	0.35(花粉母细胞形成末)
抽穗	抽穗

这样,就不需逐一检查幼穗,比其他方法简捷方便。在应用时,若将父、母本叶龄余数的对应值核算成叶龄的对应值,则更为方便。

调查叶龄,要从秧苗期开始定点观察,每隔1、2叶作一标记,观察父、母本的出叶速度。当进入幼穗分化期以后,结合叶龄余数调查和幼穗分化过程观察,就能比较准确地预测花期。

7.2 适宜基本苗的确定和父、母本的配置

适宜的母本苗数是提高制种产量的又一关键。目前制种的杂交水稻母本多属于小穗早籼类型,要获得高产,制种田中的不育系穗数应有一定的数量,以往制种产量不高,主要是穗数偏少,实际是栽插的基本苗偏少所致。用叶龄模式基本苗简易估算公式计算母本栽播的基本苗数比较适宜。例如连云港市汕优3号制种田,母本为珍汕97不育系,移栽时根据公式计算的基本苗为6.4万,与穗数相等的够苗期正好和有效分蘖临界叶龄期吻合,最高茎蘖数每亩40万,并于拔节期达到。由于茎蘖动态合理,最后成穗25.62万,穗大粒饱,实收亩产226 kg。

7.3 根据叶龄进程,合理运筹肥水

杂交制种田本田期肥水运筹原则是,有利于父、母本早发增蘖,确保中期稳长,同时调节好父、母本花期,增强父本花粉的生活力和提高母本结实率。父本采用重施基蘖肥法,促进早发,母本移栽时应足施面肥促早发。由于父本前期施用基蘖肥,在母本移栽时所施的肥料,对父本也可起到保蘖增穗作用,所以后期不必多施氮肥,在不早衰的情况下,以不施氮肥为宜。

由于父、母本最上3个发根节位发根期所处的生育阶段差异很大,4个伸长间节的品种如珍汕97,最上3个节位根的发生高峰处于孕穗到抽穗期,5个伸长节间的品种如IR24,最上3个节位根发生高峰处于剑叶到孕穗期。只有使上层根发生数量多、寿命长、活力强,才能穗大,结实率与粒重均高。所以要改变老一套灌水方法,以父本出剑叶前开始进行间歇灌溉,保持土壤通气,促进上层根的发育,增强根系活力,以提高异交结实率与千粒重。

盐粳 2 号的栽培特性及高产技术*

盐粳 2 号是盐城市郊农科所选育的中粳抗白叶枯病新品种,1982 年引进江苏农学院大田种植,亩产超 550 kg,1983 年平均亩产 600～650 kg。高产栽培同时,设置密肥等辅助试验,开展了对盐粳 2 号高产的栽培特性、栽培技术和根据叶龄进行肥水运筹等方面的研究。

1 栽培特性

1.1 分蘖特性与株型

盐粳 2 号适宜小麦茬口,全生育期 140～150 d,也可作豆后稻和瓜翻稻。据试验,5 月底 6 月初播种也能正常成熟。众数植株主茎具有 16 叶、伸长节间 5 个、分蘖中等偏强的在 5 月 16 日播种,适宜播量、叶龄 6.2 时,单株带蘖为 1.8 个,其中 3 叶同伸大蘖 0.5 个,单株根数 17 条,干重 0.089 g。盐粳 2 号有效分蘖临界叶龄期第 11(16—5)叶,在正常情况下,7 叶移栽,有 3 个有效分蘖叶位,8 叶移栽有 2 个有效分蘖叶位,所以秧龄大时移栽密度相应要高些。株高 85 cm 左右,株型紧凑,倒 3 叶最长,后又渐短,剑叶最短,长度分别为 44(42.2～45.6)cm、40(3.9～43.8)cm、33(31.9～35.1)cm,剑叶的长度一般都超穗顶,据测定亩产 500 kg 以上植株上 3 叶与主茎的夹角较小,剑叶为 15.9°,倒 2 叶为 12.7°,倒 3 叶为 19.7°,具有较好的受光姿态,基部节间粗短,其第一、二节间长度分别为 2 cm 和 6 cm 左右,穗下节间较长达 35 cm 左右,穗颈长,迟播情况下无包颈现象。

1.2 穗粒结构

亩产 600～650 kg 的每亩穗数为 27 万左右,每穗总粒数 105 粒左右,每亩总颖花量 2 850 万朵左右,每穗实粒数 95 粒左右,千粒重 24 g 左右(表 1)。肥料试验(表 2)表明,粒重变异较小,每亩穗的变化随着产量的增高而趋于稳定,550 kg 以上的变异系数仅为 3.2%,550 kg 以下的变异系数达 7.8%,几乎超过了一倍,每穗总粒数、每穗实粒数、结实率、每亩总颖花量也有同样的趋势,就是产量在 550 kg 以上变异小,较稳定,不同产量水平的穗粒结构说明,盐粳 2 号 550 kg 以上高产稳产途径是稳定穗数,主攻大穗,增加总颖花量。

---

* 本文原载《江苏农学院学报》,1984,5(2):7-11;作者:苏祖芳。

表1 盐粳2号的产量结构

年份	田块数	面积/亩	每亩穗数/(万·亩$^{-1}$)	每穗粒数	每穗实粒数	结实率/%	千粒重/g	总颖花量/(万·亩$^{-1}$)	产量/(kg·亩$^{-1}$)	实产/(kg·亩$^{-1}$)
1982	1	2.0	28.5	91.7	77.1	89.9	24.38	2 613.45	580.3	550.9
1983	6	10.98	27.05	108.4	97.5	89.9	23.99	2 931.91	632.7	613.0

表2 肥料试验田不同产量指标与穗粒结构

项目		亩产/kg 649~600	亩产/kg 599~550	亩产/kg 504~500
穗数/(万·亩$^{-1}$)	变幅	25.9~28.51	26.1~29.1	23.2~29.32
	平均	27.98	27.75	26.95
	c.v	2.72	3.2	7.80
每穗粒数	变幅	99.3~110.7	89.4~104.5	71.1~104.5
	平均	99.5	94.4	95.9
	c.v	2.47	4.6	6.10
结实率/%	变幅	89.4~92.8	84.3~93.2	83.2~96.5
	平均	91.05	90.6	89.7
	c.v	1.20	2.41	4.7
千粒重/g	变幅	23.48~24.60	22.28~24.38	22.12~24.01
	平均	24.08	23.99	23.10
	c.v	3.6	2.9	3.0
总颖花量/(万·亩$^{-1}$)	变幅	2 724.6~3 030.5	2 407.5~2 939.3	2 370.6~2 905.5
	平均	2 785.7	2 614.9	2 578
	c.v	3	4.09	7.7
实产/(kg·亩$^{-1}$)	变幅	603.0~641.0	550.9~583.9	513.6~541.2
	平均	610.05	574.05	527.8
	c.v	1.3	2.7	2.1

1.3 干物质生产和积累

盐粳2号600 kg以上的产量干物质生产移栽期为每亩近50 kg,幼穗分化(倒4叶)时,每亩180~225 kg,抽穗期每亩650~775 kg,成熟期每亩1 075~1 250 kg,抽穗到成熟的干物质生产达415~525 kg,占谷粒干重的69%~77%,其不同生育阶段的日增重,移栽到倒4叶日增重为每亩15~25 kg,幼穗分化到抽穗为每亩7.5~10 kg,抽穗到成熟为每亩3.5~5 kg。1982年亩产550 kg,较1983年低50多 kg,其日增重表现出幼穗分化到抽穗期偏低(图1)。

1.4 灌浆特点

盐粳2号灌浆期较长,据正态曲线回归分析,盐粳2号灌浆速度(y)和日期(x)关系密切,$r_{px}=0.8936^{**}$,回归方程为$P=3.2530+0.0917x$。该方程可得到盐粳2号灌浆盛期为抽穗开花后8 d(8月28日),抽穗开花至8 d,日平均谷粒增0.114 8 mg,灌浆高峰期为抽穗开花后19 d(9月8日),抽穗开花后8~19 d,日平均谷粒增重104 mg,灌浆末期为抽穗开花后30 d(9月20日),抽穗开花后19~30 d,日谷粒增重0.29 mg(图2)。盐粳2号灌浆过程40~45 d,灌浆期间的日均温在24℃以上,抽穗后46 d粒重达最大值,此后粒重停滞或开始下降,因此收获期应在抽穗后45 d左右。据试验,盐粳2号的最后发根终止叶龄期在孕穗期,分枝根系较发达,后期叶片衰老慢,成熟时绿叶片多,叶色转色较慢,这也是灌浆期长的原因之一,因此栽培上要防止叶色过深,加速灌浆物质的运转,提高粒重。

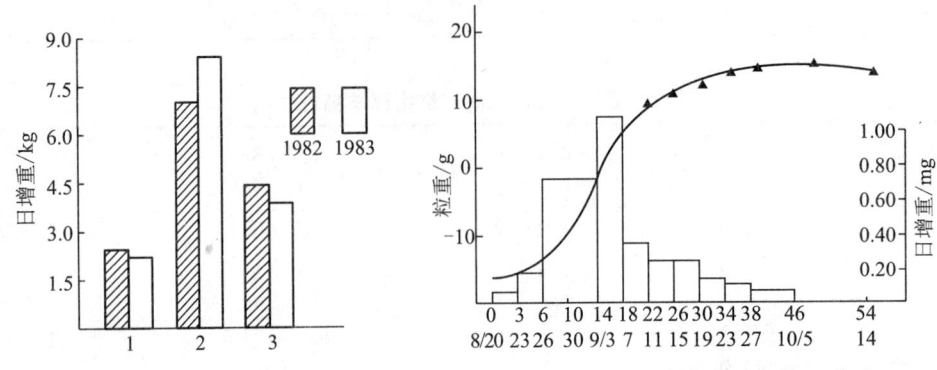

图1　盐粳2号各生育阶段干物质积累日增重
1. 倒4叶　2. 抽穗　3. 成熟

图2　盐粳2号灌浆进度谷粒日增重

2　栽培技术

2.1　培育适龄壮秧

移栽秧苗不仅要适龄,而且要健壮,适龄就要适期播种,据对扬州市多年气象资料统计,常年8月下旬日均温为26.5℃,10月上旬日均温为18.4℃,推算盐粳2号的最佳抽穗期在8月下旬。据试种资料,以播种到抽穗90 d左右,所以播种期宜在5月15—20日,6月15—20日移栽,这样可在8月下旬抽穗,10月第4候成熟,利用灌浆物质的积累和运转,增粒增重。

秧苗健壮就要稀播,每亩15~30 kg播量,7叶秧苗,单株带蘖2.1个以上,带3叶同伸大蘖1.6个,百株干重22.13 g,单株根数7.19条以上;40~60 kg播量,7叶龄时,单株带蘖0.3~1.4个,无3叶大蘖,百株干重仅2.5~15.1 g,单株根数7~19条。通过秧田分蘖成活率追踪,3叶以上同伸大蘖成活率高,在99%以上,2叶蘖成活率低,为61.8%,1叶蘖成活率更低,为50%以下。播种量高,大分蘖少,小分蘖质量差,成活率比播种量少的低得多。盐粳2号在适龄范围内壮秧的群体指标为秧田群体茎蘖数停滞时为最迟移栽适期,这样的秧苗叶蘖保持同伸,栽入大田后生长健壮,成活率高。试验结果表明,盐粳2号每亩秧田适宜播量为10~12.5 kg,秧大田比为1∶7左右。

2.2　根据移栽时的叶龄,确定栽插密度

盐粳2号高产田块不但有足够的穗数,而且还有整齐的大穗。从表3穗数的组成来看,在适宜的栽插密度下,主茎穗约占18.3%,分蘖穗约76.7%,其中在主茎总叶数(N)减去伸长节间(n)的叶龄期及前出现的分蘖穗约占分蘖穗中的93.9%,和$N-n$叶龄期同伸的分蘖穗约占27.2%,和$N-n+1$叶龄期同伸的分蘖穗占总分蘖穗的61%。表3密肥试验表明,分蘖穗在低肥条件下,不管栽插密度多少,在$N-n+2$叶龄期的同伸分蘖均不能成穗,在$N-n+1$叶龄期时,栽插密度较稀或移栽时植伤轻的有同伸分蘖成穗占2%~10%,栽插密度密时的分蘖穗占的比例极小或没有分蘖穗,而在$N-n$叶龄期的分蘖穗占73%~78%,但在高肥条件下,在$N-n$叶龄期的分蘖穗占

总穗数的 70%～79%，较低肥条件下降低 3% 左右，而在 $N-n+1$ 叶龄期的分蘖穗无论密稀及栽插方式都比低肥时高，这是肥料营养的影响。上述结果表明，中等肥力条件下分蘖穗的利用只能在 $N-n$ 叶龄期及前一个叶位。

表3　盐粳2号密肥条件下本田不同叶龄期分蘖穗占总穗数的比例(%)

项　　目		处　　理				
		对照*(CK)	CK+25%	CK+50%	CK-25%	CK-50%
低肥水平	基本总茎蘖苗/(万·亩$^{-1}$)	13.02	16.57	20.44	10.48	6.92
	主茎穗	18.3	22.2	26.7	17.1	11.4
	分蘖穗 $N-n-1$ 叶龄期	54.3	66.7	72.0	70.1	62.5
	分蘖穗 $N-n$ 叶龄期	22.2(76.7)**	10.8(77.5)	1.3(73.3)	5.1(75.3)	14.7(77.2)
	分蘖穗 $N-n+1$ 叶龄期	5.0	0.3	0	6.8	0
	分蘖穗 $N-n+2$ 叶龄期	0	0	0	0	0
	穴平均穗数	11	9.0	7.5	11.7	8.9
高肥水平***	主茎穗	17.0	18.0	25.6	16.8	8.2
	分蘖穗 $N-n-1$ 叶龄期	68.9	61.3	67.9	61.3	64.2
	分蘖穗 $N-n$ 叶龄期	9.8(77.7)	8.9(70.2)	7.7(75.6)	11.8(73.1)	11.0((75.2)
	分蘖穗 $N-n+1$ 叶龄期	4.5	2.7	1.3	9.2	14.2
	分蘖穗 $N-n+2$ 叶龄期	0	0	0	1.0	1.0
	穴平均穗数	11.2	11.1	7.8	11.9	10.9

* 对照为公式计算的基本苗。** 括弧内数据为 $N-n$ 叶龄期及前的分蘖穗占总穗数的百分率。*** 指高肥比低肥多4倍。

不同叶龄期的分蘖穗粒重也是有差异的，每穗总粒数，主茎穗最多且稳定，早分蘖穗其次，变异小，迟分蘖穗粒少，变异大。试验还表明(表4)，主茎穗总粒数为137.1粒，$N-n-1$ 叶龄期分蘖穗粒为116.6粒，$N-n$ 叶龄期的分蘖穗粒为106.3粒，$N-n+1$ 叶龄期的分蘖穗粒为76.8粒，$N-n+2$ 叶龄期的分蘖穗为70.3粒，每穗总粒数在 $N-n$ 叶龄期后出现的分蘖穗型小粒少，只相当于主茎或大分蘖穗粒的50%左右，分蘖穗实粒数变化规律同每穗总粒数；结实率的变化较每穗总粒数的变化小，主茎穗和 $N-n$ 叶龄期及前的分蘖穗的结实率平均值为83%，变异系数小于5%，而在 $N-n+1$ 叶龄期及后的分蘖穗的结实率降到76%以下，又不稳定。由于 $N-n$ 叶龄期的分蘖穗所占的比重高，这也是盐粳2号结实率高的原因之一。

表4　盐粳2号密肥条件下不同叶龄期茎蘖穗粒重变化

处理		每穗粒数	结实率/%	每穗实粒数	单穗重/g	株高/cm
	主茎穗	137.1	83.8	114.7	2.78	89.3
分蘖穗	$N-n-1$ 叶龄期	116.6	84.2	98.1	2.16	86.1
	$N-n$ 叶龄期	106.3	83.3	88	1.92	82.9
	$N-n+1$ 叶龄期	76.8	75.6	59.6	1.22	74.7
	$N-n+2$ 叶龄期	70.3	66.8	48.4	0.96	69.5

注：表中数据均为平均值。

单穗重是反映单株营养和群体光照条件优劣的一个重要标志。表4还表明，主茎穗最重 2.78 g，$N-n-1$ 叶龄期分蘖穗重 2.16 g，为主茎穗的 78%，$N-n$ 叶龄期分蘖穗重 1.92 g，为主茎穗的 69%，$N-n+1$ 叶龄期的分蘖穗重 1.22 g，为主茎穗重的 43.8%，$N-n+2$ 叶龄期的分蘖穗重

0.96 g,为主茎穗重的 34.5%。这说明 $N-n$ 叶龄期的营养体大,群体光照条件好,所积累的干物质多,因此要产量高,必须在 $N-n$ 或 $N-n-1$ 叶龄期促进有效分蘖,争取穗多又增加穗重,这是决定基本苗和分蘖肥促控技术的依据。

适宜的移栽密度是合理的群体动态发展的起点,高产试验田移栽密度根据叶龄模式的基本苗估算公式计算,每亩基本苗 6 万左右,3 叶以上同伸大蘖的 3 万,有 2 叶以下的小蘖 5 万左右,因而栽后总茎蘖苗数为 10 万~14 万,够苗叶龄期在 9.9~10.4 叶,其总茎蘖苗为 27 万左右,符合凌启鸿等提出的高产田达到适宜穗数的叶龄期最好在有效分蘖临界叶龄期前 0.5~1 个叶位,这是最有利于高产的群体。从表 5 看出,盐粳 2 号最高茎蘖数在 32 万~40 万,田块间均未超过 40 万茎蘖数,最后成穗数为 25.9 万~28.5 万,成穗率高达 70.8%~86.1%。最高茎蘖数出现的时间在倒 3 叶或前 1 个叶龄期。基本苗多少影响够苗叶龄期的早迟,基本苗 13.02 万(对照)够苗叶龄期在 11.01,基本苗比对照+25%的够苗叶龄期 10.5,提早 1 个叶位;基本苗比对照+50%的够苗叶龄 9.15,提早 2 个叶位;基本苗比对照-25%的够苗叶龄 11.75,延迟 0.7 个叶位;基本苗比对照-50%够苗叶龄 12.25,延迟 2 个叶位。基本苗的多少影响有效分蘖成穗率,据表 6 中大田不同叶龄期分蘖套圈追踪,有效分蘖临界叶龄期的分蘖成穗率随着栽插密度的高低而有所变化,如低肥对照密度 $N-n$ 叶龄期分蘖成穗率为 73.5%,栽插密度增加 25% 和 50% 时,分蘖成穗率降低 5%~20%,相反栽插密度比对照减少 25% 和 50% 时分蘖成穗率增加 15%~20%,在高肥条件下也有同一趋势。因此用基本苗简易估算公式计算盐粳 2 号的栽插密度是可行的,但在应用时要注意 $N-n$ 叶龄的分蘖发生率(r_1)和秧田小蘖(r_2)的变化,两年资料统计盐粳 2 号的 r_1 为 7,r_2 为 0.5,同时还应提高栽插质量,保证浅插。

表 5 盐粳 2 号高产田的有效分蘖临界叶龄期和成穗率

田号	移栽期		有效分蘖临界叶龄期		最高茎蘖苗叶龄期		穗数/(万·亩$^{-1}$)	成穗率/%
	基本苗	叶龄	茎蘖数/(万·亩$^{-1}$)	叶龄期	茎蘖数/(万·亩$^{-1}$)	叶龄期		
路东	10.37		31.15	10.19	39.98		25.8	71.3
1 号	9.65	6.28	27.73	9.90	35.81	12.43	27.0	75.5
2 号	9.88	6.26	28.08	9.92	31.76	12.81	27.3	86.1
3 号	10.18	6.20	25.73	10.00	38.06	12.44	26.9	70.8
4 号	10.70	6.40	29.15	9.89	38.86	12.71	27.6	72.9
5 号	9.42	6.27	27.30	10.20	38.69	12.40	27.6	71.3
6 号	9.40	6.69	26.07	10.34	31.70	13.54	25.6	81.7

表 6 盐粳 2 号密肥条件下不同叶龄期茎蘖穗粒重变化

肥料水平	基本苗/(万·亩$^{-1}$)	主茎			$N-n$ 叶龄期			$N-n+1$ 叶龄期			$N-n+2$ 叶龄期		
		主茎数	成穗数	成穗率/%	主茎数	成穗数	成穗率/%	主茎数	成穗数	成穗率/%	主茎数	成穗数	成穗率/%
低肥	CK	20	20	100	102	75	73.5	2	0	0	3	0	0
	CK+25%	20	20	100	95	68	71.6	10	2	20	0	0	0
	CK+25%	20	20	100	92	55	59.8	2	0	0	1	0	0
	CK+25%	20	20	100	112	100	89.3	16	8	50	9	0	0
	CK+25%	10	10	100	79	68	86.0	15	10	66.7	8	0	0

续表

肥料水平	基本苗/(万·亩⁻¹)	主茎			N−n 叶龄期			N−n+1 叶龄期			N−n+2 叶龄期		
		主茎数	成穗数	成穗率/%	主茎数	成穗数	成穗率/%	主茎数	成穗数	成穗率/%	主茎数	成穗数	成穗率/%
高肥	CK	20	20	100	101	72	71.3	8	5	62.5	3	0	0
	CK+25%	20	20	100	115	78	67.8	4	3	75.0	1	0	0
	CK+25%	20	20	95	95	59	62.1	2	0	0	1	0	0
	CK+25%	20	20	100	131	107	81.7	22	17	77.3	3	1	33.3
	CK+25%	10	10	100	93	82	88.2	22	16	72.7	4	1	25.0

3 根据叶龄进程进行肥水运筹

施肥和水的管理要根据叶龄进程和叶色"黑"、"黄"变化进行。施肥采用施足基肥，重施穗肥的两促法，盐粳 2 号较耐肥，500 kg 以上产量需纯氮 11～13 kg，高产试验田基肥施猪、牛粪杂肥 3 000～3 500 kg，磷肥 15 kg，钾肥 7.5 kg，占总施用量的 70% 左右，栽后发现分蘖发生缓慢时补施分蘖肥折硫铵 10 kg 左右，盐粳 2 号补施分蘖肥不能迟于 9 叶期，使在有效分蘖临界叶龄期（第 11 叶）时发挥肥效，保证在第 11 叶时够苗，如第 9 叶后有明显缺氮症状后再补保蘖肥其增产效果极低，一般不施，重施穗肥保证大穗粒多。正确施用穗肥要先看叶龄，再看苗色和苗数而定，在穗肥施用叶龄范围内，叶色正常褪淡，群体适宜时中等肥力条件下可在倒 2 叶或倒 3、倒 2、倒 1 叶分次施用穗肥，用量折硫铵 10 kg 左右。据两年不同叶龄期穗肥试验，在中等肥力偏上条件下，倒 2 叶和等量肥料分次施用的产量高；而在低肥条件下，倒 3 叶施肥的产量高；等量肥料分次施用的其次，用量一次施肥的折硫按 10～15 kg，抽穗后叶色正常一般不施粒肥。

盐粳 2 号的水浆管理根据叶龄进程进行，采用薄水栽秧提高栽插质量，有效分蘖阶段，即在返青至第 11 叶前浅水勤灌，做到灌一次水，待自然落干后上第二次水。当在 11 叶前后茎蘖数达到适宜穗数的苗数时，开始搁田，以控制最高茎蘖数在适宜穗数 1.5 倍以内和倒 3 叶前一个叶位时到达，为掌握搁田的程度，田边开挖 33 cm 深的围沟，以沟内的水位高低判断土壤的通透性和何时上水的指标。一般搁田可到拔节叶龄期（倒 3 叶），使无效分蘖期叶色褪淡，减少无效生长量，以利壮秆大穗。倒 3 叶后要有水层，保证减数分裂正常进行，减少颖花退化。抽穗后到成熟期，采用间歇灌溉，干干湿湿，改善土壤通透性，增强根系活力，充分运用中后期肥效和充足的光照条件，加强灌浆物质的积累和运转，增加粒重。

参考文献

[1] 凌启鸿，苏祖芳，张洪程，等.水稻不同类型品种生育进程的叶龄模式.中国农业科学，1983(1):9-18.
[2] 凌启鸿，张洪程.IR24 大面积高产栽培途径.江苏农业科学，1982(9):1-10.
[3] 苏祖芳.栽插密度对水稻分蘖和穗粒的影响.江苏农业科学，1983(12):20-23.

叶龄模式的推广促进水稻栽培技术的发展*

水稻叶龄模式是江苏农学院凌启鸿教授提出的一个新的高产栽培理论与技术体系。它以叶龄进程为生育诊断指标,以建立高光效群体为中心,模式化地揭示水稻器官的发生和生育规律,数量化地确定水稻高产栽培主要生育指标,规范化地形成不同类型品种的促控技术。为了将该成果迅速转化为现实生产力,促进粮食生产的新突破,有利于稳定和发展全国的粮食产量,并提高我国农技人员的业务水平和种稻技术水平。1988—1990年在项目协作组的组织安排下,各地结合本地区气候、土壤等生态条件,进行开发性试验研究,在高产群体、苗类划分、肥水管理及叶龄预测等方面,得到进一步深化和发展。现将3年开发与推广情况总结如下。

1 掌握叶龄模式原理,抓住关键技术的应用

各协作单位在掌握水稻叶龄模式原理和应用技术的基础上,根据各地生态特点,明确限制产量的主导因子,抓住叶龄模式栽培关键技术的应用,发挥了最大的增产效益。

1.1 明确各地主要品种生育规律,建立相应的生育进程叶龄模式

各协作单位根据历年苗情调查资料及开展多项次试验研究,确定了主要品种主茎总叶数与伸长节间数及不同环境因子的影响,品种的叶龄进程及蘖、茎、根、穗的同伸情况与时间日历结合,建立了各稻区不同品种生育进程的叶龄模式,为确定各地高产数量生育指标和技术指标服务,如调整播期,合理确定基本苗数和蘖、穗肥的施用时期等(表1)。

1.2 多种途径培育叶蘖同伸壮秧

培育叶蘖同伸壮秧是水稻按叶龄模式建成高产群体的保证。壮秧标准历来说法不一,生产实践中难以掌握应用,而叶龄模式栽培明确了保持叶蘖基本同伸和秧田群体茎蘖滞增叶龄期移栽为壮秧的标准,各地围绕上述壮秧的量化标准,采取多种途径改进培育壮苗技术。

(1) 按照各地水稻最佳抽穗期,确定适宜播期,做到各品种组合合理搭配,使水稻生育进程和适宜季节同步,充分利用光热资源,为高产创造了条件。如江苏的宝应县,杂交稻种植面积大,过去早播,秧龄长达50~60 d,10~11叶移栽,秧苗带蘖少,多数为假大苗,减少了低位分蘖,影响大穗,产量不高。后根据叶蘖同伸壮秧原理,分析其最佳抽穗期在8月下旬初,确定汕优63播种适期在5月5~10日,比常年推迟5 d以上,提高了秧苗素质,为大穗奠定了基础。

---

* 本文原载①《耕作与栽培》,1991(4):59-62;②罗永藩主编《水稻叶龄模式的应用与发展》,农业出版社,1992:5-10;作者:水稻叶龄模式开发推广协作组(执笔人:苏祖芳,马继发,周春和,陈绍坤,陆敦)。

（2）各地以秧苗茎蘖滞增叶龄期作为适宜移栽期,不仅秧苗素质有所提高,而且秧田利用合理,同时移栽后返青活棵快,促进了早发。

（3）各地围绕壮秧标准,大幅度减少播量,并做到叶龄与播量配套。北京郊区过去常规稻亩播量达到150～200 kg,推广叶龄模式后降到40～60 kg/亩,推动了全市稀播壮秧技术的普及;湖南稻区杂交稻根据不同茬口、秧龄长短确定播量,如杂交稻移栽秧龄5、6、7、8叶相应秧田播量为15、12.5、10、8 kg,使叶龄模式推广面积达80%,实现了叶蘖同伸壮秧。

表1 各稻区不同品种生育进程叶龄模式

稻区		品种	主茎叶总数	伸长节间数	有效分蘖临界叶龄期	拔节叶龄期	穗分化始期叶龄期	上层根发生始叶龄期
安徽	滁县	汕优63	17	5	12	15	14.5	14
湖南	娄底	威优6号	15	5	10	13	12	12
		威优64	14	5	9	12	11	11
贵州	海拔260～375 m	D优63	15	5	10	13	12	12
	470～680 m	D优63	17	5	12	15	14	14
北京	郊区	喜丰	15	5	10	13	12	12
		京花101	18	5	12	15	15	15
湖北	孝感	献伏63	17	5	12	15	14	14
河南	信阳	汕优63	18	5	13	15	15	14
江苏	淮北	汕优63	17.8	5	12.8	15.8	14.3	14.8
	里下河	汕优63	17.3	5	12.3	15.3	14	14.3
	宁镇扬丘陵	汕优63	16.7	5	11.7	14.7	13.5	13.7
	沿江(太湖)	武育粳2	17.7	6	11.7	13.7	14.3	13.7
	沿江沿海	8169-22	16.5	5	11.5	14.5	13.4	13.5
江西	赣州	杂交稻	13	4	9	12	10.5	

（4）改进育秧方式和肥水运筹,培育壮秧。湖北孝感等地采取旱育抛寄两段育秧方式培育长秧龄叶蘖同体壮秧;北京郊区在麦茬稻栽培中,针对老壮秧拔秧田难的问题,试验并大面积推广麦茬稻机播旱育技术,收到了省工、省种、壮苗、好拔秧的效果。

（5）普遍应用多效唑等化调技术,提高优势分蘖利用价值,延迟秧苗茎蘖滞增叶龄期,增加秧龄弹性,缓和劳力和季节矛盾。

1.3 应用基本苗计算公式,保证栽插密度

适宜基本苗是大田群体发展的起点,基本苗适宜与否,对群体的发展和个体的质量关系极大。要获得适宜穗数,减少无效生长,增加穗粒数,首先要确定适宜基本苗。基本苗计算公式的推广应用,改变了长期以来秧龄小,基本苗偏多,或秧龄大,基本苗偏少的现象。首先,各地根据当地品种特性、地力和气候生态条件,通过大量试验调查,优选基本苗公式适宜参数值。如广西桂林地区,通过100多个不同类型田块,分析了基本苗计算公式中大田有效分蘖发生率(r)的适宜范围,保证了栽插密度。其次,为了便于广大群众掌握运用,江苏及安徽滁县等地区根据品种总叶数、伸长节间数、秧苗移栽叶龄及带蘖状况,应用基本苗公式计算出不同状况下的基本苗数,制定了不同苗类

秧苗每亩应栽基本苗查对表,并根据地力,施肥水平确定插秧规格(表2)。保证了插秧质量,改变了过去"乱插棵"现象。由于群体起点合理,使群体有效分蘖临界叶龄期前1叶龄达到预期穗数的总茎蘖数,形成合理的穗粒结构。如安徽滁县地区过去常出现穗数不足,产量上不去的问题,1989年对12 150亩示范点通过计算适宜基本苗,搞好规格化插秧,98%面积达到预期成穗要求,比上一年增加穗数1.5万~2.5万,平均亩产达619 kg,比常规栽培增加110.7 kg,增产21.8%。

表2 水稻适宜基本苗查对表(汕优63,安徽滁县地区)

移栽叶龄	单株带3叶以上大蘖数	应栽基本茎蘖苗数/(万·亩$^{-1}$)	应栽穴数/(万·亩$^{-1}$)	适宜株行距/cm
8	2	5.6	1.83	13.5×27
	3	5.6	1.41	16.5×27
9	2	7.5	2.5	110.0×27
	3	7.5	1.88	16.0×27
	4	7.5	1.5	13.5×27
10	3	11.25	2.8	10.0×27
	4	11.25	2.25	11.0×27
	5	11.25	1.88	13.5×27

1.4 合理促控,培育高光效群体

群体合理促控是培育高光效群体的重要手段。水稻叶龄模式栽培的肥水运筹要根据叶龄进程、器官发生、群体建成各阶段特点进行。各地根据前期促早发、中期保稳长、后期攻大穗争粒重的原则,按移栽叶龄施用基肥,按有效分蘖临界期($N-n$)早施分蘖肥和因苗(叶龄、叶色和苗数)施用穗肥和搁田,使肥水运筹规范化,促使群体合理地发展,协调穗粒结构,改变过去盲目用肥、蘖肥过迟、穗肥不施,导致群体过大、穗少粒小的弊病。如滁州郊区适期施穗肥,比对照田块亩最高茎蘖数下降9.4%~12.35%,成穗率提高9.8%~12.87%,实粒数增加6.07%~9.68%,取得了广泛的增产效果。

2 水稻叶龄模式的开发与发展

在普及叶龄模式原理,掌握关键技术的基础上,各地结合实际进行了大量的开发性研究,使该项技术得到了进一步的发展。

2.1 提出了苗类划分标准和转化配套技术

水稻苗情指标是决定栽培措施正确性的依据,是水稻栽培取得高产的保证。产量指标是苗情分类的依据,在大面积生产上,单产与穗数关系密切,单产高于平均产量水平的10%,为一类田,亩穗数为18万;单产相当于平均水平,为二类田,亩穗数为15万~17万;单产低于平均水平10%,为三类田,亩穗数小于15万。按照穗数与有效分蘖临界叶龄期($N-n$)苗数密切相关的原理,可将此苗数的多少和到达的时间作为早期苗类划分依据。并按照常年有效分蘖临界叶龄期与农事的相应日期,对照田间群体的总蘖率数制订划分标准,例如江苏淮北杂交稻,每亩群体苗数为18万,相当于13万~17万和小于13万的分为一、二、三类苗。在此基础上,分别制订二、三类苗的转化调控措施。江苏省已在较大范围内建立起不同苗类管理叶龄模式,促使二、三类苗的转化,取得了大面积平衡增产,补充了叶龄模式因苗分类管理的技术内容(表3)。

表3　水用移栽至 $N-n$ 叶龄期不同苗类标准（江苏）

品种	阶段苗数指标/(万·亩$^{-1}$)	类型	$N-n-2$ 叶龄期		
			日/叶	万蘖/日	茎蘖数/(万·亩$^{-1}$)
淮北 汕优63	18	1	4.7	0.8～1.0	14以上
		2	5.0	0.6～0.8	11～14
		3	5以上	0.6以下	11以叶
里下河 汕优63	17～18	1	4.5以上	0.8～1.0	13以上
		2	5.0	0.6～0.8	11～13
		3	5以上	0.6以下	11以叶
沿江 武育粳3号	27～29	1	4.5	0.8～1.0	24以上
		2	5.0	0.6～0.8	20～24
		3	5以上	0.6以下	20以叶

2.2　提出水稻高产的叶面积动态类型和实现超高产途径

水稻栽培的目的在于不断提高稻谷产量，而培育高光效群体，增加抽穗至成熟期净光合量，是提高水稻产量的根本途径。群体叶面积增加，能够促进库容量的扩大，同时提高净光合产量，增加积累，提高经济产量——稻谷产量。

合理的群体叶面积及其发展动态是水稻高产的基础。按移栽到拔节叶龄期群体叶面积的生长速率和拔节叶龄期到抽穗期群体叶面积生长速率相对值的大小，生育进程群体叶面积动态变化及其茎生叶的配置可分两类：

第一类，群体叶面积生长速率拔节前大于拔节后。其特点是最大叶面积指数（LAI）出现早，约在倒2叶至倒1叶之间到达，叶龄余数为0后，叶面积开始衰减，抽穗期的叶面积生产速率为负值，还可分三型。

第二类，群体叶面积生长速率拔节前小于拔节后。其特点是最大叶面积指数（LAI）出现较迟，约在孕穗至抽穗之间，叶面积到抽穗后才开始衰退，叶龄余数0到抽穗时的叶面积生长速率为正值，生长期具有较高的光合势和净光合生产力。它可分两个类型。其中V型移栽时起始LAI小，移栽到 $N-n$ 叶龄期群体叶面积生长速率较大，拔节叶龄期至抽穗期间的叶面积生长速率大，最大叶面积指数较大，其中各叶位叶面积大小顺序为2—3—1—4—5（倒数）。这个类型具有较高的颖花量，抽穗期单茎茎鞘重高，抽穗至成熟期物质生产与积累提高，产量显著增加。因此，农艺措施上，在提高最大LAI同时，提高单茎茎鞘重是实现高产更高产的有效途径。选择适宜群体起点（栽培密度），调节移栽到 $N-n$ 叶龄期的群体发展，并在 $N-n$ 叶龄后，因苗确定搁田始期，多次轻搁，以有效地控制有效分蘖临界叶龄期到拔节期的群体生长量，协调拔节后到抽穗期叶面积生长速率和单茎茎鞘重的矛盾，使单茎茎鞘重提高，才能进一步提高产量。

2.3　建立叶龄增长公式，实现叶龄预测

用叶龄模式进行水稻肥水调控，需要了解叶片生长动态。根据温度对叶龄进程的影响和生长期间常年有效积温与叶片生长关系，建立叶龄生长预测公式：$y_1=ax^b$（出苗至插秧前），和 $y_2=c+d\ln x$（插秧至叶片出齐）。式中，y 为叶龄值，x 为出苗到某一叶时期的积温（大于10℃），a、b、c、d 为回归系数。采用这两个公式能正确预测某一品种某一时期的实际叶龄值，指导田间管理。水稻叶龄增位公式的确立，为计算机应用于模式化栽培提供了方便。

2.4 简化叶龄模式的关键技术，拓宽叶龄模式应用领域

为了向农民群众普及叶龄模式栽培技术，各协作组根据推广工作实际需要建立了各地当家品种叶龄模式图，并印发到农民群众手中。江苏农学院和桂林农校制作了水稻叶龄模式示算盘，将水稻叶龄模式主要内容及技术要点综合在3张重合的转盘上，只要知道水稻品种的叶片数和伸长节间数，即可查出各生育指标及相应的技术措施，目前已在全国各地应用，效果显著。水稻栽培适宜基本苗公式参数较多，不便于群众掌握，各地普遍简化了基本苗计算公式，计算出了适宜基本苗查对表，方便了群众，保证了插秧规格化。在江苏、湖南、贵州等地还应用系统工程方法，优化叶龄模式农艺措施，取得了可喜的进展。

3 建立具有各地特色的高产叶龄模式技术体系

在弄清品种生育进程的基础上，各地区、各单位结合当地生态、生产条件，在开发试验基础上建立了有当地特色的水稻叶龄模式技术体系。

3.1 北京郊区水稻旱种叶龄模式

北京郊区水资源严重不足，旱种是京郊水稻栽培的主要方式之一，针对水稻旱种存在的问题，运用叶龄模式原理，通过试验，研究了旱种条件下基本苗公式参数值变化规律，确定了旱种基本苗计算公式。在栽培中，根据公式计算及田间成苗率确定适宜播量，使亩播量由原来的 12 kg 减少到 1 kg，大大提高了苗质。在肥水运筹上，改变了过去底肥少、4 叶后肥水猛促、后期难管的被动局面，改用重施底肥，补施蘖肥，出苗巧施苗肥，建立了合理群体结构，获得大幅度增产。3 年平均亩增产达 $61.1 \sim 100.8$ kg，增产幅度达 $14.3\% \sim 25.4\%$。

3.2 贵州黔东南州水稻半旱式栽培叶龄模式

该地区根据海拔高度和当地生产条件，建立了半旱式水稻叶龄模式。它以开沟作垄、施足底肥为关键，移栽至有效分蘖临界叶龄（$N-n$）期间，上水垄面插秧，$2 \sim 3$ 天后保持沟中有水垄面湿润，$N-n$ 叶到拔节叶龄期前 1 叶龄期深水控蘖；拔节叶龄期后半沟水，垄面湿润到收获前 $5 \sim 7$ 天。建立了高产群体，显著提高了产量。

3.3 江苏水稻少耕叶龄模式

其特点是水稻前期分蘖发生早，生长快，够苗早，降低基本苗，提高中期群体质量，采用平衡施肥法，促根攻大穗，提高了产量，收到了节能、省工、高效的效果。

3.4 湖北孝感地区旱育抛秧大苗叶龄模式

它促进秧苗叶蘖同伸，提高了秧苗素质，获得了大面积平衡增产，1990 年该地区 80 万亩水稻实行模式栽培，平均单产达到 695.3 kg。

3.5 湖南、广西、江西"双季"超吨粮田叶龄模式

建立了"双杂"主要生育进程叶龄模式、组合配套适宜穗粒结构以及高产群体形成的叶龄模式调控技术，全省通过试验示范，取得了大面积的显著增产效果。

各地区在水稻叶龄模式开发应用中，由于掌握了生育规律，在技术上作了重大改进，各项措施目的明确、应用得当，不仅提高了各个技术单元的增产效益，同时也使各项措施以高产群体为中心，相互配合，相互补充，发挥了整体效益，使水稻生长发育、群体建成和穗粒结构朝着高产方向发展。其开发研究结果，丰富和发展了水稻叶龄模式栽培理论和技术体系，促进了水稻科学的发展。

叶龄模式的推广对发展我国水稻生产的作用[*]

1988年农业部全国农业技术推广总站牵头立项,由江苏省农林厅、江苏农学院主持,成立由贵州、广西、湖北、安徽、北京、河南、湖南、江西、吉林等省、自治区、直辖市有关单位参加的水稻叶龄模式开发推广协作组,在成立时凌启鸿教授提出了具体实施方法等意见。通过3年水稻叶龄模式在我国主要稻区大面积生产上推广,取得显著的经济和社会效益,不仅明确其有广泛指导性,推广过程中还补充、丰富了叶龄模式内容,而且它对知识更新,培养稻作成才,提高稻作技术水平,持续实现大面积高产稳产,保障粮食安全具有推进作用。1992年本成果获得国家教育部科技进步二等奖。

1 改革栽培措施,提高种稻生产水平,各地增产效益显著

我们通过培训,农技人员在了解水稻叶龄模式基本原理后,调查分析当地影响水稻高产的因素:首先是由于播量高,播种不匀,秧苗素质差;其次是由于栽插基本苗不足,肥水促控措施不当,群体结构不合理,致使亩穗数不足。在搞清主要障碍因素的基础上,改进栽培措施,提高当地的水稻产量。

1.1 改革育秧技术,培育叶蘖同伸壮秧,提高秧苗素质

(1)按照水稻最佳抽穗期,确定适宜播期,使水稻生育进程和适宜季节同步,充分利用光热资源,为高产创造了条件。如江苏的宝应县,杂交稻过去早播,秧龄长达50~60 d,10~11叶移栽,苗弱带蘖少,大田分蘖叶位少,穗少穗小,产量不高。后根据分析其最佳抽穗期在8月下旬初,确定汕优63播种适期在5月5~10日,比常年推迟5~10 d,缩短了秧龄,提高了秧苗素质,增加了本田的有效分蘖期,增加了穗数,并为大穗奠定了基础,避免了花期的高温影响,提高了结实率,显著增加了产量。

(2)围绕叶蘖同伸壮秧和秧田群体茎蘖滞增叶龄期移栽标准,大幅度减少播量,并做到秧龄与播量配套。北京郊区过去常规稻亩播量达到150~200 kg,推广叶龄模式后下降到每亩40~60 kg,推动了北京郊区稀播培育叶蘖同伸壮秧技术的普及。湖南稻区杂交稻播量改变一刀切,而依据茬口、秧龄长短确定播量,如杂交稻移栽秧龄5、6、7、8叶相应每亩秧田播量为15、12.5、10、8 kg,使叶龄模式推广面积达80%,实现了叶蘖同伸壮秧。

(3)普遍应用多效唑等化调技术,提高优势分蘖利用价值,延迟秧苗茎蘖滞增叶龄期,增加秧

---

[*] 本文原载《中国特色作物栽培理论发展学术研讨文集》,中国农业出版社,2013:76-80;作者:苏祖芳。

龄弹性,缓和劳力和季节矛盾。

1.2 根据叶龄模式原理,制作叶龄模式示算盘(图)、基本苗查对表,确保插秧密度

叶龄模式基本苗计算公式的推广应用,改变了长期以来各稻区秧龄小、基本苗偏多,或秧龄大、基本苗偏少的现象。如广西桂林地区,通过100多个不同类型田块,分析了基本苗计算公式中大田有效分蘖发生率(r)的适宜范围,保证了基本苗计算合理。江苏及安徽滁县等地区根据品种总叶数、伸长节间数、秧苗移栽叶龄及带蘖状况,应用基本苗公式计算出不同状况下的基本苗数,制定了不同苗类秧苗每亩应栽基本苗查对表。并根据地力、施肥水平确定栽插规格,保证了栽插质量,改变了以往"乱插棵"现象。由于群体起点合理,使群体在有效分蘖临界叶龄期前1叶龄达到预期穗数的总茎蘖数,形成合理的穗粒结构。解决了过去常出现穗数不足、产量不高的问题。推广叶龄模式的第二年,如安徽滁县地区对1.215万亩示范田通过公式计算栽插适宜基本苗和合理株行距规格,最终98%面积达到预期成穗要求,比推广前一年每亩增加穗数1.5~2.5万,平均单产达619 kg,比常规栽培增110.7 kg,增产21.8%。

1.3 改进肥水促控技术,协调穗粒结构

水稻叶龄模式栽培的肥水运筹要根据叶龄进程、器官发生、产量形成各生育阶段的特点进行。将各地重前(基蘖肥)轻后(穗肥)"一炮轰"的施肥习惯改为按叶龄指导施肥。在施用基肥的基础上,在移栽后及早施分蘖肥,最迟在有效分蘖临界期($N-n$)前3个叶龄结束分蘖肥,而且只能补肥捉"黄塘"、促平衡。无效分蘖期严禁施氮肥。到了穗分化叶龄期才能施用穗肥,根据群体叶色和苗数决定穗肥的数量。在水管理上,改长期淹灌为按叶龄合理灌排,无效分蘖和拔节叶龄期要搁田。使肥水运筹规范化,促使群体合理地发展,协调穗粒结构。过去由于盲目用肥、蘖肥过迟、不施穗肥,导致中期群体过大、穗少穗小、产量不高。滁州郊区按叶龄模式控制无效分蘖期施肥,适期增施穗肥的田,比对照田块最高茎蘖数下降9.4%~12.33%,成穗率提高9.8%~12.87%,实粒数增加6.1%~9.7%,取得了显著的增产效果。

广西桂林地区还根据叶龄模式原理,制作当地主推品种叶龄模式图和水稻叶龄模式示算盘,将水稻叶龄模式主要内容及技术要点综合在3张重合的转盘上,只要知道水稻品种的叶片数和伸长节间数,即可查出各叶龄期生育指标及采取相应技术措施。我们将广西的示算盘的经验向全国各地推广应用,效果显著,叶龄模式示算盘已申请了专利。

1988—1990年3年间,水稻叶龄模式成果在贵州、广西、湖北、安徽、北京、河南、湖南、江西、吉林等省稻区已累计推广1.045亿亩,比对照田每亩增产41.36 kg,加权平均每亩增产10.10%,累计增产稻谷43.23亿kg,节本5.27亿元,除去新增生产费、推广费6.12亿元,新增纯收益19.81亿元,年纯收益6.60亿元,亩经济效益为24.82元,投入产出比1∶5.71。水稻叶龄模式成果的推广产生了巨大的增产效益,对发展水稻生产,保障我国粮食安全有长远的意义。

2 培养了农业技术人才,提高水稻整体栽培水平

水稻叶龄模式在全国推广,普及科学种田知识,健全推广网络,实行技术培训、现场考察和技术咨询结合形式,提高了各地各级技术人员对水稻叶龄模式原理的理解和应用水平,提高了他们在推广中的技术指导能力。

我们开展多次各层次的技术培训,其中跨省集中在江苏农学院培训4次,458人次,各协作单

位组织市、县、乡级培训301.9场次,41.24万人;组织省际间考察3次,县、乡两级组织业务考察和现场活动及技术诊断2.39万次,现场考察、技术咨询受到各地领导和百姓欢迎。通过培训和水稻叶龄模式的示范应用,更新了他们的知识,提高了他们的水稻栽培技术水平,不少人成为当地水稻生产的技术骨干、专家和部门的领导,为当地的水稻增产作出了显著贡献。江苏昆山花桥村知青薛继荣热爱农业技术,全身心投入到水稻叶龄模式的示范和推广中去,在他的带领下村里"百亩方"取得高产,获得了大批有价值的数据,成为昆山县水稻高产的样板。由于他在水稻栽培上的贡献和较高的水稻栽培技术水平,江苏省破格评他为高级农艺师。由知青转为国家干部,后又被提拔为农业局副局长。在江苏凡参加水稻叶龄模式推广并作出显著成绩的基层农技员都因此获得省科技成果一等奖。又如桂林地区农业局的陆敦通过叶龄模式示范推广工作,由一个普通农技员成为当地著名水稻栽培专家。这种例子,不胜枚举。

3 加速各地叶龄模式本土化、简化应用手段,拓宽了应用领域

各协作单位根据总体设计方案,结合本地生态条件和主要栽培特点,开展了广泛的试验研究,提出各稻区品种(组合)、接替品种(组合)的生育指标,建立了各地不同稻作方式的叶龄模式,如北京地区水稻旱种叶龄模式,湖北孝感地区旱育抛寄叶龄模式,贵州的半旱式叶龄模式,湖南、广西的"双杂"超吨粮叶龄模式以及江苏的少免耕及超高产群体的叶龄模式等。江苏省还提出了因苗管理的叶龄模式,广西桂林地区提出了早稻够苗期的量化指标,河南、安徽、湖南、贵州等地区提出了以叶龄模式为主的综合农艺措施优化体系等,大大提高了当地水稻栽培技术水平。

在简化应用上各地有不少创造,重点抓了叶蘖同伸壮秧的量化指标,简化基本苗计算公式,制作了查对表和示算盘,确定了关键叶龄期的叶龄指标以及肥水促控和后期3片功能叶的保护措施等,这使领导指挥有了重点,群众应用有了主攻目标。

水稻叶龄模式的本土化和应用的简化,使之迅速扩大了应用范围,不但在华东稻区适用,而且在立体农业明显的山区、丘陵区也可行,不但在一季中籼水稻上适用,而且在双季早晚稻上同样可用。因为它是揭示了水稻生育基本规律的最基本的栽培管理技术。

4 后续效应明显

水稻叶龄模式在全国立项推广至今已有20多年了,20多年间在全国应用地域范围不断扩大,尽管以后又发展形成了群体质量栽培和精确定量栽培以及其他各种新技术,但叶龄模式仍然是推广其他各项技术必须应用的基本技术。当年全国各地水稻叶龄模式推广得好的地方,有一批老的技术骨干,至今仍是当地的高产典型,如河南的商城、贵州的黔东南苗族侗族自治州等。充分证明水稻叶龄模式具有强大的生命力,水稻叶龄模式的原理和基本内容已编进大专学校的教材,是科学种稻的必读课本。

水稻群体质量原理与调控

水稻生育中期群体质量与产量形成关系的研究

提　要：以中粳稻盐粳 4 号和杂交中籼稻汕优 63 为材料，采用密肥试验与拔节期疏蘖处理，研究水稻生育中期群体叶面积组成和光合特性与产量形成的关系。结果表明，高光效群体在 $N-n$ 叶龄期够苗，拔节期的总茎蘖数相当于适宜穗数的 12～13 倍；拔节期 4 叶龄以上分蘖数量等于适宜穗数。3 叶龄以下分蘖在总茎蘖数中的比例为 15%～20%；在适宜叶面积下，有效和高效叶面积率分别为 90%～95% 和 75%～80%；则抽穗期叶片含氮率和叶片的净光合率高，抽穗后叶面积衰退慢，光合势和净同化率大，籽粒产量高。

关键词：水稻；生育中期；叶面积；光合特性；产量

水稻生育中期是承前启后的关键时期，生育中期合理的群体结构是抽穗后群体光合生产能力的物质基础。抽穗期适宜的叶面积大小和合理的叶层配置是抽穗后高产和高光效的基础[1,5,8,10]。因此，研究生育中期群体叶面积组成等质量特征及影响因素具有重要意义。关于水稻叶面积、光合特性的研究较多[2,6,7]，但多数研究偏重于后期[3,6,9]，而对生育中期不同群体茎蘖及茎蘖叶面积组成及其动态，抽穗期叶面积组成与经济产量形成关系的研究较少，也不系统。本文旨在通过拔节期不同的群体来分析水稻生育中期茎蘖和叶面积的组成与光合特性和产量的关系，提出生育中期群体质量指标，并揭示水稻生育中期对后期高光效水稻群体建成的作用，丰富群体质量内容，并为水稻高产更高产提供理论与实践依据。

1　材料与方法

1.1　材料

试验于 1995—1996 年在扬州大学农学院试验农场大田和网室中进行。供试品种为杂交中籼稻汕优 63 和中粳稻盐粳 4 号。小麦茬，砂壤土，土壤肥力中等偏上。

1.2　方法

1.2.1　密肥试验

设 2 个密度处理，汕优 63 株行距为 10 cm×26.5 cm 和 10 cm×30 cm，每穴 1 苗；盐粳 4 号株行距为 10 cm×23.1 cm 和 10 cm×26.5 cm，每穴 2 苗。设每亩施纯氮 12.5 kg、7.5 kg、2.5 kg 和 0 kg 4 个处理，基蘖肥与穗粒肥按 5∶5 比例施用。小区面积 3 m×3 m，重复 3 次，共 48 个小区。

---

* 本文原载《中国农业科学》，1998，31(5)：19-25；作者：苏祖芳，王辉斌，杜永林，张亚洁，季春梅，周培南。

5月8日播种，6月10日移栽，移栽叶龄为6.1～6.3。

1.2.2 拔节期疏茎蘖试验

拔节期选出茎蘖苗数为适宜穗数（汕优63为18万/亩，盐粳4号为26万/亩，下同）的1.7倍（L）、1.5倍（M）、1.2倍（R）、1倍（S）4类群体（表1），每类群体内进行疏蘖处理，其中L群体内形成茎蘖苗数分别为适宜穗数的1.0、1.2、1.5、1.7倍的L_1、L_2、L_3和L_{CK} 4类群体加群体内形成为适宜穗数的1.0、1.2和1.5倍的M_1、M_2和M_{CK} 3类群体；R群体内形成为适宜穗数1.0、1.2倍的R_1和R_{CK} 2类群体。

1.2.3 $^{14}CO_2$同位素示踪试验

分蘖末期（主茎叶龄13.5），晴天上午10:00左右，以1.0 mol/L HCl和2.5 ml/叶的$NaH^{14}CO_3$（比活度为$7.4×10^5$ Bq/ml），在不同群体内标记5张叶片以上的茎蘖的顶二叶（新叶下一叶），标记45 min，每个处理10株，分别于标记后3 d、25 d取样烘干，测定^{14}C在各茎蘖中的分布动态。

1.2.4 测定项目和方法

1）定期测定叶龄、茎蘖动态和群体叶面积，植株各器官干物重。

2）拔节期定点按分蘖所带不同叶片数套图，追踪分蘖的成穗情况。

3）抽穗和齐穗期分别采用热乙醇快速提取法和凯氏定氮法测定叶片的叶绿素含量及其含氮率。

4）抽穗期和齐穗期分别采用美国CI - 301 CO_2气体分析仪和自制塑料薄膜光合箱（长100 cm、宽80 cm、高120 cm）测定茎生各叶的光合速率。

5）成熟期考种，测定产量结构。

2 结果与分析

2.1 拔节期群体茎蘖与叶面积组成

2.1.1 不同群体的茎蘖组成

根据拔节期茎蘖数的大小，将群体分为L、M、R、S 4类（表1），尽管各类群体带4张以上叶片大分蘖的比例两品种均在77%～84%范围内，群体间的差异并不显著，但各茎蘖绝对数量却相差很大。L群体拔节期带4张以上叶片茎蘖的数量最多，超过了适宜穗数的30%；M群体超过适宜穗数的13%～15%；R群体4叶以上的分蘖数接近适宜穗数；S群体则少于适宜穗数的10%。

2.1.2 不同群体茎蘖组成与成穗率的关系

表1 不同群体的茎蘖动态

品种	群体类型	拔节期不同叶龄茎蘖百分比（%）					总蘖数适宜穗数*的倍数	4叶以上适宜穗数的倍数	成穗率（%）
		总叶数	6叶	5叶	4叶	总叶			
盐粳4号	L	43.1	22.3	34.6	20.6	77.5	1.66	1.31	65.41
	M	36.7	21.6	36.8	22.0	80.4	1.41	1.13	75.00
	R	32.3	23.4	38.0	21.2	82.6	1.24	1.03	83.46
	S	28.5	16.7	36.3	28.6	81.6	1.10	0.89	81.60

续表

品种	群体类型	拔节期不同叶龄茎蘖百分比(%)				总蘖数适宜穗数*的倍数	4叶以上适宜穗数的倍数	成穗率(%)
		总叶数	6叶	5叶	4叶	总叶		
汕优63	L	30.1	22.8	34.8	19.7	77.3	1.67	1.30	68.10
	M	25.7	20.4	37.2	23.1	80.7	1.43	1.15	75.45
	R	21.9	23.1	38.1	22.4	83.6	1.22	1.02	84.99
	S	19.8	18.0	36.3	27.4	81.7	1.10	0.90	83.47

* 适宜穗数,盐粳4号为26万/亩,汕优63为18万/亩。

表1还表明,不同类型群体,其成穗率有很大差异,L和M群体,成穗率低,盐粳4号分别为65.41%和75.00%,R和S群体成穗率高,分别为83.46%和81.60%,说明 $N-n$ 叶龄期为适宜穗数的苗数,拔节期茎蘖数达适宜穗数的1.1~1.2倍,其中4叶以上分蘖相当于适宜穗数的群体,其成穗率最高,与汕优63的结果一致。试验表明,不同群体疏蘖处理后,总茎蘖数下降,成穗率皆高于对照,疏蘖后总茎蘖数为适宜穗数1.0~1.2倍的成穗率最高。不同群体在处理前群体的起点差别很大,但处理后,总茎蘖数相近的各处理,成穗率也相近。可见成穗率高低与拔节期茎蘖的质量和大小有关。

2.2 抽穗期群体叶面积组成与光合强度的关系

表2表明,盐粳4号R群体,抽穗期有效分蘖的比例高达91.9%;群体的适宜LAI为7.42;有效和高效叶面积率分别高达93.9%和78.40%。L和M群体,抽穗期无效分蘖多,有效分蘖分别为79.3%和85.2%;群体LAI高,有效叶面积率分别为80.04%和86.36%,比R群体低14.76%和8.03%;高效叶面积率分别为54.95%和67.59%,比R群体低29.9%和13.8%。S群体,抽穗期群体的LAI小,为6.53;有效和高效叶面积率高达92.17%和74.31%,但有效LAI绝对值小。表2还表明,随着有效叶面积率提高,群体叶层内的透光率上升,尤其基部叶层获得的光照越多,叶片净光合率增加。可见S群体抽穗期LAI适宜,有效叶面积率达92%~95%,高效叶面积率达75%~80%,有利于提高叶片的净光合速率和产量。这充分说明,生育中期群体叶面积组成适宜,提高抽穗期有效叶面积率和通风透光是高光合生产能力的生态生理基础。

表2 不同群体抽穗期叶面积组成

品种类型	群体类型	LAI	有效分蘖率/%	有效LAI	高效LAI	无效LAI	有效叶面积率/%	高效叶面积率/%	叶片平均净光合速率*	产量/(kg·亩$^{-1}$)
盐粳4号	L	8.47	79.3	6.78	3.73	1.69	80.04	54.95	12.4	572.9
	M	7.98	85.2	6.89	4.66	1.09	86.36	67.59	13.9	684.0
	R	7.42	91.9	6.94	5.44	0.48	93.49	78.40	15.6	749.3
	S	6.53	90.5	6.01	4.45	0.52	92.17	74.31	15.4	640.1
汕优63	L	8.67	81.4	6.82	3.77	1.85	78.70	55.31	12.1	577.4
	M	8.17	86.1	6.86	4.44	1.31	83.97	64.72	13.0	675.4
	R	7.74	92.0	7.17	5.66	0.57	92.58	78.90	16.0	727.8
	S	6.59	91.2	6.05	4.83	0.54	91.83	79.78	15.8	639.4

* 叶片净光合速率单位: $CO_2 mg \cdot dm^{-2} \cdot h^{-1}$。

2.3 不同群体茎蘖间的营养交流

2.3.1 大小分蘖间的营养交流

表3表明,不同群体大分蘖向其他分蘖物质输出特点不同。盐粳4号3个不同群体的分蘖末期标记大蘖有23.4%～32.6%同化物向外输出,汕优63输出量为34.8%～44.7%。即盐粳4号小分蘖从标记大蘖所获得的Dpm百分比分别为8.4%、10.1%和12.1%,平均每个小分蘖得到5.6%、5.1%和4.8%的分配率。

表3 标记大蘖向外的物质运输(标记3 d后测定)

品种	总茎蘖数/10^4亩	放射性活度(10^4 Dpm)				Dpm分配百分比/%			
		大蘖	标蘖	小蘖	总计	大蘖	标蘖	小蘖	单个小蘖
盐粳4号	28.9	6.6(3.0)	33.7(1.0)	3.7(1.5)	44.0(5.5)	15.0	76.6	8.4	5.6
	34.1	6.9(3.5)	28.4(1.0)	4.0(2.0)	39.3(6.5)	17.6	72.3	10.1	5.1
	40.0	7.5(4.0)	24.6(1.0)	4.4(2.5)	36.5(7.5)	20.5	67.4	12.1	4.8
汕优63	20.3	8.8(52.0)	30.6(1.0)	7.5(3.0)	46.9(9.0)	18.8	65.2	16.0	5.3
	24.8	9.4(6.0)	26.7(1.0)	8.4(4.0)	44.5(11.0)	21.1	60.0	18.9	4.7
	28.5	10.1(7.0)	23.6(1.0)	9.0(4.5)	42.7(12.5)	23.7	55.3	21.0	4.7

注:(1)大蘖的放射活度扣除标蘖;(2)标蘖的放射活度扣除标蘖;(3)小蘖的放时活度扣除标蘖;(4)括号内的数字为平均单株各茎蘖的个体数(盐粳4号为每穴2苗),下同。

表4表明,3个群体的标记小蘖盐粳4号有14.7%～20%同化物质向外输出,汕优63标记小蘖的输出量为20.9%～28.1%。结合表3可知,相同群体条件下,标记大蘖向外输出率为标记小蘖向外输出率的1.5～2.0倍。单个大蘖只能从标记小蘖获得2.0%左右的分配率,而且群体愈大,分配率愈低,每个小分蘖从一标记大蘖获得^{14}C的分配率为其向一个大蘖输出的2～3倍,就营养交流整体而言,弱小分蘖是入多出少,对群体的恶化作用远大于其同化物向外输出的贡献。

表4 标记小蘖向外的物质运输(标记25 d后测定)

品种	总茎蘖数/(万·亩$^{-1}$)	放射性活度(10^4 Dpm)				Dpm分配百分比/%			
		小蘖	标蘖	大蘖	总计	小蘖	标蘖	大蘖	单个小蘖
盐粳4号	28.9	3.0(1.0)	34.2(1.0)	3.5(4.0)	40.(6.0)	6.0	85.3	8.7	2.2
	34.1	3.2(1.0)	31.4(1.0)	3.6(4.5)	38.(6.0)	8.4	82.2	9.4	2.1
	40.0	3.5(1.5)	28.9(1.0)	3.7(5.0)	36.1(7.5)	9.8	80.0	10.2	2.0
汕优63	20.3	3.7(2.0)	32.1(1.0)	4.8(6.0)	40.6(9.0)	9.1	79.1	11.8	2.0
	24.8	3.8(3.0)	28.9(1.0)	5.1(7.0)	37.8(11.0)	10.0	76.5	13.5	1.9
	28.5	3.6(3.5)	24.8(1.0)	5.2(8.0)	34.5(12.5)	13.0	71.9	15.1	1.9

2.3.2 无效分蘖和有效分蘖营养物质分配的差异

从图1看出,不同群体间的同化物分布动态上存在明显差异,群体愈大,标记3 d后同化物质在标记叶片上的滞留量愈多,如盐粳4号L、M、R群体分别为75%、65%和50%。分蘖不成穗株(无效分蘖)25 d留在标叶和标蘖上分配率之和低于分蘖成穗株(有效分蘖),说明小分蘖在濒临死亡时,其营养物质能较多地向外输出,群体愈小,输出量愈大。

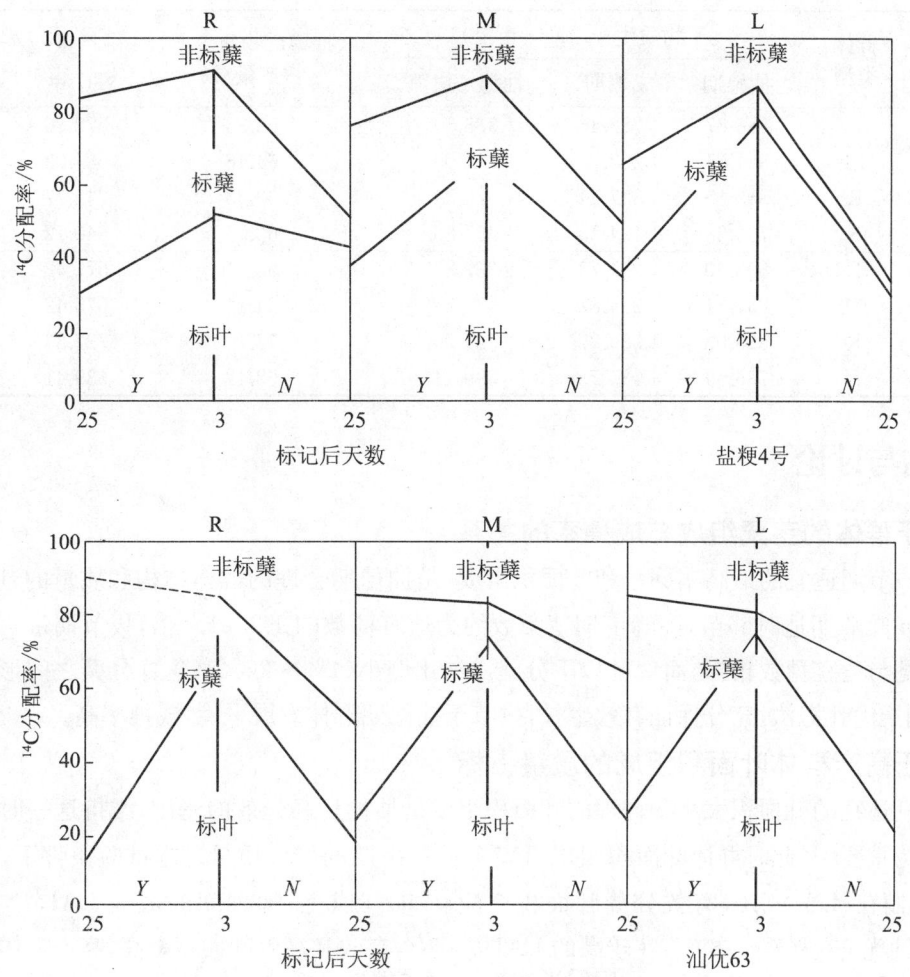

图 1　有效分蘖与无效分蘖同化物质分配动态

注：Y 为小分蘖成穗株(有效分蘖)，N 为小分蘖不成穗株(无效分蘖)。

2.4　不同群体抽穗前后干物质生产与产量的关系

表 5 表明，L 群体抽穗期的干物质积累量高，但抽穗至成熟期的干物质积累量少，两品种均为 340 kg/亩左右，抽穗后的干物质生产占产量的比例小，均为 58% 左右，经济系数小，均为 0.47，最终产量低，分别为 572.86 kg/亩和 577.42 kg/亩；R 群体抽穗期的干物质重量适宜，抽穗至成熟期的干物质生产量最大，两品种皆在 500 kg/亩以上，经济系数分别为 0.56 和 0.54，最终的产量最高，盐粳 4 号为 749.77 kg/亩，汕优 63 为 727.83 kg/亩，比群体 L 分别提高 176.91 kg/亩和 150.41 kg/亩；S 群体由于个体少，虽然经济系数高，但群体抽穗至成熟的干物质生产不足，产量比 R 群体和 M 群体都低，M 群体抽穗至成熟期的干物质生产仅低于 R 群体，其产量也低于 R 群体，盐粳 4 号的产量为 640.12 kg/亩，汕优 63 为 639.41 kg/亩。这说明，抽穗期干物质积累量适宜，优化生育中期群体结构，能提高抽穗至成熟期的干物质生产能力，是夺取高产的群体结构基础。

表 5 不同群体抽穗前后干物质生产与产量的关系

品种	群体类型	干物质生产/(kg·亩$^{-1}$)			抽穗后物质生产占产量/%	产量/(kg·亩$^{-1}$)	经济系数
		抽穗期	成熟期	抽穗—成熟			
盐粳 4 号	L	888.87	1 222.46	333.59	58.23	572.86	0.47
	M	851.51	1 292.60	441.09	64.48	684.02	0.53
	R	813.15	1 337.44	524.29	69.93	749.77	0.56
	S	736.28	1 134.13	397.86	62.15	640.12	0.56
汕优 63	L	893.90	1 231.73	337.83	58.51	577.42	0.47
	M	851.61	1 284.82	433.21	64.14	675.42	0.53
	R	815.08	1 339.87	524.79	72.10	727.83	0.54
	S	736.59	1 135.73	399.14	62.42	639.41	0.56

3 小结与讨论

3.1 关于群体的茎蘖组成与成穗率的关系

水稻拔节期适宜的最高茎蘖数和叶面积组成,是抽穗期合理的群体结构和质量的基础[5]。群体在 $N-n$ 叶龄期适时够苗,高峰苗期茎蘖数约为适宜穗数的 1.2~1.3 倍,拔节期带 4 张以上叶片的分蘖穗与适宜穗数相当,而 3 叶以下分蘖占的比例小(1%~25%),这样分蘖之间形成合理的梯度,有利于优胜劣汰,充分保证有效生长,拔节至抽穗期群体发展平稳,成穗率高。

3.2 关于高产群体叶面积组成的质量指标

抽穗期适宜的叶面积大小和合理的叶面积组成是抽穗后高光效的基础,维持这一时期的高光合能力极为重要[1],此时群体叶面积组成可表示生育中期的群体质量。本试验条件下,拔节期群体 LAI 控制在 4.5~5.0,有效分蘖叶面积率应在 90% 以上,抽穗期的最适 LAI,盐粳 4 号为 7.0~7.5,汕优 63 为 7.5~8.0。在较高的 LAI 基础上,有效和高效叶面积率高,高产群体有效叶面积率达到 90%~95%,高效叶面积率达到 75%~80%,使群体数量和质量得到有机的统一。保持群体叶片高的光合强度,必须满足下部叶片适度的光照,以延长其功能期。减少下部叶片叶面积的比例与提高其光合能力并不矛盾,当群体基部叶片过大,所占叶面积比例太高,说明群体过旺,个体间竞争激烈,下部叶片得到的养分和光照剧减,形成"面大效低"的局面,且加重了上部叶片的负担。适当降低基部叶片叶面积的比例,提高高效叶面积比例,有利于协调个体间矛盾,平衡各叶片的营养交流,这样既能保证基部茎秆粗壮、根系活力强的功能,又能保证上部叶片功能以发挥满足籽粒灌浆物质需要。

3.3 关于群体无效分蘖在群体物质生产中的作用

国内外有关水稻分蘖成穗规律研究甚多[4~6]。随着水稻生育进程的演进,高位分蘖光照、营养状况较差,最终有部分不能抽穗结实而成为无效分蘖,一些学者认为,无效分蘖在死亡前有部分同化物质向外输出,从而推断无效分蘖对产量的形成是有贡献的。而凌启鸿等认为,无效分蘖增多,恶化群体质量,成穗率降低,高产水稻栽培中应当控制无效分蘖的数量,在获得适宜穗数的前提下提高成穗率,走主攻大穗的途径[4]。本试验以 ^{14}C 同位素标记表明,无效分蘖从有效分蘖吸收的同化物质为其向有效分蘖输出的 2~3 倍,且群体愈大,运转活性愈弱。拔节期不同群体的疏蘖试验也表明,适当降低高峰苗,减少无效分蘖,有利于有效茎蘖的生长,促进抽穗后高光效群体的形成,提高茎蘖成穗率和结实率,为增加抽穗到成熟期的干物质积累量和进一步提高单产奠定良好的基础。

参考文献

［1］凌启鸿,张洪程,蔡建中,苏祖芳.水稻高产群体质量及其优化控制技术探讨.中国农业科学,1993,26(6):1-12.

［2］苏祖芳,郭宏文,李永丰,等.水稻群体叶面积动态的研究.中国农业科学,1994,27(4):23-30.

［3］凌启鸿,苏祖芳,张海泉.水稻成穗率与群体质量及其影响因素的研究.作物学报,1995,21(4):463-465.

［4］苏祖芳,张娟,王辉斌,等.水稻群体茎蘖动态与成穗率和产量形成关系的研究.江苏农学院学报,1997,18(1):36-40.

［5］王永锐.作物高产群体生理.北京:科学文献技术出版社,1991:322-323.

［6］苏祖芳,张亚洁.搁田始期对水稻成穗率、产量形成和群体质量的影响.中国水稻科学,1996,10(2):95-102.

［7］殷宏章.作物群体的光能利用——高产水稻田的叶面积与干物质积累.植物生理学报,1964,1(2):117-131.

［8］蒋彭炎,洪晓富,冯来定,等.群体条件下水稻个体间的营养关系、水稻高产理论与实践.北京:中国农业出版社,1994:14-22.

［9］焦德茂.杂交水稻群体不同高度叶层的光合特性.江苏农业科学,1982(9):11-15.

［10］颜振德.杂交水稻高产群体干物质生产与分配的研究.作物学报,1981(1):11-18.

Relationship Between Population Quality and Yield Formation at Middle Growth Stage in Rice

SU Zu-fang, WANG Hui-bin, DU Yong-lin, ZHANG Ya-jie, JI Chun-mei, ZHOU Pei-nan

(Agricutural College, Yangzhou University, Yangzhou 225009, Jiangsu)

Abstract: A *japonica* rice Yanging 4 and hybrid rice Shanyou 63 were used as experimental materials. The relationship between the population leaf area composition, It's photosynthetic characteristics and yield formation at middle growth stage were studied through different amount of N-fertilizer, varied planting density and artificial removing tillers. The results are as follows: for high photosynthetic efficient population, the total amount of tillers are 1.2~1.3 times that of effective tillers at jointing stage; simultaneously, the tillers older than 4 leaf age equal the effective tillers; the tillers younger than 3 leaf age amount to 15%~20% of total tillers; the percentages of effective leaf area and high effective leaf area are 90%~95% and 75%~80% respectively under suitable leaf area. Therefore, both the efficiency of nitrogen content in leaf and net photosynthesis are high at heading stage, the declining speed of leaf area is slow after heading, the photosynthetic potential and net assimilation rate are high from heading to ripening stage.

Key words: rice; middle growth stage; leaf area; photosynthetic characteristics; grain yield

水稻灌浆期源质量与产量关系及氮素调控的研究

摘　要：以中粳稻武育粳3号和杂交中籼稻汕优63为材料,采用不同密度、施肥等栽培措施,形成成穗率不同的群体,研究水稻抽穗期源质量与产量关系及其影响因素,结果表明:水稻高产群体抽穗期叶面积指数(LAI)适宜,有效叶面积率高,高效叶面积率为75%~80%,灌浆期光合势在2.10×10^6·m^2d以上,势粒比在47 cm^2·d/粒以上,势粒比(光合势与总颖花量的比值)能反映抽穗后群体源库发展动态的优劣,是经济产量形成期源库质量的较好表述,本试验条件下,通过穗肥等措施,在穗期适宜叶面积基础上,降低抽穗后叶面积下降速率,提高光合势和势粒比是进一步提高产量的有效途径。

关键词：水稻;抽穗期;源库关系;氮素;产量;光合作用

水稻高产群体抽穗期的源库关系,必将表现为抽穗后群体高光合生产能力。抽穗期产量总库容量已决定,源的形态与数量已形成[1],而源的光合能力是决定抽穗后干物质积累的内在生理基础。因此,研究抽穗期适宜叶面积组成及影响抽穗后光合生产率的叶片含氮率、叶绿素含量、叶片寿命、光合势、比叶重、净同化率、叶倾角和势粒比等源的质量很有必要。关于抽穗期源库关系的研究较多[2~5],但对抽穗后源的质量与产量形成的关系研究较少,也不系统。本研究旨在通过有效穗数相近、成穗率不同的群体,来分析抽穗期群体源库质量关系及抽穗后源质量与光合特性和产量的关系,提出抽穗后群体源的质量指标及其影响因素,为水稻高产高效栽培提供理论和实践依据。

1　材料与方法

试验于1996—1997年在扬州大学农学院试验田中进行。小麦茬,砂壤上,土壤肥力中上等,供试品种为中粳稻武育粳3号和杂交中籼稻汕优63。

1.1　试验设计

1.1.1　肥料用量、配比和密度试验

每公顷施纯氮量汕优63设180 kg(N_1)、240 kg(N_2)、300 kg(N_3)3个处理,武育粳3号设225 kg(N_1)、285 kg(N_2)、345 kg(N_3)3个处理。基蘖肥与穗粒肥比例设6∶4(B_1)和5∶5(B_2)2个处理。基肥深施,穗粒肥于倒4叶末和倒3叶期两次等量施用。栽插行距,汕优63为30 cm和

---

* 本文原载《中国水稻科学》,2000,14(1):24-30;作者:冯惟珠,苏祖芳,杜永林,周培南,季春梅。

26.4 cm 两个处理,武育粳 3 号为 26.4 cm 和 23.1 cm 2 个处理,株距均为 10 cm。3 次重复,小区面积 12 m²,随机排列。

1.1.2 生育中期施氮时期试验

设于倒 6 叶、倒 5 叶、倒 4 叶、倒 3 叶、倒 2 叶期一次施用和倒 4、3 叶期等量肥料分两次施用,以不施用为对照(CK),7 个处理,重复 2 次,小区面积 12 m²。田间小区随机排列。每公顷施纯氮量汕优 63 为 240 kg,武育粳 3 号为 289 kg。基蘖肥与穗粒肥比例为 6∶4。基肥于整地前一次深施。栽插行株距:汕优 63 为 30 cm×10 cm,武育粳 3 号为 26.4 cm×10 cm。

1.2 测定项目与方法

(1) 定期测定叶龄、茎蘖动态、干物质重和叶面积;(2) 抽穗期各处理活体测定植株单茎绿叶长及上 3 叶的倾角;(3) 抽穗期在自然状态下分距穗顶 0～1 cm、15～30 cm、30～45 cm、45～60 cm、60～70 cm、75 cm～基部 6 个层次切割测定各层叶面积;(4) 测定叶片含氮率和叶绿素含量;(5) 抽穗期晴天上午 9:00,以美国 CI-301 CO_2 气体分析仪测定不同处理茎生各绿叶的光合速率和不同高度的光照强度;(6) 成熟期收获计产并考种。

2 结果与分析

2.1 抽穗期群体叶面积组成与总颖花量的关系

2.1.1 叶面积指数与总颖花量和产量的关系

采用不同基本苗和肥料运筹等栽培措施,形成不同成穗率的群体,并根据成穗率的大小,把群体分成 9 类,分别称为 L_1、L_2、L_3、L_4、L_5、L_6、L_7、L_8 和 L_9 群体(表1)。

表 1 群体抽穗期叶面积组成与颖花量和产量

品种	群体类型	成穗率/%	LAI	有效LAI	高效LAI	有效叶面积率/%	高效叶面积率/%	总颖花量/(10^4·m^{-2})	单位叶面积颖花数/cm^{-2}	产量/(kg·hm^{-2})
汕优63	L_1	86.43	7.57	7.33	5.79	96.83	79.02	4.381 9	0.579	10 788
	L_2	84.66	7.69	7.39	5.84	96.16	78.99	4.314 2	0.561	10 521
	L_3	81.34	7.80	7.42	5.82	94.50	78.50	4.242 8	0.544	10 302
	L_4	79.07	8.16	7.56	5.87	92.70	77.70	4.135 4	0.507	10 020
	L_5	77.84	8.34	7.65	5.89	91.70	76.94	3.964 3	0.475	9 526
	L_6	74.57	8.48	7.50	5.65	87.71	75.28	3.792 1	0.447	8 916
	L_7	73.90	7.02	6.14	4.47	87.50	72.73	3.660 1	0.521	8 415
	L_8	69.64	6.77	5.71	3.96	84.30	69.33	3.498 0	0.512	7 831
	L_9	66.95	6.64	5.57	3.69	83.90	66.25	3.410 2	0.514	7 390
武育粳3号	L_1	84.09	7.10	6.95	5.30	97.85	76.23	4.526 0	0.637	10 600
	L_2	83.00	7.30	7.06	5.37	96.68	76.02	4.451 3	0.610	10 327
	L_3	81.83	7.54	7.08	5.36	93.90	75.70	4.363 7	0.579	9 998
	L_4	77.90	7.70	7.09	5.34	92.08	75.27	4.224 7	0.549	6 465
	L_5	75.76	8.03	7.31	5.47	91.48	74.77	4.094 2	0.510	8 913
	L_6	72.46	6.54	5.96	4.48	91.13	73.90	3.906 6	0.597	8 371
	L_7	70.43	6.34	5.65	4.00	89.10	70.79	3.767 5	0.594	7 848
	L_8	67.40	6.10	5.27	3.58	86.40	67.92	3.600 9	0.590	7 420
	L_9	62.92	5.94	5.02	3.21	84.50	63.87	3.528 4	0.594	6 936

分析抽穗期群体 LAI 与总颖花量之间的关系,两者呈二次抛物线关系,$y_{汕}=-43.862+12.449x^2$($R^2=0.894\ 2^{**}$,$X\mathrm{opt}=7.73$),$y_{武}=-23.189+7.535x-0.515x^2$($R^2=0.910\ 4$,$X\mathrm{opt}=7.32$)。如表 1 中汕优 63 和武育粳 3 号 L 群体,抽穗期 LAI 分别为 7.57 和 7.10,总颖花量和产量分别达到 43 819 万/m²、10 788 kg/hm² 和 45 260 万/m²、10 600 kg/hm²。而抽穗期群体有效叶面积率与总颖花量呈极显著正相关关系,相关系数分别为 $r_{汕}-0.938\ 0^{**}$,$r_{武}-0.969\ 4^{**}$。这充分表明,抽穗期群体在适宜 LAI 下,提高有效叶面积率,可以增加总颖花量,进一步提高产量。如表 1 汕优 63 的 L_1、L_2、L_3 群体有效叶面积率均达 93% 以上,分别比低成穗率的 L_9 群体高 12.93、12.26 和 10.6 个百分点,总颖花量分别增加 28.5%、26.5% 和 24.4%,产量也相应增加 46.0%、42.4% 和 39.4%。

2.1.2 高效 LAI 和高效叶面积率与总颖花量的关系

从图 1 可看出,抽穗期群体高效 LAI 与总颖花量呈直线正相关关系($r_{汕}=0.858\ 7^{**}$,$r_{武}=0.919\ 2^{**}$),而高效叶面积率与总颖花量呈曲线相关关系,随高效叶面积率的增加,总颖花量提高,但当高效叶面积率达一定值时,汕优 63 达 79% 左右、武育粳 3 号达 76% 左右时,群体颖花量仍增加,而高效叶面积率不再增加,说明高产群体高效叶面积率有一适宜的高限值。本试验条件下,两个品种在抽穗期有效茎蘗具有与伸长节间数相等的绿叶数时,顶 3 张叶的叶面积最大比例只可能达到一个最适宜高限值左右,低效叶面积,至少也要 20% 左右,除非在抽穗期下部叶早枯,单茎不能保持与伸长节间数相等的绿叶数,上 3 叶的叶面积比例才有可能突破此高限值,但这必将造成根系营养不良,群体早衰。因此,控制群体抽穗期形成适宜的叶面积,努力提高有效叶面积率,降低无效叶量对群体恶化作用,并争取提高高效叶面积率,增加上 3 张叶面积,即增加后期籽粒灌浆物质的主要供给源,这是高产乃至更高产的重要调控目标之一。本试验条件下,高产群体抽穗期有效叶面积率应在 93% 以上,成穗率在 80% 以上,高效叶面积率 5 个伸长节间的汕优 63 控制在 79% 左右,6 个伸长节间的武育粳 3 号控制在 76% 左右,总颖花量可达较高水平(450 万朵/m²),产量 10 500 kg/hm² 左右,如表 1 中 L_1、L_2、L_3 群体。

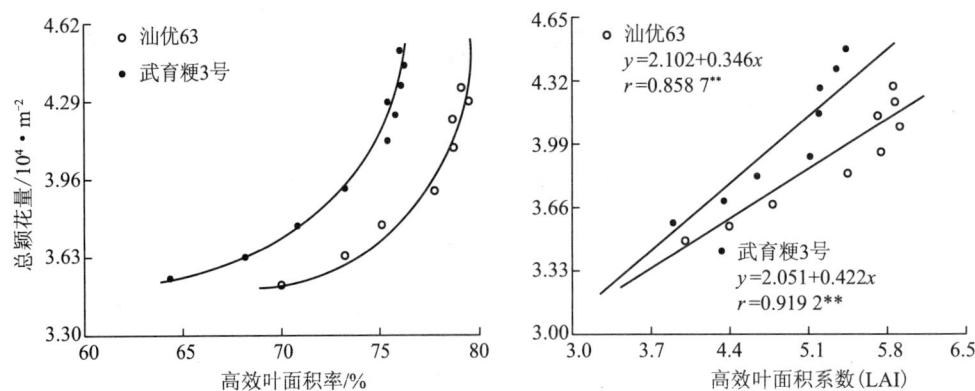

图 1 抽穗期群体高效 LAI 和高效叶面积率与总颖花量的关系

2.2 抽穗期群体剖层叶面积比例与光强分布

表 2 表明,抽穗期不同群体剖层叶面积分配差异较大。如汕优 63 高成穗率的 L_1 群体,倒 1、倒 2 和倒 3 层叶面积比例之和占总叶面积的 78%,与低成穗率的 L_9 群体相比,成穗率提高了 19.5 个百分点,倒 1、2、3 层叶面积比例提高了 20.9 个百分点。而倒 4、5 层叶面积比例,L_1 群体为 22%,

表 2 抽穗对群体叶面积剖层分配比例与光能分布

品种	群体类型	各层叶面积比例						光强分布/%					消光系数/%			叶片倾角/°		
		Ⅰ	Ⅱ	Ⅲ	Ⅳ	Ⅴ	Ⅵ	穗顶	30 cm	75 cm	基部	30 cm	45 cm	基部	倒 1	倒 2	倒 3
汕优 63	L_1	22.1	30.6	25.3	16.0	4.5	1.5	100	51.3	12.9	3.5	0.118	0.254	0.265	14.7	20.5	27.6
	L_2	21.8	29.4	24.8	17.0	5.3	1.7	100	50.1	12.7	34	0.124	0.262	0.273	15.4	21.8	29.0
	L_3	21.5	28.4	24.2	18.0	6.0	1.9	100	47.4	10.6	3.0	0.144	0.263	0.293	15.3	22.1	28.7
	L_4	20.0	27.2	23.9	19.3	6.6	3.0	100	43.4	8.5	2.3	0.161	0.258	0.312	17.2	24.6	29.8
	L_5	19.2	25.8	22.6	20.0	8.7	3.7	100	40.3	7.9	1.7	0.179	0.263	0.330	18.1	25.2	30.2
	L_6	18.3	24.4	22.5	20.9	9.6	4.3	100	36.7	6.2	1.5	0.208	0.268	0.348	19.4	25.3	31.4
	L_7	17.9	23.3	21.2	21.3	11.3	5.0	100	34.2	7.7	2.0	0.205	0.269	0.357	20.3	27.5	32.6
	L_8	17.4	22.0	19.8	22.0	13.0	5.8	100	35.5	4.8	1.0	0.192	0.260	0.356	21.6	29.0	33.7
	L_9	17.1	21.6	18.4	22.7	13.9	6.3	100	32.6	4.2	0.8	0.201	0.264	0.352	22.5	29.3	35.2
武育粳 3 号	L_1	20.4	27.6	30.9	16.0	4.6	0.5	100	53.9	11.2	4.6	0.124	0.225	0.306	16.8	23.2	29.2
	L_2	19.8	27.0	30.2	17.2	5.0	0.8	100	55.1	10.2	4.3	0.129	0.244	0.317	17.4	24.4	30.6
	L_3	19.1	26.2	29.5	17.8	6.4	1.0	100	51.4	8.2	3.6	0.144	0.258	0.344	18.2	25.6	31.4
	L_4	18.1	25.1	27.6	20.4	7.3	1.5	100	44.4	7.6	3.0	0.184	0.265	0.353	18.3	27.1	33.5
	L_5	17.8	23.4	26.3	22.6	7.9	2.0	100	38.8	5.3	0.8	0.203	0.293	0.423	19.1	29.3	35.1
	L_6	17.0	21.1	25.8	24.9	8.6	2.6	100	43.3	5.0	1.0	0.212	0.290	0.465	20.6	29.2	36.4
	L_7	16.6	19.6	25.0	25.4	9.9	3.5	100	40.3	4.1	0.9	0.210	0.305	0.533	22.1	30.8	37.2
	L_8	16.4	18.1	24.1	26.5	11.0	3.9	100	36.2	5.0	1.3	0.194	0.296	0.528	23.7	31.2	38.8
	L_9	15.8	17.2	23.0	27.4	12.2	3.9	100	34.3	3.2	0.7	0.208	0.302	0.536	25.3	32.4	39.0

* Ⅰ、Ⅱ、Ⅲ、Ⅳ、Ⅴ、Ⅵ分别指倒数叶层数。分别表示距穗顶 0～15 cm,15～30 cm,30～45 cm,45～60 cm,60～75 cm,75 cm 至基部叶层。

比 L_9 群体降低 20.9 个百分点。这说明成穗率高的群体，上中部有较高的叶面积，下部也有一定的绿叶面积，这对维持整个光合系统的功能起重要作用。因此，上部 3 层叶面积所占比例是反映群体叶面积组成合理与否的重要指标。

表 2 还表明，抽穗期不同群体内部不同高度的光强和消光系数有差异。成穗率高的群体，上部 3 张叶倾角小，各层透光率大、消光系数小；反之亦然。如汕优 63 高成穗率的 L_1 群体和低成穗率的 L_9 群体相比，距离穗顶 30 cm 处的光强分别为顶部光强的 51.3% 和 51.3% 和 32.6%，基部光强分别为顶部光强的 3.5% 和 0.8%，其相应的消光系数 L_9 群体分别比 L_1 群体大 3.9% 和 32.8%。倒 4、5 两层叶面积汕优 63 主要由倒 3 叶下部和倒 4、5 叶组成，还有无效小分蘖叶片，而武育粳 3 号倒 4、5 两层叶主要由倒 4 叶下部和倒 5、6 叶组成，这两层叶处于下部庇荫处，故这层叶面积比例过大，群体下部低效以至无效叶过多，透光性差。这进一步说明，高成穗率的群体，上部叶片直立，冠层叶面积比例增加，叶层配置合理，透光性好，利于提高中下部叶片的光合作用，增强后期干物质生产能力。

2.3 灌浆期群体源质量和光合特性

2.3.1 叶面积衰减率与光合势和净同化率

表 3 表明，群体不同，乳熟期叶面积衰减速率有差异，成穗率高的群体，衰减慢。如汕优 63 和武育粳 3 号，高成穗率的 L_1 群体抽穗后 30 d 内叶面积平均衰减速率（以 LAI 计）分别为 0.143/d 和 0.115/d，分别比低成穗率的 L_9 群体低 25.9% 和 29.9%。表 3 还表明，随乳熟期群体叶面积衰减变慢，抽穗至成熟期群体光合势增加，净同化率提高。如汕优 63 L_1 群体抽穗期至抽穗后 30 d，叶面积衰减速率降低 25.9% 光合势和净同化率分别比 L_9 群体高 36.7% 和 41.9%。因此，在抽穗期群体 LAI 适宜条件下，降低抽穗后叶面积衰减速率，延长叶片的功能期，提高抽穗后群体光合势到 210 万 $m^2 d$ 左右，净同化率提高到 3.5 $g/(m^2 d)$ 左右，是增强抽穗后群体光合生产力的有效途径。

表 3 抽穗至成熟期群体光合特性

品种	群体类型	总颖花量 /(万·m^{-2})	光合势 /(万·$m^{-2} d^{-1}$)	净同化率 /(g·$m^{-2} d^{-1}$)	成熟期 LAI	叶面积衰减率 /(LAI·d^{-1}) A*	叶面积衰减率 /(LAI·d^{-1}) B*	势粒比 /($m^2 d$·光合势$^{-1}$)	产量 /(kg·hm^{-2})
	L_1	4.381 9	209.535	3.769	1.85	0.143	0.130	47.82	10 788
	L_2	4.314 2	204.585	3.706	1.87	0.147	0.132	47.42	10 521
	L_3	4.242 8	199.740	3.587	1.69	0.156	0.140	47.07	10 302
	L_4	4.135 4	193.035	3.548	1.34	0.170	0.155	46.67	10 020
汕优 63	L_5	3.964 3	182.445	3.178	1.12	0.180	0.164	46.02	9 526
	L_6	3.792 1	173.730	3.101	1.08	0.183	0.168	45.82	8 916
	L_7	3.660 1	165.405	3.011	1.01	0.185	0.137	45.18	8 415
	L_8	3.498 0	159.510	2.841	0.87	0.190	0.134	45.56	7 831
	L_9	3.410 2	153.315	2.656	0.75	0.193	0.134	44.95	7 390

续 表

品种	群体类型	总颖花量/(万·m^{-2})	光合势/(万·m^{-2}d^{-1})	净同化率/(g·m^{-2}d^{-1})	成熟期LAI	叶面积衰减率/(LAI·d^{-1}) A*	叶面积衰减率/(LAI·d^{-1}) B*	势粒比/(m^2·光合势$^{-1}$)	产量/(kg·hm^{-2})
武育粳3号	L$_1$	4.526 0	212.745	3.532	1.65	0.115	0.101	47.00	10 600
	L$_2$	4.451 3	207.915	3.472	1.47	0.120	0.108	46.70	10 327
	L$_3$	4.363 7	203.085	3.438	1.41	0.131	0.114	46.54	9 998
	L$_4$	4.224 7	193.845	3.215	1.32	0.136	0.118	45.88	6 465
	L$_5$	4.094 2	185.730	3.014	1.28	0.141	0.125	45.31	8 913
	L$_6$	3.906 6	174.270	2.768	1.01	0.145	0.102	44.61	8 371
	L$_7$	3.767 5	166.260	2.617	0.90	0.153	0.100	44.13	7 848
	L$_8$	3.600 9	155.175	2.561	0.73	0.159	0.100	43.09	7 420
	L$_9$	3.528 4	149.130	2.427	0.60	0.164	0.099	42.26	6 936

* A 为抽穗至抽穗后 30 d；B 为抽穗至成熟。

2.3.2 势粒比与产量的关系

产量是源库关系协调发展的动态结果，抽穗期形成源库基础，抽穗后源库发展优劣是产量高低的决定因素。抽穗后群体光合势反映了灌浆期产量源器官进行光合生产的潜势，决定籽粒灌浆物质生产的潜力，总颖花量反映了籽粒产量的总库容的能力。因此，以光合势与总颖花量的比值（简称势粒比）来描述群体源库关系，既能反映抽穗期群体源库关系的大小，又能反映产量形成期源库发展动态的优劣，是水稻群体源库关系的较好表述，也是群体源库质量一个衡量指标。

表 4 结果表明，颖花量高，势粒比高，产量高。如汕优 63 L$_1$ 群体势粒比为 4.782 cm^{2}d/粒，比 L$_9$ 群体高 6.4%，增产极为显著。图 2 表明，势粒比与产量呈极显著的线性正相关关系（$r_{籼}=-0.947\ 5^{**}$和 $r_{武}=-0.989\ 7^{**}$）。由图 3 可看出，势粒比高，结实率和千粒重均增加。这说明，势粒比提高，每朵颖花占有的光合势较高，籽粒灌浆物质充足，有利于提高结实率和千粒重，进而提高产量。这充分说明，在控制抽穗期群体适宜叶面积的基础上提高总颖花量，进而提高势粒比，是促进产量形成期的源库关系协调发展，而获取高产的有效途径。

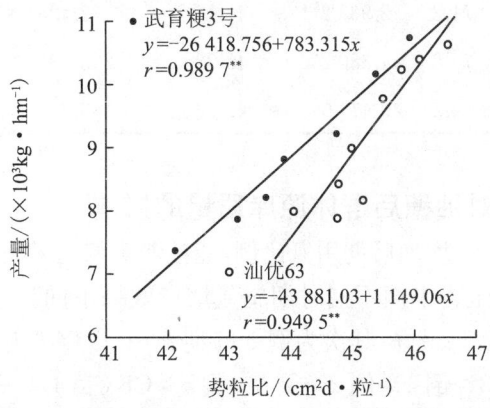

图 2 不同群体势粒比与产量关系

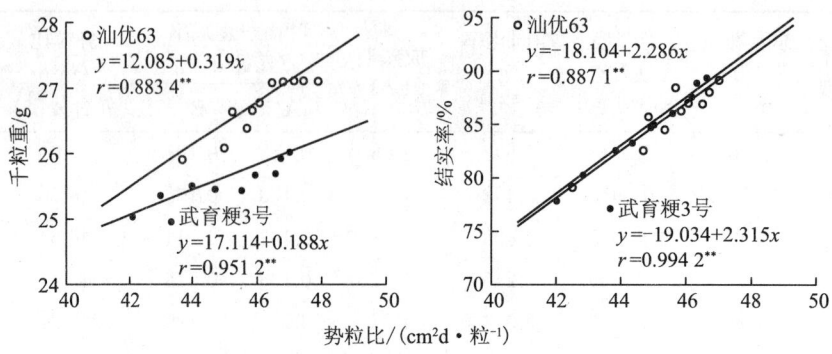

图3 势粒比与结实率和千粒重的关系

表4 生育中期施氮时期对群体库质量的影响

品种	倒数叶序	LAI	有效叶面积率/%	高效叶面积率/%	总颖花量/(万·m⁻²)	势粒比/(m²d·光合势⁻¹)	光合势/(万·m⁻²d⁻¹)	净同化率/(g·m⁻²d⁻¹)	产量/(kg·hm⁻²)	茎生叶长顺序*
汕优63	6	8.62	88.4	64.4	3.9026	42.96	167.670	2.651	7946	34215
	5	8.46	90.9	68.3	3.9757	44.83	178.245	2.634	8476	32415
	4	8.03	91.7	74.9	4.2346	45.99	194.760	2.877	9420	32415
	3	7.65	96.6	75.3	4.3382	46.57	202.035	3.651	10214	32415
	2	7.17	93.5	73.3	3.9729	45.79	181.920	2.970	9231	23145
	4、3	7.84	95.4	79.4	4.4609	47.23	210.930	3.808	10632	23145
	CK	6.74	90.4	70.2	3.6391	42.48	154.590	2.373	7444	23415
武育粳3号	6	7.61	86.5	63.7	3.8018	42.54	161.745	2.785	7680	43251
	5	7.39	88.5	65.9	3.8887	43.09	167.445	2.829	8160	32451
	4	7.54	91.1	72.5	4.1975	44.64	187.380	2.890	9255	23415
	3	6.93	95.3	73.1	4.2598	45.70	194.670	3.375	9902	32145
	2	6.22	92.2	71.2	3.9682	43.45	172.425	3.026	9165	34215
	4、3	7.15	94.4	75.8	4.3802	46.92	205.530	3.350	10340	23415
	CK	5.90	90.5	68.2	3.4710	41.26	143.220	2.725	7173	34251

* 茎生叶长顺序由上到下。

2.4 生育中期施氮时期对抽穗后群体源库质量的影响

在适宜的施氮总量前提下,增加后期用氮比例,能控制高峰苗数,提高群体成穗率。基蘖肥与穗粒肥比例为6∶4情况下,生育中期不同时期施氮增产效果不同。本试验条件下两品种均为倒4、3叶期等量施用氮肥增产效果最好,其次为倒3叶期施用,以倒6叶期施用氮肥增产效果最差。增产效果顺序为倒4、3>倒3>倒4>倒2>倒5>倒6>CK(表4)。

表4表明,倒4、3两叶期等量施用氮肥,群体总颖花量高,抽穗期叶面积适宜,有效和高效叶面积率均最高,如汕优63总颖花量为4.4609万/m²,比对照高22.6%,LAI为7.84,有效和高效叶面

积率分别为95.4%和79.4%,分别比对照高5.0和9.2个百分点。倒4、3叶两叶期等量分次施氮,抽穗期群体茎生叶长顺序为2、3、1、4、5,叶层配置合理,抽穗后群体光合势和净同化率均较高,势粒比高。如两品种倒4、3叶施用穗粒肥,抽穗后群体势粒比分别为4 728 cm²d/粒和4.692 cm²d/粒,分别比对照高11.3%和13.7%。而穗粒肥施用过早,如汕优63倒6叶施用,抽穗期群体叶面积过大,LAI为8.62,群体郁闭,有效、高效叶面积率低,分别为88.4%和64.4%,分别比倒4、3叶施用低7.0和15.0个百分点,总颖花量小,抽穗后群体光合势和净同化率均较低,势位比小产量不高。施用过晚,抽穗期群体叶面积较小,群体颖花量不足,尽管高效叶面积率提高,但因绝对值不足,籽粒灌浆物质供应不足,不利于高产。

3 小结与讨论

3.1 关于抽穗至成熟期群体源质量的几个生理指标

水稻抽穗期群体产量库容量已确定,籽粒灌浆物质的多少取决于抽穗后群体源的数量、质量和发展动态,这直接影响着籽粒重量、结实率和产量的高低。在抽穗期群体形成适宜的叶面积和高的有效和高效叶面积率下,提高抽穗后群体光合势和净同化率,进而提高势粒比,从而获取高产更高产。本试验结果表明,获取10 500 kg/hm² 以上产量的高产群体,抽穗期适宜叶面积指数汕优63和武育粳3号分别为7.7和7.3左右,有效叶面积率均在93%以上,5个伸长节间的品种汕优63高效叶面积率在79%左右,6个伸长节间的品种武育粳3号高效叶面积率在76%左右,灌浆期光合势达210万 m²d 以上,势粒比在47 cm²d/粒以上,叶面积下降速率(以LAI计)汕优63为0.14/d,武育粳3号为0.12/d左右。

3.2 关于势粒比的概念及其应用价值

提高群体的光合生产能力,尤其是提高水稻抽穗至成熟期的光合生产力,是提高水稻产量的根本途径[1,6,7]。抽穗后具有适宜的绿叶面积和叶片功能期长,是提高抽穗后光合生产力的根本保证。光合势反映群体叶面积和叶片功能期长短,势粒比是反映抽穗后群体源库发展关系及动态优劣的综合指标,准确地表示了籽粒灌浆期间每朵颖花实际占有的光合势。凌启鸿等以"粒叶比"作为反映群体"库"、"源"关系的一种形态指标,并指出在适宜叶面积范围内提高颖花量,以提高群体粒叶比,是提高产量的一条重要途径[8,9]。本文认为,粒叶比仅是抽穗期群体源库关系的静态表述,而势粒比是抽穗至成熟期群体源库关系动态的表述。因为在提高颖花量的基础上,提高抽穗后群体势粒比,也就是提高每朵颖花所占的光合势,是源库关系较为协调发展的动态结果,也是高光效高产群体的内在生理机制。在高颖花量下,提高势粒比,是扩库强源增产的有效途径。势粒比既体现生育中期群体颖花量、抽穗期群体叶面积大小及组成,也反映了抽穗至成熟期产量源发展的动态,因此,势粒比是高产群体调控的理论依据。抽穗后源库质量优劣主要体现为叶片的光合生产能力、叶面积大小、叶绿素含量和叶片含氮率,是抽穗至成熟期光合生理指标,而叶面积大小及衰减速度是反映抽穗后光合势大小的首要指标。高势粒比高产群体抽穗期群体叶片叶绿素含量高,叶片含氮率也高,抽穗后群体叶面积发展较平稳,叶面积衰减速率较低,适期落黄,从而净同化率和光合势较高,这是高势粒比高产群体的生理基础。

3.3 关于氮素穗肥的施用时期

穗肥施用是水稻栽培中的一项重要措施,它对增加群体的总颖花量和叶面积两方面都起作用,生育中期不同叶龄期施用氮穗肥,对于促进叶量、颖花量的作用力是不同的,只有当较多地促进颖花量而较少地促进叶量的增加,或在促进颖花量增加的同时,至少不降低叶面积时,同时要保持抽穗后较大的 LAI,延缓绿叶面积下降速度,提高光合势和叶片的光能利用效率,穗肥才能发挥良好的增产效果。这是衡量穗肥施用合理与否的一个鉴定指标。

传统的栽培方式中,施用有机肥料较多,基蘖肥用量较大,往往占总施氮量的 70%～80% 以上、穗粒肥比例较小。在穗肥施用时期上,5 个伸长节间的品种,一般为倒 2 叶一次施用或倒 3、2 叶分次施用增产效果极为显著;6 个伸长节间以上的品种,施用拔节长粗肥,穗肥在倒 2 叶时施用,增产效果较差[10]。近年来,随着品种演进、产量提高,一方面是氮肥用量增多,另一方面是降低基蘖肥比例,增加后期用量比重,优化群体质量、提高成穗率、获得高产的主要措施。但由于基蘖肥中化肥用量的增多,造成高峰苗数过多,而穗肥用量偏多,形成不合理的叶层配置或贪青迟熟,增产效果不显著。本试验结果表明,5 个伸长节间的杂交稻汕优 63 和 6 个伸长节间的武育粳 3 号,在基蘖肥与穗粒肥比例为 6∶4,基本苗适宜,有效分蘖临界叶龄期($N-n$)达够穗苗数,最高茎蘖数为适宜穗数的 11～12 倍时,穗肥于倒 3、2 叶和倒 4、3 叶期分次施用,增产效果显著。这是因为,在中期控制无效分蘖的基础上,个体健壮,有利于促进每穗颖花数的增加而扩大总颖花量,在抽穗期群体形成适宜的叶面积,扩大倒 2、倒 1 叶面积,达到 2—3—1—4—5 或 2—3—4—1—5—6 的叶层配置,有效叶片的含氮率和叶绿素含量较高,增强了叶片的光合效率,从而提高了抽穗至成熟期的灌浆强度,提高了结实率,增加了实粒数,获得高产。

参考文献

[1] 凌启鸿.水稻群体质量理论与实践[M].北京:中国农业出版社,1995:34-44.
[2] 王夫玉,黄丕生.水稻群体源库特征及高产栽培策略研究[J].中国农业科学,1987,30(5):26-40.
[3] 王永锐.作物高产群体生理[M].北京:科学技术文献出版社,1991.
[4] 杨建昌,朱庆森,曹显祖,等.水稻群体冠层结构与光合特性对产量形成作用的研究[J].中国农业科学,1992,25(4)7-14.
[5] 曹显祖,朱庆森.水稻品种源库特征及其类型划分的研究[J].作物学报,1987,13(4)265-272.
[6] 凌启鸿,张洪程,苏祖芳,等.稻作新理论——水稻叶龄模式[M].北京:科学出版社,1994.
[7] 苏祖芳,张亚洁,张娟,等.基蘖肥与穗粒肥配比对水稻产量形成和群体质量的影响[J].江苏农学院学报,1995,16(3):21-30.
[8] 凌启鸿,杨建昌.水稻群体粒叶比与高产栽培途径的研究[J].中国农业科学,1986(3):1-8.
[9] 凌启鸿,苏祖芳,张海泉.水稻成穗率与群体质量的关系及其影响因素的研究[J].作物学报,1995,21(4):463-469.
[10] 苏祖芳,陈德华.粳稻不同叶龄期施用氮素穗肥的效应[J].江苏农业科学,1986(12):1-3.
[11] 焦德茂.杂交水稻群体不同高度叶层的光合特性[J].江苏农业科学,1982(9):1-15.

Relationship between Source Quality and Grain Yield During Filling Period in Rice and Its Nitrogen-Regulation Approach

FENG Wei-zhu[1*], SU Zu-fang[2], DU Yong-lin[1*], ZHOU pei-nan[2], JI Chun-mei[2]

(1. Agriculture and Forestry Department of Jiangsu, Nanjing 210012, China;
2. Agronomy Department, Agricultural College, Yangzhou Uniuersity,
Yangzhou 225009, China, *Correspanding author)

Abstract: Taking a medium-season Japonica variety Wuyujing 3 and a medium-season hybrid rice Shanyou 63 as experimental materials, the populations with different percentages of panicle bearing tillers and stems were formed by different planting density and N-fertilizer applying treatment. The relationship between source quality at heading stage and its influencing factors were studied. For rice population with high grain yield, at heading stage, LAI was appropriate, rate of effective leaf area was high, rate of highly effective leaf area is from 75% to 78%. And during filling Period, photosynthetic potential is higher than $2.10 \times 10^6 m^2 \cdot d$, photosynthetic potential-grain ratio was higher than $47 cm^2 \cdot d/spikelet$. Photosynthetic potential-grain ratio (ratio of photosynthetic potential after heading versus the total quantity of spikelets) reflected the developing relationship dynamically of source-sink after heading, it is a better indication for source and sink quality during period of economic yield formation. Under conditions of these experiments, applying panicle-fertilizer and so on based on the appropriate leaf area at heading stage would be effective measures for reducing the declining rate of leaf area, increasing the photosynthetic potential and photosynthetic potential-grain ratio, and obtaining further higher grain yield.

Key words: rice; heading stage; source sink relations; nitrogen; yield; photosynthesis

水稻抽穗后源质量与产量关系的研究

摘　要：以中粳稻武育粳 3 号和杂交中籼稻汕优 63 为材料,采用不同密肥等栽培措施,形成成穗率不同的群体,研究水稻抽穗后源质量与产量关系,水稻高产群体抽穗期 LAI 适宜,有效叶面积率高,高效叶面积率为 75%～80%,灌浆期光合势在 $2.1\times10^6\,m^2/d$ 以上,势粒比(光合势与总颖花量的比值)在 47 $cm^2\,d/$粒以上,势粒比能反映抽穗后群体源库发展动态优劣,是经济产量形成期源库质量的较好表述。在抽穗期适宜叶面积基础上,降低抽穗后叶面积下降速率,提高势粒比是进一步提高产量的有效途径。

关键词：水稻；抽穗结实期；源质量；势粒比；产量

水稻高产群体抽穗期的源库关系,必将表现为抽穗后群体高光合生产能力。抽穗期产量总库容量已决定,源的形态与数量已形成[1],而源的光合能力是决定抽穗后干物质积累的内在生理基础,因此,研究抽穗期适宜叶面积组成及影响抽穗后光合生产率的叶片含氮率、叶绿素含量、叶片寿命、光合势、比叶重、净同化率、叶角和势粒比等源的质量很有必要。关于抽穗期源库关系的研究较多[2~5],但对抽穗后源质量与产量形成关系的研究较少,也不系统,本研究旨在通过对有效穗数相近,成穗率不同的群体,分析抽穗期群体源库质量关系及抽穗后源质量与光合特性和产量的关系,提出抽穗后群体源的质量指标及其影响因素,为水稻高产高效栽培提供理论与实践依据。

1　材料与方法

试验于 1996—1997 年在扬州大学农学院试验田中进行。小麦茬,砂壤土,土壤肥力中上等。供试品种为中粳稻武育粳 3 号和杂交中籼稻汕优 63。

1.1　试验设计

设汕优 63 施纯氮 180(N_1),240(N_2),300(N_3) kg/hm^2,武育粳 3 号施纯氮 225(N_1),285(N_2),345(N_3)kg/hm^2 3 个处理。基蘖肥与穗粒肥比例,设 6:4(B_1)和 5:5(B_2)2 个处理,基肥深施,穗粒肥于倒 4 叶末、倒 3 叶期 2 次等量施用。栽插行距：汕优 63 为 30.0、26.4 cm,武育粳 3 号为 26.4、23 cm 各 2 个处理。株距均为 10 cm,3 次重复,小区面积 12 m^2,随机排列。

---

* 本文原载《扬州大学学报(自然科学版)》,2000,3(2):38-41;作者：苏祖芳,杜永林,周培南,孙成明,张亚洁,季春梅,许乃霞。

1.2 测定项目与方法

① 定期测定叶龄、茎蘖动态；② 主要生育期测定干物质重和叶面积指数；③ 抽穗期各处理活体测定植株单茎绿叶面积；④ 成熟期收获计产并考种。

2 结果与分析

2.1 抽穗期群体叶面积组成与总颖花量和产量的关系

2.1.1 叶面积指数与总颖花量和产量的关系

采用基本苗和肥料运筹等栽培措施，形成不同成穗率的群体，根据成穗率的大小把群体分成9类，分别称为 L_1、L_2、L_3、L_4、L_5、L_6、L_7、L_8 和 L_9 群体（表1）。

表1 群体抽穗期叶面积组成与总颖花量和产量

品种	群体类型	成穗率/%	LAI	有效LAI	高效LAI	有效叶面积率/%	高效叶面积率/%	总颖花量/($10^4 \cdot m^{-2}$)	单位叶面积颖花数/(朵·cm^{-2})	产量/(kg·hm^{-2})
汕优63	L_1	86.43	7.57	7.33	5.79	96.83	79.02	4.381 9	0.579	10 788
	L_2	84.66	7.69	7.39	5.84	96.16	78.99	4.314 2	0.561	10 521
	L_3	81.34	7.80	7.42	5.82	94.50	78.50	4.242 8	0.544	10 302
	L_4	79.07	8.16	7.56	5.87	92.70	77.70	4.135 4	0.507	10 020
	L_5	77.84	8.34	7.65	5.89	91.70	76.94	3.964 3	0.475	9 526
	L_6	74.57	8.48	7.50	5.65	87.71	75.28	3.792 1	0.447	8 916
	L_7	73.90	7.02	6.14	4.47	87.50	72.73	3.660 1	0.521	8 415
	L_8	69.64	6.77	5.71	3.96	84.30	69.33	3.498 0	0.512	7 831
	L_9	66.95	6.64	5.57	3.69	83.90	66.25	3.410 2	0.514	7 390
武育粳3号	L_1	84.09	7.10	6.95	5.30	97.85	76.23	4.526 0	0.637	10 600
	L_2	83.00	7.30	7.06	5.37	96.68	76.02	4.451 3	0.610	10 327
	L_3	81.83	7.54	7.08	5.36	93.90	75.70	4.363 7	0.579	9 998
	L_4	77.90	7.70	7.09	5.34	92.08	75.27	4.224 7	0.549	6 465
	L_5	75.76	8.03	7.31	5.47	91.48	74.77	4.094 2	0.510	8 913
	L_6	72.46	6.54	5.96	4.48	91.13	73.90	3.906 6	0.597	8 371
	L_7	70.43	6.34	5.65	4.00	89.10	70.79	3.767 5	0.594	7 848
	L_8	67.40	6.10	5.27	3.58	86.40	67.92	3.600 9	0.590	7 420
	L_9	62.92	5.94	5.02	3.21	84.50	63.87	3.528 4	0.594	6 936

分析抽穗期群体 LAI 与总颖花量之间的关系，两者呈二次抛物线关系，$y_{汕} = -43.862 + (12.449x) - 0.805x^2$ ($R^2 = 0.894\ 2^{**}$, $X\text{opt} = 7.73$)，$y_{武} = 23.189 + 7.535x - 0.515x^2$ ($R^2 = 0.910\ 4^{**}$, $X\text{opt} = 7.32$)。如表1汕优63和武育粳3号 L_1 群体，抽穗期 LAI 分别为7.57和7.10，总颖花量和产量分别达到 $4.381\ 9 \times 10^4$ 朵/m^2，10 788 kg/hm^2 和 $4.526\ 0 \times 10^4$ 朵/m^2，10 600 kg/hm^2，而抽穗期群体有效叶面积率与总颖花量呈极显著正相关关系，相关系数分别为 $r_{汕} = -0.938\ 0^{**}$，$r_{武} = -0.969\ 4^{**}$。这充分表明，抽穗期群体在适宜LAI下，提高有效叶面积率，可以增加总颖花量，进一步提高产量。如表1汕优63的 L_1、L_2、L_3 群体有效叶面积率均达93%以上，分别比低成穗率的 L_9 群体高12.93%、12.26%和10.6%，总颖花量分别增加28.5%、26.5%和24.4%，产量也相应增加46.0%、42.4%和39.4%。

2.1.2 高效叶面积率与总颖花量的关系

相关分析表明，抽穗期群体高效叶面积率与总颖花量呈曲线相关关系。随高效叶面积率的增加,总颖花量提高,但当高效叶面积率达一定值时,如表1汕优63达79%左右、武育粳3号达76%左右时,群体颖花量增加,而高效叶面积率增加基本停滞,说明高产群体高效叶面积率有一适宜的高限值。本试验条件下,2个均为5个伸长节间的品种,在抽穗期高产群体有效茎蘗具有和伸长节间数相等的绿叶数时,顶3叶的叶面积最大比例只能达到一个最适宜高限值75%~80%,低效叶面积,至少要20%左右,在抽穗期下部叶早枯,单茎不能保持和伸长节间数相等的绿叶数,上3叶的叶面积比例才有可能突破此值,但这必将造成根系营养不良,群体早衰,因此,在控制群体抽穗期适宜叶面积的基础上,努力提高有效叶面积率,增加后期籽粒灌浆物质的主要供给源,这是高产乃至更高产的重要调控目标之一。

2.2 抽穗后群体源质量和光合特性

2.2.1 叶面积衰减率与光合势和净同化率

表2表明,群体不同,抽穗后叶面积衰减速率有差异 成穗率高的群体,衰减慢。如汕优63和武育粳3号,高成穗率的L_1群体抽穗后30 d内叶面积平均衰减速率分别为0.143和0.115LAI/d,分别比低成穗率的L_9群体低25.9%和29.9%。表2还表明,随抽穗后群体叶面积衰减变慢,抽穗至成熟期群体光合势增加,净同化率提高,如汕优63 L_1群体抽穗期至抽穗后30 d,叶面积衰减速率比L_9下降速度降低25.9%,光合势和净同化率分别比L_9高36.7%和41.9%。因此,在抽穗期群体LAI适宜条件下,降低抽穗后叶面积衰减速率,延长叶片的功能期,提高抽穗后群体光合势到$2.1 \times 10^6 m^2/d$左右,净同化率提高到3.5 $g/m^2 d$左右,是增抽穗后群体光合生产力的有效途径。

表2 抽穗至成熟期群体光合特性

品种	群体类型	总颖花量/(万·m^{-2})	光合势/(万·m^{-2}d^{-1})	净同化率/(g·m^{-2}d^{-1})	成熟期LAI	叶面积衰减率/(LAI·d^{-1}) A*	叶面积衰减率/(LAI·d^{-1}) B*	势粒比(m^{2}d/光合势)	产量/(kg·hm^{-2})
汕优63	L_1	4.381 9	209.535	3.769	1.85	0.143	0.130	47.82	10 788
	L_2	4.314 2	204.585	3.706	1.87	0.147	0.132	47.42	10 521
	L_3	4.242 8	199.740	3.587	1.69	0.156	0.140	47.07	10 302
	L_4	4.135 4	193.035	3.548	1.34	0.170	0.155	46.67	10 020
	L_5	3.964 3	182.445	3.178	1.12	0.180	0.164	46.02	9 526
	L_6	3.792 1	173.730	3.101	1.08	0.183	0.168	45.82	8 916
	L_7	3.660 1	165.405	3.011	1.01	0.185	0.137	45.18	8 415
	L_8	3.498 0	159.510	2.841	0.87	0.190	0.134	45.56	7 831
	L_9	3.410 2	153.315	2.656	0.75	0.193	0.134	44.95	7 390
武育粳3号	L_1	4.526 0	212.745	3.532	1.65	0.115	0.101	47.00	10 600
	L_2	4.451 3	207.915	3.472	1.47	0.120	0.108	46.70	10 327
	L_3	4.363 7	203.085	3.438	1.41	0.131	0.114	46.54	9 998
	L_4	4.224 7	193.845	3.215	1.32	0.136	0.118	45.88	6 465
	L_5	4.094 2	185.730	3.014	1.28	0.141	0.125	45.31	8 913
	L_6	3.906 6	174.270	2.768	1.01	0.145	0.102	44.61	8 371
	L_7	3.767 5	166.260	2.617	0.90	0.153	0.100	44.13	7 848
	L_8	3.600 9	155.175	2.561	0.73	0.159	0.100	43.09	7 420
	L_9	3.528 4	149.130	2.427	0.60	0.164	0.099	42.26	6 936

* A为抽穗至抽穗后30 d;B为抽穗至成熟期。

2.2.2 势粒比和产量的关系

产量是源库关系协调发展的动态结果,抽穗期形成源库基础,抽穗后源库发展优劣是产量高低的决定因素,抽穗后群体光合势反映了灌浆期产量源器官进行光合生产的潜势,决定籽粒灌浆物质生产的潜力,总颖花量反映了籽粒产量的总库容能力,因此以光合势与总颖花量的比值(简称势拉比)来描述群体源库关系,既能反映抽穗期群体源库关系的大小,又能反映产量形成期源库发展动态的优劣,是水稻群体源库关系的较好表述,也是群体源库质量的一个衡量指标。

表 2 表明,颖花量高,势粒比高,产量高。如汕优 63 L_1 群体势粒比为 47.82 $cm^2 d$/粒,比 L_9 群体高 6.4%,增产极为显著。相关分析表明,势粒比与产量呈极显著的线性正相关关系($r_{籼}=-0.9475^{**}$ 和 $r_{武}=-0.9897^{**}$)。势粒比高,结实率和千粒重均增加,可见高势粒比,每朵颖花占有的光合势较高,籽粒灌浆物质充足,有利于提高结实率和千粒重,进而提高产量。充分说明,在控制抽穗期群体适宜叶面积的基础上,提高总颖花量,进而提高势粒比,是促进产量形成期源库关系协调发展而获取高产的有效途径。

3 小结与讨论

3.1 关于抽穗至成熟期群体源质量的几个生理指标

水稻抽穗期群体产量库容量已确定,籽粒灌浆物质的多少取决于抽穗后群体源的数量、质量和发展动态,这直接影响着籽粒重量、结实率和产量的高低,在抽穗期群体形成适宜的叶面积和高而有效及高效叶面积率下,提高抽穗后群体光合势和净同化率,进而提高势粒比,从而获取高产更高产。本试验结果表明:获取 10 500 kg/hm^2 以上产量的高产群体,抽穗期适宜叶面积指数汕优 63 和武育粳 3 号分别为 7.7 和 7.3 左右,有效叶面积率均在 93% 以上。汕优 63 高效叶面积率在 79% 左右,武育粳 3 号高效叶面积率在 76% 左右,灌浆期光合势达 $2.1 \times 10^6 m^2 d$ 以上,势粒比在 47 $cm^2 d$/粒以上,叶面积下降速率汕优 63 为 0.14 LAI/d,武育粳 3 号为 0.12 LAI/d 左右。

3.2 关于势拉比的概念及其应用价值

提高群体的光合生产能力,尤其是提高水稻抽穗至成熟期的光合生产力,是提高水稻产量的根本途径[1,6]。抽穗后具有适宜的绿叶面积和叶片功能期长,是提高抽穗后光合生产力的根本保证。光合势反映群体叶面积和叶片功能期长短,势粒比是反映抽穗后群体源库发展关系及动态优劣的综合指标,准确地表示了籽粒灌浆期间每朵颖花实际占有的光合势。本文认为,粒叶比仅是抽穗期群体源库关系的静态表述,而势粒比是抽穗至成熟期群体源库关系动态的表述[7,8]。在高颖花量下,提高势粒比,是扩库强源增产的有效途径,势粒比既体现生育中期群体颖花量、抽穗期群体叶面积大小及组成,也反映了抽穗至成熟期产量源发展的动态,抽穗后源质量优劣主要体现为叶片的光合生产能力、叶面积大小、叶绿素含量和叶片含氮率,是抽穗至成熟期光合生理指标,而叶面积大小及衰减速度是反映抽穗后光合势大小的首要指标。高势粒比高产群体抽穗期群体叶片叶绿素含量高,叶片含氮率也高,抽穗后群体叶面积发展较平稳,叶面积衰减速率较低,净同化率和光合势较高,这是高势粒比高产群体的生理基础。

参考文献

[1] 凌启鸿.水稻群体质量理论与实践[M].北京:中国农业出版社,1995:34-44.

[2] 王夫玉,黄丕生.水稻群体源库特征及高产栽培策略研究[J].中国农业科学,1987,30(5):26-40.

[3] 杨建昌,朱庆森,曹显祖,等.水稻群体冠层结构与光合特性对产量形成作用的研究[J].中国农业科学,1992,25(4):7-14.

[4] 曹显祖,朱庆森.水稻品种源库特征及其类型划分的研究[J].作物学报,1987,13(4):265-272.

[5] 松岛省三著;庞诚译.种稻原理与技术(增订本).北京:中国农业出版社,1966:41-43.

[6] 苏祖芳,张亚洁,张娟,等.基蘖肥与穗粒肥配比对水稻产量形成和群体质量的影响[J].江苏农学院学报,1995,16(3):21-30.

[7] 凌启鸿,杨建昌.水稻群体粒叶比与高产栽培途径的研究[J].中国农业科学,1986(3):2-8.

[8] 凌启鸿,苏祖芳,张海泉.水稻成穗率与群体质量的关系及其影响因素的研究[J].作物学报,1995,21(4):463-465.

Study on Relationship Between Source Quality and Grain Yield After Heading in Rice

SU Zu-fang[1], DU Yong-lin[2], ZHOU Pei-nan[1], SUN Cheng-ming[1], ZHANG Ya-jie[1]
JI Chun-mei[2] XU Nai-xia[1]

(1. Department of Agronomy, Agricultural College, Yangzhou University, Yangzhou, 225009, China;

2. Crop of Cultural Technology Extension Center, Agricultural and Forestry Department of Jiangsu Province, Nanjing, 210013, China)

Abstract: Taking middle season *japonica* rice Wuyujing 3 and middle season *indica* rice hybrid Shanyou 63 as trial materials. Though different planting density and applying N-fertilizer amount, populations of different percentage of panicle bearing tillers. We studied the relationship between source quality at heading stage and it's influencing factors, the results were as following: For rice population with high grain yield, at heading stage, LAI was appropriate, ratio of effective leaf area was high, ratio of highly effective leaf area is 75%~78%. And during filling period, photosynthetic potential is higher than $2.1 \times 10^6 \, m^2/d$, photosynthetic potential-grain ratio was higher than 47 cm^2/d spikelet. Photosynthetic potential-grain ratio (ratio of photosynthetic potential after heading versus the total quantity of spikelets) reflected the developing relationship dynamically of source-sink after heading, it's a better indication for source and sink quality during period of economic yield formation. On the base of appropriate leaf area at heading stage, which would be effective measures for further higher grain yield that reducing the declining rate of leaf area, increasing photosynthetic potential-grain ratio.

Key words: rice; heading-mature stage; source quality; photosynthetic potential-grain; yield

水稻单茎茎鞘重与产量形成关系及其高产栽培途径的探讨*

摘　要：以汕优 63 和盐粳 2 号为材料，采用施肥量、栽培密度等不同因素处理，培育抽穗期不同的单茎茎鞘重叶面积指数的群体，结果表明：水稻抽穗期单茎茎鞘重与植株性状（比叶重、消光系数、穗粒数等）、群体粒叶比、经济系数等均呈极显著的线性正相关，与抽穗期叶面积指数呈二次曲线关系，与抽穗后叶面积衰减速度呈显著负相关，在最适叶面积指数相近时，单茎茎鞘重的群体最适叶面积指数保持时间长，抽穗后的光合势和净同化率高，产量提高，因而培育一个抽穗期叶面积指数适宜、单茎茎鞘重高的群体是水稻超高产的途径。

关健词：水稻；单茎茎鞘重；高产栽培途径

关于水稻高产栽培途径，前人已从株型、源库关系和干物质生产等方面做过许多研究，但结果不尽相同，且无一个统一各种关系的有关指标。水稻产量约有 2/3 来自抽穗后茎生绿叶面积的光合产物，抽穗后累积的光合产物在稻谷中所占的比例愈大，有产量愈高的趋势[1~4,8]，而抽穗前稻株绿叶面积所制造的光合产物绝大部分用于生长株体，多余部分暂时贮藏在茎鞘等器官内，抽穗后转运到穗部籽粒中。因此，抽穗期茎鞘等器官是稻株既能反映前期群体优劣，也能影响抽穗后进行高光合生产力，因为水稻产量是群体的产量，而群体是由个体组成的，高产群体必须有足够的个体数量，同时要提高群体内各个体质量，群体质量优劣的标志最终反映在抽穗期及以后的光合生产力。本文以抽穗期的叶面积指数和群体平均单茎茎鞘重作为衡量水稻群体大小及群体内个体质量的指标，分析抽穗期单茎茎鞘重与植株性状、叶面积动态、粒叶比和产量等关系，以及它们在高产栽培中的意义，为抽穗期协调群体与个体间矛盾，提高抽穗后光能利用率，高产更高产提供理论与实践依据。

1　材料与方法

试验于 1987—1990 年在扬州江苏农学院农场进行。土壤肥力中等偏上。供试品种为杂交中籼汕优 63、中粳盐粳 2 号。为培育抽穗期的叶面积指数和单茎茎鞘重不同的群体，设：(1) 密度×施氮量的二因素试验，密度设每亩 1.25、1.875 和 3.75 万穴 3 个水平。总施氮量设每亩 4、9、12.5 kg 3 个水平，裂区设计，重复 3 次；(2) 氮肥运筹试验，设施肥期、施肥量及其在各生育期的配比等 8 个处理，即① CK；② 蘖肥 4 kg（每亩，下同）；③ 穗肥 4 kg；④ 基肥、穗肥各 4 kg；⑤ 基肥

---

*　本文原载《江苏农学院学报》，1993，14(1)：1-10；作者：苏祖芳，李永丰，郭宏文，张洪程，李国生。

4 kg,蘖肥、穗肥各 2 kg;⑥ 基肥、蘖肥各 4 kg;⑦ 基肥、蘖肥各 8 kg;⑧ 基蘖肥和穗肥各 4 kg,密度均为 15 万穴/亩,重复 3 次。

主要测定项目有:叶龄、茎蘖动态和单株叶面积;抽穗期及其后叶片的叶绿素含量,叶片长度与宽度;干物重(绿叶、枯黄叶、茎鞘和穗);净光合速率;光照强度和消光系数;产量及其构成因素。

2 结果与分析

2.1 单茎茎鞘重与植株性状的关系

2.1.1 单茎茎鞘重与比叶重的关系

前人研究表明[5],叶片的比叶重与叶片的直立性、光合速率以及群体的净光合率均呈显著正相关,因此,寻求影响比叶重的因素是有效的,单茎茎鞘重与茎生上 3 叶的比叶重呈极显著的正相关,其相关密切程度顺序为剑叶>倒 2 叶>倒 3 叶。可见,增加茎鞘重有利于提高比叶重以及改善叶片的直立性和群体光合性能(图 1)。

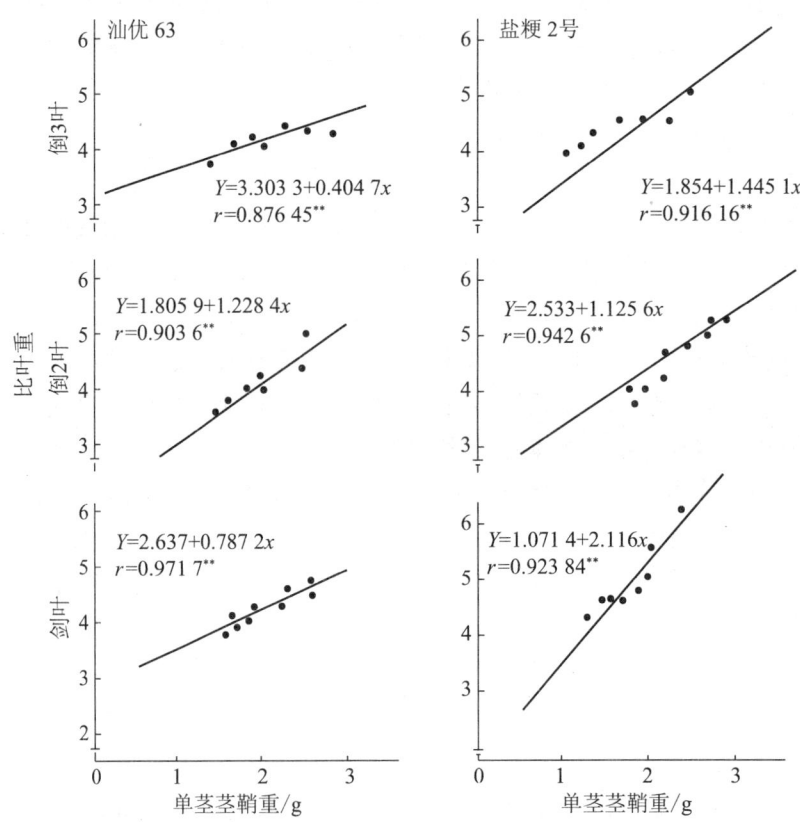

图 1 水稻抽穗期单茎茎鞘重和倒 1 叶、倒 2 叶、倒 3 叶比叶重的相关关系

2.1.2 单茎茎鞘重与消光系数的关系

抽穗期群体内的光照条件,因群体叶面积不同而异,但消光系数随单茎茎鞘重的提高而减少(表 1)。如群体叶面积指数 7.836 比 8.782 少 12.07%,但因单茎茎鞘重高出 28.26%,消光系数就低得多,说明在群体大小相近时,单茎茎鞘重的群体,更利于群体的光照条件,因此顶上 3 叶的光

合强度更大(表2)。如叶面积指数7.384和7.836相近,单茎茎鞘重却相差较大,顶上3叶光合强度、单茎茎鞘重高的强。

表1 单茎茎鞘重与群体内光照条件的关系

抽穗期 LAI	单茎茎鞘重/g	透光率/%	消光系数
3.744	3.082	25.22	0.3646
7.884	2.459	2.07	0.4874
8.782	1.866	0.48	0.5683
7.836	2.601	1.97	0.4833
6.481	2.754	3.97	0.4771

表2 单茎茎鞘重与叶片光合强度的关系

抽穗期 LAI	单茎茎鞘重/g	剑叶性状			光合强度/(CO_2 mg·dm^{-2}·h^{-1})		
		比叶重/mg·cm^{-2}	叶绿素含量/%	含氮量/%	剑叶	倒2叶	倒3叶
3.744	2.886	4.86	10.80	2.07	16.98	10.64	6.33
7.884	2.122	4.71	11.09	3.49	15.83	17.77	7.22
8.782	1.854	4.42	12.64	3.86	23.74	15.32	1.25
7.836	2.626	5.19	12.43	3.67	27.64	18.68	9.66
6.481	2.744	5.39	12.83	3.73	28.75	18.37	5.21

2.1.3 单茎茎鞘重与穗粒数和结实率的关系

个体单茎茎鞘重、单茎叶面积对穗粒数、结实率的作用有着相互联系和制约的关系,当单茎茎鞘重高和叶面积大时,穗粒数多,结实率亦较高;单茎茎鞘重不同、叶面积相同时,其穗粒数、结实率的差异极大,单茎茎鞘重与穗粒数的相关系数为0.9214**,与结实率的相关系数为0.8076**,均为极显著(图2)。可见,提高单茎茎鞘重,可显著地提高穗粒数和结实率。

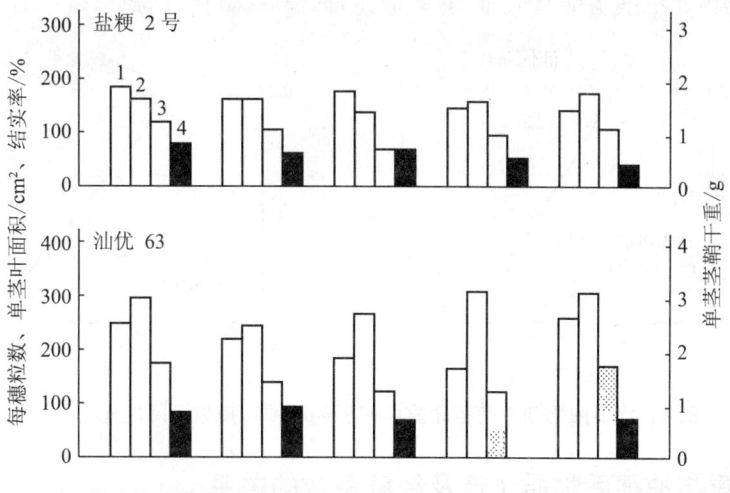

图2 单茎茎鞘干重、单茎叶面积对穗粒数、结实率的影响
1 茎鞘干重;2 叶面积;3 每穗粒数;4 结实率

2.2 单茎茎鞘重与抽穗期及其叶面积指数的关系

2.2.1 单茎茎鞘重与抽穗期叶面积的关系

抽穗期单茎茎鞘重与抽穗期叶面积指数呈抛物线关系,汕优 63 的方程 $y=-0.0137+0.3853x-0.0643x^2$,盐粳 2 号的方程为 $y=0.4921+0.7210x-0.0540x^2$,经计算抽穗期有一个最适叶面积指数(汕优 63 为 6.884、盐便 2 号 6.674),叶面积过大或过小,单茎茎鞘重均达不到最大值,这也说明高产水稻生育期中(抽穗期前)群体叶面积适宜,光照充足,个体发育健壮茎鞘中的积累物质增加而增重(图 3)。

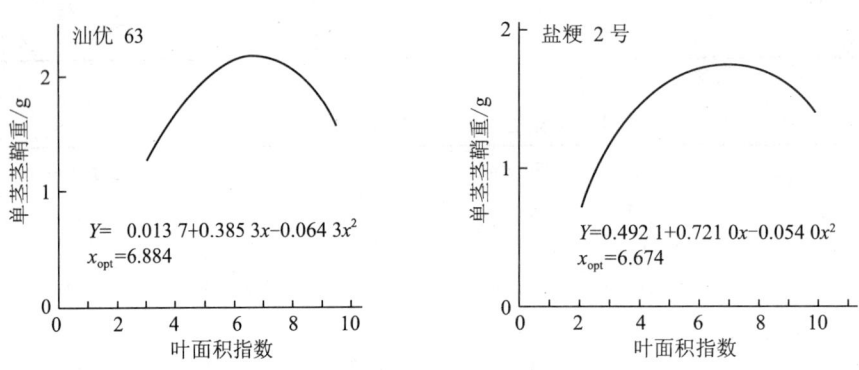

图 3 水稻群体单茎茎鞘重与叶面积指数的关系

2.2.2 单茎茎鞘重与抽穗后叶面积衰减速度的关系

研究结果表明,汕优 63 和盐粳 2 号抽穗或单茎茎鞘重与抽穗后叶面积衰减速度的关系呈显著的负相关关系,r 值前者为 -0.9406^{**},后者为 -0.8016^{**}。图 4 充分说明单茎茎鞘重高的群体,其叶面积衰减慢;相反,单茎茎鞘重轻的群体,叶面积衰减较快,如汕优 63 单茎茎鞘重为 2.678 g 的群体和单茎茎鞘重为 1.643 g 的群体相比,单茎茎鞘重低的衰减速度比高的快 0.8 倍,盐粳 2 号也同样如此。因此,增加群体平均单茎茎鞘重,可以使最适叶面积指数稳定较长的时间,如单茎茎鞘重 2.678 g 的群体比单茎茎鞘重 1.643 g 的群体,抽穗后保持叶面积指数 5 的天数多 9 d(表 3)。

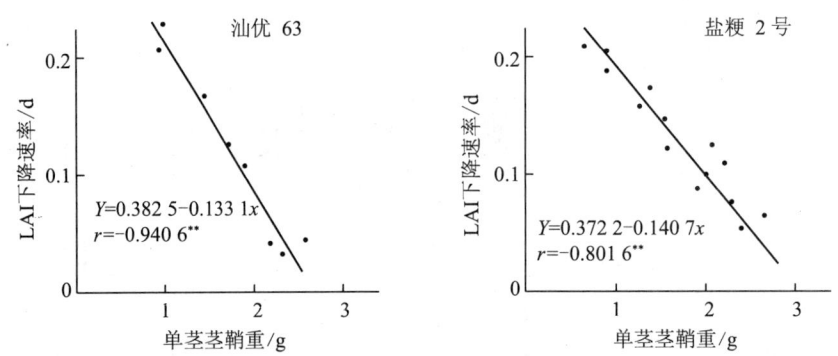

图 4 水稻抽穗期单茎茎鞘重和抽穗期叶面积指数下降速率的关系

2.3 单茎茎鞘重与抽穗后物质生产及经济系数的关系

表 4 表明,单茎茎鞘重高的群体,其光合势、净同化率高,日增重大,抽穗至成熟期积累较多的干物质,产量高,如汕优 63,单茎茎鞘重为 2.678 g 的群体,抽穗后的光合势为 167.1×10^4 m^2/hm^2d,净同

化率 3.07 g/m² d，日增重 103.08 kg/hm²，抽穗后积累的干物质重量占产量 60.56%，产量为 10 213.05 kg/hm²；而单茎茎鞘重为 1.61 g 的群体，光合势 125.1×10⁴ m²/hm²d，净同化率为 1.86 g/m²，日增重 64.995 kg/hm²，抽穗至成熟干物质占产量 48.21%，产量仅为 8 075.7 kg/hm²，盐粳 2 号表现有相同的规律性，这主要是单茎茎鞘重高的群体叶片功能期长，叶片衰减度低之故，同时茎鞘内物质转运率也高，其茎鞘干重的相对比例减小，而穗部干重比例却明显增大，经济系数提高，例如汕优 63 单茎茎鞘重为 2.678 g 的群体和单茎茎鞘重 1.61 g 的群体相比，茎鞘重占总干重的比重低 8.43%，穗重却高出 6.52%，茎鞘运转率高 8.26%，经济系数大 0.114 7，盐粳 2 号也有同样的趋势（表5）。

表3 不同水稻群体抽穗期单茎茎鞘重与抽穗后叶面积衰减率关系

品 种	抽穗期 LAI	单茎茎鞘重/g	叶面积衰减率/%	LAI 大于 5 的天数
汕优 63	6.34	2.444	22.7	19
	6.76	2.678	20.4	26
	4.46	2.055	28.4	
	8.47	1.643	36.8	17
盐粳 2 号	6.57	1.986	21.6	22
	6.25	1.514	28.3	16
	4.88	1.309	36.7	
	8.53	1.246	42.9	17

表4 不同茎鞘重群体生育后期的物质生产与积累(1989)

品种	单茎茎鞘重/g	光合势/(×10⁴ m²·hm²d)	净同化率/(g·m⁻²·d⁻¹)	日增重/(kg·hm⁻²)	成熟至抽穗干重/(ka·hm⁻²)	成熟期干重/(kg·hm⁻²)	抽穗后积累与产量/%	产量/(kg·hm⁻²)
汕优 63	1.610	125.10	1.86	64.995	3 899.25	18 630.15	48.21	8 075.70
	1.880	128.55	1.97	66.900	4 014.30	18 129.90	48.91	8 204.10
	2.233	145.95	2.36	73.185	4 391.70	17 611.35	50.76	8 650.05
	2.304	154.05	2.17	76.935	4 728.15	16 169.85	55.48	8 522.25
	2.386	156.75	2.32	86.040	4 985.70	16 777.50	56.39	8 841.90
	2.444	162.90	3.04	92.160	5 529.45	17 856.75	59.37	9 313.65
	2.678	167.10	3.07	103.080	6 184.95	18 733.50	60.56	10 213.05
盐粳 2 号	1.320	129.75	1.26	48.090	2 789.25	17 264.70	36.70	7 600.05
	1.493	134.70	1.89	54.945	3 187.05	17 121.75	39.56	8 056.35
	1.503	75.75	2.30	58.695	3 877.35	14 830.95	52.38	7 252.35
	1.588	82.05	2.14	64.335	3 981.45	15 255.60	51.69	7 702.50
	1.643	127.05	2.34	64.335	4 421.55	17 021.40	53.76	8 219.10
	1.767	143.40	2.47	77.025	4 467.60	15 748.35	55.74	8 015.10
	1.884	146.40	2.76	83.340	4 833.60	15 645.30	58.04	8 328.00
	1.988	150.45	2.84	86.865	5 037.90	15 906.30	58.99	8 540.25
	2.140	162.90	2.89	93.360	5 414.85	16 523.40	59.87	8 752.05

注：抽穗至抽穗后 30～35 d。

2.4 单茎茎鞘重与群体库容大小、粒叶比的关系

相关分析表明，单茎茎鞘重与群体粒叶比是极显著正相关关系(0.962 6**)，可见单茎茎鞘重高的，粒叶比也高。粒叶比大小与产量关系还与群体总颖花量有关，在叶面积一定时，群体总颖花

量多,粒叶比高[7,9],表6表明当抽穗期单茎茎鞘重和叶面积指数都大时,其群体总颖花量和粒叶比都高,产量也显著提高。

表5 不同茎鞘期群体生育后期干物质分配(%)(1989)

品种	单茎茎鞘重/g	成熟期各器官干重占总干量百分率/%			茎鞘最终运输率/%	经济系数
		叶	茎鞘	穗		
汕优63	1.610	7.76	39.00	53.24	19.30	0.4334
	1.880	7.84	37.48	54.68	21.73	0.4525
	2.233	9.06	35.05	55.89	24.18	0.4915
	2.304	9.60	32.87	57.53	24.36	0.5270
	2.386	9.40	33.31	57.29	25.89	0.5270
	2.444	9.24	32.14	58.62	26.04	0.5216
	2.678	9.67	30.57	59.76	27.56	0.5451
盐粳2号	1.320	6.47	39.10	54.43	13.15	0.4402
	1.493	7.77	36.34	55.89	20.43	0.4705
	1.503	8.78	33.36	67.87	24.43	0.4829
	1.588	7.36	36.21	56.43	21.43	0.4890
	1.643	7.58	35.78	56.64	21.83	0.5047
	1.767	9.56	31.98	58.46	27.19	0.5219
	1.884	9.79	32.27	57.94	27.87	0.5323
	1.988	10.27	30.95	58.73	28.47	0.5369
	2.140	10.59	30.36	59.03	28.71	0.5379

表6 单茎茎鞘重与库容量和粒叶比的关系

品种	单茎茎鞘重/g	LAI	颖花量/(万·hm^{-2})	粒叶比/(粒·cm^2·叶$^{-1}$)	产量/(kg·hm^{-2})
汕优63	1.951	9.2597	42651.9	0.4707	8523.0
	2.122	8.5949	41383.4	0.4814	8574.3
	2.31	8.0716	39083.9	0.4842	8845.4
	2.459	7.9571	43060.7	0.5411	9804.8
	1.866	9.4026	43574.3	0.4634	7067.3
	2.618	7.1851	39330.5	0.5473	8684.3
	2.626	7.6074	42505.1	0.5587	9174.9
	2.601	3.1277	88975.7	0.5711	10274.1
	2.754	6.7564	38272.5	0.5664	8523.0
盐粳2号	1.733	6.3709	37503.6	0.5386	7548.9
	1.912	6.3574	40026.8	0.6296	8046.9
	1.889	6.8989	43456.7	0.6299	8539.4
	1.652	8.0771	46618.1	0.5771	8830.7
	1.224	8.6835	45660.5	0.5258	7259.1
	2.092	7.0075	48358.9	0.6901	8852.7
	1.914	7.9414	52132.5	0.6564	9541.2
	1.957	6.7275	45053.4	0.6696	8334.3
	2.141	6.5748	46852.2	0.7126	8859.9

2.5 单茎茎鞘重与产量的关系

抽穗期的叶面积指数与抽穗前的群体物质生产率呈极显著的正相关关系，r 值为 0.303 1**，但叶面积指数与抽穗后的物质生产量的关系，则还受到单茎茎鞘重的影响。表 6 表明，在叶面积指数相近时，单茎茎鞘重的，其抽穗后的物质量多，产量亦高；在单茎茎鞘重相近时，叶面积指数高的，其抽穗后的物质量和产量高；叶面积指数和单茎茎鞘重都大时，不仅抽穗前的干物质量较大，其抽穗后的干物质量更高，因而产量显著提高。因此要实现群体抽穗前较大，抽穗后干物质量极大，最终产量高的目的，培育一个抽穗期叶面积指数高、同时单茎茎鞘重的群体是必要的，这也是高产优质群体的标志。上述结果也表明，生产通过① 保持抽穗期叶面积指数不变，提高单茎茎鞘重；② 单茎茎鞘重相同，提高叶面积指数；③ 提高叶面积指数的同时，提高单茎茎鞘重来实现增产。这是培育超高产群体的途径。

3 结论与讨论

3.1 单茎茎鞘重在高产栽培中的价值

试验结果表明，单茎茎鞘重与比叶重、粒叶比均呈显著正相关，因而单茎茎鞘重的，叶片的比叶重、光合速率大，群体粒叶比高。叶面积指数与抽机前的物质生产量有密切关系，较大的叶面积指数有利于抽穗前的物质生产和抽穗后光合势的提高。但叶面积指数对抽穗后物质生产的作用还受制于单茎茎鞘重的影响，在叶面积指数相近时，单茎茎鞘重的，其抽穗期粒/叶（cm^2）高，抽穗后的光合势和净同化率高，物质生产多，因而产量高。因此协调抽穗期叶面积指数与单茎茎鞘重的关系，改善群体冠层结构，才能提高抽穗后干物质生产量，取得高产，说明单茎茎鞘重在高产栽培中具有重要意义。

3.2 抽穗期群体叶面积指数适宜较大，单茎茎鞘重高的群体的培育途径

试验资料分析表明，拔节叶龄期前的叶面积生长速率与单茎茎鞘重呈极显著的负相关（r 为 $-0.962\,9$**），而拔节后叶面积生长速率与单茎茎鞘重的相关不明显（r 为 $-0.012\,7$），可见拔节前叶面积增多，会显著降低单茎茎鞘重，而拔节后叶面积增大对单茎茎鞘重降低不明显。拔节前以有效分蘖临界叶龄期为界，前期叶面积生长速率与单茎茎鞘重相关极显著（r 为 0.805 6**）；后期相关也呈极显著（r 为 0.962 9**），从相关系数看前期要小一些，同时，群体起始叶面积(基本苗)的大小主要对前一段(移栽至有效分蘖临界叶龄期)叶面积生长速率起作用（r 为 0.618 9*）而与后一段（有效分蘖临界叶龄期至拔节叶龄期）作用极小（r 为 0.514 4）。因此，适宜的移栽基本苗，能较好地调节有效分蘖临界叶龄期前的群体发展，并通过早搁田，控制有效分蘖临界叶龄期后群体生长量，有利于提高单茎茎鞘重。

提高抽穗期的叶面积指数，有效分蘖临界叶龄期前的叶面积生长速率作用大于有效分蘖临界叶龄期后叶面积生长速率作用，但考虑到有效分蘖临界叶龄期前叶面积生长速率与单茎茎鞘重呈极显著的负相关，提高这一阶段的叶面积指数会降低单茎茎鞘重，同时，从高产的角度看，不仅提高抽穗期的叶面积指数，还应提高抽穗后的光合势和净同化率[6,8,9]，而且有效分蘖期内出生的叶片，抽穗后相继死亡，对籽粒灌浆无直接作用。因此，要形成抽穗后的高光效群体，即抽穗期要有较大的叶面积指数和重的单茎茎鞘重，还应注意控制有效分蘖叶龄期之前叶面积的过分发展，促

进拔节后叶面积的适当发展。

参考文献

［1］松岛省三著；肖连成译.水稻栽培新技术.长春：吉林人民出版社，1973：55-56，91.
［2］吴光南.水稻栽培理论与技术.北京：农业出版社，1981：120-123.
［3］戚昌翰.水稻高产栽培模式.南昌：江西科学技术出版社，1986：250-251.
［4］殷宏章.水稻群体研究论文集.上海：上海科技出版社，1961.
［5］蒋彭炎.水稻比叶重与栽培因素关系的研究.浙江农业科学，1989（1）：1-7.
［6］曹显祖.水稻不同源库类型的品种的栽培对策研究.江苏农学院学报，1988，9（3）：11-15.
［7］凌启鸿.水稻群体"粒叶比"与高产栽培途径的研究.中国农业科学，1986（3）：1-6.
［8］凌启鸿.IR 24大面积高产栽培技术途径.江苏农业科学，1982（9）：1-10.
［9］苏祖芳.水稻叶龄进程叶面积与产量形成及其调控途径.耕作与栽培，1990（4）：9-11.

Discussion on the Relationship Between the Culm-sheath Weight Per Shoot and Yield in Rice and Its Cultural Approaches of High Yield

SU Zu-fang, LI Yong-feng, GUO Hong-wen, ZHANG Hong-cheng, LI Guo-sheng

（Department of Agronomy, Jiangsu Agricultural College, Yangzhou, 225009）

Abstract: The experiments in which various populations of different culm-sheath weight per shoot and different leaf area index were established by N-fertilizer and density on two varbties, Shanyou 63 and Yanjing 2 were held in Yangzhou during 1987～1990. The results were as follows. The culm-sheath weights per shoot at the heading stage were significantly and positively correlated with specific leaf weight, index of achrophotophilous, number of per ear, grain-leaf area ratio and harvest index, respectively and quadratic cruves correlated with LAI, and negatively with attenuation rate of leaf area after heading. Obtaining the optimal LAI the green leaf maintained for a longer time in the population of more weight of culm-sheath per shoot, and it was favourable to the increase of photosynthetic potential and net assimilation rate after heading, and there was a higher yield. So it woud be a cultural approach of super-high yield in rice to establish the population with a higher weight of culm-sheath per shoot and an optimal LAI at the heading stage.

Key words: rice; culm-sheath weight per shoot; cultural approaches of high-yield

水稻单茎茎鞘重与产量形成关系及其影响因素的研究*

摘　要：以汕优63和盐粳2号为材料，采用施肥量、栽培密度等不同因素处理，培育不同群体，测定抽穗期群体单茎茎鞘重、有效穗数、叶面积指数及抽穗前后群体干物质产量、稻谷产量等。结果表明：① 水稻产量的高低，最终取决于抽穗至成熟期的干物质积累量。抽穗期群体干重达最适值的是抽穗后物质积累量高的基础。② 水稻抽穗期干物质重与每亩穗数密切相关，而与单茎蘖干物质重关系不密切。但水稻抽穗期单茎茎鞘重与叶面积指数呈二次曲线关系，在最适叶面积指数时，单茎茎鞘重最大，所以稳定穗数，提高单茎茎鞘重是高产的基础。③ 水稻抽穗期单茎茎鞘重与群体粒叶比、经济系数等均呈极显著的线性正相关；与抽穗期比叶重显著相关；与抽穗后叶面积衰减指数等呈显著负相关，在最适叶面积指数相近时，单茎茎鞘重的群体、最适叶面积指数保持时间长，因而在合理群体条件下，提高单茎茎鞘重有利于改善群体的冠层结构，提高抽穗后的光合量和净同化率，产量显著提高。

关键词：水稻；单茎茎鞘重；高产群体

在当代的水稻育种和栽培中，高产更高产仍是人们努力的主要目标。水稻产量与抽穗前后物质生产和分配存在着密切相关。据颜振德对赣化2号等作物高产的研究认为，一生干物质产量与稻谷产量呈密切正相关，也与抽穗期干物质积累量呈密切正相关[3,4]。凌启鸿等[5,6]认为，在抽穗期并非亩干物质重越高产量也越高，两者之间呈抛物线关系，而抽穗后的干物质积累与产量呈显著或极显著正相关，因而提高群体抽穗后的干物质生产和积累，能够显著增加产量。

水稻产量是群体的产量，而群体是由个体组成，群体和个体不是孤立的，彼此之间有矛盾和统一的关系，它们的矛盾统一对产量的影响，已有不少报道[7~9]。就提高抽穗后物质生产积累而论，在群体水平上，众多学者在株型、库源关系等方面进行了大量的研究[10~12]。在个体水平上，20世纪60年代殷宏章将鞘叶干重比作为中期预测穗重的动态指标[13]。但是，在抽穗期单茎茎鞘重与有效穗数、叶面积指数、群体粒叶比，后期群体光合势，干物质生产速率等诸方面的关系以及对单茎茎鞘重的影响研究极少，而明确这些问题可求得一个抽穗期适宜群体干物质重以提高后期产量的中后期诊断指标，并为抽穗期协调个体和群体间矛盾、提高光能利用率提供理论依据。本文侧重研究单茎茎鞘重对产量形成的影响，为高产更高产提供理论和实践依据。

---

* 本文原载《山东农业大学学报》，1992年增刊；作者：苏祖芳，李永丰，张洪程，郭宏文。

1 材料和方法

1.1 试验地点与品种
试验于1987—1989年在扬州江苏农学院实验农牧场和网室中进行。供试品种为杂交中籼稻汕优63、中粳稻盐粳2号。

1.2 试验设置

1.2.1 田间试验
为培育不同的水稻群体,设置肥料、密度二因素试验。肥料施用量为亩施纯氮0 kg、6 kg、12 kg 3个等级,密度为25穴/m^2、37.5穴/m^2和50穴/m^2 3个水平,裂区设计,品种为主区,肥料为裂区,密度为小裂区,小区面积11.2 m^2,重复3次,施肥时期为基肥、蘖肥、穗肥,用量为2∶1.5∶1.5,盐粳2号每穴2株,汕优63每穴1株。

1.2.2 水培试验
① 供试品种汕优63。② 移栽时选择均匀一致的秧苗(每株带3个茎蘖),每穴1苗,在水培池中进行。③ 试验处理:以Espino配方的浓度为标准浓度。1/4标准浓度(处理Ⅰ);1/2标准浓度(处理Ⅱ);1标准浓度(处理Ⅲ)。在有效分蘖临界叶龄期实行间苗处理,达到每穴4、6、8三种基本茎蘖数群体,然后随时调查分蘖,及时拔除发生分蘖,保证群体茎蘖数稳定,共9个处理,每个处理植苗50穴。

1.3 测定项目
(1) 不同时期群体茎蘖数。(2) 叶面积指数。(3) 干物质重,在测定叶面积的同时,植株分器官(叶、茎、鞘、枯叶、穗)。(4) 产量及产量构成因素。

2 结果与分析

2.1 水稻群体抽穗前、后干物质重与产量的关系
水稻群体抽穗期干物重代表水稻群体抽穗前干物质积累量。抽穗前、后的干物质生产量共同构成水稻一生的生物量,两者之间存在着密切的直线相关。汕优63和盐粳2号两品种抽穗后的干物质积累与产量呈极显著的正相关关系,其相关系数r分别为0.9421**和0.8518*,而两品种不同处理群体抽穗期亩干重和最终产量间呈抛物线关系,经F测验,均达到极显著水平。在本试验条件下,抽穗期干物质重以汕优63为863.74 kg/亩左右、盐粳2号为787.45 kg/亩左右时产量最高,分别为650 kg/亩和580 kg/亩。若此期每亩干物质重高于或低于最适宜值时,均不能取得高产,因而从物质生产和积累来看,水稻抽穗期必须积累一定水平的干物质产量,为抽穗后的干物质生产积累奠定一定的物质基础。

2.2 水稻群体抽穗期干物质重与每亩穗数和单茎茎鞘重的关系
水稻抽穗期每亩干物质是由每亩穗数和平均单茎叶干重的乘积构成,提高每亩穗数或单茎叶干重都能提高抽穗期每亩干物质重。据研究,每亩穗数与抽穗期群体干物质重呈极显著正相关,相关系数r汕优为0.8176**、盐粳2号为0.8354**,抽穗期单茎蘖干重与群体干物质相关不密切,相关系数r汕优63为0.6146,盐粳2号为0.5987。但试验表明,水稻不同处理抽穗期群体生长量

有极大差异,每亩穗数变异系数较大,变异系数 r 汕优 63 为 0.1628、盐粳 2 号为 0.1752;而抽穗期单茎蘖干重变异较小,变异系数汕优 63 为 0.084、盐粳 2 号为 0.0763。穗数的多少关系着抽穗期群体干物质重量,但群体在超过适宜穗数时,个体数量过分增加,个体干重下降,特别是单茎茎鞘重显著降低。因而,在栽培上控制适量穗数的条件下,提高单茎蘖干重来提高抽穗期群体干物质重量,是夺取高产更高产的途径和主攻方向。

2.3 抽穗期单茎茎鞘重与抽穗期前、后干物质重与叶面积指数(LAI)的关系

2.3.1 抽穗期单茎茎鞘重与抽穗期叶面积指数的关系

抽穗期群体干物质量与抽穗期的叶面积指数(LAI)呈极显著正相关 $r=0.8031^{**}$,而抽穗期单茎茎鞘重与抽穗期的 LAI 呈抛物线关系。经 1989—1990 年资料计算,抽穗期最适叶面积指数汕优 63 为 6.88、盐粳 2 号为 6.67,叶面积指数过大或过小,单茎茎鞘重均达不到最大值。这说明生育中其群体叶面积适宜,光照充足,个体发育健壮,茎鞘中的积累物质增加而增重。因此,单茎茎鞘重反映了群体水平和抽穗期个体健壮的程度,是验证群体和个体协调的指标。这一结果也表明,栽培上获取高产有 3 个途径:① 保持最适叶面积指数(LAI)相近,提高单茎茎鞘重;② 在单茎茎鞘重相近时,提高最适 LAI;③ 提高 LAI 的同时,提高单茎茎鞘重。

2.3.2 抽穗期单茎茎鞘重与抽穗后叶面积指数的关系

研究了汕优 63 和盐粳 2 号抽穗期单茎茎鞘重和抽穗后叶面积指数衰减的关系。结果表明,两者呈极显著的负相关,相关系数 r 汕优 63 为 -0.9406^{**}、盐粳 2 号为 -0.8016^{**}。这充分说明,单茎茎鞘重高的群体叶面积衰减指数小,单茎茎鞘重低的群体叶面积衰减指数大。如表 1 表明,汕优 63 单茎茎鞘重为 2.678 g 的群体和单茎茎鞘重为 1.643 g 的群体相比,后者比前者的衰减指数大 0.125。因而,单茎茎鞘重高的群体抽穗后能保持叶面积指数大于 5 的天数多 9 d,盐粳 2 号也有相同的结果,所以单茎茎鞘重高的群体,抽穗后叶面积指数能维持较高水平,相对地扩大了光合面积,延长了其光合功能。由此可见,在高产栽培中,增加后期干物质积累的途径不是尽量扩大叶面积指数,而是最适叶面积指数稳定的时间越长越好。在一定群体水平条件下,能够增加群体的单茎茎鞘重的措施可以使最适叶面积指数稳定时间较长。

表 1 不同水稻群体的茎鞘重和抽穗后叶面积动态

品 种	抽穗期 LAI	单茎茎鞘重/g	叶面积衰减率/%	LAI 大于 5 的天数
汕优 63	6.34	2.444	22.7	19
	6.76	2.678	20.4	26
	4.46	2.055	28.4	
	8.47	1.643	36.8	17
盐粳 2 号	6.57	1.986	21.6	22
	6.25	1.514	28.3	16
	4.88	1.309	36.7	
	8.53	1.246	42.9	17

2.4 抽穗期单茎茎鞘重与单株干物质生产速度和运转率的关系

试验表明(表 2),单茎茎鞘重高的个体,其抽穗至成熟期单茎干物质生产速率较高,叶重损失率低,且茎鞘运转率也高。在高氮量时,汕优 63 单茎茎鞘重为 2.523 g 的单茎干物质生产速率为 63.93 mg/茎·d,叶片损失率 20.56%,运转率 33.48%;而单茎茎鞘重为 1.543 g 的单茎干物质

生产速率为 33.93 mg/茎·d,叶片损失率为 27.58%,运转率为 27%。单茎茎鞘重的比轻的干物质生产速率高 16.22%,叶片损失率降低 24.93%,运转率快 30.95%。这说明单茎茎鞘重高的个体,抽穗后叶面积衰减指数小,叶片功能期长,因此抽穗后叶片直接制造的光合产物多,向穗部籽粒输送的物质也多,有利于增加粒重,提高结实率。同时,对前期贮藏在茎鞘内的物质也能顺利地向穗部运转,从而提高了经济系数,产量也能进一步提高。

表2 汕优63不同群体单茎茎鞘重、干物质生产速率与运转的比较(1989·水培)

不同氮水平	每穴株数	单茎蘖茎鞘重/g	穗重/g			运转率/%	干物质生产速度/(mg·茎$^{-1}$·d^{-1})	叶重损失率/%
			齐穗期	齐穗后15 d	成熟期			
1/4N	4	1.884	0.643	2.236	3.974	29.35	57.431	23.45
	6	1.846	0.598	2.134	3.822	29.33	46.931	23.76
	8	1.786	0.598	1.87	3.834	27.54	58.897	25.76
1/2N	4	2.246	0.600 8	2.313	4.148	32.45	61.159	21.35
	6	2.184	0.615 7	2.24	4.18	31.37	61.448	21.48
	8	1.747	0.634	1.993	4.05	27.38	57.243	25.34
1N	4	2.523	0.640 2	2.867	4.348	33.48	63.928	20.56
	6	2.135	0.650 1	2.26	4.18	29.74	60.86	22.87
	8	1.543	0.627	2.089	3.32	27.6	55.103	27.58

2.5 不同单茎茎鞘重群体对生育后期的干物质生产、积累与分配的影响

2.5.1 不同单茎茎鞘重群体对生育后期的干物质生产和积累的影响

表3表明,凡茎鞘重最重的群体其光合势、净同化率均高,群体月增重也大,所以成熟至抽穗期间的干物质积累也增多。例如在本试验范围内,汕优63单茎茎鞘重为2.678 g的群体,其群体产量为680.865 kg/亩,光合势为11.143 万 m²/亩·d,净同化率为3.07 g/m² d,日增重为6.872 kg/亩,抽穗后积累干物质占产量的60.56%;单茎茎鞘重为1.62 g的群体,光合势为8.34 万 m²/亩·d;净同化率为1.86 g/m²,日增重4.332 5 kg/亩,抽穗后积累的干物质占产量的48.12%,产量仅为538.379 kg/亩。水稻抽穗期单茎茎鞘重高的群体,抽穗后光合势、净同化率能维持较高的水平,单位日增重值大,容易达到高产。若单茎茎鞘重降低,虽然能获得较高的光合势或净同化率,但是相应的净同化率或光合势下降,单位亩日增重仍然很低,难于获得高产,盐粳2号也表现出相同的规律性。

表3 不同茎鞘重群体生育后期的干物质生产与积累

品种	单茎茎鞘重/g	光合势/(万 m²·亩·d)	净同化率/(g·m^{-2}d^{-1})	日增重/(kg·亩$^{-1}$)	抽穗—成熟干重/(kg·亩$^{-1}$)	成熟期干重/(kg·亩$^{-1}$)	抽穗后积累占产量%	产量/(kg·亩$^{-1}$)
汕优63	1.610	8.34	1.86	4.333	295.95	1 242.01	48.21	538.38
	1.880	8.57	1.97	4.460	267.62	1 208.66	48.91	546.94
	2.233	9.78	2.36	4.879	292.78	1 174.09	50.76	576.67
	2.304	10.27	2.17	5.129	315.21	1 077.99	55.48	568.15
	2.386	10.45	2.82	5.736	332.39	1 118.47	56.39	589.46
	2.444	10.86	3.04	6.144	368.63	1 190.45	59.37	620.91
	2.678	11.14	3.07	6.872	412.33	1 248.90	60.56	680.87

续 表

品　种	单茎茎鞘重/g	光合势/(万 m²·亩·d)	净同化率/(g·m⁻²d⁻¹)	日增重/(kg·亩⁻¹)	抽穗—成熟干重/(kg·亩⁻¹)	成熟期干重/(kg·亩⁻¹)	抽穗后积累占产量%	产量/(kg·亩⁻¹)
盐粳2号	1.320	8.65	1.26	3.206	185.95	1 150.98	36.70	506.67
	1.493	8.98	1.89	3.663	212.47	1 141.45	39.56	537.09
	1.503	5.05	2.30	3.913	258.49	891.94	52.38	483.49
	1.588	5.47	2.14	4.289	265.43	924.86	51.69	513.50
	1.643	8.47	2.34	4.289	294.77	1 134.76	53.76	547.94
	1.767	9.56	2.47	5.135	297.84	988.41	55.74	534.34
	1.884	9.76	2.76	5.556	322.24	1 110.13	58.04	555.20
	1.988	10.03	2.84	5.791	335.86	1 060.42	58.99	569.35
	2.140	10.86	2.89	6.224	360.99	1 101.56	59.87	583.47

2.5.2 不同单茎茎鞘重群体对生育后期干物质分配的影响

表4指出，抽穗期不同单茎茎鞘重的群体，如果单茎茎鞘重高，叶片功能延长，叶片干重下降率低，同时茎鞘内物质运输率提高，促使茎鞘干重的相对比例缩小，而穗部干重比例明显增大，经济系数得以提高。例如汕优63，单茎茎鞘重为2.678 g的群体和单茎茎鞘重为1.61 g的群体相比，前者成熟期叶干重占总干重的百分率比后者高1.9%，茎鞘重百分率低8.43%，穗重百分率高6.52%，茎鞘运转率高8.26%，经济系数低0.1277，盐粳2号也有同样的趋势。单茎茎鞘重的个体物质生产速率大，经济系数高，这是单茎茎鞘重的群体物质生产，积累和物质分配较强的基本原因。

表4　不同茎鞘重群体生育后期干物质分配(1989)

品　种	单茎茎鞘重/g	成熟期各器官干重占总干量百分率/%			茎鞘最终运输率/%	经济系数
		叶	茎鞘	穗		
汕优63	1.610	7.76	39.00	53.24	19.30	0.433 4
	1.880	7.84	37.48	54.68	21.73	0.452 5
	2.233	9.06	35.05	55.89	24.18	0.491 5
	2.304	9.60	32.87	57.53	24.36	0.527 0
	2.386	9.40	33.31	57.29	25.89	0.527 0
	2.444	9.24	32.14	58.62	26.04	0.521 6
	2.678	9.67	30.57	59.76	27.56	0.545 1
盐粳2号	1.320	6.47	39.1	54.43	13.15	0.440 2
	1.493	7.77	36.34	55.89	20.43	0.470 5
	1.503	8.78	33.36	67.87	24.43	0.482 9
	1.588	7.36	36.21	56.43	21.43	0.489 0
	1.643	7.58	35.78	56.64	21.83	0.504 7
	1.767	9.56	31.98	58.46	27.19	0.521 9
	1.884	9.79	32.27	57.94	27.87	0.532 3
	1.988	10.27	30.95	58.73	28.47	0.536 9
	2.140	10.59	30.36	59.03	28.71	0.537 9

2.6 单茎茎鞘重与粒叶比,经济系数和干物质生产速度及运转率的关系

相关分析表明,单茎茎鞘重和群体的粒叶比呈极显著正相关,其 r 值汕优 63 为 $0.9314**$、盐粳 2 号为 $0.8779**$,单茎茎鞘重也与经济系数呈显著正相关,其 r 值汕优 63 为 $0.9504*$、盐粳 2 号为 $0.9367*$,粒叶比与经济系数同单茎茎鞘重具有平行相关关系。

据凌启鸿等研究认为,粒叶比可作为衡量和反映水稻群体源库是否协调的一个指标[16],经济系数可作为反映光合产物向籽粒运转比例的指标。在生产实践中,注意培育单茎茎鞘重群体,既能协调源库关系,也能提高光合产物,并促使其向籽粒输送。这是单茎茎鞘重的群体物质生产、积累和分配较好的本质原因。因此,单茎茎鞘重可作为群体源库关系与个体源库关系平衡的指标。

2.7 叶面积动态对抽穗单茎茎鞘重的影响

相关分析表明,拔节叶龄期前的叶面积增长速率与单茎茎鞘重呈极为密切的负相关,但拔节叶龄期后的增长速率与单茎茎鞘重的相关不明显。移栽至拔节期的叶面积增长速率与茎鞘重的相关为 $-0.9628**$,移栽至有效分蘖临界叶龄期的叶面积增长速率与单茎茎鞘重的相关系数为 $-0.8056**$,而有效分蘖临界叶龄期至拔节期的叶面积增长速率与单茎茎鞘重的相关系数为 $-0.9629**$,拔节期至叶龄余数零时与单茎茎鞘重的相关系数为 -0.0127。可见,拔节叶龄期之前的叶面积增长过多,会显著降低单茎茎鞘重,而拔节叶龄期的叶面积增长对茎鞘重的降低不明显。同时,从相关系数的大小可知,拔节叶龄期的增长速率对单茎茎鞘重的作用几乎是等同的,而有效分蘖临界叶龄期之前的增长速率与茎鞘重的相关系数要小得多。因此,提高单茎茎鞘重,必须控制有效分蘖临界叶龄期至拔节叶龄期间的群体生长量。要做到这点,首先选择适宜的栽插基本苗,研究群体的起始叶面积,同时在有效分蘖临界叶龄期至拔节叶龄期进行适度搁田,以控制群体叶面积的过度增加和增长无效分蘖而影响单茎茎鞘重。

2.8 密肥条件对抽穗期单茎茎鞘重的影响

表 5 表明,低密度时抽穗期单茎茎鞘重随氮肥施用量的增加而增大,高密度时单茎茎鞘重降低,并且施肥并不能弥补高密度的不良后果,因而茎鞘重的高低反映了密肥水平。在生产上,抽穗期的单茎茎鞘重可望为密肥的合理运筹提供依据,从而将单茎茎鞘重作为水稻产量诊断的早期指标(表5)。

表 5 不同施肥水平、栽插密度对单茎茎鞘重的影响(1989)

品种	施肥量(纯氮)/(kg·亩$^{-1}$)	栽插密度		
		25 穴/m^2	37.5 穴/m^2	50 穴/m^2
汕优 63	0	2.142	2.223	1.989
	6	2.444	2.303	1.880
	12	2.678	2.386	1.610
盐粳 2 号	0	1.643	1.588	1.504
	6	1.988	1.767	1.493
	12	2.140	1.884	1.320

3 讨论

(1) 水稻产量的形成过程是干物质积累的过程。抽穗后的平均物质生产量与产量的关系更为

密切,提高抽穗至成熟期的干物质生产量,能够更有效地增加产量。抽穗前的干物质积累为抽穗后的物质生产奠定了基础,但抽穗期前的干物质重过高或过低均不能充分提高抽穗后群体干物质生产,从而影响最终产量的提高。

水稻产量是群体的产量。蒋彭炎、颜振德等认为,在大面积生产中要继续提高产量,必须提高叶面积指数[4,6],然而通过高肥、密植栽插来增加叶面积,常常导致个体单位叶面积光合能力的降低,也就是说群体的源的增加和个体源的减少,随之而来的是群体库的增加和个体库的缩小,使个体和源、库关系失去平衡,最终表现光合产量供应与贮藏能力的不协调,结实率下降。殷宏章、王天铎[2,15]也认为,群体的增大提高了个体数目,但降低了个体的干重,这是经济系数和产量降低的原因。前面已经分析,抽穗前群体干物质生产量和穗数呈极显著的正相关,提高穗数能有效地提高抽穗期的群体干物质重,但是群体在超过适宜穗数时,个体干重下降,从而影响了抽穗后的物质生产和分配。因此,水稻高产群体,必须由健壮个体组成,个体弱小最终影响产量的进一步提高,这就是高产水稻抽穗期宙干物质重存在适宜值的意义。

(2)水稻群体单茎茎鞘重与叶面积指数均呈二次曲线关系,这表明单茎茎鞘重与叶面积之间既存在着同步增长关系,又存在互为抑制关系。本试验范围内,在适宜穗数(汕优 63 为 16.84 万/亩,盐粳 2 号为 28.06 万/亩)或最适叶面积指数(汕优 63 为 6.88,盐粳 2 号为 6.67)下单茎茎鞘重最高。当最大叶面积指数维持在 6~7 时,抽穗后的叶面积衰减指数较小,叶面积指数保持在 5 以上的时间越长,群体粒叶比越高。单茎茎鞘重可提高抽穗后的光合势和净同化率,从而提高产量。所以单茎茎鞘重不仅反映了群体水平和抽穗期个体健壮程度,也是衡量群体和个体协调的指标,为获得更高产,必须在适宜的群体下,努力提高抽穗期的单茎茎鞘重,改善群体冠层结构,增加抽穗后的干物质生产。

参考文献

[1] 中国农业科学院主编.中国稻作学.北京:农业出版社,1986.

[2] 殷宏章.稻麦群体研究论文集.上海:上海科学技术出版社,1961.

[3] 颜振德.杂交稻赣化 2 号高产群体的建立与调节.作物学报,1986(3):145-152.

[4] 颜振德.杂交水稻高产群体干物质生产与分配的研究.作物学报,1981,7(1):11-18.

[5] 凌启鸿.水稻不同叶龄期施用穗肥的研究.江苏农学院学报,1985,6(3):11-19.

[6] 蒋彭炎.水稻比叶重与栽培因素关系的研究.浙江农业科学,1989(1):1-7.

[7] 蒋彭炎.水稻产量形成期的干物质生产及其调控途径的研究.浙江农业科学,1987(3):105-109.

[8] 凌启鸿,苏祖芳,张洪程,等.水稻不同品种生育类型的叶龄模式.中国农业科学,1983(1):10-19.

[9] 凌启鸿.IR24 大面积高产栽培技术途径.江苏农业科学,1982(9):1-10.

[10] 吴光南.水稻栽培理论与技术.北京:农业出版社,1981.

[11] 松岛省三著;肖连成译.水稻栽培新技术.长春:吉林人民出版社,1973.

[12] 曹显祖,朱庆森.水稻不同源库类型品种的栽培对策研究.江苏农学院学报,1988,9(3):11-15.

[13] 颜振德.水稻最适叶面积指数和总颖花数的品种差异.中国水稻科学,1986(1):42-45.

[14] 杨守仁.水稻专题讨论文集.上海:上海科学技术出版社,1980.

[15] 唐锡华.稻麦群体研究论文集.上海:上海科学技术出版社,1961.

[16] 凌启鸿.水稻群体粒/叶比与高产栽培途径的研究.中国农业科学,1986(3):1-8.

Pelationship Between Culm-Sheath Weight Per Shoot of Population and Yield Formation and Its Influencial Factors in Rice

SU Zu-fang, LI Yong-feng, ZHANG Hong-cheng, GUO Hong-wen

(Department of Agronomy, Jiangsu Agricultural college, Yangzhou, 225009)

Abstract: Various populations were established by N-fertilizer and density on three varieties, Shanyou 63, Xan Ga-you 63 and Yanjing 2, in Yangzhou during 1987~1990. The weight of culm-sheath per shoot at the heading, eras, leaf area index, the dry matter production of the population before and after heading and the millet production were measured. The results were as follows:

1. The yield was mainly depended on dry matter accumulation after heading, the optimal dry matter of population at heading is the basis of high accumulation of dry matter after heading.

2. The dry matter at the heading, had obviously relativity to the ear while less relativity to the dry matter weight of culm-sheath per shoot. And the weight of culm-sheath. per shoot at the heading were curves correlated with LAI. Under a optimal LAI, the weight of culm-sheath per shoot could be the highest, so having had a stationary ears, higher yield was based on the increase of weight of culm-sheath per shoot.

3. The weight of culm-sheath per shoot at the heading were significantly positively correlated with the grain-leaf area rate of population and the harvest index respectively, and significantly correlated with specific leaf weight at heading and negatively with the attenuation index of the leaf area after heading. Approaching the optimal LAI and green leaf maintained for a longer time in the population of the more weight of culm-sheath per shoot. Under a reasonable population, the increase of the weight of culm-sheath per shoot, it was favourable to improvement of the canopy structure, the elevation of photosynthetic potential and net assimilation rate after heading. So, there was a obviously higher yield.

Key words: rice; culm-sheath weight per shoot; population

水稻成穗率与群体质量的关系及其影响因素的研究[*]

提　要：在基本苗相同的条件下，通过不同肥料和搁田处理，培育适宜穗数相近、成穗率不同的群体，结果如下：在适宜穗数范围内，成穗率与抽穗至成熟期干物质积累量、总颖花量、粒叶比、有效及高效叶面积率、抽穗期单茎茎鞘重、顶3叶比叶重均呈极显著的正相关；成穗率与抽穗期后叶面积下降度呈极显著的负相关。在合理群体下，稳定穗数，提高成穗率，有利于改善冠层结构和群体质量，改善中后期群体光照条件，延长功能叶片寿命，提高抽穗后群体光合效率，获取高产。从栽培措施看，提早搁田均有利于提高茎蘖成穗率，但不同的肥料运筹水平间存在差异，当基蘖肥所占比例较大时，搁田宜更早；反之宜推迟。

关键词：水稻；群体质量；成穗率；有效及高效叶面积率

　　水稻高产群体在于其具有高的光合生产能力。本试验进一步明确了高产水稻群体在于抽穗至成熟期具有很高的光合生产力，在于其抽穗期群体结构具有合理的数量和高的质量指标，提出了高产群体质量概念，并对若干质量指标进行了论证[2]。

　　一切质量都表现为一定的数量。在水稻群体质量的数量表述上，作者认为可明显分为3类不同的情况。第一类是二次方程抛物线关系，如每亩总茎蘖数、穗数、抽穗期的叶面积指数和总干物质量和每亩产量之间，都是这类关系。这些数量指标过多过少的，产量都不高，都在一个适宜值时产量最高。因此，这些适宜的总茎蘖数、穗数、叶面积指数、干物质量等，被认为是群体质量的优化值。第二类则是直线相关关系，如抽穗至成熟期的群体干物质增长量与产量之间，在适宜叶面积指数条件下每亩的颖花量、粒叶比、单茎茎鞘重、颖花根活量等与每亩产量之间，都是正相关关系。这些指标的数值不断增大，群体质量不断提高，产量不断增加。第三类是极限相关关系，如抽穗期群体叶面积指数相同条件下的有效叶面积率（有效分蘖叶面积占总面积的百分率）与产量呈正相关关系，但这种正相关受制于最大极限值（100%）。

　　在上述群体质量的数量指标表述中，第一类受适宜值的限制，第三类又受极限值的限制。因此，作者等认为，优化群体质量，首先应使第一类数量指标达到适宜值的范围，同时着力于提高二、三类数量指标的数值，当第三类数量指标达到或接近于极限值时，进一步优化群体质量的着力点在于不断提高第二类数量指标值。高产群体的培育与调控应朝着这一总体目标分步实施。

　　在分析了水稻个体生长和群体发展过程中的各种同伸、相关关系后，作者等从理论上论述了

---

[*] 本文原载《作物学报》，1995，21(4)：463-469；作者：凌启鸿，苏祖芳，张海泉。

调控体系的观点[2],为了证实这一观点,特设置了本试验。

1 材料与方法

试验于1991—1992年在江苏农学院实验农场进行。小麦茬土壤肥力中等偏上。供试品种为中粳稻盐粳4号。

1.1 试验设计

试验在基本苗相同的条件下,采用不同时期搁田和相同总施氮量不同基蘖肥与穗粒肥比例二因素处理,以使穗数变幅较小,基本在适宜穗数范围内,造成群体不同的茎蘖动态和成穗率,裂区设计,重复3次,小区面积为$(4×3)m^2$,以搁田为主区,设置A_1(群体茎蘖达到适宜穗数70%左右时开始搁田)、A_2(80%)、A_3(90%)、A_4(100%,对照)4个处理,以基蘖肥与穗粒肥比例为裂区,设置B_1(基蘖肥与穗粒肥用量之比为4∶6)、B_2(5∶5)、B_3(6∶4)3个处理。搁田前开好深沟,塑料薄膜包埂。5月10日播种,6月10日移栽,秧龄为6.8叶左右,行株距为26.4 cm×10 cm,每亩施纯氮12.5 kg。

1.2 测定项目

(1)群体茎蘖动态,并在搁田开始期的拔节期进行两次定点按不同分类叶片数套圈,追踪分蘖状况。(2)叶面积和干物质重动态:在移栽、拔节、抽穗、成熟期测定叶面积,并在拔节、抽穗期分别测定有效、无效叶面积。在抽穗、成熟期测定叶、茎、鞘、穗干重。(3)抽穗期测量茎生叶与茎秆的夹角、叶层透光率(大田切片法);对抽穗期测定每穗颖花量、株型;成熟期测定产量、产量结构。

2 结果与分析

2.1 成穗率与抽穗至成熟期干物质生产的关系

产量的高低,主要决定于抽穗至成熟期光合生产能力[2,3]。表1表明,在穗数相近的范围(26.4~29.2万)内随着成穗率由低到高(63.55%→90.89%),抽穗至成熟期干物质积累量逐渐增大(277.56→522.75 kg/亩),产量逐渐提高(528.36→776.11 kg/亩)。成穗率与抽穗至成熟期的干物质量呈极显著的正相关,$r=-0.974\ 1^{**}$。而抽穗期适宜的干物质量是提高抽穗后群体光合生产能力的物质基础。本试验条件下,盐粳4号成穗率最高,抽穗期群体干物质重适中,为485 kg/亩。抽穗期干物质重偏大或偏小的群体,成穗率均不高,抽穗至成熟期干物质积累量也不高。因此,提高成穗率,使抽穗期具有适宜的干物质积累量,从而保证了抽穗至成熟期光合生产量大幅度提高。

在穗数相近的范围内,随着成穗率提高,每穗粒数、结实率、千粒重、产量提高(表1),反映了提高成穗率,有利于穗粒结构协调,使足穗和大穗得到统一,获得更高的产量。

2.2 成穗率与源库关系

2.2.1 成穗率与叶面积指数和群体颖花量

表2表明,盐粳4号成穗率最高的群体(90%左右)抽穗期叶面积指数(LAI)为70左右(6.92~7.11),处于6.73~7.65变幅的适中值,成穗率最高。LAI过大或过小时,成穗率都不高(表2)。试验表明,在穗数相近的范围内,每亩颖花量随成穗率的提高而增加,两者呈极显著的正相关(表1)$r=-0.975\ 1^{**}$。高成穗率群体无效分蘖少,每个有效茎蘖的地上部与地下部的营养条件相对较

好,有利于形成壮秆大穗,增加每穗颖花量,从而扩大了总颖花量。而总颖花量的增加,从内源方面促进了抽穗至成熟期叶的光合作用与干物质积累[2]。

表1 成穗率与干物质生产量及产量结构的关系

成穗率/%	穗数/(万·亩⁻¹)	总颖花量/(万·亩⁻¹)	每穗粒数	结实率/%	粒重/g	干物质生产/(kg·亩⁻¹)		产量/(kg·亩⁻¹)
						抽穗期	抽穗至成熟	
90.89	27.5	3 466.9	126.07	87.64	25.5	796.76	522.75	774.61
89.45	27.1	3 297.3	121.67	90.28	25.6	785.76	507.91	762.19
85.45	26.7	3 210.4	120.24	86.67	25.6	779.32	488.20	710.60
83.85	27.3	3 300.8	120.91	86.10	25.6	784.54	494.10	728.13
80.73	26.4	3 104.6	117.60	86.70	25.2	771.77	449.31	678.62
78.87	26.4	3 091.4	117.10	84.45	25.4	757.49	455.89	661.90
75.28	28.6	3 058.2	106.93	83.96	25.4	769.03	437.55	560.94
73.29	28.5	2 933.2	102.92	82.88	25.2	823.19	404.54	613.35
72.72	28.1	2 844.8	101.24	83.89	25.6	851.17	381.15	611.54
70.20	29.2	2 905.4	99.50	82.73	25.1	866.00	359.19	603.93
65.63	28.1	2 716.7	96.08	80.48	25.3	860.31	308.21	553.26
63.55	27.8	2 626.5	94.48	80.47	25.0	870.61	277.56	528.36

2.2.2 成穗率与粒叶比

粒叶比是衡量源库是否协调,群体光合生产力好坏的一个综合指标[15]。本试验证明,在穗数相近的范围内,成穗率高的群体,抽穗期的粒叶比(颖花/叶、实粒/叶、粒重/叶)均高;反之均低,成穗率与粒叶比(包括总叶面积和有效叶面积与颖花之比)均呈极显著的正相关(图1)。说明高成穗率群体LAI稳定在适宜范围内,主要是增加了总颖花量,从而提高了粒叶比,使源库关系在高水平上达到协调,从而提高了产量。

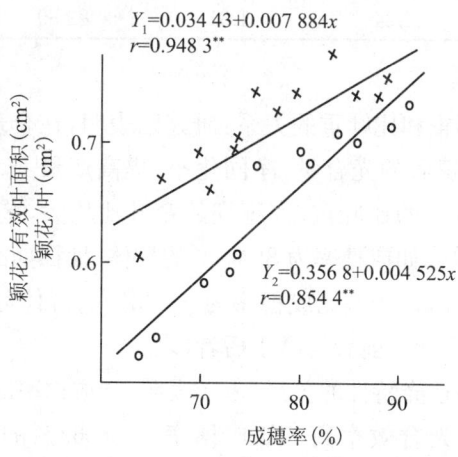

图1 成穗率与粒叶比的关系

2.3 高成穗率与高光合生产率的若干形态生理指标的关系

2.3.1 高成穗率与有效及高效叶面积率的关系

高成穗率的群体,不仅抽穗期 LAI 适宜,而且有效和高效叶面积率高,两者呈极显著的正相关(表2)。主要是由于在控制无效分蘖发生的过程中,不仅减少了无效分蘖的叶面积,同时也使茎秆下部低效叶面积的改良被控制。而顶3叶抽出与穗分化发育同步,促进顶3叶的生长,提高叶面积率,必然伴随大穗的形成。如成穗率为 90.39% 和 82.39%,高效叶面积率分别为 81.67% 和 51.46%,总颖花量及粒叶比前者均高于后者。表2还表明,在抽穗期 LAI 基本相同(6.86 与 6.31)的两个群体,有效叶面积率高的,抽穗至成熟期干物质积累多,产量较高。又如群体有效 LAI 同为 6.34 的两个群体,高效叶面积率高的,总颖花量、粒叶比、抽穗后干物质积累量和产量也高。

表 2 成穗率与抽穗期有效及高效叶面积率的关系

成穗率/%	LAI	有效 LAI	无效 LAI	有效叶面积率/%	高效 LAI	高效叶面积率/%
90.89	7.11	7.00	0.11	98.48	5.72	81.67
89.45	6.92	6.65	0.27	96.03	5.24	78.91
85.45	6.86	6.54	0.32	95.36	5.00	76.38
83.85	6.99	6.60	0.39	94.43	5.16	78.21
80.73	6.81	6.34	0.47	93.16	4.73	74.52
78.87	6.74	6.22	0.52	92.29	4.58	73.57
75.28	6.73	6.07	0.66	90.24	4.35	71.60
73.29	7.20	6.39	0.81	88.73	4.08	63.78
72.72	7.20	6.30	0.90	87.53	3.92	62.28
70.20	7.47	6.45	1.02	86.35	3.74	58.04
65.63	7.58	6.30	1.28	83.07	3.31	52.53
63.55	7.63	6.34	1.31	82.89	3.26	51.46

2.3.2 高成穗率与株型的关系

(1) 高成穗率与单茎茎鞘重和比叶重的关系:研究已表明,在合理群体条件下,提高抽穗期的单茎茎鞘重[6],有利于提高抽穗后的光合量、净同化率,提高产量[7]。本试验表明,成穗率高的群体,抽穗期的单茎茎鞘重,顶3叶的比叶重、齐穗期的鞘叶比均大,茎鞘运转率及经济系数高。成穗率与它们均呈极显著正相关。如成穗率为 89.45% 的群体,抽穗期的单茎茎鞘重为 1.744 g,茎鞘运转率为 23.69%,经济系数为 0.5892,比成穗率为 65.63% 的群体分别提高了 11.22%、46.78%、24.44%,倒1、倒2、倒3叶的比叶重前者均高于后者(表3)。

(2) 成穗率与抽穗抽群体透光特性的关系:表4表明,高成穗率的群体,叶片与茎秆夹角小,群体透光性能好,消光系数小,光合效率高。如成穗率为 65.63% 的群体,倒3叶层的透光率为 18.18%,消光系数为 0.5152;成穗率为 90.39% 的群体,倒3叶的透光率高为 22.51%,消光系数小,为 0.2607,比成穗率为 65.63% 的群体分别高 23.82% 和小 49.4%。

表 3 成穗率与茎鞘干物质生产与分配和比叶重的关系

成穗率/%	抽穗期单茎茎鞘重/g	齐穗期鞘叶比	茎鞘运转率/%	经济系数	抽穗期比叶重/(g·g^{-1})		
					倒1叶	倒2叶	倒3叶
90.89	1.758	1.434 7	24.31	0.587 0	0.511	0.472	0.455
89.45	1.744	1.423 1	23.69	0.589 2	0.508	0.469	0.452
85.45	1.739	1.365 7	22.52	0.560 6	0.505	0.467	0.451
83.85	1.703	1.358 9	22.40	0.569 5	0.503	0.464	0.449
80.73	1.696	1.322 0	22.08	0.555 8	0.500	0.461	0.450
78.87	1.680	1.302 7	21.77	0.545 5	0.497	0.460	0.447
75.28	1.640	1.295 8	21.29	0.539 5	0.495	0.460	0.444
73.29	1.638	1.282 1	19.60	0.499 3	0.494	0.458	0.446
72.72	1.637	1.268 2	19.24	0.496 3	0.493	0.456	0.446
70.20	1.577	1.262 9	18.62	0.492 9	0.493	0.405	0.447
65.63	1.568	1.275 1	16.14	0.473 5	0.491	0.454	0.445
63.55	1.545	1.232 2	15.05	0.460 2	0.488	0.451	0.442

(3)高成穗率抽穗后群体光合势、净同化率的关系：表3与表4均表明，提高成穗率，不仅控制了拔节至抽穗期无效叶面积的增长，而且延缓了抽穗后功能叶片的衰老进程，使成熟期仍保持较高的光合势和净同化率。因而提高了抽穗至成熟期间的干物质积累。如成穗率为90.89%和65.63%的两种群体，前者LAI衰减速度仅为后者的53.22%，前者抽穗至成熟期的光合势达到17.27万 m²/亩·d，净同化率为3.03g/m²d，比后者分别提高了17.20%和44.97%。表4还表明，成穗率为73.29%和63.55%的两个群体，虽然二者光合势很相近，但后者叶片的净同化率低，抽穗至成熟期的干物质积累少，产量低。

表 4 成穗率与抽穗呈成熟期光合势、净同化率的关系

成穗率/%	倒3叶层透光率/%	倒3叶处消光系数	叶面积衰减速度/(LAI·d^{-1})	光合势/(万 m²·亩·d)	净同化率/(g·m^{-2}d^{-1})
90.89	22.51	0.260 7	0.064 35	17.27	3.03
89.45	22.49	0.284 8	0.061 96	16.86	3.01
85.45	22.44	0.298 9	0.063 70	16.5	2.95
83.85	22.40	0.289 9	0.065 22	16.84	2.93
80.73	22.15	0.318 7	0.067 83	16.11	2.79
78.87	22.96	0.341 2	0.065 65	16.05	2.84
75.28	20.07	0.369 2	0.068 04	15.85	2.76
73.29	19.86	0.396 2	0.109 3	14.37	2.82
72.72	19.85	0.412 4	0.111 5	14.22	2.68
70.20	18.84	0.446 3	0.118 9	14.56	2.47
65.63	18.18	0.515 2	0.120 9	14.73	2.09
63.55	17.16	0.547 3	0.122 8	14.08	1.88

2.4 肥水管理对成穗率的影响

影响群体成穗率的栽培措施有密、肥、水,在合理基本苗被确定后,主要是通过肥水运筹来调节。本试验表明:① 减少基蘖肥用量,有利于提高成穗率,如 B_1、B_2 处理在 A_2、A_3、A_4 下成穗率均同于 B_3(图2);② 推迟搁田期,成穗率下降,特别在群体接近预期穗数时,更是如此,3种肥料处理,均以 A_4(茎蘖数达预期穗数时搁田),且基蘖肥比例越大,成穗率越低,在 A_4 条件下,成穗率大小顺序为 $B_1>B_2>B_3$;③ 不同肥料运筹水平与搁田期共同决定着成穗率的大小,基蘖肥比例越大,搁田应越提前,反之,搁田应相对迟些,可获得最高的成穗率。例如,3种肥料处理,分别以 A_3、A_2、A_1 时搁田成穗率最高。

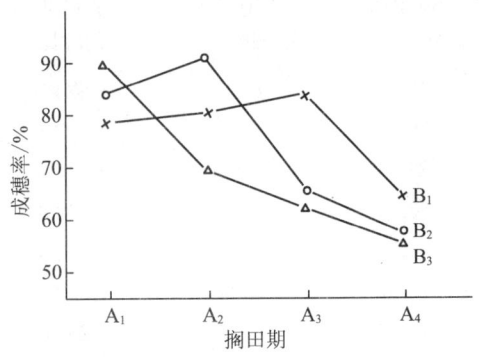

图 2 不同时期搁田及基蘖肥与穗粒肥比例对成穗率的影响

3 小结与讨论

3.1 关于高成穗率与穗数和大穗的关系

穗数与大穗是一对矛盾[1],是控制群体的一大难题,无数专家、学者在解决这一难题时进行了大量的工作,取得不少成果。本试验的结果把解决这一问题的途径明朗化,即在获得适宜穗数的前提下,通过控制无效分蘖,提高分蘖成穗率,有利于大穗的形成,协调穗数与大穗二者的关系。在适宜穗数范围内,成穗率越高,每穗粒数、群体总颖花量、结实率、千粒重均越高,使产量结构因素在高水平上达到协调统一,进一步提高产量。

3.2 关于高成穗率与群体质量的几个形态生理指标的关系

高成穗率之所以能够解决穗数与大穗的矛盾,因为它与群体质量有着直接的联系,整个地改善了群体质量,本试验结果证明了成穗率与总颖花量、粒叶比、有效及高效叶面积率、单茎茎鞘重、比叶重等之间呈极显著的正相关关系,而与抽穗后叶面积衰减速率呈极显著的负相关。我们曾从器官发生的相关性上分析推断了成穗率与群体质量指标的关系指出,提高成穗率是优化群体质量的途径[2]。本试验则以系统的试验资料直接证明了上述这种关系,并初步得出了盐粳4号成穗率为80%~90%的群体一系列的相关形态、生理指标。

3.3 关于提高成穗率群体的调控技术

3.3.1 确定合理基本苗

在适播培育叶蘖同伸壮秧基础上,确定合理基本苗,这是培育合理群体的起点,基本苗数适宜,既有利于在有效分蘖叶龄期充分发生分蘖,形成足穗的壮个体,又可在无效分蘖期内利用有效强蘖的优势,对无效分蘖进行生理生态上的调节控制,加速无效分蘖的消亡,形成合理的群体动态,提高分蘖成穗率,实现足穗和大穗的统一。因此,采取"小、壮、高"[4,6]的栽培途径,是达到高成穗率高产的前提。

3.3.2 适当降低前茬肥料用量

本试验结果表明,基蘖肥的主要作用是保证在有效分蘖叶龄期内产生适宜穗数。在中苗移栽的情况下，将其从总施量的70%～80%压缩至40%～60%，可兼收促进有效分蘖、控制无效分蘖发生之利。在此基础上，增加穗粒肥施用量，促进枝梗、颖花的分化发育，攻取大穗，获得高产。

在小苗移栽或直播稻情况下，从移栽或播种至够苗叶龄期叶龄多、时间长，有效分蘖发生期内需吸收的肥料相对较多，基蘖肥和穗粒肥的比例可能以7:3为好；在大苗移栽时，距离 $N-n$ 叶龄期只差2个左右（1～3个）叶龄期，因而基蘖肥用量应进一步减少，基蘖肥与穗粒肥的配比可能以3:7左右为宜。

3.3.3 适当提早搁田

近年来的研究趋势认为，提早搁田已成为水稻高产栽培上提高成穗率，培育大穗的重要措施[4,8]。在前期施肥量中等偏高水平下，当群体茎蘖数到预期穗数70%～80%时，提早搁田，即相当于在 $N-n-1$ 叶龄期左右搁田，此时正值分蘖指数增长期，搁田后强势蘖正常生长，弱势蘖受到抑制，将高峰苗控制在穗数的1.2～1.3倍以内，降低高峰苗而不影响穗数，提高成穗率。在前期施肥量较少水平下，搁田适当迟些，以群体茎蘖数达到预期穗数90%时搁田可兼顾穗数和提高成穗率。

3.3.4 其他技术

利用一些外源生长调节剂对无效分蘖的发生提前控制，可能是个方向，如今这几年对控蘖剂等的研究，对控制无效分蘖，提高成穗率很有效，已为人们运用。此外，喷施除草剂2-4-D、二甲四氯（MCP）等也具有一定的控蘖效果。

参考文献

[1] 凌启鸿,苏祖芳,张洪程,等.水稻不同品种生育类型的叶龄模式.中国农业科学,1983,16(1):10-19.

[2] 凌启鸿,张洪程,苏祖芳,等.水稻高产群体质量及其优化控制探讨.江苏作物通讯专集,1991.

[3] 凌启鸿,张洪程,苏祖芳,等.水稻不同叶龄期施用穗肥的研究.江苏农学院学报,1985,6(3):11-19.

[4] 凌启鸿,张洪程,程庚令,等.IR24大面积高产栽培技术途径.江苏农业科学,1982(9):1-10.

[5] 凌启鸿,杨建昌.水稻群体粒叶比与高产途径的研究.中国农业科学,1986,19(3):5-11.

[6] 苏祖芳,李永丰,郭宏文,等.水稻单茎茎鞘重与产量形成关系及其高产途径的探讨.江苏农学院学报,1993,14(1):1-10.

[7] 朱庆森,杨建昌.水稻群体冠层结构与光合特性对产量形成作用的研究.中国农业科学,1992,25(4):7-14.

[8] 蒋彭炎,冯来定,姚长溪.水稻比叶重与栽培因素关系的研究.浙江农业科学,1989(1):1-7.

[9] 曹显组,朱庆森.水稻品种的源库类型及栽培对策.作物学报,1989(4):265-272a.

[10] 苏祖芳,郭宏文,李永丰,等.水稻叶面积动态类型的研究.中国农业科学,1994,27(4):23-30.

[11] Tomoshlroctal,Japanese Journal of Crop Science,1984,53(1):34.

Relationship between Earbearing Tiller Percentage and Population Quality and Its Influential Factors in Rice

LING Qi-hong, SU Zu-fang, ZHANG Hai-quan

(Jiangsu Agricultural college, Yangzhou, 225009)

Abstract: Abstract rice populations with different earbearing tiller percentage and approximate panicle number were established by different nitrogen supply and drying field date to the same initial population. The results were as follows:

Within the scope of proper ear number, the earbearing tillering percentage was significantly positively correlated with the dry matter production after heading, the total spikelets, the grain-leaf ratio, the effecient and high efficient LAI, the single stem-sheath weight at heading and the specific leaf weight, respectively; and was negatively related to the deminishing rate of leaf area afterheading. For a resonable population, raising the earbearing tiller percentage is favourable to the improvement of the canopy structure and quality, the light destribution in population before and after heading stage, the prolongation of the functioning leaf life and the elevation of photosynthetic rate to get higher yield.

Drying field earlier was favourable to earbearing tiller percentage. but varied with the fertitizer application. It was recommended that the larger ratio of base-tillering fertilizer, the earlier drying field should begin, on the contrary, the later.

Key words: rice; population quality; earbearing tiller percentage; effective leaf area index

抽穗结实期的温度对水稻产量构成因素的影响*

提　要：试验通过中粳稻在不同抽穗结实期的温度与产量变动情况关系的研究，结果表明：水稻在穗数和每穗粒数基本确定的情况下，对产量影响最大的为抽穗结实期的日均温。当抽穗期（6 d）日均温为 25.1℃、灌浆结实期（10 d，花后 10~20 d）日均温 24.77℃、抽穗至成熟期日均温 23.5~24℃时，结实率和千粒重高，产量最高。

关键词：水稻；日均温；抽穗结实期；结实率

　　水稻产量与抽穗前后物质积累与分配密切相关，特别是抽穗到成熟期的物质积累与分配，决定着产量的高低。因此，提高群体抽穗后的干物质生产积累与合理分配能够显著地增加产量。水稻抽穗开花后，籽粒灌浆状况决定结实率和粒重，是夺取高产的关键。结实率高低与粒重大小决定于灌浆物质的多少和灌浆强度。灌浆物质分别来自抽穗后的光合产物、抽穗前的茎鞘中的贮藏物质输送量及转化效率。众多的研究都认为抽穗结实期的温度对产量构成有影响，但就利用不同抽穗结实期的温度研究对产量构成因素的影响报道极少。本试验旨在通过抽穗结实期的温度（日均温，最高、最低温度）对中粳稻产量构成的影响，探讨抽穗结实期适宜的温度条件，为确定最适播种期、调节生育进程、实现高产，提供理论和实践依据。

1　材料与方法

　　试验于 1992—1993 年在扬州大学农学院农场进行。土壤肥力中等偏上，前茬为小麦。供试品种为中粳稻盐粳 4 号和武育粳 3 号。

1.1　试验设计

　　设置 4 种不同播期处理：（Ⅰ）5 月 8 日播种；（Ⅱ）5 月 18 日播种，（Ⅲ）5 月 28 日播种，（Ⅳ）6 月 8 日播种。小区面积 10.4 m²，重复 3 次，随机区组排列。为正确反映各期的不同情况，移栽叶龄按本田期出叶数相同来确定，栽插密度按基本苗计算公式确定，株行距为 10 cm×27 cm。

1.2　测定内容

　　(1) 叶龄和生育期（播种期、移栽期、抽穗期、成熟期）；(2) 茎蘖动态（定点与定期普查相结合）；(3) 抽穗期、成熟期测定地上部植株干重；(4) 抽穗期群体总颖花数；(5) 成熟期产量及产量构

---

* 本文原载《耕作与栽培》，1995(3)：39-42；凌启鸿主编《水稻高产群体质量与实践》，中国农业出版社，1995：100-105；作者：苏祖芳，李国生，张亚洁，张娟。

成因素;(6)谷粒增重速率,不同处理抽穗期各标记同时抽穗、大小相等的稻穗150~200个,从开始抽穗后,每隔5 d取15~20个穗子,分别测定单茎茎鞘干重;(7)温度记载由扬州大学农学院气象站提供(从播种至成熟期每天的最高、最低温度及日平均温度)。

2 结果与分析

2.1 水稻抽穗结实期的温度对产量构成因素的影响

2.1.1 抽穗期与产量的关系

表1表明,盐粳4号及武育粳3号抽穗期、结实期的日均温对产量的影响极为明显,抽穗期日均温在25.3~25.5℃,结实期日均温在23.5~23.6℃时,产量最高,盐粳4号为711.1 kg,武育粳3号为727.9 kg。不同抽穗期产量的差异是由于日均温不同而引起的。根据相关资料分析,不同抽穗期与产量呈单峰曲线的关系,中粳稻盐粳4号的方程为$y=650.75+6.6067x-0.5678x^2$,最高产量达666.71 kg/亩时,扬州地区最适抽穗期为8月23日,本试验结果表明,不同播期播种至抽穗期的积温基本一致。这一结果和扬州地区8月23日左右的常年温度一致,因此在最佳抽穗期确定后,根据当地水稻生育期间的常年逐日均温用积温法确定播期最为正确,在适播期范围内,通过秧龄(叶片数)调节播期(表3),从而使抽穗结实期处在最适的温度条件下,这是高产的基础。

表1 不同播期产量及产量构成因素

品种	播期	抽穗期(月/日)	抽穗期温度/℃	抽穗结实期温度/℃	每亩实产/kg	每亩理论产量/kg	每亩穗数/万	每穗粒数/个	结实率/%	千粒重/g
盐粳4号	I	8/18	25.8	24.0	631.8	664.9	24.7	123	78.7	27.81
	II	8/21	25.5	23.6	711.1	720.1	26.4	125	77.1	28.30
	III	8/30	25.9	21.9	620.6	639.8	25.9	120	73.9	27.86
	IV	9/6	23.6	20.1	567.5	574.6	26.1	116	70.6	26.88
	CV				16.23		6.61	7.61	10.79	5.20
武育粳3号	I	8/19	25.5	24.0	683.6	697.9	24.5	122	86.1	27.12
	II	8/22	25.3	23.5	727.9	743.7	25.1	123	85.3	28.24
	III	8/31	26.0	21.8	634.3	614.1	25.9	120	71.8	27.52
	IV	9/6	23.0	20.1	560.4	549.2	26.2	114	68.1	27.00
	CV				19.04		6.69	7.52	18.10	4.51

2.2.2 抽穗结实期温度与产量构成因素的关系

表2表明,不同产量间以结实率的变异最大,两品种均大于10%,可见不同抽穗期产量差异主要由结实率大小而定的,对结实率影响力最大的时期为抽穗开花期、籽粒灌浆盛期。对千粒重影响力最大的时期为结实期,尤为籽粒灌浆盛期为最大。本试验结果表明,中粳稻结实率与抽穗开花期(6 d)、籽粒灌浆盛期(10 d,花后10 d到花后20 d)日均温的关系(图1、图2)呈单峰曲线的关系,其方程式分别为:

$$y=-1399.32+117.62x-2.34x^2, x_{opt}=25.1℃$$
$$y=-1267.043+109.285x-2.2125x^2, x_{opt}=24.7℃$$

表2 不同播期播种至抽穗期的积温(℃)

处理	盐粳4号			武育粳3号		
	播期(月/日)	抽穗期(月/日)	播种至抽穗积温/℃	播期(月/日)	抽穗期(月/日)	播种至抽穗积温/℃
Ⅰ	5/9	8/18	2 576.8	5/9	8/19	2 604.7
Ⅱ	5/18	8/21	2 524.3	5/18	8/22	2 551.3
Ⅲ	5/27	8/30	2 553.9	5/27	8/31	2 579.1
Ⅳ	6/5	9/6	2 502.4	6/5	9/6	2 502.4

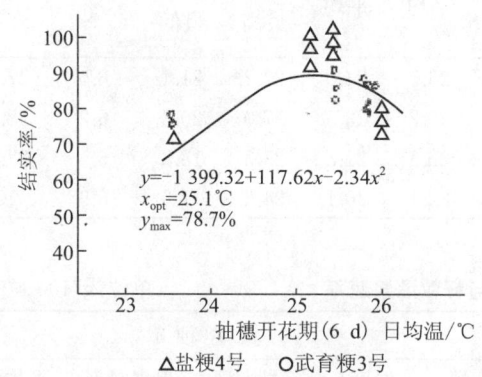

图1 中粳稻结实率与抽穗开花期日均温(℃)的关系

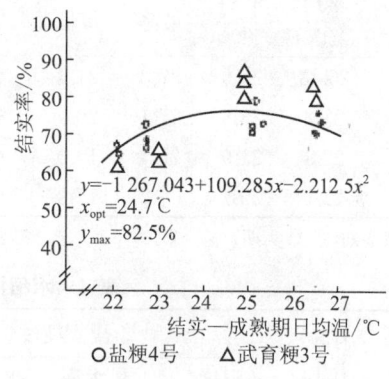

图2 中粳稻结实率与灌浆盛期日均温(℃)的关系

可见抽穗开花期日均温为25.1℃,籽粒灌浆盛期日均温为24.7℃时,有利于提高结实率,对千粒重而言,结实期的温度条件对其有着明显的影响。图3看出,两品种均呈单峰曲线的关系,方程式为 $y=-26.853+4.686x-0.100x^2$,$x_{opt}=23.4℃$,充分说明结实期日均温为23.4℃时,最有利于籽粒的灌浆,从而获得较高的千粒重。

2.2 水稻抽穗结实期温度对籽粒增重的影响

表3表明,随播种期的推迟,灌浆盛期和抽穗至成熟期的日均温呈下降趋势,平均昼夜温差呈上升趋势,播期Ⅳ日温差最大,而籽粒最终干重最小,这

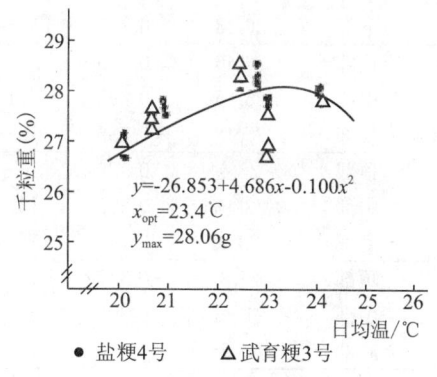

图3 千粒重与结实期温度(℃)的关系

说明本试验条件下影响干重积累的主要因素不是昼夜温差,而是灌浆盛期的日均温。灌浆结实期平均温度与粒重的相关分析也已证实。抽穗至成熟期日均温为23.5～24.0℃,其中,灌浆盛期的日均温为25.6℃有利于籽粒干重的积累。

表4表明,盐粳4号抽穗期不同则稻穗上、中、下部籽粒的最大灌浆速率也有明显差异,上部与下部籽粒最大灌浆速率,抽穗早的大于抽穗迟的。抽穗期Ⅰ、Ⅱ平均温度相近为26.48℃,明显高于播期Ⅲ、Ⅳ的3℃以上。表4还表明,最大灌浆速率播期Ⅰ、Ⅱ明显快于播期Ⅲ、Ⅳ,这和温度的

变化一致。试验表明,盐粳4号,播期Ⅰ由于在花后5～10 d内日均温较低(24.92℃),籽粒的日增重在花后5～10 d内亦出现一个低谷。因而说明,在本试验条件下,花后5～10 d日均温为26～26.5℃时最有利于籽粒的日增重。不同播期不同部位籽粒的平均灌浆速度的变化趋势和籽粒的最大日增重变化的一致,充分表明,本试验条件下整个结实期日均温为23.5℃时,有利于籽粒日增重。

表3 灌浆、结实期温度对千粒重的影响

播期	盐粳4号						武育粳3号					
	温度/℃				日温差/℃	千粒重/g	温度/℃				日温差/℃	千粒重/g
	平均①	平均②	最高	最低			平均①	平均②	最高	最低		
Ⅰ	26.48	24.0	27.3	21.4	5.9	27.81	26.5	24.0	27.2	21.4	6.0	27.12
Ⅱ	25.2	23.6	27.1	20.9	6.2	28.30	25.2	23.5	27.0	20.8	6.2	28.24
Ⅲ	22.8	21.9	25.4	19.0	6.4	27.86	22.8	21.8	25.3	18.8	6.5	27.52
Ⅳ	22.1	20.1	24.2	17.3	6.9	26.88	22.1	20.1	24.2	17.3	6.9	27.00 s

注:① 灌浆盛期,② 结实期。

表4 水稻抽穗期的温度与籽粒灌浆速率 (单位:g/100粒·d)

播期	籽粒着生部位	盐粳4号				武育粳3号			
		温度*/℃	最大灌浆速率	出现时间花后天数	平均灌浆速率	温度*/℃	最大灌浆速率	出现时间花后天数	平均灌浆速率
Ⅰ	顶部	26.48	0.476	10～15	0.173	26.04	0.608	10～15	0.207
	中部	26.48	0.320	10～15	0.122	26.04	0.493	10～15	0.171
	下部	26.48	0.238	10～15	0.115	26.04	0.314	10～15	0.157
Ⅱ	顶部	26.46	0.399	5～10	0.180	26.36	0.492	5～10	0.206
	中部	26.46	0.295	5～10	0.128	26.36	0.371	5～10	0.167
	底部	25.48	0.235	10～15	0.102	26.12	0.327	10～15	0.156
Ⅲ	顶部	23.4	0.326	10～15	0.145	23.76	0.370	10～25	0.180
	中部	23.46	0.209	10～15	0.106	23.76	0.288	10～15	0.124
	底部	23.4	0.169	10～15	0.101	23.76	0.207	10～15	0.118
Ⅳ	顶部	21.8	0.337	10～15	0.125	21.82	0.417	10～25	0.192
	中部	21.86	0.308	10～15	0.100	21.82	0.244	10～15	0.103
	底部	21.8	0.216	10～15	0.110	21.82	0.277	15～20	0.107

* 不同籽粒最大日增重时的日平均温度(℃)。

2.3 抽穗后干物质生产与籽粒增重的关系

据笔者研究,产量的高低不决定于抽穗期生物产量,而决定于抽穗至成熟期间干物质产量的多少,本试验得到同一结论。表5表明,抽穗期及抽穗至成熟期的日均温由于播期推迟而是逐步降低。两个品种均以抽穗期日均温为25.3～25.5℃和抽穗至成熟期日均温为23.5～23.6℃(播期Ⅱ处理),抽穗至成熟期的干物质积累最多,产量也最高。产量的高低和抽穗至成熟期干物质积累量依次呈正相关。以上说明,使水稻抽穗至成熟期置于日均温23.5～23.6℃条件下结实成熟,有利于提高群体干物质生产量,这是提高结实率和千粒重的物质基础,也是高产的物质基础。

表5 水稻抽穗至成熟期的日均温度对物质生产及产量的影响

品种	播期	生育日期		日均温/℃		干物质积累/kg·亩$^{-1}$			千粒重/g
		抽穗期	成熟期	抽穗期	抽穗至成熟	抽穗期	成熟期	差值	
盐粳4号	Ⅰ	8/18	9/28	25.8	24.0	764.0	1 114.2	350.2	27.8
	Ⅱ	8/21	10/2	25.5	23.6	897.9	1 300.2	402.3	28.3
	Ⅲ	8/30	10/10	25.9	21.9	903.7	1 175.6	297.9	27.8
	Ⅳ	9/6	10/15	23.6	20.1	890.8	1 120.2	229.4	25.9
武育粳3号	Ⅰ	8/18	9/28	25.5	24.0	773.5	1 166.4	393.0	27.4
	Ⅱ	8/22	10/2	25.3	23.5	808.0	1 246.0	438.0	28.1
	Ⅲ	8/31	10/10	26.0	21.8	899.8	1 212.4	312.6	27.5
	Ⅳ	9/6	10/15	23.0	20.1	906.5	1 170.0	263.3	27.0

3 讨论

3.1 关于最佳抽穗期的温度指标

调节水稻生育进程,尤其是经济产量形成期与高能季节同步,是培育高产群体、夺取高额产量的基础,因而众多农学工作者通过播期、肥水调控等农艺措施来改变水稻的抽穗期,使抽穗结实期处于最好的温光条件下,提高结实率和千粒重,从而获得高产。但至今研究结果不尽一致,如津野幸人从光合和呼吸两方面研究抽穗前15 d至成熟期温度的影响后认为,水稻结实期的最适宜日均温为25～30℃,而松岛对粳稻的研究指出,在灌浆开始的前15 d,以昼温29℃、夜温19℃、日均温24℃为宜,后15 d以昼温26℃、夜温16℃、日均温21℃左右,利于提高结实率和千粒重。本试验结果表明,影响结实率高低主要在抽穗开花期(6 d)、灌浆盛期(10 d,花后10～20 d)各自的最适日平均温度,分别分25.1℃和24.7℃;而影响千粒重高低的时期为灌浆结实期,其最适日均温在本试验条件下为23.4℃,因而抽穗期的温度指标必须以抽穗开花期的日均温为准。昼夜温差大小对干重积累影响不明显,而抽穗至成熟期的日均温对籽粒干重的积累显著,因此昼夜温差必须是在适宜日均温为前提下的一个参数指标。

3.2 关于最适播期的确定

培育叶蘖同伸的壮秧前提必须是最适播期。在确定最佳抽穗期之后,确定播期的方法有很多,如积温法、生育期法、叶龄法等。本实验考虑到抽穗期至成熟期气候条件的差异,要使水稻植株的生殖器官的生长发育处于同一水平下。本试验结果表明,播种至抽穗期的积温基本一致,而生育期及叶片数因气温差异而变化极为明显,因此在确定最佳抽穗期以后,用积温法确定播期是正确的。在适播期范围内,通过秧龄调节播期,从而使抽穗结实期处于最适的温度条件下,这是高产的基础。

参考文献

[1] 津野幸人著;蒋彭炎译.稻的科学.杭州:浙江科学技术出版社,1980.
[2] 苏祖芳.叶蘖同伸壮秧培育技术.耕作与栽培,1991(1):56-60.
[3] 杨立炯,崔继林,汤玉庚.江苏稻作科学.南京:江苏科学技术出版社,1990.

[4] 凌启鸿.稻麦研究新进展.南京:东南大学出版社,1991.

[5] 苏祖芳,李永丰.水稻单茎茎鞘重与产量形成关系及其高产栽培途径探讨.江苏农学院学报,1993,74(1):1-10.

[6] 徐州地区农业气象站.徐州地区水稻最佳抽穗期初析.农业科技,1982(2).

[7] 中国农业科学院.中国稻作学.北京:农业出版社,1986.

[8] 松岛省三著;庞诚译.种稻原理与技术.北京:农业出版社,1966.

基蘖肥与穗粒肥配比对水稻产量形成和群体质量的影响*

摘　要：1992—1994 年在江苏地区多点试验，结果表明，适当降低基蘖肥用氮量，增加穗粒肥用量（穗粒肥占总施氮量的 40%～50%），并适当提早搁田期（当群体茎蘖数达 70%～80%时搁田），能控制无效分蘖生长，有利于促进有效分蘖的生长，稳定穗数，提高成穗率，增加每穗总粒数，协调穗粒关系，穗数和大穗得到统一，提高单位面积总颖花量，并能提高抽穗期叶面积指数和有效叶面积率，提高抽穗期群体单茎茎鞘重，改善群体冠层结构，延长抽穗期功能叶的寿命，提高抽穗后的群体光合效率而获得高产。

关键词：水稻；产量；施肥；群体

提高水稻抽穗至成熟期的光合生产量是培育高光效群体的最本质的群体质量指标[1,5,9,10]，而提高成穗率是培育高光效群体的主要途径。并推断在传统的重施基蘖肥、早施分蘖肥的经验模式下，降低基蘖肥，提高穗粒肥的比例是提高分蘖成穗率的重要措施之一。肥水运筹对促进分蘖早发、控制无效分蘖的发生，已有大量报道[1,4,7,8,12]，但对降低基蘖肥用量、增加穗粒肥比例，对减少无效分蘖、降低最高分蘖数、提高群体质量，从而提高产量方面的报道极少，而且不同生态条件下品种试验尚不多见。本试验旨在通过相同施氮量下，探讨基蘖肥与穗粒肥的不同配比对水稻产量形成和群体质量的影响，以明确高产水稻肥料运筹技术，为水稻高产质量栽培提供理论和实践依据。

1　材料与方法

试验于 1992—1994 年在江苏省宜兴、金湖、盐城郊区、东海、兴化及扬州进行。供试品种：中粳稻盐粳 4 号、盐粳 187、镇稻 1 号、武育粳 2 号，杂交中粳稻六优 1 号。

1.1　试验设计

肥水运筹试验：试验各点设置基蘖肥与穗粒肥比例为 3∶7、4∶6、5∶5、6∶4、7∶3、8∶2 共 6 个处理，随机排列，重复 3 次，移栽密度按基本苗公式确定，栽插行距一致[宽行（30 cm），窄株（10 cm）]，重复间的总施氮量相同，基蘖肥与穗粒肥不同比例施用时期和施用方法一致，小区间小埂隔开，茎蘖苗数达到预期穗数 80%～90%时搁田。

在扬州江苏农学院实验农场试验大田，设置基蘖肥与穗粒肥比例 4∶6、5∶5、6∶4 共 3 个处理

---

* 本文原载《江苏农学院学报》，1995，16(3)：21-30；作者：苏祖芳，张亚洁，张　娟，张海泉　姚志发，沈富荣，姚友权，李本良。

为主区,搁田始期茎蘖苗数为适宜穗数的 70%(1)、80%(2)、90%(3)、100%(4)共 4 个处理为裂区,小区面积为 4 m×3 m,12 个处理,3 次重复,搁田前开好深沟,塑料薄膜包埂。适期播种,移栽秧龄为 6.3,行距 26.4 cm,株距 10 cm,施纯氮 225 kg/hm², 氮、磷、钾合理配比。

1.2 测定项目

测定群体茎蘖动态,采取定点、定期普查结合。叶面积和干物质重动态在移栽、拔节、抽穗、成熟期测定,叶面积(长×宽×0.75),并在拔节、抽穗期分别测定有效、无效叶面积。

在抽穗、成熟期测定叶、茎、鞘、穗干重,方法为 105℃杀青 30 min、75℃条件下烘至恒重。抽穗期测定每穗颖花量、株型(各叶长、宽、节间长)。成熟期测定产量、明确产量结构。割方实产。

2 结果与分析

2.1 基蘖肥与穗粒肥配比对产量及其构成因素的影响

2.1.1 对产量的影响

不同地区不同品种最高产量的基蘖肥与穗粒肥配比有一定差异(表1)。如金湖、盐城郊区、宜兴试验点均以基蘖肥与穗粒肥配比为 6∶4 的产量最高。其中金湖 6∶4 的产量比 7∶3 增加 5.9%,盐城郊区和宜兴 6∶4 比 7∶3 均增产 23%;东海试验点基蘖肥与穗粒肥配比为 5∶5 的产量最高,与 7∶3、6∶4 相比,分别增产 8.2%和 3.3%;兴化试验点基蘖肥与穗粒肥配比为 4∶6 的产量最高,与 8∶2 相比增产 13.9%,与 7∶3、6∶4、5∶5 相比,分别增产 1.6%、0.5%和 0.5%。这说明与重施蘖肥的方法相比,适当减少基蘖肥,增加后期穗粒肥,有利于产量的提高。但是,基蘖肥所占的比例过少,也会导致产量下降,基蘖肥由 60%降为 30%时,金湖、盐城、宜兴试验点产量分别减产 3.0%、16.7%和 7.1%。

表 1 基蘖肥与穗粒肥配比对穗粒结构的影响

品 种 (试验点)	基蘖肥与穗 粒肥配比	穗数 /(万·hm⁻²)	每穗 粒数	结实率 /%	千粒重 /g	产量 /(kg·hm⁻²)
镇稻 1 号 (金湖吕良)	7∶3	4.38	74.2	93.5	26.9	8 160.0
	6∶4	4.31	79.2	94.1	26.9	8 647.5
	5∶5	3.98	80.3	93.4	26.9	8 595.0
	4∶6	4.05	80.1	92.4	26.6	8 475.0
	3∶7	4.24	77.3	94.7	27.0	8 386.5
武育粳 2 号 (宜兴官林)	7∶3	4.11	95.7	93.3	26.4	9 580.5
	6∶4	4.02	100.3	93.1	26.5	9 799.5
	5∶5	3.92	101.4	92.6	26.2	9 525.0
	4∶6	3.76	105.9	91.0	26.1	9 283.5
	3∶7	3.73	105.4	91.2	25.9	9 148.5
盐粳 4 号 (盐城北龙)	7∶3	3.82	99.7	93.2	25.0	8 607.0
	6∶4	3.74	104.2	93.8	25.2	8 808.0
	5∶5	3.57	107.5	94.0	25.2	8 152.5
	4∶6	3.30	109.8	94.2	25.3	7 851.0
	3∶7	3.11	112.5	94.4	25.5	7 546.5

续 表

品 种 (试验点)	基蘖肥与穗粒肥配比	穗数 /(万·hm^{-2})	每穗粒数	结实率 /%	千粒重 /g	产量 /(kg·hm^{-2})
盐粳187 (东海黄川)	7∶3	4.12	102.9	88.4	26.8	10 005.0
	6∶4	4.21	103.1	90.6	28.8	10 534.5
	5∶5	4.09	108.3	90.9	27.0	10 879.5
	4∶6	3.97	102.2	91.7	27.1	10 081.5
	3∶7	3.76	101.3	92.2	27.3	9 589.5
六优1号 (兴化钓鱼)	7∶3	2.46	156.4	77.4	24.9	7 402.5
	6∶4	2.42	164.4	83.5	25.0	8 293.5
	5∶5	2.41	165.6	93.6	25.2	8 385.0
	4∶6	2.27	170.3	95.6	25.4	8 392.5
	3∶7	2.26	169.2	87.4	25.3	8 430.0

在施用同等肥料下,基蘖肥与穗粒肥配比的产量高低与搁田时期关系密切,当基蘖肥与穗肥配比为6∶4时,茎蘖占数达适宜穗数的70%(处理1)时搁田产量最高,比对照[全田总苗数达适宜穗数100%(处理4)]增产11.1%;基蘖肥与穗粒肥配比为5∶5时,全田总苗数达适宜穗数的80%(处理2)时搁田产量最高,比对照增产8.5%;基蘖肥与穗粒肥配比4∶6时,全田总苗数达90%(处理3)时搁田产量最高,比对照增产14.8%。由此可见,在肥料运筹中基蘖肥与穗粒肥配比只有与水浆管理相结合,才能起到最佳效果(表2)。

表2 基蘖肥与穗粒肥配比在不同搁田始期对盐粳4号穗粒结构的影响

基蘖肥∶ 穗粒肥	搁田始期	穗数 /(万·hm^{-2})	每穗粒数	结实率 /%	千粒重/g	产量 /(kg·hm^{-2})
4∶6	1	3.96	106.2	84.5	24.6	8 710.5
	2	3.9	118.5	82.6	24.6	9 379.5
	3	4.06	116.4	78.3	24.6	10 378.5
	4	3.9	100.3	93.6	24.6	9 042.0
5∶5	1	4.05	112.7	87	24.2	9 606.0
	2	4.02	118.3	87.8	24.8	10 369.5
	3	3.95	115.7	89.5	24	9 843.0
	4	4.17	110.7	85.7	24.1	9 555.0
6∶4	1	3.81	120.6	85.6	25.0	9 823.5
	2	3.89	117.0	80.7	24.6	9 024.0
	3	3.99	107.2	86.0	24.2	8 880.0
	4	4.14	113.3	76.4	24.7	8 839.5

2.1.2 对产量构成因素的影响

试验表明,高产水稻在提高分蘖成穗率的基础上应使穗数保持在适宜范围内。表1、表3表明,随着基蘖肥比例的下降,5个试验点的单位面积有效穗数均有不同程度的降低。不同生态地区因品种差异明显,当基蘖肥由70%下降到40%时,金湖、宜兴、盐城、东海和兴化等试验点的有效穗数分别下降17%、5%、15.9%、3.9%和7.4%。而分蘖成穗率随着基蘖肥比例下降,穗粒肥比例提高而有不同程度的上升。如宜兴、兴化、盐城、金湖和东海5个试验点,基蘖肥穗粒肥配比4∶6比

7∶3分蘖成穗率分别增加10.7%、20.1%、9.8%、12.6%和5.9%,从而使穗数保持在适宜范围的低限。这说明有效穗数的下降,主要是最高茎蘖数减少的缘故,也说明成穗率在一定栽培条件下,是有限度的。表2、表4表明在基蘖肥与穗粒肥不同配比下,采用不同的搁田始期,其穗数基本一致,而成穗率差异显著。基蘖肥用量下降,成穗率提高,基蘖肥40%比60%成穗率提高10.2%,基蘖穗与穗粒肥配比相同下,推迟搁田,成穗率下降,3种配比成穗率均为对照(单位面积茎蘖苗数相当于适宜穗数100%时搁田(处理4)时最低,且基蘖肥用量越大,最高茎蘖数越多,成穗率越低(表4)。在预期穗数100%时搁田(处理4)时,基蘖肥与穗粒肥配比为6∶4的最高茎蘖数达$6.41 \times 10^6/hm^2$,在各处理中最高,比5∶5、4∶6配比分别高$1.01 \times 10^6/hm^2$和$1.28 \times 10^6/hm^2$,而其成穗率最低,仅为64.51%,比5∶5和4∶6分别低15.5和17.8个百分点。不同肥料运筹水平搁田期决定着成穗率的大小,基蘖肥比例越大,搁田期应越提前;反之,搁田期应相对延迟,可以获得最高的成穗率。例如,基蘖肥与穗粒肥配比为4∶6,并在茎蘖数达到预期穗数90%(处理3)时搁田成穗率最高,达83.84%;在基蘖肥与穗粒肥配比为5∶5,且茎蘖数达到预期穗数80%(处理2)时搁田成穗率最高,达87.15%;在基蘖肥与穗粒肥比为6∶4时,以茎蘖数达到预期穗数70%(处理1)时搁田处理穗率最高,达78.73%。这同样说明搁田始期应视基蘖肥施用量而定,基蘖肥比例越大,必须辅之以更早搁田,才能有效地控制无效分蘖,降低高峰苗数,提高成穗率,稳定穗数。

表3 基蘖肥与穗粒肥配比对穗数和成穗率的影响

试验点	基蘖肥∶穗粒肥	$N-n$的苗数/(百万·hm^{-2})	最高茎蘖苗数/(百万·hm^{-2})	穗 数/(百万·hm^{-2})	成穗率/%
东海黄川	7∶3	4.30	5.18	4.12	79.6
	6∶4	4.25	5.23	4.21	80.6
	5∶5	4.04	4.92	4.09	83.0
	4∶6	3.72	4.71	3.97	84.3
	3∶7	3.57	4.32	3.76	87.0
盐城北龙	7∶3	3.80	5.43	3.82	70.4
	6∶4	3.46	5.14	3.74	72.6
	5∶5	3.42	4.83	3.57	73.9
	4∶6	3.22	4.31	3.30	77.4
	3∶7	2.91	3.68	3.11	84.5
兴化钓鱼	7∶3	2.66	3.63	2.46	67.7
	6∶4	2.72	3.80	2.42	63.9
	5∶5	2.68	3.81	2.41	63.2
	4∶6	2.62	3.42	2.27	68.4
	3∶7	2.51	2.94	2.26	76.8
宜兴官林	7∶3	3.95	5.59	4.11	73.6
	6∶4	3.81	5.28	4.02	76.1
	5∶5	3.76	4.84	3.92	81.0
	4∶6	3.66	4.61	3.76	81.4
	3∶7	3.64	4.41	3.73	84.6
金湖吕良	7∶3	3.99	5.87	4.38	76.5
	6∶4	3.93	5.72	4.31	80.4
	5∶5	3.64	5.36	4.29	84.2
	4∶6	3.75	4.78	4.31	86.2
	3∶7	3.61	4.98	4.24	85.5

表4 基蘖肥与穗粒肥配比对分蘖质量及穗数的影响

基蘖肥：穗粒肥	搁田始期	够苗期($N-n$) 叶龄	苗数/(百万·hm^{-2})	最高茎蘖数/(百万·hm^{-2})	穗数/(百万·hm^{-2})	成穗率/%
4∶6	1	10.7	4.08	4.94	4.01	80.1
	2	10.5	3.72	4.76	3.9	82.0
	3	10.5	4.10	4.84	4.06	83.8
	4	10.1	4.12	5.14	3.90	75.9
5∶5	1	10.0	3.86	4.75	4.05	85.1
	2	10.1	3.94	4.61	4.17	90.4
	3	9.9	4.12	5.30	3.96	72.2
	4	9.9	3.86	5.70	4.17	73.2
6∶4	1	9.9	4.31	4.84	3.81	78.7
	2	9.3	4.20	5.14	3.89	75.7
	3	6.2	4.61	3.86	3.99	74.4
	4	9.2	4.46	5.41	3.69	64.5

在适宜穗数下夺取大穗粒多，增加单位面积总颖花数是高产的保证。表1表明每穗总粒数随着穗粒肥比例的增加，5个试验点均呈上升趋势，当穗粒肥由30%上升到70%时，金湖、宜兴和盐城郊区试验点的每穗总粒数分别增长4.18%、10.11%和12.84%；兴化试验点当穗粒肥由40%上升到80%时，每穗总粒数增长8.18%。而东海试验点则和上述不同，每穗总粒数为穗粒肥50%时最多。

由此可见，基蘖肥比例高，固然可以增加穗数，却导致了每穗总粒数的下降。据研究提高产量主要是提高单位面积总颖花数[1,3]，因此适宜的基蘖肥与穗粒肥配比，才能使穗粒协调，取得较高的单位面积总颖花量。例如金湖点、盐城郊区点基蘖肥与穗粒肥配比为6∶4时，单位面积总颖花量最高，分别为3.41×10^8、3.89×10^{8}和3.82×10^{8}朵/hm^2，而宜兴点和东海点当基蘖肥与穗粒肥配比分别为4∶6和5∶5时，单位面积总颖花数最高，分别为3.98×10^{8}和4.43×10^{8}朵/hm^2，这与各点的产量表现一致。

基蘖肥用量不同，采用不同搁田始期，有利于成穗率提高。在确保适宜穗数的前提下，控制无效分蘖，提高成穗率，有利于大穗形成，协调穗数和大穗二者之间的关系，从而增加单位面积总颖花量。基蘖肥与穗粒肥配比为4∶6、5∶5和6∶4时，以茎蘖苗数分别为90%、80%和70%搁田时单位面积总颖花数最高，分别为472×10^8、468×10^{8}和4.59×10^{8}朵/hm^2，与各处理的最高产量一致。

结实率与千粒重和基蘖肥与穗粒肥的配比关系不密切。并非是穗粒肥比例越大，结实率和千粒重越高。不同地区如金湖、宜兴、盐城郊区、东海、兴化试验点各自只有基蘖肥与穗粒肥配比适当，才有利于提高结实率和千粒重。如兴化点以穗粒肥占总施用量50%时结实率最高，结实率分别比40%和60%高出8.2和12个百分点，千粒重分别比40%和60%高出0.1 g和0.2 g。

综上所述，在获得适宜穗数的前提下，采用适宜的基蘖肥与穗粒肥配比和适当提前搁田，就能控制无效分蘖，提高分蘖成穗率，有利于大穗形成，协调穗数和大穗二者之间的关系，最终提高单位面积总颖花量，而获得水稻高产更高产。

2.2 基蘖肥与穗粒肥不同配比对群体质量的影响

2.2.1 对群体叶面积的影响

移栽期,各处理的叶面积指数处于同一水平,以后随着基蘖肥和穗粒肥配比的不同,各处理的叶面积指数随之发生变化。随着基蘖肥比例的增大,各试验点平均叶面积指数上升,群体变大。无论是拔节期或抽穗期其趋势一致,可见产量的高低与适宜叶面积指数基本相吻合。

据笔者研究[4],水稻抽穗期具有适宜的群体叶面积指数,叶面积增长速率拔节前小于拔节到抽穗期,抽穗后叶面积下降速率小的叶面积动态,是高产群体质量的特征之一。不同基蘖肥与穗粒肥配比下,搁田时期不同,其抽穗期的叶面积指数不同,搁田迟,叶面积指数就偏大,无效叶面积偏多,如基蘖肥与穗粒肥配比为4∶6、5∶5和6∶4时,抽穗时有效叶面积指数,以茎蘖数达适宜穗数100%(处理4)时搁田,比茎蘖数达70%(处理1)时搁田叶面积指数分别高出0.55、1.73和0.94,而无效叶面积指数处理4比处理1多0.5倍、5倍和4倍,而有效叶面积指数差异不显著(表5)。

表5 基蘖肥与穗粒肥配比在不同搁田始期对叶面积动态的影响

基蘖肥∶穗粒肥	搁田始期	叶面积指数				叶面积增长率/(LAI·d^{-1})		
		移栽期	拔节期	抽穗期	成熟期	移栽至拔节期	拔节至抽穗期	抽穗至成熟期
4∶6	1	0.18	4.26	6.80	1.76	0.08	0.16	0.09
	2	0.18	4.84	6.46	1.55	0.08	0.09	0.09
	3	0.18	4.45	6.86	1.93	0.08	0.15	0.09
	4	0.18	6.27	7.35	2.34	0.11	0.07	0.1
5∶5	1	0.18	3.69	6.08	1.55	0.06	0.15	0.09
	2	0.18	4.02	6.24	1.62	0.08	0.20	0.09
	3	0.18	4.85	7.02	1.72	0.08	0.19	0.12
	4	0.18	4.22	7.81	1.89	0.07	0.14	0.11
6∶4	1	0.18	5.08	6.93	2.17	0.09	0.01	0.07
	2	0.18	5.02	6.86	1.50	0.09	0.11	0.10
	3	0.18	4.99	8.52	1.47	0.19	0.12	0.14
	4	0.18	5.71	7.84	1.47	0.10	0.13	0.12

表5还表明,在同一基蘖肥与穗粒肥配比下,搁田始期不同,拔节前后的叶面积增长速率是不同的。如基蘖肥与穗粒肥配比为4∶6,以茎蘖苗数为适宜穗数80%(处理1)时搁田,有效叶面积指数为6.86,拔节期前叶面积增长速率偏小,拔节至抽穗期叶面积增长速率偏大,抽穗后叶面积下降速率小。而在基蘖肥与穗粒肥配比为5∶5下,茎蘖数为适宜穗数80%(处理2)时搁田,有效叶面积为6.24,叶面积增长速率拔节前小于拔节至抽穗期,抽穗后叶面积下降速度慢;在基蘖肥与穗粒肥配比为6∶4下,茎蘖苗数为适宜穗数70%(处理1)时搁田,有效叶面积指数为6.89,叶面积增长速率拔节前小于拔节后,抽穗后叶面积下降速率减慢,其余搁田处理叶面积增长速率拔节前大于拔节后。可见在适当的基蘖肥与穗粒肥的配比下搁田,才能使水稻抽穗期叶面积适宜,叶面积动态合理。

2.2.2 对有效叶面积率、粒叶比及后期光合生产力的影响

试验表明,降低基蘖肥施用量,提早搁田可以控制无效分蘖,促进有效分蘖,从而能提高有效叶面积率,改善源库关系,提高粒叶比和抽穗至成熟期的光合生产力。然而基蘖肥与穗粒肥配比不同,其增幅效果有差异(表6)。在基蘖肥与穗粒肥配比4∶6水平下,有效叶面积率、粒叶比、抽穗至成熟期的净同化率,这3个因素增加幅度均以茎蘖苗数达适宜穗数90%搁田时最大,其中有效叶面积率比对照(处理4)增加最多,达7.65%,粒叶比处理3增加18.58%,抽穗至成熟期的净同化率增加22.02%,其次是处理2,各处理顺序为3>2>1>4。在基蘖肥与穗粒肥配比5∶5水平下,有效叶面积率、粒叶比、抽穗至成熟期的光合势、净同化率则均以处理2最高,分别比对照增加18.55%、28.72%、17.24%、16.09%,其次为处理1,各处理顺序为2>1>3>4。处理3的光合势比对照低2.44%,但其净同化率比对照高出34.93%,因而抽穗至成熟期总光合生产力仍比对照高;在基蘖肥与穗粒肥配比6∶4水平下,处理1的有效叶面积率比对照增加了13.85%,粒叶比增加38.64%,抽穗至成熟期的光合势也以处理1最高,其次为处理2、3的光合势比对照低1.62%,但净同化率明显高出对照31.38%,因而其抽穗后的总光合生产力高于对照,各处理顺序为1>2>3>4,这说明产量决定有效叶面积率、粒叶比和抽穗期单位绿叶面积的光合效率大小,也说明肥料运筹水平不同,搁田始期应相应改变,如在基蘖肥总用量40%水平下,应在茎蘖苗数达到适宜穗数90%时搁田;在基蘖肥总施量50%水平下,应在茎蘖苗数达到适宜穗数时80%搁田;在基蘖肥用量达60%水平以上时,应在茎蘖苗数达适宜穗数70%时搁田,均有利于控制无效分蘖,减少无效叶面积,提高有效叶面积率,改善群体中后期的光照条件,提高抽穗后群体的光合生产力。

表6 基蘖肥与穗粒肥配比在不同搁田始期对有效叶面积率及光合生产力的影响

基蘖肥∶穗粒肥	搁田始期	抽穗期叶面积指数	有效叶面积率/%	粒/叶/cm^2	抽穗至成熟期净同化率/(g·m^{-2}d^{-1})
4∶6	1	6.80	92.21	0.69	2.84
	2	6.46	96.13	0.68	2.79
	3	6.86	96.36	0.7	2.95
	4	7.35	88.71	0.59	2.68
5∶5	1	6.08	97.01	0.71	2.93
	2	6.24	92.48	0.73	3.03
	3	7.02	87.85	0.61	2.82
	4	7.81	86.81	0.54	2.09
6∶4	1	6.93	99.45	0.71	3.01
	2	6.86	97.81	0.68	2.76
	3	8.52	87.91	0.58	2.47
	4	7.84	88.52	0.52	1.88

2.2.3 对单茎茎鞘重的影响

笔者们研究认为[6,7],在控制适宜穗数条件下,提高单茎茎鞘重是夺取高产更高产的途径和主攻方向。适宜基蘖肥施用量,相应推迟搁田期,能显著提高单茎茎鞘重,如在基蘖肥用量较少下,处理3搁田的单茎茎鞘最重,为1.849;在基蘖肥中等肥料下,处理2搁田的单茎茎鞘重最重;在基

蘖肥用量较多下,以处理1搁田的单茎茎鞘重量高。分析抽穗期的单茎茎鞘重与每穗总粒数和单位面积总颖花量的关系可知,抽穗期的单茎茎鞘重与每穗总粒数成显著相关关系($r=0.9654^{**}\sim0.6242^*$)与总颖花量也呈正相关关系($r=0.4960^*\sim0.9410^{**}$)。这说明前期基蘖肥比例大,适时早搁;前期基蘖肥比例小,延迟搁田,有利于提高抽穗期的单茎茎鞘重,提高每穗总粒数和单位面积总颖花量,并使抽穗期叶片功能期延长,促进茎鞘内物质运输,提高抽穗后的光合势和净同化率(表7)。

表7 基蘖肥与穗粒肥配比对抽穗期单茎茎鞘重与每穗粒数和颖花量的影响

基蘖肥:穗粒肥	搁田始期	单茎茎鞘重/g		每穗粒数		颖花量/($\times 10^8$朵·hm^{-2})	
		①	②	①	②	①	②
4:6	1	1.68	1.54	117.10	106.19	4.64	4.20
	2	1.70	1.66	117.60	118.63	4.66	4.63
	3	1.74	1.84	120.24	116.35	4.82	4.72
	4	1.64	1.58	101.24	100.57	4.27	3.92
5:5	1	1.70	1.47	120.91	112.67	4.95	4.56
	2	1.76	2.13	126.07	118.30	5.20	4.76
	3	1.64	1.92	102.93	117.57	4.40	4.57
	4	1.57	1.85	96.68	113.7	4.08	4.62
6:4	1	1.74	2.14	121.67	120.59	4.94	4.52
	2	1.64	1.95	106.93	117.02	4.59	4.55
	3	1.58	1.87	99.50	107.21	4.36	4.27
	4	1.54	1.77	94.48	113.34	3.94	4.69

注:①和②分别表示1992年和1993年资料。

2.2.4 对群体干物质积累的影响

拔节期不同处理干重随着基蘖肥用量的增加而略有上升,抽穗期和成熟期的最适或最高干重不同试验点有其不同的适宜基蘖肥和穗粒肥的配比,如东海点以基蘖肥与穗粒肥配比为5:5抽穗期成熟期干重最高,分别比7:3和3:7抽穗期高出12.57%和10.98%,成熟期13.79%和10.42%。金湖点是以基蘖肥与穗粒肥配比4:6抽穗期干重最高,成熟期以5:5最高。两试验点抽穗到成熟期干物质积累量,均为基蘖肥与穗粒肥5:5高,东海点分别比7:3和3:7高16.96%和8.94%,而金湖点分别比7:3和3:7高12.01%和4.90%。

不同基蘖肥与穗粒肥的配比,随着搁田期的推迟,抽穗期干物质量增加,而抽穗到成熟期干物质积累量随不同基蘖肥与穗粒肥配比而有不同,在基蘖肥与穗粒肥配比为4:6水平下,茎蘖苗数达到适宜穗数90%(处理3)时搁田,干物质积累量最高,在基蘖肥与穗粒肥配比为5:5水平下,茎蘖数达到适宜穗数80%(处理2)时搁田,干物质积累量最高;在基蘖肥与穗粒肥配比为6:4水平下,以茎蘖苗数达适宜穗数的70%(处理1)时搁田干物质积累最高。这和产量表现完全一致,这是高产群体质量的具体体现。

3 小结与讨论

高产水稻的肥料运筹因品种和土壤肥力确定在适宜总施氮量下,适当降低基蘖肥用量,有利于建成高成穗率群体。遵循水稻一生的需肥规律,合理施肥,在传统的以有机肥和混杂肥为主、采用重施基肥的模式、当今以速效肥为主要肥源的条件下,基蘖肥用量大小对最高茎蘖苗数有一定的影响,基蘖肥用量过大,会造成群体无效分蘖增长过快、群体恶化、成穗率下降、无效叶面积增加,光合生产力降低。在本试验适宜的总施氮量条件下,基蘖肥的用量由以往的70%～80%,降低为本试验条件的60%～40%,这就保证了前期肥效发挥在有效分蘖临界叶龄期之前,到了无效分蘖叶龄期,土壤的肥效明显减退,从而有效地控制无效分蘖的发生,促进有效分蘖生产。在此基础上,增加穗粒肥施用量,促进枝梗、颖花的分化发育,攻取大穗多粒,协调了穗数和大穗的关系,并延长上部3叶的功能期,有效地提高后期群体光能利用率,使产量结构因素在高水平上达到协调统一,进一步提高产量。

适当提早搁田控制无效分蘖,提高成穗率,搁田始期视基蘖肥的施用量而定,基蘖肥用量大,须辅之以更早搁田,才能有效地控制无效分蘖发生,降低高峰苗数,提高成穗率,改善株型。本试验表明,在前期施肥量中等偏高水平下,当群体茎蘖苗数达到适宜穗数80%～70%时,即相当于$N-n$叶龄期左右搁田,此时正值分蘖指数增长期,搁田后强势蘖正常生长,弱势蘖受到抑制,降低高峰苗数而不影响穗数,并提高成穗率。在前期施肥量较少,搁田适当迟些,以群体茎蘖数达到适宜穗数90%时搁田可兼顾穗数和提高成穗率,仍有较高的单位面积总颖花量,而能夺取高产。

参考文献

[1] 凌启鸿.水稻高产群体质量及其优化控制技术探讨.中国农业科学,1993(6):1-12.
[2] 江苏省水稻叶龄模式研究协作组.水稻不同叶龄期施用穗肥的研究.江苏农学院学报,1985,6(3):11-19.
[3] 黄丕生.单季杂交水稻高产群体的探讨.江苏农业科学,1980(2):9-12.
[4] 苏祖芳,郭宏文,李永丰,等.水稻群体叶面积动态类型的研究.中国农业科学,1994,27(4):23-30.
[5] 凌启鸿,张洪程,程庚令,等.IR24大面积高产栽培技术途径.江苏农业科学,1982(9):1-10.
[6] 杨立炯,崔维林,汤玉庚.江苏稻作科学.南京:江苏科学技术出版社,1990:354-382.
[7] 苏祖芳,李永丰,郭宏文,等.水稻单茎茎鞘重与产量形成关系及其高产栽培途径的探讨.江苏农学院学报,1993,14(1):1-10.
[8] 邓振德.氮素调控与低群体高成穗的关系.广东农业科学,1985(1):31-33.
[9] 蒋彭炎,冯来定.水稻三高一稳栽培法的理论与技术.山东农业大学学报,1992,23(增刊):18-24.
[10] 凌启鸿,苏祖芳,张洪程,等.水稻品种生育类型的叶龄模式.中国农业科学,1983(1):10-19.
[11] 凌启鸿,苏祖芳,张海泉.水稻成穗率、产量和群体质量的影响.作物学报,1996,10(2):956-102.
[12] 苏祖芳,陈德华.粳稻不同叶龄期施用穗肥对器官及产量的影响.江苏农业科学,1986(12):12-13.
[13] 苏祖芳,张洪程,郭宏文,等.水稻不同叶龄期施肥对源库关系的影响.江西农业大学学报,1989(增刊):57-62.
[14] 蒋国民,潘国璋.武育粳2号超高产栽培技术途径的研究.江苏农业科学,1992(2):31-36.

Effect of the Ration of Base-Tillering Fertilizer and Ear-Grain Fertilizer on the Population Quality and the Establishment of Rice Yield

SU Zu-fang, ZHANG Ya-jie, ZHANG Juan, ZHANG Hai-guan, YAO Zhi-fa,
SHEN Hu-rong, YAO You-quan, LI Ben-liang

(Department of Agronomy, Jangsu Agricultural College, Yangzhou, 225009)

Abstact: By experiments in Jiangsu areas for 3 years, the results are as follows: Reduce the quantity of base-tillering fertilizer applied properly and increase the quantity of ear-grain fertilizer applied (When ear-grain fertilizer is the 40~50 per cent of amounts of N-fertilizer applied). Drying paddy field in advance properly (when the number of stems and tillers come to the 70~80 percent, drying paddy field starts). This can control the inefficient tiller growing and be favourable to improve the effective tiller growing, steady the number of ear, improve the tillering percentage, increase the number of grains per ear and coordinate the relationship of ear and grain so that the number of ears and larger ears are collaborate. It improves the number of total spikelets, the LAI of the heading period, the effective leaf area percentage the single stem and sheath weight of population at heading and it is favourable to improvement of canopy structure, the prolongation of the function leaf life and the elevation of photosynthetic efficiency after heading to chieve high yield.

Key words: rice; yield; fertilizing; population

穗肥施用期对水稻产量及群体质量的影响*

摘　要：采用迟熟中粳稻品种和杂交中籼稻汕优组合，进行穗肥施用时期试验，结果表明：合理施用穗肥，利于控制抽穗期群体干物质适宜值、提高抽穗至成熟期的干物质生产量，利于提高有效、高效叶面积率，增加根系活力，提高颖花根活量，最终提高结实率和实粒数，获得高产。在当前推广品种中，在取得适宜穗数条件下，迟熟中粳稻在倒3叶1次施肥或倒4倒3叶分次施肥，确保提高群体质量而获得高产。

关健词：水稻；穗肥施用期；群体质量；根系活力；产量

提高群体的光合生产能力，尤其是抽穗至成熟期的净光合生产量，是提高水稻产量的根本途径[1~3]。施用穗肥是水稻栽培中的一项重要措施，它对水稻生育性状、群体质量和产量有着极其重要的影响。以往穗肥的研究较多[1~5]，而近年来，随着水稻品种的演进，产量水平的提高，对氮素的吸收增加，氮肥施用量增多。适当降低前期施用量，增加后期用量比重是优化群体质量和提高茎蘖成穗率获得高产的主要措施。但在增加后期肥料用量后，穗肥施用期对群体质量影响的研究较少[4~6]，本试验旨在对水稻生育中期不同叶龄期施用穗肥，探讨高产水平下穗肥施用期对产量形成、群体叶面积组成、根系活力的影响，为确定高效穗肥施用期，丰富高产群体质量内容提供理论和实践依据。

1　材料与方法

试验于1997—1998年在扬州大学农学院试验田进行。小麦茬，土壤肥力中上等。

1.1　试验设计

供试品种为迟熟中粳稻武育粳3号和杂交中籼稻汕优63。施纯氮汕优63为240 kg/hm²，武育粳3号为285 kg/hm²，基蘖肥与穗粒肥比例均为6∶4，基肥于移栽前1次深施，栽插行株距，汕优63为30 cm×10 cm，每穴1苗（基本苗为33万/hm²），武育粳3号为25 cm×10 cm，每穴2苗（基本苗为76.5万/hm²）。每品种均设穗肥施用期于倒2叶（Ⅱ）、倒3叶（Ⅲ）、倒4叶（Ⅳ）、倒5叶（Ⅴ）、倒6叶（Ⅵ）1次施用及倒4、倒3叶（Ⅶ）2次施用，共6个处理，重复3次，小区面积3 m×3 m，小区随机区组排列，周围设保护行。

移栽后每小区塑膜包埂，各小区单排单灌，防肥水混串，同高产田进行水浆管理及病虫草害防治。

---

* 本文原载《江苏农业研究》，2000，21(2)：36-40；作者：徐茂，王鹤平，殷广德，苏祖芳，周培南，张亚洁，许乃霞。

1.2 记载与测定项目

(1)叶龄和茎蘖动态(定点和普查相结合);(2)叶面积于抽穗期、抽穗后30 d和成熟期取样测定,采用美国CI-203型激光叶面积仪;(3)抽穗期测定冠层各叶光合速率及各叶处光照(采用美国CI-301 CO_2气体分析仪),并测定各叶叶绿素含量(用热乙醇快速提取法);(4)抽穗期,按植株顶层0~15 cm、15~30 cm、30~45 cm、45~60 cm、60 cm~基部进行切割,测每层叶面积及干物质重;(5)抽穗期用α-奈胺氧化法测定根系活力;(6)成熟期割方计实产和测定产量结构。

2 结果与分析

2.1 穗肥施用期对产量及其构成因素的影响

2.1.1 对产量的影响

表1表明,不同穗肥施用期处理产量有差异,武育粳3号Ⅶ处理(倒4、倒3叶2次平衡施用穗肥)产量最高,其次为Ⅲ处理(倒3叶施肥)、Ⅳ处理(倒4叶施肥)和Ⅱ处理,Ⅴ和Ⅵ处理产量最低,杂交中籼稻汕优63不同施肥处理对产量的影响趋势同武育粳3号。

表1 穗肥施用期对产量构成因素的影响

品种	处理	穗数/(万·hm^{-2})	每穗粒数	结实率/%	千粒重/g	产量/(kg·hm^{-2})
武育粳3号	Ⅵ	380.70	106.7	73.9	26.12	7 837.5
	Ⅴ	385.35	111.3	78.4	26.19	8 835.0
	Ⅳ	395.40	117.7	85.5	26.41	10 219.5
	Ⅲ	382.20	120.7	88.4	26.92	10 980.0
	Ⅱ	376.95	110.2	89.9	26.81	9 862.5
	Ⅶ	387.75	121.8	89.8	26.53	11 557.5
汕优63	Ⅵ	311.85	124.6	82.9	26.71	8 607.0
	Ⅴ	312.90	131.5	83.9	27.09	9 495.0
	Ⅳ	304.05	150.2	84.5	27.016	10 480.5
	Ⅲ	291.15	148.9	88.8	27.51	10 602.0
	Ⅱ	270.60	140.2	90.2	27.53	9 732.0
	Ⅶ	294.90	156.1	89.2	27.24	11 136.0

2.1.2 对产量构成因素的影响

表1还表明,施用穗肥的处理,穗数差异不明显。施用穗肥处理其增产的机制主要表现为每穗总粒数增多,结实率提高。产量较高的处理其穗数、粒数、粒重较为协调,如武育粳3号,处理Ⅶ、Ⅲ、Ⅳ穗数均在适宜穗数(382.2万~395.4万/m^2)范围内,而每穗粒数均高于其他处理,约高10%以上。结实率较高,均在85%以上。穗肥施用期过早,穗数不高,每穗总粒数明显减少,结实率也低,如武育粳3号的Ⅵ处理每穗粒数和结实率分别比Ⅶ处理低15.11%和15.9%。穗肥施用过迟,结实粒和千粒重略有增高,但每穗粒数较少,产量也不高。因此在倒3叶1次施用穗肥和倒3、倒4叶期2次施用穗肥能较好地协调穗粒结构,提高结实率和千粒重,夺取高额产量。

2.2 穗肥施用时期对干物质生产的影响

由表2看出,穗肥施用期早的处理,抽穗期干物质量过高;反之,穗肥施用较迟的,抽穗期干物重较低,而成熟期的干物质量均不高。如武育粳 3 号Ⅳ、Ⅴ处理,抽穗期干物质量高,而成熟期的干物质重较低,抽穗至成熟期干物质量占产量的比重为 43.8%～48%,产量低。而Ⅲ、Ⅱ处理抽穗期干物质量较适宜,成熟期干重较高,抽穗至成熟期干物质积累占产量的比重高达 57.7%～63.7%,产量高,汕优 63 结果基本一致。可见高产水稻抽穗期群体干物质量适宜,成熟期的干物质量高,特别是抽穗期到成熟期的干物质积累量高是高产的关键。

表 2 穗肥施用时期与干物质生产的关系

品种	处理	抽穗期/(kg·hm^{-2})	成熟期(kg·hm^{-2})	抽穗至成熟(kg·hm^{-2})	抽穗至成熟占产量的百分比/%
武育粳 3 号	Ⅵ	13 731.0	17 163.0	3 432.0	43.8
	Ⅴ	13 447.5	17 691.0	4 243.5	48.0
	Ⅳ	13 143.0	18 580.5	5 437.5	53.2
	Ⅲ	12 801.0	19 146.5	6 345.0	57.7
	Ⅱ	12 091.5	18 364.5	6 273.0	63.7
	Ⅶ	12 973.5	19 888.5	6 915.0	59.8
汕优 63	Ⅵ	12 231.0	17 466.0	4 485.0	52.1
	Ⅴ	12 406.5	17 839.5	5 133.0	54.1
	Ⅳ	12 016.5	18 201.0	6 184.5	59.1
	Ⅲ	11 635.5	18 787.5	7 152.0	67.5
	Ⅱ	9 964.0	17 896.5	6 445.5	66.2
	Ⅶ	11 697.0	19 408.5	7 711.5	69.2

2.3 穗肥施用期对群体叶面积和光合特性的影响

2.3.1 对叶面积指数及其组成的影响

表 3 表明,不同处理间总叶面积指数、高效叶面积指数差异明显。穗肥施用早的抽穗期叶面积指数大,但无效、低效叶面积增加,高效叶面积率降低;施用迟的抽穗期叶面积指数小,但低效叶面积减少,高效叶面积率较高。如武育粳 3 号穗肥施用期早的Ⅵ、Ⅴ、Ⅳ处理叶面积指数为 7.0～7.5,高效叶面积率为 50%～54%,而Ⅱ和Ⅶ处理叶面积指数为 6.2～6.8,高效叶面积却达到 68.50%～73.16%。汕优 63 结果趋势基本一致。可见不同穗肥施用期之间高效叶面积率的差异是由前期叶面积即低效叶面积过大而造成。这表明穗肥施用期恰当,才能使水稻抽穗期叶面积适宜,高效叶面积率高。

表 3 还表明,不同穗肥施用期抽穗到成熟期叶面积衰减率变化很大。如武育粳 3 号Ⅲ、Ⅱ、Ⅶ处理叶面积指数在抽穗到成熟期衰减速率较小,小于 0.1,而Ⅵ、Ⅴ、Ⅳ处理均大于 0.1,这是因为Ⅲ、Ⅱ、Ⅶ处理抽穗期无效分蘖少,无效叶少,群体通风透光好,叶片功能期长,衰老较慢,而Ⅵ、Ⅴ处理恰好相反。

表 4 表明,穗肥施用期对抽穗期群体不同层高的叶面积比例和透光率影响极大。施用穗肥早 0～15 cm 的穗层和 15～30 cm 层的叶面积占总叶面积的百分率要高于施用迟的。而 45 cm 以下的中下部叶面积占总叶面积的百分率低于穗肥施用迟的。如武育粳 3 号Ⅵ、Ⅴ处理的 15～30 cm 层高叶面积的百分率分别达到 36.04%和 31.13%,比穗肥施用迟的处理分别高出 5～8 个百分点;而 45～60 cm 层高的分别为 9.4%和 11.46%,比穗肥施用迟的Ⅱ、Ⅶ处理分别低 1～6.5 个百分点。60～75 cm 层处的相对光照仅为 25%～28%,低于光补偿点以下。而Ⅱ和Ⅶ处理植株各层高度的

表3 穗肥施用期对抽穗期群体叶面积的影响

品种	处理	LAI	高效 LAI	高效叶面积率/%	抽穗至成熟 LAI 衰减率/(LAI·d^{-1})
武育粳3号	Ⅵ	7.01	3.49	49.82	0.111
	Ⅴ	7.39	3.84	51.92	0.112
	Ⅳ	7.54	4.03	53.41	0.111
	Ⅲ	6.93	4.79	69.11	0.095
	Ⅱ	6.22	4.55	73.16	0.081
	Ⅶ	6.75	4.62	68.5	0.094
汕优63	Ⅵ	9.12	4.83	52.90	0.197
	Ⅴ	9.16	5.13	55.96	0.194
	Ⅳ	9.33	5.82	62.38	0.198
	Ⅲ	8.86	5.93	66.98	0.183
	Ⅱ	8.17	5.71	69.87	0.171
	Ⅶ	8.84	6.21	78.26	0.178

叶面积比例比较协调,透光性较好。如武育粳3号,Ⅱ和Ⅶ处理0～15 cm层叶面积为23.19%和22.61%,15～30 cm层为29.49%和30.64%,30～45 cm层为29.46%和30.64%,45～60 cm层叶面积为12.40%和15.49%,60～75 cm层为4.99%和1.98%,这样在空间上由于上部叶片挺立,群体呈筒状分布,使各层功能叶受光良好,表4进一步看出Ⅱ和Ⅶ处理60～75 cm层高相对光照为6.8%和6.4%,仍然在光补偿点以上,有利于下部叶片的光合作用,有利于提高根系活力。

表4 穗肥施用期对抽穗期群体不同层高的叶面积和透光率的影响*

品种	处理	LAI	叶面积比例/%					光照(相对值)				
			0～15	15～30	30～45	45～60	60～75	0～15	15～30	30～45	45～60	60～75
武育粳3号	Ⅵ	7.01	26.78	36.04	27.78	9.40	0	100	57.2	18.6	7.2	2.5
	Ⅴ	7.39	28.89	31.13	28.52	11.46	0	100	54.2	18.7	6.5	2.8
	Ⅳ	7.54	24.10	24.23	28.86	22.81	0	100	63.9	21.2	9.8	3.5
	Ⅲ	6.93	21.21	26.16	30.78	19.94	1.91	100	68.7	26.4	11.5	4.6
	Ⅱ	6.22	23.19	30.27	29.46	12.40	4.99	100	69.4	27.2	13.7	6.8
	Ⅶ	6.75	22.41	29.49	30.64	15.49	1.98	100	64.3	24.1	13.8	6.4
汕优63	Ⅵ	9.12	48.56	25.33	19.89	5.33	0	100	43.6	14.2	5.6	1.8
	Ⅴ	9.16	48.86	27.84	18.27	6.03	0	100	46.2	18.5	4.8	2.0
	Ⅳ	9.33	47.18	25.71	17.76	7.35	0	100	46.0	17.4	6.2	3.5
	Ⅲ	8.86	46.41	23.78	17.76	9.46	1.59	100	48.1	20.2	9.6	4.0
	Ⅱ	8.17	34.92	22.69	22.44	14.71	4.24	100	54.8	26.7	14.2	5.8
	Ⅶ	8.84	43.58	26.17	19.8	7.25	1.2	100	50.2	23.4	10.2	4.3

* 0～15、15～30、30～45、45～60、60～75 为穗层向下的高度。

2.3.2 对抽穗期各叶片的光合特性的影响

叶片的物质生产能力大小取决于其光合速率的大小。以美国 CI-301 CO_2 气体分析仪于抽穗期晴天上午测单茎各叶光合速率,表5表明,随施用穗肥推迟,其上部叶片光合速率增强,如武育粳3号Ⅱ处理,光合速率为 26.30 mg CO_2/(din^2·h),比Ⅵ处理的 21.43 mg CO_2/(din^2·h)高22.7%。在自然光照条件下,各叶由上到下光合速率逐渐递减。前人研究表明,光照强度与叶片叶绿素含量决定叶片光合速率大小。施用穗肥过早,如Ⅵ处理,上部叶片叶绿素含量降低,抽穗期叶片光合特性较差,不利于高光效群体形成,而Ⅶ、Ⅲ处理其抽穗期各层叶面积分配合理,中下部光照条件较好,叶绿素含量较高,光合速率高,光合产物多,满足籽粒灌浆物质的需要,产量提高。汕优63结果趋势一致。

水稻剑叶叶绿素含量,能较好地代表该群体总体叶绿素的水平。表5还表明,两品种(组合)不同处理抽穗后剑叶叶绿素含量的变化趋势。Ⅲ、Ⅱ、Ⅶ处理抽穗后30 d叶片仍有较高的叶绿素含量,叶片光合功能期较长,能生产较多的光合产物,产量较高。

表5 穗肥施用期对抽穗期群体上部叶片光合特性的影响

品种	处理	光合速率/(mgCO$_2$·dm^{-2}·h^{-1})			叶绿素含量/(mg·g^{-1})				抽穗后30 d剑叶叶绿素衰减率
		剑叶	倒2叶	倒3叶	剑叶	倒2叶	倒3叶	倒4叶	
武育粳3号	Ⅵ	21.43	14.15	8.76	3.05	3.33	3.01	2.01	0.042 3
	Ⅴ	20.25	13.51	8.75	3.18	3.60	3.74	2.15	0.041 2
	Ⅳ	21.45	14.21	9.32	3.21	3.36	3.56	2.38	0.034 3
	Ⅲ	23.61	15.22	10.4	3.28	3.73	3.58	2.56	0.040 7
	Ⅱ	26.30	16.38	9.65	3.40	3.97	3.66	2.55	0.041 7
	Ⅶ	25.82	14.65	9.32	3.28	3.35	3.30	2.78	0.029 9
汕优63	Ⅵ	20.45	13.20	6.45	3.58	3.37	3.25	1.79	0.066 3
	Ⅴ	22.25	16.15	7.25	3.66	3.33	3.15	2.07	0.056 8
	Ⅳ	24.46	15.28	7.35	3.84	3.52	3.41	2.20	0.054 6
	Ⅲ	26.54	17.38	9.78	4.30	4.14	4.07	2.47	0.064 3
	Ⅱ	28.42	18.26	10.21	4.65	4.61	4.32	2.54	0.070 4
	Ⅶ	26.38	16.47	8.21	3.92	3.77	3.60	2.31	0.053 5

2.4 穗肥施用期对抽穗期根系活力的影响

穗肥施用期对抽穗期根系活力有影响,施用期适时,能提高抽穗后根系活力,但施用过早,土壤有效氮下降,上层根系易早衰,抽穗期根系活力低,而施用过迟,生育中期缺氮,下层根系活力明显下降,根量不足,抽穗期根系活力也不高。图1看出,武育粳3号Ⅶ处理分别比Ⅵ、Ⅱ处理高50.3%、24.7%。颖花根活量可作为抽穗期源库协调程度的一个重要指标。图1还看出,Ⅶ和Ⅲ处理抽穗期颖花根活量较高,这也是施用穗肥合理能提高群体质量的一个重要原因。

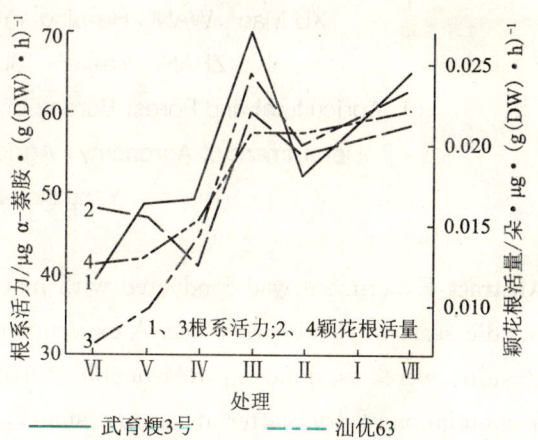

图1 穗肥施用期对根系活力和颖花根活量的影响

3 小结与讨论

在总库容量较高和当地适宜LAI基础上,提高抽穗后的高效叶面积率,增强群体光合生产能力,是水稻高产的关键。穗肥施用期的早迟对扩大群体叶面积和穗粒数有极大影响,只有适宜的穗肥施用时期才能较长的保持最大最适的LAI时期,提高高效叶面积率,增强抽穗至成熟期的叶片光合生产力。增加抽穗至成熟期的干物质积累量而高产。

本试验表明杂交中籼稻汕优63和迟熟中粳稻武育粳3号,不同叶龄期施用穗肥对群体质量和产量构成影响较大,倒3叶1次施用穗肥和倒4叶、倒3叶分次施用穗肥增产较为显著。这两种施用穗肥方法能较好地改善抽穗期群体质量,叶面积适宜,叶层配置合理,利于抽穗后高光效群体的形成,结实期干物质产量高,因此,当前推广高产的品种,在栽培上不仅要注意与产量相适宜的总肥料用量和前后期的施肥量比例,还应注意穗肥施用的恰当时期。在稳定穗数的前提下,当前中、迟熟中稻和杂交中籼稻组合,穗肥于倒4、倒3和倒2叶1次施用或倒4、倒3叶等量分次施用较好。

参考文献

[1] 南京农业大学.作物栽培学(长江中下游地区适用)[M].北京:农业出版社,1992.
[2] 南京农学院.作物栽培学(南方本)[M].第2版.上海:上海科学技术出版社,1984.
[3] 凌启鸿,冯惟珠,周立达,等.水稻群体质量理论与实践[M].北京:中国农业出版社,1996.
[4] 苏祖芳,陈德华.粳稻不同叶龄期施用氮素肥的效应[J].江苏农业科学,1986(1):1-3.
[5] 江苏水稻叶龄模式研究协作组.水稻不同叶龄期施用穗肥的研究[J].江苏农学院学报,1985,6(3):11-19.
[6] 潘晓华.水稻后期施肥的增产作用及其机理研究概况[C]//高佩文,谈松主编.水稻高产高效栽培理论与技术.北京:农业出版社,1986:123-126.

Effect of Application Stage of Panicle Fertilizer on Rice Grain Yield and Its Population Quality

XU Mao[1], WANG He-ping[1], YING Guang-de[1], ZHOU Pei-nan[2],
ZHANG Ya-jie[2] SU Zu-fang[2] XU Nai-xia[2]

(1. Agricultural and Forest Bureau of Jiangsu Province, Nanjing 210013, China;
2. Department of Agronomy, Agricultural, College, Yangzhou University,
Yangzhou 225009, China)

Abstract: Experiment wad conducted with materials of the middle round-grain *japonica* rice and middle-season hybrid *indica* rice. A experiment of application stage of panicle fertilizer was made. Results were as follows: Reasonable fertilizer stage can control the optical population accumulation of dry matter at heading stage, increase the dry matter production from heading to maturing stage and the effective and high effective ratio of leaf area, enhance the activity of root, increase the spikelet-root-activity at maturing stage, resulting in high filled percentage, filled grain numbers and high grain yield. In current application breeds, after suitable numbers of ears, panicle fertilizer should be applied one time from 3rd to flag-leaf, or twice from 4th and 3rd to flag-leaf for the middle round-grain rice, thus can ensure high population quality and high grain yield.

Key words: rice; panicle fertilizer stage; population of quality; activity of root; yield

搁田始期对水稻成穗率、产量形成和群体质量的影响*

摘 要:1992—1994年在江苏省扬州、宜兴、金湖、盐城郊区进行试验,结果表明:① 适当提早搁田有利于稳定穗数,提高成穗率,改善群体质量,增加有效叶面积率,增加每位总粒数,提高抽穗期的单茎茎鞘重和抽穗至成熟期的干物质重量。② 在基蘖肥用量占总施氮量60%时,总茎蘖苗数为预期穗数80%时搁田,能显著提高成穗率和群体质量。在N叶期搁田,并持续1个叶龄期,对N叶内的分蘖芽长度有抑制作用,茎蘖生长呈迟缓状态。

关键词:分蘖穗数;成穗数;穗粒结构;搁田始期

提高成穗率是培育高光效群体的主要途径。在已往的水浆管理搁田经验模式下,适当提前搁田时期是提高分蘖成穗率的重要措施之一。搁田是控制无效分蘖发生的重要手段,已有大量报道[3,4],但对提早搁田时期与提高群体质量关系的报道极少,对不同地区搁田始期的定量标准的报道更属罕见。本试验旨在探讨搁田时期对水稻穗粒结构和群体质量的影响,确定高成穗率高产群体的搁田标准,为水稻高产栽培提供理论和实践依据。

1 材料与方法

试验于1992—1994年在江苏省扬州及宜兴、金湖、盐城郊区进行。供试品种有中粳稻盐粳4号、盐粳187、镇稻1号、武育粳2号,杂交中籼稻汕优63。

1.1 试验设计

(1)江苏省宜兴、金湖、盐城郊区设置在有效分蘖期内群体茎蘖数达适宜穗数的60%(Ⅰ)、70%(Ⅱ)、80%(Ⅲ)、90%(Ⅳ)和100%(Ⅴ)时开始搁田,5个处理,随机排列,3次重复,在搁田前塑料薄膜包埂,叶龄余数3时搁田中止。每公顷施氮225 kg,基蘖肥与穗粒肥配比6∶4。

(2)在扬州设置基蘖肥与穗粒肥比例为4∶6、5∶5、6∶4,3个处理为主区,搁田始期茎蘖苗数达适宜穗数的70%(Ⅱ)、80%(Ⅲ)、90%(Ⅳ)和100%(Ⅴ)4个处理为裂区,小区面积为$4\times3\ m^2$,12个处理,3次重复,搁田前开好深沟,塑料薄膜包埂,适期播种,移栽叶龄为6.3,行距26.4 cm,株距10 cm,每公顷总施氮量187 5 kg,氮、磷合理配比。

1.2 测定项目

(1)测定群体茎蘖动态(定点,定期普查结合)。(2)叶面积和干物重动态;在移栽、拔节、抽

---

* 本文原载《中国水稻科学》,1996,10(2):95-102;作者:苏祖芳,张亚洁,李国生,姚志发,沈富荣,姚友权。

穗、成熟期测定叶面积(长×宽×0.75),并在拔节、抽穗期分别测定有效、无效叶面积。在抽穗、成熟期测定叶、茎鞘、穗干重,方法为 105℃杀青 30 min,75℃条件下烘干至恒重。(3)搁田期测定分蘖芽长度。(4)抽穗期测定每穗颖花量、株型(各叶长、宽、株高)。(5)成熟期测定产量结构,割方测产。

2 结果与分析

2.1 搁田始期对产量的影响

从图 1 可看出,不同地区水稻最高产量的搁田始期是有差异的。如盐城郊区、宜兴两试验点均以茎蘖数达到适宜穗数 80%(Ⅲ)时搁田产量最高,其中盐城郊区处理Ⅲ的产量比处理Ⅴ增加 6.3%,比处理Ⅳ增加 5.0%。宜兴处理Ⅲ的产量比处理Ⅴ增加 4.0%,比处理Ⅳ增加 1.0%。而金湖点以茎蘖数达适宜穗数 70%(Ⅱ)时搁田的产量最高,比处理Ⅴ增产 21.3%,比处理Ⅳ增产 12.9%,比处理Ⅲ增产 5.2%。

从图 2 也可看出,施用同等肥料下搁田始期与基蘖肥用量关系密切。当基蘖肥与穗粒肥配比为 6∶4 时,茎蘖苗数达适宜穗数的 70%(Ⅱ)时搁田产量最高,比处理Ⅴ增产 11.1%;基蘖肥与穗粒肥配比 5∶5 时,茎蘖苗数达适宜穗数的 80%(Ⅲ)时搁田产量最高,比处理Ⅴ增产 8.5%;基蘖肥与穗粒肥配比 4∶6 时,茎蘖苗数达适宜穗数的 90%(Ⅳ)时搁田产量最高,比处理Ⅴ增产 14.8%。由此可见搁田的早迟应以基蘖肥的用量多少确定,才能得到最佳效果。

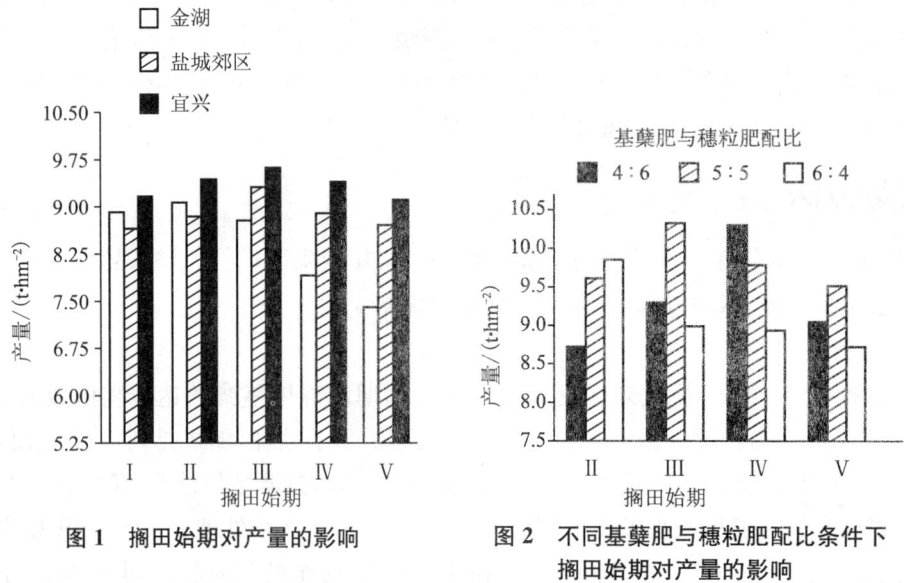

图 1　搁田始期对产量的影响　　图 2　不同基蘖肥与穗粒肥配比条件下搁田始期对产量的影响

2.2 搁田始期对产量构成因素的影响

2.2.1 对穗数和成穗率的影响

表 1 表明,随着搁田始期提早,几个试点的每公顷有效穗数均有不同程度的降低,而分蘖成穗率随着搁田始期提早而提高。不同地区程度不一致。茎蘖数达适宜穗数 60%(Ⅰ)、70%(Ⅱ)、80%(Ⅲ)、90%(Ⅳ)时搁田,金湖、盐城郊区、宜兴等试验点的有效穗数分别比 100%(Ⅴ)时搁田下

降 10.29%～11.91%、6.62%～8.70%、4.0%～5.0%和 2.0%～3.3%，成穗率分别增加 8.46%～20.83%、7.00%～15.54%、2.81%～14.21%和 1.90%～6.56%。这说明，早搁田控制无效分蘖和高峰苗数效果明显。但过早搁田，有效穗数下降。

表 2 表明，基蘖肥与穗粒肥配比不同，搁田始期不同，其穗数基本一致，而成穗率差异显著。① 基蘖肥用量下降，成穗率提高，基蘖肥 40%比 60%成穗率提高 10.2%。基蘖肥与穗粒肥配比相同下，推迟搁田，成穗率下降，3 种配比成穗率均为处理Ⅴ时搁田最低；且基蘖肥越多，最高茎蘖数越多，成穗率越低，在茎蘖苗数达适宜穗数 100%（Ⅴ）时搁田，基蘖肥与穗粒肥配比为 6∶4 的最高茎蘖数达 42.75 万/亩，在各处理中最高，比 5∶5、4∶6 配比分别高 6.75 万/亩和 8.5 万/亩，而其成穗率最低仅为 64.50%，比 5∶5、4∶6 分别低 13.5 和 17.8 个百分点。② 不同肥料运筹水平与搁田期共同决定着成穗率的大小，基蘖肥比例越大，搁田应越提前；反之搁田应相对推迟，可以获得最高的成穗率。例如，基蘖肥与穗粒肥配比为 4∶6，并在茎蘖数达适宜穗数 90%（Ⅳ）时搁田，成穗率最高达 83.84%；在基蘖肥与穗粒肥配比为 5∶5，且茎蘖数达适宜穗数 80%（Ⅲ）时搁田，成穗率最高达 87.15%；在基蘖肥与穗粒肥比例为 6∶4 时，以茎蘖数达适宜穗数 70%（Ⅱ）时搁田，成穗率最高达 78.63%。这同样说明搁田始期应视基蘖肥用量而定，其比例越大，必须辅之以更早搁田，才能有效地控制无效分蘖，降低高峰苗数，提高成穗率，稳定穗数。

表 1 搁田始期对穗粒结构的影响

处理	穗数/(万·hm^{-2})			成穗率/%			每穗粒数			结实率/%			千粒重/g		
	A	B	C	A	B	C	A	B	C	A	B	C	A	B	C
Ⅰ	399.0	256.5	366.0	80.39	73.10	80.89	84.1	142.6	101.7	97.9	89.9	93.8	27.2	26.5	26.4
Ⅱ	415.5	268.5	381.0	75.72	69.60	77.31	83.2	140.8	101.4	96.1	89.9	93.4	27.1	26.4	26.4
Ⅲ	430.5	282.0	391.5	78.61	69.10	71.94	81.4	131.4	99.9	90.5	90.9	93.8	26.9	26.5	26.4
Ⅳ	442.5	288.0	408.0	75.75	63.40	72.15	76.7	131.2	99.1	86.2	88.6	93.3	26.8	26.5	26.3
Ⅴ	453.0	294.0	408.0	76.46	60.50	67.71	73.5	128.2	90.7	83.8	88.0	93.2	26.6	26.4	26.2

注：A 金湖吕良，B 盐城北龙，C 宜兴官林。

表 2 搁田始期施肥比例对穗粒结构的影响

基蘖肥∶穗肥	处理	穗数/(万·hm^{-2})	成穗率/%	每穗粒数	结实率/%	千粒重/g	产量/(kg·hm^{-2})
4∶6	Ⅱ	395.55	80.10	106.19	84.47	24.55	8 710.50
	Ⅲ	390.95	81.98	118.53	82.55	24.55	9 379.50
	Ⅳ	405.60	83.84	116.38	89.28	24.63	10 378.50
	Ⅴ	390.15	76.00	100.57	93.57	24.63	9 042.45
5∶5	Ⅱ	404.20	85.10	112.67	86.98	24.22	9 605.85
	Ⅲ	402.00	87.15	118.30	87.81	24.83	10 368.90
	Ⅳ	395.40	74.61	115.70	89.54	24.03	9 843.45
	Ⅴ	417.45	73.24	110.70	85.73	24.12	9 555.45
6∶4	Ⅱ	380.85	78.73	120.59	85.59	24.99	9 822.90
	Ⅲ	388.80	74.59	117.02	80.70	24.58	9 024.45
	Ⅳ	398.70	74.35	107.21	86.03	24.15	8 880.45
	Ⅴ	413.70	64.50	113.34	76.42	24.67	8 839.35

表 3 搁田始期对穗部性状的影响*

处理	成穗率/%	每穗粒数	结实率/%	株高/cm	穗长/cm	枝梗数 一次	枝梗数 二次
Ⅰ	80.98	121.2	86.5	90.4	15.90	12.60	17.40
Ⅱ	77.31	118.7	86.5	89.7	15.34	11.90	16.93
Ⅲ	72.94	119.1	86.4	90.9	15.23	11.80	16.73
Ⅳ	72.15	116.1	85.5	86.8	14.65	11.30	15.93
Ⅴ	67.79	110.5	82.0	89.3	14.81	10.70	15.47

*地点为宜兴官林,品种为武育粳2号。

2.2.2 对每穗粒数的影响

表1还表明,随着搁田始期提早,每穗粒数,3个试点都呈上升趋势。当搁田时茎蘖数达适宜穗数60%(Ⅰ)、70%(Ⅱ)、80%(Ⅲ)、90%(Ⅳ),比100%(Ⅴ)时搁田每穗粒数增加9.71%～14.42%、9.39%～13.20%、7.39%～10.35%和4.35%～6.60%。每穗粒数增加是穗长、一次枝梗、二次枝梗增加的缘故,这是由于搁田控制无效分蘖发生,促进有效分蘖生长,成穗率提高,改善中期的群体结构,中下部光照充足,叶片光合产物多,不仅使单茎枝梗和颖花分化数增加,同时也防止了分化颖花的退化。表3表明,一次枝梗数当茎蘖数达适宜穗数的60%(Ⅰ)搁田比70%(Ⅱ)、80%(Ⅲ)、90%(Ⅳ)、100%(Ⅴ)搁田,增加1.9、1.2、1.1和0.6个,二次枝梗数则增加了1.93、1.46、1.26和0.46个。可见提早搁田,虽然单位面积上穗数减少了些,但每穗粒数却有所增加。因此,只有保证得到适宜穗数和穗粒数协调发展时的搁田时期才是适宜的,才有可能在适宜的穗数下获取大穗粒多,取得较高的单位面积总颖花量。例如,金湖、盐城郊区、宜兴三试点在茎蘖数达适宜穗数70%和80%时搁田,单位面积总颖花量最高,分别为3.892×10^{12}、3.410×10^{12}和3.979×10^{12}粒/hm^2。这与各点的产量表现一致。表2表明,基蘖肥用量不同,提高其成穗率,宜采用不同始期搁田,这样可以在确保适宜穗数的前提下,提高成穗率,利于大穗形成,从而增加单位面积总颖花量。基蘖肥与穗粒肥配比4∶6、5∶5、6∶4时,以茎蘖数分别为90%、80%和70%搁田时单位面积总颖花数最高,分别为4.720×10^{12}、4.681×10^{12}和4.593×10^{12}粒/hm^2,与各处理的最高产量完全一致。

2.2.3 对结实率和千粒重的影响

表1表明,结实率和千粒重与不同搁田期关系密切,搁田早,结实率和千粒重高,不同地区基本一致,如金湖、盐城郊区、宜兴试验点各自的搁田始期处理Ⅰ比处理Ⅴ结实率和千粒重都提高。结实率提高0.60～15.5个百分点,千粒重高出0.2～0.6 g。

综上所述,在获得适宜穗数的前提下,基蘖肥用量多应适当提前搁田,以控制无效分蘖促进有效分蘖生长,有利大穗形成,协调穗数和大穗两者的关系,最终提高单位面积总颖花量,从而获得进一步高产。

2.3 搁田始期对分蘖芽生长的影响

搁田是控制无效分蘖芽生长和最高茎蘖数的重要手段。蒋彭炎等研究指出[6]:分蘖芽在分化发育过程中有一个对环境敏感期。萌动阶段即3幼1基期的分蘖芽对环境最敏感,在深水条件下因缺氧而成为潜伏芽。本试验观察结果表明:当N叶抽出时,主茎$N-3$叶腋内的分蘖,已抽出母茎叶鞘。$N-2$叶的分蘖已伸长,正处于环境敏感期。适合的搁田时间应提早到欲控节位分蘖前2

个叶龄期。本试验结果还表明,在 N 叶龄期,当土壤含水量达－0.018 MPa 并持续一个叶龄期以上时,可以控制 N－2 叶节分蘖芽长度,N－2 叶分蘖芽呈停滞状态,其长度为 0.2～0.45 cm,而对照分蘖芽长度为 1.2～2.5 cm(表4)。因此,当土壤含水量为－0.018 MPa 时可作为搁田程度的土壤含水量标准,并在 N 叶龄和 N＋1 叶龄期搁田才能有效地控制分蘖芽的生长。

2.4 搁田始期群体质量的影响

2.4.1 对叶面积的影响

图3表明,拔节期的叶面积指数随着搁田期的提早而略有减少,但差异不明显,各地也不完全相同。叶面积指数,盐城郊区试验点茎蘖数达适宜穗数 100%(Ⅴ)时搁田比 60%(Ⅰ)搁田增加0.84,增长 17.28%;而金湖试验点,处理Ⅴ比Ⅰ增加 0.07～1.60%,扬州试验点则处理Ⅴ比Ⅲ叶面积指数增加 0.63,增长 17.5%。抽穗期叶面积指数同样随着搁田始期的提前而减少,其变幅比拔节期小,如盐城郊区试验点处理Ⅴ比Ⅰ时搁田增加 0.55,增长 7.3%;金湖试验点处理Ⅴ比Ⅰ时搁田增加 0.68,增长 9.5%;而扬州试验点处理Ⅴ比Ⅰ增加 0.91,增长 11.61%。

表4 当土壤含水量为－0.018 MPa 时对搁田主茎不同叶龄期分蘖生长的影响

母茎叶序	分蘖芽叶数	分蘖芽长度/cm		对环境敏感程度	可控叶龄期
N－3	心叶抽出	处理	1.2～4.5	不敏感期	生长期
		对照	1.6～4.3		
N－2	3幼1基	处理	0.2～0.45	敏感期	停滞期
		对照	1.2～2.5		
N－1	2幼1基	处理	0.02～0.03	不敏感期	缓慢生长期
N	1幼1基	对照	0.03～0.04		
N－1	分蘖原基				

据笔者等研究[8],水稻抽穗期具有适宜叶面积指数,有效叶面积指数大,有效叶面积率高是高产群体的特征之一。不同基蘖肥与穗粒肥配比下,搁田期不同,其抽穗期的叶面积指数也不同(表5)。搁田迟,叶面积指数偏大,无效叶配比为4:6时,抽穗时叶面积指数以茎蘖数达适宜穗数 100%(Ⅴ)时搁田,比 70%(Ⅱ)、80%(Ⅲ)和 90%(Ⅳ)时搁田分别高出 0.55、0.89 和 0.17,而无效叶面积指数对照Ⅴ比 70%(Ⅱ)、80%(Ⅲ)和 90%(Ⅳ)多 0.57 倍、2.3 倍和 0.47 倍,而有效叶面积指数差异不显著。有效叶面积率处理Ⅴ比Ⅱ、Ⅲ、Ⅳ低 3.50%、7.42% 和 7.65%,基蘖肥与穗粒肥配比为 5:5 和 6:4 时,抽穗期叶面积指数、无效叶面积、有效叶面积率的趋势和配比为 4:6 时一致。

试验表明,降低基蘖肥施用量,提早搁田可以控制无效分蘖,促进有效分蘖生长,从而提高有效叶面积率,改善源库关系,提高粒叶比,提高抽穗至成熟期光合生产力。然而搁田始期不同,其增幅效果也有差异。如表

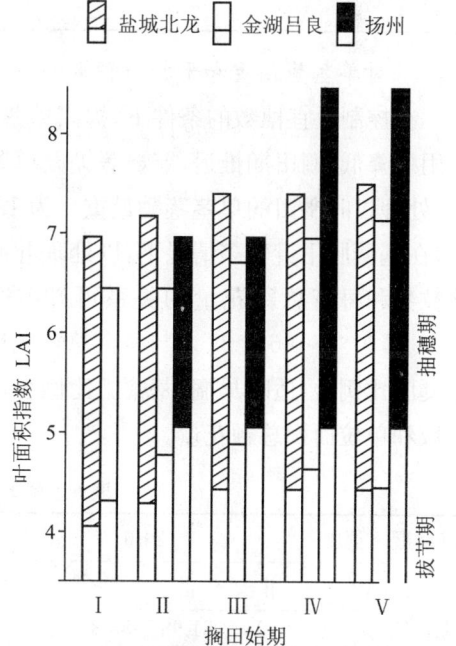

图3 搁田始期对拔节期和抽穗期叶面积指数的影响

5,在基蘖肥与穗粒肥配比 4∶6 水平下,有效叶面积率、粒叶比、抽穗至成熟期的净同化率,这三因素增加幅度均以茎蘖数达预期穗数的 90%(Ⅳ)时搁田最大,其中有效叶面积率比处理Ⅴ增加最多,增加 7.65%,粒叶比增加 18.58%,抽穗至成熟期的光合势和净同化率分别增加 10.07% 和 16.38%。在基蘖肥与穗粒肥的配比 5∶5 水平下,以Ⅲ最高,分别比处理Ⅴ增加 18.55%、28.72%、17.24% 和 16.09%。在基蘖肥与穗粒肥配比 6∶4 水平下,Ⅱ处理的有效叶面积率比Ⅴ增加 13.85%,粒叶比增加 38.64%,抽穗期至成熟期的光合势也以处理Ⅱ最高,达 16.86 $m^2/(亩·d)$,因而其抽穗后的总光合生产力高于处理Ⅴ。这说明产量决定于有效叶面积率、粒叶比和抽穗时单位绿叶面积的光合效率大小,也说明肥料运筹水平不同,搁田始期应相应改变。

表 5 肥水运筹对有效叶面积率及光合生产力的影响

基蘖肥∶穗肥	处理	抽穗期 LAI	有效叶面积率/%		粒/叶	抽穗期至成熟期	
			%	比CK%		光合势 /($10^4 m^2·亩^{-1}·d^{-1}$)	净同化率 /($g·m^{-2}·d^{-1}$)
4∶6	Ⅱ	6.80	92.21	3.50	0.687	16.05	2.84
	Ⅲ	6.46	96.13	7.42	0.683	16.11	2.79
	Ⅳ	6.86	96.36	7.65	0.702	16.55	2.95
	Ⅴ	7.35	88.71	0.00	0.592	14.22	2.68
5∶5	Ⅱ	6.08	97.01	10.20	0.708	16.84	2.93
	Ⅲ	6.24	92.48	5.66	0.731	17.27	3.03
	Ⅳ	7.02	87.75	1.96	0.611	14.37	2.82
	Ⅴ	7.81	86.81	0.00	0.537	14.73	2.09
6∶4	Ⅱ	6.93	99.42	10.00	0.714	16.86	3.01
	Ⅲ	6.86	97.81	9.29	0.681	15.85	2.76
	Ⅳ	8.52	87.91	−0.61	0.583	14.56	2.47
	Ⅴ	7.84	88.52	0.00	0.513	14.80	1.88

2.4.2 对单茎茎鞘重和干物质积累的影响

在控制适宜穗数的条件下,提高单茎茎鞘重是夺取高产更高产的途径[7,8]。表 6 表明,基蘖肥施用量降低,搁田期推迟,能显著提高单茎茎鞘重,但不同搁田始期有差异,如在基蘖肥用量较少下,处理Ⅳ时搁田的单茎茎鞘最重。为 1.84 g;在基蘖肥中等水平下,处理Ⅲ时搁田的单茎茎鞘最重;在基蘖肥用量较多情况下,以处理Ⅱ时搁田的单茎茎鞘最重。分析抽穗期的单茎茎鞘重与每穗粒数和每亩总颖花量的关系可知,抽穗期的单茎茎鞘重与每穗粒数成显著相关关系($r=-0.9410^{**} \sim 0.6242^*$),与每亩总颖花量也呈正相关关系($r=-0.4960^{**} \sim 0.9410^*$)。这说明基蘖肥比例大,适时早搁;基蘖肥比例小,延迟搁田,有利于提高抽穗期的单茎茎鞘重,提高每穗总粒数和单位面积总颖花量。

表 6 搁田始期对抽期单茎茎鞘重的影响

基蘖肥∶穗肥	4∶6				5∶5				6∶4			
处理	Ⅱ	Ⅲ	Ⅳ	Ⅴ	Ⅱ	Ⅲ	Ⅳ	Ⅴ	Ⅱ	Ⅲ	Ⅳ	Ⅴ
成穗率/%	80.10	81.98	83.84	76.00	85.10	87.15	74.610	73.24	78.73	74.59	74.35	64.51
单茎茎鞘重/g	1.54	1.66	1.84	1.58	1.47	2.13	1.92	1.85	2.14	1.95	1.87	1.71
每穗粒数	106.19	118.63	116.35	100.57	112.67	118.30	117.57	113.70	120.59	117.02	107.21	113.34

从图4可看出,随着搁田期的推迟,基蘖肥与穗粒肥配比的不同,抽穗期内干物质量总是增加的,而抽穗到成熟期干物质积累量,随搁田迟早和不同基蘖肥与穗粒肥配比而有不同,在基蘖肥与穗粒肥配比为4:6水平下,以茎蘖数达到预期穗数90%(Ⅳ)时搁田,干物质积累量最高;在基蘖肥与穗粒肥比为5:5水平下,以茎蘖数达到预期穗数80%(Ⅲ)时搁田,干物质积累最高;在基蘖肥与穗粒肥为6:4水平下,以茎蘖数达预期穗数的70%(Ⅱ)时搁田干物质积累最高,这和产量表现完全一致,这是高产群体质量的具体体现。

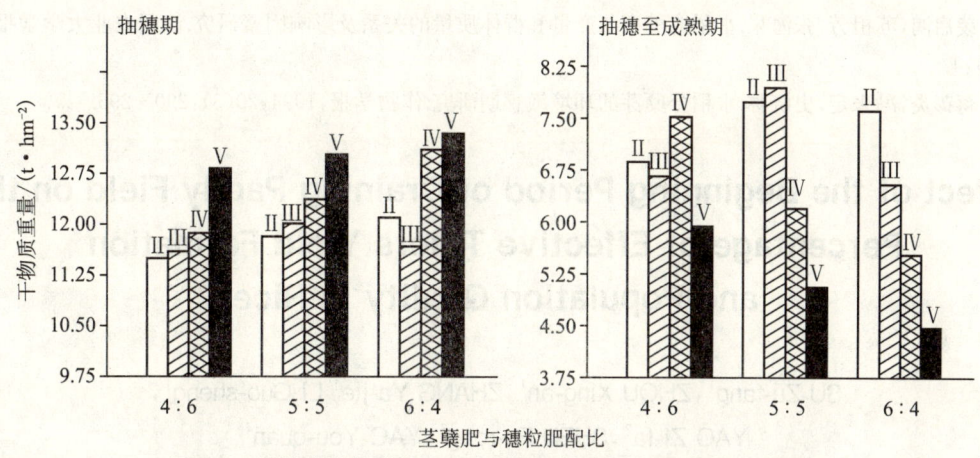

图4 不同基蘖肥与穗粒肥配比下搁田始期对干物质生产的影响

3 讨论

搁田是控制无效分蘖生长和控制最高茎蘖的重要手段,以往的高产田块十分强调施基肥,早施分蘖肥,促早发,搁田较迟,往往要在群体茎蘖数达到预期穗数的1.2~1.3倍,甚至达到高峰苗时才开始搁田。这样的肥水运筹,容易出现无效分蘖发生过多,群体过大,影响中后期群体量,降低成穗率,穗形较小,产量不高。在本试验相同(187.5~225 ka/hm²)总施氮量下基蘖肥的用量为60%时,搁田始期可提早到适宜穗数的80%左右,搁田程度为土壤含水量达0.018 MPa,持续到倒3叶后间歇灌溉,保证其肥效发挥在有效分蘖临界叶龄期之前,到无效分蘖叶龄期持续搁田,土壤的肥效明显减退,从而有效地控制无效分蘖的发生,促进有效分蘖生长。在此基础上,增加穗粒肥施用量,促进枝梗和颖花的分化发育,攻取大穗多粒,提高单茎茎鞘重并进一步改善库源关系,提高后期光能利用率,获得高产。

试验结果表明,过早搁田使适宜穗数减少,每穗粒数的增加弥补不了总颖花量减少的趋势。因为搁田始期是有限度的。搁田始期视基蘖肥的用量而定,基蘖肥的比例过大,必须辅之以更早搁田,才能有效地控制无效分蘖发生,降低高峰苗数,提高成穗率,改善株型。试验结果表明,在前期施肥量中等偏高水平下,宜在群体茎蘖数达适宜穗数的80%~70%时搁田;在前期施肥量较少水平下,以群体茎蘖数达到适宜穗数90%时搁田可兼顾穗数和提高成穗率,仍有较高的单位面积总颖花量,而能夺取高产。

参考文献

[1] 凌启鸿.水稻高产群体质量及其优化控制技术探讨.中国农业科学,1993(6):1-12.

[2] 黄丕生.单季杂交水稻高产群体的探讨.农牧情报研究,1981(21):36-38.

[3] 杨立炯,崔继林,汤玉庚.江苏稻作科学.南京:江苏科学技术出版社,1992:286-323.

[4] 苏祖芳,李水丰,郭宏文.水稻单茎茎鞘重与产量形成关系及其高产栽培途径的探讨.江苏农学院学报,1993,14(1):1-10.

[5] 王万里.烤田对水稻体内氮化合物和碳水化合物消长的影响.植物生理学报,1992(2):5-7.

[6] 蒋彭炎,冯来定,史济林.水稻三高一稳栽培新技术.农业科技通讯,1992(2):5-7.

[7] 温怀楠,杨志根.论水稻"控蘖促穗增粒"栽培法.浙江农业科学,1992(4):151-156.

[8] 凌启鸿,苏祖芳,张海泉.水稻成穗率与产量和群体质量的关系及影响因素研究.沈阳农业大学学报,1994,25(增刊):4.

[9] 蒋彭炎,冯来定,史济林.水稻分蘖芽的环境敏感期研究.作物学报,1994,20(3):290-295.

Effect of the Beginning Period of Draining Paddy Field on the Percentage of Effective Tillers Yield Formation and Population Quality in Rice

SU Zu-fang[1], ZHOU Xing-an[1], ZHANG Ya-jie[1] LI Guo-sheng[1],

YAO Zi-fa[2], SHEN Fu-rong[3], YAO You-quan[4]

(1. Department of Agronomy, Agricultural College, Yangzoh University, Yangzhou 225009;

2. Yixing City Agricultural Bureau, Yixing 214200, Jiangsu Province;

3. Jinhu County Agricultural Bureau, Jinhu 211600, Jiangsu Province;

4. Yancheng Suburb Agricultural Bureau, Yancheng 224001, Jiangsu Province)

Abstract: Experiments were carried out in several sites Jiangsu province in 3 years. Results are as follows:

1) Draining paddy field in advance propedy is beneficial to obtaining stable panicle number, raising percentage of effective tillers and improving population quality, increasing ratios of effective leaf area and total grain numbers per panicle, raising single stem and sheath weight at heading stage and the dry matter weight accumulate from heading to maturing.

2) Under the experiment of the numbers of tillers is about 80% of expected panicle numbers and basetillering fertilizer applied 60% of total, draining paddy field would significantly increase the percentage of effective tillers and population quality. It was clearly shown that draining paddy field at N leaf-age and keeping one leaf-age long would prohibit the length of the tiller bud in N leaf axil, and could make it grow slowly.

Key words: draining paddy field; percentage of effective tillers; structure of panicle and grain; tiller bud

水稻高产株型指标及其应用研究

水稻群体叶面积动态类型的研究

提　要：试验以杂交中籼稻汕优63和中粳稻盐粳2号为材料,通过施肥量、施肥期和栽插密度,研究群体叶面积消长动态和株型、产量形成的关系。主要结果：

(1) 方程 $y=k/1+e^{a+bx+cx^2}$ 可以描述群体叶面积动态过程,根据水稻主要生育时期的 LAI 大小及其生长动态变化,可以分为5种叶面积动态类型,Ⅳ型是最合理的叶面积动态类型。

(2) 在合理群体叶面积动态条件下,合理株型为倒2、3叶较长且挺立,倒4、5叶较短,抽穗期单茎茎鞘重高。

(3) 在较大的 LAI 基础上提高单茎茎鞘重,并协调抽穗期的 LAI 和单茎茎鞘重是超高产的途径。

关键词：水稻；群体叶面积动态；株型；单茎茎鞘重

水稻群体叶面积的大小及其消长动态对其产量具有重要作用[1,3,4]。但前人在 LAI 的消长动态及其最适最大值方面的研究大多局限在直观描述上,定量的研究较少[3,9]。

水稻的高产群体必须要有一个大小适当、配置合理、光合效率高的叶系[6,10,11],抽穗期源库关系协调的群体[6,11];要求叶面积的动态过程与抽穗期的株型等关系密切。抽穗期的冠层结构与光能利用、物质生产与分配的关系也极为密切。但以往在这方面的研究极为少见。因此,研究群体叶面积消长、物质生产和分配、源库等的相互关系及其对产量的影响,具有重要的意义。本文着重研究叶面积消长动态类型对产量的影响以及在高产栽培中的作用,为高产更高产栽培提供理论依据。

1　材料与方法

试验于1987—1989年在江苏农学院实验农牧场大田和网室中进行。供试土壤肥力中等偏上,品种为杂交中籼稻汕优63,常规中粳稻盐粳2号。

1.1　试验设计

设计以肥料、密度的单因素或二因素试验。

(1) 密度×施氮量的二因素试验密度为每亩1.25万穴、1.875万穴和3.75万穴3个处理,总施

---

* 本文获扬州市人民政府1993—1994年度扬州市自然科学优秀论文一等奖；本文原载《中国农业科学》1994,27(4):23-30；
作者：苏祖芳、郭宏文、李永丰、张洪程、张海泉。

氮量为每亩4、9、12.5 kg(纯氮)3个处理。裂区设计,重复3次。

(2) 施肥期及用量试验,两品种氮肥运筹试验,各种处理的施肥量和时期为:处理1不施肥;处理2施蘖肥4 kg/亩;处理3施穗肥4 kg/亩;处理4施基肥、穗肥各4 kg/亩;处理5施基、蘖、穗肥分别为4、2、2 kg/亩;处理6施基、蘖肥各4 kg/亩;处理7施用基、蘖肥各8 kg/亩;处理8施用基、蘖、穗肥各4 kg/亩。蘖肥在返青后施用,穗肥在倒4叶抽出时施用。密度均为每亩1.5万穴,重复3次。小区间田埂隔开,独立灌排。

1.2 测定项目

(1) 定期测定叶茎蘖状态和群体叶面积、植株各器官的干物质重。

(2) 抽穗期测定叶片与茎秆夹角,以及叶片叶绿素、氮素含量。采用热乙醇提取法测定叶绿素含量;凯氏定氮法测定氮素含量;改良半叶法测定叶片的光合强度。

(3) 抽穗期测定光照强度(上午9～11时、下午3～5时),并计算消光系数。

(4) 产量和产量构成因素。

2 结果与分析

2.1 群体叶面积的消长动态与类型

根据作物普适生长函数,用 $y=k/1+e^{a+bx+cx^2}$ 方程来模拟水稻生育进程群体叶面积的动态变化[5],用汕优63和盐粳2号试验资料进行拟合,拟合效果极好,相关指数在0.97以上,并进一步导出了汕优63和盐粳2号等水稻品种主要生育时期的群体叶面积增长速率(V),不同处理从移栽至有效分蘖临界叶龄期($N-n$ 叶龄期 V_c)、有效分蘖临界叶龄期至拔节叶龄(V_N)、拔节叶龄期至叶龄余数0(V_R)、叶龄余数0至抽穗期(V_B)、移栽至拔节叶龄期的LAI增长速率(V_T)。按 V_T 和 V_R 相对值的大小以及生育进程群体叶面积指数动态变化及茎生叶面积的配置等,将其分为2类5型。

第一类:群体叶面积生长速率拔节前＞拔节后。其特点:最大LAI出现早,在倒2叶至倒1叶之间到达;叶龄余数为0后叶面积开始衰退,叶龄余数0到抽穗期的生长速率为负值,为早衰型。又可分3型:

Ⅰ型:从移栽到 $N-n$ 叶龄期,有较大的增长速率,而拔节叶龄期至抽穗期间的叶面积增长速率特别低,最大LAI小,其抽穗期单茎各叶位叶面积大小(倒数叶龄,下同)的顺序为4—5—3—2—1。

Ⅱ型:移栽到有效分蘖临界叶龄期,及有效分蘖临界叶龄期至拔节叶龄期间的生长速率大,而拔节叶龄期到抽穗期间的叶面积增长速率较小,其单茎各叶位叶面积大小顺序为3—4—2—5—1。

Ⅲ型:移栽至叶龄余数为0时,群体叶面积生长速率大,特别是有效分蘖临界叶龄期到拔节叶龄期特别大,最大LAI出现早而且过大,叶面积衰减早而快,其单茎叶面积大小顺序为3—2—4—1—5。

第二类:群体叶面积生长速率拔节前＜拔节后。其特点:最大LAI出现较迟,约在孕穗到抽穗期之间,抽穗以后叶面积才开始衰退,叶龄余数0到抽穗时的生长速率为正值。产量生长期具有较高的光合势和净光合生产力,为后劲型。又可分为两型:

Ⅳ型:起始LAI较小,移栽到 $N-n$ 叶龄期群体叶面积增加速率较大,拔节叶龄期至抽穗期间的叶面积增长速率大,最大 LAI 较大,其单茎叶面积大小顺序为 2—3—1—4—5。

Ⅴ型:起始 LAI 较小,移栽到 $N-n$ 叶龄期群体叶面积增长速率小,$N-n$ 叶龄期 LAI 在诸类型中最低,而拔节叶龄期到抽穗期群体叶面积增长速率大,但最大 LAI 较小,单茎的叶面积大小顺序为 2—1—3—4—5。

2.2 叶面积动态类型与植株性状及其生理功能

2.2.1 茎生各叶形状

(1) 叶长、叶角和比叶重 培育茎生叶片叶角小、叶片挺立、比叶重大的株型是改善群体透光性,提高群体最适 LAI 和单叶光合效率,充分发挥中下层叶片的光合潜力,实现高光效群体的关键。试验结果表明,叶面积消长类型不同,其叶角和比叶重有明显的差异。Ⅰ型上部三叶的叶角最小,其他依次为Ⅱ、Ⅳ、Ⅴ、Ⅲ型,Ⅰ、Ⅱ型叶角小,主要与其叶长较短有关,Ⅳ型尽管叶片较长,但因其比叶重大,其叶角亦较小。

(2) 叶片的生理性状 表 1 表明,叶面积动态类型不同,其叶片的性状与生理功能亦不同。Ⅰ、Ⅱ型的叶片叶绿素含量和含氮量较低,光合强度亦低;Ⅲ型尽管其叶片的叶绿素含量和氮素含量较高,但因叶片比叶重小,叶角较大(特别是倒 3 叶的叶角大),因而叶片的受光态势较差,叶片的光合强度低,至倒 3 叶时,其光合强度汕优 63 仅为 IAI 1.25 CO_2 mg/($dm^2 \cdot h$),与Ⅳ型相差较多;Ⅳ、Ⅴ型不仅叶绿素含量、氮素含量高,且比叶重大,因而叶片有较高的光合强度。叶面积动态类型不同,其叶片的光合强度差异很大,尤以倒数 3 张叶片为明显,Ⅳ型上部 3 叶的光合强度都高。

表 1 不同叶面积动态类型的剑叶性状与叶体光合强度(1988)

品种	类型	剑叶性状			光合强度/(CO_2 mg·cm^{-2}·h^{-1})		
		比叶重/(mg·cm^{-2})	叶绿素含量/‰	含氮量/%	剑叶	倒 2 叶	倒 3 叶
汕优 63	Ⅰ	4.86	10.30	2.07	16.98	10.64	6.33
	Ⅱ	4.71	11.09	3.49	25.83	17.77	7.22
	Ⅲ	4.42	12.64	3.86	23.74	15.32	1.25
	Ⅳ	5.19	12.43	3.67	27.64	18.68	9.66
	Ⅴ	5.39	12.88	3.73	28.75	18.37	5.21
盐粳 2 号	Ⅰ	4.93	9.10		14.53	11.20	6.13
	Ⅱ	5.20	11.70		25.30	17.92	6.72
	Ⅲ	4.74	15.70		24.10	16.30	2.94
	Ⅳ	5.83	12.90		28.93	19.43	11.43
	Ⅴ	5.78	12.40		28.60	19.21	8.43

2.2.2 单茎茎鞘重

叶片的比叶重与叶片的直立性、单叶的光合速率以及群体的净光合速率都呈显著正相关[1,2],因此,寻求影响比叶重的因素是很有意义的。本试验分析了汕优 63 和盐粳 2 号单茎茎鞘重和比叶重的关系,结果表明,两者存在着极显著的正相关,其相关系数(r)剑叶、倒 2 叶、倒 3 叶分别为 0.793 9**、0.920 3**、0.834 9** 和 0.936 0**、0.873 8**、0.966 8**。可见,能够增加茎鞘重的措施,均有利于叶片比叶重的提高和直立性的改善。由于叶面积动态类型不同,其平均单茎茎鞘重亦不同,类型间的差异极为显著。Ⅰ、Ⅱ型的单茎茎鞘重高,但Ⅰ型的 LAI 低,Ⅱ型的 LAI 适宜,但数值偏低；Ⅳ型 LAI 高，其单茎茎鞘重虽低于Ⅰ、Ⅱ型，但与Ⅲ型的差异不明显；Ⅲ型的 LAI 过大，其单茎茎鞘重低于Ⅰ、Ⅱ型；Ⅱ型尽管 LAI 与Ⅳ型相近，但其茎鞘重明显地高于Ⅳ型(表2)。

表2　叶面积动态类型间的单茎茎鞘重差异显著性测定(汕优63,1988)

类型	LAI	平均单茎茎鞘/g	差异显著性 5%	1%
Ⅰ	3.7786	2.886	a	A
Ⅱ	6.7564	2.744	ab	A
Ⅲ	8.1277	2.626	b	A
Ⅳ	7.9571	2.122	c	B
Ⅴ	9.4026	1.854	d	B

2.3　叶面积动态类型与物质生产积累和分配

2.3.1　群体叶面积动态类型与抽穗前后物质生产

试验结果表明，水稻抽穗后制造的干物重愈高，产量愈高。群体叶面积消长类型不同，抽穗期的群体生物产量也有差异，Ⅳ型的生物产量为 820.03 kg/亩，亩产达 684.94 kg，Ⅰ、Ⅴ型的生物产量较低，分别比Ⅳ型低 21.3% 和 18.15%；Ⅱ、Ⅲ型较高，分别比Ⅳ型高 8.19% 和 2.29%。抽穗后的物质生产量占稻谷的比例，Ⅰ、Ⅱ型仍然较低，Ⅲ型最低，Ⅳ、Ⅴ型较高，Ⅳ型产量高，与前人研究结果一致[1,2]。因此说，抽穗前干物质积累量适中，而抽穗后干物质积累高的群体是合理的。

2.3.2　抽穗期的群体干物质积累、分配与运转

试验结果表明，抽穗期生物量在各器官内的分配比例，在不同叶面积消长类型间差异明显，Ⅰ、Ⅱ型的茎鞘所占比例高，达 60% 以上；Ⅲ型的茎鞘比重低，仅在 50% 左右，其叶片比例高，达 31%~34%；Ⅳ、Ⅴ型的茎鞘所占比重居中，在 55%~57%。

从表3看出，叶面积消长类型不同，茎鞘运转率、经济系数等均有明显的差异，茎鞘运转率在叶面积消长类型间的差异趋势正好相反，Ⅰ、Ⅱ、Ⅲ型较高，茎鞘运转率大于 20%，而Ⅳ、Ⅴ型较低小于 5%，Ⅳ型因抽穗前形成较多的干物质量，抽穗后的物质生产也多，经济系数高，因而其成熟期的总生物量和经济产量均高。

表3　叶面积动态类型与经济系数及茎鞘运转率

品种	类型	抽穗后生产量 重量/(kg·亩$^{-1}$)	占稻谷比重/%	经济系数	茎鞘运转率/%	结实率/%	千粒重/g
汕优63	Ⅰ	178.40	45.40	0.4767	19.18	88.65	25.45
	Ⅱ	272.68	47.79	0.4920	24.84	84.06	27.13
	Ⅲ	189.05	40.13	0.4818	28.08	65.73	26.55
	Ⅳ	475.56	69.43	0.5287	11.34	78.45	28.19
	Ⅴ	350.53	64.52	0.5317	13.18	77.76	27.32
盐粳2号	Ⅰ	247.06	44.09	0.5394	27.05	92.88	21.65
	Ⅱ	237.19	41.66	0.4889	27.64	88.36	22.48
	Ⅲ	167.46	34.60	0.4554	32.46	72.25	20.46
	Ⅳ	400.24	62.92	0.5014	13.51	81.87	23.35
	Ⅴ	369.45	62.76	0.5148	12.10	87.27	23.21

2.3.3 单茎茎鞘重与产量的关系

相关分析表明,抽穗期的 LAI 与抽穗前的群体物质生产量呈极显著正相关($r=0.8031^{**}$),但 LAI 与抽穗后的物质生产量的关系,则还受到平均单茎茎鞘重的影响,表 4 表明,在 LAI 相近时,平均单茎茎鞘重高的,其抽穗后的物质生产量高,产量亦高;在单茎茎鞘重相近时,LAI 高的,其抽穗后的物质生产量和产量高;LAI 和单茎茎鞘重都大时,其产量显著高。可见,要实现群体抽穗前物质量大,抽穗后的物质量多,达到最终产量高的目的,培育成一个抽穗期 LAI 高、单茎茎鞘重的群体是必要的。上述结果同时亦表明,生产上可以通过① 保持 LAI 相近,提高单茎茎鞘重;② 单茎茎鞘重相同,提高 LAI;③ 在提高 LAI 的同时提高单茎茎鞘重来实现增产。

表 4 叶面积动态类型与产量关系

品种	类型	LAI	单茎鞘重/g	总颖花量/($10^4 \cdot$亩$^{-1}$)	抽穗后的物质生产量/(kg·亩$^{-1}$)	产量/(kg·亩$^{-1}$)
汕优 63	Ⅰ	3.082	3.7780	1 627.94	190.40	392.16
	Ⅱ	1.951	9.2597	2 843.46	288.96	568.20
	Ⅲ	1.866	9.4000	2 904.95	189.08	471.15
	Ⅳ	2.618	7.1859	2 622.04	380.33	578.95
	Ⅳ	2.626	7.6010	2 833.68	412.30	611.66
	Ⅳ	2.601	8.1277	3 098.05	475.56	684.94
	Ⅱ	2.310	8.0766	2 605.59	305.24	589.69
	Ⅱ	2.459	7.9571	2 870.71	347.76	653.65
	Ⅱ	2.122	8.5149	2 758.89	272.68	571.65
	Ⅴ	2.754	6.7565	2 551.50	350.33	568.20
盐粳 2 号	Ⅰ	1.733	5.3710	2 500.25	247.06	563.26
	Ⅱ	1.912	6.3575	2 668.46	267.56	536.46
	Ⅱ	1.889	6.8790	2 897.12	299.19	569.29
	Ⅳ	2.097	7.0072	3 223.94	362.79	596.98
	Ⅴ	1.457	6.7275	3 003.56	355.67	555.62
	Ⅱ	1.652	8.0771	3 407.88	288.04	588.71
	Ⅲ	1.224	8.6836	3 044.04	167.46	483.94
	Ⅳ	1.914	7.9414	3 475.50	400.24	636.08
	Ⅴ	2.641	6.5748	3 123.48	369.45	590.66

值得指出的是,LAI 与单茎茎鞘重的关系在不同叶面积消长类型间有明显的差异。Ⅰ 型尽管单茎茎鞘重高,但 LAI 极低;Ⅲ 型 LAI 过高,单茎茎鞘重极低;Ⅴ 型尽管单茎茎鞘重较重,但 LAI 仍偏低;Ⅱ、Ⅳ 型的 LAI 都能取得较大,但Ⅱ 型的单茎茎鞘重明显轻于Ⅳ 型。因此,通过建立合理的叶面积增长动态类型,可以培育一个 LAI 高、单茎茎鞘重的高产群体。

3 讨论

3.1 关于合理的群体叶面积动态类型

根据移栽到拔节叶龄期与拔节至抽穗期叶面积增长速率相对值大小和生育进程主要叶龄期叶面积大小,及抽穗期茎生 5 叶叶面积的配置及顺序,可将叶面积的动态变化分成 2 类 5 型。群体的起始叶面积大小即基本苗的多少,主要对移栽到有效分蘖临界叶龄期的叶面积增长起作用。移栽至拔节的增长速度大小主要决定 $N-n$ 至倒 $n-2$ 叶龄期的增长速率。因此,在控制倒 $n-2$ 叶龄期之前群体叶面积增长量的基础上,适当促进 $n-2$ 叶龄期后的叶面积增长量,$V_T<V_R$,有利于形成高的 LAI 和群体颖花量。在较大的群体条件下个体健壮,群体光照条件好,不仅抽穗前有较大的群体物质生产量,而且抽穗后的光合势和净光合生产率也高,最终表现产量高,因此Ⅳ型是合理的叶面积动态类型。

3.2 关于适宜群体条件下的高效株型

本研究表明,在高产群体条件下(Ⅳ型),倒 2 叶、3 叶的面积与穗粒数呈显著正相关,而与结实率的关系不明显,但倒 4、5 两叶面积与结实率的负相关密切,这与凌启鸿等用茎生各叶长与穗粒数、结实率的相关分析结果一致;而在群体较大的前提下Ⅱ型上部 3 叶短小的宝塔形株型,容纳的穗数多,最大 LAI 仍为 7.96,产量也较高。同时,试验结果还表明,在灌浆成熟期间,Ⅱ型的光合势低于Ⅳ型高于Ⅴ型,但净光合生产率Ⅳ、Ⅴ型明显高于Ⅱ型;在抽穗期Ⅱ、Ⅳ型的 LAI 相近,但后期的光合势和净同化率Ⅳ型高于Ⅱ型。可见,后期的主要光合叶片(顶上 3 叶)的功能,Ⅳ、Ⅴ型高于Ⅱ,表明倒 2、倒 3 叶较长,有利于维持较大的光合势和较高净光合生产率。试验结果还表明,抽穗期 LAI 大与单茎茎鞘重高的Ⅳ型,产量高,籽粒产量来自后期叶片光合产物的量占的比例高,茎鞘中转运物质的量绝对值仍较高而相对比例减少。可见,无论从形态结构还是生理功能上看,Ⅳ型是高效株型。

3.3 关于抽穗期叶面积指数适宜,单茎茎鞘重高的群体的培育途径

单茎茎鞘重高的,叶片的比叶重、光合速率大,群体粒叶比高;LAI 与抽穗前的物质生产量有密切的关系,较大的 LAI 有利于抽穗前的物质生产和抽穗后光合势的提高;但 LAI 对抽穗后物质生产的作用还受到单茎茎鞘重的影响,在 LAI 相近时,单茎茎鞘重高的,其抽穗后的物质生产量多,因而产量高。因此,协调抽穗期 LAI 与单茎茎鞘重的关系,在高产栽培中具有重要意义。

试验表明,抽穗期单茎茎鞘重与拔节叶龄期前的叶面积生长速率呈极显著负相关,r 为 -0.9629^{**},而与拔节后叶面积生长速率相关不密切,r 为 -0.0127。可见,拔节前叶面积增大,会显著降低单茎茎鞘重,而拔节后叶面积增大对茎鞘重降低不明显,同时在拔节前以有效分蘖临界叶龄期为界,从单茎茎鞘重与有效分蘖临界叶龄期前后叶面积生长速率相关关系来看(前者 r 为 -0.8056^{**},后者 r 为 -0.9629^{**}),后者比前者更为明显。起始叶面积的大小,只对有效分蘖临界叶龄期前的叶面积生长速率起作用,r 为 0.6187^{*},对无效分蘖期的叶面积生长速率作用不明显,r 为 0.5104。

对提高抽穗期的叶面积指数,有效分蘖临界叶龄期前的叶面积生长速率的作用大于无效分蘖期的叶面积生长速率的作用,但考虑到有效分蘖期叶面积生长速率与单茎茎鞘重呈负相关,提高这一阶段的叶面积指数会降低单茎茎鞘重。同时,从高产的角度看,不仅要提高抽穗期的叶面积指数,还应提高抽穗后的光合势和净同化率。因此,形成抽穗期较大的叶面积指数和高的单茎茎鞘重,在栽培上必须选择适宜的基本苗,较好地调节有效分蘖期内的群体发展;并在有效分蘖期内,总茎蘖苗相当于适宜穗数的 80%～90% 时搁田,以控制无效分蘖期的群体生长量;倒 3 叶前后,在前期茎蘖肥适宜的条件下,看苗施用穗肥,以增大拔节后叶面积生长速率和抽穗前的叶面积指数,培育适宜的群体叶面积动态,提高总颖花量和粒叶比,提高单茎茎鞘重,从而提高抽穗到成熟期的干物质积累和经济产量。

参考文献

[1] 吴光南.水稻栽培理论与技术.北京:农业出版社,1981.
[2] 松岛省三著;肖连成译.水稻栽培新技术.长春:吉林人民出版社,1973.
[3] 津田幸人著;蒋彭炎译.稻的科学.杭州:浙江科学技术出版社,1980.
[4] 王信理.在作物干物质积累的动态模拟中如何合理运用 Logistic 方程.农业气象,1986(1):14-19.
[5] 凌启鸿.IR24 大面积高产栽培技术途径.江苏农业科学,1982(9):1-10.
[6] 凌启鸿.水稻群体"粒叶比"与高产栽培途径的研究.中国农业科学,1982(3):1-8.
[7] 桥川潮著;吴兴鹏译.国外农学.水稻,1982(2):43-48.
[8] 林健一ぃ.光利用效率かた水稻品种的产量的研究. 日作记,1960,30(4):329-333.
[9] 角田重三郎,松尾孝交令.稻の形态と樱能.农业技术协会刊,1960:179-228.
[10] Duncan W G. Leaf angles,area andconopy phtosynthesis.Crop Sd.1971(11):482-485.
[11] Yoshida S. Fundamentals of rice.Crop Sd. IRRI,1981.

Studies on the Types of Leaf Area Dynamics of Population in Rice

SU Zu-fng, GUO Hong-wen,
LI Yong-feng, ZHANG Hong-cheng, ZHANG Hai-quan

(Jiangsu Agricultural College, Yangzhou 225009)

Abstract: By using Shanyou 63 and Yanjing 2 as test materials, the leaf area dynamics and its effects on plant type grain yield were studied by means of carrying out the experiments of time and amounts of N-fertilizer applied and density of planting. The main conclusions were as follows:

1. The developing process of LAI as the days after transplanting could be expressed as

$$y = k/1 + ea + bx + cx^2$$

The leaf area development model of different treatment could be divided into five type arccording to the leaf area dynamic characteriedes of main rice growth phases. The IV-type was recognizeed to be reasonable.

2. Under a reasonable population it was more benefit to improvement of grain yield that one plant type must be the particular association of longer and more upright 2~3 leaves, but shorter 4~5 leaves from the top, and shorter lower internodes, but longer 2 internodes from the top, and weight of culm and sheath per shoot at heading must be high.

3. It was necessary to pay much attendon to raising weight of culm and sheath per sboot under coordinating LAI and weight of culm and sheath per shoot at heading in order to achieve higher and higher grain yields.

Key words: rice; leaf area dynamics of population; plant type; weight of culm and sheath per shoot

水稻拔节期群体茎蘖结构对叶面积指数和产量的影响

摘 要：以中粳稻广陵香粳和中籼稻汕优 63 为材料。采用不同的肥料运筹和插栽密度措施,研究水稻拔节期茎蘖结构及比例对叶面积指数与产量的关系,结果表明:水稻抽穗期的 LAI 适宜,拔节至抽穗期叶面积生长速率大于 $N-n$ 至拔节期,有利于培育高产叶面积动态类型。拔节期适宜的茎蘖结构与拔节期、抽穗期 LAI 关系密切,拔节期适宜的茎蘖结构有利于抽穗期适宜叶面积指数的形成。

关键词：水稻;最适叶面积;拔节期茎蘖结构;产量

水稻抽穗期适宜叶面积指数(LAI)及其结构是高产的基础,与生育前期群体 LAI 发展的必然联系[1~6],而且直接影响抽穗后群体 LAI 的优劣。因此研究生育前期的群体 LAI 发展、抽穗期适宜 LAI 和组成结构及其影响因素有重要意义。本试验在前人研究结果的基础上,研究水稻不同群体拔节期茎蘖结构与抽穗前叶面积结构与产量形成的关系。为高产水稻叶面积指数适宜值的预测和合理叶面积、合理结构的调控提供理论依据。

1 材料与方法

1.1 试验材料

试验于 2000—2001 年在扬州大学作物栽培生理实验室试验田进行。小麦茬,砂壤土,土壤肥力中等偏上。供试品种为中粳稻广陵香粳和杂交中籼稻汕优 63。

1.2 试验设计

采用密肥二因素试验。广陵香粳总施氮量(纯氮)为 11.5 kg/亩(N_1)、16.5 kg/亩(N_2)21.45 kg/亩(N_3),行株距为 23.3 cm×10 cm(H_1),30 cm×10 cm(H_2),汕优 63 总施氮量为 10.5 kg/亩(N_4)、15 kg/亩(N_5)、19.5 kg/亩(N_6),行株距为 26.4 cm×10 cm(H_3)、33.3 cm×10 cm(H_4)。重复 3 次,随机排列,36 个小区,小区面积 15 m^2。5 月 12 日播种,6 月 12 日移栽,移栽叶龄广陵香粳为 6.4~6.67,汕优 63 为 6.65~6.9。

1.3 测定项目与方法

(1) 分蘖消长动态:定点定期测定分蘖动态直至成熟:每小区两点,每点 10 穴,每 5 天查一次分蘖数量并于返青期、$N-n$ 期、拔节期、抽穗期、乳熟期、成熟期随机普查 100 穴。

---

* 本文原载《扬州大学学报(农业与生命科学版)》,2004,25(1):55-58;作者:张林青,苏祖芳,张亚洁,杨益花,朱晓彦。

(2) 叶面积动态：于返青期、$N-n$ 期、拔节期、抽穗期、乳熟期、成熟期每小区选取代表性植株 5 穴,测定不同叶龄茎蘖叶面积,叶面积采用 CI-203 型激光叶面积仪测定。

(3) 分蘖挂牌追踪：每小区选取代表性植株 5 穴,于返青期、$N-n$ 期、拔节期、抽穗期按同叶龄茎蘖挂牌。成熟期测定不同叶龄茎蘖成穗率及穗部性状。

(4) 产量和产量结构：每小区实收 100 穴计实产,选取代表性植株 5 穴测定理论产量和产量结构。

2 结果与分析

2.1 水稻群体叶面积动态对产量的影响

由表 1 可知,2 品种高产群体叶面积生长和消亡都比较平稳,最大 LAI 比较适宜,而低产群体最大 LAI 过大或过小,其生长和消亡也较快。如广陵香粳 N_3H_1 处理最大 LAI 为 7.66,且持续时间长,后期叶面积指数下降缓慢,产量最高。N_1H_2 处理最大 LAI 过小,仅为 5.74,是高产处理 (N_3H_1) 的 74.93%,且持续时间短,产量低。N_1H_1 处理最大 LAI 过大,为 8.33,是高产处理 (N_3H_1) 的 108.7%,后期 LAI 下降速度快,产量亦低。由表 1 还可知,抽穗期群体叶面积相近的群体,由于拔节前后叶面积增长速率不同,最终产量也不同。如广陵香粳 N_3H_1 处理和 N_3H_2 处理抽穗期 LAI 分别为 7.66 和 7.69,基本相同,但 N_3H_1 处理 $N-n$ 至拔节期叶面积生长速率为 0.08 LAI/d,拔节至抽穗期叶面积生长速率为 0.15 LAI/d,叶面积生长速率拔节后大于拔节前,而 N_3H_2 处理 $N-n$ 至拔节期叶面积生长速率为 0.14 LAI/d,拔节至抽穗期叶面积生长速率为 0.13 LAI/d,叶面积生长速率拔节后小于拔节前。最终 N_3H_1 处理获得 730.89 kg/亩的高产,而 N_3H_2 处理产量只有 634.79 kg/亩。

表 1 不同产量群体的叶面积指数动态

品种	处理	LAI					LAI/d				产量/(kg·亩$^{-1}$)
		返青	$N-n$	拔节	抽穗	成熟	返青至$N-n$	$N-n$至拔节	拔节至抽穗	抽穗至成熟	
广陵香粳	N_1H_1	0.40	2.84	3.44	8.33	0.68	0.08	0.08	0.10	-0.11	576.03
	N_1H_2	0.32	1.36	3.59	5.74	0.62	0.06	0.12	0.08	-0.10	557.60
	N_2H_1	0.42	1.81	4.31	6.59	2.10	0.08	0.12	0.09	-0.09	653.60
	N_2H_2	0.35	1.38	4.00	5.71	1.57	0.06	0.14	0.06	-0.10	593.23
	N_3H_1	0.42	2.01	3.69	7.66	2.79	0.09	0.08	0.15	-0.10	730.89
	N_3H_2	0.39	1.57	4.37	7.79	1.41	0.07	0.14	0.13	-0.13	634.79
汕优63	N_4H_3	0.38	1.63	4.01	6.35	0.68	0.07	0.14	0.12	-0.15	597.10
	N_4H_4	0.38	2.12	5.00	8.10	1.00	0.17	0.14	0.15	-0.17	636.30
	N_5H_3	0.64	2.04	4.70	6.35	0.69	0.08	0.16	0.08	-0.15	598.37
	N_5H_4	0.33	1.97	4.04	7.15	1.52	0.10	0.14	0.16	-0.15	697.59
	N_6H_3	0.54	2.60	5.69	7.75	1.05	0.12	0.18	0.10	-0.18	649.24
	N_6H_4	0.34	1.98	4.33	7.65	1.85	0.10	0.14	0.17	-0.15	732.40

相关分析表明,水稻群体抽穗期 LAI 与产量呈抛物线关系,相关达到极显著水平,其方程为：$y_{香粳}=-1198.1+493.32x-32.209x^2$ ($r=0.780^{**}$, $x_{opt}=7.66$), $y_{汕优}=-2301.4+743.85x-47.748x^2$ ($r=0.866^{**}$, $x_{opt}=7.69$)。这说明,高产群体存在着一个适宜叶面积指数的问题。在本试验条件下,抽穗

期最适宜叶面积指数广陵香粳和汕优63分别为7.66和7.69。这与高产田块相一致。

进一步相关分析表明，$N-n$至拔节期叶面积生长速率与抽穗LAI关系不密切，广陵香粳和汕优63的相关系数分别为0.374、0.256。拔节～抽穗期叶面积生长速率与抽穗期叶面积指数是极显著正相关关系，广陵香粳和汕优63的相关系数分别为0.922**和0.751**。这说明，拔节前叶面积生长速率快慢对抽穗期的LAI影响不大，是抽穗期获得LAI最大适宜值的前提。

2.2 拔节期茎蘖结构对叶面积组成的影响

由表2可知，拔节期总LAI由于不同叶龄茎蘖的LAI不同而有差异。如N_3H_1处理拔节期LAI为3.69，其2叶及其以下蘖LAI占拔节期总叶面积比例为4.10%，4叶及其以上蘖LAI占拔节期总叶面积92.55%；而N_2H_1处理，其2叶及其以下蘖LAI占总叶面积的2.11%，4叶及其以上LAI为4.22，占97.89%，4叶及其以上蘖LAI过大而导致拔节期LAI偏大。

相关分析表明，拔节期3叶及其以下茎蘖叶面积占总叶面积的比例与拔节期叶面积呈显著或极显著负相关（相关系数广陵香粳为-0.631*，汕优63为-0.699**）。拔节期4叶及其以上茎蘖叶面积占总叶面积的比例与总叶面积呈显著正相关（广陵香粳和汕优63相关系数分别为0.612*和0.625*）。由此可见，拔节期群体中3叶及其以下小蘖叶面积比例少，4叶及其以上大蘖叶面积比例大，群体叶面积大。这说明，在本试验条件下，控制拔节期LAI，首先应控制大分蘖的叶面积比例（4叶及其以上比例为92.55%左右），在生产上采取必要措施防止分蘖数过多，特别是大分蘖的数量过多。

2.3 拔节期茎蘖组成对拔节期和抽穗期LAI的影响

由图1可知，拔节期茎蘖数与拔节期LAI呈一元二次方程抛物线关系，广陵香粳达显著水平。这表明，拔节期茎蘖数越多则个体越小，拔节期LAI也不会太大；茎蘖数过少，虽然个体大LAI也不会达到最大值，只有拔节期茎蘖数适宜时拔节期LAI达最大适宜值。拔节期茎蘖数相同，拔节期LAI也不一定相同。由图1还可知，拔节期4叶及其以上茎蘖数与拔节期LAI呈正相关关系，广陵香粳和汕优63均达极显著水平，相关系数分别为0.669**和0.730**。综上所述，拔节期LAI主要决定于4叶及其以上茎蘖数的多少，4叶及其以上茎蘖数越多拔节期LAI越大。

表2 不同产量群体拔节期叶面积组成

品种	处理	LAI	不同叶龄茎蘖叶面积组成(LAI)			不同叶龄茎蘖叶面积组成/%			实产/(kg·亩$^{-1}$)
			2叶以下	3叶以下	4叶以上	2叶以下	3叶以下	4叶以上	
广陵香粳	N_1H_1	3.44	0.02	0.12	3.32	0.66	3.72	96.28	576.03
	N_1H_2	3.59	0.14	0.16	3.29	3.90	4.45	91.64	557.60
	N_2H_1	4.31	0.09	0.09	4.22	2.11	2.11	97.89	653.60
	N_2H_2	4.00	0.03	0.15	3.85	0.69	3.79	96.21	593.23
	N_3H_1	3.69	0.15	0.28	3.42	4.10	7.45	92.55	730.89
	N_3H_2	4.37	0.06	0.06	4.31	1.38	1.38	98.62	634.79
汕优63	N_4H_3	4.01	0.09	0.43	3.58	2.35	10.71	89.29	597.10
	N_4H_4	5.00	0.16	0.29	4.71	3.20	5.77	94.23	636.30
	N_5H_3	4.70	0.05	0.28	4.42	1.01	5.90	94.10	598.37
	N_5H_4	4.04	0.10	0.37	3.67	2.38	9.25	90.75	697.59
	N_6H_3	5.69	0.10	0.31	5.38	1.73	5.41	94.59	649.24
	N_6H_4	4.33	0.09	0.29	4.04	2.08	6.66	93.34	732.40

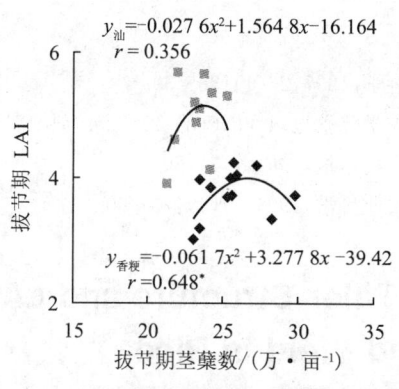
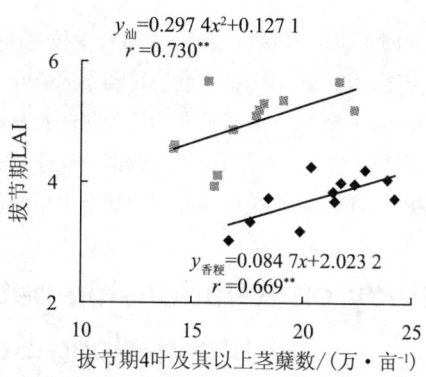

图1 拔节期茎蘖数和4叶及其以上茎蘖数与拔节期LAI的关系

抽穗期LAI与拔节期茎蘖数及其叶面积大小密切相关,由图2可知,拔节期茎蘖数与抽穗期LAI呈抛物线关系,广陵香粳达到显著水平,相关系数是0.557^*,汕优63接近显著水平。这表明两品种拔节期茎蘖数适宜时,抽穗期才能获得最大适宜LAI。

3 小结与讨论

3.1 关于高产群体合理叶面积动态指标

关于水稻叶面积动态特别是高产群体叶面积动态指标的研究较少[6~7]。本试验研究结果表明,高产群体(700 kg/亩左右)合理的叶面积动态指标为:$N-n$期LAI

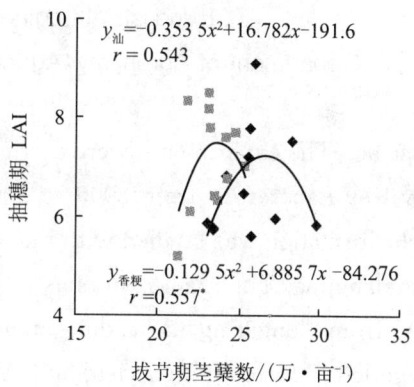

图2 拔节期茎蘖数与抽穗期LAI的关系

1.8~2.2,拔节期LAI 3.9~4.2,抽穗期叶面积指数是7.5~7.7。叶面积生长速率:返青至$N-n$期为0.09~0.10 LAI/d,$N-n$至拔节期为0.09~0.15 LAI/d,拔节至抽穗期叶面积生长速率为0.15~0.17 LAI/d。品种间因源库类型不同而有差异,源限制型(广陵香粳)各期LAI为适宜范围的下限,库限制型(汕优63)为适宜范围的上限。

3.2 关于拔节期茎蘖结构及比例对抽穗期LAI调控

水稻高产群体抽穗前后必须有一个适宜的LAI,而抽穗期适宜的叶面积要通过生育前期合理的叶面积动态来实现。水稻群体叶面积指数的演化是与群体茎蘖消长动态相伴而行的。生育前期主要是由茎蘖数的多少及其组成结构决定,而拔节后主要受制于茎生叶生长快慢和叶片大小。叶面积的变化与茎蘖数的变化密切相关,两者相互影响,相互制约。在群体叶面积和茎蘖数均较低的条件下,叶面积的增大可为分蘖增大提供更多的光合营养,促进分蘖的增长,分蘖的增长反过来增大叶面积指数,两者相互促进。当叶面积增长到一定程度时,叶、蘖矛盾加剧,叶面积指数愈高,对分蘖的隐蔽作用愈大,分蘖的消亡率也愈高,同时叶面积指数迅速下降。而对群体来说,大小个体的比例也会影响水稻群体叶面积的大小及其生产力。因此,可以通过控制或促进茎蘖数量、结构比例、个体大小来调控最大LAI,可获得较理想的产量。

参考文献

[1] 凌启鸿.作物群体质量.上海:上海科学技术出版社,2000.
[2] 薛贞德,宋云英.对水稻茎蘖消长动态的研究.安徽农业科学,1997,26(1):38-39.
[3] 苏祖芳,王余龙.水稻拔节期穗数预测法及其应用.江苏农学院学报,1985,6(3):21-25.
[4] 王天铎.密植田中水稻、小麦蘖数消长规律的分析.实验生物学报,1961,7(3):207-226.
[5] 苏祖芳,郭宏文.水稻群体叶面积动态类型的研究.中国农业科学,1994,27(4):23-30.

Study on Relationship between Tiller Structure and LAI at Elongationg Stage and Yield in Rice

ZHANG Lin-qing[1], SU Zu-fang[2], ZHANG Ya-jie[2], YANG Yi-hua[2], ZHU Xiao-yan[2]

(1. Industrial Engineering College of Huaiying, Huaian 213000;
2. Department of Agronomy, Agricultural College, Yangzhou University, Yangzhou 225009)

Abstract: The experiments were carried out in experimental field of Crop Cultivation and Physiology Key Laboratory from 2000 to 2001. The relationship between tiller structure and LAI and yield formation was studied with mid-season rice *indica*, cv. shangyou 63 and *japonica*, cv. Guanglinxiangjing. The main resuits as follows: Appropriate LAI at heading stage and growth rate of LAI from elongating to heading stage was higher than that of from $N-n$ stage to elongating stage led to forming high-yielding LAI dynamic type. Appropriate number and structure of stems and tillers at $N-n$ and elongating stage had close relationship with LAI of $N-n$, elongating and heading stage.

Key words: rice; structure of tillers and stems; appropriate of LAI; yield

水稻群体茎蘖动态与成穗率和产量形成关系的研究*

摘 要：以中粳稻盐粳4号为材料,通过不同肥水运筹等处理,研究了群体茎蘖动态类型与产量的关系,结果表明：① 根据水稻主要生育期的茎蘖数的消长动态变化、生长速率及其成穗率大小,可以将茎蘖动态分成4种类型,4型是合理的茎蘖动态类型。② 合理的群体茎蘖动态,拔节期干物质重量高,拔节到抽穗期干物质重量适宜和茎蘖重量高是抽穗后群体干物质生产力高的基础。

关键词：水稻；群体茎蘖动态；产量

高质量的水稻群体应有较高的成穗率,而成穗率高低是前中期群体结构发展的结果[1,6]。因此,水稻前中期群体结构的数量和个体质量及其动态变化左右着成穗率的高低,目前生产上在有效分蘖临界叶龄期群体茎蘖苗仍普遍偏多,高峰苗数过多控制困难,导致成穗率不高。以往关于群体的研究很多[2,4],但在前中期群体茎蘖动态与成穗率和干物质产量关系等方面的研究极少。因此,研究拔节期前后的群体茎蘖生长动态及其影响因素对培育高成穗率高产群体具有重要的理论和实践意义。本试验旨在适宜穗数范围内,造成有效分蘖临界叶龄期茎蘖数多、较多和适宜的群体的茎蘖动态,研究高成穗率群体形成机制,充实群体质量理论,为水稻高产和更高产提供理论和实践依据。

1 材料与方法

试验于1993—1994年在江苏农学院试验农场大田进行。小麦茬,砂壤土。供试品种为中粳稻盐粳4号。

1.1 试验设计

在基本苗相同的条件下,采用不同时期搁田和相同的总施氮量,不同的基蘖肥与穗粒肥配比二因素处理,以使穗数变幅较小,在适宜的穗数范围内,造成群体不同茎蘖动态和成穗率,裂区设计,重复3次,小区面积4 m×3 m,以搁田为主区,设置 A_1(群体茎蘖数达70%左右时开始搁田)、A_2(80%)、A_3(90%)、A_4(100%CK)4个处理,以基蘖肥与穗粒肥配比为裂区,设置 B_1(基蘖肥与穗粒肥用量之比为4∶6)、B_2(5∶5)、B_3(6∶4)3个处理,搁田前开好深沟,塑料薄膜包埂,适期播种(5月8日),移栽时秧龄为6.5叶,株行距10 cm×26.4 cm,1亩总施纯氮量12.5 kg。

---

* 本文原载《江苏农学院学报》,1996,18(1):36-40;作者:苏祖芳,张娟,王辉斌,杜水林,张亚洁。

1.2 测定项目与方法

测定群体茎蘖动态：定点、定地和普查相结合。测定干物质动态：在拔节期、孕穗期、抽穗期、乳熟期、成熟期测定其植株的叶、茎、鞘、穗干重。抽穗期测定每穗颖花数。成熟期测定产量形成因素和实产。

2 结果与分析

2.1 群体茎蘖消长动态的模型与类型

水稻群体生长从基本苗到有效穗数之间有一个茎蘖消长过程[1,6]。作物普适生长函数(General Growth Function of Crop)是对 Logistic 方程的一个修正形式。王信理首先导出并讨论了其在作物干物质积累动态模拟中的应用[5]。姚克敏等也对方程作了推导，并用于籼型杂交稻分蘖生态类型和水稻群体叶面积动态类型的研究[4,10]。根据方程 $y=K/(l+e^{a+bx^2+cx^3})$ 的性质，应能很好地模拟水稻茎蘖动态的生长。对盐粳 4 号各处理拟合的结果、相关系数 R^2 都是在 0.97 以上，配合效果很好。因此，进一步导出了有关水稻主要生育期的群体茎蘖生长速率，结果(表 1、表 2)表明：不同处理从移栽后一个叶龄至高峰苗期茎蘖动态的生长速率 V_a，高峰苗至叶龄余数为 0 时的茎蘖动态的生长速率 V_b，移栽后一个叶龄至 $N-n$ 叶龄期的茎蘖动态生长速率 V_c，均不完全相同。根据有效分蘖临界叶龄期、高峰苗期出现早迟及其茎蘖苗数和主要生育期茎蘖的增长速率大小，将群体分为 4 种类型(表 1)。第 1 类型是前期群体茎蘖增长快，至 $N-n$ 叶龄期，群体茎蘖数已达到适宜穗数的 1.4 倍以上，到 $n-2$ 倒数叶龄前 3 个叶龄达到高峰苗期，茎蘖数为适宜穗数 1.5 倍以上。后期群体茎蘖数下降速率快，到抽穗期有大量无效分蘖，最终成穗率低，成穗率为 60%～65%，称为 1 型。第 2 类型是前期群体茎蘖数增长快，到 $N-n$ 叶龄期，茎蘖数达适宜穗数 1.2～1.3 倍，到 $n-2$ 倒数叶 1 龄期前 2 个叶龄达到高峰苗期，茎蘖数为适宜穗数的 1.4～1.5 倍，后期群体茎蘖数下降速率较快，到抽穗期有无效分蘖，最终成穗率较低，成穗率为 65%～70%，称为 2 型。这也是目前水稻大田生产上普遍存在的类型。第 3 类是前期茎蘖增长较适宜，到 $N-n$ 叶龄期，群体茎蘖数为适宜穗数的 1.1 倍，到 $N-2$ 倒数叶龄前 1 个叶龄，茎蘖数达适宜穗数的 1.3～1.4 倍，后期茎蘖数下降速率中等，到抽穗期有少量无效分蘖，最终成穗率在 75%～80%，称为 3 型，是目前水稻生产上小面积高产田块达到的类型。第 4 类型是前期群体茎蘖数增长适中，到 $N-n$ 叶龄期，群体茎蘖数达适宜穗数，到 $n-2$ 倒数叶龄期达到高峰苗，群体达适宜穗数 1.1～1.2 倍，后期茎蘖数下降速率较慢，最终成穗率高，成穗率在 80%～95%，称为 4 型。

表 1 划分 4 种群体茎蘖动态类型的标准值

类型	小区数	$N-n$ 期茎蘖数是适宜穗数的倍数	高峰苗期		V_a	V_b	V_c	成穗率/%
			叶龄	茎蘖苗数是适宜穗数的倍数				
1	6	>1.4	$n-2$ 倒数龄前 3 个叶龄	>1.4	大	负值大	大	60.0～70.0
2	8	1.2	$n-2$ 倒数龄前 2 个叶龄	1.4～1.5	大	负值大	大	70.1～75.0
3	16	1.1	$n-2$ 倒数龄前 1 个叶龄	1.2～1.3	小	负值小	较小	75.1～80.0
4	6	1.0	$n-2$ 倒数叶龄	1.1～1.2	小	负值小	小	80.1～90.0

注：V_a 为移栽后一个叶龄至高峰苗期的茎蘖增长量与叶龄净增量之比；V_b 为高峰苗期至叶龄余数为 0 茎蘖增长量与叶龄净增量之比；V_c 为移栽后至够苗增长茎蘖量与叶龄净增量之比；N 指盐粳 4 号主茎总数 17；n 指盐粳 4 号伸长节间数 5。

表2 类型间主要生育期的茎蘖增长速率（V）

类型	成穗率变幅/%	茎蘖数/(万·亩$^{-1}$)				穗数/(万·亩$^{-1}$)	产量/(kg·亩$^{-1}$)	V_c	V_a	V_b
		栽后1叶龄期	N－n期	高峰苗期	叶龄余数					
1	64.95～66.72	12.77	40.77	42.0	32.51	28.51	533.76	5.72	5.63	－2.33
2	68.25～72.61	11.19	37.88	38.0	32.62	28.08	628.76	5.56	4.96	－1.52
3	75.15～80.00	14.58	30.99	36.92	31.39	27.36	667.09	3.26	2.54	－0.56
4	82.06～85.86	14.88	28.42	31.10	30.48	26.72	775.89	2.82	2.16	－0.24

2.2 群体茎蘖动态类型与成穗率的关系

相关分析表明,成穗率与有效分率临界叶龄期和高峰苗期茎蘖数均呈极显著的负相关,相关系数分别为 $r=-0.9914^{**}$ 和 -0.9580^{**}。相关分析还表明,群体成穗率与移栽活棵至有效分蘖临界叶龄期茎蘖生长速率、N－n 叶龄期至高峰苗期茎蘖生长速率、高峰苗期至叶龄余数为 0 期茎蘖生长速率的关系,分别呈极显著、显著和极显著负相关关系,相关系数 r 分别为 -0.9878^{**}、-0.6018^* 和 -0.9276^{**}。相关分析进一步表明,在活棵至有效分蘖临界叶龄期(N－n)、N－n 叶龄期至高峰苗期、高峰苗期至叶龄余数为 0 期群体茎蘖生长速率与单茎茎鞘重均呈极显著、显著、极显著负相关关系,相关系数分别为 $r_c=-0.9437^{**}$、$r_a=-0.5795^*$、$r_b=-0.8537^{**}$。这充分说明,在适宜的基本苗条件下,控制分蘖生长速率,使 N－n 叶龄期达到预期穗数苗数后,还必须控制茎蘖生长速率,从而降低拔节期高峰数,而后降低茎蘖消亡速度,就能提高单茎茎鞘重和成穗率,使穗数达到适宜的范围,这是高成穗率高产群体的生长基础。

2.3 群体茎蘖动态类型与干物质生产的关系

2.3.1 与拔节期前后干物质生产与分配的关系

不同群体拔节期的干物质重、茎鞘重、鞘叶比与成穗率均呈极显著的正相关关系,相关系数 r 分别为 0.9355^{**}、0.9389^{**} 和 0.8787^{**}。而拔节期的叶重与成穗率是显著的正相关关系,相关系数 r 为 0.6780^*,说明高成穗率群体,随着拔节期干物质积累的增加,特别是茎鞘重和鞘叶比皆提高,有利于个体有效生长量的增加,提高成穗率。而叶重对成穗率的提高影响较小。如表3的成穗率 85.86% 的群体拔节期的干重为 7 537.50 kg/hm^2,茎鞘重为 1 491.15 kg/hm^2,茎(鞘)/叶为 1.46,叶重为 1 024.40 kg/hm^2,比成穗率为 64.95% 的群体分别提高了 38.43%、48.08%、29.45%、25.22%。叶重的提高相对较小。

表3 类型与拔节至抽穗期干物质生产和分配的关系

类型	小区数	成穗率/%	干物量/(kg·亩$^{-1}$)									
			拔节期				抽穗期				拔节至抽穗期		
			总干重	茎鞘重	叶重	鞘叶比	总干重	茎鞘重	鞘叶比	叶重	总干重	茎鞘重
1	4	64.95	309.84	157.81	153.21	1.03	900.1	260.78	1.13	230.78	590.26	102.97
	2	66.25	367.77	188.11	179.15	1.05	884.12	360.08	1.15	313.11	566.35	113.97
2	2	68.25	365.77	196.38	170.27	1.15	860.24	363.25	1.20	302.17	494.47	114.56
	2	68.75	378.09	198.06	180.05	1.10	870.38	378.17	1.23	307.46	492.26	139.59
	4	72.61	400.60	212.48	185.22	1.16	851.78	382.12	1.25	305.70	451.09	144.44

续 表

类型	小区数	成穗率/%	干物量/(kg·亩$^{-1}$)									
			拔节期				抽穗期			拔节至抽穗期		
			总干重	茎鞘重	叶重	鞘叶比	总干重	茎鞘重	鞘叶比	叶重	总干重	茎鞘重
3	6	75.15	455.11	256.19	205.27	1.22	692.31	373.16	1.26	296.16	237.20	158.49
	3	76.10	482.50	263.94	218.13	1.21	695.31	379.91	1.32	287.81	212.56	162.26
	5	78.33	480.30	267.34	212.17	1.26	732.37	394.87	1.52	259.78	252.07	166.87
	2	80.00	487.20	272.57	216.32	1.26	782.78	412.16	1.68	245.33	295.58	172.69
4	2	82.06	486.70	287.23	200.86	1.43	778.32	43.67	1.81	238.49	291.62	180.11
	2	83.01	472.54	280.47	210.88	1.33	790.17	438.96	1.93	227.44	317.63	203.57
	2	85.86	502.50	298.23	204.88	1.45	803.26	450.66	2.18	206.72	300.76	200.15

同样,成穗率与拔节至抽穗期的干物质重呈抛物线关系,其方程式 $y=59.3546+0.1364x-0.0002287x^2$, $R^2=0.7814^{**}$,达极显著水平。经计算得到盐粳 4 号拔节至抽穗期的最适干物质重为 4 486.20 kg/hm^2,此时成穗率 85.81%。干物质积累过高过低,成穗率都不会高。如表 3 干物质为 8 853.90 kg/hm^2,成穗率为 64.95%;拔节至抽穗期茎鞘积累量与成穗率呈极显著的正相关关系,相关系数 $r=0.9700^{**}$。说明随着茎鞘积累的增加成穗率不断提高。因此拔节前后的群体干物质量、茎鞘叶比,可反映拔节至抽穗期、抽穗后高质量群体的形态生理指标。

2.3.2 抽穗期干物质生产与分配的关系

从不同茎蘖动态类型的成穗率看出:抽穗期的干物质积累与成穗率呈抛物线关系,用方程 $y=-600.53031+1.7750x-0.01154x^2$, $R^2=0.8748^{**}$。经计算,本试验条件下,盐粳 4 号抽穗期最适干物质重量为 11 940.9 kg/hm^2,此时,干物质积累过大过小,成穗率都不会很高。这是因为抽穗期群体过大,也就是干物质积累过多,无效分蘖增多,成穗率降低,如表 4 的干物质重量为 900.10 kg/亩时,成穗率为 64.95%,而干物质重为 803.26 kg/亩时,成穗率为 85.86%。

表 4 群体茎蘖动态类型与抽穗前后干物质生产的关系

类型	小区数	成穗率/%	干物质生产量/(kg·亩$^{-1}$)			产量/(kg·亩$^{-1}$)	经济系数	抽穗至成熟物质生产占产量的百分比/%
			抽穗期	成熟期	抽穗至成熟			
1	4	64.95	900.1	1 246.98	346.88	581.99	0.47	59.60
	2	66.25	884.12	1 166.52	382.40	605.67	0.47	63.14
2	2	68.25	860.24	1 180.31	420.07	672.94	0.49	66.90
	2	68.75	870.38	1 215.32	444.94	623.00	0.47	71.42
	4	72.61	851.78	1 218.54	466.67	635.15	0.48	73.47
3	6	75.15	692.31	1 084.58	492.27	634.26	0.54	77.61
	3	76.10	695.31	1 109.38	514.07	656.28	0.55	78.33
	5	78.33	732.37	1 168.98	536.61	661.78	0.52	81.09
	2	80.00	782.78	1 233.94	555.16	675.98	0.50	81.53
4	2	82.06	778.32	1 335.45	557.13	703.76	0.52	79.16
	2	83.01	790.17	1 367.25	577.08	721.42	0.53	79.99
	2	85.86	803.26	1 430.11	627.25	775.8	0.55	80.84

从不同茎蘖动态形成的群体成穗率与抽穗期茎鞘重、叶重的关系看出,成穗率与抽穗期茎鞘

重呈极显著的正相关关系,相关系数为 $r=0.8632**$,而与抽穗期叶重相关不密切,相关系数为 $r=0.5253$ 。说明合理的茎蘖动态类型,有利于抽穗期形成适宜的干物质积累总量和较高的茎鞘重。

而群体成穗率与成熟期及抽穗至成熟期干物质积累的关系,呈显著和极显著正相关关系,相关系数分别为 $r=0.5795*$ 和 $r=0.9888**$ 。在适宜穗数范围内,群体成穗率与产量、经济系数均呈极显著的正相关,相关系数 r 分别为 $0.9413**$ 、$0.7918**$ 。这充分说明群体的茎蘖动态合理,形成的群体干物质生产更能经济化、有效化。这是 4 型高成穗率群体高产的本质所在。

表 4 还表明,4 型和 2 型两群体穗数相近,而成穗率前者为 82.06%～85.86%,后者为 62.76%～72.61%,前者较后者高 10.04% 左右,抽穗至成熟期干物质积累量、产量、经济系数分别高出 18.10%、10.80% 和 8.33% 左右。可见合理的茎蘖动态,成穗率高,结实期的干物质生产力就增强。

3 小结与讨论

3.1 关于拔节至抽穗期群体生长量是形成高产群体的生理基础

关于水稻群体质量后期研究较多[1,6],对中期的研究尚属少见。水稻产量形成是一个连续过程,又有一个明显的阶段性[3],形成抽穗期群体的合理数量和高质量的个体,这是前中期群体合理发展的结果。水稻拔节期是稻体的营养生长和生殖生长同时并进的时期,是各部器官间生长与外界环境条件,群体与个体之间矛盾日趋激化的时期[3],所以拔节前后的干物质积累与分配比例是反映形成抽穗期群体质量优劣的诊断指标,前人用茎(鞘)叶比反映拔节期群体生长状况和经济系数的高低[9]。本试验结果表明,拔节前后适宜的干物质积累和合理配比是形成抽穗期群体质量高和适宜干物质生产量的基础和必要条件,是反映抽穗后高质量群体形态的生理指标,也是抽穗至成熟期高光合力形成的本质所在。

3.2 关于建立合理的群体茎蘖动态与栽培途径

试验结果表明,起点基本茎蘖苗数相同的条件下,有效分蘖临界叶龄期和高峰苗期的茎蘖苗数,主要决定于移栽至有效分蘖临界叶龄期 $N-n$ 的增长速率的快慢,其次是 $N-n$ 到倒 $n-2$(即拔节叶龄期)的群体茎蘖速率。因此控制倒 $n-2$ 叶龄之前的生长量特别是控制 $N-n$ 的茎蘖生长量,降低高峰苗,形成合理的茎蘖动态(4 型)。因此在栽培上必须在壮秧、栽插适宜基本苗数的基础上,适当降低基蘖肥的用量,减缓前期茎蘖生长速率,在有效分蘖临界叶龄期 $N-n$ 达到够苗数后,适当提早搁田,抑制分蘖增长速率,有利于建立群体合理的茎蘖动态,而后增加穗粒肥用量,才能改善中后期群体质量。个体健壮,单茎茎鞘重高,提高成穗率有利于抽穗后提高净光合生产率,获取高产。

参考文献

[1] 凌启鸿,张洪程,蔡建中,等.水稻高产群体质量及其优化控制探讨.中国农业科学,1990,(2):51-60.
[2] 王水锐.作物高产群体生理.北京:科学技术文献出版社,1991:55-89.
[3] 松岛省三著;庞诚译.稻作理论和技术.北京:农业出版社,1979:39-48.
[4] 姚克敏.我国籼型杂交稻分蘖的生态类型及其利用.南京气象学院学报,1988,11(4):443-445.
[5] 王信理.在作物干物质积累的动态模拟中如何应用 Logistice 方程.农业气象,1986,(1):14-19.
[6] 凌启鸿,苏祖芳,张海泉.水稻成穗率与群体质量的关系及影响因素研究.作物学报,1995(4):463-469.

[7] 苏祖芳,李永丰,郭宏文,等.水稻单茎茎鞘重与产量形成关系及其高产栽培途径的探讨.江苏农学院学报,1993,14(1):1-10.

[8] 颜振德.杂交水稻高产群体干物质生产与分配的研究.作物学报,1981(1):11-18.

[9] 殷宏章.水稻的器官相对生长量与经济产量——中期鞘叶比重与后期穗重的关系.作物学报,1964,10(1):57-61.

[10] 苏祖芳,郭宏文,李永丰,等.水稻群体叶面积动态与产量关系的研究.中国农业科学,1994(4):23-30.

Study on Relationship of Tiller Development of Rice Population with the Effective Ear Percentage and Rice Formulation

SU Zu-fang, ZHANG Juan, WANG Hui-bin, DU Yong-lin, ZHANG Ya-jie

(Department of Agronomy Jiangsu Agriculture College, Yangzhou 225009)

Abstract: In this investigation, the Yanjing 4, as experimental material was treated with the same level of N-fertilizer but different ration of base-tillering fertilizer and ear-grain fertilizer in order to study the development model of tiller of population and the relativity of effective tiller percentage and yield. The results are as follows: According to rice tillers of main growth period, the development in tiller and effective tiller percentage, the development model of tiller may identify 4 types. IV is reasonable. The effective tiller percentage of the rational model of tiller is high. The dry matter is high at elongation too, but is appropriate from the elongation to heading stage, especially a high stem and sheath's, accumulation. This is a material base of population's dry natter after heading stage. It has a heavy stem (sheath) at the elongation and heading stage and has more spikelets.

Key words: rice; population+kinetic state; yield

高产水稻生育前期株型指标的研究

摘　要：试验于1999—2000年在扬州大学农学院试验场进行。以两个代表性品种（组合）为材料。采用不同的栽培措施，研究高产水稻生育前期的株型指标及其与产量的关系，结果表明：有效分蘖期（$N-n$期）植株叶片松散度适宜，顶部三叶松散度之和7.7～7.8度，叶鞘载叶量较小，拔节期汕优63叶片松散度宜小，顶部3叶松散度之和7.7度左右，叶鞘载叶量0.36～0.38 cm^2/mg；武运粳8号叶片松散度宜大，顶部3叶松散度之和6.0度左右，叶鞘载叶量在0.27～0.34 cm^2/mg。

关键词：水稻；生育前期；株型指标；叶片松散度；叶鞘载叶量

关于水稻株型的研究，以往侧重于水稻生育后期各器官形态及生理特性上，而对水稻生育前期的株型特征研究甚少[1,5]。水稻的一生是一个具有明显阶段性的连续过程，每一阶段都应有其最佳的群体生长的空间构型。抽穗期及抽穗后合理的群体数量和良好的个体株型是前期个体株型和群体协调发展的结果。水稻生育前期是决定穗数的重要时期，此时茎蘖的构成和株型的优劣不仅对穗数、成穗率，而且对穗粒数都有较大的影响。因此，研究生育前期的株型甚为必要，可为水稻高产株型栽培提供理论和实践依据。

1　材料与方法

试验于1999—2000年在扬州大学农学院试验场进行。小麦茬，砂壤土，土壤肥力中等。供试品种为杂交中籼稻汕优63和中粳稻武运粳8号。

1.1　试验设计

采用肥料和密度二因素试验，裂区设计。每品种设施纯氮180 kg/hm^2（N_1）、225 kg/hm^2（N_2）2个处理，基蘖肥和穗粒肥配比为5∶5。基本苗分别为27万/hm^2（M_1）、30万/hm^2（M_2）、33万/hm^2（M_3）、36万/hm^2（M_4），每品种设4种密度处理，汕优63行距30 cm，株距13 cm，每穴1苗，武运粳8号行距30 cm，株距13 cm，每穴2苗。小区面积16.5 m^2，重复3次，每小区筑小埂，塑料薄膜设埋包覆，单灌单排。

1.2　测定项目与方法

（1）茎蘖动态：每小区两点，每点10穴，每周定期考查一次，各主要生育期普查。

（2）叶面积指数和干物质重：于$N-n$期和拔节期每小区选取有代表性的样本5穴，采用CI-

---

* 本文原载《作物学报》，2002,28(5):660-664；作者：苏祖芳、孙成明、张亚洁、沙爱红、张林青。

203型激光叶面积仪测定叶面积,干物质是将植株按叶位分叶片和叶鞘烘干后称量的数值。

（3）叶片的长、宽、叶片松散度：于$N-n$期、拔节期每小区选取有代表性的样本5穴,用CI-203型激光叶面积仪测定顶部第2、3、4张叶片的长、宽和叶片松散度[Sin(叶基角/180)×叶片长度][6]。

（4）成熟期考种计产：每小区割方测产,并选取100穴用于测定产量结构。

2 结果与分析

2.1 生育前期的茎蘖数与穗数、穗粒数及成穗率的关系

穗数是最重要的产量构成因素。穗数不仅对产量的直接贡献大,而且穗数的变化直接调节其他产量构成因素。$N-n$期（N为主茎总叶片数,n为伸长节间数）的茎蘖数与穗数、每穗粒数之间关系密切,随着$N-n$期茎蘖数的增加,单位面积的穗数增加而穗粒数逐渐减少。统计分析表明,$N-n$期和拔节期的茎蘖数与穗数之间呈极显著和显著的线性正相关,$r_{汕}$分别为0.9247**和0.7863*,$r_{武}$分别为0.9535**和0.7960*,$N-n$期和拔节期茎蘖数与穗粒数间存在极显著的线性负相关,$r_{汕}$为-0.9116**,$r_{武}$为-0.9219**。因此,$N-n$期取得最佳茎蘖数是协调两者关系的基础。

在获得适宜穗数的前提下,提高单茎蘖干重是形成高成穗率、高产群体的关键（表1）。相关分析表明,成穗率高低与拔节期茎蘖数关系密切,拔节期的茎蘖数与成穗率呈线性负相关$r_{汕}$0.9709**,$r_{武}$0.9000**,而拔节期的茎蘖数受$N-n$期的茎蘖数影响。由表1、图1看出,$N-n$期的茎蘖数与单茎蘖干重及成穗率之间呈开口向下的抛物线关系,$N-n$期的茎蘖数过低过高时单茎蘖干重及成穗率均较低,只有茎蘖数适宜时,单茎蘖干重及成穗率最高。因此,高产群体$N-n$期的茎蘖数应控制在一个适宜的较高水平上,才能使拔节期的茎蘖数达到一个最佳值,既能稳定穗数,又能提高成穗率和穗粒数,从而获得高产。

表1 不同群体的产量和产量结构

品种	产量/(kg·hm⁻²)	茎蘖数/(10^4·hm⁻²) $N-n$期	拔节期	穗数/(10^4·hm⁻²)	成穗率（%）	每穗粒数	结实率/%	千粒重/g
汕优63	8 709.71c	331.50	433.95	269.97	62.21	165.37	70.1	27.83
	10 922.49a	335.10	363.00	255.10	75.79	191.36	76.6	29.21
	9 732.22 b	305.05	360.90	262.25	67.12	185.47	70.0	28.58
武运粳8号	9 732.22b	321.30	414.15	241.65	61.97	142.12	76.1	28.58
	8 786.71b	332.10	391.95	269.75	71.37	141.45	81.0	28.43
	9 382.89a	344.55	388.80	278.34	76.22	134.58	85.9	29.16

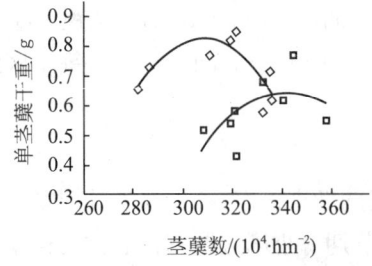 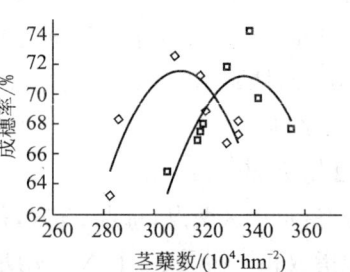

◇汕优63 □武运粳8号

图1 $N-n$期茎蘖数与单茎蘖干重及成穗率的关系

2.2 叶片松散度

叶片松散度是用叶开角的正弦值（弧度）乘以叶片的长度，反映了叶片在空间的伸展态势[6]。相关分析表明，$N-n$ 期顶 3 叶叶片松散度与单茎蘖干重，呈开口向下的抛物线关系，其中顶 2 叶相关性最高，顶 3 叶次之，顶 4 叶最低（两品种均达极显著水平）。顶 3 叶叶片松散度之和与单茎蘖干重也呈显著的抛物线关系。$r_{武}0.9568**$；$r_{汕}0.9593**$（图 2）。从顶 3 叶叶片松散度之和与单茎蘖干重的显著性看，两品种的相关系数 r 值分别高出顶 2、顶 3 和顶 4 叶各单叶的 r 值，说明在 $N-n$ 期顶部几张叶片空间态势的共同作用对单茎蘖干重的影响要高于单叶的影响作用。又说明在一定的范围之内，随着松散度的增大单茎蘖干重逐步增加，当汕优 63 顶 2 叶叶片松散度值为 1.8～1.9 度、顶 3 叶叶片松散度的值增加为 2.5～2.6 度、顶 4 叶叶片松散度的值为 3.5 度左右，顶部 3 叶之和为 7.7～7.8，单茎蘖干重最高，达 0.85 g；再随着松散度的增大，单茎蘖干重会逐步下降（表 2）。从图 2 还看出，$N-n$ 期武运粳 8 号松散度的值要明显低于汕优 63，这是由品种的自身特性决定的。

表 2　不同产量水平生育前期顶部叶片松散度

品种	产量 /(kg·hm^{-2})	$N-n$ 期叶片松散度					拔节期叶片松散度				
		单茎蘖干重/g	顶2叶	顶3叶	顶4叶	3叶之和	单茎蘖干重/g	顶2叶	顶3叶	顶4叶	3叶之和
汕优63	10 922.4	0.85	1.818	2.521	3.527	7.866	2.56	1.406	2.615	3.730	7.751
	9 732.2	0.72	1.370	2.423	3.258	7.051	2.27	1.491	2.629	3.683	7.803
	8 709.7	0.58	1.225	2.406	3.121	6.751	1.93	1.542	2.635	3.759	7.936
武运粳8号	9 382.9	0.76	0.944	1.300	1.489	3.733	1.96	1.770	1.938	2.270	5.978
	8 786.7	0.68	0.855	1.269	1.398	3.552	1.71	1.332	1.563	2.170	5.065
	7 239.5	0.43	0.796	1.143	1.220	3.159	1.66	1.272	1.534	2.095	4.901

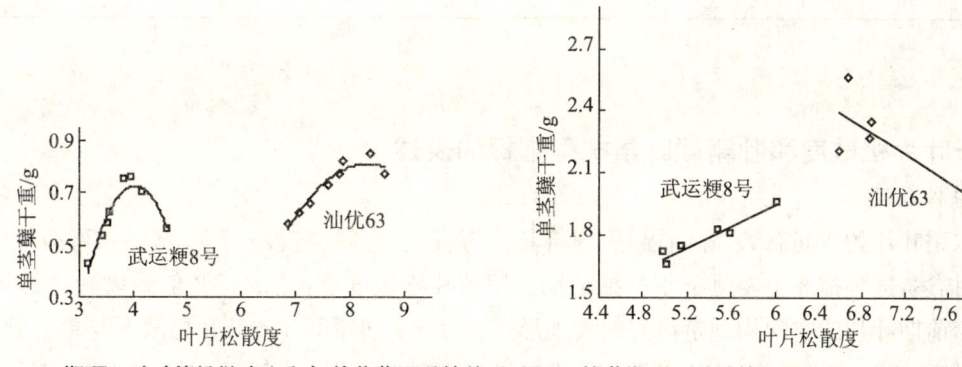

图 2　$N-n$ 期顶 3 叶叶片松散度之和与单茎蘖干重的关系　图 3　拔节期顶 3 叶叶片松散度之和与单茎蘖干重的关系

随着生育进程推进，在群体条件下，植株个体叶片松散度发生了变化。拔节期叶片松散度较有效分蘖叶龄期不同，汕优 63 顶 2 叶较有效分蘖期小，顶 3、顶 4 叶差不多，武运粳 8 号顶 2、顶 3、顶 4 叶均较有效分蘖期增加（表 2）。相关分析表明，拔节期叶片松散度与单茎蘖干重之间呈线性关系，但品种间趋势不一致，汕优 63 叶片松散度与单茎蘖干重之间呈线性负相关，其中顶 2 叶达显著水平，相关系数为 0.815 4*；武运粳 8 号叶片松散度与单茎蘖干重之间呈线性正相关，其中顶 2

叶和顶3叶均达到显著水平,相关系数分别为0.8632*和0.8303*,顶4叶也接近显著水平。从图3看出,顶3叶叶片松散度之和与单茎蘖干重的相关更为密切,汕优63呈显著的线性负相关,相关系数为-0.8403*,武运粳8号呈极显著的线性正相关,相关系数为0.9606**。说明叶片松散度,上部几张叶片空间态势的共同作用对单茎蘖干重的影响高于单叶的影响作用。因此,可用顶3叶叶片松散度之和作为生育前期株型的形态指标。

2.3 叶鞘载叶量

本文以叶鞘载叶量作为衡量叶鞘和叶片生长快慢的形态生理指标。从表3看出,高产群体各叶位的叶鞘干重较高,而叶鞘载叶量相对较小,相关分析表明,汕优63顶2、顶3、顶4叶叶片的叶鞘载叶量与单茎蘖干重之间呈线性负相关关系,达显著或极显著水平。从表3还看出,汕优63拔节期顶2、顶3、顶4叶的叶鞘载叶量在0.365~0.486,武运粳8号在0.275~0.397,均高于有效分蘖临界叶龄期的相应的值。说明$N-n$期、拔节期要促进叶鞘的生长,适当控制基部2、3叶的叶面积的发展,保持适宜的叶面积生长量和较小的叶鞘载叶量,提高光合生产力,才能促进叶鞘的干物质积累,有利于提高单茎干重,形成壮个体,为协调群体株型结构和后期高产打下良好基础。

表3 不同产量水平生育前期顶部叶片的叶鞘载叶量

品种	产量/(kg·hm^{-2})	$N-n$ 期				拔节期			
		单茎蘖干重/g	叶鞘载叶量/(cm^2·mg^{-1})			单茎蘖干重/g	叶鞘载叶量/(cm^2·mg^{-1})		
			顶2叶	顶3叶	顶4叶		顶2叶	顶3叶	顶4叶
汕优63	10 922.49	0.85	0.373	0.237	0.277	2.56	0.373	0.370	0.365
	9 732.22	0.72	0.437	0.288	0.279	2.27	0.437	0.431	0.407
	8 709.71	0.58	0.486	0.315	0.376	1.93	0.486	0.475	0.426
武运粳8号	9 382.89	0.76	0.338	0.243	0.245	1.96	0.338	0.302	0.275
	8 786.71	0.68	0.365	0.245	0.253	1.71	0.365	0.323	0.305
	7 239.46	0.43	0.397	0.252	0.258	1.66	0.397	0.358	0.304

3 讨论

3.1 关于叶片松散度和叶鞘载叶量株型指标的表述

3.1.1 叶片松散度

关于水稻叶片的空间态势,陈温福等[4,7]将其分为直立、直斜、直披、弯立、弯斜和弯披等(5类或6类)来描述,这种描述主要适于水稻抽穗期。用叶片松散度(叶角的正弦值乘以叶片的长度)来反映生育前期叶片的空间构型是最好的表现形式。$N-n$期顶部3叶叶片松散度与单茎蘖干重呈抛物线关系,有一个最适值,叶片松散度过大过小都不利于单茎蘖干重的增加。$N-n$期稻株叶片的伸展空间较大,在保持适宜整体生长量的前提下,适当增加叶片的松散度,使之趋向一个最佳值,增加截获光的能力,为后期生长创造条件,两品种间的趋势一致。随着茎蘖数的不断发展和叶片生长量的增加,叶片松散度发生了变化,拔节期叶片松散度对群体生长的影响因品种而有差异,籼稻品种由于叶片较长,茎蘖数显著增加,叶片松散度与单茎蘖干重呈负相关,由于此时其单叶所占的空间较前期明显减少,叶片松散度宜小,叶片长度适宜而趋向直立,能充分利用上部空间,截获光能,促进光合作用。粳稻品种叶片较短,整个群体生长量要小于籼稻,叶片松散度与单茎蘖干重呈正相关,叶片松散度增大有利于促进光合作用和干物质生产。

3.1.2 叶鞘载叶量

以往研究表明,水稻生长前期叶鞘生长量较快,叶片生长量较慢是生长良好的标志[6],但用叶片和叶鞘的综合性状研究的较少。叶鞘载叶量是用同一叶位的叶片面积除以叶鞘的干重所得(cm^2叶片/mg 叶鞘干重)。叶鞘载叶量是一个动态的概念,能全面衡量叶鞘和叶片生长快慢和是否协调的一个株型生理指标。叶鞘的干物质积累与叶面积的增长既有同步性又有时间性,不同时期的叶鞘载叶量是不同的。发现 $N-n$ 期上部 3 叶比较小的叶鞘载叶量有利于单茎蘖干重的提高,高产群体的叶鞘载叶量小,植株健壮,株型良好。$N-n$ 期叶鞘载叶量过大的群体,表明前期叶片生长过旺,产生弯披叶多,群体的透光率低,基部光照差,后期易倒伏。拔节期不同叶位的叶鞘载叶量较 $N-n$ 期均有所增加,其与单茎蘖干重之间也存在极显著或显著的线性负相关,即较小的叶鞘载叶量有利于高产。因此拔节期的叶面积指数应控制在一个适宜的水平上,以保证叶片和叶鞘的协调生长。

3.2 关于水稻生育前、中期株型指标相互关系及其意义

关于水稻株型的研究,以往多侧重于抽穗期各部分形态性状和生理特性,而对生育前期株型研究甚少[1~5,8~9]。水稻产量的形成是一个具有明显阶段性的连续过程。抽穗后合理的群体数量和良好的个体株型是前中期个体株型和群体协调发展的结果。$N-n$ 期是水稻生育进程中一个重要的时期,此时适宜的茎蘖数和良好的个体株型,对中后期的群体发展和穗数产生很大的影响。拔节期是水稻生育进程中的一个承前启后的关键时期,拔节期株型的好坏不仅影响到分蘖成穗率而且直接影响到抽穗后群体质量和个体株型的优劣。分蘖能否成穗及其穗重的高低决定于单茎蘖干物重基数大小,而单茎蘖干重与此期的株型密切相关,因此用叶片松散度、叶鞘载叶量等来反映水稻生育前期株型形态生理指标及其相互影响是可行的,对指导生产具有重要意义。

参考文献

[1] 陶大云.关于水稻理想株型品种的生产潜力及其相关特性研究.中国农业科学,1991,9(2):7-13.

[2] 周炳炎.水稻理想株型与超高产育种途径的探讨.湖北农学院学报,1995,15(1):52-60.

[3] 王晓梅,崔坤,郭树义,等.水稻株型对产量影响的研究.吉林农业科学,1996(1):54-56.

[4] 陈温福,徐正进,张龙步.水稻理想株型的研究.沈阳农学院学报,1989,20(4):417-420.

[5] 张洪程,严宏生,苏祖芳,等.水稻高效栽培株型的研究//稻研究新进展.南京:东南大学出版社,1991:99-105.

[6] 孙成明,苏祖芳,许乃霞,等.水稻有效分蘖叶龄期的株型特征及其与产量关系初探.江苏农业研究,2000,21(3):10-15.

[7] 莫惠栋.种稻原理与技术.南京:江苏人民出版社,1978.

[8] 杨守仁,陈温福,张龙步.水稻株型研究.中国农业科学,1988,2(3):129-135.

[9] IRRI.IRRI redesigns rice plant to yield more grain.IRRI Reporter,1994(4):1-2.

Study on Index of Plant Type in Early Stage of High Yield Rice

SU Zu-fang, SUN Cheng-ming, ZHANG Ya-jie, SHA Ei-hong, ZHANG Lin-Qing

(Department of Agronomy, Agricutural College, Yangzhou University, Yangzhou 225009)

Astract: The experiments were carried out in the experimental field of crop cultivation in Yangzhou University 1999～2000, and the relationship between indice of plant type in critical stage of effective tiller emergence, shooting stage, heading stage and yield was studied in population of different yield with mid-season rice hybrid, cv. Shanyou 63 and *japonica*, cv. Wuyunjing 8 as material. The results were as follows: Leaf angle and length of plant were large and leaf loose degree was moderate. The sum of loose degree in top 3 leaves of Shanyou 63 and Wuyunjing 8 was 7.7～7.9, espectively, jointing stage the leaf length was moderate. The leaf angle and loose degree of Shanyou 63 were smaller, and the sum of loose degree in top 3 leaves was 7.7 and the leaf area per leaf sheath weight was 0.36 to 0.38 cm^2/mg. The leaf loose degree of Wuyunjing 8 was large, and the sum of loose degree in top 3 leaves was about 6.0 and the leaf area per leaf sheath weight was 0.27 to 0.34 cm^2/mg.

Key words: rice; early stage; index of plant type; leaf loose degree; leaf area per sheath weight

水稻抽穗后株型指标与产量形成关系的研究

摘　要：以代表性品种中粳武运粳8号和杂交中稻汕优63为材料,研究高产水稻株型和籽产量形成的关系,结果表明,高产水稻的株型为:株高在适宜范围内的上限,穗下节间较长、基部第1、2节间粗短,穗下节间与秆长的比例32%～35%,茎生3叶叶角和弯曲度小,茎生5叶叶长配置合理;高产株型抽穗后的势粒比为45.0～49.0 cm^2/粒。此时,水稻植株节间茎鞘基础物质积累高,茎鞘输出物质多,而茎鞘输出相对比例小。

关键词：水稻；株型；势粒比；茎鞘物质运转；产量

随着产量提高,水稻株型研究越来越受到重视,以往研究都侧重于抽穗期[1~4],而对抽穗后株型变化的系统研究少。水稻最终产量高低决定于抽穗前的总库容量和抽穗后生产灌浆物质,在总库容量相当的情况下,产量的提高主要是提高抽穗后的灌浆物质的量[5~7],群体光合作用和抽穗前暂时贮藏物质是籽粒灌浆物质的主要来源。群体光合生产能力的强弱取决于株型的优劣。研究抽穗后株型与产量形成的关系,适当提高抽穗期LAI,增强中下部叶片受光量,增加抽穗后的灌浆物质,对夺取水稻高产具有指导意义。

1　材料与方法

试验于1999—2000年在扬州大学农学院试验田中进行。土壤肥力中等偏上。供试品种为水稻迟熟中粳武运粳8号和杂交中籼稻汕优63。

1.1　试验设计

设栽插密度和氮肥运筹两因素试验,氮肥用量,武运粳8号为247.5 kg/hm^2,汕优63为217.5 kg/hm^2,基肥与穗粒肥的配比为7∶3(N_1)、6∶4(N_2)、4∶6(N_3)。栽插行距,武运粳8号为23.3 cm(H_1)和29.9 cm(H_3);汕优63为26.6 cm(H_2)和33.3 cm(H_4);栽插株距,武运粳8号为10 cm,汕优63为11.6 cm。随机区组排列,小区面积为15 m^2,重复3次。每小区间筑小埂,塑料薄膜设埋包覆,单灌单排。5月12日播种,6月12日移栽,汕优63每穴1苗,武运粳8号每穴2苗,秧苗带蘖数、叶龄基本一致,田间管理同大田。

---

* 本文原载《中国农业科学》,2003,36(1):115-120;作者:苏祖芳,许乃霞,孙成明,张亚洁。

1.2 测定项目与方法

（1）茎蘖动态：定点定期与普查相结合，每小区两点，每点10穴，定期（7 d一次）调查茎蘖数，在$N-n$期（N为品种主茎总叶数，n为伸长节间数）、高峰苗期、抽穗期、成熟期进行普查100穴以上。

（2）茎秆特征：齐穗期每群体中取5穴，测定株高、各节间长、穗长等，同时测定茎鞘和叶干重，单茎穗上的颖花数及籽粒干重。

（3）叶片长、宽和叶面积指数的测定：于齐穗期和成熟期在每小区取5穴测定单茎茎生各叶片的长度、宽度和叶面积（用0.83系数矫正叶面积）。

（4）叶基角、叶开角和叶披垂角测定：齐穗期、乳熟期测定上部3叶的叶基角和叶开角，每群体5穴，叶基角为茎秆与叶片基部夹角，叶开角为披垂叶片叶尖到叶耳连线与茎秆的夹角，弯曲度为叶开角与叶基角之差。

（5）产量：成熟期考种割方计实产并测定产量结构。

2 结果与分析

2.1 产量及产量构成

从表1看出，不同处理其产量不同，如武运粳8号N_3H_3处理理论产量最高，达10 758.6 kg/hm²，比N_3H_1、N_2H_1、N_1H_1处理分别增产636.55、1 774.65和2 630.55 kg/hm²，增长6.10％、16.49％和24.45％。经显著性测验产量差异处理间呈显著水平。产量构成因素显著性测验，总粒数（总库容）差异处理间两品种均不显著，结实率和千粒重处理间均呈显著水平，可以看出，产量是由结实率与千粒重的高低决定的。在抽穗期总库容量较高的条件下，调控株型增强光合源，以提高结实率和千粒重是高产更高产的途径。

表1 不同群体的产量和产量结构

品种	处理	穗数/($10^4 \cdot hm^{-2}$)	每穗粒数	结实率/％	千粒重/g	总粒数/($10^4 \cdot hm^{-2}$)	单穗干重/g	理论产量/(kg·hm⁻²)	实产/(kg·hm⁻²)
武运粳8号	N_1H_1	350.25	132.7	71.73d	24.38e	46 478Ns	2.85	8 128.1e	7 984.5d
	N_2H_1	348.75	138.3	73.71dc	25.27c	48 267Ns	3.22	8 983.9d	8 419.1d
	N_3H_1	349.50	142.3	79.50ab	25.55a	49 734Ns	3.54	10 102.8b	10 073.4b
	N_1H_3	336.75	146.9	77.35bc	24.84d	49 475Ns	3.19	9 504.8c	9 308.4c
	N_2H_3	330.00	149.7	82.61ab	25.35d	49 275Ns	3.47	10 321.8b	10 034.7b
	N_3H_3	328.50	150.0	84.52a	25.54a	49 840Ns	3.55	10 758.6a	10 713.8a
汕优63	N_1H_2	281.40	146.7	69.26	27.11f	41 281Ns	3.00	7 751.1d	7 649.0d
	N_2H_2	276.00	156.98	72.76	27.56c	43 328Ns	3.36	8 679.0c	8 562.3c
	N_3H_2	273.45	159.16	74.62	27.78b	43 523Ns	3.46	9 022.1c	9 001.8c
	N_1H_4	265.50	163.82	73.42	27.4e	43 338Ns	3.27	8 718.3c	8 705.7c
	N_2H_4	262.50	167.35	80.40	27.51d	43 930Ns	3.55	9 716.6b	9 534.2b
	N_3H_4	255.00	174.85	87.00	27.83a	44 587Ns	3.74	10 795.4a	10 593.5a

注：数字后不同字母差异显著$\alpha=0.05$。

2.2 株高、秆长及节间长度配置

株高及其节间长度配置与高产关系密切。根据本试验资料进行相关分析，株高与产量呈显著正相关,相关系数 $r_武$ 0.557 7*,$r_汕$ 0.687 3*。穗下节间占秆长的比例与产量呈极显著的正相关关系,相关系数 $r_武$ 0.886 8**,$r_汕$ 0.953 0**。基部1、2节间长度占秆长比例与产量呈极显著负相关关系,相关系数 $r_武$ −0.960 6**,$r_汕$ −0.924 4**。在本试验范围内,株高高的植株,穗下节间所占秆长的比例越大,基部1、2两个节间长度所占秆长的比例越小,产量越高。表2表明,高产水稻(10 500 kg/hm²)的茎秆形态指标为:株高108 cm(武)左右、115 cm(汕)左右,基部第1、2节间相对较短,两者之和为10 cm(武)左右,杂交稻17 cm(汕)左右。秆长88 cm左右,穗下节间与秆长比:武运粳8号为31%~33%,汕优为33%~35%。

表2 不同群体的株高、秆长与节间配置 （单位:cm）

品种	处理	节间长*（由上至下）			穗长④	株高⑤	秆长⑥	占⑥比例/%
		Ⅰ①	Ⅴ②	Ⅳ③				
武运粳8号	N₁H₁	23.41	11.66	6.77	15.77	106.3	90.54	25.86
	N₂H₁	26.58	10.05	5.58	17.07	107.1	90.00	29.53
	N₃H₁	28.35	6.78	4.65	19.21	108.3	89.12	31.81
	N₁H₃	24.74	9.52	6.23	17.12	106.7	89.59	27.61
	N₂H₃	28.48	6.81	4.51	18.76	108.1	89.38	31.86
	N₃H₃	28.76	6.04	4.02	20.14	108.9	88.76	32.40
		Ⅰ①	Ⅳ②	Ⅴ③				
汕优63	N₁H₂	26.5	14.5	8.55	23.79	114.7	90.95	29.14
	N₂H₂	27.73	13.62	7.63	24.91	115.0	90.06	30.79
	N₃H₂	29.01	13.34	5.74	26.71	115.5	88.75	32.69
	N₁H₄	27.95	13.73	7.67	25.14	114.4	89.25	31.32
	N₂H₄	29.14	13.63	5.99	26.52	116.4	89.83	32.44
	N₃H₄	31.03	12.35	4.73	27.68	115.7	88.03	35.25

表3表明,武运粳8号叶面积指数在6.17~6.59范围内。抽穗期高产群体武运粳8号叶序为3、2、1、4、5或3、2、4、1、5,而汕优63的叶序为2、3、1、4、5或2=3、1、4、5。高产群体上部3叶叶开角和弯曲度较小。这样的株型株高相对较高,秆长相对较矮,穗下节间相对较长,叶层配置合理,上部叶较挺直,有利于扩大上部3叶叶面积,提高群体光合生产力。

表3 抽穗期茎生5叶叶面积及其姿态

品种	处理	叶开角/°			弯曲度/°			茎生叶叶序
		倒1叶	倒2叶	倒3叶	倒1叶	倒2叶	倒3叶	
武运粳8号	N₁H₁	18.01	21.53	23.96	2.71	3.43	4.76	5 4 3 2 1
	N₂H₁	15.34	18.85	21.2	1.84	2.63	3.67	4 3 5 2 1
	N₃H₁	11.52	15.27	16.94	0.92	1.77	2.14	3 2 4 1 5
	N₁H₃	13.95	17.35	18.69	1.65	2.75	3.09	3 = 4 2 1 5
	N₂H₃	12.15	14.95	17.12	1.45	2.45	2.82	3 2 4 1 5
	N₃H₃	10.48	12.95	15.27	0.66	1.65	2.17	3 2 1 4 5
汕优63	N₁H₂	22.94	25.97	29.28	6.44	7.27	7.78	4 5 3 2 1
	N₂H₂	21.65	24.08	27.29	5.85	6.28	6.99	3 2 4 1 = 5
	N₃H₂	19.5	23.05	25.91	4.59	5.65	5.41	3 2 1 4 5
	N₁H₄	17.92	21.89	24.95	3.72	5.39	6.25	3 2 4 = 1 5
	N₂H₄	12.99	16.86	19.62	2.78	4.39	5.32	2 = 3 1 4 5
	NHG	12.5	14.46	17.47	2.83	3.66	4.27	2 3 1 4 5

2.3 株型与抽穗后库源关系

2.3.1 群体叶面积衰减率、光合势和净同化率

表 4 表明，在抽穗期群体形成适宜的叶面积下，高产株型处理，抽穗至成熟期的叶面积衰减率变慢，而光合势增加、净同化率提高。如武运粳 8 号 N_3H_3 处理抽穗至成熟期叶面积衰减率比 N_1H_1 低，光合势和净同化率分别比 N_1H_1 处理高。因此，在本试验条件下，武运粳 8 号抽穗期有效 LAI 6.5 左右，抽穗至成熟叶面积衰减率为 0.65 LAI/d，光合势提高到 16 万 m^2/d 左右，净同化率提高到 3.0 $g/m^2 d$ 左右。这是高产株型的生理特性之一。

2.3.2 群体势粒比与产量和结实率、千粒重的关系

从表 4 看出，颖花量相同的条件下，势粒比高，产量也高。如武运粳 8 号 N_2H_3 处理，颖花量与处理 N_1H_3 相似，而势粒比（光合势与总颖花量的比值）N_2H_3 却比 N_1H_3 高 5.83 $cm^2/$粒，增幅 14.91%，产量提高 6%；颖花量高、势粒比提高，产量更高，如武运粳 8 号 N_3H_3 处理，每公顷颖花量达 49 840 万朵，抽穗至成熟期的势粒比为 49.31 $cm^2/$粒，比 N_1H_1 处理颖花量增加 7.2%，势粒比增加 23.77%，产量增加 72.5%。相关分析表明，势粒比与产量呈极显著的线性正相关关系，相关系数 $r_{武}0.9186^{**}$，$r_{汕}0.8933^{**}$。势粒比与结实率千粒重也呈极显著性正相关关系，相关系数分别为 $r_{武}0.8815^{**}$、0.6844^{**}，$r_{汕}0.8576^{**}$、0.8376^{**}。说明势粒比提高，每朵颖花占有的光合势较高，籽粒灌浆物质充足，有利于提高结实率和千粒重。本试验条件下，武运粳 8 号光合势 15.0×10^4 $m^2 d$，势粒比 $45.0 \sim 49$ $cm^2/$粒，才能超高产。可见，在优化抽穗期株型的基础上，在适宜的叶面积指数下，提高势粒比是衡量抽穗后源库协调发展的重要生理指标。

表 4 抽穗至成熟期的势粒比

品种	处理	总颖花量/(万·hm^{-2})	抽穗期有效 LAI	光合势/($10^4 \cdot m^2 \cdot d^{-1}$)	净同化率/($g \cdot m^{-2} \cdot d^{-1}$)	成熟期	叶面积指数衰减率/d^{-1}	势粒比/($cm^2 \cdot d \cdot spikelet^{-1}$)
武运粳 8 号 Wuyun jing8	N_1H_1	46 478	6.41	11.65	2.87	0.72	0.116	37.59
	N_2H_1	48 267	6.49	13.41	3.14	1.72	0.097	41.68
	N_3H_1	49 734	6.44	14.41	3.60	2.38	0.083	43.45
	N_1H_3	49 475	6.17	13.30	2.98	1.97	0.086	40.31
	N_2H_3	49 275	6.26	15.16	3.29	3.02	0.066	46.14
	N_3H_3	49 840	6.59	16.38	3.71	3.44	0.064	49.31
汕优 63 Shan you 63	N_1H_2	41 281	7.14	10.15	2.63	0.11	0.167	36.88
	N_2H_2	43 328	6.97	11.27	2.82	1.08	0.140	39.02
	N_3H_2	43 523	7.24	12.67	3.29	1.81	0.129	43.67
	N_1H_4	43 338	6.48	11.68	2.81	1.86	0.110	40.41
	N_2H_4	43 930	6.98	13.33	2.84	2.54	0.106	45.51
	N_3H_4	44 587	7.36	14.66	3.24	3.11	0.101	49.32

2.4 株型与茎鞘干物质积累和运转

不同处理抽穗后不同节间茎鞘干物质积累、输出量和表观输出率（出穗前各节间茎鞘最高重量与成熟期的重量之差与最高节间茎鞘重的百分比）、最大输出率（出穗前最高茎鞘重量与最低重量之差与最高节间茎鞘重的百分比）测定结果汇总于表 5。从表 5 看出：① 产量高的处理抽穗期、

齐穗期群体节间茎鞘最高干重和单位节间长度干重均比产量低的群体高。② 产量高的群体茎鞘最大输出量、最大输出率倒1、倒2和倒3节间都比产量低的群体高，但是表观输出率产量高的群体比产量低的群体要低。这说明茎秆基础物质多、输出量多和转移率高，有利于提高结实率和千粒重，表观输出率低，说明茎鞘物质能二次增重，因而在表观上降低了抽穗前贮藏物质在产量中的比例，后期的高光效不仅能满足籽粒的进一步充实需求，同时能再度充实节间，增加节间后期干重，从而增强植株的抗倒能力。可见，增加节间基础物质提高单位节间长度的干重，同时增加节间茎鞘输出物质，茎输出量相对比例较小，这也是高产株型的生理特性。

表5 节间茎鞘干物质运转状况

处理	节间部位	武运粳8号						汕优63					
		产量/(kg·hm^{-2})	最高重量/mg	最大输出量/mg	最后输出量/mg	最大输出率/%	表观输出率/%	产量/(kg·hm^{-2})	最高重量/mg	最大输出量/mg	最后输出量/mg	最大输出率/%	表观输出率/%
N_1H_1 N_1H_2	倒1	8 128.1	290	28.1	4.0	9.7	1.4	7 751.1	330	32.9	21.4	10.0	6.5
	倒2		274	80.3	16.7	29.3	6.1		321	72.3	74.2	22.6	23.1
	倒3		247	66.0	32.3	26.7	13.1		340	107.5	131.1	31.6	38.6
	基部*		453	164.2	122.1	36.3	27.0		620	271.6	266.8	43.8	43.0
N_2H_1 N_2H_2	倒1	8 983.9	383	39.9	4.1	10.4	1.1	8 679.0	419	45.8	25.1	10.9	6.0
	倒2		375	112.7	21.3	30.0	5.7		409	96.7	90.0	23.6	22.1
	倒3		358	97.3	44.6	27.2	12.5		430	140.5	162.2	32.7	37.8
	基部*		665	245.6	167.3	37.0	25.2		769	323.9	317.9	42.1	41.3
N_3H_1 N_3H_2	倒1	10 102.1	508	56.5	4.4	11.1	0.9	9 022.1	514	60.3	28.3	11.7	5.5
	倒2		501	156.0	25.0	31.1	5.0		473	117.3	103.3	24.8	21.9
	倒3		489	136.7	54.4	27.9	11.1		526	177.4	193.2	33.8	36.8
	基部*		910	354.3	213.9	38.9	23.5		988	397.7	390.0	40.3	39.5
N_1H_3 N_1H_4	倒1	9 504.8	430	45.9	4.2	10.7	1.0	8 718.3	378	41.4	23.3	11.0	6.2
	倒2		429	130.5	22.9	30.4	5.3		359	84.8	80.6	23.6	22.4
	倒3		407	110.9	50.2	27.2	12.3		367	119.5	138.3	32.6	37.7
	基部*		763	285.3	185.1	37.4	24.3		658	278.1	273.0	42.3	41.5
N_2H_3 N_2H_4	倒1	10 321.8	491	55.5	4.5	11.3	0.9	9 716.6	528	62.6	29.0	11.9	5.5
	倒2		479	151.3	23.1	31.6	4.8		518	129.6	112.8	25.0	21.8
	倒3		459	128.5	51.8	28.0	11.3		559	189.1	205.6	33.9	36.8
	基部*		863	338.3	192.5	39.2	22.3		982	399.1	391.5	40.7	39.9
N_3H_3 N_3H_4	倒1	10 758.6	562	70.8	4.5	12.6	0.8	10 795.4	629	79.8	32.3	12.7	5.1
	倒2		559	179.1	25.1	32.1	4.5		618	158.7	129.8	25.7	21.0
	倒3		537	156.0	58.4	29.1	10.9		668	232.7	242.2	34.9	36.3
	基部*		1 000	407.9	206.1	40.8	20.6		1 069	417.2	408.8	39.0	38.2

*指基部第1、2两个节间。

3 小结论与讨论

3.1 关于高产株型形态指标

试验结果表明,在一定的范围内,适当增加株高和穗下节间的比例,可提高产量;高产水稻的节间配置合理,穗下节间占秆长比例为33%~35%,增加穗下节间长有利于叶层在空间的伸展,增加受光量,促进光能的利用率,提高群体生物量。基部节间短粗,单位节间长度干重高,表现为抗倒能力强,同时也反映了无效分蘖期与拔节期前后肥水控制得当,既控制无效分蘖发生生长,又控制基部节间的伸长,为提高穗下节间和穗的长度提供了物质保证。

3.2 关于株型与抽穗后茎鞘物质的运转

水稻籽粒灌浆物质由抽穗后叶片制造的光合产物和抽穗前暂时贮藏在茎鞘内的物质转移量两部分决定的。株高相对较高,穗下节间相对较长,有利于叶层在空间的伸展,增加抽穗后整株受光量,提高叶片的同化产物。而茎秆最大输出量多,表观输出率低,说明抽穗前暂时物质输出量虽多,但占籽粒灌浆物质量的比例相对较低,充分反映了高产株型的生理特征。

3.3 关于势粒比是衡量抽穗后源库关系的株型指标

产量是源库关系协调发展的结果,抽穗期形成源库基础,其产量总库容量已确定,抽穗后源发展的优劣是产量高低的决定因素。抽穗后群体光合势反映了抽穗至成熟期源器官(叶面积)进行光合生产的潜势。抽穗期的总颖花量反映了籽粒产量的总库容能力,以势粒比来描述不同株型群体的源库关系,反映抽穗至成熟期产量形成期的库源大小与发展动态指标是可行的。相关分析表明,势粒比与产量、结实率、千粒重都呈极显著的线性正相关关系,说明势粒比提高,每朵颖花占有的光合势较高,籽粒灌浆物质充足,有利于提高结实率和千粒重。试验结果表明,抽穗至成熟期武运粳8号势粒比 45.0~49.0 $cm^2 \cdot d$/粒,汕优63为46~49 $cm^2 \cdot d$/粒,就能达到 10 500 kg/hm^2 左右产量。因此优化抽穗期株型基础上,提高抽穗后适宜叶面积,增加光合势,是提高势粒比夺取水稻高产的关键。本研究提出,一是在抽穗期总颖花量基本相同的情况下,提高势粒比,产量提高;二是提高抽穗期总颖花量又提高势粒比,产量更高。

参考文献

[1] 杨守仁. 水稻理想株型育种的理论和方法初论[J]. 中国农业科学,1984(4):5-10.
[2] 松岛省三著;肖连成译. 水稻栽培新技术[M]. 长春:吉林人民出版社,1973.
[3] 凌启鸿,苏祖芳,张洪程,等. 水稻品种不同生育类型的叶龄模式[J]. 中国农业科学,1983(1):9-18.
[4] 凌启鸿. 稻麦研究新进展[M]. 南京:东南大学出版社,1991:99-105.
[5] 凌启鸿. 作物群体质量[M]. 上海:上海科学技术出版社,2000.
[6] 凌启鸿,杨建昌. 水稻群体粒叶比与高产途径的研究[J]. 中国农业科学,1986(3):1-8.
[7] 苏祖芳,郭宏文,李永丰,等. 水稻群体叶面积动态类型的研究[J]. 中国农业科学,1994,27(4):23-30.

Study on the Relationship Between Rice Plant Type Indices After Heading Stage and Yield Formation

SU Zu-hng, XU Nai-xia, SUN Cheng-ming, ZHANG Ya-jie

(Agriculture College, Yangzhou University, Yangzhou 225009)

Abstract: The relationship between plant type indices after heading stage and yield formation was studied systematieally with the mid-season rice *japonica* cv. Wuyunjing8 and the *indica* hybrid rice cv. Shanyou 63 as material. The results showed as follows: Plant type indices of high yield were that the plant height was at the uppermost appropriate length, the length of basal two internodes were shorter arld thicker, the ratio of the length of uppermost internodes to that of stem was 32%~35%, leaf blade angle and splay angle of upper three leaves were little, and the sequence of length in leaves was rational. Photosynthetic potential-grain ratio was 45.0~49.0 cm^2 per spikelet would made the accumulation matter of the stem and sheath was higher, and exporting matter was more and comparatively ratio lower.

Key words: rice; plant type; photosynthetic potential-grain ratio; exporting matter of stem and sheath; yield

高产水稻株型和籽粒增重动态的探讨*

摘　要：以代表性品种中粳武运粳 8 号和杂交中籼汕优 63 为材料，研究高产水稻株型和籽粒增重的关系，结果表明：高产水稻的株高在适宜范围内的上限，穗下节间较长，基部第 1、2 节间粗短，穗下节间秆长之比为 32%～35%，茎生 3 叶叶开角和弯曲度小，茎生 5 叶叶长配置合理。不同株型植株上部枝梗籽粒灌浆速率差异较小，中、下部枝梗籽粒灌浆速率差异较大。

关键词：水稻；株型指标；籽粒增重；产量

水稻株型研究越来越受到人们的重视，以往研究多侧重于抽穗期[1~4]，而抽穗期株型变化研究较少。水稻产量高低决定于抽穗前的总库容量和抽穗后生产灌浆物质[9~11]，在总库容量相当的情况下，水稻产量提高主要通过提高抽穗后的灌浆物质生产量实现[5~9]，籽粒灌浆物质生产量取决于抽穗前暂时贮藏物质的转移量，由于群体光合生产能力的强弱取决于株型的优劣，因此研究抽穗期株型，提高结实期灌浆物质生产能力，夺取水稻高产具有指导意义。

1　材料与方法

试验于 1999—2000 年在扬州大学农学院试验田中进行。土壤肥力中等偏上，供试品种为迟熟中粳武运粳 8 号和杂交中籼稻汕优 63。

1.1　试验设计

设栽插密度和氮肥运筹两因素试验，氮肥（纯氮）用量，武运粳 8 号 247.5 kg/hm²，汕优 63 为 217.5 kg/hm²，基肥与穗粒肥的配比均为 7∶3(N_1)、6∶4(N_2)、4∶6(N_3)。栽插行距，武运粳 8 号为 23.3 cm(H_1)、29.9 cm(H_3)，汕优 63 为 26.6 cm(H_2)、33.3 cm(H_4)，栽插株距，武运粳 8 号 10 cm，汕优 63 为 11.6 cm。随机区组排列，小区面积为 15 m²，重复 3 次。每小区间筑小埂，塑料薄膜设埋包覆，单灌单排。5 月 12 日播种，6 月 12 日移栽，汕优 63 每穴 1 苗，武运粳 8 号每穴 2 苗，秧苗带蘖数、叶龄基本一致，田间管理同于栽培大田。

1.2　测定项目与方法

（1）茎秆特征：齐穗期每群体中取 5 穴，测定单株高、各节间长、穗长等，同时测定茎鞘和叶干重，单茎穗上的颖花数及籽粒干重。

---

* 本文原载《当代作物生理学研究》，中国农业科学技术出版社，2002：163-167。作者：苏祖芳，许乃霞，张亚洁，孙成明，沙爱红，张林青。

(2) 籽粒灌浆动态：出穗期标记穗顶露出长度一致的穗，每小区 150 穗并取 10 穗，以后每 7 d 取 10 穗，分上、中、下枝梗籽粒，烘干称重，并求出平均粒重（mg/粒），用 Richards 方程进行籽粒生长模拟。Richards 方程为 $W=A(1+Be^{-Kt})^{-1/N}$，式中 W 为各期生长量，即千粒重(g)；t 为齐穗后穗后天数(d)；A 为生长终值量(g)，B、K、N 为方程参数。

(3) 叶片长、宽和叶面积的测定：齐穗期在每小区取 5 穴测定单茎茎生各叶片的长度、宽度和叶面积（用 0.83 系数矫正叶面积）。

(4) 叶基角、叶开角和叶披垂角测定：齐穗期、乳熟期测定上部 3 叶的叶基角和叶开角，每群体 5 穴，叶基角为茎秆与叶片基部夹角，叶开角为披垂叶片叶尖到叶耳连线与茎秆的夹角，弯曲度为叶开角与叶基角之差。

(5) 考种：成熟期考种割方计实产并测定产量结构。

2 结果与分析

2.1 产量及产量构成

由表 1 可见，不同处理产量差异较大，如武运粳 8 号 N_3H_3 处理理论产量最高，比 N_3H_1、N_2H_1、N_1H_1 处理分别提高 6.10%、16.49% 和 24.45%（$P<0.05$）。在产量构成因素方面，总粒数（总库容）处理间两品种差异不显著，结实率和千粒重处理间差异显著，说明产量是由结实率和千粒重所决定的。汕优 63 的产量及产量构成与武运粳 8 号表现一致。可见在抽穗期总库容量较高的条件下，调控株型，增强光合源，提高结实率和千粒重是高产的途径。

表 1 不同群体的产量和产量结构

品种	处理	穗数/($10^4 \cdot hm^2$)	每穗粒数	结实率/%	千粒重/g	总粒数/($10^4 \cdot hm^{-2}$)	单穗干重/g	理论产量/(kg·hm^{-2})	实产/(kg·hm^{-2})
武运粳 8 号	N_1H_1	350.25	132.7	71.73d	24.38e	46 478.3Ns	2.85	8 128.1e	7 984.5d
	N_2H_1	348.75	138.3	73.71dc	25.27c	48 267.0Ns	3.22	8 983.9d	8 419.1d
	N_2H_1	349.50	142.3	79.50ab	25.55a	49 733.9Ns	3.54	10 102.1b	10 073.4b
	N_1H_3	336.75	146.9	77.35bc	24.84d	49 474.7Ns	3.19	9 504.8c	9 308.4c
	N_2H_3	330.00	149.7	82.61ab	25.35b	49 274.6Ns	3.47	10 321.8b	10 034.7b
	N_3H_3	328.50	150.0	84.52a	25.54a	49 839.9Ns	3.55	10 758.6a	10 713.8a
汕优 63	N_1H_2	281.40	146.7	69.26c	27.11f	41 281.4Ns	3.00	7 751.1d	7 649.0 d
	N_2H_2	276.00	156.98	72.76c	27.53c	43 327.9Ns	3.36	8 679.0c	8 562.3c
	N_2H_2	273.45	159.16	74.62c	27.78b	43 522.8Ns	3.46	9 022.1c	9 001.8bc
	N_1H_4	265.50	163.82	73.42c	27.4e	43 337.7Ns	3.27	8 718.3c	8 705.7c
	N_2H_4	262.50	167.35	80.40b	27.51d	43 930.2Ns	3.55	9 716.6b	9 534.2b
	N_3H_4	255.00	174.85	87.00a	27.83a	44 586.8Ns	3.74	10 795.4a	10 593.5a

注：表中同列不同字母数值在 $\alpha=0.05$ 水平上显著，Ns 不显著。

2.2 高产群体抽穗期株型

2.2.1 株高、秆长及其节间长度配置

由表 2 可见，武运粳 8 号株高在 108 cm 左右，汕优 63 在 115 cm 左右，两品种秆长均在 88 cm 左右，基部第 1、2 节间相对较短，上部第 1 节间（穗下节间）占秆长比例大（武运粳 8 号 31%～

33%、汕优63 33%～35%)的处理产量高。由表3可见,抽穗期叶面积指数在6.17～6.59范围内,武运粳8号茎生叶序为倒3、2、1、4、5或倒3、2、4、1、5的处理产量高,汕优63的叶序为倒2、3、1、4、5或倒2＝3、1、4、5的处理产量高。

表2 抽穗期不同群体株高、秆长与节间配置

品种		节间长(由上至下)/cm			穗长/cm	株高/cm	秆长/cm	上部第1节间与秆长之比/%
		第1节间	第2节间	第3节间				
武运粳8号	N_1H_1	23.41	11.66	6.77	15.77	106.3	90.54	25.86
	N_2H_1	26.58	10.05	5.58	17.07	107.1	90.00	29.53
	N_3H_1	28.35	6.78	4.65	19.21	108.3	89.12	31.81
	N_1H_3	24.74	9.52	6.23	17.12	106.7	89.59	27.61
	N_2H_3	28.48	6.81	4.51	18.76	108.1	89.38	31.86
	N_3H_3	28.76	6.04	4.02	20.14	108.9	88.76	32.40
汕优63	N_1H_2	26.5	14.5	8.55	23.79	114.7	90.95	29.14
	N_2H_2	27.73	13.62	7.63	24.91	115.0	90.06	30.79
	N_3H_2	29.01	13.34	5.74	26.71	115.5	88.75	32.69
	N_1H_4	27.95	13.73	7.67	25.14	114.4	89.25	31.32
	N_2H_4	29.14	13.63	5.99	26.52	116.4	89.83	32.44
	N_3H_4	31.03	12.35	4.73	27.68	115.7	88.03	35.25

2.2.2 茎生5叶叶面积及其姿态与叶长排序

由表3可见,高产群体上部3叶叶开角和弯曲度较小,其株高相对较高,秆长相对较短,穗下节间相对较长,叶层配置合理,上部叶较挺直,有利于扩大上部3叶叶面积,提高群体光合生产力。

2.3 高产株型的籽粒灌浆动态特性

两品种(组合)各株型群体的上、中、下部籽粒灌浆速率动态用Richards方程拟合的一级参数与重要的次级参数列于表4。由表4可见,Rchards方程拟合各株型群体的上、中、下部籽粒灌浆动态的决定系数(R)都在0.97以上($P<0.05$),说明用Richard方程拟合籽粒灌浆是合理的,能客观地反映籽粒灌浆动态。一次参数A值基本上与最后的粒重一致,武运粳8号高产株型上、中、下部枝梗籽粒的A值都是最高,分别为22.84、21.56和20.15 mg/粒。而低产株型上、中、下部枝梗较低,分别为18.33、18.19和18.06 mg/粒。汕优63与武运粳8号的趋势相同。

表3 抽穗期茎生5叶叶面积及其姿态

品种	处理	LAI	叶开角/°			弯曲度/°			茎生叶叶序				
			倒1叶	倒2叶	倒3叶	倒1叶	倒2叶	倒3叶					
武运粳8号	N_1H_1	6.41	18.0	21.5	24.0	2.7	3.4	4.8	5	4	3	2	1
	N_2H_1	6.49	15.3	18.9	21.2	1.8	2.6	3.7	4	3	5	2	1
	N_3H_1	6.44	11.5	15.3	16.9	0.9	1.8	2.1	3	2	4	1	5
	N_1H_3	6.17	14.0	17.4	18.7	1.7	2.8	3.1	3	＝4	2	1	5
	N_2H_3	6.26	12.2	15.0	17.1	1.5	2.5	2.8	3	2	4	1	5
	N_3H_3	6.59	10.5	13.0	15.3	0.7	1.7	2.2	3	2	1	4	5

续表

品种	处理	LAI	叶开角/°			弯曲度/°			茎生叶叶序				
			倒1叶	倒2叶	倒3叶	倒1叶	倒2叶	倒3叶					
汕优63	N_1H_2	7.14	22.9	26.0	29.3	6.4	7.3	7.8	4	5	3	2	1
	N_2H_2	6.97	21.7	24.1	27.3	5.9	6.3	7.0	3	2	4	1	=5
	N_3H_2	7.24	19.5	23.1	25.9	4.6	5.7	5.4	3	2	1	4	5
	N_1H_4	6.48	17.9	21.9	25.0	3.7	5.4	6.3	3	2	4	=1	5
	N_2H_4	6.98	13.0	16.9	19.6	2.8	4.4	5.3	2	=3	1	4	5
	N_3H_4	7.36	12.5	14.5	17.5	2.8	3.7	4.3	2	3	1	4	5

表4 籽粒灌浆 Richards 方程动态参数

籽粒着生部位	产量/(kg·hm^{-2})	武运粳8号					产量/(kg·hm^{-2})	汕优63				
		A	N	R^2	R_m	T_m		A	N	R^2	R_m	T_m
上	8 128.1e	18.33	0.32	0.993 7	1.73	9.66	7 751.1d	20.28	0.50	0.992 3	2.10	8.22
	8 983.9d	19.68	0.32	0.994 7	1.72	9.86	8 679.0c	21.53	0.37	0.987 7	2.26	8.14
	10 102.1b	22.00	0.77	0.995 8	2.03	10.75	9 022.1c	22.48	0.29	0.988 7	2.39	8.10
	9 504.8c	19.91	0.36	0.994 8	1.75	9.97	8 718.3c	21.16	0.17	0.997 0	2.49	7.92
	10 321.8b	20.97	0.59	0.995 4	1.86	10.36	9 716.6b	22.45	0.30	0.992 1	2.51	8.01
	10 758.6a	22.84	0.96	0.996 0	2.05	10.84	10 795.4a	24.21	0.46	0.991 0	2.74	7.38
中	8 128.1e	18.19	0.52	0.981 5	1.16	16.77	7 751.1d	18.73	0.10	0.992 9	1.02	16.84
	8 983.9d	18.75	0.23	0.986 5	1.48	15.76	8 679.0c	19.68	0.90	0.997 2	1.24	16.92
	10 102.1b	20.26	0.29	0.989 2	1.69	16.10	9 022.1c	20.10	0.12	0.998 5	1.37	17.51
	9 504.8c	19.55	0.24	0.984 7	1.31	16.19	8 718.3c	18.74	0.89	0.995 3	1.20	17.25
	10 321.8b	20.69	0.31	0.979 8	1.73	15.81	9 716.6b	20.37	0.65	0.991 6	1.26	16.89
	10 758.6a	21.56	0.82	0.982 8	2.04	15.84	10 795.4a	21.43	0.21	0.995 0	1.54	18.79
下	8 128.1e	18.06	0.14	0.990 3	0.97	18.66	7 751.1d	18.89	0.35	0.984 0	1.03	32.74
	8 983.9d	18.57	0.43	0.996 8	1.13	17.99	8 679.0c	19.13	0.14	0.973 8	1.23	31.35
	10 102.1b	19.38	0.45	0.988 6	1.24	17.81	9 022.1c	19.88	0.85	0.982 1	1.26	32.17
	9 504.8c	18.49	0.25	0.983 0	1.21	17.69	8 718.3c	20.65	0.14	0.992 8	1.26	33.39
	10 321.8b	19.65	0.31	0.975 1	1.22	18.36	9 716.6b	20.79	0.22	0.989 9	1.29	33.76
	10 758.6a	20.15	0.59	0.980 3	1.35	18.67	10 795.4a	21.15	0.13	0.983 7	1.52	33.44

注:A,mg/粒;R_m 最大灌浆速率(mg/粒·d);T_m,最大灌浆速率的时间(d)。

由表5还可知,高产株型群体上、中、下部枝梗上籽粒的最大灌浆速率(R_m)都比低产株型群体高,说明株型优劣对籽粒灌浆速率有很大影响。不同株型对上部枝梗籽粒灌浆速率影响较小,而对中、下部枝梗籽粒灌浆速率影响极大。

3 小结与讨论

3.1 关于高产株型形态指标

试验结果表明,在一定的范围内,适当增加株高和穗下节间的比例,可提高产量;高产水稻的节间配置合理,穗下节间占秆长比例为33%~35%,增加穗下节间长有利于叶层在空间的伸展,增加受光量,促进光能的利用率,提高群体生物量。基部节间较短,单位节间长度干重高,表现为抗倒能力强,同时也反映了无效分蘖期与拔节期前后肥水控制得当,为提高穗下节间和穗的长度提供了物质基础。

3.2 关于株型与籽粒灌浆特性

关于株型与籽粒灌浆特性的研究较少。本试验结果表明,抽穗后群体株型不同,稻上、中、下部枝梗籽粒灌浆特性不同,不同株型间上部枝梗籽粒最大灌浆速率差异较小,而中、下部枝梗籽粒灌浆速率差异极大。原因在于稻穗上部枝梗籽粒大部分都是强势粒,受精谷粒灌浆启动时间早,籽粒增重速度较快。因此,一般条件下都能得到较充足的光合产物,株型对其灌浆速率影响较小,灌浆速率曲线的峰值差异小,中、下部枝梗受精谷粒灌浆启动时间较迟,籽粒增重速度较慢,受籽粒灌浆物质量的制约,株型好的群体,中、下部光强充足,中、下部枝梗籽粒能得到充足的光合产物,籽粒灌浆充实好;而株型差的群体,中、下部受光差,籽粒灌浆慢,得到光合产物少,充实差。因此,培育高产株型,增强地上部叶片的功能,提高光合生产力,有利于籽粒灌浆结实。

参考文献

[1] 杨守仁,张龙步,陈温福,等.水稻超高产育种的理论和方法[J].中国水稻科学,1996,10(2):115-120.

[2] 松岛省三著;肖连成译.水稻栽培新技术[M].长春:吉林人民出版社,1973.

[3] 凌启鸿,苏祖芳,张洪程,等.水稻品种不同生育类型的叶龄模式[J].中国农业科学,1983(1):9-18.

[4] 凌启鸿,杨建昌.水稻群体粒叶比与高产途径的研究[J].中国农业科学,1986(3):1-8.

[5] 凌启鸿,张洪程,苏祖芳,等.作物群体质量[M].上海:上海科学技术出版社,2000.

[6] 苏祖芳,郭宏文,李永丰,等.水稻群体叶面积动态类型的研究[J].中国农业科学,1994,27(4):23-30.

[7] 张洪程,严宏生,苏祖芳,等.水稻高效栽培株型的研究[M].北京:学术期刊出版社,1988:182-190.

[8] 杨建昌,朱庆森,曹显祖,等.水稻群体冠层结构与光合特性对产量形成作用的研究[J].中国农业科学,1992,25(4):7-14.

[9] 孙成明,苏祖芳,张亚洁,等.水稻拔节期株型特征及其与产量关系的研究[J].扬州大学学报(农业与生命科学版),2002,23(2):46-49.

水稻高产株型指标的研究*

摘　要:本文阐述了提高单产仍然是水稻生产的主攻方向,在分析水稻主要生育期株型与产量形成关系的基础上,提出了各生育期的株型形态、生理指标。
关键词:水稻;株型指标;叶片松散度;叶鞘载叶量;势粒比

保证稻米总量平衡是我国水稻生产的主攻目标。研究已表明,水稻高产必须有高的总颖花量(库容量),但高库容量必然带来高叶面积指数(源),易出现倒伏和空秕粒高的风险。因此,在培育较大 LAI 条件下,增加库容量,提高结实率和粒重是当前优质高产、超高产的途径。当前水稻生产上一些优质高产品种(组合)结实率和千粒重低,是产量不能进一步提高的主要原因,因而,研究如何在库容量较大时,改变个体株型结构,增加叶片受光量,充分利用当地光能,发挥现有的一些优质品种产量潜力,夺取优质超高产,推动稻作进步具有重要的意义。

1　叶片松散度是拔节前叶片空间定量株型指标

研究表明有效分蘖期($N-n$ 期)取得最佳茎蘖数量是协调穗数和粒数关系的基础,在获得适宜穗数下,提高单茎茎鞘重是形成高成穗率、高产群体的关键。叶片松散度是用叶开角的正弦值乘以叶片长度所得,是用来反映生育前期叶片的空间定量构型。相关分析表明,$N-n$ 期顶 3 叶的松散度与单茎蘖干重呈抛物线关系,高产水稻叶片松散度有一个最适值,如汕优 63 为 7.86 度,武运粳 8 号为 3.73 度,随着茎蘖数的不断发展和叶片生长量的增加,叶片的松散度发生了变化,拔节期籼稻品种由于叶片较长,茎蘖数显著增加,叶片松散度与单茎蘖干重呈负相关,叶片的松散度宜小,顶 3 叶之和为 7 度左右;粳稻品种叶片较短,整个群体生长量要小于籼稻,叶片松散度与单茎蘖干重呈正相关,叶片松散度增大,顶 3 叶之和为 6 度左右,有利于促进光合作用和干物质生产。

2　叶鞘载叶量是拔节前株型的生理指标

叶鞘载叶量是用同一叶位的叶片面积除以叶鞘的干重所得(叶片 cm^2/叶鞘干重 mg)。叶鞘载叶量是一个动态的概念,能全面衡量叶鞘和叶片生长快慢以及是否协调的一个株型指标。相关分析表明,$N-n$ 期叶鞘载叶量与单茎蘖干重呈显著和极显著的线性负相关,相关系数 r 为 $-0.6598^*\sim0.9239^{**}$。说明此时高产群体上部 3 叶的叶鞘载叶量小,植株健壮。如汕优 63 叶鞘

---

* 本文原载《中国稻米》2003(4):5-6;作者:苏祖芳,张亚洁,孙成明。

载叶量顶2、顶3和顶4叶分别为0.283、0.237和0.277,武运粳8号顶2、顶3和顶4叶分别为0.243、0.243和0.245。拔节期不同叶位的叶鞘载叶量较$N-n$期均有所增加,拔节期两品种均高于有效分蘖临界叶龄期相应的值。说明$N-n$期、拔节期要促使叶鞘载叶量达最佳值,为协调群个体株型结构和后期高产打下良好基础。

3 拔节前后叶面积生长速率大小是衡量叶面积动态的关键指标

应用作物普适生长函数,导出水稻各生育期群体叶面积生长速率。按主要生育期叶面积生长速率相对值的大小及群体叶面积动态变化等,将其分为2类5型。

第一类:群体叶面积生长速率拔节前>拔节后。其特点:最大LAI(>7.5),封行过早(倒2叶抽出时);叶龄余数0后叶面积负增长,灌浆结实期光合势小,净光合率低,为早衰型。按其个体各茎生叶片倒数叶位叶面积大小顺序,又可分为3型:Ⅰ型4—5—3—2—1;Ⅱ型3—4—2—5—1;Ⅲ型3—2—4—1—5。

第二类:群体叶面积生长速率拔节前<拔节后。其特点:最大最适LAI(7.0~7.5)在孕穗到抽穗期之间出现,叶面积到抽穗后才开始衰退,叶龄余数0到抽穗时的生长速率为正值。产量生产期具有较高的光合势和净光合生产力,为后健型。按其个体各茎生叶片倒数叶位叶面积大小可分为2型:Ⅳ型2—3—1—4—5和Ⅴ型2—1—3—4—5。

比较各类型的颖花量、光合势、净光合生产力和稻谷产量,Ⅳ型株型受光态势好,抽穗后光合势大,净光合生产力高,产量最高。因此,拔节前叶面积生长速率小于拔节后的生长速率,是水稻高产株型的生理特性。

4 节间和叶片长度合理配置是抽穗期重要的株型形态指标

4.1 株高及节间长度配置

健壮的茎秆能防止倒伏、合理支配叶层和叶态分布,是构建高光效株型结构的基础。根据本试验资料相关分析,株高与产量呈显著正相关,r为0.557 7*~0.687 3*。穗下节间占秆长的比例与产量呈极显著的正相关关系,r为0.886 8**~0.953 0**。基部1、2节间长度占秆长比例与产量呈极显著负相关关系,r为-0.960 6**~0.924 4**。穗下节间长与穗长呈显著性正相关,r为0.935 3**~0.942 1**。可见,株高在适宜的范围内,株高高的穗下节间所占秆长的比例大,基部1、2两个节间长度所占秆长的比例越小,产量越高。如武运粳8号700 kg/亩以上的高产群体,株高108.0~109.0 cm,穗下节间的长度所占秆长比例为32.4%,穗长为20.14 cm。这样的株高相对较高、秆长相对较矮,穗下节间相对较长,有利于叶层配置和叶片在空间的伸展。

4.2 叶型及叶长配置

叶面积指数在6.17~6.59范围内,如武运粳8号高产群体上部3叶叶面积指数为4.41~4.91,叶面积率70.36%~74.49%。相关分析表明,上部3叶叶面积与产量呈极显著的正相关,r为0.995 6**~0.808 5**,抽穗期茎生5叶的配置合理,剑叶夹角小,直立性好,产量高。如产量在700 kg/亩以上的,武运粳8号茎生叶序为倒数3、2、4、1、5,而汕优63的叶序为倒数2=3、1、4、5,这种茎生叶叶长配置有利于扩大上部3叶的叶面积,中下部叶片受光好,提高高效叶面积率。

5 势粒比是反映抽穗后源库关系的株型指标

产量是源库关系协调发展的结果,势粒比是描述不同株型群体的源库关系,反映抽穗至成熟期的库源大小与发展动态指标。分析表明,势粒比与产量、结实率、千粒重都呈极显著的线性正相关关系,说明势粒比提高,每朵颖花占有的光合势较高,籽粒灌浆物质充足,能提高结实率和千粒重。如武运粳 8 号抽穗至成熟期势粒比为 45.0～49.0 $cm^2 d/$粒,产量就能达到 700 kg/亩左右。

6 高产株型出穗后的生理特性

6.1 茎鞘干物质积累与分配

籽粒产量的 20%～30% 是由抽穗前贮藏在茎鞘内的物质转移而来,因此,茎鞘物质转移量的多少对籽粒产量极为重要。研究表明:① 产量高的群体抽穗期、齐穗期群体节间茎鞘最高干重和单位节间长度干重均比产量低的群体高,② 产量高的群体茎鞘最大输出量、最大输出率倒 1、倒 2 和倒 3 节间都比产量低的群体高,而最后(成熟期)输出量产量高的倒 1、倒 2 和倒 3 节间比产量低的群体均高,但是表观输出率产量高的群体比产量低的群体要低。可见,茎鞘输出量相对比例较小是高产株型的生理特性。

6.2 籽粒增重动态

研究表明,水稻高产群体的上、中、下部籽粒的粒重都是最高,高产株型上部枝梗上、中、下籽粒的最大灌浆速率比低产株型最大灌浆速率快,但不同株型间上部枝梗籽粒的最大灌浆速率差异较小,中、下部枝梗上籽粒灌浆速率差异大,其原因是稻穗上部枝梗籽粒大部分都是强势粒,受精谷粒灌浆启动时间早,籽粒增重速度较快,而中下部枝梗上的受精谷粒灌浆启动时间较迟,籽粒增重速度较慢,受籽粒灌浆物质制约大,株型好的处理,中下部光强充足,中、下部枝梗上的籽粒就能得到充足的光合产物,籽粒灌浆快、充实好,有利于籽粒灌浆结实。因此,稻穗上、中、下部枝梗籽粒灌浆速率差异是反映抽穗后株型的生理指标。

参考文献

[1] 苏祖芳,孙成明,张亚洁,等. 高产水稻生育前期株型指标的研究.作物学报,2002,28(5):660-664.
[2] 孙成明,苏祖芳,许乃霞,等. 水稻有效分蘖叶龄期的株型特征及其与产量关系初探.江苏农业研究,2001,21(3):10-15.
[3] 苏祖芳,许乃霞,孙成明,等.水稻抽穗后株型指标与产量形成关系的研究.中国农业科学,2003,36(1):115-120.
[4] 孙成明,苏祖芳,张亚洁,等.水稻拔节期株型特征及其与产量关系的研究.扬州大学学报(农业与生命科学版),2002,26(1):39-43.
[5] 苏祖芳,郭宏文.水稻群体叶面积动态类型的研究. 中国农业科学,1994,27(4):23-30.
[6] 苏祖芳,杜永林,周培南,等.水稻抽穗后源质量与产量的关系的研究.扬州大学学报,2000,21(2):38-41.
[7] 许乃霞,苏祖芳,孙成明,等.抽穗后水稻株型与产量形成关系的研究.扬州大学学报(农业与生命科学版),2002,23(4):56-60.

水稻高产株型栽培研究(综述)*

摘　要：本文阐述水稻株型栽培的重要性，水稻株型栽培演变、现状和进展及今后株型栽培的研究内容。

关键词：水稻；高产株型指标；株型栽培

保证稻米总量平衡是我国水稻生产的主攻目标[1~4]。研究已表明，水稻的光合产量潜力很大[47,48]。而水稻优良株型能发挥品种的最大产量潜力[5]。因此，水稻株型一直是作物栽培和育种家研究的热点。株型育种研究较多，并已取得惊人成果[6~11]。株型既是品种特性，同时又受栽培措施的影响，同样的品种，栽培方法不同，株型也完全不同，以至产量相差悬殊[12]。水稻高产必须有高的总颖花量，但高总颖花量必然带来高叶面积指数，易出现倒伏和空秕粒高的风险。因而，研究在栽培上如何在总颖花量大时，改变个体株型结构，调控植株地上部分在空间的形态与分布，增加叶面积和叶片受光量，以达到发挥现有一些品种的产量潜力，夺取高产更高产具有重要的意义。

1　水稻株型栽培研究的演变

有关株型栽培的研究，Engledow(1923)等提出通过适当杂交的方法和产量因素的最佳组合，把各种高产性状聚集在一起，从而形成高产的"最优合成体"[13]。Boysen(1932)也指出，当叶面积指数较大时，在叶片的均匀受光方面，直立叶片具有明显的优越性。门司、左伯(1953)把冠层密度和消光系数 K 引进作物群体冠层结构，并计算各生育期 LAI，以后人们更加注意到作物叶片在空间的几何分布状态变化能够在较大程度上影响作物的光能利用率，从而最终影响作物产量[14]。角田重三郎在 20 世纪 50 年代后期根据对水稻、甘薯、大豆的研究结果，提出了耐肥性与株型的关系"[15]。Donald 后来用"*Ideal* Plant type"、"Ideotype"等来描述植株的形态，提出了在农作物中寻找个体间最小竞争强度的理想株型[16]。松岛省三等对水稻株型栽培进行了深入细致的研究，提出了高产株型的 6 个标准及其相应的促控技术[17]。陈永康、杨立炯等(1963)提出了水稻高产拔节前具有"枪头叶、平头叶"，"水仙花"的株型长相[18]。殷宏章等(1964)也开展了稻麦群体株型结构的现状研究[19]。杨守仁等在 20 世纪 70 年代初通过总结矮秆品种的特点后，提出了水稻理想株型的模式应符合耐肥抗倒、生长量大、谷草比高的要求[20,21]。黄务涛等(1985)也提出了水稻秧苗分蘖具备放射形、圆筒形和宝塔形的株型不同栽培方法[22]。20 世纪 90 年代以后，朱德峰、袁隆平等相

---

* 本文原载杨文钰主编《作物栽培生理研究文集》，中国农业出版社，2005：64-70；作者：苏祖芳。

继提出了水稻高产株型模式,水稻株型栽培的研究逐步得到深入[23~25]。

2 水稻株型栽培研究的现状

2.1 茎秆形态

茎秆形态是株型栽培中研究较多的。一般认为,水稻株高和节间长度配置与产量和倒伏有关,株高超过一定范围易引起倒伏。秆矮有利于抗倒,但从光能利用角度看,植株过矮,不仅导致生长量不足,而且叶片容易密集重叠,引起一系列的不良后果。在育种实践中,株高已由矮化育种初期的85~100 cm提高到现在的95~110 cm,籼稻的株高甚至高达105~120 cm。张忠旭等研究发现,抗倒能力与基部第一伸长节间长度呈显著负相关[26]。杨惠杰等认为适当控制株高,增加茎秆干物质积累量有利于抗倒[27]。凌启鸿等认为,株高在一定的范围内与产量成正比,适当增加株高有利于大穗高产。高产水稻的基部节间所占的秆长比例小,穗下节间的长度要长一些[28,29],这种秆型有利于叶层配置和叶片空间的伸展,增加群体中下部的受光量。徐正进等指出,适当增加株高有利于CO_2扩散和中下部叶片的受光,对提高生长量是有利的[31]。而朱德峰研究认为矮秆品种保持基部节间长度不变,增加上部1~3节间长度,既能保持良好的抗倒性,又具有较高的生物产量,利于高产[23,24]。因此,培育基部节间短粗、穗下节间较长、根系发达的株型群体是解决株高与高产和抗倒性之间矛盾的有效途径。

2.2 分蘖性状

分蘖性状包括分蘖力、分蘖成穗能力、分蘖角度和植株松紧度等株形是育种和株型栽培中的重要性状,特别是植株松紧度。根据植株的松紧度可将植株分为紧凑型、松散型。紧凑型叶片上挺,分蘖紧凑,前期穴间漏光,中后期株型松散的株型。松散型易披叶,前期可以较快覆盖地面,接收更多的太阳光能,但中后期行间庇荫严重,通风透光不良,消光系数大。从光能利用和病虫害防治角度看,高产株型要求前期较为松散,后期适当紧凑。因此,目前普遍认为培育前期分蘖与叶片松散、中后期逐渐紧凑、分蘖力适度、分蘖成穗率高的群体,这样比较容易协调穗数与大穗的矛盾而获得高产。

2.3 叶片形态

叶片形态是影响株型的主要因素。就叶片角度而言,一般认为,直立叶片两面受光,对阳光的反射率较小,光合效率高于平展或弯垂叶。松岛省三研究认为[17]叶片以短、宽、厚和直立为宜,尤其上部3叶,直立叶片的同化量比弯垂叶片多11%~17%。直立叶片的株型有利于叶面积指数的提高,增加光合面积。多数研究[23,27,29]认为上部叶片,如剑叶基角宜小一些,以10°~20°为宜,中下部叶开角应依次增大一些;或生育前期叶开角可大些,后期叶开角宜小些。在叶片长、宽和姿态方面,一般认为,以短、厚、挺为好,但有时为了获得较大穗形则必须有较宽、较长的叶片。凌启鸿等研究[28,41]认为茎生5叶长度的次序为3、2、1、4、5或2、3、1、4、5,这种茎生叶长配置有利于扩大上部3叶的叶面积,中下部叶片受光好,提高高效叶面积率。对叶片直立的程度即叶开角,袁隆平[25]认为长江中下游稻区超高产株型特征:上部3叶修长、挺直、窄凹、较厚,顶叶较长,上3叶长序为倒2叶>倒1叶>倒3叶,角度分别为5°、10°、20°左右。杨守仁提出顶3叶着生角度影响水稻个体与群体受光态势[32]。朱德峰等对水稻品种叶形演化研究后也认为生育中后期直立功能叶已成为群体培育有效受光面积、减少群体郁闭度、提高群体光合效率的有效途径[23,24]。叶片卷曲是解决叶长与叶挺之间矛盾的有效方法,因为卷叶的最直接效应是对叶片的同化作用。袁隆平认为,叶片相对较长而又卷曲直立是理想株型的一种模式,因为卷叶品种的群体透光率明显高于非卷叶品种,群体中后期的基部光照条件得到改善,有利于协调多穗和大穗的矛盾。叶片卷曲程度不宜过高,一般认为半卷或微凹为好。

2.4 稻穗形态

稻穗的长度和形态是株型的一个组成部分。对于穗形,一般分为直立、半直立、弯曲3种类型。一种观点认为直立穗形有利于改善群体光照状况,促进CO_2扩散,还可改善群体其他生态环境,调节群体株间温度,降低湿度,有利于提高耐肥抗倒性,即直立穗形有利于光合产物的积累[31]。另一种观点认为,水稻穗部光合作用弱,对产量贡献小,因此穗下垂有利于冠层叶片的光合作用,而且,下垂穗降低了植株重心,有利于抗倒和高产[36]。目前,支持直立穗形以粳稻育种家居多,支持下垂穗形以籼稻育种家居多,这可能与籼、粳稻分布的自然生态环境差异有关。近年栽培研究表明[46],高产水稻在适宜株高范围内,株高相对较高、穗长较长的株型,其穗部枝梗数增多,穗子趋向变大。

2.5 根系形态

水稻根系形态是株型栽培研究中相对较少的一部分。杨守仁曾指出,根是根本,根多则穗多,穗数相同时根多则穗大,而且根量多者其产量必高[32]。张洪程等研究表明水稻根系分布状态和叶角存在着对称性,根量纵深发展是高产株型极其重要的特征[12]。凌启鸿等研究认为水稻根系与株型的关系体现在根系与叶开角的几何学相关,即根系分布较深且多纵向时,叶开角较小,叶片趋向直立,反之根系分布较浅且少纵向时,叶开角较大,叶片趋向于披垂。叶开角的大小在很大程度上受根系分布的影响[34]。由此看出,根系的分布、数量和活力与地上部形态,包括分蘖的数量和角度、叶片的角度和大小、叶片的寿命以及植株的抗倒性等很多性状密切相关。

3 水稻高产株型栽培研究的进展

纵观前人对有关水稻株型栽培的研究,多侧重于水稻抽穗期器官形态性状及生理性状上,而对水稻生育前中期的株型特征研究甚少。水稻产量是水稻不同生育期形成的,水稻生育前期是决定群体茎蘖发展是否合理和个体健壮的重要时期,茎蘖的构成和株型的优劣对成熟期的穗数和穗粒数都有较大的影响。拔节前后叶片的性状是株型构成的主要因素,叶片在空间的形态特征直接影响光合作用和单茎蘖干重的积累。叶片松散度是用叶开角的正弦值乘以叶片长度所得,结合了叶长和叶开角两个因素,是反映生育前期叶片空间构型的最好表现形式[42,44]。我们发现生育前期稻株叶片的伸展空间较大,在保持适宜整体生长量的前提下,适当增加叶片的松散度,使之趋向一个最佳值,增加截获光的能力,促进单茎蘖干重的增加,为后期生长创造条件。叶鞘载叶量是用同一叶位的叶片叶面积除以叶鞘的干重所得[叶片(cm^2)/叶鞘干重(mg)]—一个动态的概念,能全面衡量叶鞘和叶片生长是否协调的一个株型生理指标[41]。以往研究仅是叶鞘和叶片重量的比值即鞘叶比,或用碘—碘化钾溶液对顶3叶染色,其染色部分与全叶长的比来反映碳氮生理代谢是否协调,均未反映植株形态在空间上的量。我们发现水稻生育前期上部3叶比较小的叶鞘载叶量有利于单茎蘖干重的提高。高产群体的叶鞘载叶量较小,植株健壮,叶片与叶鞘生长协调,单茎蘖干重高。

获得高产有一个最大叶面积指数适宜值,在正常情况下,它是有效分蘖叶龄期LAI(2.1+0.1)和拔节期适宜叶面积指数(4+0.2)发展的必然结果,而叶面积生长速率拔节后大于拔节前是保证高产水稻适宜叶面积动态最佳指标[45]。

水稻高产是源库协调高水平上发展的结果[39,40]。在抽穗期总颖花量决定条件下,改变叶片姿态、增加抽穗后的叶面积指数,增强光合势,提高势粒比是夺取高产的关键。笔者提出了在抽穗期总颖花量基本相同条件下提高势粒比能高产和既提高总颖花量又提高势粒比能更高产的观点。因此,势粒比是衡量抽穗后源库关系的株型指标[6]。

4 水稻高产株型栽培研究的几点建议

4.1 加强高产株型指标的整体性研究

在株型性状中,根、茎、蘖、叶、穗5类形态指标是以整体发挥作用的,但具体株型性状对产量的重要性是不相同的。获得高产或超高产株型应是株型整体性状的配合和综合累加。前人的研究尚未明确哪些株型对高产或超高产是最重要的,以及这些株型性状应如何搭配相互转化等。这就不仅需要对不同的株型性状进行分解研究,更需要对各种株型指标进行整体性研究。整体性研究中特别值得重视的方面是加强根系形态指标研究,同时更应加强各种性状指标的相互关系等研究。

4.2 加强高产株型指标动态的研究

水稻一生是一个具有明显阶段性的连续过程,每阶段都有其最佳的群体和个体生长空间构型。水稻一生中的株型并不是静止不变的,而是随生育进程不断变化发展的。不同发育期对高产株型有不同的要求。因此,必须对株型的变化发展进行动态研究。株型的动态研究和整体研究是相互结合进行的,这将加速高产株型植株体系的可操作性。

4.3 不同生态条件下高产株型的指标研究

水稻株型是水稻本身的形态特征与环境条件相互作用的统一。不同稻作区有不同的生态环境,同一地区不同播种季节的生态环境也不同。在不同生态环境下,高产株型的培育模式不会完全相同。例如,不同光照强度生态条件下的群体和个体株型是不同的。针对不同生态环境研究高产株型,不仅可以丰富高产株型的理论,而且对当地的高产或超高产栽培更具有指导意义。

4.4 加强株型栽培措施的研究

水稻高产研究是一个永恒的主题,随着新品种的出现,高产株型栽培调控也赋予新的内容。在现有品种的高产栽培中,各个产量形成时期应从定量栽培、化控技术等方面来研究高产高效株型指标,以解决高产条件下群体和个体,个体器官间以及扩大库容与叶面积过大的矛盾,达到超高产。

参考文献

[1] 刁操铨.作物栽培学各论(南方本).北京:中国农业出版社,1998.
[2] 朱德峰.水稻超高产途径与株型研究[博士学位论文]. 南京:南京农业大学,1999.
[3] 朱德峰,庞乾林,何秀梅.我国历年产量增长因素与今后发展对策.中国稻米,1997(1):3-5.
[4] 黄季焜.迈向21世纪的中国粮食经济.北京:中国农业出版社,1998.

[5] 吕川根,谷福林,邹江石,等.水稻理想株型品种的生产潜力及其相关特性研究.中国农业科学,1991,24(5):19-23.

[6] 黄耀祥.水稻丛化育种.广东农业科学,1983(1):1-6.

[7] 广东农科院.广东矮化育种的初步总结.作物学报,1965,5(1).

[8] 叶新福.初探超级稻育种与理想株型.福建稻麦科技,1998,16(1):41-44.

[9] 杨守仁.水稻株型研究进展.作物学报,1982,3(3):205-209.

[10] 周炳炎.水稻理想株型与超高产育种途径的探讨.湖北农学院学报,1995,15(1):52-60.

[11] 张旭.作物生态育种.北京:中国农业出版社,1998.

[12] 张洪程,严宏生,苏祖芳.水稻高效栽培株型的研究//稻麦研究新进展.南京:东南大学出版社,1990.

[13] 徐正进,魏树和.水稻株型育种生理生态特性的研究现状与展望.辽宁农业科学,2000(4):23-27.

[14] 角田重三郎.形态と机能からみた多收性品种.稻の形态と机能,1960(1):170-228.

[15] Donald C M 著;王乃玲译.作物理想株型设计.农业科技译丛,1979(3):19-24.

[16] 松岛省三著;肖连成译.水稻栽培新技术.长春:吉林人民出版社,1973:38-56.

[17] 中国农科院江苏分院.陈永康水稻高产经验研究.上海:上海科学技术出版社,1964.

[18] 殷宏章,王天铎,李有则,等.稻麦群体研究论文集.上海:上海科学技术出版社,1961.

[19] 徐正进,陈温福,张龙步.水稻理想株型育种研究的现状与展望.农业科学集刊(第一集),1993:122-125.

[20] 杨守仁,张龙步,陈温福,等.水稻超高产育种的理论与方法.中国水稻科学,1996,10(2):115-120.

[21] 黄务涛.杂交稻分蘖期株型的研究.江苏农业科学,1982(4):18-24.

[22] 朱德峰.国际水稻研究所水稻新株型的研究现状与新动向.作物研究,1996,10(4):35-36.

[23] 朱德峰.热带水稻品种的产量"极限"与新株型.农业现代化研究,1997,18(4):250-253.

[24] 袁隆平.超级杂交稻.中国水稻研究通报(CRRN),2000,8(1):13-14.

[25] 张忠旭,陈温福,杨振玉,等.水稻抗倒伏能力与茎秆物理性状的关系及其对产量的影响.沈阳农业大学学报,1999,30(2):81-85.

[26] 杨惠杰,杨仁崔,李义珍,等.水稻茎秆性状与抗倒性的关系.福建农业学报,2000,15(2):1-7.

[27] 凌启鸿,苏祖芳,张洪程,等.水稻不同品种类型叶龄模式.中国农业科学,1983(1).

[28] 陈温福,徐正进,张龙步.水稻理想株型研究.沈阳农学院学报,1989,20(4):417-42.

[29] 孙旭初.水稻叶型的类别及其与光合作用关系的研究.中国农业科学,1985(4):49-55.

[30] 徐正进,张龙步,杨守仁,等.水稻超高产研究中穗部问题探讨.山东农业大学学报,1992,23:199-202.

[31] 杨守仁.伤根论.辽宁农业科学,1984(4):20-21.

[32] 陆卫平,蔡建中.水稻根系分布与叶角关系的研究初报.作物学报,1989,15(2):123-131.

[33] 刘贞琦.不同株型水稻光合特性的研究.中国水稻科学,1980(3):6-10.

[34] 张龙步,陈温福,杨守仁.水稻理想株型育种的理论和方法再论——叶片质量的品种间差异及其与产量因素的关系.中国水稻科学,1987,1(3):144-153.

[35] 陈温福,徐正进,张龙步,等.不同株型粳稻品种的冠层特征和物质生产关系的研究.中国水稻科学,1991,5(2):67-71.

[36] 陈温福,徐正进,张龙步.水稻叶片气孔密度与气孔扩散阻力和净光合速率的比较研究.中国水稻科学,1990,4(4):163-168.

[37] 彭应财,陈温福,徐正进.水稻叶片气孔密度及其与气孔扩散阻力和比叶重的关系.沈阳农业大学学报,1991,22(增刊):69-72.

[38] 曹显祖,朱庆森.水稻品种的源库特征及其类型划分的研究.作物学报,1987,13(4):266-272.

[39] 凌启鸿,杨建昌.水稻群体粒叶比与高产栽培途径的研究.稻麦研究新进展,南京:东南大学出版社,1990.82-89.

[40] 凌启鸿.作物群体质量.上海:上海科学技术出版社,2000:42-107.

[41] 孙成明,苏祖芳,许乃霞,等.水稻有效分蘖叶龄期的株型特征及其与产量关系初探.江苏农业研究,2000,21(3):10-15.

[42] 苏祖芳,李永丰,郭宏文,等.水稻单茎茎鞘重与产量形成关系及其高产途径的探讨.江苏农学院学报,1993,14(1):23-30.

[43] 苏祖芳,孙成明.水稻生育前期株型指标的研究.作物学报,2002,28(5):660-664.

[44] 苏祖芳,郭宏文,李永丰,等.水稻叶面积动态类型的研究.中国农业科学,1994,27(4):23-30.

[45] 苏祖芳,许乃霞.水稻抽穗后株型指标与产量形成关系的研究.中国农业研究,2003,36(1):115-120.

[46] 陈温福.水稻超高产途径与株型研究.沈阳:辽宁科学技术出版社,1994.

[47] 张海泉,华国怀,苏祖芳.水稻高产株型栽培原理与技术.南京:东南大学出版社,2004.

栽培技术措施与产量形成关系的研究

密肥条件对水稻氮素吸收和产量形成的影响[*]

摘　要：以迟熟中粳稻 9516 和杂交中籼稻汕优 63 为材料，研究不同栽插密度（行距）和施氮量对水稻氮素吸收、产量形成的影响。结果表明：成熟期植株总吸氮量和穗部吸氮量随施氮量的增加而增加，但穗部吸氮量随施氮量占总吸氮量的比例呈下降趋势，栽插行距不同总吸氮量有差异。不同处理抽穗期群体总颖花量、植株吸氮量变化幅度较大，抽穗期单位氮素相对产颖花能力变化幅度小，因而可以根据预期产量指标的颖花量和不同地力单位氮素相对产颖花能力，计算得出抽穗期相对吸氮量，并除以抽穗期氮肥利用效率，就可较确切地算出水稻的施氮量，为生产上定量施肥提供理论依据。

关键词：水稻；氮素；施肥量；栽插方法；产量

近年来，随着生产条件的改善，品种生产力的演进以及增施氮肥和改进栽培技术等，水稻单产不断提高，为缓解粮食压力起了重要作用。但随着施氮量的增加，单产虽然提高，如 1998 年江苏全省常规中粳稻平均单产 598.6 kg/亩，平均每亩纯氮用量为 21.8 kg，少数田块已达 30 kg/亩，杂交中籼稻全省平均单产为 570.8 kg/亩，平均施氮量为 16.9 kg。而单位施氮量的产谷量逐渐降低，氮肥利用率偏低，不仅造成氮素损失，而且加剧环境污染[1,2]。因此，进一步研究氮肥的施用等栽培措施对产量的影响具有重要的现实意义。

本试验在不同栽插密度（行距）条件下，研究不同施氮量对水稻植株氮素吸收利用状况及对产量形成的影响，为水稻高产高效施肥技术提供理论和实践依据。

1　材料与方法

试验于扬州大学农学院实验农场进行。砂壤土，土壤基础地力全氮含量为 0.11%，碱解氮为 96.8 mg/kg，土壤速效磷为 32.6 mg/kg，土壤速效钾为 90.1 mg/kg。供试品种为迟熟中粳稻 9516 品系和杂交中籼稻汕优 63 组合。

1.1　试验设计

试验以尿素为氮源，施用量：汕优 63 每亩施纯氮 5 kg（N_1）、10 kg（N_2）、15 kg（N_3）；9516 每亩施纯氮 10 kg（N_2）、15 kg（N_3）、20 kg（N_4）；基蘖肥与穗粒肥配比为 6∶4。栽插行距，9516 为 23.3 cm（H_1）、26.6 cm（H_2）、29.9 cm（H_3）；汕优 63 为 26.6 cm（H_2）、29.9 cm（H_3）、

---

[*] 本文原载《中国水稻科学》，2001，15(4)：281-286；作者：苏祖芳，周培南，许乃霞，张亚洁。

33.3 cm（H_4）；不施肥为对照（N_0），9516 行距为 26.6 cm（H_2），汕优 63 行距为 29.9 cm（H_3），株距均为 10 cm。随机区组排列，小区面积为 12 m²，重复 2 次。每小区间筑小埂，塑料薄膜设埋包覆，单灌单排。氮肥均为尿素。基肥中施氯化钾 8 kg/亩。汕优 63 每穴 1 苗，9516 每穴 2 苗，秧苗带茎蘖数、叶龄基本一致，田间管理同栽培大田。

1.2 测定项目与方法

（1）叶龄进程，茎蘖动态。

（2）叶面积、干物质和植株养分测定：测定时期为移栽期、有效分蘖临界叶龄期、拔节期、抽穗期、成熟期。移栽期取 100 株秧苗，其余各期每小区根据平均茎蘖数取代表性植株 5 穴测定叶面积指数（干重法）和地上部各器官（叶、茎鞘、穗）干重。全氮含量用凯氏半微量定氮法。

（3）成熟期测定产量结构，割方测定实产。

2 结果与分析

2.1 不同处理对成熟期植株吸氮的影响

2.1.1 植株总吸氮量

试验结果（表1）表明，植株总吸氮量随着施氮量的增加而增加。如 9516 N_2、N_3 和 N_4 水平时，植株总吸氮量分别比对照（N_0）高出 61.26%、112.22% 和 127.40%。汕优 63 组合在 N_1、N_2 和 N_3 水平时的植株总吸氮量分别比对照（N_0）高出 44.63%、84.75% 和 102.45%。

表1 不同处理成熟期植株各部器官的吸氮量及其占总吸氮量的比例

	95-16			汕优63	
处理	总吸氮量/(kg·亩⁻¹)	产量/(kg·亩⁻¹)	处理	总吸氮量/(kg·亩⁻¹)	产量/(kg·亩⁻¹)
N_0H_2	5.73	380.19	N_0H_3	5.31	429.96
N_2H_1	9.50	524.40	N_1H_2	7.66	529.68
N_2H_2	9.37	518.89	N_1H_3	7.74	523.37
N_2H_3	8.85	482.56	N_1H_4	7.62	508.02
N_2	9.24	508.62	N_1	7.68	520.36
N_3H_1	11.27	547.48	N_2H_2	9.07	568.72
N_3H_2	12.74	645.19	N_2H_3	9.91	611.79
N_3H_3	12.47	626.26	N_2H_4	10.45	637.17
N_3	12.16	606.31	N_2	9.81	605.89
N_4H_1	12.45	528.85	N_3H_2	9.96	535.41
N_4H_2	13.57	598.80	N_3H_3	10.95	572.34
N_4H_3	13.08	588.33	N_3H_4	11.34	593.14
N_4	13.03	571.99	N_3	10.75	566.96

表 1 还表明，栽插行距不同，植株总吸氮量有差异。如 9516 在 N_2 水平时，植株总吸氮量随着行距的扩大而降低，而在 N_3 和 N_4 水平时，植株总吸氮量由栽插行距 H_1 上升到 H_2 时达最高，再扩大行距（H_3），总吸氮量有所下降。汕优 63 在 N_1 水平时不同栽插行距处理差异较小，而在 N_2 和 N_3 水平时，植株总吸氮量随着行距扩大而增加。

2.1.2 成熟期植株各部器官的吸氮量及其占总吸氮量的比例

抽穗后,稻株体内吸收的氮素由叶、茎鞘逐渐转移到穗中。不同处理成熟期植株地上部各部器官(叶、茎鞘和穗)吸氮量及其占总吸氮量的比例有差异。由图1可看出,叶、茎鞘的吸氮量及其占总吸氮量的比例均随着施氮量的增加而提高;穗部的吸氮量随施氮量的增加在一定范围内提高,但其占总吸氮量的比例却呈下降趋势。如9516对照(N_0)叶茎鞘的吸氮量,为1.84 kg/亩,其占植株吸氮量的比例为32.2%,N_2、N_3、N_4水平叶茎鞘吸氮量分别为3.05、4.46和5.49 kg/亩,分别比对照高出0.8、4.6和9.9个百分点;对照(N_0)穗部的吸氮量为3.88 kg/亩,N_2、N_3、N_4水平分别比对照高,而其占总吸氮量的比例分别比对照(67.8%)低0.8、4.6和9.9个百分点。从表2可看出,N_3水平植株比N_2吸收增加31.60%,其中穗吸收增加24.37%,叶和茎鞘吸收增长46.15%;N_4水平植株比N_3吸收增长7.15%,其中穗吸氮量减少1.96%,叶和茎鞘吸收增长23.02%。可见,增施氮肥,水稻总的吸收量和转移到穗部经济器官的量是逐渐下降的,而滞留在叶茎鞘中的氮量比例逐渐增加,本试验条件下9516穗部吸收量占总吸氮量的比例由对照的67.8%下降到57.9%,而叶茎鞘吸氮占总吸氮的比例由对照的32.2%上升为42.1%,造成了氮素的潜在浪费。汕优63趋势与9516相似。相关分析表明,成熟期植株吸氮量与产量呈抛物线关系,植株吸氮量达最高时,产量并非最高。而穗部的吸氮量与产量呈显著正相关关系,相关系数9516为0.9674**,汕优63为0.8260**(图2)。可见,施氮量过多,主要增加稻草中氮素的吸收量,提高茎叶含氮率,促进茎叶营养器官生长,导致叶片、茎鞘光合产物运转率降低,致使产量不高。只有当施氮量适宜时,其叶片、茎鞘含氮率和吸氮量适宜,氮素运转率高,穗吸氮量多,才能取得高产。

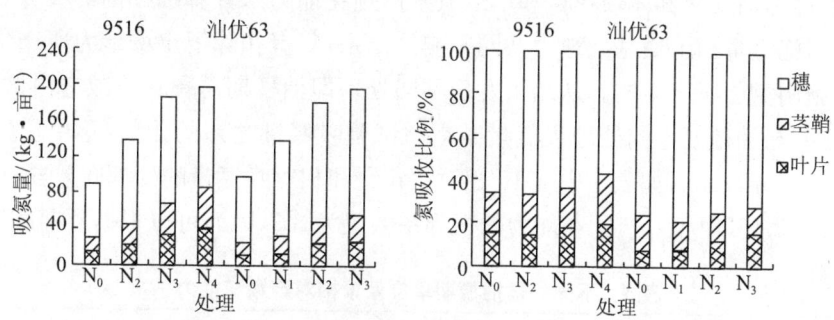

图1 不同处理对成熟期植株吸氮量及其占总吸氮量比例的影响

表2 不同处理间氮素吸收利用状况

品种	9516				汕优63			
处理	植株总吸氮量	A%	B%	C%	处理	植株总吸氮量	A%	B%	C%
N_0	5.73	—	—	—	N_0	5.31	—	—	—
N_2	9.24	61.26	59.34	65.56	N_1	7.68	44.63	48.14	33.33
N_3	12.16	31.60	24.37	46.15	N_2	9.81	27.77	23.86	41.61
N_4	13.03	7.15	−1.96	23.02	N_3	10.75	9.58	4.56	25.03

注:表中A、B、C分别指$N_2-N_0(N_1-N_0)$、$N_3-N_2(N_2-N_1)$、$N_4-N_3(N_3-N_2)$植株吸氮量、穗吸氮量、叶茎鞘吸氮量比N_2(N_1)、N_3(N_2)、N_4(N_3)的增长百分率(括号内为汕优63)。

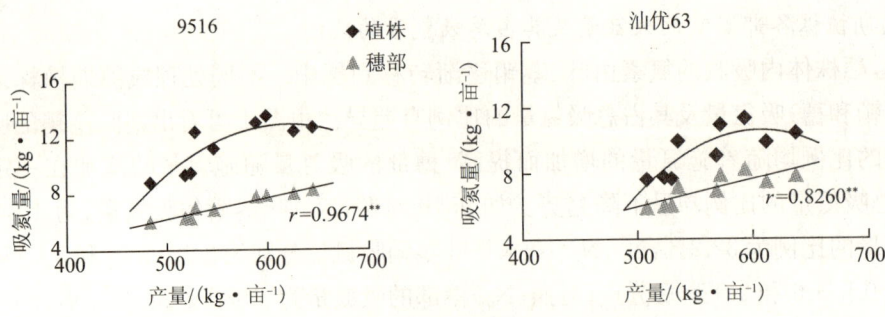

图 2 不同处理植株和穗部吸氮量与产量的关系

2.2 不同处理氮素吸收与群体源库形成的关系

2.2.1 最大 LAI 和总颖花量与产量的关系

相关分析表明,两品种产量与最大 LAI 均呈抛物线关系,方程分别为 $y_{9516}=-12.955x^2+188.56x-101.9$,$y_{汕优63}=-8.1483x^2+131.69x+49.322$。本试验结果表明,9516 最大 LAI 为 7.2 左右,汕优 63 为 8.0 左右时,可夺取高产。而两品种(组合)单位面积总颖花量与产量呈极显著的正相关关系,相关系数 r_{9516} 0.923 6**,$r_{汕优63}$ 0.865 2**,可见要取得高产,必须要提高抽穗期的总颖花量,这是高产的基础,和前人研究一致[3]。

2.2.2 抽穗期单位氮素相对产颖花能力与相对总颖花量的关系

研究表明,抽穗期群体总颖花量和植株吸氮量处理间差异极大,而抽穗期单位氮素产颖花能力较稳定,因而可用抽穗期群体颖花量和单位氮素产颖花能力来计算抽穗前的吸氮量。由于抽穗期总颖花量包括施氮量和土壤基础地力共同影响的结果,只有扣除了土壤地力所产生的颖花量后的颖花量才是施用氮肥所产生的。从结果发现不同处理即抽穗期总颖花量减空白试验(一生不施肥)的颖花量之差与抽穗期不同处理吸氮量减空白试验吸氮量之差的比值(称单位氮素相对产颖花能力),处理间差异较小。如表 3 中 9516 相对颖花量和相对吸氮量的处理间差异较大,变异系数分别为 33.72 和 32.15,而相对产颖花能力的变异系数仅为 8.3,因而可以根据预期产量指标的颖花

表 3 不同处理抽穗期单位氮素相对产颖花能力

品种	9516			汕优 63			
处理	相对颖花量/(万·亩$^{-1}$)	相对吸氮量/(kg·亩$^{-1}$)	相对产颖力/(朵·mg^{-1})	处理	相对颖花量/(万·亩$^{-1}$)	相对吸氮量/(g·亩$^{-1}$)	相对产颖力/(朵·mg^{-1})
N_2H_1	750.7	4.00	1.876	N_1H_2	558.2	2.59	2.159
N_2H_2	672.4	3.54	1.897	N_1H_3	508.8	2.34	2.178
N_2H_3	479.6	3.08	1.556	N_1H_4	428.8	2.12	2.024
N_3H_1	1 109.2	6.29	1.765	N_2H_2	989.6	4.25	2.331
N_3H_2	1 420.9	6.84	2.078	N_2H_3	1 144.5	4.40	2.601
N_3H_3	1 308.5	6.88	1.903	N_2H_4	1 196.8	4.52	2.648
N_4H_1	1 289.4	7.79	1.656	N_3H_2	1 203.8	5.97	2.015
N_4H_2	1 465.0	7.89	1.856	N_3H_3	1 294.1	6.20	2.088
N_4H_3	1 410.4	7.71	1.830	N_3H_4	1 349.0	6.24	2.164
$\bar{x}$	1 100.7	6.00	1.824	$\bar{x}$	963.7	4.29	2.245
CV	33.72	32.15	8.30	CV	37.78	38.44	10.46

量、基础地力颖花量和不同地力单位氮素相对产颖花能力,通过抽穗期相对吸氮量[(总颖花量—空白区颖花量)/单位氮素相对产颖花能力],并除以抽穗期氮肥利用效率(抽穗期处理减空白试验的吸氮量之差与总施氮量的比值),就可较确切地计算出水稻的施氮量。

2.3 不同处理对产量及其构成因素的影响

2.3.1 对产量的影响

从结果看(表4),施氮量不同,产量有差异。如9516在N_2水平产量最高,N_3水平其次,N_4水平再次,分别比对照(N_0)增加33.78%、59.48%和50.90%。表4还表明,栽插行距对产量有一定的影响,如9516在N_2水平下,H_1处理产量为524.40 kg/亩,H_2、H_3处理产量分别比H_1处理降低1.05%和7.98%。在N_3水平下产量以H_2处理最高,达645.18 kg/亩,H_3处理其次,H_1处理产量最低。N_4水平扩行对产量的影响与N_3水平基本一致。可见9516在低氮水平(N_2)时,扩行减产,而在较高氮水平(N_3、N_4)时,扩行增产,但行距过大,产量也不高。汕优63结果与9516大体相同。

表4 不同处理的产量及产量成

品种	处理	穗数 /(万·亩$^{-1}$)	每穗粒数	结实率 /%	千粒重 /g	产量 /(kg·亩$^{-1}$)
9516	$N_0 H_2$	13.25	105.5	95.23	28.56	380.19f
	$N_2 H_1$	17.86	120.3	86.92	28.08	524.40cd
	$N_2 H_2$	16.75	123.6	89.13	28.12	518.89d
	$N_2 H_3$	14.96	125.5	91.24	28.17	482.56e
	N_2	16.52	123.1	89.10	28.12	508.62
	$N_3 H_1$	18.78	133.5	81.36	26.84	547.48c
	$N_3 H_2$	20.25	139.2	82.75	27.66	645.18a
	$N_3 H_3$	19.14	141.4	82.88	27.92	626.26a
	N_3	19.39	138.0	82.33	27.47	606.31
	$N_4 H_1$	19.53	137.6	73.65	26.72	528.84cd
	$N_4 H_2$	20.42	140.2	75.92	27.55	598.80b
	$N_4 H_3$	19.68	142.7	76.54	27.61	593.48b
	N_4	19.88	140.2	75.37	27.29	573.71
汕优63	$N_0 H_3$	13.28	128.6	88.24	28.54	429.96g
	$N_1 H_2$	14.87	152.3	82.85	28.23	529.68e
	$N_1 H_3$	14.32	154.7	83.51	28.29	523.37ef
	$N_1 H_4$	13.67	156.2	84.16	28.27	508.02f
	N_1	14.29	154.4	83.51	28.26	520.36
	$N_2 H_2$	16.32	165.2	75.23	28.04	568.72d
	$N_2 H_3$	16.88	168.9	76.31	28.12	611.79b
	$N_2 H_4$	16.85	172.3	77.88	28.18	637.16a
	N_2	16.68	168.8	76.47	28.11	605.89
	$N_3 H_2$	17.49	166.4	65.82	27.98	535.98e
	$N_3 H_3$	17.63	170.2	68.17	27.95	571.72d
	$N_3 H_4$	17.53	174.3	69.28	28.02	593.14c
	N_3	17.55	170.3	67.76	27.98	566.95

注:9516 $LSD_{0.05}$=25.72 kg/亩,汕优63 $LSD_{0.05}$=17.77 kg/亩。

2.3.2 对产量构成因素的影响

表4表明,随施氮量增加,每亩穗数增加。如9516 N_2、N_3、N_4水平时穗数分别比对照(N_0的13.25万/亩)增长24.68%、46.34%和50.04%。在同一氮素水平下,栽插行距对穗数亦有一定的影响,如9516 N_2水平下,随着栽插行距的扩大,穗数略少;而在N_3、N_4水平下H_2处理穗数较高,H_3次之,H_1最少,可见在较低氮水平时扩大行距,穗数减少,而较高氮素水平时,适当扩大行距能增加穗数。

表4还看出,每穗粒数随着施氮量的增加而增加。如9516对照(N_0)每穗粒数为105.5粒,N_2、N_3、N_4水平下分别比对照增长16.68%、30.81%和32.89%。而在同一氮素水平下,随栽插行距的扩大,每穗粒数均有所增加。由此可以看出,施氮量增加,每穗粒数增加,但增加幅度逐渐减小,扩大行距对穗粒数的增加有明显的正效应。

表4还可看出,结实率两品种均以对照(N_0)最高,9516为95.23%,汕优63为88.24%,均随施氮量的增加,结实率降低。如9516在N_2、N_3、N_4 3种氮素水平下,结实率分别比N_0降低6.13%、12.9%和19.86%。在同一氮素水平下,结实率随栽插行距扩大而有增加的趋势,如9516 N_2水平下,行距H_1、H_2、H_3处理结实率分别为86.92%、89.13%和91.24%。在N_3、N_4水平时扩大行距对结实率变化趋势同N_2水平。汕优63和9516结果类似。这说明,扩大行距可以提高结实率,有助于弥补因施氮量的增加而造成的结实率下降。

表4可进一步看出,千粒重两品种均以对照(N_0)最高,随施氮量的增加千粒重下降。如9516在N_2、N_3、N_4氮素水平下,千粒重比对照N_0分别降低0.44、1.09和1.27 g。栽插行距扩大时千粒重也有所增加,如9516在N_2水平下,H_1、H_2、H_3行距处理千粒重分别为28.08、28.12和28.17 g,N_3、N_4水平下变化与N_2水平相类似。汕优63行距处理的千粒重变化不明显。

可见,在获得适宜穗数前提下,在与产量相适应的施氮量下,适当扩大栽插行距,有利于形成大穗,提高结实率和千粒重,致使穗、粒、重结构达到最优化组合,获得高产。

3 小结与讨论

3.1 关于施氮量的确定

水稻高产栽培中施氮量的确定,主要依赖于高产栽培实践经验[3],也有应用测土配方施肥及专家系统来确定[4,5]。由于养分吸收量不仅因产量水平而不同,而且也因土壤地力差异而有较大的变化。因此,准确地预计施氮量仍然较为困难。关于确定施氮量的研究,蒋军民[6]提出了单位氮素产颖能力的概念,应用单位面积总颖花量和单位氮素产颖花能力的乘积确定抽穗期的吸氮量,参照土壤供肥能力,得出抽穗前的施氮量。但由于抽穗期总颖花量的形成是由施用氮肥和土壤基础地力共同影响的结果,因此只有在总颖花量中扣除土壤地力所产生的颖花量,才是施用氮肥所产生的颖花量,抽穗期不同处理减空白试验(一生不施肥)的总颖花量之差与抽穗期不同处理减空白试验吸氮量之差的比值(单位氮素相对产颖花能力),处理间变化幅度较小,因而可以根据预期产量指标导出的颖花量、基础地力颖花量和不同地力单位氮素相对产颖花能力,利用抽穗期相对吸氮量,并除以抽穗期氮肥利用效率的公式,就可较确切地算出水稻的总施氮量,这可作为高产栽培定量施肥的依据。本试验中9516和汕优63两个品种(组合)处理间单位氮素相对产颖花能力的变化一致,而在同一土壤的空白试验因品种不同,总颖花量和抽穗期的吸氮量有差异,所以不同品种同一产量指标的施氮量是不同的。本试验仅得到同一土壤两品种的空白试验的总颖花量和抽穗期吸氮量进行分析的结果,对其他土壤不同品种空白试验的总颖花量的变化,有待于进一步研究。

3.2 关于氮素的吸收利用

关于肥效的研究较多[5,7],而关于氮素的吸收利用的研究较少。氮素吸收不仅和植株根系活力有关,还与氮肥用量密切相关。氮肥用量少的植株吸收氮素少,养分运转率高;反之,氮肥用量多的植株吸收氮素相对较多,养分运转率低。本试验表明,生育前中期,施氮量过多,增加稻草中的吸氮量,促进茎叶等营养器官生长,提高茎叶含氮率,造成无效生长和低效生长多,恶化群体。生育后期随着施氮量的增加,水稻植株吸氮量增加,稻谷产量不断增加。当施氮量超过一定范围,随施氮量的增加,水稻植株的吸氮量增加,转移到谷粒中的氮素降低,氮素养分滞留在稻草中的增多,造成了氮素潜在的浪费。本试验结果表明,施氮量越高,氮素养分吸收利用越低,所以高产栽培要尽量减少无效(低效)生长量,提高单位氮素的产谷量和肥料利用率,也要考虑到氮素的经济利用率,即氮素向穗的运转率。如何降低滞留在稻草中的氮素,提高氮肥的利用率和经济效益,是高产高效栽培中应注意的问题。

参考文献

[1] 邓仕槐,吴晓斌,卢益武.肥料对环境质量的影响[J].西南农业学报,1998,11(3):106-111.
[2] 蒋永虑,吴金桂,姜德仁,等.氮素化肥对农业生态环境的污染及其控制措施[J].江苏农业科学,1998(6):48-50.
[3] 汪定淮,刘尚义,沈烈,等.作物养分平衡与高产栽培——兼论作物栽培科学现代化[M].北京:北京大学出版社,1994.
[4] 金安世,陈秋,孙芙英,等.水稻推荐施肥专家咨询系统的研究[J].辽宁农业科学,1990(1):4-8.
[5] 郭熙盛,张辛未.稻田肥水管理对氮肥效益的影响[J].安徽农业科学,1992,20(3):251-254.
[6] 蒋军民.高产水稻养分吸收规律与氮素调控机理的研究[J].江苏农学院学报,1994,15(3):24-30.
[7] 肖恕贤,覃步生,陈盛球,等.杂交早稻需肥特性和施肥技术研究[J].作物学报,1982,8(1):23-82.

Effects of Nitrogen and Planting Density on N-Absorption and Yield of Rice

SU Zu-fang, ZHOU Pei-nan, XU Nai-xia, ZHANG Ya-jie

(Department of Agronomy, Agricultural College, Yangzhou University, Yangzhou 225009, China)

Abstract: The effects of amount of nitrogen and planting density on N-absorption and yield formation of rice were studied with mid-season rice *japonica* cv.9516 and *indica* hybrid rice Shanyou 63. The results are as follows: at maturing stage, the total amount of N-absorption (ANA) in plants and in panicles were increased with the increase of N-application, but the rstio of ANA of panicles to the total ANA of plants decreased, the total ANA varied among different row spacings. Diversification of the total number of spikelets per area, ANA per plant varied in large range, but the relative capacity of producing spikelet per N application varied in little range. At heading stage, amount of N application in rice can be exactly calculated, according to the numbers of spikelets of anticipated yield and the number of spikelets produced per ANA at different base soil fertility. Calculating the comparative ANA divided by the utilization efficiency of N at heading stage, which can provide theoretical basis for quantitative fertilization in production.

Key words: rice; nitrogen; fertilizer application rate; cultivation method; yield

施氮量和移栽密度对水稻产量及稻米品质的影响[*]

摘　要：在田间小区试验条件下，以迟熟中粳稻9516和杂交中籼稻汕优63为试验材料，研究不同施氮量和栽插密度（行距）对水稻产量和稻米品质的影响。结果表明：中粳稻9516适宜施氮量为225 kg/hm²，栽插行距为26.6 cm；汕优63适宜施氮量为150 kg/hm²，栽插行距为33.3 cm。在此试验条件下，可获得适宜穗数，提高结实率和粒重，降低至垩白米率和垩垩白指数，提高蛋白质含量，改善稻米的加工品质。

关键词：水稻；施氮量；栽插行距；产量；稻米品质

近年来，随着生产条件的改善、品种生产力的演进以及增施氮肥和改进栽培技术等，水稻单产不断提高，对缓解粮食压力起到了重要作用[1,2]。但随着人民生活水平的提高和稻米市场的开放，稻米品质问题也日益受到重视。稻米品质主要取决于品种的遗传性，生态环境条件和栽培措施对稻米的加工、外观品质以及食味品质也有明显影响[3,7]。因此，研究氮肥施用量等栽培措施对产量及稻米品质的影响具有重要的现实意义。本试验在不同栽插密度（行距）条件下，研究不同施氮量对产量形成和稻米品质的影响，为水稻优质高产高效施肥技术提供理论和实践依据。

1　材料与方法

试验于扬州大学农学院实验农场进行。土壤为砂壤土，基础地力：全氮含量为0.11%，碱解氮、速效磷、速效钾含量为96.8、32.6、90.1 mg/kg。供试品种为迟熟中粳稻9516品系和杂交中籼稻汕优63。

1.1　试验设计

汕优63和9516均设3个氮肥处理，汕优63施纯氮为75(N_1)、150(N_2)、225(N_3) kg/hm²，9516施纯氮为150(N_2)、225(N_3)、300(N_4) kg/hm²。基蘖肥与穗粒肥配比为6∶4。栽插行距设3个处理，9516为23.3(H_1)、26.6(H_2)、29.9(H_3) cm，汕优63为26.6(H_2)、29.9(H_3)、33.3(H_4) cm。不施肥为对照(N_0)，栽插株距均为10 cm。随机区组排列，小区面积为12 m²，重复2次。每小区间筑小埂，薄膜设埋包覆，单灌单排。氮肥均为尿素，基肥中施氯化钾120 kg/hm²。汕优63每穴

---

[*] 本文原载《江苏农业研究》，2001，22(1)：27-31；作者：周培南，冯惟珠，许乃霞，张亚洁，苏祖芳。

1苗,9516每穴2苗,秧苗带茎蘖数、叶龄基本一致,田间管理同大田栽培。

1.2 测定项目与方法

(1) 叶龄进程、茎蘖动态。

(2) 成熟期测定产量结构,割方测定实产。

(3) 稻米加工品质(出糙率、精米率、整精米率)测定:各处理实收稻谷中选取样品(500 g,重复2次)测定出糙率(糙米重/稻谷重);称取糙米(20 g,重复2次)精碾,其中汕优63为1 min,9516为3 min,将所得精米分成整米(大于3/4者)和碎米两部分,并分别称取重量,计算其精米率和整精米率(用LMG碾米机出糙,小型精米碾白机出精)。

(4) 稻米外观品质(粒长、宽、长宽比和垩白)测定:各处理选取50粒整精米,用游标卡尺(精度为0.02 mm)分别测定米粒的长度、宽度,并计算其长宽比;稻米的垩白指数按公式Σ(各级米的比率×该级米垩白面积比)/Σ(各级米的比率×最高级米垩白面积比)计算得到,同时计算垩白米率。引用凯氏半微量定氮法测定各处理糙米蛋白质含量。

2 结果与分析

2.1 不同处理对产量与产量构成因素的影响

2.1.1 对产量的影响

表1表明,施氮量不同,产量有明显差异。如9516,在N_2、N_3、N_4施氮水平下,产量分别为7 629.30、9 094.65和8 605.65 kg/hm²,分别比对照N_0(5 702.85 kg/hm²)增产1 926.45、3 391.80和2 902.80 kg,增幅分别为33.78%、59.48%和50.90%。产量以N_3处理最高,N_4处理其次,N_2处理再次。表1还表明,栽插行距对产量也有一定的影响,如9516,在N_2施氮水平下,H_1处理产量为7 866.00 kg/hm²。H_2、H_3处理产量分别为7 783.35和7 238.40 kg/hm²,分别比H_1处理降低82.65和627.60 kg/hm²,降幅为1.05%和7.98%;在N_3施氮水平下,H_1、H_2和H_3处理分别为8 212.20、9 677.70和9 393.90 kg/hm²,产量以H_2处理最高,H_3处理其次,H_1处理再次;在N_4施氮水平下,扩行对产量的影响与N_3处理基本一致。可见9516在低施氮水平(N_2)下,扩行减产,而在较高施氮水平(N_3、N_4)下,扩行增产,但行距过大,产量也不高。汕优63结果变化趋势与9516一致。

2.1.2 对产量构成因素的影响

由表1可见,单位面积的穗数随施氮量的增加而增加,如9516,在N_2、N_3和N_4施氮水平下,穗数分别为243.75万、290.85万和298.20万/hm²,比对照(N_0 198.75万/hm²)分别增长22.64%、46.34%和50.04%。在同一施氮水平下,栽插行距对穗数亦有一定的影响,如9516,在N_2施氮水平下,随着栽插行距的扩大,穗数略有减少,N_1、N_2和N_3处理穗数分别为267.90万、251.25万和224.25万/hm²;而在N_3和N_4施氮水平下,N_2处理穗数较高,H_3处理次之,H_1处理最少。可见在较低施氮水平下,扩大行距,穗数减少;而在较高施氮水平下,适当扩大行距能增加穗数。

由表1还可看出,不同处理对每穗粒数的影响较大。随着施氮量的增加,每穗粒数增加,如9516,对照(N_0)每穗粒数为105.5粒,N_2、N_3和N_4处理分别为123.1、138.0和140.2粒,分别比对照增加 16.68%、30.81% 和 32.89%。而在同一施氮水平下,随栽插行距的扩大,每穗粒数均有所增加,如 9516,在 N_3 施氮水平下,H_1、H_2 和 H_3 处理每穗粒数分别为 133.5、139.2 和 141.4 粒,H_2、H_3 处理比 H_1 分别增加 5.7 和 7.9 粒。由此可见,随施氮量增加,每穗粒数随之增加,但增加幅度逐渐减小,扩大行距对穗粒数的增加有明显的正效应。

表 1 不同处理的产量及产量构成

品种	处理	穗数 /($10^4 \cdot hm^{-2}$)	每穗粒数	结实率/%	千粒重 /g	产量 /(kg·hm^{-2})
9516	N_0H_2	198.75	105.5	95.23	28.56	5 702.85f
	N_2H_1	267.90	120.3	86.92	28.08	7 866.00cd
	N_2H_2	251.25	123.6	89.13	28.12	7 783.35d
	N_2H_3	224.25	125.5	91.24	28.17	7 238.40c
	$\bar{x}$	243.75	123.1	89.10	28.12	7 629.30
	N_3H_1	281.70	133.5	81.36	26.84	8 212.20c
	N_3H_2	303.75	139.2	82.75	27.66	9 677.70a
	N_3H_3	287.10	141.4	82.88	27.92	9 393.90a
	$\bar{x}$	290.85	138.0	82.33	27.47	9 094.65
	N_4H_1	292.95	137.6	73.65	26.72	7 932.60cd
	N_4H_2	306.30	140.2	75.92	27.55	8 982.00b
	N_4H_3	295.20	142.7	76.54	27.61	8 902.20b
	$\bar{x}$	298.20	140.2	75.37	27.29	8 605.65
汕优 63	N_0H_3	199.20	128.6	88.24	28.54	6 449.40g
	N_1H_2	223.05	152.3	82.85	28.23	7 945.20c
	N_1H_3	214.80	154.7	83.51	28.29	7 850.55cf
	N_1H_4	205.05	156.2	84.16	28.27	7 620.30f
	$\bar{x}$	214.85	154.4	83.51	28.26	7 805.40
	N_2H_2	244.80	165.2	75.23	28.04	8 530.80d
	N_2H_3	253.20	168.9	76.31	28.12	9 176.85b
	N_2H_4	252.75	172.3	77.88	28.18	9 557.40a
	$\bar{x}$	250.20	168.8	76.47	28.11	9 088.35
	N_3H_2	262.35	166.4	65.82	27.98	8 039.70c
	N_3H_3	264.45	170.2	68.17	27.95	8 575.80d
	N_3H_4	262.95	174.3	69.28	28.02	8 897.10c
	$\bar{x}$	263.25	170.3	67.76	27.98	8 504.25

注:表中 9516:LSD 0.05=385.80 kg/hm^2;汕优 63:LSD 0.05=266.55 kg/hm^2。

表 1 进一步表明,不同处理的结实率有明显的差异,两品种的结实率均以对照(N_0)为最高,9516 为 95.23%,汕优 63 为 88.24%。随施氮量的增加,结实率有所下降,如 9516,在 N_2、N_3 和 N_4 施氮水平下,结实率分别为 89.10%、82.33% 和 75.37%,分别比 N_0 降低 6.13%、12.90% 和 19.86%。在同一施氮水平下,结实率随栽插行距扩大有增加的趋势,如 9516,在 N_2 施氮水平下,H_1、H_2 和 H_3 处理结实率分别为 86.92%、89.13% 和 91.24%;在 N_3、N_4 施氮水平下,扩大行距对结实率的影响同 N_2 处理。汕优 63 和 9516 结果类似。这表明扩大行距可以提高结实率,有助于弥补因施氮量增加而造成结实率下降。

由表1看出，不同处理对千粒重亦有一定的影响。两品种千粒重均以对照（N_0）处理为最高，9516为28.56 g，汕优63为28.54 g。不同处理千粒重均表现为随施氮量的增加而下降，如9516，在N_2、N_3和N_4施氮水平下，千粒重分别为28.12、27.47和27.29 g，比对照N_0分别降低0.44、1.09和1.27 g。千粒重随栽插行距的扩大也有所增加，如9516，在N_2施氮水平下，H_1、H_2和H_3处理千粒重分别为28.08、28.12和28.17 g。N_3、N_4处理的变化趋势与N_2类似。汕优63各行距处理的千粒重变化不明显。

2.2 不同处理对稻米品质的影响

2.2.1 加工品质

加工品质主要包括出糙率、精米率和整精米率。试验结果（表2）表明：不同处理的出糙率，9516平均为83.04%，其变异系数为0.37；汕优63平均为80.40%，其变异系数为0.93。可见稻米出糙率品种内相对稳定，不同的施氮量和移栽密度对其影响较小。不同处理的精米率，9516平均为71.54%，其变异系数为1.50；汕优63平均为69.37%，其变异系数为1.98。可见不同施氮水平和栽插行距对精米率有一定的影响。由表2可见，随氮肥施用量的增加，精米率有降低的趋势，如9516，在N_0、N_2、N_3和N_4施氮水平下，精米率依次为73.02%、72.46%、70.89%和70.45%。随栽插行距的扩大，精米率有上升的趋势，如9516，在N_3施氮水平下，行距由H_1扩大到H_3，精米率由70.21%上升到71.50%，H_3处理比H_1增加了1.29%。汕优63精米率的变化趋势与9516相同。

表2 不同处理对稻米加工品质的影响

	9516				汕优63		
处理	出糙率/%	精米率/%	整精米率/%	处理	出糙率/%	精米率/%	整精米率/%
N_0H_2	83.53	73.02	67.68	N_0H_3	81.30	71.54	64.86
N_2H_1	83.14	72.10	66.28	N_1H_2	80.53	69.93	59.68
N_2H_2	83.20	72.47	66.35	N_1H_3	80.83	70.20	61.69
N_2H_3	83.21	72.82	67.34	N_1H_4	80.94	70.81	63.91
N_3H_1	82.76	70.21	64.62	N_1H_2	79.78	68.81	59.49
N_3H_2	82.97	70.97	64.76	N_1H_3	80.87	68.96	61.63
N_3H_3	83.34	71.50	65.02	N_1H_4	80.96	69.92	62.05
N_4H_1	82.54	69.85	63.66	N_1H_2	78.84	67.87	58.56
N_4H_2	82.71	70.56	63.80	N_1H_3	79.83	68.83	60.92
N_4H_3	82.97	70.93	64.18	N_1H_4	80.16	68.79	61.41
$\bar{x}$	83.04	71.54	65.37	$\bar{x}$	80.40	69.37	61.42
CV	0.37	1.50	2.21	CV	0.93	1.98	3.15

在稻米加工品质中，稻米的整精米率是最直接体现稻米加工品质优劣的指标。由表2看出，不同处理的整精米率，9516平均为65.37%，其变异系数为2.21；汕优63平均为61.42%，其变异系数为3.15。与出糙率和精米率变异系数的比较看出，施氮量和移栽密度对加工品质的影响以整精米率最大。随氮肥施用量的增加，整精米率有降低的趋势，如9516，在N_0、N_2、N_3和N_4施氮水平下，整精米率依次为67.68%、66.66%、64.80%和63.88%。在同一施氮水平下，整精米率随栽插行距的扩大亦有增大的趋势，如9516，在N_3施氮水平下，整精米率由H_1处理的64.62%增加到H_3

处理的 65.02%。汕优 63 整精米率的变化趋势与 9516 相同。

2.2.2 外观品质

稻米外观品质,包括粒形(粒长、宽、长宽比)和垩白米率及垩白指数等。本试验结果表明,9516 籽粒的长、宽和长宽比平均分别为 5.07 mm、2.91 mm 和 1.74,其变异系数分别为 0.44、0.95 和 0.72;汕优 63 平均分别为 6.34 mm、2.58 mm 和 2.46,其变异系数分别为 0.33、0.27 和 0.35。由此可见,施氮量和移栽密度对籽粒长、宽和长宽比的影响极小。

表 3 表明,不同处理间垩白米率垩白指数的变异系数,9516 分别为 12.12% 和 16.50,汕优 63 分别为 10.39% 和 14.09。可见施氮量和移栽密度对稻米垩白影响较大,如 9516,垩白米率和垩白指数在对照(N_0)条件下分别为 49.58% 和 0.1512,低于平均值 62.08% 和 0.2350。随着氮肥施用量的增加,垩白米率和垩白指数增加较为明显,N_2、N_3 和 N_4 处理的垩白米率比对照(N_0)分别增加 11.99%、35.69% 和 36.35%,垩白指数比对照分别增加 43.19%、60.89% 和 80.71%。在同一施氮水平下,随着栽插行距的扩大,垩白米率和垩白指数降低,如 9516,在 N_2 施氮水平下,H_2 处理比 H_1 分别降低 6.51% 和 6.04%,H_3 处理比 H_2 分别降低 10.50% 和 7.45%。汕优 63 变化趋势同 9516。

表 3 不同处理对垩白率、垩白指数及蛋白质含量的影响

	9516				汕优 63		
处理	垩白米率/%	垩白指数	蛋白质含量/%	处理	垩白米率/%	垩白指数	蛋白质含量/%
N_0H_2	49.58	0.1512	7.18	N_0H_3	43.33	0.1513	7.18
N_2H_1	58.86	0.2267	7.66	N_1H_2	52.82	0.2095	7.69
N_2H_2	55.03	0.2130	7.74	N_1H_3	51.64	0.1811	7.82
N_2H_3	52.68	0.2098	7.83	N_1H_4	48.27	0.1713	7.87
N_3H_1	69.05	0.2613	7.95	N_1H_2	60.87	0.2267	8.12
N_3H_2	69.59	0.2433	8.09	N_1H_3	56.98	0.2075	8.22
N_3H_3	63.18	0.2252	8.16	N_1H_4	54.24	0.1845	8.29
N_4H_1	69.02	0.2804	8.33	N_1H_2	62.09	0.2475	8.36
N_4H_2	68.26	0.2705	8.43	N_1H_3	56.70	0.2155	8.68
N_4H_3	65.53	0.2688	8.44	N_1H_4	56.27	0.2027	8.87
$\bar{x}$	62.08	0.2350	7.98	$\bar{x}$	54.32	0.1997	8.11
CV	12.12	16.50	4.93	CV	10.39	14.09	6.11

2.2.3 蛋白质含量

稻米蛋白质含量是稻米的主要营养品质指标。由表 3 可见,不同处理的蛋白质含量,9516 平均为 7.98%,其变异系数为 4.93;汕优 63 平均为 8.11%,其变异系数为 6.11。可见施氮量和移栽行距对蛋白质含量有较大影响。两品种施氮处理的蛋白质含量均高于对照(N_0),随氮肥施用量的增加,蛋白质含量明显提高,如 9516,在 N_2、N_3 和 N_4 施氮水平下,蛋白质含量分别为 7.75%、8.07% 和 8.40%,比对照(N_0 为 7.18%)分别增加 7.90%、12.40% 和 16.98%。在同一施氮水平下,随栽插行距的扩大,蛋白质含量也有所增加,9516 在 N_3 施氮水平下,H_1、H_2 和 H_3 行距处理分别为 7.95%、8.09% 和 8.16%。汕优 63 变化趋势与 9516 一致。

2.2.4 结实率、千粒重和稻米品质的相关关系

相关分析表明,9516 结实率和千粒重与出糙率、精米率、整精米率呈显著正相关,相关系数分别为 0.858 2**、0.858 0**、0.980 5** 和 0.911**、0.950 8**、0.827 1**,而与垩白米率、垩白指数和蛋白质含量呈显著或极显著负相关,相关系数分别为 －0.900 2**、－0.948 3**、－0.923 3** 和 －0.847 8**、－0.857 0**、－0.664 7*。汕优 63 相关分析结果与 9516 变化趋势相似。由此可见,在本试验条件下,提高结实率和粒重,可降低垩白米率和垩白指数及蛋白质含量,改善稻米加工品质。

3 小结与讨论

长期以来,农业科技工作者主要围绕水稻高产氮肥运筹进行了大量研究[1~3],取得了丰富的研究成果,但关于氮肥运筹技术与稻米品质的研究较少[5]。本试验研究了施氮量和移栽行距对产量和品质的影响,结果表明:施氮量对稻米加工品质影响较小,但稻米加工品质有随氮肥施用量的增加而降低的趋势;而对稻米外观品质的粒长、粒宽和长宽比几乎无影响;对稻米的垩白米率和垩白指数影响较大,垩白米率和垩白指数有随氮肥施用量的增加而呈现上升的趋势;对稻米蛋白质含量有明显的影响,随氮肥施用量的增加稻米蛋白质含量明显增加。相关分析表明,结实率和千粒重与出糙率、精米率、整精米率呈显著正相关关系,而与垩白米率、垩白指数、蛋白质含量呈显著或极显著负相关。可见,提高结实率和粒重,可降低垩白米率、垩白指数和蛋白质含量,改善稻米加工品质。本试验结果表明:9516 施氮量为 225 kg/hm^2、行距为 26.6 cm,汕优 63 施氮量为 150 kg/hm^2、行距为 33.3 cm,有利于促进茎生叶的光合生产效率,增强根系活力,达到提高结实率和粒重及改善稻米品质的目的。氮肥施用量是影响稻米品质的众多因素之一,关于氮肥施用期等措施对稻米品质的影响有待进一步研究。

参考文献

[1] 凌启鸿.作物群体质量[M].上海:上海科学技术出版社,2000.

[2] 汪定淮,刘尚义,沈烈,等.作物养分平衡与高产栽培——兼论作物栽培科学现代化[M].北京:北京大学出版社,1994.

[3] 莫惠栋.我国稻米品质的改良[J].中国农业科学,1993,26(4):8-14.

[4] 石庆华,程永盛,潘晓华,等.施氮对两系杂交晚稻产量和品质的影响[C]//第 7 届全国栽培理论与实践学术研究会交流材料汇编.1999.

[5] 吕川根.栽培密度和施肥方法对稻米品质影响的研究[J].中国水稻科学,1988,2(3):141-144.

[6] 贾浩华,彭小松,刘立柏.环境条件对稻米品质的影响[J].江西农业学报,1997,9(4):66-73.

[7] 季军,顾德法.环境和栽培因子对精米品质影响的研究进展[J].上海农业学报,1997,13(1):94-97.

[8] 金安世,陈秋,孙芙英,等.水稻推荐施肥专家咨询系统的研究[J].辽宁农业科学,1990(1):4-8.

Effects of Nitrogen and Density on Yield and Grain Quality of Rice

ZHOU Pei-nan[1], FENG Wei-zhu[2], XU Nai-xia[3], ZHANG Ya-jie[3], SU Zu-fang[3]

(1. Agricultural Bure of Suzhou City, Jiangsu Province, Souzhou 215006, China;
2. Rural Economic Commission of Jiangsu People Congress, Nanjing 210009, China;
3. Department of Agronomy, Agricultural college, Yangzhou University, Yangzhou 225009, China)

Abstract: The effects of amount of nitrogen accumulated and density on yield and grain quality of rice were systematically studied with mid-maturing rice *japonica* 9516 and *indica* Shanyou 63 in experimental farm of Yangzhou University. The results were as follows: proper amounts of N-applied and row space with 9516 were 225 kg/hm^2 and 26.6cm respectively, those of Shanyou 63 were 150 kg/hm^2 and 33.3cm. These are proper conditions to increase ripe grain percentage and grain weight after heading stage, and can decrease the chalkiness and increase the protein content of grain, and can improve processing quality.

Key words: rice; N-applied amount; row space; yield; rice quality

旱育中籼稻根系形态性状及其与产量构成因素关系的研究

摘　要：盆栽条件下，以水育秧为对照，研究旱育中籼稻汕优63本田期根系形态性状及其与产量构成因素的关系。结果表明：旱秧稻移栽或根系诸形态性状均显著小于水育秧；$N-n$叶期与水育秧的差异明显缩小；拔节期旱秧稻根系诸形态性状均超过水育秧，旱秧稻前期表现出强大的发根优势；拔节后，旱、水秧根系诸形态性状差异又趋缩小，至抽穗期两者之间无显著差异。旱秧稻较水育秧产量高，影响旱秧稻产量的主要根系性状是每株根体积、根数和根干重，促进旱秧稻生育中后期根系的生长，充分挖掘旱秧稻的结实潜力，是旱秧稻高产栽培中不可忽视的一个问题。

关键词：水稻；旱育秧；根系形态性状；产量构成因素

前人关于旱育秧形态、解剖结构、生理生化特性等方面的研究颇多[1~4]，关于旱秧稻的根数、根干重等性状的研究也有报道[1,5,6]，但对旱秧稻各生育期根系形态性状变化的研究甚少[1,6]，对旱育秧根系有关性状的系统分析尚未见报道。为此，本试验采用我国种植面积较大的杂交中籼稻组合汕优63为材料，研究旱秧稻根系形态性状，旨在了解旱秧稻本田期根系形态性状的变化及其与产量构成因素的关系，为旱秧稻优质根系的培育及旱育秧高产栽培技术体系的制定提供依据。

1　材料与方法

试验于1999—2000年在扬州大学农学院网室盆栽试验场进行，供试品种为杂交中籼稻汕优63。

1.1　试验设计

设旱育秧（D—RS）和水育秧（M—RS）两种育秧方式，5月8~10日播种，6月12~15日移栽，移栽叶龄6.5（D—RS）和6.8（M—RS）。盆钵直径和高度分别为20和30 cm，内装过筛并充分拌和的等量砂壤土8.5 kg。盆栽土含有机质2.36%、有效氮99.76 mg/kg、速效磷34.75 mg/kg和速效钾92 mg/kg。选择苗高和分蘖数一致的秧苗移栽，每盆栽2穴，每穴1苗，每处理栽30盆，共60盆。基肥（移栽前一天全层施用）分别施纯氮（尿素）1 g、P_2O_5（过磷酸钙）1 g、K_2O（氯化钾）1 g，全生育期保持浅水层，及时防治病虫草害。出穗期在8月18~20日。

1.2　测定内容与方法

（1）根系形态性状的测定：主要生育期每处理各取5盆（成熟期12盆）生长正常的植株（与所

---

* 本文原载《扬州大学学报（自然科学版）》，2002，23（1）：59-62；作者：张亚洁，苏祖芳，杨连新，沙爱红，许乃霞。

观察的有效茎蘖平均数相等),每盆的植株连土带样全部倒出,放在尼龙筛网上,用自来水小心冲洗根系,并将每株的根系小心分开,以株为单位,测定每株的根数、根干重、根总长和根粗,由此计算每条根干重、每条根长和每条根粗。根体积的测定采用排水法。

(2) 产量及其构成因素的测定:成熟期取上述测定过根系形态性状的材料,以株为单位,调查有效穗数、每穗粒数,以水漂法区分饱粒(沉入水底者)和空秕粒,在72℃下烘48 h后称重,计算结实率、千粒重。

由于2年的试验结果趋势基本一致,本试验仅以2000年度的数据进行分析。

2 结果与分析

2.1 旱秧稻各主要生育期的根系形态性状

水稻根系是吸收水分和养分的营养器官,根系生长和形态性状与地上部器官的生长关系密切。由表1可知:① 移栽期旱秧稻的每株根体积、根数、根总长和根干重以及每条根长、每条根粗和每条根干重均显著小于水育秧,分别较水育秧小47.46%、41.26%、65.71%、67.92%及41.68%、15.49%、44.25%;② $N-n$期(有效分蘖临界叶龄期),旱秧稻根系形态性状除每条根干重没有显著差异外,其余仍均显著小于水育秧,但$N-n$期旱秧稻和水育秧根系诸性状的差异逐渐缩小;③ 拔节期旱秧稻根系诸性状较水育秧表现出较明显的优势,除每株根数无显著差异外,其余根系性状均显著大于水育秧;④ 抽穗期旱秧稻根系形态性状除每株根数略小于水秧稻外,其余根系形态性状均比水育秧略大;⑤ 成熟期旱秧稻诸根系性状与水育秧相比无显著差异,有些根系性状甚至略有减少。由此可见,拔节前旱秧稻的根数、根长、根粗增加速率均优于水育秧,这与旱秧稻分蘖早生快发的特点相吻合。

表1 旱、水秧稻主要生育或根系形态性状的比较

生育期	秧苗类型	根数/(条·株$^{-1}$)	根总长/(cm·株$^{-1}$)	根长/(cm·条$^{-1}$)	根粗/(mm·条$^{-1}$)	根体积/(ml·株$^{-1}$)	根干重/(g·株$^{-1}$)	根干重/(mg·条$^{-1}$)
移栽期	D—RS	31.60	98.66	3.12	0.60	0.62	0.30	0.97
	M—RS	53.80	287.69	5.35	0.71	1.18	0.09	1.74
	增强1%	−41.26*	−65.71*	−41.68*	−15.49*	−47.46*	−67.92*	−44.25*
$N-n$期	D—RS	121.50	1116.25	9.18	0.79	6.10	0.41	3.33
	M—RS	134.00	1440.45	10.75	0.89	7.05	0.45	3.37
	增强1%	−9.33*	−22.51*	−14.60*	−11.24*	−13.48*	−10.30*	−1.19^{NS}
拔节期	D—RS	285.55	5439.5	19.05	0.94	21.30	2.19	7.68
	M—RS	283.75	4702.60	16.57	0.84	18.60	1.92	6.76
	增强1%	0.63^{NS}	15.67*	14.97*	11.71*	14.52*	14.35*	13.61*
抽穗期	D—RS	318.80	6449.30	20.23	0.83	32.50	3.34	10.50
	M—RS	320.00	6388.00	19.96	0.82	31.67	3.26	10.20
	增强1%	−0.37^{NS}	0.96^{NS}	1.35^{NS}	0.73^{NS}	2.62^{NS}	2.45^{NS}	2.94^{NS}
成熟期	D—RS	299.50	5697.70	19.02	0.80	30.04	3.35	11.06
	M—RS	308.50	5890.00	19.09	0.80	29.44	3.31	10.86
	增强1%	−2.92^{NS}	−3.26^{NS}	−0.37^{NS}	0.00^{NS}	2.04^{NS}	−1.21^{NS}	1.84^{NS}

* 表示在0.05水平上显著,NS表示没有达到0.05显著水平。

2.2 旱秧稻产量及产量构成因素

旱秧稻的产量及产量构成因素表明(表2),旱秧稻每株产量28.14 g,比水育秧高8.69%,具有较明显的产量优势。从产量构成因素来看,旱秧稻成穗数多,穗型略大,分别比水育秧高12.83%和16.3%。旱秧稻的结实率和千粒重略低于水育秧,其中结实率差异达显著水平。由此可见,在本试验条件下,旱秧稻产量优势主要表现在成穗率高,穗多粒多方面。

表2 旱、水秧稻成穗率、产量及产量构成因素的比较

秧苗类型	产量/(g·株$^{-1}$)	穗数/(个·株$^{-1}$)	高峰苗/(个·株$^{-1}$)	成穗率/%	每穗粒数	结实率/%	千粒重/g
D—RS	28.14	9.50	22.00	43.18	135.78	86.39	25.25
M—RS	25.89	8.42	23.00	36.61	133.60	90.25	25.50
增减/%	8.69*	12.83*	−4.34*	17.75**	1.63^{NS}	−4.28*	−0.98^{NS}

* 表示在0.05水平上显著,NS表示没有达到0.05显著水平。

2.3 旱秧稻根系形态性状与产量构成因素的关系

成熟期每处理取接近于平均穗数的植株12盆,以株为单位(重复24次),分别测定根系形态性状、产量及产量构成因素。相关分析表明(表3),旱秧稻每株产量与每株根体积、根数和根干重均呈极显著和显著正相关关系,相关系数分别为0.858**、0.624*和0.516 2*,与每株根总长、每条根长、每条根干重和根粗关系均不显著。进一步分析表明,每株根体积和根干重与每株穗数、每穗粒数呈显著正相关关系,相关系数分别为0.521 3*、0.597 5*、0.520 4*和0.493 5*,每株根数与每株穗数呈极显著正相关($r=0.770**$)。为了明确根系形态性状对产量影响力的大小,进一步作通径分析。结果表明(表4),每株根体积对产量的直接影响力最大(直接通径系数为0.865,间接通径系数为−0.007 0),每株根数次之(直接通径系数为0.531,间接通径系数为0.093 0)。由此可见,影响水稻产量的主要根系性状是每株根系体积和根数。因此,培育旱秧稻生育后期根系,增加每株根系体积和每株根数是旱秧稻高产的重要措施。

表3 旱秧稻根系形态性状与产量及产量构成因素的相关系数

根系性状	每株产量	每株穗数	每穗粒数	结实率	千粒重
每株根体积	0.858 1**	0.521 3*	0.597 5*	−0.085 0	0.322 3
每株根数	0.624 1*	0.770 1**	0.422 0	0.241 8	−0.348 9
每株根干重	0.516 2*	0.520 4*	0.493 5*	0.041 8	0.215 7
每株根总长	0.207 8	−0.305 2	0.473 9*	0.136 0	0.389 7
每条根长	−0.394 5	−0.321 7	0.041 3	−0.203 7	−0.329 4
每条根干重	−0.019 0	0.072 8	0.041 6	−0.312 9	−0.223 7
每条根粗	0.216 9	0.205 7	−0.135 2	−0.594 1*	0.088 1

* 表示达0.5%显著水平;** 表示达1%极显著水平。

表4 旱秧稻的根系性状(D)与产量(Y)的通径分析

X	1→Y	2→Y
根体积 $X_{1,1}$	0.865 1	−0.007 0
根数 $X_{2,2}$	0.093 0	0.531 1

3 小结与讨论

3.1 关于旱秧稻根系形态性状

水稻根系生长既受品种遗传背景的影响,还受环境因素、栽培条件的影响。以往研究涉及的根系性状多为水育秧根数、根干重等根系性状,对旱秧稻根数、根干重等根系性状也有所报道[1,5,6],但对旱秧稻各主要生育期根系诸性状的变化研究甚少[5,6],旱秧稻根系性状的系统分析尚未见报道。本试验结果表明,从根系诸形态性状指标看,旱秧稻移栽期根系诸形态性状均显著小于水育秧,这可能与旱秧苗秧田期受水分胁迫的影响有关,旱秧稻地下部的生长受到抑制;$N-n$期,旱秧秧与水育秧在根系诸形态指标方面的差异明显缩小,拔节期旱秧稻根系诸形态性状指标已全面超过水育秧,其中每株根体积、根干重和根长与水育秧的差异达显著水平;拔节后,旱水秧根系诸性状差异又趋缩小;抽穗期两者之间无显著差异,旱秧稻根系各项指标均达最大值。由此可见,旱秧稻生育前期发根的速度明显快于水育秧,表现出明显的发根优势,这一结果与旱秧稻分蘖早生快发的特点相吻合。

3.2 关于根系形态性状与产量构成因素的关系

前人对水育秧根系性状与产量关系的研究较多[7~9],对旱秧稻研究较少。本试验各性状相关分析表明,旱秧稻每株产量与每株根体积、根数和根干重均呈极显著或显著正相关,相关系数分别为 0.858**、0.624* 和 0.516 2*,与每株根总长以及每条根长、每条根干重和每条根粗关系均不太密切。影响旱秧稻产量的主要根系性状是根体积、根数和根干重,进一步分析表明:每株根体积和根干重与每株穗数、每穗粒数呈显著正相关,每株根数与每株穗数呈显著正相关。通径分析表明:影响产量的主要根系性状是每株根体积和根数,可通过增加每株穗数、每穗颖花数来提高产量。尽管旱秧稻成穗数多,穗型较大,但是结实能力较低。从旱秧稻根系的发生特点可以推知,旱秧稻生育中后期根系生长较水育秧缓慢,可能影响根系对养分的吸收和激素类物质的合成,进而对叶片的叶绿素含量、谷壳的生长和籽粒充实产生影响,最终导致粒重和结实率的降低。因此在栽培实践中,应充分发挥旱秧稻前期根系生长方面的优势,注重生育中后期根系数量和质量性状的培育。

参考文献

[1] 吴永祥.水稻旱育秧根系与叶蘖生长的特点[C]//水稻高产理论与实践——第 4 届全国水稻高产理论与实践研讨会论文汇编.北京:中国农业出版社,1994:100-104.

[2] 穆是玉.旱育秧栽培及其生物学特性[J].湖南农业科学,1993(3):17-19.

[3] 卢向阳,彭丽莎.旱稻旱育秧形态组织结构和生理特性[J].作物学报,1997,23(3):360-368.

[4] 谢根富,叶成磊,郑建初,等.旱育秧不同播量对连作杂交晚稻产量与生育特性的影响[J].浙江农业科学,1997(4):157-159.

[5] 张亚洁,苏祖芳,杨连新,等.不同施氮水平对旱育秧氮素营养及产量形成的影响[J].江苏农业研究,2001,22(1):21-26.

[6] 赵言文,陈留根,丁艳锋,等.旱育秧苗本田期根系建成特征及其对产量形成作用的研究[J].江苏农业科学,2000(1):4-7.

[7] 王余龙,姚友礼,刘宝玉,等.不同生育时期氮素供应水平对杂交水稻根系生长及其活力的影响[J].作物学报,1997(6):700-704.

[8] 石庆华.杂交水稻与大穗型品种根系生长特性影响产量形成的研究初报[J].江西农业大学学报,1984(2):71-79.

[9] 潘晓华.水稻根系生长生理的研究进展[J].植物学通报,1996,13(2):13-20.

Study on Morphological Characters of Root and Their Relation With Yield Components of the Dry-Raised Mid-Season Indica Rice

ZHANG Ya-jie, SU Zu-fang, YANG Lian-xing, SHA Ai-hong, XU Nai-xia

(Key laboratory of Crop Cultivation and Physiology, Ministry of Agriculture, Yangzhou University, Yangzhou 225009, China)

Abstract: With the mid-season *indica* hybrid rice Shanyon 63 as material, the morphological characters of root of dry-raised seedling(D-RS) and their relation with yield components were investigated compared with the moist-raised seedling(M-RS) cultivated in pots. The results were as follows: Root characters of D-RS were less than that of M-RS at transplanting stage, and the difference between D-RS and M-RS greatly reduced at the $N-n$ leaf-age stage, all root characters of D-RS exceeded that of M-RS at elongation stage, D-RS had obvious superiority in root growth at early stage, while at heading stage, there was no significant difference between D-RS and M-RS. D-RS was higher in yield and its yield was mainly subjected affected by the volume, number and dry weight of root per plant. Results inferred that cultivating root with high quality in D-RS was important to achieve high yield.

Key words: rice; dry-raised seedling; morphologic characters of root; yield components

不同谷粒比重对水稻幼苗质量的影响*

壮秧是水稻高产的基础,精选种子是培育壮秧的重要措施,通常在风选、筛选的基础上再用盐溶液或硫酸铵溶液或泥水进行比重选种。但在比重选种中,由于水稻品种繁多,千粒重差异很大,用比重相同的选液很难选出饱满度都很高的种子,因而影响幼苗质量。为了给生产上推广的几个水稻品种提出最适宜的选种比重,特进行本试验。

1 材料与方法

1.1 供试品种

IR661、双城糯、南粳34以及802、IR24、东亭3号。

1.2 试验方法

采用比重为1.00、1.03、1.08的盐水溶液,选取<1.00、1.00~1.03、1.03~1.08、>1.08等不同等级的种子,其谷粒千粒重经新复极差分析差异极显著(表1)。后将不同比重的稻谷分别在盆钵泥土、清水和秧田进行播种,于3叶期和7叶期进行考苗。

表1 不同选种比重谷粒千粒重变化

谷粒比重	南粳34	双城糯	IR661	平均数	1%显著性
>1.08	27.75	26.75	26.45	26.98	A
1.03~1.08	22.64	23.25	24.66	23.51	B
1.0~1.03	20.34	21.30	21.67	21.11	C
<1.00	15.85	15.70	15.95	15.84	D

2 结果与分析

2.1 不同比重谷粒对发芽率和成苗率的影响

试验表明(表2),发芽率和成苗率明显地随着谷粒比重的提高而增加,当谷粒比重增加到一定程度后,发芽率和成苗率增加的幅度逐渐缩小,不管是籼稻、粳稻、糯稻品种,还是不同的栽培方式,其变化趋势基本一致。这说明谷粒千粒重高、饱满度好,其发芽率和成苗率高,而当千粒重达到一定水平后,其发芽率和成苗率趋于稳定。

---

* 本文原载《江苏农业科学》,1987(2):4-6;作者:苏祖芳,刘金明。

表 2　不同比重谷粒的发芽率与成苗率(%)

谷粒比重	南粳 34			双城糯			IR661		
	水培	盒钵	培养皿	水培	盒钵	培养皿	水培	盒钵	培养皿
>1.08	100	100	100	100	100	100	100	100	100
1.03~1.08	97.7	97.2	91.5	100	98.1	96.1	67.1	82.1	88.7
1.0~1.03	82.1	77.8	82.9	97.7	87.0	92.4	46.9	66.7	80.4
<1.00	77.4	18.1	36.8	78.6	44.5	57.1	45.4	11.5	74.2

注：水培为清水，谷粒置于保持湿润的纱布上。

2.2　不同比重的谷粒对秧苗干物质积累和苗高的影响

水稻苗期单株干物重的大小和苗高的变化，标志着个体生长的优劣和营养物质积累的多少。观测表明，3 叶期以前，幼苗地上部鲜重、干重和苗高的变化与谷粒比重的变化基本一致。谷粒比重 >1.08 的秧苗，其地上部鲜重、干重和苗高与谷粒比重 <1.08 的相比有差异，其中与谷粒比重 <1.00 的相比差异是显著水平，与谷粒比重为 1.00~1.03 和 1.03~1.08 的相比差异不显著。在不同品种中，IR661 品种的谷粒比重 >1.08 的比谷粒比重 <1 的，五株鲜重增 0.247 g，干重增 0.022 g，苗高增 3.4 cm；而双城糯的鲜重、干重分别停滞在比重 1.03~1.08 和 1.00~1.03 的等级上，苗高的变化也不显著。秧田播种的在秧龄 25 d 时测定，秧苗地上部鲜重、干重和苗高的变化与谷粒比重即千粒重关系不密切，说明离乳期以前幼苗物质积累多少明显地受到谷粒胚乳养分的影响。双城糯品种则由于谷粒长/宽比值比较小，谷粒表面密生秭毛，谷/壳比较小，在清水中选种的去杂率已达 18.70%（表 3）。因此，在较低的选种比重范围内，稻种胚乳养分含量的差异已显著缩小，因而秧苗鲜重、干重和苗高差异不明显。离乳期后秧苗的物质积累多少则取决于光照、土壤等有机和无机营养的优劣，受种子饱满度影响较小。

表 3　不同比重谷粒的去杂率(%)

谷粒比重	802	南粳 34	IR661	IR24	双城糯
1.00	5.07	6.82	2.17	6.74	18.70
1.03	13.88	11.52	3.27	7.53	28.53
1.06	20.54	19.25	7.69	12.79	53.49
1.08	24.12	23.55	9.80	14.32	75.44

注：谷粒长/宽比值：802 为 2.22∶1，南粳 34 为 2.31∶1，IR661 为 3.84∶1，IR24 为 3.30∶1，双城糯为 22.09∶1。

2.3　不同比重的谷粒对秧苗叶面积的影响

水稻苗期叶面积大小是衡量秧苗光合作用强弱的重要指标，离乳期前秧苗叶面积大小受谷粒饱满度的影响，其中以第 1、第 2 片真叶受其影响较大，幼苗叶面积随谷粒千粒重的增高而增大，特别是长/宽比值较大的品种如 IR661 较为显著，这可能是这类品种的千粒重在一定选种比重范围内选得的谷粒胚乳养分的实际差异，比其他品种类型更为显著的结果。3 叶期后，由于土壤养分的吸收，弥补了谷粒胚乳养分的不足，使叶面积大小的变化受谷粒饱满度的影响逐渐减少，减轻了秧苗叶片生长对自身胚乳养分的依赖性。

2.4　不同比重的谷粒对秧苗发根、分蘖的影响

秧苗的发根率高、分蘖率高是壮秧的重要的标志。表 4 表明，在水培条件下，3 叶期前秧苗根

的鲜重、干重、根数及根长随着谷粒比重的增加而增加，谷粒比重＞1.08的秧苗，其根数、根长及根鲜重和干重明显超过谷粒比重＜1.00的秧苗，F检验均达到了显著或极显著水平，而与谷粒比重为1.03～1.08的秧苗差异不明显。3叶期后秧苗根数的变化与谷粒饱满度关系不密切，而秧苗的分蘖数则受到谷粒饱满度的影响。试验结果表明，谷粒胚乳养分决定了3叶期前秧苗的发根力，饱满的种子能很快扎根立苗，尤其是长/宽比值较大、千粒重较高的品种，如IR661更为显著。根据叶蘖同伸关系和养分分配原则，在基部第3叶片长出时，第1叶腋的分蘖芽和主茎第4叶同时生长，而基部1、2、3叶的生长状况受谷粒胚乳养分含量影响，谷粒饱满，胚乳中养分多，叶片生长发育良好，就保证了第1、2叶位分蘖的健壮发生。若谷粒不饱满，胚乳中养分含量少，有机养分首先保证主茎上的叶片和生长锥的分化，分蘖就停止发生，即使在田间条件下，秧苗扎根立苗的早迟，仍对低位分蘖发生作用，所以采用饱满的谷粒作种子更有利于培育带蘖壮秧。

表4 不同比重谷粒对秧苗发根、千粒重和分蘖的影响

谷粒比重	南粳34			双城糯			IR661			备注
	根数(条)/根长(cm)	鲜重/干重(g/g)	分蘖数	根数(条)/根长(cm)	鲜重/干重(g/g)	分蘖数	根数(条)/根长(cm)	鲜重/干重(g/g)	分蘖数	
＞1.08	6.6/466.0	0.661/0.051		6.0/534.8	0.678/0.056		7.8/499.7	0.717/0.051		水培测定叶龄2.5
1.03—1.08	5.4/414.7	0.580/0.058		5.0/455.0	0.655/0.05		7.2/382.3	0.462/0.041		
1.0—1.03	5.4/238.8	0.387/0.03		4.8/408.5	0.566/0.045		5.8/213.7	0.29/0.032		
＜1.00	5.2/190.3	0.347/0.025		4.6/251.6	0.315/0.03		5.4/208.0	0.149/0.008		
＞1.08	43.9		2.5	33.9		1.6			1.2	田间测定叶龄6.5
1.03—1.08	45.1		1.3	36.7		1.6			1.6	
1.0—1.03	55.7		1.9	33.6		1.3			1.6	
＜1.00	33.8		0.7	33.0		0.9			1.3	

3 小结与讨论

(1) 谷粒饱满度主要影响种子的发芽率和成苗率以及秧苗整齐度，对离乳期以前秧苗的叶面积，发根力，地上部鲜重、干重以及低位分蘖也有一定影响，而对1、2、3叶内大维管束数影响极小，双季或单季早稻秧苗生长期间，气温低，常发生烂种烂秧，成苗率低，更应采用饱满度高的种子进行育秧，以促进早扎根立苗，提高秧苗对不良环境的抵抗能力。

(2) 精选种子是培育壮秧的重要保证，采用恰当的比重有利选出饱健的种子。根据物体在液体内所受的浮力等于物体排开的液体的重量这一浮力定律，同样千粒重的不同品种种子，在一定比重溶液中的沉浮状态不一样。通过对谷粒千粒重与其长、宽、厚相关性测定，我们发现，不同粒型的种子与其长、宽、厚的相关关系随谷粒长/宽比值不同而有差异。长/宽比值＞2.60：1的种子，其谷粒千粒重与其长、宽、厚度的相关系数 r 分别为 0.924 7**、0.664 3** 和 0.516 2*；长/宽比值(2.20～2.60)：1的种子，其谷粒千粒重与其谷粒长、宽、厚的相关系数(r)分别为0.257 6*、

0.678 8** 和 0.432 0**,长/宽比值<2.20∶1 的种子,其谷粒千粒重与其长、宽、厚度的相关系数 r 分别为 0.376 7、0.629 1 和 0.460 7。由此看出,无论什么粒形的品种,其宽度对千粒重的影响最大;其次是厚度,长度的影响则随粒形的不同而差异较大。根据这一结果,我们认为,不同粒形品种的适宜选种比重是不同的。根据长/宽比值不同,确定选种比重比按籼、粳稻品种类型确定选种比重更为准确。再根据表 3 分析,不同品种不同比重谷粒的去杂率的多少,长/宽比值>2.60∶1 的品种,如 IR661、IR24 等,其适宜选种比重范围>1.08;长/宽比值(2.20~2.60)∶1 的品种如南粳 34、802 等,其适宜选种比重范围在 1.06~1.08;长/宽比值<2.20∶1 的品种如双城糯等,其适宜选种比重范围为 1.06。当然,适宜选种比重的确定,还必须注意谷/壳比值大小,谷壳表面种毛多少和有无,不可一概而论。日本有人曾提出厚度选种法,但我们认为,厚度与千粒重的相关性小于宽度,所以厚度选种法只有在品种长/宽比值较一致的情况下才适用。

施氮水平对旱秧本田期氮素营养、根系生长和产量形成的影响*

摘　要：以武育粳3号(粳)和汕优63(杂交中籼)为供试材料,研究不同施氮水平对旱秧本田期氮素营养、根系生长和产量形成的影响。结果表明,粳稻旱秧本田期植株含氮量、吸氮量、根重和根系伤流强度均随施氮量的增加而增加。杂交稻施氮量过多,生育后期植株含氮量、根系伤流强度下降,吸氮量降低;与湿润秧相比,旱秧拔节前和抽穗后根系活力具有明显优势,植株含氮量高,吸氮量多,但拔节至抽穗期根系活力较低;旱秧返青至$N-n$叶龄期具有明显的分蘖优势,$N-n$叶龄期之后分蘖消长速度低于湿润秧,茎蘖动态表现出速发稳降的特点;在适宜的施氮水平下,旱秧比湿润秧产量高,在穗粒结构上表现为穗数多、穗型大、千粒重偏低的特点,提高千粒重是进一步发挥旱秧增产潜力的关键。

关键词：水稻;旱秧;氮素营养;根系生长;产量形成

　　肥床旱育秧是育秧史上的一次革命,与湿润育秧相比,具有秧苗素质高,移栽后植伤轻、发根力强、分蘖发生快等优点[1,2],对产量形成十分有利。前人在旱秧形态特征、解剖结构、生理生化特性以及培育壮苗等方面有过大量的研究报道[3,4],对湿润秧氮素养分吸收曾进行过许多研究[5~9],但对旱秧本田期有关方面的研究较少[10]。本试验以生产上主栽品种武育粳3号(粳)和汕优63(杂交中籼)为材料,在大田、盆钵条件下,研究不同施氮水平对旱秧本田期氮素营养、茎蘖动态、根系生长和产量形成的影响,旨在进一步明确旱秧移入大田后各生育时期氮素营养、根系生长特点及其与产量形成的关系,以最大限度发挥旱秧的分蘖、发根优势和增产增收潜力,为水稻高产高效、定量施肥提供理论依据。

1　材料与方法

　　试验于1998—1999年在扬州大学实验农场和网室进行。供试品种(组合)为武育粳3号和汕优63。土壤为砂壤土,有机质含量为2.36%,速效氮、磷、钾含量分别为99.76、34.76和92.00 mg/kg,全氮含量为0.114 4%。

1.1　试验设计

　　采用旱秧(H)和湿润秧(S)2种移栽秧苗。总施氮量设75(N_1)、150(N_2)、225(N_3) kg/hm² 3个施氮水平,随机排列,3次重复。氮肥前后配比为6:4,磷、钾肥在耕翻时以基肥形式施入。小

---

*　本文原载《江苏农业研究》,2001,22(1):21-26;作者:张亚洁,苏祖芳,杨连新,许乃霞,沙爱红。

区埂以塑料薄膜包覆,单灌单排,防止肥水混串。其他栽培管理措施同常规。粳稻双本栽,行株距为 26.7 cm×10 cm,移栽叶龄为 6.0,秧苗含氮量为 2.693%(旱秧)和 2.520%(湿润秧);杂交稻单本栽,栽插规格为 30 cm×11.5 cm,移栽叶龄为 6.3(旱秧)和 7.0(湿润秧),秧苗含氮量为 3.255%(旱秧)和 2.841%(湿润秧)。

1.2 测定内容与方法

定期测定茎蘖动态。在主要生育期取代表性植株 5 穴,测定其根干重(以植株中心直径 10 cm、耕层 15 cm 范围内的根)、根系伤流量和植株干物重,烘干粉碎后用半微量凯氏定氮法测定植株含氮量。成熟期考种,测定产量结构。以 1998—1999 年大田试验的平均数据进行分析。

2 结果与分析

2.1 施氮水平对植株氮素营养的影响

2.1.1 对植株含氮量的影响

供氮水平对植株含氮量的影响(表 1):① 随着生育进程的推移,不同施氮水平旱秧和湿润秧植株含氮量均呈下降趋势;② 粳稻旱秧各生育期植株含氮量随施氮量的增加而提高,杂交稻旱秧返青期、$N-n$ 叶龄期、拔节期植株含氮量均随施氮量的增加而增加,但抽穗期与成熟期均以中氮处理的植株含氮量最高;③ 返青期、$N-n$ 叶龄期、拔节期和成熟期旱秧植株含氮量大于湿润秧,抽穗期各处理植株含氮量低于湿润秧,两品种表现一致。因此,适当增加施氮量,有助于提高植株含氮量;生育前期旱秧植株含氮量高是移栽后分蘖早生快发的主要营养生理原因。

表 1 施氮水平对植株含氮量的影响 (单位:g)

处理	武育粳 3 号					汕优 63				
	返青期	$N-n$ 期	拔节期	抽穗期	成熟期	返青期	$N-n$ 期	拔节期	抽穗期	成熟期
HN_1	3.216	2.496	1.505	1.089	0.908	3.761	2.526	1.476	1.293	1.020
HN_2	3.298	2.665	1.588	1.188	0.960	3.909	2.539	1.520	1.346	1.118
HN_3	3.433	2.681	1.619	1.280	1.060	3.916	2.681	1.615	1.310	1.089
SN_1	2.691	2.491	1.498	1.146	0.892	3.227	2.481	1.405	1.295	0.919
SN_2	3.060	2.602	1.571	1.336	0.911	3.243	2.516	1.575	1.368	1.023
SN_3	3.130	2.615	1.587	1.375	1.052	3.259	2.663	1.503	1.334	1.079

2.1.2 对植株吸氮量的影响

不同氮素水平各生育期吸氮量(表 2):① 旱秧一生总吸氮量随施氮量增加而增加,粳稻各处理间差异显著;杂交稻中高氮处理间无显著差异,但与低氮处理差异显著。② 粳稻旱秧各生育期植株吸氮量随施氮量的增加而提高;杂交稻旱秧返青至 $N-n$ 叶龄期、$N-n$ 叶龄期至拔节期植株吸氮量随施氮量的增加而提高,而抽穗至成熟期吸氮量则以 HN_2 处理最高。这可能是杂交稻施氮过多,使生育中后期群体郁闭,根系活力显著下降,从而导致群体吸氮能力减弱。③ 与湿润秧相比,旱秧拔节前和抽穗后的吸氮量均高于湿润秧,而拔节至抽穗期吸氮量低于湿润秧,两品种表现一致。这说明不同生育阶段吸氮量的差异,可能是导致 2 种苗类产量结构差异的营养生理原因。

表2　不同施氮水平各生育阶段吸氮量　　　　　　　　　　（单位:kg/hm²）

处理	武育粳3号					汕优63				
	返青至 $N-n$	$N-n$至拔节	拔节至抽穗	抽穗至成熟	总吸氮量	返青至 $N-n$	$N-n$至拔节	拔节至抽穗	抽穗至成熟	总吸氮量
HN_1	33.2	41.4	49.6	20.0	144.2c	37.53	44.36	46.10	10.22	138.2b
HN_2	42.6	42.5	71.7	26.8	183.6b	50.09	54.3	61.40	19.98	185.8a
HN_3	47.0	43.3	77.5	33.3	201.1a	55.71	41.22	66.41	21.84	185.2a
SN_1	31.0	33.4	55.8	19.0	139.2c	34.82	42.17	48.14	4.50	129.6c
SN_2	34.6	39.5	76.2	22.0	172.2b	36.9	50.67	63.78	5.06	156.4b
SN_3	41.6	44.0	81.0	28.3	194.9a	45.35	43.76	74.09	8.60	172.2a

注:武育粳3号,旱秧 $LSD_{0.05}=15.32$ kg/hm²,湿润秧 $LSD_{0.05}=18.19$ kg/hm²;汕优63 旱秧 $LSD_{0.05}=15.12$ kg/hm²,湿润秧 $LSD_{0.05}=13.52$ kg/hm²。

2.2 施氮水平对根系生长的影响

2.2.1 对根重的影响

在主要生育期取一定范围内(以植株为中心直径10 cm、耕层15 cm范围内)的根,小心冲洗后烘干称重,结果见表3。由表3可知:① 不同品种旱秧根系生长量对施氮量的反应不同。粳稻品种各生育期根重均随施氮量的增加而增加。杂交稻拔节前根重随施氮量的增加而增加,至抽穗期和成熟期,中氮处理的每穴根重超过高氮处理。② 与湿润秧相比,粳稻旱秧返青期同一处理的根重较湿润秧轻,随着生育进程的推移,至 $N-n$ 叶龄期其根重已超过湿润秧。杂交稻旱秧各生育期根重均大于湿润秧。

表3　不同施氮水平对根重的影响　　　　　　　　　　（单位:g/穴）

处理	武育粳3号					汕优63				
	返青期	$N-n$期	拔节期	抽穗期	乳熟期	返青期	$N-n$期	拔节期	抽穗期	乳熟期
HN_1	0.056	0.34	0.86	1.10	0.63	0.067	0.36	1.08	1.11	0.99
HN_2	0.067	0.48	1.08	1.28	0.73	0.072	0.43	1.21	1.40	1.15
HN_3	0.073	0.57	1.12	1.31	0.78	0.081	0.51	1.03	1.30	1.09
SN_1	0.067	0.34	0.75	1.02	0.63	0.062	0.35	1.01	1.04	0.68
SN_2	0.084	0.40	1.00	1.13	0.65	0.071	0.34	1.04	1.16	0.90
SN_3	0.089	0.43	1.11	1.21	0.67	0.074	0.42	1.12	1.19	0.96

2.2.2 对根系活力的影响

伤流强度的高低是根系活力强弱的一个重要生理指标,在主要生育期测定根重的同时测定根系伤流强度,结果见表4。由表4可知:① 旱秧各处理伤流强度均呈现出双峰曲线,第1高峰出现在分蘖期,第2高峰出现在抽穗期,抽穗后各处理伤流强度逐渐下降,湿润秧品种之间有差异。② 不同品种根系伤流强度对施氮量的反应不同。粳稻各生育期根系伤流强度均随施氮量的增加而提高,杂交稻抽穗后中氮处理根系伤流强度超过高氮处理。而湿润秧各生育期根系伤流强度均随施氮量的增加而增加。③ 除抽穗期外旱秧各生育期根系伤流强度均高于湿润秧,两品种表现一致。这是旱秧前期植株含氮量高和吸氮量多的主要原因。

表 4　不同施氮水平对根系伤流强度的影响　　　　（单位：g/穴·h）

处理	武育粳 3 号					汕优 63				
	返青期	$N-n$ 期	拔节期	抽穗期	乳熟期	返青期	$N-n$ 期	拔节期	抽穗期	乳熟期
HN_1	0.316	0.833	0.631	1.407	0.393	0.479	1.091	1.046	1.088	0.346
HN_2	0.453	0.877	0.734	1.446	0.424	0.562	1.327	1.174	1.201	0.385
HN_3	0.557	1.046	0.821	1.658	0.430	0.762	1.355	0.935	1.066	0.354
SN_1	0.298	0.652	0.570	1.251	0.346	0.479	0.915	1.009	1.109	0.314
SN_2	0.439	0.786	0.656	1.352	0.375	0.511	1.196	1.017	1.230	0.325
SN_3	0.520	0.933	0.728	1.500	0.416	0.612	1.215	1.081	1.166	0.354

2.3　施氮水平对产量形成的影响

2.3.1　对茎蘖消长的影响

表 5 表明：① 旱秧返青期至 $N-n$ 叶龄期、$N-n$ 叶龄期至拔节期茎蘖增长速率随施氮水平的增加而增加，两品种表现基本一致；拔节至成熟期，分蘖下降速率随施氮量的增加而增大。② 旱秧与湿润秧相比，两品种旱秧返青至 $N-n$ 叶龄期均具有明显的分蘖优势，$N-n$ 叶龄期后旱秧分蘖增长速率低于湿润秧。由此可见，在本试验条件下，旱秧分蘖前期茎蘖增长速率随施氮量的增加而增加，与湿润秧相比，旱秧分蘖前期具有明显的分蘖优势，分蘖后期旱秧分蘖消亡速率小于湿润秧。两品种趋势一致。这为旱秧最终多穗和高产打下基础。

表 5　施氮水平对分蘖消长速率的影响　　　　（单位：万/hm²·d）

处理	武育粳 3 号			汕优 63		
	返青至 $N-n$	$N-n$ 至拔节	拔节至成熟	返青至 $N-n$	$N-n$ 至拔节	拔节至成熟
HN_1	11.58	4.01	−0.59	18.62	1.16	−0.51
HN_2	13.68	4.70	−0.77	19.85	1.52	−0.57
HN_3	15.38	5.18	−1.05	20.91	1.67	−0.77
SN_1	9.63	4.37	−0.60	17.19	1.58	−0.71
SN_2	12.92	4.71	−0.86	18.96	2.28	−1.04
SN_3	13.73	5.21	−1.07	20.36	3.13	−1.43

2.3.2　氮素营养与茎蘖数、分蘖速率的关系

分析生育前期吸氮强度、叶片含氮量与茎蘖数、分蘖速度的关系，结果表明（表 6）：返青至 $N-n$ 叶龄期、$N-n$ 叶龄期至拔节期植株吸氮强度与分蘖数和分蘖速率均呈极显著线性正相关，其中返青至 $N-n$ 叶龄期植株吸氮强度与分蘖速率的关系更为密切，两品种表现一致；返青期旱秧叶片含氮量与分蘖速率亦呈显著正相关。由此可见，旱秧生育前期地上部表现出的优势与植株营养关系密切。

2.3.3　对产量及产量构成的影响

成熟期每小区选取代表性植株 5 穴考查穗粒结构并割方测实产，结果见表 7。由表 7 可知：① 粳稻产量随施氮量的增加而增加，处理间差异显著；杂交稻以 NH_2 处理产量最高，方差分析表明，NH_2 处理与 NH_3 处理产量无显著差异，但与 NH_1 处理产量差异显著。② 从旱秧与湿润秧的产量来看，在相同施氮水平下，旱秧的产量均比湿润秧高，但随施氮水平的提高，旱秧增产潜力有下降趋势，说明旱秧在中低氮水平下，比湿润秧有更大的产量潜力。③ 从产量构成因素看，在相同

施氮水平下,旱秧单位面积容纳的穗数多,穗形较大,这是旱秧增产的一个主要原因。但其粒重低于湿润秧,旱秧增产潜力受到限制。

表6 氮素营养与茎蘖数、分蘖速率的关系

品种	项目	返青至$N-n$吸氮强度	$N-n$至拔节吸氮强度	返青期叶片含氮量
武育粳3号	茎蘖数	0.982 7**	0.968 4**	
	分蘖速率	0.976 6**	0.886 7**	0.750 9*
汕优63	茎蘖数	0.971 3**	0.946 1**	
	分蘖速率	0.892 9**	0.841 8**	0.760 1*

表7 施氮水平对产量及产量构成因素的影响

品种	处理	穗数/(万·hm^{-2})	每穗总粒数	结实率/%	千粒重/g	理论产量/(kg·hm^{-2})	实产/(kg·hm^{-2})
武育粳3号	HN$_1$	327.6	118.9	83.00	26.26	8 489.8c	8 615.6c
	HN$_2$	351.0	117.5	82.57	26.15	8 905.1b	9 240.7b
	HN$_3$	365.6	117.0	84.00	26.42	9 493.0a	9 742.5a
	SN$_1$	294.2	113.5	86.00	27.09	7 779.4c	7 865.7c
	SN$_2$	339.6	107.9	85.15	26.54	8 280.8b	8 348.5b
	SN$_3$	358.4	112.0	94.91	26.98	9 195.7a	8 930.4a
汕优63	HN$_1$	247.0	143.2	86.77	27.34	7 711.5b	7 781.6b
	HN$_2$	268.6	139.0	88.77	26.84	8 895.5a	8 715.2a
	HN$_3$	277.4	136.1	89.57	26.40	8 927.5a	8 635.4a
	SN$_1$	199.3	141.6	85.89	27.55	7 096.4c	7 027.5c
	SN$_2$	244.9	136.7	83.11	26.98	7 506.8b	7 624.4b
	SN$_3$	265.5	135.0	86.33	26.95	8 136.7a	8 057.7a

注:武育粳3号,旱秧理论产量LSD$_{0.05}$=381.75 kg/hm^2,旱秧实产LSD$_{0.05}$=408.89 kg/hm^2,湿润秧理论产量LSD$_{0.05}$=400.30 kg/hm^2,湿润秧实产LSD$_{0.05}$=428.33 kg/hm^2;汕优63旱秧理论产量LSD$_{0.05}$=451.78 kg/hm^2,旱秧实产LSD$_{0.05}$=507.11 kg/hm^2,湿润秧理论产量LSD$_{0.05}$=387.89 kg/hm^2,湿润秧实产LSD$_{0.05}$=493.50 kg/hm^2。

3 小结与讨论

3.1 关于旱秧本田期氮素营养的特点

肥床旱育秧是育秧史上的一次革命,与湿润育秧相比,具有诸多优点[1,2],前人在旱秧形态、解剖结构、生理生化特性以及培育壮苗等方面,有过大量的研究报道[2,3],但旱秧栽入大田后研究较少,且观点不一,尤其是氮素营养方面研究更少[8]。本试验结果表明,适当提高氮素营养水平,可增加旱秧本田期植株含氮量和吸氮量;但施氮量过多,生育后期植株根系活力反而下降,吸氮量降低;与湿润秧相比,旱秧苗生育前期含氮量、吸氮量均高于湿润秧,这是旱秧移栽后分蘖早生快发的主要营养生理原因。随着生育进程的推移,$N-n$叶龄期以后吸氮量和植株含氮量有所下降,有效地控制了无效分蘖的发生,使旱秧群体茎蘖动态表现为速发稳降的特点,使有效分蘖穗数增多,生育中期湿润秧含氮量和吸氮量赶上旱秧,但抽穗后旱秧吸氮水平仍较湿润秧维持较高的水平。因此,不同生育阶段吸氮量的差异,可能是导致2种苗类产量结构差异的营养生理原因。

3.2 关于旱秧高产肥料运筹

旱秧苗体健壮,发根力和抗植伤力强,易活棵早发,具有增产、增效的优点[1,2],但在本田期肥料运筹对旱秧生长及产量形成研究较少[10]。在本试验条件下,适量施氮有利于根系综合性状的改善,而分蘖期植株根系活力与吸氮强度呈显著正相关(武育粳3号为0.757 0*,汕优63为0.668 7*),生育前期植株吸氮强度和叶片含氮量又与茎蘖数和高峰苗数关系密切,这样稻株施氮水平的提高使水稻分蘖加快,分蘖发生又导致新根的出生,从而形成一个相互促进的良性循环,推动地上、地下部协调一致生长。吸氮强度与茎蘖数和高峰苗数呈极显著的正相关,$N-n$叶龄期至拔节期吸氮量和植株含氮量有所下降,有效地控制了无效分蘖的发生,使旱秧群体的茎蘖动态表现为速发稳降的特点,单位面积穗数增多。在适宜的施氮水平下,旱秧比湿润秧有更大的产量潜力,在穗粒结构上表现为穗数多、穗型大、千粒重偏低的特点。但拔节至抽穗期根系活力较低,这可能是导致生育中期吸氮量低于湿润秧的重要原因,同时也可能对颖壳大小和籽粒灌浆构成影响,从而导致旱秧粒重下降。在不同的生态背景下,是否有同样的结果有待进一步的试验证实。因此在充分发挥旱秧生育前期发根、分蘖和吸氮优势的基础上,进一步增加生育中期植株吸氮量,提高出穗前后稻体氮素营养水平,是提高旱秧籽粒千粒重,发挥其增产潜力的重要途径。笔者另外的试验表明(另文发表),在适宜的施氮总量下,前肥后移,适当增加中后期施肥比重,可防止生育中期群体过大,改善群体通风透光条件,使生育中后期植株个体生长健壮、根系活力强、功能叶叶绿素含量高,有利于籽粒的灌浆结实和籽粒产量的提高,达到省肥高产的目的。

参考文献

[1] 吴永祥.水稻旱秧根系与叶片生长的特点[C]//水稻高产理论与实践——第4届全国水稻高产理论与实践研讨会论文汇编.北京:中国农业出版社,1994:100-104.

[2] 苏祖芳.水稻旱育稀植栽培技术[M].北京:中国农业出版社,1997.

[3] 穆是玉.旱育秧栽培及其生物学特性[J].湖南农业科学,1993(3):17-19.

[4] 卢向阳,彭丽莎.早稻旱育秧形态组织结构和生理特性[J].作物学报,1997,23(3):360-368.

[5] 杨建昌,王志琴,朱庆森,等.不同土壤水分状况下氮素营养对水稻产量的影响及其生理机制的研究[J].中国农业科学,1996,29(4):58-65.

[6] 苏祖芳,张亚洁,张娟,等.基蘖肥与穗粒肥配比对水稻产量形成和群体质量的影响[J].江苏农学院学报,1995,16(3):21-23.

[7] 王余龙,姚有礼,刘宝玉,等.不同生育时期氮素供应水平对杂交水稻根系生长及其活力的影响[J].作物学报,1997(6):700-704.

[8] 王维金,徐竹生.重施穗肥对杂交水稻的产量和氮素营养的影响[J].华中农业大学学报,1993,12(3):209-214.

[9] 陈彩虹.杂交中稻汕优63氮素营养特性的研究[J].华中农业大学学报,1989,8(1):1-9.

[10] 赵言文,陈留根,丁艳锋,等.旱秧苗本田期根系建成特征及其对产量形成作用的研究[J].江苏农业科学,2000(1):4-7.

[11] 户刈义次著;薛德榕译.作物的光合作用与物质生产[M].北京:科学出版社,1979.

Effect of Nitrogen Supplying Level on Nitrogen Nutrition and the Growth of Roots and Yield Formation of Dry Nursery Seedlings of Rice in Field

ZHANG Ya-jie, SU Zu-fang, YANG Lian-xin, XU Nai-xia, SHA Ai-hong

(Department of Agronomy, Agricultural College, Yangzhou University, Yangzhou 225009, China)

Abstract: The effect of nitrogen supplying level on nitrogen nutrition and the growth of roots and yield formation of dry nursery seedings of rice in field were studied with the *japonica* rice Wuyujing 3 and the mid-season *indica* hybrid rice Shanyou 63 as materials. Results were as follows: The nitrogen content, amount of nitrogen-uptaking, root weight and root wount flow of *japonica* rice Wuyujing 3 were raised with the increment of nitrogen-applying level. Redundant nitrogen-applying level would result in lower nitrogen content, root wound flow and amount of nitrogen-uptaking at late growth stage of *indica* hybrid rice, compared with the moist seedlings, the dry nursery seedings had higher root activity, nitrogen content and amount of nitrogen-uptaking at early and late growth stage and lower root activity at middle growth stage. Dynamic of tillering behaved higher growth rate of tillering from ture green stage to $N-n$ stage and lower growth rate of tilling after $N-n$ stage. Dry nursery seedlings of rice had higher yield with more ears and larger panicle and lower 10^3-grain weight under suitable nitrogen-applying level. Raising 10^3-grain weight was key factor to increase yield of dry seedlings.

Key words: rice; the dry seedlings; nitrogen nutrition; growth of roots; yield formation

培肥方法对苗床理化性状和水稻旱秧苗素质的影响[*]

摘 要：通过水稻旱育苗床不同肥料的培肥方法试验，结果表明，猪灰、草木炭、人粪尿等是苗床培肥的良好肥料，能有效地提高苗床中的有机质和氮、磷、钾含量，改善土壤理化性状，提高秧苗素质。

关键词：水稻；旱育秧；培肥方法；秧苗素质

水稻施肥是培育早壮秧的基础。前人关于培肥改床研究不多，主要在旱地或稻茬地上用干耕、干整、干施肥的全层施肥法，冬前以碎秸秆为主，春天施杂肥、化肥来培育肥床[1]。而采用一般有机肥不同培肥方法对苗床理化性状和旱秧苗素质的影响，尚未见报道。本文通过对基础肥力基本相同的棉花茬田块进行不同培肥方法的处理，分析其对苗床土壤耕层理化性状及秧苗素质的影响，为大面积培肥苗床水稻旱育壮秧提供实践依据。

1 材料与方法

试验在高邮市司徒乡柘垛村六组棉花茬田块进行。供试品种为中籼稻汕优63。

1.1 苗床培肥处理

设 A 猪灰；B 人粪尿；C 猪灰+草木灰；D 人粪尿+草木灰；E 猪灰+人粪尿+草木灰，5个处理，不培肥为对照(CK)。有机肥施肥数量：人粪尿5.8 kg/m^2，草木灰0.23 kg/m^2，猪灰8.2 kg/m^2。各处理无机肥的数量均为每平方米施尿素30 g、过磷酸钙150 g、氯化钾40 g。施肥时间，猪灰2月中下旬，人粪尿4月中下旬，草木灰5月初，无机肥5月5日。为了防止发生肥害，施肥后多次翻土，使肥土均匀拌合，做到播种时有机肥充分腐熟。5月10日播种，播种前灌足底墒水，每平方米播稻谷170 g，用细土覆盖，后用塑料薄膜覆盖，薄膜上用乱稻草遮阳。

1.2 测定项目与方法

1.2.1 土壤营养元素的测定

（1）碱解氮：碱解扩散法；（2）速效磷：0.5 mol NaHCO$_3$法；（3）有机质：重铬酸钾容量法；（4）pH：电位法；（5）速效钾：醋酸铵浸提，火焰光度法。

1.2.2 测定秧苗性状

苗高；茎基宽；百株干重；单株发根数；单株绿叶数；单株茎蘖数；叶龄。

---

[*] 本文原载《江苏农学院学报》，1996，17(专刊)：28-31；作者：苏祖芳，张亚洁，吴才来，王辉斌。

2 结果与分析

2.1 不同培肥方法对苗床耕层养分状况的影响

表1表明,不同培肥方法的苗床耕层养分有显著差异:① 培肥苗床土壤养分含量大于未培肥土壤。培肥的苗床速效磷为 30.29~100.21 mg/kg,碱解氮为 140.50~202.13 mg/kg,速效钾为 229.10~375.20 mg/kg,分别比对照增加 162.80%~422.24%、38.15%~98.75% 和 73.50%~182.32%。② 施猪灰处理 A、C、E 苗床速效磷含量平均为 67.04 mg/kg,未施猪灰处理 B、D 苗床其速效磷含量平均为 31.88 mg/kg,施猪灰处理比未施猪灰处理苗床速效磷含量高出一倍多,且苗床中速效磷含量随猪灰数量的增加而增加。③ 施人粪尿 B、D、E 的处理苗床碱解氮为 191.25~202.13 mg/kg,未施人粪尿苗床处理碱解氮为 140.50%~164.09%,施人粪尿处理的苗床碱解氮含量比未施的平均高 32.24%。④ 施草木灰的苗床速效钾含量比未施苗床平均高 45.67%。这说明猪灰中磷固定率较小,且猪灰中 50%~60% 的磷为水溶性或柠檬酸溶性,所以猪灰的施入对苗床中速效磷含量的增加起主要作用。人粪尿由于含氮较多,磷钾较少,且易腐熟,因此碱解氮偏多。草木灰主要以棉杆和棉籽做燃料,其含钾量较丰富。从总体肥力状况而言,各处理土壤肥力优劣顺序为 E>C>D>A>B>CK。

表 1 不同培肥方法对苗床耕层物理性状的影响

处理	pH	土壤容重/(g·cm^{-3})	土壤孔隙度/%	有机质/%	养分含量/(mg·kg^{-1})		
					速效磷	碱解氮	速效钾
CK	7.44	1.46	43.2	2.07	5.80	101.70	132.90
A	6.33	1.10	58.7	3.04	45.60	140.50	257.00
B	6.49	1.11	58.0	2.49	30.29	191.25	229.00
C	6.41	1.02	61.4	2.98	55.31	164.09	301.00
D	6.75	1.14	57.1	2.78	33.47	201.39	292.20
E	6.8	1.00	62.1	3.16	100.21	2 012.13	375.20

2.2 不同培肥方法对苗床耕层物理性状的影响

表 1 还表明:① 培肥处理的苗床土壤为弱酸性,pH 平均为 6.56,而未培肥对照的苗床 pH 为 7.44,培肥处理后土壤 pH 降低 0.88,这是因为产生各种有机酸的缘故。② 不同处理苗床中有机质含量平均为 2.87%,对照为 2.07%,处理比对照增加了 38.65%。③ 有机质含量的多少和土壤容重的高低与培肥的种类和数量有关。施猪灰的苗床土有机质含量为 2.98%~3.16%,未施猪灰的苗床土有机质含量为 2.49%~2.78%,施猪灰处理的苗床土比未施猪灰的平均高出 15.15%,由于猪灰有秸秆和少量干土作其垫料,不易腐熟,施到土壤后其有机质含量较高,土壤耕层容重随之降低,孔隙度提高,改善了土壤通气性、透水性和蓄水性,如处理 E 有机质为 3.16%,其容重为 1.00 g/cm^3。而人粪尿易腐熟,施到土壤后其有机质含量相对较少,如处理 B 有机质为 2.49%,容重为 1.11 g/cm^3。

2.3 不同培肥方法对苗床水分变化及秧苗高度的影响

不同培肥土壤的含水量(X)与株高(Y)的相关关系,2 叶期为 $Y=0.51+0.23x$, $r=0.87$;3 叶期为 $Y=0.51+0.23X$, $r=0.87$;4 叶期为 $Y=0.51+0.23x$, $r=0.95^*$;5 叶期为 $Y=0.51+0.23x$, r

$=0.87^*$;6叶期为$Y=0.51+0.23x, r=0.87$。表2表明含水量与苗高有密切的关系。2、3、6叶期相关系数不显著,而4~5叶相关显著,这说明含水量高可加速秧苗的生长。培肥能改变苗床土层理化性质。土壤含水量是随土壤结构和气象、人为因素的改变而改变。在气象、人为因素一致的条件下,其含水量的变化可以反映该土壤结构爽水、持水性能的好坏。表2可知土壤含水量与苗床耕层理化性状有关,如处理E和C苗床相对持水能力较强,而处理A与D苗床相对爽水能力较弱。

表2 不同培肥方法的苗床土壤水分与苗高的关系

处理	2叶期		3叶期		4叶期		5叶期		6叶期	
	含水量/%	苗高/cm	含水量/%	苗高/cm	含水量/%	苗高/cm	含水量/%	苗高/cm	含水量/%	苗高/cm
A	29.32	6.74	24.17	9.53	28.25	10.81	26.12	13.87	25.15	13.39
B	26.86	7.01	26.48	10.43	30.06	11.11	29.48	16.92	26.28	24.01
C	34.29	8.44	29.82	11.23	32.38	11.81	31.11	17.81	30.13	25.42
D	24.97	6.18	23.82	9.48	29.00	10.92	28.12	16.17	24.70	22.13
E	28.92	7.91	26.52	9.81	33.58	12.19	30.98	17.56	29.01	24.25

因此,苗床土壤含水量与苗高有密切关系。旱育秧揭膜后3~8 d,水分含量适宜,苗高平均每天增长0.6 cm左右。揭膜后9~15天,由于天气持续干旱,再加上秧苗处于生长营养转换期,对持续水分胁迫的忍耐力较差,秧苗平均每天只增长0.2 cm左右,揭膜后15~20 d,因秧田统一在揭膜后18 d浇水,秧苗平均每天增长1 cm左右。

处理E和C苗床由于含水量较高,其秧苗最高,6月5日测得处理C秧苗苗高达25.42 cm,处理E达24.25 cm;处理A与D苗床含水量均较低,其苗高也表现为最矮,苗床土壤含水量与苗高表现出显著的正相关。

2.4 不同培肥方法对秧苗素质的影响

表3表明,苗床培肥处理后出叶较快,秧苗的叶龄除处理A为5.79外,其余处理均在6.08~6.22,平均6.16,比对照增35%~80%,茎蘖数与苗床养分状况关系密切,苗床培肥后土壤中养分含量丰富,其秧苗单株茎蘖数也高。如处理E,其养分综合含量高,秧苗单株茎蘖数高达4.5个;处理A养分含量最低,其单株茎蘖数为3.26个。表3还表明,无论从秧苗单株发根数、单株秧苗茎基宽和单位高度的百株干重比较,D、B、E 3个处理其数值均较高,尤以E处理最为突出,其数值分别为10.50条、0.96 cm和0.98 g/cm。

表3 不同培肥方法对秧苗素质的影响

处理	叶龄	茎蘖数/个	单株发根数/条	茎基宽/cm	单株绿叶数/张	百株干重/苗高/(g·cm^{-1})
CK	4.24	2.40	3.10	0.57	8	0.54
A	5.79	3.26	5.20	0.68	8	0.64
B	6.22	4.20	8.20	0.94	12	0.70
C	6.18	3.90	4.06	0.81	9	0.65
D	6.08	4.30	7.60	0.92	12	0.78
E	6.20	4.50	10.50	0.96	13	0.98

以上分析表明,各处理秧苗素质优劣顺序为 E>D>B>C>A>CK,和不同处理苗床耕层土壤养分含量多少基本一致。

3 小结与讨论

培肥能明显增肥改土,猪灰可改善土壤物理性状,增加土壤速效磷含量,人粪尿可补充氮素营养,而草木灰则以增加土壤中有效性钾素含量为主。苗床良好的理化性状能明显提高苗床秧苗素质,因此猪灰、人粪尿和草木灰可用于苗床培肥原料。本试验结合生产实践得出苗床培肥以处理 E 最佳,即人粪尿 $5.8\ kg/m^2$、草木灰 $0.23\ kg/m^2$、猪灰 $8.2\ kg/m^2$,此处理能提高苗床的有机质和氮、磷、钾含量,改善土壤物理性状,培育出壮秧。生产上如施肥过少则达不到培肥苗床的目的,施肥数量过多和时间过迟,未充分腐熟,肥上不匀,导致 2、3 叶期死苗现象严重,尤其施猪灰要注意。因此,年前年后要早施猪灰,如在培肥过程中连续干旱,可通过灌溉适当增加土壤的湿度,翻耕使其充分熟烂,人粪尿于落谷前 15~20 d 施入,以避免其氮素损失,草木灰可在落谷前施入,但不宜过多,以防亩床碱性过强。

参考文献

[1] 孙羲.土壤养分植物营养与合理施肥.北京:农业出版社,1983.
[2] 史瑞和.土用农化分析.北京:农业出版社,1981.
[3] 夏荣基.土壤有机质研究.北京:科学出版社,1982.
[4] 朱祖祥.土壤学.北京:农业出版社,1983.

水稻床土调施剂对土壤和秧苗素质的影响

摘　要：应用水稻床土调施剂进行水稻育秧的研究，结果表明，在播种时将适量的调施剂与细土拌匀后撒施能显著提高秧苗素质，对秧苗根系发育和干物质积累等方面都有明显的效应，同时能改善土壤的酸碱度及土壤有效养分的含量。

关键词：水稻；育秧；床土调施剂；土壤酸碱度

水稻床土调施剂是由中国有色金属总公司吉林锗厂研制的专为水稻育苗使用的多功能新产品，是根据秧苗生长需要的营养成分和 pH 配制而成的。床土调施剂含有一定量有机质、氮、磷、钾及微量元素，偏酸性。经北京、上海、吉林等地试验表现，能起到调酸和施肥的作用，对培育壮秧，促进大田分蘖，增加有效穗数、每穗粒数和提高产量有明显的效果。

本试验旨在探讨不同水稻床土调施剂在江苏稻区不同类型水稻品种，不同育秧方式上的作用效果、作用机制以及经济效益，寻求最佳的床土调施剂类型，确定合适的施用量和使用技术，以加快在生产中的推广应用。为我国南北各稻区不同季节培育壮秧的剂型选择、用量和方法提供理论与实践依据。

1 材料与方法

试验于1993年在江苏农学院农场进行。分塑料软盘育秧（4月8日播种）和秧田湿润育秧（5月3日播种）两种方式进行。

1.1 试验材料

供试产品为吉林锗厂生产的水稻床土调施剂Ⅰ、Ⅱ、Ⅲ号。供试土壤为砂壤土，碱解氮117.6 mg/kg，速效磷 97.2 mg/kg，速效钾 91.6 mg/kg，pH 7.1。供试品种为中粳稻盐粳4号。

1.2 试验方法

1.2.1 塑料软盘育秧施用床土调施剂试验

设置Ⅰ、Ⅱ、Ⅲ号3种调施剂和 CK 4个处理，每种剂量均按全国统一方案实施2种用量分别为每盘 6、10、14 g。重复3次，30个小区，每小区1盘，重复间随机排列。施用方法：塑料软盘规格为561孔（60.3 cm×33.0 cm×1.6 cm），将一定量调施剂与过筛细土拌匀后装盘（每盘装土 1.5 kg）播种，对照（CK）按当地施肥水平施适量基肥（每盘尿素 0.5 g），各处理秧苗生长不施任何肥料，均

---

* 本文原载《耕作与栽培》，1993(6)：33-38；作者：苏祖芳，居春霞，张亚洁，杨丽红，周立达。

采用湿润灌溉法。

1.2.2 秧田湿润育秧施用床土调施剂试验

设置Ⅰ、Ⅱ、Ⅲ号3种调施剂和对照(CK)4个处理,每种调施剂用量均为60 g。对照(CK)按当地育秧施肥水平施肥(每平方米秧田施尿素18 g),重复3次,12个小区,每小区1 m²,重复间随机排列。

施用方法,育秧时按常规育秧方法整地,做秧板,刮平后将床土调施剂与细土拌匀后撒施于秧板面,再播种、压种(塌谷)。对照(CK)按湿润育秧法进行施肥、灌溉,秧苗生长期管理相同。

1.3 测定项目

1.3.1 秧苗素质测定

地上部分测定:苗高、叶龄、绿叶数、茎基宽、分蘖数、植株鲜重、干重。地下部分测定:根数、最长根长、根鲜重、干重和发根力。测定植株全氮、全磷、全钾含量。

1.3.2 土壤理化性状测定

土壤pH变化;土壤中速效氮、磷、钾含量。

2 结果与分析

2.1 水稻床土调施剂对秧苗素质的影响

2.1.1 对秧苗高度的影响

不同调施剂、用量对秧苗高度都有一定的影响。表1表明:塑料软盘育秧施用Ⅱ号调施剂对秧苗的生长具有抑制作用,除每盘用量为6 g苗高比对照增加15.3%外,随着用量增加,苗高明显比对照降低,用量增至每盘10、14 g,苗高比对照分别降低0.8%、2.17%。在2~3叶期,苗瘦小、生长停滞、白叶现象亦随用量增加而更明显。这可能是因Ⅰ号调施剂所含某种微量元素过多而过剩所致。Ⅱ、Ⅲ号调施剂对秧苗生长均有促进作用。随着用量增加苗高比对照明显增加,试剂用量为6、10、14 g时,苗高与对照相比,Ⅱ号分别增加36.2%、56.7%和57.5%;Ⅲ号分别增加15.7%、17.3%和33.1%。湿润育秧用调施剂,与对照相比,Ⅰ号比对照降低12.4%,Ⅱ、Ⅲ号分别增加4.0%和0.9%。

表1 不同调施剂不同用量对苗高的影响

育秧方式	用量 /(g·盘⁻¹); (g·小区⁻¹)	Ⅰ 高度/cm	Ⅰ 比CK±%	Ⅱ 高度/cm	Ⅱ 比CK±%	Ⅲ 高度/cm	Ⅲ 比CK±%
塑料软盘育秧	6	14.3	15.3	17.3	36.2	14.7	15.7
	10	12.6	−0.8	19.9	56.7	14.9	17.3
	14	11.2	−21.7	20.0	57.5	16.9	33.1
	CK	12.7		12.7		12.7	
湿润育秧	60	19.8	−12.4	23.5	4.0	22.8	0.9
	CK	22.6		22.0		22.6	

注:移栽时考察。

我们还观察了调施剂影响秧苗生长的动态过程,调施剂施用后对出苗及初期(播种至2叶期)秧苗生长无明显影响,对照及各处理秧苗生长快慢基本一致,但随着秧龄增加,不同调施剂不同用量对秧苗高度的影响逐渐明显。调施剂Ⅱ、Ⅲ号对秧苗生长具有促进作用,而且Ⅱ号的促进作用比Ⅲ号更明显,Ⅰ号具有抑制作用。随着用量增加3种调施剂对苗高影响的差异更明显。湿润育秧的情况基本与软盘育秧一致,只是3种调施剂及对照之间的差异不如塑料软盘育秧明显。

2.1.2 对苗茎基宽、单株根数、最长根长、绿叶数的影响

水稻床土调施剂对秧苗基部宽度、单株根数、最长根长、绿叶数也有一定的影响。从表2看出,塑料软盘秧苗茎基宽,Ⅰ号调施剂处理比对照小,并且随着用量增加茎基宽减小更多;Ⅱ号调施剂有促进苗茎基宽的效果,用量为6、10、14 g时茎基宽分别比对照增加0.3、0.1、0.3 cm;Ⅲ号调施剂不同用量苗茎基宽与对照差异不明显。秧田湿润育秧施用Ⅱ号调施剂苗茎基宽比对照略有增加,Ⅰ、Ⅱ号均比对照小。

表2 不同调施剂用量对秧苗素质的影响

育秧方式	处理	用量/(g·盘$^{-1}$);(g·小区$^{-1}$)	叶龄	茎基宽/cm	单株根数/条	最长根长/cm	绿叶数/(叶·株$^{-1}$)
塑料软盘育秧	CK	0	3.0	0.19	9.34	5.7	2.7
	Ⅰ	6	3.3	0.18	9.0	3.9	2.9
		10	3.2	0.17	7.8	2.7	2.5
		14	3.1	0.16	9.2	2.7	3.0
	Ⅱ	6	3.2	0.22	13.4	6.0	3.0
		10	3.1	0.20	15.0	5.8	3.1
		14	3.4	0.22	13.2	5.5	3.2
	Ⅲ	6	2.8	0.19	11.6	4.6	2.7
		10	3.0	0.20	12.2	5.2	2.9
		14	2.9	0.18	11.8	3.8	2.7
湿润育秧	CK	0	5.8	0.80	24.8	6.1	8.3
	Ⅰ	60	5.9	0.65	19.4	4.3	5.9
	Ⅱ	60	5.8	0.83	27.7	6.6	8.7
	Ⅲ	60	5.9	0.77	21.5	5.7	8.6

无论何种育秧方式,Ⅰ号调施剂对单株根数有一定的抑制作用,Ⅱ、Ⅲ号均能增加秧苗的单株根数,而且Ⅱ号增加的效果比Ⅲ号明显。施用Ⅱ号调施剂秧苗的最长根长和绿叶数略比对照增加,Ⅰ、Ⅱ号均比对照减小,而且Ⅰ号减少的幅度比Ⅱ号大。

2.1.3 对发根力的影响

从处理和对照小区各取10株秧苗,剪去所有的不定根系后置于清洁的自来水中和插入大田土壤中发根,第4天统计新根数及称重,测定发根力。表3表明,塑料软盘育秧施用调施剂Ⅱ、Ⅲ号秧苗发根力显著增强,Ⅱ号以用量为14 g的发根力最强,发根数和发根鲜重分别比对照增加65.7%、84.3%;Ⅲ号用量10 g的最好,发根数和发根鲜重与对照相比分别增加28.6%、82.4%。Ⅰ号调施剂随着用量增加发根力减弱,用量为14 g时发根数和发根鲜重比对照下降25.6%、3.3%。湿润育秧无论水培还是土培,施用调施剂Ⅱ号发根力增强,施用Ⅰ、Ⅲ号后发根力比对照降低。土培的发根力(发根数和发根鲜重)略比水培的增加。发根力的增加显然有利于秧苗对土壤养分的吸收,促进秧苗粗壮,而且也有利于秧苗移栽后返青活棵,减轻败苗,早发分蘖。

表3 不同调施剂不同用量对发根力的影响 (条/株、mg/株、%)

育秧方式	用量(g/盘、小区)	Ⅰ 发根数	Ⅰ 比CK ±%	Ⅰ 鲜重	Ⅰ 比CK ±%	Ⅱ 发根数	Ⅱ 比CK ±%	Ⅱ 鲜重	Ⅱ 比CK ±%	Ⅲ 发根数	Ⅲ 比CK ±%	Ⅲ 鲜重	Ⅲ 比CK ±%
塑料软盘育秧	6	5.4	54	31.9	51.9	3.7	5.7	28.2	34.3	4.2	20.0	30.5	45.2
	10	3.2	−8.6	21.0	0.0	5.0	42.9	30.0	42.9	4.5	28.6	38.5	82.4
	14	2.6	−25.6	20.3	−3.3	5.8	65.7	38.7	84.3	3.6	2.9	25.1	19.5
	CK	3.5		21.0		3.5		21.0		3.5		21.0	
湿润育秧①	60	8.2	−10.9	51.8	−15.1	11.9	29.3	82.7	35.9	8.9	−6.5	55.3	−9.3
	CK	9.2		61.0		9.2		61.0		9.2		61.0	
湿润育秧②	60	3.5	−16.7	55.3		11.2	9.8	84.5	35.2	11.2	9.8	61.0	−2.4
	CK	10.2		62.5		10.2		62.5		10.2		62.5	

注:① 为水培;② 为土培。

2.1.4 对秧苗地上部、地下部鲜重、干重的影响

不同调施剂对秧苗株重和根重都有一定影响。从图1看出,塑料软盘育秧施调施剂后秧苗地上部鲜重、干重及地上部干重除Ⅰ号调施剂用量14 g外,其他各处理均比对照增加。其中以Ⅱ号调施剂最明显,其次是Ⅲ号,Ⅰ号调施剂在用量小的情况下株重比对照增加。湿润育秧Ⅰ号明显比对照小,Ⅱ、Ⅲ号比对照增加,但差异极小。植株干物质量极大部分是由光合作用产生的碳水化合物所构成,水稻高产栽培的主要任务是在生育前期促进壮苗早发。建立起足够的营养体,为制造大量生物产量打好物质基础。光合作用所需的原料——水及氮、磷、钾等无机元素都是依赖于根系从土壤中吸收的,根系发达显然有利于水稻吸收养分用于光合作用。水稻的生产潜力与它的根系有关,根系发育好坏制约着地上部的物质生产、运输和积累,最终表现在产量上。可见,Ⅱ号调施剂用于育秧能促进地上、地下部干物质生产积累,有利于培育壮苗。

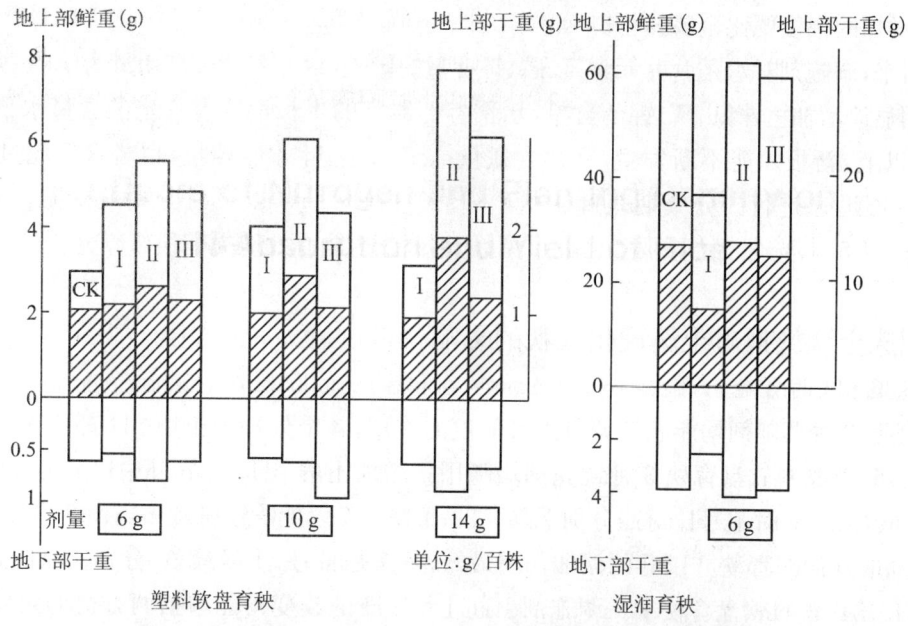

图1 调施剂对秧苗地上、地下部鲜重、干重(g/百株)的影响

2.1.5 对水稻主要营养元素氮、磷、钾含量的影响

(1) 对植株全氮含量的影响。表4表明，Ⅰ号调施剂每盘用量在6 g、10 g时植株全氮含量均比对照少，分别降低8.1%、4.9%，用量14 g时比对照增加3.5%，Ⅱ号调施剂植株全氮量均比对照增加，其中用量10 g的增加幅度最大，比对照增加16.2%，Ⅲ号调施剂植株全氮量增加，且随用量增加比对照增加趋明显，其中用量为14 g的最好，比对照增加33.31%。

表4 不同调施剂、用量对秧苗的营养元素含量的影响（4叶期）

处理	用量/(g·盘$^{-1}$)	N 含量/%	N 相对含量	N 比CK ±%	P 含量/%	P 相对含量	P 比CK ±%	K 含量/%	K 相对含量	K 比CK ±%
CK	0	2.84	100		0.42	100		1.80	100	
Ⅰ	6	2.61	91.9	−8.1	0.42	100	0	1.79	99.4	−0.6
	10	2.70	95.1	−4.9	0.61	145.2	45.2	2.50	138.9	38.9
	14	29.4	103.5	3.5	0.74	176.2	76.2	2.74	152.2	52.2
Ⅱ	6	3.05	107.4	7.4	0.75	178.6	78.6	2.63	146.1	46.1
	10	3.30	116.2	16.2	0.81	192.9	92.9	2.70	151.1	51.1
	14	3.13	110.2	10.2	0.83	197.6	97.6	3.23	179.4	79.4
Ⅲ	6	3.07	108.1	8.1	0.68	161.9	61.0	2.52	140.0	40.0
	10	3.13	110.2	10.2	0.79	188.1	88.1	2.63	146.1	46.1
	14	3.78	133.1	33.1	0.58	138.1	38.1	2.26	125.6	25.6

(2) 对植株全磷含量的影响。植株全磷含量除Ⅰ号调施剂用量为6 g的与对照无明显差异外，用量为10、14 g及Ⅱ、Ⅲ号的各种用量均使全磷含量提高，Ⅱ号调施剂以14 g的最好，Ⅲ号以10 g的最佳，全磷含量分别比对照增加97.6%，88.1%。

(3) 对植株全钾含量的影响。调施剂对植株全钾含量的影响基本上与对磷影响相似，只是与对照相比，增加的幅度要比全磷的小。

总体看来，调施剂对水稻营养元素氮、磷、钾含量的影响，以Ⅱ号调施剂用量为10 g的最明显，施用后能明显地增加植株氮、磷、钾的含量，水稻各部器官的生长都要有一定的含氮水平，根内含量在1.5%以上，新根才能不断发生，叶片含氮量高于2.5%叶才能伸长，稻苗含氮超过3.0%～3.5%分蘖才能迅速进行。分蘖期茎叶含量磷（P_2O_5）在0.25%以下时分蘖就受阻。叶片含钾（K_2O）量低于1.5%，光合活力减弱。由此可见，施用调施剂能有效地提高稻苗养分含量，对培育壮秧是有效的。

2.2 水稻床土调施剂对土壤理化性状的影响

2.2.1 对土壤pH的影响

表5表明，3种调施剂均能起到调节土壤酸度的作用，各个处理的土壤pH都比对照降低，但下降的幅度不同，塑料软盘育秧3种调施剂均随用量增加土壤pH下降，其中以Ⅱ号下降幅度最大，用量为6、10、14 g时Ⅰ号比对照分别下降0.28、0.39、0.73，Ⅱ号分别为0.45、0.85、0.92，Ⅲ号为0.31、0.52、0.60。湿润育秧亦以Ⅱ的调酸作用最好，其次是Ⅲ号，Ⅰ号最差，分别比对照降低0.36、0.27、0.22，但均比塑料软盘育秧小。调施剂引起土壤pH的改变可能包括两方面的效应，一方面调施剂本身是酸性的，经测定Ⅰ、Ⅱ、Ⅲ 3种调施剂的pH分别为1.74、4.41、4.17。另一方面

表5 不同调施剂不同用量对土壤pH的影响

育秧方式	用量/(g·盘$^{-1}$)	Ⅰ pH	比CK降低	Ⅱ pH	比CK降低	Ⅲ pH	比CK降低
塑料软盘育秧	6	6.82	0.28	6.65	0.45	6.79	0.31
	10	6.71	0.39	6.25	0.85	6.58	0.52
	14	6.32	0.73	6.18	0.92	6.50	0.60
	CK	7.01		7.1		7.10	
湿润育秧	60	6.9	0.22	6.76	0.36	6.85	0.27
	CK	7.12		7.12		7.12	

调施剂含较多的阳离子,溶于水后,阳离子秧苗吸收量可能多于阴离子,使根际pH下降。调施剂降低土壤pH的效应,湿润育秧小于塑料软盘育秧,原因可认为塑料软盘的土体较小,对pH改变的缓冲能力小,而湿润育秧土体对pH缓冲能力较大,故pH降低幅度较小。

Ⅰ号调施剂本身的酸度很强,所以施用后秧苗生长期就受到酸害,因此Ⅰ号试剂秧苗在2~3叶期生长停滞、枯黄,顶部叶片发白,这种现象随用量增加而明显。但随秧龄增加,可能由于秧苗本身的适应性和土壤的调节作用使秧苗逐渐恢复生长。

水稻适宜于偏酸的土壤中生长,因此,在一定范围内,土壤酸度降低有利于秧苗的生长,又能有效地防治水稻幼苗立枯病。Ⅱ、Ⅲ号调施剂有效地调节土壤酸度而不出现酸害,因此,Ⅱ、Ⅲ号调施剂用于育秧是可行的。

2.2.2 对土壤中速效氮、磷、钾含量的影响

不同调施剂对土壤速效氮、磷、钾含量都有明显的影响。表6表明,3种调施剂处理后土壤速效氮、磷、钾含量都比对照增加。速效磷和速效钾的含量均随用量增加而明显增加,调施剂用量变化对土壤速效氮含量影响不明显。植物营养元素均是通过根系从土壤中吸取的,所以土壤中养分含量丰富,才能保证植物的吸收和利用,为光合作用提供原料,促进植物的生长发育。因此,水稻床土调施剂能起到施肥的作用,是培育壮秧的一种多功能肥料。

表6 不同调施剂不同用量对土壤速效氮、磷、钾含量的影响(4叶期)

处理	用量/(g·盘$^{-1}$)	速效氮/(mg·kg^{-1})	比CK±%	速效磷/(mg·kg^{-1})	比CK±%	速效钾/(mg·kg^{-1})	比CK±%
Ⅰ	6	150.8	16.2	119.8	10.0	127	29.6
	10	141.9	9.3	130.8	20.1	175.0	78.6
	14	155.3	19.6	122.1	12.1	207.5	111.7
Ⅱ	6	196.9	51.7	136.2	25.1	150.0	53.1
	10	133.0	2.5	136.2	25.1	195.0	99.5
	14	230.7	77.7	145.3	33.4	220.0	124.5
Ⅲ	6	159.8	23.1	131.4	20.7	192.5	96.4
	10	167.5	29.0	129.6	19.0	230.5	134.7
	14	131.0	0.9	157.3	44.4	262.5	167.9
CK	0	129.8		108.9		98.0	

3　小结与讨论

（1）水稻床土调施剂用量选择适当能起到调酸和施肥的作用，能有效地增加土壤速效氮、磷、钾的含量，是培育壮秧的一种理想肥料，它适用于多种育秧方式，尤其在塑料软盘育秧和旱育小苗上效果更明显。因此，有广泛的适用性，应加快在生产上推广应用。

（2）调施剂Ⅰ号在北京试验表明，对于培育壮秧是有效的，而在扬州地区土壤条件下效果不理想，对秧苗生长具有抑制作用，可能是由于土壤呈中性，Ⅰ号调施剂酸性过强，出现酸害，而北京的石灰性土壤偏碱，经Ⅰ号调施剂调酸后不出现酸害，所以秧苗生长良好。Ⅱ、Ⅲ号调施剂在当地试验条件下均能促进秧苗素质，对苗高、茎基宽、发根力和干物质积累等都比常规施肥明显提高。因此，Ⅱ、Ⅲ号调施剂用于培育壮秧是有效益的，其中以Ⅱ号每盘用量14 g效果最理想。

参考文献

[1] 唐咏.土壤条件与水稻苗床调施剂的施用.沈阳农业大学学报,1991,(2):78-87.
[2] 万传斌.江苏稻作科学.南京:江苏科学技术出版社,1990:65-78.
[3] 浙江农业大学.作物营养与施肥.北京:农业出版社,1990.
[4] 南京农业大学.土壤农业分析.北京:农业出版社,1981.

水稻秧苗素质对分蘖成穗率及产量构成因素的影响

摘　要：以汕优 63 不同带蘖数秧苗和在两个氮素水平进行不同叶龄期分蘖、成穗率和产量构成因素的影响研究,结果表明,带蘖壮秧分蘖成穗率高,尤其是前期的分蘖成穗率高,增加分蘖成穗数,有利于库源的协调,提高群体的质量,促进大穗的形成,从而提高单株产量。

关键词：水稻；带蘖壮秧；分蘖成穗率；群体质量；产量

壮秧是水稻高产的基础,秧苗素质直接关系到构成产量的穗数、粒数和粒重 3 个基本因素。以往研究较多论述了壮秧的形态标准和叶蘖保持同伸的内在标准,但对秧苗素质移入大田后茎蘖二次分蘖的生育规律尚缺乏系统研究。本试验旨在研究不同带蘖秧苗在不同氮素水平下各蘖发生分蘖的成穗率及其对群体质量的影响,为培育壮秧、提高秧苗素质、因苗施肥提供理论和实践依据。

1　材料与方法

试验于 1994 年江苏农学院稻麦研究室土培池中进行。供试品种为中籼稻汕优 63,移栽秧龄为 7.6 叶。

1.1　试验设计

设高氮(12.5 kg/亩)和低氮(7.5 kg/亩)两个水平。秧苗带 5 个蘖、带 4 个蘖、带 3 个蘖、带 2 个蘖 4 级,共 8 个处理,3 次重复,每穴 1 苗。灌溉和施肥同大田。

1.2　观察项目

1.2.1　叶龄测定

秧苗期开始,标记主茎叶龄 80 株,移栽土培地后,每处理标记 10 株,直至剑叶出(采取隔叶标记法)。

1.2.2　分蘖发生情况

从秧田移入土培池开始,每处理 4 穴,根据叶龄套圈的方法标记主茎、一次分蘖、二次分蘖和三次分蘖,直至抽穗期。

1.2.3　叶面积测定

活体测定。分别于拔节、孕穗、抽穗、乳熟等期测定叶面积。本试验采用直接测定法,即叶长

---

* 本文原载《耕作与栽培》,1995,3:10-14；作者：苏祖芳,吴九林,李国生,张亚洁。

×叶宽×K 值(一般为 0.75)。测定绿叶面积,计算有效、高效叶面积率。

1.2.4 穗部性状

成熟期每处理取 4 穴,分别测定其每穗总粒数、实粒数、空秕粒数、结实率、穗长、一次枝梗数、二次枝梗数、穗重、粒重等;成熟期测定理论产量及实产。

2 结果与分析

2.1 秧苗素质对分蘖成穗率的影响

2.1.1 秧苗带蘖数不同叶龄期的分蘖成穗率

表 1 表明,随着叶龄进程,不管秧苗带蘖数的多少,分蘖的成穗率均逐渐降低,但降低的幅度有一定差异,秧苗带蘖数多的降低幅度大,而带蘖数少的降低幅度小,如高氮条件下,秧苗带 5 个蘖的 9 叶龄期分蘖成穗率为 96.29%,12 叶龄期为 37.5%,下降了 58.79 个百分点;而秧苗带 2 个蘖的 9 叶龄期为 90.9%,12 叶期为 45.5%,下降了 45.4 个百分点。在低氮条件下其趋势更为明显。表 1 还表明,同一叶龄期的分蘖成穗率随着秧苗带蘖数的增多而提高,高氮水平下与低氮水平下其变化趋势一致。这说明,秧苗早发,提高秧苗分蘖的成穗率,必须培育带蘖壮秧。

表 1 秧苗不同带蘖数不同叶龄期分蘖穗的成穗率

氮素水平/(kg·亩⁻¹)	秧苗带蘖(数·个⁻¹)	移栽叶龄	9叶期 成穗数	9叶期 分蘖成穗率/%	10叶期 成穗数	10叶期 分蘖成穗率/%	11叶期 成穗数	11叶期 分蘖成穗率/%	12叶期 成穗数	12叶期 分蘖成穗率/%	13叶期 成穗数	13叶期 分蘖成穗率/%	14叶期 成穗数	14叶期 分蘖成穗率/%
12.5	5	8.48	26	96.3	17	70.8	9	52.9	3	37.5				
	4	8.2	23	92.0	20	87.0	1	62.5	1	12.5				
	3	8.2	15	93.8	23	95.8	0	66.7	1	25.0	1	50.0		
	2	7.7	20	90.9	21	91.3	8	69.2	5	45.5	4	57.1		
	平均	8.1		93.2		84.8	9	62.8		30.1		53.4		
7.5	5	8.5	24	100.0	6	85.7	1	52.6	8	50.0	2	40.0	2	66.7
	4	8.1	16	90.9	4	80.0		58.3	3	42.9	2	40.0	2	40.0
	3	8.1	13	81.3	6	75.0	7	60.0	2	50.0	2	50.0	0	0.0
	2	7.6	10	88.9	8	80.0	6	80.0	3	75.0	2	66.7	0	0.0
	平均	8.1		90.5		80.2	4	62.7		54.5		49.2		26.7

2.1.2 秧苗带蘖数不同叶龄期的分蘖穗占总穗数的百分率

表 2 表明,高氮水平下各叶龄期的分蘖穗对总穗数的作用随着叶龄进程和秧苗带蘖增多而变化,早期分蘖穗占总穗数的比重随着带蘖数的增加而提高。如秧苗带 5 个蘖的 11 叶龄期前分蘖穗均占总穗数的 98.55%,而秧苗带 2 个蘖的比重却仅为 84.75%。低氮水平下,11 叶龄期前分蘖穗数占总穗数的比重与秧苗带蘖数多少关系不密切,如带蘖数为 2 个的 11 叶龄期前的分蘖穗占总穗数的比重略高于带蘖数 5 个的,这可能是由于本田前期供氮不足,而其本身苗大,本田分蘖发生少和有效分蘖生长较长而引起的。表 2 还表明,高氮水平下的早期分蘖穗占总穗数的比重较低氮水平下的高,高氮水平下 11 叶龄期前的所有分蘖穗占总穗数的 93.25%,比低氮水平下的 80.29% 增加了 12.96 个百分点。因而在高氮水平下,成穗数主要由早期分蘖穗决定,这就是说秧苗健壮,本田前期施足氮肥,有利于达到有效穗数。

表2 秧苗带蘖数不同叶龄期分蘖穗占总穗数的百分率

氮素水平/(kg·亩$^{-1}$)	秧苗带蘖	考苗穗数	分蘖穗占总穗数的百分率(%)						11叶期前/%	12叶期后/%
			9/0	10/0	11/0	12/0	13/0	41/0		
12.5	5	55	47.3	30.9	16.4	5.5			98.55	1.45
	4	54	42.6	37.0	18.5	1.9			98.15	1.85
	3	48	31.3	47.9	16.7	2.2	2.2		95.56	4.44
	2	59	33.9	35.6	15.3	8.5	6.8		84.75	16.25
	平均								93.25	6.75
7.5	5	52	46.2	11.5	19.2	15.4	3.9	3.9	76.92	23.08
	4	34	47.1	11.8	20.6	8.8	5.9	5.9	79.42	20.58
	3	30	43.3	20.0	20.0	10.0	6.7		83.33	16.67
	2	27	37.0	29.6	14.8	11.1	7.4		81.48	18.52
	平均								80.29	19.71

2.2 秧苗素质对产量及经济系数的影响

2.2.1 秧苗带蘖数不同叶龄期茎蘖产量对单株产量的贡献

分蘖发生得越早,此分蘖产量对于该单株总产量的贡献就越大。不同带蘖数秧苗的同一叶龄期发生的分蘖对该单株总产量的贡献有一定差异。表3可知,高氮水平下,秧苗带蘖数多的生育前期的分蘖产量对总产量的贡献大于秧苗带蘖数少的,后期分蘖产量占总产量的比重相对小。例如,秧苗带5个蘖的10叶龄期前的分蘖产量占总产量为84.78%,而秧苗带2个蘖的仅为76.12%,前者比后者高8.66个百分点。在低氮水平下,不同带蘖数秧苗相同叶龄期之间差异不明显。如秧苗带5个蘖的10叶龄期前,其分蘖产量占总产量的77.10%,而秧苗带2个蘖的为78.96%。总体而言,低氮水平下,前期分蘖产量所占的比重略低于高氮水平。例如,10叶期前分蘖产量低氮水平下的平均比重为77.16%,较高氮水平的83.24%下降6.08个百分点。

表3 秧苗带蘖数不同叶龄期产量占总产量的百分率

氮素水平/(kg·亩$^{-1}$)	秧苗带蘖/个	单株产量/g	9叶期/%	10叶期/%	11叶期/%	12叶期/%	13叶期/%	10叶期前/%
12.5	5	86.54	62.39	22.39	12.84	2.39		84.78
	4	83.45	59.04	27.41	12.65	0.90		86.45
	3	75.97	44.95	40.67	13.46	0.61	0.31	85.62
	2	59.95	57.46	18.68	18.28	3.36	2.24	76.12
	平均	76.98	55.96	27.28	14.31	1.82	1.28	83.24
7.5	5	77.79	64.31	12.79	15.15	5.73	1.01	77.10
	4	82.96	65.05	11.65	15.86	3.56	2.59	76.7
	3	62.9	57.73	18.21	16.84	4.81	2.41	75.94
	2	55.42	50.19	28.73	13.03	5.73	2.3	78.92
	平均	69.77	59.32	17.84	15.22	4.96	2.08	77.16

2.2.2 秧苗带蘖数对经济系数的影响

表4表明,不同秧苗带蘖数成穗茎蘖的单茎产量和经济系数,随着生育进程而降低,但经济系数下降幅度较单茎产量小。如秧苗带5个蘖的从9叶龄期到12叶龄期,其经济系数下降幅度为15.4%,而单茎产量下降幅度为73.5%。高氮水平下,经济系数随着秧苗带蘖数的增加而增加;而

低氮水平下却随之下降。这可能由于秧苗带蘖数少的单茎蘖较秧苗带蘖数多的单茎蘖健壮,因而单茎蘖的产量相应较高。虽然低氮水平下,秧苗带蘖数少的经济系数相对高于带蘖数多的,但是由于未能达到适宜穗数,最终导致了产量偏低的结果。

表4 秧苗带蘖数不同叶龄期茎蘖穗的单茎产量和经济系数

氮素水平/(kg·亩$^{-1}$)	秧苗带蘖/个	经济系数平均	9叶期		10叶期		11叶期		12叶期		13叶期		14叶期	
			经济系数	单茎产量/g	经济系数	单茎产量/g	经济系数	单茎产量/g	经济系数	单茎产量/g	经济系数	单茎产量/g	经济系数	单茎产量/g
12.5	5	0.50	0.52	4.27	0.53	2.91	0.49	2.24	0.44	1.13				
	4	0.49	0.51	4.16	0.51	3.11	0.46	2.00	0.43	1.01				
	3	0.47	0.50	4.19	0.50	3.14	0.46	2.32	0.39	0.91	0.32	0.39		
	2	0.46	0.50	3.86	0.49	2.52	0.49	2.45	0.45	0.82	0.37	0.63		
	平均	0.48	0.51	4.12	0.51	2.92	0.48	2.25	0.43	0.97	0.34	0.51		
7.5	5	0.46	0.50	4.16	0.48	3.14	0.44	2.39	0.40	1.11	1.11	0.85	0.37	0.81
	4	0.48	0.53	4.27	0.51	2.97	0.48	2.34	0.47	1.22	1.22	1.43	0.39	0.73
	3	0.48	0.52	3.91	0.51	2.66	0.45	2.43	0.47	1.37	1.37	0.93		
	2	0.51	0.52	3.54	0.5	2.38	0.49	2.24	0.47	1.39	1.39	0.90		
	平均	0.48	0.52	3.97	0.5	2.79	0.47	2.35	0.44	1.27	1.27	1.03	0.38	0.77

2.3 秧苗素质对产量及其构成因素的影响

2.3.1 秧苗素质对产量的影响

表5表明,在单位平方米内,汕优63随着秧苗带蘖数的增加而产量提高。高氮水平下,秧苗带5个蘖的产量最高,且分别比带2蘖、带3蘖、带4蘖的产量增产30.73%、12.21%和1.26%。在低氮水平下,亦有这一趋势,秧苗带4蘖比秧苗带5蘖增加6.65%,秧苗带2、3蘖均低产,可见培育带蘖壮秧与产量关系密切,是高产的基础。

2.3.2 对穗数的影响

高氮水平下,由于本田前期有较充足的氮素供应,不同秧苗素质对成穗数的作用不大,基本上都稳定在适宜穗数上下。秧苗带5个蘖的成穗数为270个/m²,较带2个蘖的成穗数250个/m²高20个/m²。

表5 秧苗带蘖数的产量构成因素比较

氮素水平/(kg·亩$^{-1}$)	秧苗带蘖/个	穗数/(个·m^{-2})	每穗总粒数/粒	结实率/%	千粒重/g	产量/(g·m^{-2})
12.5	5	270	140.4	87.7	26.03	865.4
	4	270	135.4	88.2	26.50	854.5
	3	260	127.2	86.2	26.65	750.7
	2	250	116.3	76.8	26.85	599.5
	平均	262.5	129.8	84.7	26.5	769.8
7.5	5	310	120.3	80.1	26.04	777.9
	4	320	119.5	81.1	26.73	829.6
	3	240	117.6	83.5	26.69	629.0
	2	230	110.2	84.2	27.15	554.2
	平均	272.5	116.9	82.22	26.66	697.7

低氮水平下,由于本田前期氮素供应不足,秧苗素质差异较大,秧苗带 4 个蘖,由于带蘖多,苗大且根系活力强,因而秧田期的生理优势强,在一定程度上弥补了前期氮肥供应不足,所以秧苗带 4 个蘖的穗数能达到适宜穗数,而带 2 个蘖的因其秧苗素质差且外界环境氮素较少的限制,移栽后分蘖生长不良,无效分蘖多,造成有效穗数不足。又低氮水平下,不同的秧苗素质对成穗数的作用是较大的。秧苗带 4 个蘖的成穗数为 320 个/m²,较带 2 个蘖的成穗数 220 个/m²,平均每平方米高 100 个穗。但由于秧苗带 5 个蘖的群体过大,氮素供应不足,动摇分蘖易转化为无效分蘖,导致了其穗数低于带 4 个蘖的。

2.3.3 对每穗总粒数及结实率的影响

随着秧苗带蘖数的上升,不同时期成穗分蘖的每穗粒数亦上升,但高氮水平下,秧苗带 5 个蘖的每穗总粒数为 140.7 粒,较带 2 个蘖的 116.3 粒上升幅度为 21%;而低氮水平下的上升幅度为 9.2%。因而,高氮水平对每穗总粒数的作用大于低氮水平。

对于结实率而言,高氮水平下的平均数略高于低氮水平,但高氮水平下,秧苗带 5 个蘖、带 4 个蘖、带 3 个蘖的结实率几乎差不多,而秧苗带 2 个蘖的却远远落后于前三者。可在低氮水平下,情况却与高氮水平的迥然不同。在低氮水平下,随着秧苗带蘖数的增多,其结实率却下降,这主要是因为营养受到限制。

2.3.4 对千粒重的影响

前人研究指出:千粒重与结实率呈高度的正相关性,千粒重的变化趋势类似结实率。但是对同一品种而言,其千粒重变化幅度不大。

由表 5 可见,产量构成因素中各千粒重之间的差异不大,所以在产量构成中起主导地位的因子是穗数和每穗粒数。因此,高氮水平下,随着秧苗带蘖数的增多,各产量亦上升。而在低氮水平下,秧苗带 4 蘖的产量最高。

2.4 秧苗素质对穗部性状的影响

表 6 表明,秧苗带蘖多的每穗粒数、一次枝梗数、二次枝梗数、穗长和穗粒重高;反之则低。如秧苗带 5 个蘖的比秧苗带 2 个蘖的每穗粒数增加 21.86%;一次枝梗数、二次枝梗数分别增加 12.57%、28.74%;穗长、穗粒重分别增加 9.06%、25.13%。秧苗的每穗粒数、一次枝梗数、二次枝梗数、穗长和穗粒重在高氮水平下比低氮水平分别增加 8.42%、5.78%、2.96% 和 9.09%。这说明了壮秧和足肥有利于形成大穗和提高粒重。

表 6 秧苗素质和氮素水平对穗部性性状的影响*

项目内容	每穗粒数		一次枝梗数		二次枝梗数		穗　长/cm		穗粒重/g	
	Ⅰ	Ⅱ	Ⅰ	Ⅱ	Ⅰ	Ⅱ	Ⅰ	Ⅱ	Ⅰ	Ⅱ
秧苗带 5 蘖(A)	140.5	21.86	12.36	12.57	23.16	28.74	25.41	9.06	3.35	25.47
秧苗带 2 蘖(B)	115.3		10.98		17.99		23.30		2.67	
高氮水平(A)	130.1	8.42	11.89	5.78	20.86	2.96	24.84	5.88	3.13	9.06
低氮水平(B)	120.0		11.24		20.26		23.46		2.87	

* Ⅰ:每穗平均值。Ⅱ:A 比 B 增加的百分点。

3 结论

秧苗带蘖数是壮秧的一个重要指标。秧苗带蘖数多,基础好,移栽后易活棵,前期所发生的分蘖成穗率高,单株穗数多。秧苗带蘖数多的本田分蘖穗的产量比秧苗带蘖数少的高。尤其在本田期氮肥充足下更为显著。秧苗带蘖数少的本田后期穗数较多,所以带蘖数少的秧苗在施足基蘖肥前提下,施用穗粒肥,才能达到高产。

参考文献

[1] 凌启鸿.稻作新理论——水稻叶龄模式.北京:科学出版社,1994.

[2] 苏祖芳.群体茎蘖滞槽叶龄期秧苗的特点及应用.江苏农业科学,1985,(12):4-6.

[3] 罗永藩,苏祖芳,马继发.水稻叶龄模式的应用与发展.南京:江苏科学技术出版社,1992.

[4] 凌励.秧苗素质对水稻根系生长及其功能的影响//第二届水稻高产理论与实践研讨会论文集.江西农业大学学报,1989.

[5] 黄义德.水稻不同分蘖位(次)分蘖发生的特点及应用的研究.合肥:安徽科学技术出版社,1996.

[6] 江苏农学院.作物栽培学.北京:农业出版社,1990.

[7] 莫惠栋.种稻原理与技术.南京:江苏人民出版社,1978.

栽插密度对水稻分蘖和穗粒的影响

近年来,凌启鸿等从研究水稻的出叶与分蘖发生、节间伸长和幼穗分化的相关关系着手,在生产实践中创立了不同品种类型生育进程的叶龄模式。通过公式计算,解决了生产上每亩栽多少基本苗比较适宜的问题。本文着重研究不同栽插密度对水稻田分蘖和穗粒结构的影响,以确定最佳栽插密度,并验证基本苗公式 $X=Y/(1+t_1)[1+(N-n-SN-1-a)R_1]+t_2r_2$**。

1 试验方法

试验在扬州和邗江两地进行。土壤属高砂土,肥力中等,含有机质 1.2%~1.5%。供试品种为 IR24 和双城糯。栽插密度以基本苗公式计算值为标准密度(处理Ⅲ),标准密度减 25%(处理Ⅱ)、减 50%(处理Ⅰ)和增 25%(处理Ⅳ)、增 50%(处理Ⅴ)共 5 个处理。重复 3 次,随机排列,小区面积 0.02 亩。移栽时 IR24 秧苗叶龄 7.7,平均单株带 3 叶以上大蘖 1.48 个,2 叶以下小蘖 0.52 个;双城糯秧苗叶龄 7.6,平均单株带 3 叶以上大蘖 1.5 个,2 叶以下小蘖 0.67 个。IR24 千斤亩产预计穗数为 20 万~22 万/亩,双城糯为 22 万~24 万/亩。根据公式计算,IR24 栽插的标准密度(X)为:

$$X=22/(1+1.48)[1+(17-5-8-1-1)\times 0.8]+0.52\times 0.6$$
$$=22/6.77=3.25(万株)$$

表 1 计算值和实际栽插数(万/亩)

项目		处理				
		Ⅰ	Ⅱ	Ⅲ	Ⅳ	Ⅴ
IR24	计算值	1.63	2.44	3.25	4.06	4.88
	实际栽插数	1.57	2.28	2.95	3.89	4.49
	主茎+3 叶蘖	3.89	5.65	7.32	9.65	11.14
双城糯	计算值	2.08	3.12	4.16	5.2	636
	实际栽插数	2.62	3.74	4.54	5.9	17.15
	主茎+3 叶蘖	6.55	9.35	11.35	14.75	

---

* 本文原载《江苏农业科学》,1983,(12):20-23;作者:苏祖芳,沈巨云。

** $1+t_1$ 为主茎和秧田 3 叶大蘖;Y 每亩适宜穗数;N 主茎总叶数;n 主茎伸长节间数;SN 移栽时秧苗叶龄;-1 移栽植伤,一般为 -1 个叶位;a 矫正系数,一般为 -1,大苗为 0.5;R 有效分蘖临界叶龄前分蘖成穗率,为 0.6~0.9;t_2 秧田 2 叶以下的小蘖;r 秧田小蘖的成活率,为 0.3~0.6。

双城糯的标准密度(X)为：
$$X = 24/(1+1.5)[1+(18-6-8-1-1)\times 0.6]+0.67\times 0.4$$
$$= 24/5.77 = 4.16(万株)$$

各处理基本苗的计算值和实际栽插数如表1。施肥量：IR24 施纯氮 15.5 kg，其中基蘖肥占62.6%，穗粒肥占26%。田间管理同高产田。

2 结果与分析

2.1 栽插密度对有效分蘖终止期影响

水稻栽插密度不同，有效分蘖终止期也不同，基本苗多的有效分蘖终止期提早，少的则推迟。如以叶龄表示，IR24 的有效分蘖终止期处理Ⅰ在 11.8 叶，处理Ⅱ在 10.9 叶，处理Ⅲ在 10.5 叶，处理Ⅳ和Ⅴ在 9.5 和 9.1 叶。双城糯也有同样趋势。同时，据1981年大面积水稻高产田调查，达到最后穗数的茎蘖数叶龄期，是主茎总叶数(N)减去伸长节间数(n)的叶龄期，而高产田块一般提前一个叶位。例如 IR24 主茎总数 17 叶，伸长节间数 5 个，则有效蘖终止期为12(17-5)叶，而以 11 叶达到预期穗数的茎蘖数为最好。以公式计算基本苗数的处理Ⅲ，由于群体发展比较合理，在有效分蘖临界叶龄期前一个叶位达到了预期穗数的茎蘖数，叶面积指数适宜，抽穗期基部光照充足，干物质积累多，因而成穗率高，穗粒结构比较协调，产量较高。处理Ⅰ和Ⅱ由于群体较小，叶面积指数不大，干物质积累也少，产量较低；而处理Ⅳ和Ⅴ群体偏大，封行过早，基部光照不足，抽穗时绿叶数少，叶面积指数小，干物质积累少，虽然穗数多些，但粒数少，穗重轻，产量也不高(表2、表3)。因此，应用基本苗公式确定合理的栽插密度，是以在有效分蘖临界叶龄期或前一个叶位能达到预期穗数的总茎蘖数为前提的，这也是诊断高产群体和穗数的重要指标。

表2 栽插密度对产量及构成因素的影响

品种	处理	穗数/(万·亩$^{-1}$)	每穗粒数	每穗实粒数	结实率/%	千粒重/g	理论产量/(kg·亩$^{-1}$)	实产/(kg·亩$^{-1}$)
IR24	Ⅰ	17.78	91.94	81.70	88.85	31.52	457.9	442.6
	Ⅱ	20.29	87.47	76.86	87.88	30.84	488.9	440.9
	Ⅲ	22.23	91.40	83.68	91.55	31.45	585.0	454.1
	Ⅳ	23.06	84.89	75.42	88.85	31.10	540.9	453.2
	Ⅴ	24.9	78.74	69.15	87.82	30.90	510.7	443.6
双城糯	Ⅰ	19.71	118.6	105.4	88.8	25.03	518.0	485.0
	Ⅱ	22.11	105.2	96.3	91.57	24.88	529.7	490.6
	Ⅲ	23.83	102.5	93.80	93.30	24.49	547.4	505.1
	Ⅳ	24.7	99.2	99.20	88.90	24.49	532.8	496.2
	Ⅴ	24.21	90.6	82.10	90.6	24.26	482.2	478.9

表 3 栽插密度对叶面积和干重的影响

品种	处理	叶面积指数			抽穗时基部光照*	干物质积累量/(kg·亩⁻¹)			
		移苗期	穗分化	抽穗期		穗分化始期	抽穗期	成熟期	抽穗—成熟期
IR24	Ⅰ	1.17	3.81	4.66	3.29	216.01	466.60	891.6	425.00
	Ⅱ	1.68	4.12	4.89	2.42	268.92	500.75	912.5	411.75
	Ⅲ	2.15	5.96	6.89	2.46	333.09	533.71	999.4	445.60
	Ⅳ	2.19	6.1	6.14	1.50	403.2	555.45	978.70	423.15
	Ⅴ	2.42	8.44	5.54	1.29	449.06	529.2	950.40	421.20

*为自然光强的百分数。

2.2 栽插密度对分蘖成穗的影响

观察表明,IR24 秧苗带的 3 叶以上分蘖,在不同栽插密度下,成穗率均较高,且变幅小,各处理平均成穗率达 91.8%,变异系数为 2.7%。而秧苗带的 2 叶以下分蘖,在不同栽插密度下成穗率均低,平均仅 35.88%,而且随着密度加大,成穗率明显下降,变异系数达 68.97%。双城糯趋势相同。由此可见,秧田 3 叶的大分蘖可以当作基本苗看待。

IR24 大田有效分蘖临界叶龄期内的分蘖,成穗率以处理 Ⅰ 最高,其他处理随栽插密度的提高而降低。各处理平均为 72.6%,变异系数为 12.57%。双城糯有效分蘖临界叶龄期内分蘖的成穗率,受密度的影响甚于 IR24,处理Ⅳ和Ⅴ成穗率急剧下降。两个品种有效分蘖临界期后 1 叶出生的分蘖,成穗率均极低,后 2 叶出生的分蘖基本上不能成穗(表 4)。

表 4 栽插密度对秧田分蘖和大田分蘖成穗的影响

品种	处理	分蘖成穗率/%					分蘖穗占总穗率/%				
		秧田分蘖		临界叶龄期分蘖	临界叶龄期后1分蘖	临界叶龄期后2分蘖	秧田分蘖穗		临界叶龄期分蘖穗	临界叶龄期后1分蘖穗	临界叶龄期后2分蘖穗
		≤2叶	≥3叶				≤2叶	≥3叶			
IR24	Ⅰ	75.0	95.3	87	16.8	9.0	3.96	18.06	56.82	9.25	1.32
	Ⅱ	41.2	92.3	75	10.5	0	3.51	24.48	55.61	4.08	0
	Ⅲ	33.3	92	71	11.4	0	3.06	25.15	53.98	3.06	0
	Ⅳ	16.3	90.4	66	2.4	0	1.88	29.55	52.83	0.63	0
	Ⅴ	13.6	88.7	64	0	0	1.44	33.1	45.5	0	0
双城糯	Ⅰ	57.57	95.0	64.6	6.2	0	5.26	26.31	54.0	1010	0
	Ⅱ	30.76	77.1	57.8	5.0	0	5.71	22.85	53.01	10.29	0
	Ⅲ	35.71	73.3	54.4	2.0	0	6.57	24.12	50.43	0.44	0
	Ⅳ	23.63	65.6	32.1	0	0	7.26	27.93	40.22	0	0
	Ⅴ	20.0	66.1	17.7	0	0	7.75	35.34	32.75	0	0

2.3 栽插密度对分蘖穗粒结构的影响

据观察,主茎和分蘖穗粒数均随栽插密度的增加而递减。但主茎和有效分蘖叶龄期内的分蘖穗,递减率较小,变异系数分别为 7.96% 和 9.71%;秧田 3 叶以上的分蘖,变异系数为 14.14%,秧田 2 叶以下分蘖变异系数最大为 18.84%;有效分蘖临界叶龄期后 1 叶出生的分蘖最大,变异系数达 19.65%(表 5)。可见秧田 3 叶以上大蘖和有效分蘖临界叶龄期内的分蘖,穗粒数比较稳定,生产上应充分利用这一部分分蘖。

表5 栽插密度对秧田分蘖和大田分蘖成穗的影响

处理	主茎穗		秧田≥3分蘖穗		秧田≤2分蘖穗		有效临界叶龄期分蘖穗		临界期后1个叶分蘖穗	
	总粒	实粒	总粒	实粒	总粒	实粒	总粒	实粒	总粒	实粒
Ⅰ	116.21	102.13	86.10	76.4	99.25	86.13	83.25	71.7	70.75	60.45
Ⅱ	112.83	96.46	103.55	87.2	82.43	71.57	78.45	68.4	63.63	52.63
Ⅲ	106.04	95.08	98.8	88.0	78.6	71.0	75.95	67.2	63.20	55.2
Ⅳ	96.96	96.08	87.60	78.8	73.60	62.0	65.0	57.8	44.0	37.0
Ⅴ	91.96	81.83	71.50	60.7	59.0	51.3	67.1	58.6		
平均数	104.8	94.32	89.51	78.14	78.58	68.4	73.95	64.67	60.4	51.32
变异系数/%	9.81	7.96	13.91	14.14	18.55	18.84	10.43	9.71	18.98	19.65

综合试验结果,处理Ⅲ在有效分蘖临界叶龄期前1个叶位达到了预期穗数的茎蘖数,成穗率较高,穗粒结构较协调,产量较高,从而验证了基本苗公式的正确性及其在生产上的适用性。

栽插行距对水稻产量结构和叶面积组成的影响*

摘　要：试验以中粳稻武育粳 3 号、盐粳 4 号和杂交中籼稻汕优 63 为材料，研究栽插行距及生育中期疏蘖措施对产量结构及其叶面积组成的影响，结果表明：行距扩大，抽穗期群体叶面积适宜，有效、高效叶面积率高，孕穗期到成熟期叶面积衰减率小，保持较高的光合生产力，成穗率高，穗粒数协调，产量提高。本试验条件下，中粳稻盐粳 4 号、武育粳 3 号适宜行株距为 (26.7～30) cm × 10 cm，汕优 63 适宜行株距为 (30～33) cm × 10 cm。

关键词：水稻；产量结构；叶面积组成；成穗率；栽插行距

水稻籽粒产量来自叶片的光合产物，其中 70%～80% 来自抽穗后叶片的光合产物。因此，水稻高产群体必须有适宜的叶面积指数，尤其抽穗后有较大的有效叶面积，使群体更好地吸收光能，制造更多的光合产物[3,4]。20 世纪 60 年代开始，许多学者研究表明[7,8]，通过缩小行距增加单位面积穴数、增加前期施氮量（速效氮化肥）等措施以增加中期茎蘖数来增加群体干物质的积累。在低产土壤上，采用这种措施，表现增产，但在中产或高产条件下，往往因群体过大，引起倒伏而减产。扩大行距有利于改善中期群体中下部的通风透光条件，穗重增加，获得高产[1]。近几年推广水稻旱育稀植技术，各地扩大行距获取高产已得到证明[2,5,6]。而一些地方行距过分扩大，生育中期虽然通风透光有利于健壮个体的形成、穗粒数和粒重增加，但由于行距过大，导致封行期过迟，穗数过少，单位面积总颖花量不足，个体的增长不能弥补群体过少所带来的损失，最终不能高产。关于密度问题，前人研究颇多，扩大行距多从株型和田间小气候角度、穗粒结构上研究，而从叶面积组成和成穗率及群体质量上的研究极为少见。本试验着重研究中粳稻武育粳 3 号、盐粳 4 号和杂交中籼稻汕优 63 不同栽插行距对生育中期叶面积组成和成穗率、产量构成因素的影响，为大面积水稻生产确定中粳稻和杂交稻适宜的栽插行距，进一步提高单产提供理论和实践依据。

1　材料与方法

试验于 1995—1996 年在江苏农学院栽培网室土培池内进行。供试品种 1995 年为中粳稻盐粳 4 号，1996 年为中粳稻武育粳 3 号和杂交中籼稻汕优 63。

---

* 本文原载《江苏农学院学报》，1998，19(1)：23-27；作者：苏祖芳，杜永林，张亚洁，王辉斌，季春梅。

1.1 试验设计

1.1.1 行距处理

盐粳 4 号、武育粳 3 号行距设 23.3 cm 和 26.7 cm，汕优 63 行距设 26.7 cm 和 30 cm，2 个处理，重复 3 次，株距均为 10 cm。

1.1.2 疏蘖处理

高峰苗期(拔节期)进行不同程度的疏蘖处理，相同茎蘖数每穴剪去一个最小蘖的为处理 1，剪去 2 个最小蘖的为处理 2，不剪为对照(CK)，重复 3 次。5 月 8～12 日播种，6 月 6～7 日移栽，盐粳 4 号和武育粳 3 号每穴 2 苗，汕优 63 每穴 1 苗，每公顷施纯氮 187.5 kg，基蘖肥与穗粒肥比例为6∶4。

1.2 测定项目

定点定期测定叶龄与茎蘖动态。主要生育期定株，活体测定各叶的长宽，按公式：叶面积 $=\sum$（叶长×叶宽）×0.75 求叶面积。成熟期取代表性植株测定产量及其构成因素。

2 结果与分析

2.1 行距对产量及其构成因素的影响

2.1.1 穗数和成穗率

水稻群体高成穗率是水稻群体质量优化的综合反映。表 1 表明，扩大行距能提高成穗率。如武育粳 3 号、盐粳 4 号 26.7 cm 行距比 23.3 cm 行距成穗率分别高 6.3% 和 6.74%，汕优 63 30 cm 行距比 26.7 cm 行距成穗率高 5.9%。高峰苗期疏蘖处理，能明显提高群体成穗率，且行距小的较行距大的疏蘖处理后其成穗率提高幅度更大。如武育粳 3 号 23.3 cm 行距处理 1 成穗率和处理 2 比对照分别提高 10.2% 和 13.8%，26.7 cm 行距处理 1 和处理 2 则比对照分别提高 5.5% 和 7.2%，盐粳 4 号、汕优 63 高峰苗期疏茎蘖处理结果和武育粳 3 号相似。这充分说明，高峰苗期疏蘖处理去掉无效蘖乃至有效小蘖，改善了群体通风透光条件，利于健壮个体形成，故处理后的成穗率显著高于对照，可见扩大行距对提高成穗率具有重要意义。疏蘖程度大的比疏蘖程度小的穗数少。

2.1.2 每穗颖花数

行距不同，每穗颖花数和结实率也有较大差异。表 1 表明，每穗颖花数行距大的高于行距小的，如武育粳 3 号行距 26.7 cm 的每穗颖花数比 23.3 cm 行距增加 5.9%。相同行距，疏蘖程度不同，每穗颖花数也不同，如 23.3 cm 行距处理 1、2 分别比对照增加 16.9% 和 20.27%，其他品种结果相似。这说明扩大行距和疏蘖处理有利于促进有效生长，个体生物量增大，为分化每穗总颖花数奠定了基础。行距扩大及疏蘖处理虽然穗数降低，但每穗粒数增加，总颖花量增大，但品种不同，行距不同，差异较大。粳稻品种，不同行距处理 1 均能显著增加单位面积颖花量，而处理 2 在大行距下，总颖花量比对照降低，而汕优 63 颖花量，26.7 cm 行距和 30 cm 行距处理 1 比对照分别增 2.29% 和 8.9%，处理 2 均比对照降低，增产效果小，甚至减产。

2.1.3 结实率和千粒重

表 1 表明，行距扩大，结实率提高。如武育粳 3 号 26.7 cm 行距比 23.3 cm 行距结实率提高 5.8%。高峰苗期疏蘖处理能明显提高结实率。且不同程度的疏蘖对结实率的影响也有差异，武育粳 3 号 23.3 cm 行距处理 2、处理 1 分别比对照高出 11.62% 和 9.45%，其他品种结果相似。由此可

以看出,行距扩大,高峰苗期疏蘖有效地改善了群体内的气候条件,提高光合性能,增加了灌浆期间物质生产,从而提高结实率。

表1 行距和疏蘖处理对成穗率和产量结构的影响*

品种	行距/cm	处理	成穗率/%	穗数/(万·hm^{-2})	总颖量/(万·hm^{-2})	颖花量/(朵·穗$^{-1}$)	结实率/%	千粒重/g	产量/(kg·hm^{-2})
武育粳3号	23.3	CK	79.20	349.5	42 136.5	125.8	78.3	23.4	7 710.0
		处理1	87.30	330.0	48 564.0	147.1	85.7	23.6	9 817.5
		处理2	90.10	300.0	45 444.0	151.3	87.4	23.7	9 424.5
	26.7	CK	84.20	315.0	43 875.0	133.2	84.1	23.5	8 667.0
		处理1	88.80	310.5	48 300.0	155.2	87.2	23.7	10 006.5
		处理2	90.30	277.5	43 570.5	156.9	89.1	24.1	9 346.5
盐粳4号	23.3	CK	73.23	355.5	43 089.0	120.8	76.2	23.3	7 651.5
		处理1	79.45	358.5	48 753.0	140.1	86.6	23.5	9 919.5
		处理2	82.13	324.0	46 525.5	143.6	87.7	23.7	9 670.5
	26.7	CK	78.17	364.5	47 485.5	129.8	80.2	23.5	8 914.5
		处理1	81.53	351.0	50 577.04	144.1	87.2	23.6	10 408.5
		处理2	82.84	319.5	6 648.5	146.1	90.2	24	10 101.0
汕优63	26.7	CK	80.81	297.0	50 047.5	167.8	77.4	26.8	10 384.5
		处理1	84.82	279.0	51 193.5	182.9	83.4	27.2	11 616.5
		处理2	87.10	252.0	46 287.0	183.6	86.3	27.4	10 929.0
	30	CK	85.55	286.5	48 790.5	170.3	79.5	27.0	11 034.5
		处理1	86.42	273.6	50 110.5	183.5	85.5	27.2	11 665.5
		处理2	88.45	247.5	46 228.5	186.3	86.2	27.3	10 905.0

*表中数据为1995年资料。

表1还表明,不同行距和不同疏蘖处理千粒重差异均很小,如武育粳3号行距23.3 cm和26.7 cm的不同处理千粒重的变异系数为2.9%;盐粳4号千粒重变异系数为3%,差异均很小;汕优63变异系数为2.2%,差异更小。因此高产乃至更高产主攻方向应是在适宜穗数条件下,主攻大穗,提高结实率。

2.1.4 产量

表1表明,扩行栽培增产效果较为显著,武育粳3号、盐粳4号行距26.7 cm产量分别达8 667.0 kg/hm^{2}和8 914.5 kg/hm^2,分别比行距23.3 cm增产12.41%和16.50%。相同行距高峰苗期不同疏蘖处理其产量不同。武育粳3号 23.3 cm行距和26.7 cm行距疏蘖处理后的产量均明显高于对照,增产幅度达22.24%~27.3%。处理1比处理2增产效果明显。而汕优63 30 cm比26.7 cm行距产量仅增加6.25%,且26.7 cm行距处理1增产为11.86%,而处理2为5.24%,相对较小,而30 cm行距处理1增加为5.72%,处理2产量反而降低。由此看出本试验条件下,武育粳3号、盐粳4号适宜行距为26.7~30 cm,汕优63适宜行距为30~33.3 cm。这充分说明,在获取适宜穗数范围内扩大栽插行距能增加单位面积颖花数,提高产量,但行距过大,穗数减少,产量不高。

2.2 行距对叶面积的影响

2.2.1 叶面积动态

叶面积大小决定光合产物的生产与积累的强弱,叶面积的发展是决定产量的主要因素。表2

表明,行距不同,叶面积动态也不同,行距大的最高叶面积适宜,叶面积发展动态较平稳。孕穗到成熟期叶面积下降速率慢,如武育粳 3 号、盐粳 4 号 26.7 cm 行距的孕穗期最高 LAI 分别比 23.3 cm 行距降低 5.9% 和 4.88%,孕穗期到成熟期叶面积指数衰减率分别比 23.3 cm 行距低 4.2% 和 3.5%;而汕优 63 30 cm 行距叶面积系数比 26.7 cm 行距低 16.1%,孕穗期到成熟期的衰减率比 26.7 cm 行距低 6.8%。由此说明行距加大利于孕穗期到成熟期保持较大的光合叶面积,是扩行栽培高产的主要原因。

表 2　水稻行距和疏蘖处理对叶面积动态的影响*

品种	行距/cm	处理	拔节期LAI	孕穗期LAI	抽穗期LAI	成熟期LAI	衰减率/%	产量/(kg·hm^{-2})
武育粳3号	23.3	CK	4.3	8.4	6.11	2.4	70.6	7 710.0
		处理1	4.2	7.4	6.26	3.7	49.4	9 817.5
		处理2	3.6	6.6	5.94	3.3	50.2	9 424.5
	26.7	CK	5.7	7.9	6.35	2.5	67.6	8 667.0
		处理1	5.6	7.2	7.03	4.4	39	10 006.5
		处理2	4.8	6.2	5.98	3.1	49.8	9 355.5
盐粳4号	23.3	CK	4.7	8.2	6.0	2.4	70.5	7 651.5
		处理1	4.0	7.1	6.1	3.6	49.2	9 919.5
		处理2	3.6	6.5	5.8	3.2	55.4	9 670.5
	26.7	CK	5.7	7.8	6.2	2.5	68.0	8 914.5
		处理1	5.5	7.1	6.9	4.3	39.1	10 408.5
		处理2	4.8	6.1	5.8	3.0	47.4	10 099.5
汕优63	26.7	CK	5.8	8.7	9.18	3.3	62.0	10 384.5
		处理1	4.9	7.4	7.88	4.3	41.2	11 616.0
		处理2	4.2	5.9	6.12	3.1	46.8	10 929.0
	30	CK	5.5	7.3	7.84	3.8	57.8	11034.0
		处理1	3.8	5.6	5.99	2.3	47.9	11665.5
		处理2	3.3	5.6	5.8	2.2	50.0	10905.0

*表中数据为 1995 年试验资料。

表 2 还表明,高峰苗期疏蘖处理后群体叶面积保持在较高水平上平稳发展,最高叶面积指数适宜。孕穗期到成熟期叶面积衰减率较小。武育粳 3 号 23.3 cm 行距处理 1、处理 2 最高叶面积指数分别较对照降低 12.0% 和 21.4%,孕穗到成熟期叶面积衰减率分别为 49.4% 和 50.2%,分别比对照小 30.03% 和 28.9%,其他品种和处理结果相似。这说明生育中期控制无效分蘖,促进有效分蘖生长量,可保持抽穗后较多的光合面积,为高产奠定了基础。表 2 进一步表明,汕优 63 30 cm 行距生育中期疏蘖处理后,群体太小,叶面积偏低,如处理 1 产量略高于对照,而处理 2 却低于对照。这也说明汕优 63 的栽插行距还可扩大到 33.3 cm。

2.2.2　抽穗期叶面积组成

栽插行距对抽穗期叶面积组成有很大影响。本试验条件下不同品种有效、高效 LAI 均随行距扩大而增大,其高效叶面积率、有效叶面积率也随之扩大,如武育粳 3 号 26.7 cm 行距在抽穗期 LAI 为 6.35 比 23.3 cm 行距的 6.81 低 6.75%,但有效叶面积、高效叶面积率分别比 23.3 cm 高出 1.7% 和 7.1%,而产量增加 12.4%,这正是行距扩大而增产的原因(表 3)。生育中期不同疏蘖处理对抽穗期有效叶面积影响有很大差异。表 3 表明,武育粳 3 号 26.7 cm 行距处理 1 有效 LAI 和高效 LAI 分别比对照高出 15.97% 和 20%,处理 2 有效 LAI 和高效 LAI 分别比对照高 4.4% 和 12.5%,26.7 cm 行距处理 1、2 结果趋势与 23.3 cm 行距处理 1、2 相同。但随行距扩大,处理比对照的高效叶面积率、有效叶面积率增加不大。如武育粳 3 号 26.7 cm 行距处理 1、2 有效叶面积率分别比对照高 5.8% 和 10.83%,而 23.3 cm 行距则分别高于对照 1.53% 和 7.6%。

表 3 水稻行距对抽穗期叶面积组成的影响

品种	行距/cm	处理	总 LAI	有效 LAI	高效 LAI	无效 LAI	有效 LAI/%	高效 LAI/%	结实率/%	千粒重/g	产量/(kg·hm⁻¹)
武育粳 3 号	23.3	CK	6.81	5.37	4.2	1.44	83.70	78.20	78.3	23.4	7 710.0
		处理 1	6.26	5.32	4.1	0.94	84.98	77.07	85.7	23.6	9 817.5
		处理 2	5.94	5.35	4.3	0.59	90.07	80.37	87.4	23.7	9 424.5
	26.7	CK	6.35	5.26	4.0	1.09	82.84	76.05	84.1	23.5	8 667.0
		处理 1	7.03	6.1	4.8	0.87	87.62	77.02	87.2	23.7	10 006.5
		处理 2	5.98	5.49	4.5	0.49	91.81	81.96	89.1	24.1	9 355.5
汕优 63	26.7	CK	9.18	6.89	5.2	2.29	75.05	75.47	77.4	26.8	10 384.5
		处理 1	7.88	7.05	5.5	0.83	89.47	78.01	83.4	27.2	11 616.0
		处理 2	6.12	5.79	4.8	0.33	94.61	82.90	86.3	27.4	10 929.0
	30	CK	7.84	7.14	5.5	0.70	91.07	77.03	79.2	27.0	11 034.0
		处理 1	5.99	5.53	4.5	0.46	92.32	81.37	85.5	27.2	11 665.5
		处理 2	5.8	5.40	4.4	0.28	93.14	81.48	86.2	27.4	10 905.0

虽然在生育中期疏去无效分蘖或有效小蘖有利于产量的提高,但疏蘖过多,总叶面积减小,即使高效叶面积率高,也不能获得高产。如汕优 63 行距 26.7 cm 处理 1 总 LAI 为 7.88,有效 LAI 为 7.05,高效 LAI 率为 78.01%,取得 11 616.0 kg/hm² 的高产水平。处理 2 则因疏蘖过多,有效叶面积率、高效叶面积率虽然分别达 94.61% 和 82.90%,但因总 LAI 较小,故增产幅度不大,仅比对照增产 5.24%,汕优 63 行距 30 cm 的处理 1 仅比对照增产 631.5 kg/hm²,处理 2 比对照减产 129 kg/hm²。这更进一步证明,在本试验条件下,汕优 63 30 cm~33.3 cm 行距是较适宜的,不能再稀植。

3 小结与讨论

水稻的籽粒产量 70%~80% 来自于抽穗后叶片的光合产物,特别是上部 3 张叶片的光合产物。行距扩大,在抽穗期形成一个理想的冠层结构,改善群体茎叶的空间分布,提高单位叶面积的光合效率,对提高抽穗后干物质生产量有明显效果,从而取得高产。

水稻品种不同,在行距上应区别对待,如源限制品种汕优 63,30~33.3 cm 行距是适宜的,保证了较高的颖花量。而库限制型品种如盐粳 4 号、武育粳 3 号适宜栽插行距为 26.7~30 cm。行距过大,虽然抽穗后通风透光好,群体质量得到改善,但抽穗期总颖花量偏少,产量不高。在推广水稻旱育稀植时要防止行距过大的倾向。

在适宜范围内扩大栽插行距,控制基本苗数,有利于改善群体中后期的通透性和冠层结构,有效叶面积率和高效叶面积率提高,使之在抽穗期有适宜叶面积指数和较大干物质积累量,同时显著增加单位面积颖花量,且抽穗后叶面积衰减率小,净同化率大,抽穗后干物质积累量大。这不仅是增加产量必要的的形态结构条件,也是促进后期光合生产的生理基础,所以适当地扩行栽插有利于高产。

参考文献

[1] 胡伏其,路志达,路建军,等.水稻扩行、减苗与群体质量关系初析//凌启鸿主编.水稻群体质量理论与实践.北京:中国农业出版社,1995:265-270.

[2] 王一凡,王友芬,刘宪平.水稻高产栽培的密度与形式研究//高佩文等主编.水稻高产理论与实践.北京:中国农业出版社,1994:81-90.

[3] 苏祖芳,郭宏文,李永丰.水稻群体叶面积动态研究.中国农业科学,1994,27(4):23-30.

[4] 苏祖芳,张娟,王辉斌,等.水稻群体茎蘖动态与成穗率和产量形成关系的研究.江苏农学院学报,1997,18(1):36-40.

[5] 苏祖芳,黄士俊,吕贞龙.水稻旱育稀植技术.北京:中国农业出版社,1997:79-82.

[6] 白塔波.白锡斌,任秀菊,等.水稻大垅工稀植栽培的试验研究//高佩文等主编.水稻高产理论与实践.北京:中国农业出版社,1994:152-157.

[7] 南京农业大学.作物栽培学(长江中下游地区适用).北京:中国农业出版社,1994.

[8] 杨立炯,崔继林.陈永康高产栽培技术.北京:农业出版社,1964.

Effect of Planting Row Spacing on Rice Yield Structure and Composition of Leaf Area

SU Zu-fang, Du Yong-lin, ZHANG Ya-jie, WANG Hui-bin, JI Chu-mei

(Department of Agronomy, Jiangsu Agricultural College, Yangzhou 225009)

Abstract: Taking the middle round-grain Wuyujing 3, Yanijng 4 and the middle long-grain Shanyou 63 as experimental materials. We studied the effect of different planting row spacing and artificial tiller removing in the middle growth period on yield structure and composition of leaf area. Results were as follows: With the planting row spacing enlarged, the population's total leaf area is suitable, the ratio of effective and high effective leaf area are both higher, and the declining rate of the leaf is low, while the productivity of dry matter keeps at high level from booting. Then high percentage of ear-bearing tiller and reasonable numbers of ear-grain are gained, so the yield is high. On the condition of this experiment, the suitable planting row spacing of the Yanjing 4 and Wuyujing 3 is (26~30)cm×10 cm. As to Shanyou 63, (30~33)cm×10 cm is suitable.

Key words: paddy; yield+structure; leaf area+composition/the percentage of ear-bearing tiller; planting row spacing

施氮肥时期对土壤供氮、稻株吸氮及产量的影响

摘　要：不同施氮肥时期对土壤供氮、稻株吸氮及产量的影响研究结果表明，基肥对土壤供氮影响持续期长，一直持续到成熟期。蘖肥对土壤供肥仅影响到有效分蘖临界叶龄期，穗肥对土壤供氮影响到抽穗至成熟期。不施基肥与施基肥相比，植株各生育期的吸氮量少；不施蘖肥与施蘖肥差异较小，仅影响有效分蘖临界叶龄期到拔节期的吸氮量；不施穗肥的植株拔节到成熟期吸氮量下降，而不施粒肥仅影响抽穗至成熟期的吸氮量。基肥施用量在保证 $N-n$ 叶龄期达到够穗苗数的情况下，不施或少施蘖肥，增施粒肥量，有利于提高茎蘖成穗率，促进穗大粒多而高产。

关键词：水稻；氮肥；土壤供氮量；吸氮量；产量

氮素是影响水稻生育和产量最敏感的因素。近 10 年来，随着水稻品种的改良，产量水平的提高，水稻的耐肥性和抗倒性增强，施肥量也不断加大。许多专家、学者在当前稻作条件下，进行了肥料运筹与水稻吸氮特点的研究[1~4]，对促进各地水稻高产起到了积极作用，但结论尚不一致。不同施氮肥时期对土壤供氮和源库关系及群体质量影响的研究较少[5~8]。在高产条件下，不同施氮肥时期对植株氮、磷、钾吸收比例的研究尚未见报道。因此，本试验进行了氮肥施用时期对土壤供氮、稻株吸氮和产量影响的研究，以期为高产高效施肥技术提供理论和实践依据。

1　材料与方法

试验于 1997—1998 年在扬州大学农学院实验农场大田进行。土壤类型为砂壤土。基础地力：全氮 114.4 g/kg，碱解氮 99.8 mg/kg，速效磷 36.6 mg/kg，速效钾 92.0 mg/kg。供试品种为迟熟中粳稻武育粳 3 号和杂交中籼稻汕优 63。

1.1　试验设计

每公顷施纯氮：武育粳 3 号设 240(X)、180 kg(Y) 2 个处理；汕优 63 设 225(X)、150 kg(Y) 2 个处理。基蘖肥与穗粒肥配比为 5∶5，其中基肥与分蘖肥比为 4∶1，穗肥与粒肥比为 3.5∶1.5。钾肥以基肥形式一次性施入（氯化钾 120 kg/km²，其他管理同质量栽培。氮肥运筹处理：处理 1 (X_1,Y_1)，施基肥、分蘖肥、穗肥、粒肥；处理 2 (X_2,Y_2)，不施基肥，只施分蘖肥、穗肥、粒肥；处理 3 (X_3,Y_3)，施基肥、不施分蘖肥、施穗肥、粒肥；处理 4 (X_4,Y_4)，施基肥、分蘖肥，不施穗肥、施粒肥；处理 5 (X_5,Y_5)，施基肥、分蘖肥、穗肥，不施粒肥；对照(CK)，全生育期均不施肥。重复 3 次，随机

---

* 本文原载《江苏农业研究》，2000，21(3)：16-21；作者：冯惟珠，徐茂，季春梅，苏祖芳，周培南，许乃霞，张亚洁。

排列，小区间筑土埂，塑料薄膜深埋包覆，单灌单排，防肥水混串。分蘖肥在活棵后长第1心叶时施用，穗肥在倒3、倒2叶时各施1次，粒肥在齐穗期施入。5月10日播种，6月10日移栽。

栽插行株距：武育粳3号为25 cm×10 cm，每穴2苗；汕优63为30 cm×10 cm，每穴1苗。移栽时秧龄和带蘖数基本一致。

1.2 测定项目与方法

（1）叶龄、茎蘖动态、干物质和叶面积测定。

（2）植株养分测定。① 含氮量测定：分茎叶穗各器官粉碎过筛后烘干，用凯氏半微量定氮法测定各时期各器官含氮量。② 含磷量测定：用钒钼黄比色法测定各时期各器官含磷量。③ 含钾量测定：用火焰光度法测定。

（3）土壤养分测定。在移栽期、有效分蘖临界叶龄期、拔节期、抽穗期和成熟期于小区内多点离根际5~10 cm垂直取样，取样深度为15 cm。待样土风干后，磨细过筛，用康维皿培养扩散吸收法测定土壤碱解氮含量。

（4）肥料利用率计算公式：基肥利用率(%)＝(施用基肥后群体植株含氮量净值/施入基肥含氮量)×100。按该公式分别计算基肥、分蘖肥、穗肥、粒肥和总氮量利用率。

（5）成熟期选取5 m²割方测产，并测定产量结构。

2 结果与分析

2.1 施氮肥时期对土壤碱解氮含量的影响

表1表明，施用基、蘖肥对有效分蘖临界叶龄期土壤碱解氮含量影响极大，如武育粳3号，X_2处理土壤碱解氮含量为263.7 mg/kg，比X_1处理减少7.1%；X_3处理为270.3 mg/kg，比X_1处理减少4.8%。对拔节期土壤碱解氮含量也有影响，如武育粳3号X_2、X_3处理，含量分别为292.1和296.5 mg/kg，比X_1处理依次减少26.7%和25.6%，而X_3与X_2处理间仅相差1.1%。抽穗期土

表1 不同时期施氮肥处理对各生育期土壤碱解氮(mg/kg)的影响*

处理	武育粳3号				汕优63			
	有效分蘖临界叶龄期	拔节期	抽穗期	成熟期	有效分蘖临界叶龄期	拔节期	抽穗期	成熟期
X_1	283.9	398.5	122.9	128.3	208.8	372.2	147	131.8
X_2	263.7	292.1	131.8	139.1	192.3	276.3	153.2	149.0
X_3	270.3	296.5	121.7	126.9	177.5	277.5	128.3	119.8
X_4	283.9	398.5	106.9	110.0	208.8	372.2	114.0	100.6
X_5	283.9	398.5	122.9	120.3	208.8	372.2	147.0	112.0
Y_1	249	319.9	121.1	126.0	204.0	341.7	140.9	129.4
Y_2	201.1	277.6	123.1	130.3	183.2	271.9	151.6	148.5
Y_3	232.9	286.2	120.3	124.2	171.6	267.4	125.3	116.1
Y_4	249	319.9	103.2	108.5	204.0	341.7	110.9	107.0
Y_5	249	319.9	121.1	120.1	204.0	341.7	140.9	106.4

*移栽期土壤碱解氮含量均为99.8 mg/kg。

壤碱解氮含量与穗肥施用有关,与基蘖肥施用关系不密切。X_4 处理抽穗期土壤碱解氮含量仅为 106.9 mg/kg,比 X_1 处理减少 13.2 mg/kg,而 X_2 处理的土壤碱解氮含量略高于 X_1 处理。其次是 X_3 不施分蘖肥处理。表1还表明,成熟期土壤碱解氮含量的差异与穗、粒肥的施用有关。凡施用粒肥的处理($X_1 \sim X_4$)土壤碱解氮含量均比抽穗期有所回升,分别增加 5.4、7.3、5.2 和 3.1 mg/kg,不施粒肥的 X_5 处理土壤碱解氮含量仍比 X_1 处理下降14.3%。这说明水稻植株,土壤碱解氮供应量的大小与施氮肥时期密切相关,而和施氮肥量关系不密切。基蘖肥施用量小,穗肥施用量相对增加,抽穗后土壤碱解氮含量较高。粒肥的施用对前、中期缺氮有一定的补偿作用,土壤氮肥的供应有一定的自我调节能力。但抽穗至成熟期若不增施粒肥,依靠土壤碱解氮的自动调节能力已不能弥补植株对养分的需要。武育粳3号在较低肥料水平下与高肥水平下土壤碱解氮含量变化趋势一致。

汕优63抽穗期前土壤碱解氮含量变化趋势与武育粳3号一致,但成熟期并没有出现土壤碱解氮含量的回升现象,这可能是抽穗至成熟期汕优63地上部的吸收量大于武育粳3号之故。

2.2 施氮肥时期对稻株吸氮和氮、磷、钾吸收比例的影响

2.2.1 对稻株吸氮量的影响

由表2可见,不同时期施氮肥处理各生育阶段吸氮量不同,武育粳3号 X_2 处理一生吸氮量少,移栽至有效分蘖临界叶龄期、临界叶龄期至拔节期、拔节至抽穗期、抽穗至成熟期吸氮量分别为 X_1 处理的 68.77%、72.30%、97.94% 和 60.42%,这与不施基肥、群体小、稻株吸氮能力弱有关。不施分蘖肥的 X_3 处理和 X_1 处理差异极小。不施穗肥的 X_4 处理,拔节至抽穗、抽穗至成熟阶段的吸氮量仅为 X_1 处理的 85.47% 和 64.05%。而不施粒肥的 X_5 处理,结实期植株吸氮量为 X_1 处理的 69.01%。这充分表明穗肥的施用量大小不仅影响抽穗期的吸氮量,而且持续影响抽穗至成熟期的吸氮量。粒肥的施用与否影响结实期植株的吸氮量。汕优63组合不同时期施氮肥处理变化趋势与武育粳3号一致。

表2 不同时期施氮肥处理各生育期的吸氮量(kg/hm²)

处理	武育粳3号					汕优63				
	成熟期	移栽至 $N-n$ 期	$N-n$ 期至拔节	拔节至抽穗	抽穗至成熟	成熟期	移栽至 $N-n$ 期	$N-n$ 期至拔节	拔节至抽穗	抽穗至成熟
X_1	236.4	31.7	58.5	97.05	49.65	234.6	31.8	59.7	92.85	48.45
X_2	171.3	21.8	42.3	95.00	30.00	175.5	20.3	38.1	80.55	34.65
X_3	234.9	31.5	58.5	96.30	46.49	231.5	30.9	58.7	92.40	47.70
X_4	207.2	31.7	58.5	82.95	31.80	210.4	31.8	59.6	81.45	35.85
X_5	221.9	31.1	58.5	97.05	32.40	217.7	31.8	59.6	92.85	31.50
Y_1	214.1	30.0	54.8	88.65	38.40	212.1	28.2	58.2	82.35	41.55
Y_2	163.1	20.0	39.9	74.70	29.85	169.7	18.3	35.4	79.65	34.35
Y_3	204.9	29.3	51.3	85.65	36.45	205.1	27.6	56.4	81.3	37.80
Y_4	200.3	30.0	54.8	78.3	34.80	197.9	28.2	58.2	73.65	36.00
Y_5	205.4	30.0	54.8	88.65	29.55	202.5	28.2	58.2	82.35	31.95

2.2.2 对稻株氮、磷、钾吸收比例的影响

表3表明,不同施氮肥时期稻株氮、磷、钾吸收比例不同。武育粳3号 X_1、X_3、X_5 处理氮:磷

(P_2O_5)∶钾(K_2O)分别为 1∶0.60∶1.34、1∶0.59∶1.33 和 1∶0.58∶1.31,而 X_2 处理为 1∶0.52∶1.07,X_3 处理为 1∶0.50∶1.34。这表明:在 10 500 kg/hm^2 产量水平下,氮∶磷(P_2O_5)∶钾(K_2O)为 1∶(0.58~0.60)∶1.34,可见磷、钾比例均高,有利于产量的提高。汕优 63 不同处理的植株氮、磷、钾吸收比例和武育粳 3 号结果一致,但 10 500 kg/hm^2 产量水平下磷、钾吸收比例比武育粳 3 号高。

表3 不同时期施氮肥处理对植株氮、磷、钾吸收比例的影响

处理	武育粳3号				汕优63			
	产量/(kg·hm^{-2})	氮、磷、钾吸收比例			产量/(kg·hm^{-2})	氮、磷、钾吸收比例		
		N	P_2O_5	K_2O		N	P_2O_5	K_2O
X_1	10 654.5	1	0.60	1.34	10 656.0	1	0.61	1.53
X_2	7 659.0	1	0.52	1.07	7 855.0	1	0.48	1.16
X_3	10 521.0	1	0.59	1.33	10 554.0	1	0.62	1.55
X_4	9 547.5	1	0.51	1.35	9 313.5	1	0.43	1.51
X_5	9 805.5	1	0.58	1.31	9 957.0	1	0.62	1.54
Y_1	9 610.5	1	0.58	1.33	9 568.5	1	0.58	1.50
Y_2	7 446.0	1	0.46	1.11	7 516.5	1	0.48	1.17
Y_3	9 036.0	1	0.51	1.21	8 856.0	1	0.53	1.14
Y_4	8 874.0	1	0.52	1.22	9 055.5	1	0.50	1.41
Y_5	9 349.5	1	0.54	1.26	9 414.0	1	0.56	1.55

2.3 施氮肥时期对产量及其构成因素的影响

表4表明,施氮肥时期不同,其产量也不同。武育粳 3 号在施氮肥量 240 kg/hm^2 下,以 X_1 处理产量最高,为 10 654.5 kg/hm^2,X_2、X_4、X_5 处理比 X_1 处理分别减少 2 995.5、1 122.0 和 849.0 kg/hm^2,减少幅度分别为 28.11%、10.53% 和 7.98%。而 X_3 处理,产量达到 10 521.0 kg/hm^2,减少幅度仅为 1.39%。这与不同时期施氮肥对产量构成因素的影响有关。如表 4 所示,武育粳 3 号 X_1、X_4、X_5 处理的穗数为 390.75 万~396.75 万/hm^2,达到适宜穗数。而 X_2 处理的穗数为 273.90 万/hm^2,仅为 X_1 处理的 69.04%;X_3 处理的穗数为 379.65 万/hm^2,为 X_1 处理的 95.70%。由此可见,在本试验条件下,施用基肥对穗数影响极大,而分蘖肥对穗数影响较小。同时也说明适当施用基肥和少施或不施分蘖肥有利于提高成穗率,获得适宜穗数。

由表 4 可见,在适宜穗数下,每穗总粒数均因施用穗、粒肥而提高,如武育粳 3 号 X_1、X_2、X_3 处理,每穗粒数为 128.0~131.0 粒。X_2 处理因前期肥料少,前期个体生长量不足,穗少,虽然施用穗粒肥,每穗粒数达 128.0 粒,但因单位面积总颖花量不足,因而产量不高。X_3 处理穗数虽比 X_1 处理少 17.1 万/hm^2,但每穗粒数却增加 1.0 粒。X_4 处理因未施穗肥,每穗总粒数比 X_1 处理减少 15 粒,减少幅度达 12.2%。低肥水平下,不同处理对每穗总粒数的影响和高肥条件下一致。汕优 63 结果变化趋势同武育粳 3 号。这说明,在适宜穗数条件下,施用穗粒肥是促进大穗的有效措施。

由表 4 还可看出,结实率与千粒重也因不同时期施氮肥处理而有差异,前期不施基肥,于倒 3 叶和抽穗期施用穗粒肥,结实率和千粒重较高。武育粳 3 号 X_2 处理的千粒重、结实率高,这可能是单位面积穗数少的群体有自我调节作用。

表4 不同时期施氮肥处理对产量和产量构成因素的影响

品种	处理	最高茎蘖数/(万·hm^{-2})	穗数/(万·hm^{-2})	每穗粒数	结实率/%	千粒重/g	产量/(kg·hm^{-2})
武育粳3号	X_1	476.25	396.75	131.0	79.8	26.60	10 654.5
	X_2	337.50	273.90	128.0	85.0	26.20	7 659.0
	X_3	431.25	379.65	132.0	80.1	26.53	10 521.0
	X_4	491.25	390.75	116.4	81.4	26.55	9 547.5
	X_5	491.25	396.00	131.0	75.3	25.92	9 805.5
	Y_1	429.45	361.20	120.0	84.0	26.14	9 610.5
	Y_2	328.5	281.25	120.6	88.0	26.78	7 446.0
	Y_3	408.75	349.65	118.1	83.8	26.18	9 036.0
	Y_4	429.45	354.00	114.5	85.2	26.20	8 874.0
	Y_5	429.45	356.40	120.0	83.0	26.10	9 349.5
汕优63号	X_1	332.85	264.60	167.1	90.1	26.66	10 656.0
	X_2	273.90	225.30	141.3	92.0	27.04	7 855.0
	X_3	32.55	261.60	166.1	93.0	26.90	10 554.0
	X_4	322.85	256.60	151.1	91.4	26.77	9 313.5
	X_5	322.85	260.40	167.1	91.1	26.62	9 957.0
	Y_1	311.70	261.45	153.4	90.1	26.72	9 568.5
	Y_2	268.2	223.05	129.3	93.0	27.66	7 516.5
	Y_3	300.6	251.40	148.7	89.9	27.10	8 856.0
	Y_4	311.7	256.05	146.9	91.2	26.94	9 055.5
	Y_5	311.7	258.60	153.4	89.8	26.70	9 414.0

2.4 施氮肥时期对肥料利用率的影响

表5表明,中粳稻武育粳3号总肥料利用率为33.50%和34.44%,低于杂交中籼稻汕优63。其基肥的肥料利用率分别为67.81%和70.83%,施肥水平低的比施肥水平高的肥料利用率高。汕优63亦是如此。武育粳3号的分蘖肥利用率低,仅为6.25%,低肥条件下分蘖肥的利用率比高肥条件下的高出3~7倍。汕优63表现出相同的趋势。但在高肥条件下的利用率相对较高,达到14%;武育粳3号穗、粒肥的利用率分别为34.82%和40.82%,可见施肥水平高的穗、粒肥的利用率高。

表5 不同时期施氮肥处理对肥料利用率的影响

品种	总施氮肥量/(kg·hm^{-2})	肥料利用率/%				
		一生施肥量	基肥	分蘖肥	穗肥	粒肥
武育粳3号	240	34.44	67.81	6.25	34.82	40.82
	180	33.50	70.83	50.83	20.91	36.25
汕优63	225	37.53	65.67	14.00	30.48	50.22
	150	41.3	70.75	47.00	27.14	42.67

3 小结与讨论

3.1 关于肥料利用率

关于不同施氮肥时期氮肥利用率研究,王维金等[9]指出,基肥氮和分蘖肥氮在成熟过程中,随着稻株下、中部叶片、鞘的枯死部分而带出稻体外的量多于穗肥,所以基肥和分蘖肥的利用率低而穗肥的利用率高。据凌励[6]研究,在江苏农垦系统,产量水平 11 925 kg/hm² 下,穗肥利用率最高,达 45.0%~71.0%;其次是分蘖肥,基肥利用率最低,为 12.4%~28.0%。本试验条件下,基肥的利用率高,两品种在 2 种施肥水平下,均达到 60% 以上,而分蘖肥的利用率在高肥水平下极低,在低肥水平下却较高,穗粒肥的肥料利用率在高产条件下较高,而低肥水平下较低。这说明基肥适量条件下速效氮素肥料在有效分蘖临界叶龄期发挥出来,同时损失较少。不施分蘖肥,后期重施穗、粒肥,其基肥利用率就高,穗粒肥利用率也高。这为当前高产田分蘖肥基施提供了有益的证据。

3.2 关于高产水稻的肥料运筹技术

增施肥料是水稻高产的重要条件,随着水稻产量水平的不断提高,施用氮肥量也逐步增加,但是由于肥料运筹不当,往往出现肥效降低的趋势。据研究[10],20 世纪 80 年代每千克纯氮产稻谷 9.1 kg,比 60 年代肥料降低 54.5%。因此,许多学者在高肥高产条件下进行了肥料运筹研究。本试验结果表明,改变肥料运筹方法比增施肥料更有增产潜力。

目前单产 10 500 kg/hm² 左右的田块,适宜施氮肥水平(武育粳 3 号为 240 kg/hm²;汕优 63 为 225 kg/hm²)下,基蘖肥与穗粒肥以 5∶5 为宜;基肥与蘖肥为 4∶1 或不施分蘖肥,基肥、蘖肥的肥效期以达到有效分蘖临界叶龄期为准,并在适宜穗数下,减少无效分蘖,提高成穗率。而穗肥与粒肥比为 3.5∶1.5,可以促进茎生叶片的生长,叶长配置合理,从而穗大粒多。不施蘖肥,降低总氮量,使前期与中后期比为 4∶6,也能获得高产,氮肥的利用率也相应较高。

参考文献

[1] 王余龙,姚友礼,蒋军民,等.高产水稻养分吸收规律及氮素调控机理研究[C]//凌启鸿主编.水稻群体质量与实践.北京:中国农业出版社,1995:118-130.

[2] 王守林,谢光辉,吴金绶,等.麦茬稻氮肥运筹对氮、磷、钾吸收规律的研究[C]//高佩文,谈松主编.水稻高产理论与实践.北京:中国农业出版社,1994:73-80.

[3] 凌励.提高水稻群体质量优化技术程序初探[C]//高佩文,谈松主编.水稻高产理论与实践.北京:中国农业出版社,1994:31-38.

[4] 王广元.水稻新施肥技术研究[J].山西农业科学,1997,25(1):30-32.

[5] 凌启鸿.改革肥料运筹,优化水稻群体质量[C]//黄仲青等主编.水稻高产高效理论与新技术.北京:中国农业科技出版社,1996:124-135.

[6] 凌励.高产水稻养分吸收特点初析[C]//黄仲青等主编.水稻高产高效理论与新技术.北京:中国农业科技出版社,1996:64-67.

[7] 苏祖芳,张亚洁,张娟,等.基蘖肥与穗肥配比对水稻产量形成和群体质量的影响[J].江苏农学院学报,1996,16(4):21-26.

[8] 沈振国,文瑞和.水稻对氮素的吸收和分配与土壤肥力的关系[J].江苏农业科学,1990,(3):41-42.

[9] 王维金,徐竹生.重施穗肥对杂交水稻的产量和氮素营养的影响[J].华中农业大学学报,1993,12(3):209-214.

[10] 汪定淮,刘尚义,沈烈,等.水稻平衡施肥研究[M].北京:农业出版社,1992:34-38.

Effect of Nitrogen Fertilizer Regime on Soil Nutrient Supplying, Yield and Its Nitrogen Uptaking of Rice Plant

FENG Wei-zhu[1], XU Mao[1], JI Chun-mi[1], SU Zu-fang[2], ZHOU Pei-nan[2],
XU Nai-xia[2], ZHANG Ya-jie[2]

(1. Agricultural and Foresty Department of Jiangsu Province, Nanjing 210013, China;
2. Department of Agronomy Agricultural College, Yangzhou University, Yangzhou 225009, China)

Abstract: The effect of nitrogen fertilizer on soil nutrient supplying, yield and its nitrogen uptaking of rice plant was studied and the results showed as follows: The basal, tiller and spikelet fertilizer played an effective rote from fertilizer application to plant maturity, critical leaf age of productive tillering and maturity respectively. The group without application of basal fertilizer was small and accumulated less amount of nitrogen in all life than that with the treatment; While the difference was small between the group without and with application of tiller fertilizer. Amount of accumulative nitrogen was influenced only from critical leaf age of productive tiller stage to jointing stage under without tiller fertilizer, from jointing stage to maturing stage under without spikelet fertilizer and only at maturing stage under without grain fertilizer. Under the condition of reaching expected ears per hm^2 at critical leaf age stage of productive tiller, no or less application of tiller fertilizer and increase of the amount of spikelet and grain fertilizer had the advantage to raise percentage of productive stems to total stems, increase spikelets per ear and per nuit ear and percentage of spikelet filling, and raise the yield.

Key words: rice; nitrogen; soil nutrient supplying; nitrogen uptaking; yield

水稻出穗后叶片数及质量对籽粒结实能力的影响

摘　要：以中粳稻武运粳8号和杂交中籼稻汕优63为试验材料,出穗期剪去不同茎生叶和喷施增粒增重剂等处理,研究其对水稻结实能力的影响。结果表明,出穗期剪去不同茎生叶,供试品种的千粒重、结实率和结实指数均下降且下降幅度依次增大；其中剪除剑叶对籽粒灌浆结实影响最大,随着叶位的下降,剪叶对灌浆结实的影响程度逐渐降低；剪叶越多,对灌浆结实影响越大。出穗期喷施增粒增重剂,能显著增加结实期叶片的叶绿素含量、SOD活性、降低MDA含量,进而使籽粒的结实能力明显增强。

关键词：水稻；剪叶；增粒增重剂；结实率；千粒重；结实指数

关于水稻籽粒的结实能力,前人对结实率的研究甚多,而对粒重的研究较少。一般认为同一水稻品种的饱粒千粒重比较稳定,不是影响产量的主要因素。因而对水稻粒重及其影响因素及生理基础的研究更少。近年来,王余龙等研究表明,不同栽培条件下同一水稻品种不同部位粒重差异较大,认为调节粒重达到增产目的是可能的。本试验以常规粳稻武运粳8号和杂交中籼稻汕优63为试验品种,采取出穗期剪叶和喷施增粒增重剂等措施,改变水稻出穗后叶片数量和质量,研究其对结实能力的影响,为水稻的高产更高产提供理论和实践依据。

1　材料与方法

试验于1999年和2000年在扬州大学实验农场大田和网室土培池进行。供试品种为中粳稻武运粳8号和杂交中籼稻汕优63。供试土壤肥力中等偏上。总施氮量武运粳8号16.5 kg,汕优63为14.5 kg,基蘖肥与穗粒肥配比为6∶4,田间管理同一般大田。

1.1　试验设计

1.1.1　试验Ⅰ　出穗期剪叶试验

于出穗期选取穗型大小基本一致的单茎挂牌。设置剪去倒1叶(剑叶)、倒2叶、倒3叶、倒4叶、倒5叶和剪去倒1、2叶,剪去倒2、3叶及剪去倒3、4叶,以不剪叶为对照,共9个处理。每处理20个单茎穗。

1.1.2　试验Ⅱ　出穗期喷施增粒增重剂

于出穗期选取整齐穗数基本一致的小区,用弥雾机喷施增粒增重剂(扬大农学院生长发育研

---

* 本文原载《耕作与栽培》2001年第5期；作者：张亚洁,王辉斌,许乃霞,沙爱红,张林青,朱晓彦,苏祖芳(执笔)。

究所配制的增粒增重剂,配方浓度为 10 mg/kg),以喷洒清水为对照,喷施溶液用量一致,重复 2 次。

1.2 测定项目

出穗期测定各茎生叶叶面积(试验Ⅰ);乳熟期(出穗后 25 d)测定剑叶叶绿素含量、SOD 活性和 MDA 含量(试验Ⅱ);成熟期将挂牌穗手工脱粒后倒入杯中,加入自来水搅拌 5 min,沉降的籽粒为饱粒,漂浮的为空瘪粒。由此计算结实率、千粒重和结实指数,结实指数为结实率和千粒重的乘积。

2 结果与分析

2.1 出穗期剪叶对籽粒结实能力和产量的影响

2.1.1 对结实率的影响

表1表明,剪叶处理对结实率的影响较大,如武运粳8号结实率变异系数达27.33,其中剪去茎生1叶(剪去倒1、2、3、4、5叶)留4叶的结实率分别为51.4%、59.0%、70.2%、79.2%和84.2%,比对照分别减少43.20%、34.81%、22.43%、12.49%和6.69%;剪去茎生2叶(剪去倒1、2叶,倒2、3叶和倒3、4叶),留3叶的结实率分别为33.4%、55.8%和64.3%,比对照分别减少63.09%、38.34%和28.95%。汕优63的结果趋势同武运粳8号。可见,剪去茎生1叶,越是上部的叶片对结实率的影响越大,剪去2叶又比剪1叶(对应叶位)对结实率的影响更大。

2.1.2 对千粒重的影响

表1表明,不同剪叶处理的千粒重差异大,武运粳8号和汕优63不同处理间的极差分别为3.92 g 和 3.82 g,最大粒重比最小粒重分别大16.67%和16.44%。表1表明剪去茎生1叶(剪去倒1、2、3、4、5叶),留4叶的处理千粒重,武运粳8号分别较对照下降3.16 g、1.46 g、1.18 g、0.62 g 和 0.42 g,汕优63分别下降了1.97 g、0.91 g、0.60 g、0.22 g 和 0.19 g;同时剪去茎生2叶(剪去倒1、2叶,倒2、3叶和倒3、4叶),留3叶的千粒重,武运粳8号分别较对照下降3.92 g、2.45 g 和 1.40 g,汕优63分别下降3.82 g、2.75 g 和 0.85 g。可见,剪去剑叶对千粒重的影响最大,随着叶位的下降,剪叶对千粒重的影响程度逐渐降低;剪去相邻两叶又比剪去1叶对千粒重的影响更大。

2.1.3 对结实指数的影响

以结实率和千粒重作为结实指数,表1表明,剪去茎生1叶(剪去1、2、3、4、5叶),留4叶的处理的结实指数,武运粳8号分别比对照减少49.76%、38.28%、25.75%、14.46%和8.38%;剪去茎生2叶(倒1、2叶,倒2、3叶和倒3、4叶)留3叶处理的结实指数,武运粳8号比对照分别减少68.37%、43.84%和32.55%。汕优63剪叶结果与武运粳8号趋势基本一致。剪叶对结实指数的影响和对结实率和千粒重的影响趋势基本一致,剪叶处理对武运粳8号结实指数的影响较大,变幅为7.85~24.82g,变异系数达31.46%。本试验条件下,从变异系数看,结实指数变异幅度最大,结实率其次,千粒重变幅最小,因此,可用结实指数来反映其籽粒结实能力的指标。

2.1.4 对产量的影响

表1还表明,武运粳8号不同叶位叶片和叶组对单株的贡献率以剑叶最大,达48.95%,随着茎生叶位下降对产量贡献率也逐渐降低,倒5叶仅为8.11%;从剪去相邻茎生叶2叶对单株产量的影响看,倒1、2叶对产量贡献率最大,为68.17%,倒2、3叶其次,为42.64%,倒3、4叶最小为

30.03%。汕优63剪叶对单株产量的影响趋势同武运粳8号。说明上部3叶较下部叶片对产量的贡献率大得多，也进一步证明了上部3叶是高效叶。在高产水稻栽培中，后期应注意延长叶片的功能期，防止早衰。

表1 出穗期剪叶对结实率、千粒重、结实指数和产量的影响

品种	剪叶部位	结实率/%	比CK减%	千粒重/g	比CK减/%	结实指数/%	比CK减/%	单株产量/(g·株$^{-1}$)	叶位或叶组对产量贡献率/%
武运粳8号	剑叶	51.4	43.20	24.27	24.27	12.47	49.75	1.70	48.89
	倒2叶	59.0	34.81	25.97	25.97	15.32	38.28	2.09	37.17
	倒3叶	70.2	22.43	26.25	26.25	18.43	25.77	2.53	24.00
	倒4叶	79.2	12.49	26.81	26.81	21.23	14.46	2.96	11.09
	倒5叶	84.2	6.96	27.01	27.01	22.74	8.39	3.06	8.11
	倒1、2叶	33.4	60.09	23.51	23.51	7.85	68.37	1.06	68.17
	倒2、3叶	55.8	38.34	24.98	24.98	13.94	43.85	1.91	42.64
	倒3、4叶	64.3	28.05	26.03	26.03	16.74	32.58	2.33	30.03
	CK 未剪	90.5		27.43	27.43	24.82		3.33	
	变异系数	27.33		5.07	5.07	31.46		31.14	
汕优63	剑叶	50.3	39.18	25.09	25.09	12.62	43.61	2.03	44.40
	倒2叶	57.2	30.83	26.15	26.15	14.96	33.16	2.46	32.87
	倒3叶	66.0	20.19	26.46	26.46	17.46	21.96	2.90	20.63
	倒4叶	76.5	7.50	26.84	26.84	20.53	8.25	3.31	9.54
	倒5叶	79.7	3.63	26.87	26.87	21.42	4.30	3.60	1.49
	倒1、2叶	31.2	62.27	23.24	23.24	7.25	67.60	1.16	68.43
	倒2、3叶	48.5	41.33	24.31	24.31	11.79	47.31	1.96	46.41
	倒3、4叶	62.8	24.06	26.21	26.21	16.46	26.45	2.70	26.31
	CK 未剪	82.7		27.06	27.06	22.38		3.66	
	变异系数	16.8		5.09	5.09	31.04		31.49	

2.2 出穗期剪叶对粒叶比的影响

表2表明，在每穗粒数基本一致的条件下，剪去茎生1叶和剪去相邻茎生2叶，粒叶比和粒重对比均随着剪去叶片叶位的下降而减小。经过剪叶处理后，叶面积减少，而单位叶面积的载粒数和载粒重即粒叶比和粒重比对照增加，剪去叶片数越多，叶面积越小，粒叶比和粒重比增加就越大。可见出穗到成熟叶面积减小，会提高叶面积的光合效率，增加单位叶面积形成灌浆物质的能力，但因其增加的幅度不能抵消因叶面积指数下降而使灌浆物质减小的幅度，最终导致空秕粒增加，结实率降低，籽粒的千粒重、结实指数和产量也随之下降。

表2 出穗期剪叶对粒叶比的影响

剪叶部位	武运粳8号					汕优63				
	剪去叶面积/cm²	余留叶面积/cm²	每穗粒数	粒/叶/(粒·cm⁻²)	粒重/叶/(mg·cm⁻²)	剪去叶面积/cm²	余留叶面积/cm²	每穗粒数	粒/叶/(粒·cm⁻²)	粒重/叶/(mg·cm⁻²)
剑叶	48.06	148.07	136.5	0.92	22.37	70.58	202.44	161.2	0.80	19.98
倒2叶	43.23	152.90	136.6	0.89	23.20	60.74	212.28	154.3	0.77	20.24
倒3叶	40.29	155.84	137.4	0.88	23.14	56.91	216.11	166.3	0.77	20.36
倒4叶	37.36	158.77	139.5	0.88	23.56	49.24	223.78	161.2	0.72	19.33
倒5叶	27.20	168.93	134.6	0.80	21.52	26.56	237.46	168.3	0.71	19.04
倒1、2叶	91.29	104.85	135.2	1.29	30.32	131.1	141.7	159.3	1.12	26.13
倒2、3叶	83.52	112.61	137.0	1.22	30.39	117.7	155.37	166.3	1.07	26.02
倒3、4叶	77.65	118.48	139.3	1.18	30.60	106.1	166.87	163.3	0.98	25.73
Ck 未剪	0.00	196.13	134.2	0.68	18.77	0.00	273.02	163.5	0.60	16.20

2.3 出穗期剪叶喷施增粒增重剂对籽粒结实能力的影响

表3表明,在出穗期单位面积穗数基本一致的情况下,喷施增粒增重剂后武运粳8号和汕优63的结实率与对照相比分别增加16.08%和15.83%,千粒重分别增加3.20%和4.13%,结实指数分别增加19.69%和20.43%,增加幅度结实指数>结实率>千粒重。可见出穗期喷施增粒增重剂有助于提高结实率、千粒重和结实指数,即结实能力,从而使产量显著增加。

表4表明,与喷水相比,武运粳8号和汕优63出穗期喷施增粒增重剂后叶绿素含量分别增加21.66%和11.08%;SOD活性分别增加25.63%和13.05%;MDA含量分别减少23.43%和25.05%。由于叶绿素含量增加,SOD活性提高,MDA含量降低,导致氧化叶片和同化能力增加,从而延长叶片功能,增加灌浆物质,这是喷施增粒增重剂能提高结实能力的生理原因。

表3 出穗期喷施增粒增重剂对籽粒结实能力及产量的影响

品种	处理	穗数/(万·hm⁻²)	每穗粒数	结实率/%	比CK减/%	千粒重/g	比CK减/%	结实指数/%	比CK减/%	产量/(kg·hm⁻²)	比CK减/%
武运粳8号	喷药喷水	310.5a	147.3	88.43a	16.08	26.12a	3.20	2.31a	19.69	10564a	21.51
	CK	304.5a	148.1	76.18b		25.31b		1.93b		8694b	
汕优63	喷药喷水	208.5a	160.2a	82.47a	15.83	27.20a	4.13	2.24a	20.43	10078a	20.43
	CK	283.5a	158.7a	71.20b		26.12b		1.86b		8368b	

表4 出穗期喷施增粒增重剂对剑叶衰老指标的影响

品种	处理	叶绿素含量	比CK减/%	SOD活性/(μmol·gfw⁻¹)	比CK减/%	MDA含量/(μmol·gfw⁻¹)	比CK减/%
武运粳8号	喷药	0.382a	21.66	355.43a	25.63	30.4a	23.43
	CK(喷水)	0.314b		282.91b		39.7b	
汕优63	喷药	0.401a	11.08	265.80a	13.05	36.5a	25.05
	CK(喷水)	0.361b		235.11b		48.7b	

3 小结与讨论

前人对影响水稻结实能力的因子及生理原因研究颇多,而对千粒重的研究较少。随着产量进一步提高,只有在颖花量保持较高水平的前提下,提高籽粒的结实指数才是获得超高产的有效途径。结实指数(结实率和千粒重的乘积)即单位籽粒的产量,它既与结实率有关,亦与千粒重有关,本试验条件下结实指数变异系数最大,反映不同的情况下的结实特点,可以将其作为籽粒(灌浆)结实能力的一个综合指标。

水稻出穗期总库容量已确定,要增加产量,必须改善株型,提高结实期适宜的叶面积指数,同时防止叶片早衰,最终才能提高结实率与千粒重。本试验结果表明,减源对籽粒灌浆结实影响大,剪去上部叶片较下部叶片对籽粒灌浆结实影响更大,说明上部叶片对产量影响大,下部叶片影响较小。剪2叶又较剪1叶影响大。为水稻生产上延长上部几叶的寿命和功能,看叶诊断,提供了实践依据。

本试验结果还表明,从剪叶量和部位来看,上部叶片对产量贡献率较下部叶片大,剪2叶又较剪1叶对产量的影响大。武运粳8号出穗期的叶各处理间千粒重变幅在 23.51~27.43 g,最大值比最小值大 14.29%,变异系数为 5.07;结实率变幅在 33.4%~90.5%,变异系数达 27.33;结实指数较对照下降 43.61%~49.57%,变异系数达 31.64。说明籽粒结实能力有很大的可调性。试验还表明出穗期喷施增粒增重剂能显著增加结实期叶片的叶绿素含量、SOD 活性、降低叶片 MDA 量,提高了叶片质量和叶片净同化率,可增强籽粒的结实能力,达到增产的目的。

参考文献

[1] 凌启鸿,杨建昌.水稻群体粒叶比与产量栽培途径的研究.中国农业科学,1986(3):1-8.

[2] 凌启鸿.作物群体质量.上海:上海科学技术出版社,2000.

[3] 徐生,黄务涛.双增剂对抛秧结实期干物质积累的影响//水稻群体质量与实践.北京:中国农业出版社,1995:204-207.

[4] 王余龙,蔡建中,徐家宽,等.水稻籽粒有关性状与粒重关系的初步探讨.作物学报,1995,24(3).

[5] 王余龙,姚有礼.栽培条件对水稻粒重的影响及其原因分析.作物学报,1998(24):280-290.

水稻拔节期穗数预测法及其应用*

水稻高产栽培,要促进有效分蘖,控制无效分蘖,在提高成穗率的同时,促进大穗壮秆增粒增重,这就要及早预测穗数。据松岛省三研究,在主茎基部第一节间伸长期(拔节期)具有 4 片叶的分蘖苗有自生根系,成穗率极高,而 3 叶分蘖是动摇分蘖,视光、肥条件优劣而能否成穗。莫惠栋等曾证实了这一结果,并提出了"主茎总叶数(N)减伸长节间数(n)的叶龄期"的表示式。凌启鸿等又证实高产群体有利于高产和提高栽培的经济性,不同栽培方式的实际有效分蘖临界叶龄期应为"主茎总叶数(N)减伸长节间数(n)减矫正值(a)"的通式,一般情况下矫正值为1,这为不同群体下早期诊断穗数和确定搁田叶龄始期有着重要的栽培意义,然而利用拔节叶龄期分蘖叶片数作为衡量中期有效穗数的主要指标,促进壮秆大穗,提高穗粒重方面,还没有被广泛重视和应用。如何应用和掌握这一简捷预测标准,作为中期促控技术诊断数量指标,报道还少见。本试验主要阐明不同品种和不同群体条件下,拔节叶龄期不同叶片分蘖成穗及穗粒重的变化规律,为中期预测穗数及穗粒重确定适宜的数量指标,作为中后期群体调控施用穗肥的依据。

1 试验方法

1983—1984 年于扬州、邗江两地进行。土壤属高砂土,肥力中等,含有机质 1.2%~1.5%。供试品种为盐粳 2 号、汕优 3 号、910-4,栽插密度以基本苗公式计算值为标准密度即对照(处理Ⅲ),标准密度减 50%(处理Ⅰ),标准密度减 25%(处理Ⅱ),标准密度增 25%(处理Ⅳ),标准浓密度增 50%(处理Ⅴ),标准密度增 100%(处理Ⅵ),各处理每亩栽插基本苗数如表1。

表 1 每亩栽插的基本苗(万)

品种	Ⅰ	Ⅱ	Ⅲ	Ⅳ	Ⅴ	Ⅵ
汕优 3 号	2.59	4.98	5.45	8.34	11.4	13.36
盐粳 2 号	3.94	6.46	7.68	9.59	10.84	14.33
910-4	4.0	6.0	8.0	10.01	12.07	—

观察记载为在拔节叶龄期即主茎总叶数减 2 的倒数叶龄期,对具有不同叶片数分蘖进行套圈,并记录套圈数,成熟后测算成穗率,对穗部性状进行考种。拔节叶龄期还对不同群体稻田不同叶计数分蘖测定干重和株高,以及最高茎蘖动态等。

---

* 本文原载《江苏农学院学报》,1985,6(3):21-25;作者:苏祖芳,王余龙,沈巨云。

2 试验结果与分析

2.1 拔节期不同叶片数的分蘖成穗规律

2.1.1 拔节期不同叶片数的分蘖成穗率

表2表明,拔节期不同叶片数的分蘖成穗率,因栽插密度不同而有差异。栽插密度稀的,具有4叶以上的分蘖成穗率高,3叶以下的小蘖成穗率极低,例如汕优3号品种基本苗比对照减少一半(处理Ⅰ),每亩基本苗为2.59万时5叶蘖成穗率81.4%,4叶蘖成穗率82.4%,3叶蘖成穗率47.1%,2叶蘖成穗率为31.0%。而栽插过密时,具有4叶蘖成穗率低,如基本苗比对照增加一半时(处理Ⅴ)每亩基本苗达11.46万,5叶蘖成穗率83.3%,4叶蘖成穗率为50.0%,3个蘖成穗率仅为12.5%。基本苗比对照增加一倍时(处理Ⅵ),4叶蘖成穗率仅为36.4%,无3叶蘖成穗;栽插密度适宜(处理Ⅲ),每亩基本苗6.45万时,5叶蘖成穗率为92.2%,4叶蘖成穗率达74.4%,3叶蘖成穗率为20%。汕优3号拔节叶龄期在不同的栽插密度条件下,同具有4叶的分蘖成穗率的高低差异较大,其变幅为36.0%~82.8%,平均值为64.7,变异系数27.33%,而5叶蘖的成穗率与栽插密度影响极小,其变幅为81%~100%,变异系数小于10%,成穗率平均值达90%以上,并可清楚地看出不管栽插密度的稀密多少,4叶蘖和3叶蘖成穗率之间有一个极明显分界线。中粳盐粳2号和中籼910-4品种也同样有这一结果。上述观察结果,证明了松岛省三等的研究在一定程度上利用拔节期只有4叶分蘖诊断有效分蘖的正确性,但受栽插密度影响极大,本试验结果表明在栽插密度合理的适宜群体下,具有4叶的分蘖成穗率仅70%左右,5叶蘖成穗率可达80%~100%。

表2 拔节期不同叶片数的分蘖成穗率(%)和穗粒的影响

品种	分蘖叶数	处理Ⅰ		处理Ⅱ		处理Ⅲ		处理Ⅳ		处理Ⅴ		处理Ⅵ	
		成穗率	总粒数	成穗率	总粒数	成穗率	总粒数	成穗率	总粒数	成穗率	总粒数	成穗率	总粒数
汕优3号	2	31.0	88.8										
	3	47.1	103.6	25.0	81.0	20.0	103.3	16.6	75.0	12.5	56.0		
	4	82.4	135.1	76.9	141.4	71.4	109.2	71.0	127.0	50.0	81.8	36.4	81.8
	5	81.4	181.3	100	153.9	92.2	162.7	100	148.6	83.3	141.2	83.3	138.8
	6	87.5	195.4	100	192.4	100	188.8	100	164.6	80.0	164.3	81.0	141.6
	7	100	215.3	100	192.4	100	186.6	100	168.0	100	172.0	100	159.7
	主茎	100	228.8	100	198.3	100	196.6	100	168.6	100	172.0	100	171.7
盐粳2号	2	56.2	81.1	25.0	80.9								
	3	73.7	109.6	75.0	117.7	66.6	92.3	60.0	62.8	57.1	95.9	50.0	66.8
	4	89.7	113.4	83.3	120.3	81.8	100.9	80.0	86.8	79.0	98.3	71.0	67.5
	5	96.4	128.2	100	127.9	92.3	92.3	78.5	102.2	100	113.0	95.0	86.7
	6	100	141.0	100	129.3	100	104.2	91.7	109.9	100	110.3	95.2	93.3
	7	100	145.1	100	130.1	100	115	100	114.5	100	110	100	97.5
	主茎	100	154.1	100	142.1	100	129.5	100	124.0	100	125.1	100	109.4
910-4	2	100	78.0	50.0	75.0	50.0		50.0	60.0				
	3	100	112.4	91.6	123.0	60.0	94.0	50.0	73.2	20.0	78.5		
	4	100	147.9	100	131.8	62.0	106.2	50.0	107.0	33.0	111.3		
	5	100	155	88	135.6	80.0	119.9	83.0	120.0	75.0	105.0		
	主茎	100	173.9	100	177.7	100	146.8	100	151.3	100	106.1		

2.1.2 拔节期不同叶片数成穗分蘖穗粒数

表2还说明,拔节叶龄期不同叶片数成穗分蘖,在同一栽培密度下,分蘖叶片数少的成穗率

低,其成穗分蘖每穗粒数也少,例如处理Ⅲ,3叶成穗蘖,每穗 103.3 粒,4 叶成穗蘖,每穗 109.2 粒,5 叶成穗蘖,每穗 162.7 粒,6 叶成穗蘖,每穗 188.8 粒,7 叶成穗蘖,每穗 186.8 粒,主茎成穗每穗 196.6 粒。从不同叶片成穗分蘖每穗总粒数以及与主茎总粒数的比例看出,4 叶成穗蘖以下的每穗总粒数与主茎每穗总粒数差异大,而 5 叶成穗蘖,每穗粒数与主茎每穗粒数接近,4 叶蘖穗粒数和 5 叶蘖穗粒数间有一个明显的分界线。在不同栽插密度条件下,4 叶以下成穗分蘖的穗粒数与栽插密度极为密切,而 5 叶以上成穗分蘖与栽插密度关系不密切。例如汕优 3 号,4 叶蘖成穗每穗粒数,处理Ⅰ135.1 粒,处理Ⅲ109.2 粒,处理Ⅴ81.8 粒,5 叶蘖成穗每穗粒数处理Ⅰ181.3,处理Ⅲ,每穗粒数162.7 粒,而处理Ⅴ每穗粒数 141.2。不同栽插密度下,4 叶蘖以下分蘖成穗的每穗粒数差异大,变异系数为 23.30%,5 叶蘖成穗每穗粒数差异小,变异系数仅为 13%以下。这明显看出 1 叶以下分蘖成穗粒数的多少与栽插密度关系极大,而 5 叶蘖成穗粒数与栽插密度关系不大。因此在高产栽培适宜群体条件下,早期促大穗控小蘖,致使拔节叶龄期具有 5 叶的大蘖相等于预期穗数。

2.1.3 拔节期不同叶片数分蘖的干重和相对高度

三品种拔节叶龄期不同分蘖叶龄的蘖重,均随着分蘖叶数增多而增加。不同栽插密度下,同一叶龄蘖重变幅差异极大,大蘖蘖重差异小,一般均在 4 叶蘖以后蘖重差异趋于稳定,变异系数在 12%以下。如盐粳 2 号 4 叶蘖变异系数为 60.3%,5 叶蘖为 10.7%,6 叶蘖为 11.9%。从不同栽插密度同一叶龄分蘖蘖重的相对干重看出,无论是汕优 3 号还是盐粳 2 号,1 叶蘖、2 叶蘖、3 叶蘖重的相对干重差异极大且较小,4 叶蘖重的相对干重差异极小,受密度影响较小。而 3 张叶片分蘖与 4 张叶片分蘖之间相对干重相差悬殊,3 叶蘖的相对干重汕优 3 号为 16%,盐粳 2 号为 24%,而 4 叶蘖的相对干重汕优 3 号达 40.23%,盐粳 2 号为 42.39%;5 叶蘖的相对干重盐粳 2 号 51%,汕优 3 号为 52%,910-4 为 59%。这是 4 叶以上分蘖成穗率高的主要原因之一。

同样,不同叶片数分蘖相对高度,也是随着分蘖叶片增多而相对高度增高,同一品种在不同密度下,同一蘖的相对蘖高差异在 3 张叶片后差异缩小,变异系数小于 10%。上述分蘖叶片数在 4 叶后的蘖重和蘖高的稳定性,充分表明在拔节期不同叶龄分蘖的成穗与否可用分蘖叶片数来决定。

2.2 拔节期穗数实用预测法

全田拔节期最高茎蘖数是由不同叶片数的茎蘖组成的。概括密度不同,最高茎蘖数也不同,而不同叶龄茎蘖数组成比例也就不同。栽插密度稀时,小分蘖组成比例较高;反之,栽插密度高时,小分蘖组成比例较小。例如汕优 3 号处理Ⅰ,2 叶蘖为 29.3%,3 叶蘖为 17.2%,4 叶蘖为 17.2%,5 叶蘖为 14.1%,6 叶蘖为 8.1%,7 叶蘖为 9.1%,主茎为 5.1%;而处理Ⅳ,2 叶蘖为 18.5%,3 叶蘖为 15.4%,4 叶蘖为 21.5%,5 叶蘖为 20.0%,6 叶蘖为 4.6%,7 叶蘖为 4.6%,主茎为 15.4%;处理Ⅴ,2 叶蘖为 8.6%,3 叶蘖为 13.8%,4 叶蘖为 17.2%,5 叶蘖为 20.7%,6 叶蘖为 25.8%,7 叶蘖为 5.2%,主茎为 8.6%。同时,在合理栽插密度和适宜群体下,4 叶以上茎蘖数占总茎蘖数的比例和大田成穗率接近,如汕优 3 号。处理Ⅲ 4 叶以上茎蘖数占大田总茎蘖的比例为 66.15%,和成穗率 66.88%基本一致。在栽插密度小、群体偏小的条件下,4 叶以上茎蘖数占总茎蘖数比例较大田成穗率小,而 3 叶以上茎蘖数占总茎蘖数比例却和大田成穗率接近,如处理Ⅰ。4 叶以上茎蘖占茎蘖数比例为 53.53%,而 3 叶以上茎蘖数占比例为 70.71%,则和成穗率 66.15%接近,栽插密度和群体偏大时,4 叶以上茎蘖数所占总茎蘖数比例较大,而 5 叶以上茎蘖数占比例又和大田成穗率接近,如处理Ⅲ。4叶以上茎蘖所占群体比例为84.05%,5叶以上茎蘖数所占比例为68.12%,也和成穗率65.99%接近,在不同肥力条件下也有同一趋势。

可见拔节叶龄期多少叶片的分蘖能成穗,不仅决定于个体分蘖叶片的多少,而且还决定于栽插密度和群体大小,根据不同叶片数分蘖与群体茎蘖数的比例和成穗率关系,充分说明在适宜群体下分蘖成穗的利用是最经济的,分蘖组成也是最合理的,产量也较高密度高。

因而在500 kg以上高产田块,适宜群体条件下,取得高产必须在拔节叶龄期大田中4叶以上的茎蘖数占大田中比例要相当于预期高产田的成穗率,4叶以上茎蘖数要达到65%~70%。不同群体条件下为减少无效生长量,促进大穗壮秆,必须在有效分蘖临界叶龄期($N-n$)时控制肥水,而使拔节期的不同叶片茎蘖数的比例配置适当,特别是4叶以上的茎蘖数达到预期穗数时,就可采取攻大穗争粒重的栽培措施。

2.3 拔节期预测法的应用

(1) 依据拔节期群体不同叶片茎蘖数及其4叶以上茎蘖数所占群体总茎蘖数的比例可较早而又较准确地预测有效穗,并对穗型也有一定的了解。就全田而言,凡在拔节叶龄期具有4叶以上茎蘖达到或接近预期穗数的,每穗平均粒数就少,穗型大,结实率高,产量高,而4叶以上茎蘖数超过预期穗数的每穗平均粒数少,穗型小,产量低;反之4叶以上茎蘖数低于预期穗数的每穗平均粒数多,但结实率低,产量也不高(表3)。

表3 分蘖成穗产量构成因素

品 种	处 理	4叶以上茎蘖所占总茎蘖数比例	成穗率/%	穗数/(万·亩$^{-1}$)	每穗粒数	结实率/%	千粒重/g	实产/(kg·亩$^{-1}$)
盐粳2号	Ⅰ	52.78	65.9	24.71	121.3	74.23	24.41	531.5
	Ⅱ	56.1	67.7	25.36	112.9	68.82	24.20	532.9
	Ⅲ(CK)	68.0	67.7	28.33	113.1	73.93	24.15	545.8
	Ⅳ	72.76	67.6	28.35	109.3	73.26	23.72	517.9
	Ⅴ	72.36	70.4	28.54	106.2	75.73	23.75	503.1
	Ⅵ	90.3	70.8	30.69	93.3	75.61	23.19	434.3
汕优3号	Ⅰ	53.5	66.2	15.62	183.3	72.89	25.27	501.3
	Ⅱ	61.2	68.4	13.74	189.9	65.61	25.95	505.5
	Ⅲ(CK)	66.2	67.0	16.77	164.5	72.8	25.17	522.0
	Ⅳ	73.0	65.4	17.91	157.3	64.64	24.90	479.5
	Ⅴ	77.4	62.4	17.25	163.8	63.18	25.07	481.1
	Ⅵ	84.9	65.9	18.83	152.6	62.61	24.75	454.0

(2) 根据拔节期的茎蘖叶片数来预测成穗数,可以合理地采取促控栽培措施,具有4叶以上的茎蘖数达到预期穗数时,所占比例为70%左右,获得500 kg以上产量的穗数已有保证,则应采取保花肥施法,即倒2叶施用穗肥。具有4叶以上茎蘖数低于预期穗数,所占总茎蘖数比例低于60%以下,3叶以上茎蘖又相当于预期穗数时,则结合地力采用攻大穗施肥法,即用3叶一次施肥或倒4、2叶等量肥料分次施用,争取动摇分蘖部分成穗,增加产量。具有4叶以上的茎蘖数超过预期穗数,4叶以上茎蘖数在大田中所占的比例过高,一般达到或超过75%时,应根据叶色和土壤肥力而定。叶色深、地力肥的条件下,则应迟施或不施,最迟在倒1叶施用,确保稳长,防止穗型过

小,保粒增重。

参考文献

［1］松岛省三.稻作的理论与技术.北京:农业出版社,1966.
［2］莫惠栋.种稻原理与技术.南京:江苏人民出版社,1978.
［3］凌启鸿.水稻不同类型品种生育进程的叶龄模式.中国农业科学,1984(1).
［4］苏祖芳.栽插密度对分蘖和穗粒的影响.江苏农业科学,1983(12).
［5］雷宏淑.稻麦研究论文集.上海:上海科学技术出版社,1961:97-102.
［6］南京农业大学等.作物栽培学(南方本).上海:上海科学技术出版社,1979.

水稻合理密植的研究进展*

摘　要：本文阐述了水稻合理密植（水稻合理栽插密度）研究现状和发展及其构成要素——合理基本苗（每亩穴数），合理行株距和每穴苗数的涵义，从高产角度归纳提出了合理基本苗和行株距的标准和计算方法及今后的发展方向。

关健词：水稻；合理密植；栽插方式；基本苗；行株距；每穴苗数；基本苗计算公式

1　国内外合理密植研究演进

　　水稻密度合理与否，对高产影响极大。合理规划栽插密度，提高栽插质量，是高产栽培最基本的也是重要的关键技术。因此，长期以来国外从事水稻科学的研究工作者，对高产栽培的密度问题研究颇多。国外主要是日本，松岛主张密植，多穗，高产；桥川潮推崇"稀植"，以发挥水稻个体优势，依靠大穗增产。国内从事水稻科学的研究者，几十年来，一直重视水稻栽插密度和栽植方式问题。丁颖早在 20 世纪 50 年代初就提出了合理密植问题，50 年代末对以主茎穗为主增产还是以分蘖为主增产的密植问题讨论中，王天铎等对水稻群体结构深入系统研究后，发表了关于水稻合理密植的论文，有力地推动了水稻栽培技术的进步。60 年代陈永康提出了小株密植高产理论，崔竹松也推出三角形栽插方式，创造了北方寒地水稻高产纪录。

　　随着水稻生产不断发展，栽插密度与方式也不断改进。80 年代蒋彭炎等研究提出基本苗要"稀"，肥料要"少平"的高产栽培法。凌启鸿等研究水稻叶龄模式提出"基本苗计算公式"后，又提出了"扩行、控苗"等措施以达到高产群体质量。90 年代东北地区引进旱育稀植技术。以后随着旱育秧的推广，栽插行距扩大，基本苗降低。

　　近年来，随着生产条件的改善与水稻新品种的推出，栽插密度正向稀植、超稀植演变，促进了水稻群体理论的发展。扩行、降苗，改善生育中后期群体质量，已深受稻农欢迎。近年水稻机插秧行距有所扩大（23.3 cm 扩大到 30 cm），不仅增强水稻抗逆力和提高了产量，也促进了机插稻生产的迅速发展。

2　合理密植的含义

　　水稻田合理的株数和穴数及其栽插规格，既能充分发挥水稻较强的分蘖与群体自身调节能力

---

*　本文原载《第十一届作物生理研讨会论文集》，中国农业出版社，2007；作者：苏祖芳，霍中洋。

的特性,达到每亩理想穗数,同时又保证稻田能充分利用光能,进行光合作用,积累较多的有机物质,从而提高水稻的产量。因而,水稻合理密植应包括基本株数、每亩穴数与株行距以及每穴苗数3个方面。

合理基本苗是合理群体的起点,合理基本苗能做到有效分蘖充分合理利用,无效分蘖合理控制,群体发展合理,促进高产群体的育成和发展,利于穗数、粒数、粒重等产量结构因子的协调发展。

3 关于合理基本苗

3.1 合理基本苗的意义

移栽基本苗过多,群体茎蘖数发展的起点较高,够苗期必然提前,部分有效分蘖不能成穗,导致有效分蘖利用率下降,无效分蘖增多,中期群体增大,群体对个体的抑制作用增强,影响壮个体的育成。由于总茎蘖数增多,成穗率降低,个体之间竞争也加剧,这两方面都会限制大穗的形成。尽管基本苗过多,穗数会有所增加,但由于总茎蘖多,未能形成壮个体,穗形变小,结实率低,产量反而会降低。

移栽基本苗过少,往往会导致穗数不足。由于基本苗过少,在有效分蘖临界叶龄期内的茎蘖数达不到穗数的指标,够苗期推迟,部分高节位的分蘖也要利用。这样也影响了穗层结构,大小穗之间的差距过大,也不利于大穗的形成。

3.2 合理基本苗的计算依据与方法

长期以来,每亩栽插基本苗数量是定性的,没有定量。主要根据品种的生育期长短、分蘖特性强弱和土壤肥力高低来决定的。一般说来,生育期长的穗数型品种,分蘖穗比例高,栽插基本苗应少些,多争取一些分蘖穗;反之,生育期短的大穗型品种,栽插基本苗多些,依靠主茎穗。一般肥沃土壤可少插基本苗,肥力低的土壤可适当多播基本苗,即所谓"肥田靠发,瘦田靠插"。

3.2.1 根据穗数的百分比计算基本苗

据研究报道,在中等生产水平的田块插栽的苗数相当于适宜的亩穗数的80%左右,丰产田块60%左右;高产田40%~50%,分别利用20%、40%及50%~60%分蘖成穗。

3.2.2 用"穗苗比"计算基本苗

据研究报道,每亩栽插基本苗数是按与计划穗数的倍数比例确定,即"穗苗比"来计算适宜的基本苗数。穗苗比的幅度一般为(2~3):1,如预定穗数为20万/亩,基本苗一般应为7万~10万。当品种生育期短,分蘖弱,肥力低,管理水平差,穗苗比宜小,相反则大。

上述两种计算基本苗的方法虽有数的概念但比较粗放,仍属定性的。

3.2.3 手插稻"基本苗公式"计算基本苗

凌启鸿等根据有效分蘖临界叶龄期的分蘖成穗数和秧苗移栽叶龄和带蘖数及壮弱等因素,提出了基本苗计算的定量公式:

$$合理基本苗数(X) = 每亩适宜穗数(Y) / 单株成穗数(ES)$$

(1) 每亩适宜穗数(Y)的标准 每亩适宜穗数是指达到最高产量水平时所必须的穗数范围,因品种、栽培方式不同而异,某一品种,在一定地区的栽培方式下其每亩适宜穗数是相对稳定的。可由多种方法获得:一是通过该品种高产田块穗数的众数获得;二是通过该品种最适最大LAI除于抽穗期单茎叶面积获得。

(2) 单株有效穗数（ES）的计算

① 水稻单株成穗数组成成分包括3个部分：一是移栽时的主茎(1)和3叶以上大蘗(t_1)，即(1+t_1)，这部分一般都成穗；二是移栽时小分蘗(t_2)及其成活率(r_2)，即r_2t_2。三是移栽后秧田的主茎(1)和3叶大蘗(t_1)（大田发生的2次分蘗同主茎的1次分蘗）在本田期的单茎成穗数。单茎成穗数为$(1+t_1)+(1+t_1)(N-n-SN-1-a)r_1+t_2r_2$。

本田期的单茎成穗数取决于每一单茎本田有效分蘗发生节位及发生率r_1，本田有效分蘗节位数是移栽后减去一个返青叶龄到有效的分蘗临界叶龄期之间的分蘗节位数，即($N-n-SN-1$)个叶位，这些分蘗位因秧龄大小而有差异，往往需要对有效分蘗临界叶龄期进行适当的调整，如小苗移栽，需要提前一些时间够苗以控制中期群体的发展，大苗移栽往往需要利用有效分蘗临界叶龄期后1个($N-n+1$)叶龄期的分蘗以节省基本苗，确保穗数，往往要推迟一些时间够苗，这个调节值用a表示。因此大田有效分蘗节位数主茎和大分蘗都为($N-n-SN-1-a$)，这样单株成穗数为$(1+t_1)+(1+t_1)(N-n-SN-1-a)r_1+t_2r_2$，也可表示为$(1+t_1)\times[1+(N-n-SN-1-a)r_1]+r_2t_2$，代入$X=Y/ES$公式，即为：

$$X=Y/(1+t_1)\times[1+(N-n-SN-1-a)r_1]+t_2r_2$$

式中，X为移栽基本苗数；Y为预期适宜穗数；N为主茎总叶数；n为主茎伸长节间数；$N-n$为有效分蘗临界叶龄期；SN为秧苗移栽叶龄；t_1为秧苗3叶以上的大分蘗；t_2为秧苗2叶以下的小分蘗；r_1为本田有效分蘗临界的平均分蘗发生率，一般为0.6～0.9；r_2为秧田2叶以下小蘗栽后的成活率，一般为0.2～0.4；a为有效分蘗临界叶龄期的校正值，一般为0.5～1。

② 手插稻基本苗计算实例：某杂交稻品种（主茎总叶数18叶，伸长节间数5个），计划穗数20万，7叶移栽，秧苗带蘗2.6，其中3叶蘗及以上2个，2叶蘗以下0.6个，希望在$N-n-1$时，即12叶时够苗，a值取1，r_1取0.8，r_2取0.4，应用公式计算基本苗：

$$X=20/(1+2)[1+(18-5-8-1-1)\times0.8]+0.6\times0.4=1.9万（苗）$$

实际上栽插1.8万，每穴1苗。最后穗数18.9万，与计划穗数基本一致。

3.2.4 直播稻的基本苗计算

直播稻没有移栽过程，单株成穗数包括一个主穗及其产生的分蘗穗，分蘗穗数决定于：主茎的有效分蘗叶龄数、有效分蘗期间可能发生的一次、二次乃至三次分蘗的理论数、分蘗平均发生率(r)3个因素。主茎有效分蘗叶龄数等于适宜的够苗叶龄期($N-n-a$)减去分蘗起始叶龄以前的叶龄(BN)，即主茎有效分蘗叶龄数$=N-n-BN-a$。

够苗叶龄期内可能发生的分蘗的理论数由主茎有效分蘗叶龄数乘以应变调节系数C确定，即可能发生的有效分蘗理论总数$=(N-n-BN-a)C$，能发生的有效分蘗理论数乘以分蘗平均发生率r，即相当于植株能产生的分蘗穗数(ES)再加上主茎穗（表1）。

单株成穗数$(ES)=1+ES=1+(N-n-BN-a)Cr$。

于是，直播稻基本苗经验公式如下：

$$X=Y/[1+(N-n-BN-a)Cr]$$

式中，BN、a、r及C 4个参数的确定：

BN值的确定：按叶蘗同伸规律，直播秧苗于4叶期可开始分蘗，但普遍发生分蘗，往往开始于5叶期，所以取BN值5为宜。

a 值的确定:直播稻的二、三次分蘖多,群体总分蘖数一般偏多,加之直播稻的主茎总叶数常比移栽稻减少0.5叶,在主茎拔节时,具有4叶的二、三次分蘖成穗的概率低,因此,为保证穗数,单季中晚稻高产田够苗叶龄期以 $N-n$ 叶龄期提前2个叶龄为宜,故 a 值常取2,但更早够苗,仍不相宜。

r 值的确定:直播稻个体的分布不及移栽稻均匀,且在分蘖初期阶段,因植株小,常因土地平整度影响分蘖的整齐度。故平均分蘖率不及移栽稻。江苏农垦系统的大面积实践资料表明,r 值一般在0.4～0.6,田肥、平整度好,r 取高值,反之取低值。

表1　C 值的确定(C 值的求取方法)

主茎有效分蘖叶龄数(A)	1	2	3	4	5	6	7	8
一次分蘖理论数	1	2	3	4	5	6	7	8
二次分蘖理论数				1	3	6	10	15
分蘖的理论总数(B)	1	2	3	5	8	12	18	28
C 值=B/A	1	1	1	1.25	1.6	2.0	2.6	3.5

3.2.5　小苗移栽稻的基本苗计算

小苗是指3～4叶龄期移栽的秧苗,机械栽插的均取小苗。小苗移栽时不具分蘖,小苗移栽基本苗公式为:

$$X = Y/[1+(N-n-SN-2-a)Cr]$$

小苗的分蘖起始叶龄为移栽叶龄加2个叶龄,即 $SN+2$,这是因为小苗苗体弱,移栽后一般要经2个叶龄以后才普遍分蘖。

小苗移栽的 a 值,单季中、晚稻仍以2为宜,单、双季早稻以1左右为宜。小苗的 r 值,因植株分布比直播均匀,一般为0.5～0.8。

3.2.6　塑盘旱育抛秧基本苗的计算

潘晓华等根据凌启鸿等的叶龄模式基本估算公式,并在研究了双季早晚稻塑盘抛秧旱育秧苗带蘖数、成穗率和抛栽后有效分蘖临界叶龄期的分蘖成穗数及分蘖成穗率差异,提出了塑盘旱育抛栽合理基本苗公式为:

双季早稻:$X = Y/(1+t_1r_1)[1+(N-n-SN)Rr_2]+(SN-3-t_1)R_2r_5$

双季晚稻:$X = Y/(1+t_1r_1)[1+(N-n-SN)Rr_2]+(N-n-SN-3)Rr_2R_1r_3+(SN-3t_1)R_2r_5$

式中,X 为移栽基本苗数;Y 为预期适宜穗数;N 为主茎总叶数;n 为品种主茎伸长节间数;$N-n$ 为有效分蘖临界叶龄期;SN 为秧苗移栽叶龄;t_1 为抛秧苗所带分蘖;r_1 为秧苗带蘖成穗率;R 为本田有效分蘖节上一次分蘖的发生率;r_2 为本田有效分蘖节上一次分蘖的成穗率;R_1 为本田有效分蘖节上二次分蘖的发生率,早稻 $R_1=0$,晚稻=0.60～0.65;r_3 为本田有效分蘖节上二次分蘖的成穗率,早、晚稻 $r_3=0.2\sim0.7$;R_2 为秧苗在秧田期的分蘖空缺位($SN-3-t_1$)上产生的单株分蘖发生率;r_5 为秧苗在秧田期的分蘖空缺位($SN-3-t_1$)上产生的单株分蘖的成穗率;r_2 为秧田2叶以下小蘖栽后的成活率,一般为0.2～0.4(表2)。

表 2 不同水稻类型和双季早晚稻塑盘旱育抛栽基本苗公式中的参数值(潘晓华等)

参数	杂交稻		常规稻	
	早稻	晚稻	早稻	晚稻
N	12	15	12	15
N	4	4	4	4
SN	4.8~5.1	5.7~5.9	4.7~4.9	5.8~6.1
t_1	0.2~0.3	0.6~0.8	0.0	0.4~0.5
R	0.85~0.93	0.85~0.88	0.90	0.80~0.93
R_1	0.34~0.53	0.60~0.65	0.46	0.60
R_2	0.25~0.58	0.44~0.76	0.42	0.34~0.47
r_1	0.75~1.0	0.83~0.86	—	0.67~0.75
r_2	0.71~0.74	0.77~0.79	0.78	0.78
r_3	0.5~0.6	0.4~0.6	0.4	0.2~0.7
r_5	0.43~0.67	0.67~0.85	0.40	0.48~1.0

根据计算抛秧合理基本苗,杂交早稻为每亩 6.6 万左右,常规早稻为每亩 8.8 万左右,杂交晚稻为每亩 3.4 万左右,常规晚稻为每亩 4.4 万左右。

基本苗确定后,依据成苗率决定每盘播量,若每盘成苗 1 700 苗,则每亩抛 48 盘,每亩基本苗已达 8.16 万(塑盘每盘 561 孔旱育秧)。具体茎蘖苗数以盘中的苗来定大田应抛盘数。由于抛秧稻在穗数上有较大的协调性,穗多而大,所以抛秧时可适当增加抛秧苗数,一般约增加 5% 的基本苗,但不宜过多,要改变抛秧过密的习惯。

4 关于合理的栽插方式(行株距)

行株距的规格是合理安排单株营养面积,合理密植增产的重要环节,也是充分利用光能和地力从而获得高产的重要措施。

4.1 几种栽插方式的比较

合理基本苗数确定后,合理的栽插方式对增产亦发生显著作用。相同基本苗存在多种栽插方式即适宜行株距配置。

(1) 等行距(正方形)栽插。行距和株距相等,穴与穴排列成正方形。这种栽培方式,植株间所占的土地面积相等,分布比较均匀,利于稻株能均匀地得到光照、温度、水分和肥料,地下部的根群伸展也比较一致,对前期分蘖的发生较有利,但封行较早;而密度增大,株行距缩小时,田间操作不方便,通风透光也受阻碍。陈永康的小株方型密植的经验,是在当时的生产条件下形成的,其缺点是在多肥条件下,容易较早封行,恶化群体光照条件,不利于创造高产。

(2) 宽窄行条插。宽行距与窄行距相间移栽,一行宽,一行窄。如 (13.3+27)cm×10 cm 等(每亩 3.3 万穴),这既能增加栽插密度,又便于通风透光和田间管理。稀中有密,密中有稀,能充分发挥边际优势。但窄行间距太小,加上株距小,稻株的发展不平衡,增产优势不明显,且移栽时较难掌握。对于分蘖性较弱、株型比较紧凑的品种,采用这种栽插方式增产效果比较显著。

(3) 宽行窄株(长方形)栽插。栽插的行距和株距不等长,行距宽,株距窄。例如 26.7 cm× 13.3 cm 等。宽行窄株栽插不仅可以达到较高的密度水平,同时封行较迟,便于通风透光和管理操作,光合效率高,在生产上应用较为普遍。在高产条件下,宽行窄株(长方形)的栽插方式,已成为今后水稻生产的发展方向。

4.2 扩大行距的意义

水稻行株距即在田间的分布形式。扩大水稻栽插行距,是改变传统的基本苗过多、无效分蘖多、高峰苗过早的弊端的重要方式。其具有以下两大优势:① 扩大行距可以降低高峰苗数值,提高分蘖成穗率,促进个体健壮发育,解决多穗与大穗的矛盾,使产量构成因素在较高水平上得到协调统一。在基本苗相近的条件下,扩大行距,在获得相近穗数时有利于提高每穗粒数而获得较高产量。② 扩大行距,控制封行期,有利于通风透光,改善中、后期群体内的光照条件,提高抽穗至成熟期的光合生产力和抗逆力。据观察在孕穗期叶面积指数相近时,27 cm 行距的基部受光率(5.69%)比 20 cm 的(1.82%)要高出 210.44%。③ 扩大行距,省工省力省本,利于操作管理。所以栽插基本苗与栽植方式两者协调,有利于提高水稻生产的总体综合效应。

4.3 确定行距的标准

合理稀植的行距标准的优点,一是水稻生育前期穴与穴之间的光、肥、水的相互竞争小,以利于发棵和出现更多的分蘖;二是孕穗期适期封行,以利于植株叶片能得到较充足的光照,提高结实率,降低空秕率。行距大小确定有以下几种方法。

(1) 以剑叶长度确定:据唐桂英等研究,在安徽地区,位于北纬 29°41′~34°38′,水稻抽穗前后正午太阳高度角为 60°~70°,亩产 550 kg 以上杂交水稻上部 3 叶的倾角分别为 60°~70°。顶叶在与行向成垂直方面伸展情况下邻行顶叶尖刚好相碰时,其行距较为适宜,如图 1 所示。

适宜行距可由下式计算: $BC = AB \times 2\cos a$

若顶叶倾角 a 为 70°,则适宜行距与顶叶长的关系如表 3。

表 3 适宜行距与顶叶长的关系($a=70°$)

顶叶长/cm	43.42	38.59	33.77	28.94
行距/cm	29.7	26.40	23.10	19.80

最长叶与行向成垂直方向伸展状况下,行距与叶片长的关系,如图 2 所示。

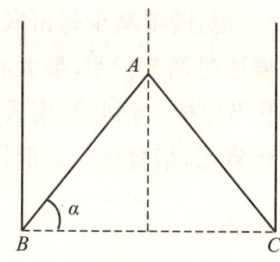

图 1 叶倾角与叶片长的关系
BC 为行距,a 为叶倾角,AB 和 AC 为顶叶长

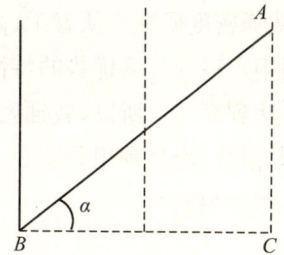

图 2 最长叶与行距的关系
BC 为行距,a 为叶倾角,AB 为最长叶的长度

适宜行距可由公式计算: $BC = AB \times \cos a$

若最长叶的叶倾角 a 为 60°,则适宜行距与最长叶长的关系如表 4。

表 4 适宜行距与最长叶长的关系（$a=60°$）

顶叶长/cm	59.40	52.80	46.20	39.60
行距/cm	29.7	26.40	23.10	19.80

（2）以品种确定：杂交水稻的适宜行距在 30～33.3 cm、株距 12～16 cm，比较适宜，小于或大于这一范围均不适宜。常规中粳稻以行距 26～28 cm，偏大穗型品种可扩大至 30 cm，株距13 cm；单季晚粳以行距 26～30 cm、株距 13 cm 左右为宜。以上行距再扩大，则过稀，难封行，成穗不足，穗型不整齐，难以高产；过小则封行过早，群体恶化，穗型变小，影响穗肥施用。

（3）以株高确定：一般常规稻，株高 110 cm，行距 28～30 cm，株距 12 cm；株高 95～100 cm，行距 24～25 cm，株距 12 cm；株高 80～90 cm，行距 21～23 cm，株距 12 cm，每亩苗数栽足1.8 万～2.2 万穴。

（4）以施肥水平和产量水平确定：一般施肥水平、产量要求高的，行距要大，反之施肥水平、产量要求低的，行距要小些。

5 关于确定每穴栽插苗数

5.1 确定每穴栽插苗数的意义

每穴栽的苗数对水稻群体结构也有很大影响，这是因为相对于整个稻田来说，每穴属个体，整个稻田属群体；但每穴相对于该穴中的每一株苗来说，则穴相当于群体，每株稻苗相当于个体。因此，在每穴中也有群体和个体的矛盾问题，并且很大程度上在争光、争肥上反映出来。在行株距相同时即每亩穴数相同时，增加每穴栽插苗数，会增加单位面积的基本苗，造成穴内个体之间的营养和光热竞争，限制稻苗个体生长和分蘖发生，会减少分蘖的发生量，单株最高茎数减少。

5.2 每穴栽插苗数的标准

据网络报道，水稻一般每穴插 1～3 苗的，有效穗多于基本苗。每穴插 6 苗的，有效穗接近基本苗。每穴插 9 苗的，有效穗少于基本苗。

6 今后栽插密度的研究与发展方向

水稻合理栽插密度研究应从省工、高产、高效等方面综合考虑，既要减少每亩穴数和基本苗以利省工，又能利用水稻的分蘖优势的特性，优化群体结构，还要通过调节行距，最大利用光能，积累最多的干物质，达到高产。所以，栽插密度在当地自然条件下仍应按水稻叶龄模式基本苗公式计算栽插适宜基本苗数，恰当利用分蘖数，适当扩大行距，有利于省工、培育高光效群体，增强抗逆能力，从而获得高产与超高产。

参考文献

[1] 殷宏章,雷宏淑,王天铎,等.稻麦群体研究论文集.上海：上海科学技术出版社,1961.
[2] 丁颖.中国水稻栽培学.北京：农业出版社,1961.
[3] 杨守仁.水稻高产栽培及高产育种论丛.北京：农业出版社,1990.
[4] 凌启鸿.作物群体质量.上海：上海科学技术出版社,2000:42-107.

[5] 凌启鸿,张洪程,苏祖芳,等.稻作新理论——叶龄模式.北京:科学出版社,1994.

[6] 凌启鸿,苏祖芳,张洪程,等.水稻叶龄模式与应用(修订本).南京:江苏科学技术出版社,1996.

[7] 唐桂英,黄仲青.杂交籼稻抽穗期叶层结构与光能利用率的探讨.安徽作物学杂志试刊号,1985.

[8] 殷宏章.水稻田的群体结构与光能利用//稻麦群体研究论文集.上海:上海科学技术出版社,1961.

[9] 王一凡,王友芬.水稻高产密度与方式对生育和产量影响的研究.北京:中国农业出版社,1994.

[10] 肖连成.水稻稀植栽培.长春:吉林科学技术出版社,1991.

[11] 蒋彭炎,冯来定.水稻稀少平栽培法理论与技术.杭州:浙江科学技术出版社,1992.

[12] 许传山,苏中起.水稻合理密植理论模式的研究.山东农业大学学报,1992,23(专集).

[13] 吴永祥.水稻栽插密度与建立高光效群体结构的关系.江苏农业科学,1987(4):7-9.

[14] 潘晓华,陈小荣,杨福孙.双季水稻塑盘旱育抛栽基本苗公式的建立.中国水稻科学,2006,20(5):290-294.

[15] 苏祖芳,杜永林.栽插行距对水稻产量结构和叶面积组成的影响.江苏农学院学报,1998,19(1):23-27.

[16] 苏祖芳,沈巨云.栽插密度对水稻分蘖和穗粒的影响.江苏农业科学,1983(12):20-22.

水稻叶色诊断法研究进展*

1 水稻叶色诊断法演进

叶色作为水稻看苗诊断方法,早已被人们所认识。20世纪50年代末,陈永康总结提出晚粳老来青一生群体叶色的"三黑三黄"高产经验,当时中国农科院江苏分院根据水稻不同叶色制作了比色卡,极大方便了看色诊断。20世纪60年代日本的松岛省三等用不同颜色的绒丝线绕成不同等级的比色卡,对顶3叶片进行比色。而片仓权次郎提出用顶3叶、顶4叶的叶色差作为诊断稻体氮素营养状况的指标。

20世纪80年代初,凌启鸿等在水稻叶龄模式研究中总结出用顶3叶与顶4叶两叶色的关系,指导搁田和穗肥的施用,起到积极作用。20世纪90年代末,日本学者研制的便携式叶绿素计(SPAD)引进中国,该仪器以读数值来描述叶片的绿色度,解决了叶色深浅的数字化问题,极大地促进了叶色诊断研究的开展,近年来以SPAD值为叶色指标开展水稻氮素营养诊断的报道众多。如用叶绿素计测定某张叶片的SPAD值可以较好地预估植株全氮含量,也有用SPAD值指导水稻的施肥,提出了"水稻实时氮肥管理"方法。王绍华等基于水稻不同叶位SPAD值的差异,提出了对不同品种都广泛适用的顶3叶与顶4叶相对叶色差诊断施肥方法。目前生产上广泛应用的为两叶比色法和SPAD测定法。

2 水稻叶色深浅与叶片的含氮量

据研究,叶色是反映水稻营养状况的敏感指标之一。由于水稻各生育期叶片的含氮量不同,所以叶色也不同。分蘖期叶片含氮量高3.5%～4%,叶色深;分蘖末、拔节初叶片含氮量较低,为2.5%～3%,叶色较淡。已有报道,粳稻和籼稻生理缺氮的临界氮营养浓度分别在植株叶片含氮率2.7%和2.5%左右;长穗期叶片含氮量约3.5%,叶色较深;抽穗期叶片含氮量约3%,叶色略深;灌浆结实期叶片含氮量有所下降,为2%～2.5%,叶色略淡。

---

* 本文原载第十一届作物生理研讨会论文集,中国农业出版社,2007;作者:苏祖芳,霍中洋。

3 几种叶色诊断法的比较

3.1 顶3、顶4叶两叶比色法

3.1.1 两叶比色法的原理

由于不同生理年龄的叶片其叶色、功能有较大的差别:在正常情况下,水稻正在抽出的心叶(顶叶),叶片、叶端深于叶基,全叶叶色淡而不匀,光合产物只留给自身而不输出。

顶2叶叶色加深,全叶叶色趋于均匀,其光合功能加强,光合产物在叶鞘中已有明显的积累(淀粉粒增大,干重增加),故称功能叶。

顶3叶叶色进一步加深,此叶为功能盛期,光合功能最强,叶鞘中贮藏的淀粉量最多。

顶4叶叶色深,此叶为功能盛期,光合作用强,淀粉大量积累在叶鞘内,淀粉粒最大,积累的养分渐渐开始输出。顶4叶因叶鞘内的淀粉开始大量分解,输向当时正在分化生长的新器官中,因此,该叶的叶色,在各叶中处于不稳定状态,受营养和受光条件的影响而有较大变化。如氮营养和受光条件好,叶色不褪淡,叶色保持深绿;反之,缺氮时,下位叶的氮转向上位叶,造成下位叶叶色褪淡,开始落黄,于是和顶3叶叶色相比较,常被用作营养诊断的天然比色卡。

3.1.2 顶3、顶4叶比色的标准

生产上常用顶3叶和顶4叶叶色作为诊断苗情长势、营养和群体诊断指标。分蘖期顶4叶色>顶3叶色,表明生长正常,长势有劲,如顶4叶色=顶3叶色,已出现生长不足,将要缺肥;而在拔节期,顶3叶色=顶4叶色,生长正常,长势好,如顶3叶色<顶4叶色,生长过旺。由于测定简单,所以是田间看苗诊断很实用的方法。

3.2 比色卡诊断法

比色卡用由浅至深的水稻叶色分级标准制成。叶色等级与叶片含氮量的关系密切,等级高,叶色深;反之,叶色等级小,叶色浅。

用比色卡测定叶色时,应在上午露水干后,人背向阳,取水稻有代表性的叶片,将叶片下部1/3左右的部位,与各级比较,找出适合该稻叶的色级。如稻叶色在两叶之间,可加半级计算,如1.5级、2.5级……等,分别测定几次,用平均数表示。同时与大田叶色对照,相互校正。用比色卡比色,适用任何水稻品种,是生产上比较简捷的方法。

3.3 叶绿素仪(SPAD法)测定法

3.3.1 用SPAD读数值叶色诊断法

杨建昌等研究,根据品种各阶段叶片SPAD读数平均值与起始值的差值关系,分别计算出品种分蘖期、穗分化期和灌浆初期的SPAD临界值,可作为籼稻和粳稻主要生育期施氮的SPAD临界值。

3.3.2 用SPAD值的相对叶色差诊断法

所谓叶色差是指水稻顶部第3叶与第4叶SPAD值的差值。相对叶色差是指水稻顶部第3叶、第4叶SPAD值的差值与第3叶SPAD值的比值,以消除不同品种自身叶色深浅不一的差异。

据王绍华等研究表明,在650~750 kg/亩条件下,当倒4叶期相对叶色差为2%左右时,粳或

籼稻品种要施促花肥,才能保证倒 2 叶期、倒 4 叶与倒 3 叶的叶色达到相等或相近;粳或籼稻品种当倒 2 叶期相对叶色差接近零时,要施保花肥,才能保证齐穗期倒 4 叶与倒 3 叶的叶色达到相等或相近。高氮水平(植株叶片含氮率>2.5%)群体中顶 3 叶叶色的变异度小于顶 2 叶。

叶绿素仪测定是一种非破坏性地测定叶片中叶绿素含量和叶色深浅的方法,能较好指示水稻的氮素营养水平,克服不同品种叶色深浅不一的影响。

参考文献

[1] 中国农业科学院江苏分院.陈永康水稻高产经验研究.上海:上海科学技术出版社,1964.

[2] 凌启鸿,张洪程,苏祖芳,等.稻作新理论——水稻叶龄模式.北京:科学出版社,1994.

[3] 王绍华,丁艳锋,李刚华,等.基于相对叶色差的水稻氮素营养诊断与施肥技术//水稻精确栽培理论与技术论文集.中国农业出版社,2006:86-94.

[4] 松岛省三著;胡天民,等译.稻作诊断与增产技术.南京:江苏科学技术出版社,1982.

[5] 王绍华,曹卫星,王强盛,等.水稻叶色分布特点与氮素营养诊断.中国农业科学,2002,35(12):1461-1466.

[6] 凌启鸿,苏祖芳,张洪程,等.水稻品种不同生育类型的叶龄模式.中国农业科学,1983,16(1):9-18.

[7] 松岛省三著;肖连成译.水稻栽培新技术.长春:吉林人民出版社,1973:38-56.

再生稻栽培研究与应用

再生稻幼穗分化形成规律及其应用的研究

摘 要：1986—1987年在扬州对7个水稻品种茎秆上的再生芽进行幼穗分化观察，结果表明，再生芽的幼穗分化始期在头季稻雌雄蕊分化期至花粉母细胞形成期，约离头季稻抽穗20天左右。不同类型品种，其伸长节间各节位再生芽幼穗分化始期有差异，多数品种茎部节上再生芽幼穗分化早，停滞时间也早而长，上部节上的再生芽幼穗分化迟，停滞时间晚而短，头季稻收割后不同类型品种各节位再生芽幼穗分化进程出现两种类型，一种类型为茎秆中间节上再生芽发育快，两头节上再生芽发育慢，另一种类型是随着伸长节间上升，各节位再生芽的幼穗分化进程也逐节相应加快。

关键词：再生稻；幼穗分化；休眠芽

再生稻在国内外都有一定的种植面积，由于再生稻的生育在很大程度上受气候和栽培制度的影响，因而在现有品种的条件下，推广地域有明显的局限性，产量不够稳定。近10多年来，随着农业机械化水平和少免耕栽培的发展，促进了再生稻的研究和利用，人们对再生稻的特性和利用价值有了新的认识，再生稻的产量也有较大的提高，引起国内外作物栽培学者的重视。目前，对再生稻的研究报道颇多，但着重在品种比较和栽培技术方面，而对再生稻的生长发育特性报道较少。本试验对不同类型再生稻幼穗分化时期进行了研究，为正确掌握头季稻中后期和再生稻前期的肥水管理以及留茬高度，促进再生稻穗大粒饱、早熟高产，提供实践和理论依据。

1 试验材料和观察方法

1.1 供试品种与播期

试验于1986—1987年在扬州江苏农学院实验农场大田进行。土壤肥力中等，前茬为大麦和早熟油菜。供试品种为早熟中籼稻：盐籼517、盐籼503，全生育期120～125 d；迟中熟早籼：盐籼504、菲律宾1号、竹系26、广陆矮4号、庆莲16，全生育期为105～115 d，露地育秧4月30日同期播种，6月8日移栽，1987年播期为5月1日，移栽期为6月10日。按水稻叶龄模式栽培与管理。

1.2 观察方法

定点定株系统标记叶龄，自头季稻叶龄4起，每隔2～3 d，从田间取样10～20株，选取主茎和大分蘖，逐株检查叶龄余数，后镜检幼穗分化时期，同时逐节测量各伸长节间上再生芽的长度，并剥查再生芽的叶片数和鉴定幼穗发育时期，直至抽穗。穗分化时期采用丁颖的8期划分法。

---

* 本文原载《江苏农学院学报》，1987，9(3)：17-22；作者：苏祖芳，张洪程，侯康平，郭宏文。

2 试验结果

2.1 再生芽幼穗分化始期的时间

再生芽幼穗分化的始期是在头季稻幼穗分化期间还是在抽穗后至今尚无定论。杨开渠(1958)观察,"水白条"以品种茎秆倒2节上的再生芽幼穗分化始期是在头季稻进入花粉粒完成期(孕穗期),离抽穗前10~12 d;而绵阳农专(1980)对6个品种再生芽穗分化上的观察,茎秆倒2节再生芽幼穗分化始期是在头季稻抽穗后4~9 d,生育期短的品种穗分化始期迟,生育期长的品种穗分化始期早,陈周前(1985)对皖引4号观察,倒2节再生芽的幼穗分化始期在头季稻成熟前。我们观察了7个品种,再生芽穗分化始期在头季稻抽穗前20 d左右,此时正处于头季稻雌雄蕊分化到花粉母细胞形成期,这和凌启鸿(1973)在西非对金刚30号的观察结果一致。不同类型品种间再生芽的幼穗分化始期有一定差异(图1)。

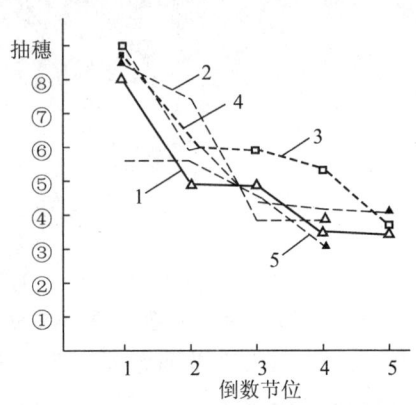

图1 不同节位再生芽幼穗分化始期与头季稻幼穗分化进程的关系

注:①、⑧为丁颖幼穗分化时期代号(下同)。
1. 盐籼517;2. 盐籼504;3. 庆莲16;4. 菲律宾1号;5. 盐籼503。

在再生芽出现苞原基分化时,苞外已有3~4张叶包裹,镜检观察为3~4张幼叶和1个苞原基,而这些叶均未伸出母茎叶鞘,无叶绿素,生长缓慢。

2.2 再生芽幼穗分化时间与头季稻幼穗分化时期的关系

头季稻茎秆上再生芽的幼穗分化时期的前几期和头季稻生育中、后期同时进行,而再生芽穗分化的后5期是在头季稻收割后进行的(表1)。不同类型再生稻品种的茎秆节上的再生芽幼穗分化前几期和头季稻母茎穗分化时期的共生期长短有一定差异。凡生育期长的再生稻品种的幼穗分化的共生期时间短;反之则长。由于各品种茎秆节位再生芽的幼穗分化发育速度,基本上为高节位芽比低节位芽快,因而和母茎的共生期比基部节位上的再生芽短,这一结果和绵阳农专的观察一致。

表1 再生芽幼穗分化与头季稻幼穗分化的关系

品种	幼穗分化进程								抽穗期	收割期
	①	②	③	④	⑤	⑥	⑦	⑧		
庆莲16				①	①③	①③	①③	①②	②③	③
盐籼504				①	①②	①②	①②	②	②	③
盐籼517				①		①	①②	②	②	②③
盐籼503					①	①	①	①②	①②	②③
竹系26					①	①	①	①②	①②	②
菲律宾1号					①	①	①	①②	③	③④
广陆矮4号						①	①	①②	①②	②

2.3 头季稻收割时母茎伸长节间各节位再生芽幼穗分化时期的差异

再生芽幼穗分化始期是在头季稻幼穗分化进程的中后期,从头季稻收割时对茎秆各节位再生芽幼穗分化时期的检查,表明不同类型品种头季成熟时,再生芽的穗发育时期均已进入二次枝梗及颖花分化期(表1,图2)。说明再生稻从苞分化期到二次枝梗及颖花原基分化期和头季稻的穗分化中后期到成熟是同时进行的。按照常规稻正常幼穗分化进程开始到花粉粒成熟约30 d左右,苞原基分化开始到二次枝梗及颖花原基分化期约10～12 d。而再生芽苞分化开始到二次枝梗及颖花原基分化期却需经历15～20 d,甚至更长的时间,可见再生芽幼穗分化始期到二次枝梗及颖花分化期间,在和头季稻共生期间有一个较长的停滞或休眠过程,停滞时间的长短与母茎伸长节间上各节位有关,一般说伸长节间基部节间节上的再生芽幼穗分化始期早,停滞时间长,甚至一直休眠,而向上节位上各节再生芽幼穗分化始期迟而停滞时间越来越缩短。头季稻收割时各节位再生芽穗发育时期和各节位再生芽幼穗分化始期的时间,不同类型品种茎秆各节位再生芽幼穗分化进程有一定差异,第一种类型品种,倒1、2节位再生芽幼穗发育速度最快,收割时已为颖花原基分化期,有些植株的再生芽已达雌雄蕊分化期,如早籼品种庆莲16、中籼早熟品种盐籼517,第二种类型倒2、3节位再生芽的幼穗分化发育速度最快,已达二次枝梗及颖花分化期,而倒1节和基部节位上的再生芽一样在一次枝梗或苞分化期,如菲律宾4号和盐籼503;第三种类型品种为低节位和高节位再生芽幼穗分化时期和发育速度基本一致,而低节位再生芽幼穗分化速度较快,如盐籼504;第四种类型茎秆各节上芽的幼穗发育都慢,收割时仅为一次枝梗分化期,如广陆矮4号。

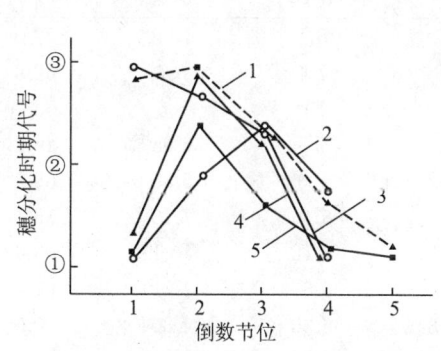

图2 头季稻收割时各节位再生芽幼穗发育进程

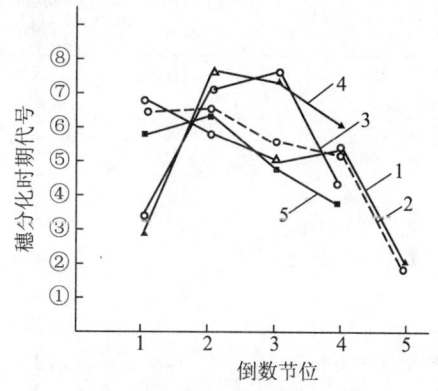

图3 当前季稻整茎秆上某位有30%进入花粉粒完成期时各节位的穗发育进程

1. 盐籼517;2. 盐籼504;3. 庆莲16;4. 菲律宾1号;5. 盐籼503

2.4 头季稻母茎某一节位再生芽,幼穗分化时期为在花粉完成期达30%时各节位芽的发育进程

头季稻母茎某一节位再生芽达30%进入花粉粒完成期时,各节位再生芽的穗发育进程时,母茎茎秆节位上有2～3个节位再生芽发育相对较快而且整齐一致。这是由于头季稻收割以后,伸长节间各节位上的再生芽幼穗发育速度发生了变化,部分上的再生芽生长发育较快,部分节上的再生芽生长发育较慢,从而到再生稻成熟前各节位幼穗分化时期发生了明显的差异(图3)。由于品种的再生能力的差异,造成了品种再生芽生长发育上的差异,从而导致幼穗分化时期上的差异。一类品种为中间2个节位的再生芽幼穗分化时期最快而整齐,而倒1和某部倒4节位再生芽

幼穗分化比中间节位落后,有可能已成为无效芽,如庆莲16和菲律宾1号。另一类品种,随着节位的升高,再生芽的发育进程加快和分化速度加强,如盐籼517、盐籼504和盐籼503等,这为品种利用和决定留茬高度提供了依据。

2.5 前季稻茎秆上各节位再生芽的经济性状差异

在本试验条件下,再生稻的穗长和头季稻的穗长基本一致,一次枝梗和二次枝梗数以及总粒数比头季稻少,如再生稻的穗长,尽管留茎高度不一,但其长度基本一致(表2)。再生稻穗小主要是一、二次枝梗少,尤为二次枝梗更少,一次枝梗和二次枝梗的比例为1∶1,可见要提高再生稻的产量在于增加二次枝梗的分化和结实数目,二次枝梗数偏少的原因可能和母茎正在灌浆,使二次枝梗分化受到抑制,分化强度小之故,同时,再生芽在分化和生长一、二次枝梗过程时,正处于头季稻花粉母细胞形成与减数分裂期,甚至在灌浆初期,其生长中心为主茎幼穗分化,只有保证主茎幼穗分化后的多余养分才能作为再生芽进行幼穗分化的营养物质,所以养分供应不足也是一个重要因素。表2还表明,在本试验条件下,不同留茬高度(留茬节位多少)二次枝梗和总颖花数目有较明显的差异,不管留茬节位的高低,其低节位芽的二次枝梗和每穗总粒数多、高节位芽的二次枝梗和每穗总粒数少,早熟品种比迟熟品种明显,这可能以母茎茎秆贮藏养分多少和再生芽营养体大小密切相关。

表2 不同留茬茎秆高度各节位再生芽对株高、穗长和枝梗的影响

品种	节位	留茬高/cm	株高/cm	穗长/cm	一次枝梗	二次枝梗	每穗粒数
庆莲16	Ⅰ	10	55.9	18.9	8.1	10.5	79.0
	Ⅱ		53.0	16.8	7.4	5.7	62.8
	Ⅲ		45.1	15.5	7.0	5.6	53.0
	Ⅰ	15	57.5	16.88	7.3	6.65	66.8
	Ⅱ		53.6	16.92	7.0	5.35	65.2
	Ⅲ		46.9	15.4	6.45	7.15	56.1
	Ⅰ	20	57.3	16.56	7.12	10.1	68.0
	Ⅱ		55.4	6.03	6.65	7.71	61.0
	Ⅲ		49.0	15.48	6.20	4.80	50.6
	Ⅰ	30	56.0	16.0	6.52	7.6	62.7
	Ⅱ		61.3	17.23	7.04	5.8	47.9
	Ⅲ		54.6	16.35	6.18	5.92	48.6
盐籼517	Ⅰ	15	43.4	13.7	6.4	5.05	46.1
	Ⅱ		43.1	13.97	6.23	4.47	45.1
	Ⅲ		45.7	15.03	6.30	4.60	47.1
	Ⅳ		40.3	13.40	5.90	5.40	43.5
	Ⅰ	20	51.4	14.99	6.70	6.55	49.4
	Ⅱ		43.1	13.90	6.20	4.00	43.0
	Ⅲ		44.8	13.83	6.05	4.65	44.6
	Ⅳ		41.2	13.50	5.80	4.40	45.5
	Ⅰ	25	50.2	13.73	6.30	5.25	48.4
	Ⅱ						
	Ⅲ		43.8	13.37	6.90	5.15	44.6
	Ⅳ		44.3	14.37	6.55	6.20	44.0

3 分析与讨论

3.1 关于再生稻幼穗分化始期的时期

据测定,再生稻的总叶片数仅为前季稻的 1/3~1/4,目前应用的再生稻品种总叶数只有 12~15 叶,再生稻仅为 4 叶左右(表 3)。观察到叶龄为 3~4 时,幼穗分化已进入苞原基分化期。再生稻总叶片一般为 4 叶左右,和常规稻叶龄余数 4 基本吻合。基部伸长节位再生芽穗分化始期为头季稻抽穗前 20 d 左右,离头季稻收割时 50 d 左右,为头季稻的穗分化进入雌雄穗至花粉母细胞形成期前后,比杨开渠(1958)的观察结果早 5~7 d,而和绵阳农专及陈周前的观察结果相同。我们认为这主要是头季稻抽穗前 20 d 左右到抽穗后 4~10 d,以及在成熟期,再生芽有一个较长的停滞或休眠阶段,所以再生芽的幼穗分化始期要早。

表 3 不同品种留茬高度对再生稻总叶片数的影响*

品 种	前季稻叶片数		不同留茬高度再生芽叶片数			
	平均数	变幅	I	II	III	IV
庆莲 16	12	12	4	4~3	3	
盐籼 504	14	13~14	4	3	3	
盐籼 517	14.8	15~16	4	4	4	4
广陆矮 4 号	13	13	3	3	3	
竹系 26	12.3	12~13	4	4~3	3	3
菲律宾 1 号	13.3	12~14				

*节间为由下向上,系 10 株的平均值。

3.2 关于头季稻母茎伸长各节位再生芽幼穗分化进程的差异

头季稻各伸长节位再生芽幼穗发育有一定的差异,节位越低,再生芽幼穗分化越早,但发育慢,有一个较长的休眠过程;节位越高,再生芽的穗分化越迟,而发育较快,基部一节,在苞原基分化期休眠,到成熟期仍处于苞分化期,茎部 2 节在苞分化期休眠,休眠期短,到收割时处于一次枝梗原基分化期,倒 2、倒 1 节休眠期极短,甚至无休眠期,但不同品种间发育程度各异,一些品种倒 2 节到收割时幼穗分化已进入二次枝梗原基分化期,而倒 1 节已为颖花原基分化期,另一些品种不一样,倒 1 节幼穗发育速度慢于倒 2 节。究其原因可能与以下方面有关:① 再生芽的幼穗分化需要有一定的营养体。不同节间获得的营养物质的供应先后不同。各伸长节间之间存在着同伴关系,在各再生芽开始或准备开始幼穗分化的同时,主茎各部器官都在旺盛生长,尤为主茎幼穗分化和节间伸长,需要较多的养分供应,因而在倒 1 节间迅速伸长时,倒 1 节间的再生芽准备幼穗分化,但因养分供应不足而暂不能分化。② 头季稻基部节间再生芽幼穗分化较早,但随着头季稻的生长、发育到抽穗时,上部各节间的养分比较充裕,可供上部再生芽的生长,并保持较快的发育进程。③ 头季稻收割以后,各再生芽生长的营养来源主要靠头季稻母茎贮藏物质的多少和本身的同化产物。各节位实际得到的养分略有差别,下部稍多。

3.3 关于头季稻伸长节位上再生芽的利用价值

再生稻必须在安全齐穗期前抽穗,适期收获,又要穗多粒多,因此,在选择生育或适宜的品种基础上,考虑到头季稻不同伸长节位再生芽幼穗分化的早迟,如生育期长的中籼早熟品种盐籼 517

高节位幼穗分化发育比较快,应留茬高些,生育期较短的早籼盐籼504,低、高节位再生芽幼穗分化差异不大,发育均较快的留取低节位,这样长出的再生芽生育期长些,生物学产量高;而早籼庆莲16,中间节位再生芽穗发育较快,在栽培上应留中间几个节位,即留茬高度不宜太高或太低。同时通过各节位幼穗分化及发育的快慢,也可作为鉴定一个品种再生能力强弱的标志之一。

参考文献

[1] 陈孝之.再生稻新品种"40-1"试验示范初报.湖北农业科学,1986(2):1-5.
[2] 陈周前.再生稻栽培利用的初步研究.安徽农业科学,1986(3):10-12.
[3] 杨开渠.再生稻研究.农业学报,1958(2):107-133.
[4] 广东省佛山地区农科所.再生稻栽培与利用研究.中国农业科学,1976(2):46-51.
[5] 管康林.再生稻生理研究初报.中国农业科学,1979(3)23-30.
[6] 管康林.论再生稻.植物生理通讯,1986(6):9-14.

Studies on Rule of Panicle Differentiation and its Application in Regeneration Rice

SU Zu-fang, ZHANG Hong-cheng, HOU Kang-ping, GUO Hong-wen

(Department of Agronomy, Jiangsu Agricultural college, Yangzhou 225009)

Atstract: The Observations on panicle differentiation of resting and regeneration buds on the stems of seven varieties were carried out in Yangzhou, Jiangsu province in 1986 and 1987. The results were summarized as follows: 1. The initiation of resting bud panicle, which was at both stages from the differentiating stage of pistil and stamens to pollen mother cell differentiation stage, and about 20 days before heading in the first crop rice, differed among different nod positions on the same stem. The lower the nod position was, the earlier was the panicle initiation. 2. The panicle differentiation process of resting buds on stems, which had entered the stage of secondary rachis-branches and the differentiating stage of spikelet primordial in the fastest developing resting buds in harvesting in the first crop rice, differed among different nod psitions and among varieties. 3. After the harvesting of the first crop rice, the change of the panicle differentiating process of the regeneration bus on the different nod positions of inter node took place because of nutrition, etc. In one group of varieties the panicles of the regeneration buds the two middle nod positions, which differentiate at the fastest speed, had almost the same differentiating process. However, the panicle differentiating process of regeneration buds on the other nod positions was later. In another group of varieties, the higher the nod position was, the faster was the panicle differentiating speed of regeneration buds.

Key words: regeneration rice; resting bud; panicle differentiation

再生稻的生育特性及高产栽培技术研究

摘　要：在江苏长江沿岸及以南地区，大麦、油菜茬上种植再生稻，经3年研究，初步明确了再生稻的生育期45～60 d、出叶数4张左右，同时还明确了再生稻的发根、幼穗分化进程、再生稻发生规律和产量构成因素等特点，并初步得到了每亩250 kg以上再生稻高产群体和产量的栽培技术。

关键词：再生稻；留茬高度

近年来，作者借鉴广东、湖北、四川等地再生稻的栽培经验[1,3,7]，在热量条件较差的江苏长江沿岸及以南地区的大麦、油菜茬上种植再生稻，针对生育期短、穗少还小的特点，首先筛选品种。进行品种分类，因地选择再生力强而穗大的品种，尔后因种决定留茬（节位）高度，头季稻收割前后湿润灌溉和施足芽肥等栽培技术，探求形成再生稻高产群体和保根促芽增粒的高产栽培途径和技术关键。

1　材料与方法

试验于1986—1988年在扬州江苏农学院农场大田进行。土壤肥力中等偏上，前茬为大麦和油菜。供试品种有早籼庆莲16、盐籼504、中籼盐粳（糯）517及杂交中稻协优64，前两年4月30日播种，露地育秧，后一年4月23日播种，塑料薄膜保温育秧，6月10—13日移栽，株行距10 cm×23 cm，每穴2苗或1苗，生育过程中按叶龄进程进行肥水管理。收割时进行不同留茬高度试验，收割前后进行不同施肥时期试验，在整个生育过程中标记叶龄，观测再生芽的发生及再生蘖的消长、节间及幼穗分化、再生稻的植株和穗部性状、产量及其构成因素。

2　试验结果

2.1　再生稻的生育期

再生稻的生育期天数45～60 d，是头季稻生育天数的1/2～2/3，与头季稻生育期长短关系不大，如生育期较长的中籼盐籼517，留茬14 cm，生育期为56 d，而生育期较短的早籼庆莲16，留茬12 cm的全生育期为58 d。同一品种再生稻生育期天数的长短与留茬节位（高度）关系极为密切，留茬高的再生稻生育期短，如庆莲16，留茬35 cm的全生育期为55 d，比留茬4 cm的全生育期缩短12 d，比留茬12 cm的缩短3 d。任何再生稻品种都有这趋势，再生稻年度之间也有差异，低温年

---

* 本文原载《江苏农学院学报》，1990，11(1)：15-21；作者：苏祖芳，张洪程，侯康平，郭宏文，李永丰。

如1987年要比常年延长10 d左右(表1)。所以再生稻品种不仅要选择再生力强,而且要选择适宜的留茬高度,使再生稻的抽穗结实期安排在最佳季节内,并能最大限度地提高再生稻的生物学产量,而获得高产。

2.2 再生稻的叶片数

再生稻的叶片数为头季稻的1/3～1/4。一般4叶左右,如盐籼517,头季稻为14.8叶,再生稻叶片仅为4叶,据剥叶观察,再生芽分化一开始就有2张叶片,生长到一定时候就分化出4张幼叶,直到头季稻成熟收割以后陆续展开再生稻各叶长度,一般而言,倒1叶短,倒2叶长,倒3、4叶渐短,品种间有差异,如庆莲16,倒1和倒2叶均较长。差异小,随着留茬高度的不同,各叶的长度有些变化,倒1叶长度比较稳定,倒2～4叶随留茬高度的增高而缩短,尤其倒4叶。试验结果表明再生稻茎叶面积与产量的高低关系不密切,除盐籼504外,留茬高度高,留茬节位数多,单茎叶面积小,产量较高,这可能与母茎茎秆的干物质积累有关,而与叶片直接的光合产物关系不密切。

表1 再生稻品种的生育期

品　种	播期（月/日）	收割期（月/日）	全生育期/d	留茬高度/cm	始穗期（月/日）	抽穗期（月/日）	齐穗期（月/日）	成熟期（月/日）	全生育期/d	试验年份
庆莲16	4/30	8/4	98	4	9/8	9/16	9/18	10/10	67	
				12	9/4	9/8	9/12	10/1	58	
				35	8/28	9/1	9/5	9/28	55	
盐籼517	4/30	8/12	112	7	9/18	9/22	9/24	10/28	67	1986
				14	9/15	9/19	9/20	10/13	56	
				30	9/8	9/10	9/15	10/10	63	
盐籼504	4/30	8/8	102	7	9/4	9/1	9/10	10/5	58	
				14	8/28	8/31	9/8	10/3	56	
				30	8/27	8/31	9/4	10/1	54	
庆莲16	5/1	8/8	99	20	8/29			10/16	69	
盐籼504	5/1	8/10	111	15	8/30			10/16	67	1987
盐籼517	5/1	8/24	115	30				10/20	57	
庆莲16	4/25	8/4	101	25				9/24	52	
盐籼504	4/25	8/6	103	20				9/28	54	1988
盐籼517	4/25	8/18	115	25				10/15	58	
协优64	4/25	8/20	117	25				10/15	64	

2.3 再生稻的节间数

再生稻基部第一节间伸长始于头季稻收割后,伸长节间数和头季稻伸长节间数相等,试验结果表明,再生稻各节间长度为基部一节较短,穗下节间较长,再生稻植株较矮的原因是穗下节间和倒2节间较短之故。

头季稻基部第1节间伸长后,各节位再生芽也逐渐发生并伸长,由于品种类型不同,各节位再生芽伸长长度和停滞期有差异,如庆莲16和盐籼517,随着头季稻母茎各节间由下向上逐一伸长,其各伸长节间下方节位上再生芽也相继发生和逐一增长,母茎基部节间短,再生芽的长度也短,停滞早,上部节间长,再生芽长度也长,停滞迟,再生芽的长度及其顺序为基部1节位再生芽<2节位再生芽<3节位再生芽,但第4节位,虽然母茎伸长的节间最长,但再生芽最短,如庆莲16收割时

再生芽中,倒3芽长度较倒4叶与倒2叶长,而盐籼504各节位再生芽的长度和生长顺序,却和庆莲16、盐籼517相反,早发生的生长快,停滞迟,迟发生的生长慢,停滞早。总的来说,再生芽在和头季稻共生期间,生长极其缓慢,有较长的停滞过程,头季稻收割时,庆莲16、盐籼504等再生芽20 mm,仍然都包在留茬茎秆的叶鞘内;而盐籼517在其共生期间,随着母茎的生长发育,再生芽的生长速度则加快,几乎没有停滞期,收割时最长再生芽超过100 mm。

2.4 再生稻的幼穗分化进程

再生稻的幼穗分化始期为叶龄余数4,分化进程见参考文献[9]。

2.5 再生稻的根系生长

再生稻生长前期,主要靠头季稻具有旺盛生活力的上层根系的吸收养分的多余部分来维持其生长,头季稻的下层根在再生稻生长过程中无多大作用。试验结果表明,再生稻后期其根量与留茬高度有关,留茬高度不同,再生根量也有明显差异,如盐籼517留茬高度40、20、7 cm的再生根数平均分别为114、54和50条,差异极为显著,表明残茬茎鞘内贮藏的养分对再生稻的再生根的发生影响极大,留茬越高,茎内贮藏的养分越多,再生根数就越多,反之则少。

2.6 再生稻的灌浆特点

再生稻的灌浆起步迟,比头季稻迟2~3 d,再生稻灌浆盛期和末期与头季稻差异不大。

3 再生稻的高产栽培技术

3.1 选用再生力强、穗型较大的品种

再生稻产量的高低主要决定于再生能力的强弱和再生穗的大小。3年来对品种再生情况的观察表明,再生能力和品种的分蘖能力成正相关,盐籼517的分蘖能力最强,收割后再生能力最强,无缺穴,茎再生率达100%;盐籼504分蘖力中等,收割后,缺穴率不到2%,茎再生率达72.7%;庆莲16分蘖力中等,缺穴率达20%,茎再生率较高,在92%以上。

从产量结构看,以分蘖力强、穗型较大的品种产量高,盐籼504穗大粒多,每穗粒数达63.4粒,产量最高,每亩产量为263.2 kg。其次是庆莲16,每穗粒数为55.6粒,亩产达256.4 kg;盐籼517虽然再生力最强,但穗形较盐籼504和庆莲16小,每穗粒数仅45.6粒,产量为218.7 kg;协优64头季稻产量高,两季达762 kg。因此,选用品种要考虑到再生力强、穗大粒多的品种。生育期较长、头季稻产量高的,播期要适当提早,保温育壮秧,其播期以品种安全齐穗期为准,如扬州沿江地区安全齐穗期日均温不低于23℃,约在9月10日前抽穗开花,才能使头季稻成熟期提早,其节上的再生芽发生率高,穗大结实率高,从而获得高产。

3.2 留茬高度要适宜

3.2.1 留茬茎秆上各节位再生芽发生率的差异

表2表明,同一品种不同留茬高度各节位的再生芽发生率随着留茬节位的增多,低节位再生芽发生率逐渐减少,高节位再生芽发生率逐渐增多,不论再生力强弱与否,品种间趋势完全一致;同一品种留茬低的基部1节再生芽发生多,留茬高度中等的中部2、3节位再生芽发生多,而4节位或最上1节无论留茬高或低,再生芽发生率均低;不同留茬高度(节位)各节位再生芽品种间差异较多,如盐籼504,不论留茬高度的高低,总是1、2低节位再生芽发生率高,庆莲16等是基部2、3

节再生芽发生率高,而盐籼517却随着留茬高度增加和留茬节位的增多,低节位再生芽由多变少,高节位再生芽由少变多,同一留茬高度,总是第1、3节位再生芽发生率高,第2节位再生芽发生少,究其原因可能是茎秆上部节位再生芽对其下方节位再生芽的营养抑制所致。

表2 再生稻不同留茬高度各节位再生力

品种	留茬高度/cm	实查母茎数	各节位再生苗占单茎再生苗的百分率/%				
			I*	II	III	IV	V
盐籼517	7	159	46.5	28.9	24.5		
	14	161	28.0	17.4	47.2	7.4	
	20	226	39.8	4.9	21.7	33.6	
	30	258	29.9	1.6	15.9	48.8	3.9
	$\bar{x}$	804	36.1	13.2	27.3	29.9	3.9
盐籼504	5	167	79.0	19.2	1.8		
	12	176	74.4	15.3	9.7		
	24	138	60.9	22.5	14.5	2.2	
	$\bar{x}$	481	71.4	19.0	8.7	2.2	
庆莲16	15	85	25.7	36.8	36.8		
	20	106	24.1	41.5	37.4		
	30	145	13.0	42.3	40.9	4.9	
	40	144	13.1	38.6	41.3	3.0	
	$\bar{x}$**	480	18.2	39.8	39.1	3.95	

*伸长节间数由下至上,**$\bar{x}$指平均数。

3.2.2 再生稻不同留茬高度再生蘖的动态变化

再生稻的最高苗数与留茬高度(节位)关系密切,留茬高的,留茬节位多的最高再生苗多,留茬低的,留茬节位少的最高再生苗数少,如庆莲16,留茬30 cm的每亩再生苗(蘖)为44万,留茬4 cm的为9.8万,留茬30 cm比留茬4 cm的高3.5倍,而盐籼504最高再生苗多的却是留茬高度低的,这和品种不同节位的再生芽发生率有关。

不同品种不同留茬高度其节位再生苗数的动态变化存在差异:① 如庆莲16留茬高度低(37~43 cm)的,再生苗发生少,随着再生芽上分蘖的发生,再生苗数增多,但到成熟时仅有少量有效再生穗,大部分为无效再生苗,成穗率极低,穗数也极少;留茬高度中等(12~12.4 cm)的,收割后再生苗数迅速上升,达到最高苗数,到成熟时有少量无效再生苗,成穗率较高,再生穗也多些;留茬高度高(26.8~34 cm)的,收割后再生苗数直线上升,达到最高再生苗数后曲线保持平稳,成熟时再生苗成穗率高,穗数多,这种为高节位再生稻品种类型,在生产上利用再生稻时必须采用高留茬的技术。② 盐籼504留茬高度4.4 cm和12 cm的节位再生苗发生比留茬24 cm高,最高再生苗多,成穗率高,苗数多,这种类型为低节位再生力品种类型,留茬高度低,产量高,生产上种植该品种时应采用低留茬技术。③ 盐籼517留茬高度为6.8~14 cm,再生苗发生多,而留茬高度为20.6~30 cm,再生苗数也不低,这种品种为全节位再生力品种类型,由于盐籼517属于中籼品种,生育期较长,生产上利用时只宜留中到高茬,不宜留低茬,以便提早成熟。

3.2.3 不同品种留茬高度对再生稻产量构成因素的影响

除盐籼504外,再生稻的产量与留茬高度呈正相关,再生稻的产量随着留茬的增高而增加,例如庆莲16再生稻留茬8 cm的产量仅为101 kg,15 cm为109.2 kg,20 cm为122.4 kg,35 cm为265.4 kg,40 cm为334.3 kg,产量随着留茬高度呈直线上升。其他品种同样如此。究其原因,同一品种各留茬高度千粒重差异不大,而亩有效穗数与实粒数相差较大。尤其是每亩有效穗与留茬高度呈显著正相关,而实粒数虽随着留茬高度的递增而呈减少的趋势,但不显著。可见,再生稻的产量主要决定于每亩有效穗数,而每亩有效穗数与留茬高度呈显著的正相关,所以留茬高度对再生稻的产量影响极大。找出各品种适宜的留茬高度是再生稻增产的一个主要途径(表3)。

表3 再生稻留茬高度与产量构成因素

品种	留茬高度/cm	穗数/(万·亩$^{-1}$)	每穗粒数	结实率/%	千粒重/g	理论产量/(kg·亩$^{-1}$)	实产/(kg·亩$^{-1}$)
庆莲16	40	35.2	50.0	89.8	22.9	361.9	334.0
	35	29.4	55.6	83.6	20.9	308.7	265.4
	20	27.5	57.9	84.6	20.5	228.7	122.4
	15	12.9	52.7	82.3	22.5	147.8	109.2
	8	5.1	59.9	85.0	22.4	58.2	101.0
盐籼504	24	23.7	56.9	86.0	21.0	243.4	197.9
	12	23.0	53.5	84.2	22.3	240.4	214.2
	4.4	23.8	63.4	81.7	22.0	270.8	268.2
盐籼517	25	27.9	43.6	94.0	20.5	229.4	217.7
	18	26.3	45.6	92.3	20.5	228.2	197.9
	14	21.8	45.6	92.5	19.7	171.6	151.6
	7	21.8	31.9	87.8	23.7	122.7	106.4
协优64	35	22.5	59.1	83.7	25.2	272.3	271.7
	25	19.3	52.7	45.9	24.4	113.9	115.8
	20	16.9	44.7	38.9	23.8	34.9	55.6
	15	16.1	42.6	16.0	23.8	26.0	6.54
	10	12.4	41.3	2.2	23.8	8.3	4.9

本试验条件下早籼中熟庆莲16属高节位型,适宜留茬高度约30 cm。早籼中熟盐籼504属低节位型,留茬10 cm。早熟中籼盐籼517属全节位型,因生育期长,为促进早熟,在栽培上宜采用中高节位,留茬高度宜在20 cm以上。然而评价一个再生稻品种的优劣,不仅要看再生稻的产量,而且更要看头季稻的产量,因为头季稻的产量占两季稻产量的比重大。

3.3 适施氮肥

再生芽的苗期壮弱是影响大穗粒多的关键,掌握再生稻休眠芽萌发出苗的时间,就可采取措施,促其前发生长。本试验对盐籼504、庆莲16两品种的观察表明,头季稻在8月10日收获后,再生苗数不断出生,数量剧增,8月17日后渐趋稳定,8月22日停止,不同品种不同留茬高度趋势一致。所以,要提高再生芽发生率,必须在收获后立即采取促进措施,提高芽的再生率。

不同时期施肥处理对再生稻经济性状的影响(表4),无论株高、穗长、枝梗数、粒数和穗重,收割前7 d施肥,比收割时施肥和收割后7 d施肥高,这也充分说明,再生稻株数和穗部性状都在苗期受到肥水影响最大,要使再生稻穗大、粒多,在提高肥力水平下,必须在前季稻收割前7~10 d早施肥,以及收割后7 d内施用氮肥都有作用,施肥早的比施肥迟的效果要显著。在再生稻始穗前,进行第 2 次追施氮肥可提高植株含氮量,有利于减少颖花退化量,促使抽穗整齐,改善穗部性状,提高再生稻产量。

表 4　不同施肥处理对再生稻经济性状的影响(庆莲 16)

施氮时间	倒数节位	株高/cm	穗长/cm	一次枝梗数	二次枝梗数	每穗总粒数	每穗实粒数	穗重/g
前季稻收割前 7 d	3	54.6	14.9	6.6	5.8	58.2	51.6	1.145
	2	47.8	13.3	6.1	4.9	48.2	45.6	1.011
前季稻收割时	3	50.8	13.5	6.4	4.0	48.7	44.4	1.021
	2	46.0	12.7	5.5	4.3	45.0	42.2	0.965
前季稻收割后 7 d	3	50.1	12.4	5.1	3.9	46.6	43.4	1.055
	2	47.2	12.7	5.4	3.4	39.8	37.5	0.905

3.4　合理灌溉

头季稻收割前 6～8 d 排水落干,收割时保持田间湿润不陷脚,并防再生芽被踩死或再生芽被淹死。如果田间太干,要灌跑马水,再生芽抽出后,浅水灌溉,乳熟期后干湿交替,直到成熟。

3.5　及时防治病虫草害

再生稻的生育季节,尤其是出苗期间,正值叶蝉、飞虱和其他病虫危害严重的时期,再生苗常发生矮缩病等,如不及时防治,就会遭受严重危害,甚至会颗粒无收;田间杂草也会影响再生芽的生长,要及时拔除。

参考文献

[1] 陈孝之.再生稻新品种"40-1"试验示范初报.湖北农业科学,1986(2):4-7.
[2] 陈周前.再生稻栽培利用的初步研究.安徽农业科学,1986(3):10-12.
[3] 杨开渠.再生稻研究.农业学报,1958(2):107-133.
[4] 管康林.论再生稻.植物生理通讯,1986(6):9-14.
[5] 佛山地区农校再生稻试验组.再生稻栽培利用与研究.广东农业科学,1977(4):30-34.
[6] 管康林.再生稻生理研究初报.中国农业科学,1979(3):23-30.
[7] 罗文质.再生稻品种选用和栽培技术.农业科技通讯,1979(9):16.
[8] 傅金松,等.再生稻.农业科技通讯,1983(1):6.
[9] 苏祖芳,等.再生稻幼穗分化形成规律及其应用的研究.江苏农学院学报,1988,9(3):17-22.

Studies on Development Characters and Cultural Technology for High Yield in Regeneration Rice

SU Zhu-fang, ZHANG Hong-cheng, HOU Kang-ping, GUO Hong-wen, LI Yong-feng

(Department of Agronomy, Jiangsu Agricultural College, Yangzhou 225009)

Abstract: The cxperiment on cultural characters of regeneration rice had been carried out for three years on the stubble barley or rape in Yangtse River basin and its southern region in Jiangsu province. Some characters of regeneration rice were indicated primarily, on growth stage, number of leave, root growth, panicle development progress, the law of regeneration tiller development, and yield component, etc. Also were the high yield community and the cultural technology obtained primarily for grain yield over 250kg in regeneration rice.

Key words: regeneration; cutting height

水稻潜伏芽生长和穗分化形成规律及其应用的研究*

摘　要：1986—1987 年在扬州对 7 个水稻品种茎秆上的潜伏芽幼穗分化进程和生长进行了观察，结果如下：① 潜伏芽幼穗分化始期是在前季稻颖花分化期到雌雄蕊分化期；前季稻抽穗期，母茎中部或偏上部节上潜伏芽幼穗分化已达颖花分化期，基部节上的潜伏芽为一次枝梗分化期，少数为苞分化期；前季稻抽穗到成熟，潜伏芽穗分化进程为休眠状态，幼穗发育处于一次枝梗到颖花分化期。② 水稻潜伏芽的发生率，依据品种母茎茎秆各节潜伏芽发生率的差异，可把品种分为低节位型、高节位型和全节位型。③ 在前季稻收割前 7~10 d 施氮肥可促进潜伏芽出苗；提高再生稻的每穗粒数和粒重。

关键词：再生稻；潜伏芽；幼穗分化

再生稻能充分利用适宜稻作期间的温光资源，增加收获指数，提高单位面积年产量。我国近十多年来，随着农业机械化水平和少免耕栽培的发展，促进了对再生稻的特性和利用价值的重新认识，产量也有较大的提高，引起了国内外农业工作者的高度重视。目前，对再生稻的报道颇多[1,2,5-8]，但着重于品种比较和栽培技术方面，如前季稻栽插密度、收割早迟、留茬茎秆高度、肥水管理等对再生稻产量的影响，以及前季稻和再生稻经济性状的相关研究等。而对再生稻的生长发育特性报道较少，对潜伏芽幼穗分化始期的时间以及潜伏芽穗分化休眠开始时期及休眠的长短尚未得到一致的结论，对再生稻的不同类型生育进程及其规律的研究尚未见报道。

本试验通过不同类型再生稻品种穗分化进程的观察，初步明确潜伏芽穗分化始期的时间，幼穗分化中休眠的时期和长短，以及明确前季稻母茎各节潜伏芽穗分化进程与前季稻幼穗分化进程的相互关系。同时观察前季稻母茎各节潜伏芽的再生力以及施氮时期对各节潜伏芽再生力的影响，为正确掌握前季稻后期和再生稻的高产栽培技术，促进再生稻穗大粒多，早熟高产，提供实践和理论依据。

1　材料与方法

1.1　材料

供试品种为早籼庆莲 16、菲律宾 1 号、盐籼 504，中熟早籼竹系 26、广陆矮 4 号，中熟盐籼 517、盐籼 503。

---

* 本文原载《中国农业科学》，1989，22(1)：35-43；作者：凌启鸿，苏祖芳，侯康平，郭宏文。

1.2 方法

试验于1986、1987年在扬州江苏农学院实验农场大田进行。土壤肥力中等偏上,前茬为大麦或早油菜。供试品种均于同日播种、同日移栽,株行距10 cm×23 cm,生育过程中按叶龄模式进行肥水管理[12],设置留茬高度试验和施肥时期试验,即收割前7 d、收割时和收割后7 d 3个处理,重复3次,每次施尿素12.5 kg/亩。

1.3 测定项目和观察方法

(1) 定点定株标记叶龄,并测定各节潜伏芽发生率和再生苗蘖动态。

(2) 观察测定幼穗分化进程。自前季稻叶龄余数4.0开始,每隔2~3 d,从田间取样10~20株,选取主茎和大分蘖,逐株检查其叶龄余数,并观察和鉴定幼穗分化的时期,同时逐节测量各伸长节间上潜伏芽的长度,并剥查其叶片数和镜检幼穗分化时期,直至潜伏芽抽穗,为了区分潜伏芽在和母茎共生期的分化时期和速度,穗分化时期采用江苏农学院凌启鸿的划分法[9]。

2 结果与分析

2.1 水稻潜伏芽的幼穗分化进程

2.1.1 水稻潜伏芽的幼穗分化始期

水稻潜伏芽穗分化始期,至今尚未有一致的结论。杨开渠(1958)观察"水白条"品种茎秆倒2节的潜伏芽穗分化始期在前季稻进入花粉粒完成期(孕穗期)离抽穗12~15 d;绵阳农专水稻组(1980)对6个品种伏芽穗分化观察,茎秆倒2节潜伏芽幼穗分化始期是母茎抽穗后4~9 d,生育期短的品种穗分化迟,生育期长的品种穗分化早,低节位芽分化迟,高节位芽分化早;陈周前[2](1985)对皖引4号的观察,茎秆倒2节再生芽的幼穗分化始期在前季稻成熟前;凌启鸿(1977)在西非对井岗30号的观察,在母茎抽穗前15~20 d,母茎穗分化处于雌雄蕊分化期,茎秆基部节上的潜伏芽已开始穗分化;我们经2年对7个品种的观察,母茎基部节上的潜伏芽幼穗分化始期约在母茎抽穗前20 d左右。此时正处于颖花分化期,和凌启鸿在西非对井岗30号的观察结果完全一致(表1)。同时发现不同类型品种间母茎秆潜伏芽的幼穗分化始期有一定的差异,如盐籼517潜伏芽的幼穗分化时期较早,在母茎二次枝梗分化期就已开始;而庆莲16、广陆矮4号却在母茎雌雄蕊分化期,较其他品种迟。表1进一步表明,同一品种茎秆不同节位上的潜伏芽穗分化始期也有差异,一般主茎基部节上的潜伏芽先开始分化,其后逐节向上,如庆莲16,倒4节位芽穗分化始期在母茎(下同)雌雄蕊分化期,倒3节位芽在母茎花粉母细胞形成期,倒1节位芽在母茎抽穗期。母茎秆各节位芽穗分化始期的发生顺序为倒4节→倒3节→倒2节→倒1节,其他品种的结果一致。同时表明母茎秆基部2~3节位芽的幼穗分化始期出现的时间间隔比较一致,最上1~2个节位的芽穗分化始期的时间迟,间隔较长。

2.1.2 抽穗期母茎秆各节潜伏芽穗分化进程

表2看出,前季稻抽穗期母茎各节位潜伏芽穗分化进程已进入一次枝便分化期到颖花分化期,品种间有差异,有几个类型:

(1) 母茎秆上各节位潜伏芽穗发育进程均已达枝梗分化期,倒3节分化最快,已达颖花分化期,如盐籼504、菲律宾1号等。

(2) 母茎秆基部一节仍处于苞分化期，倒2或倒1节潜伏芽已进入二次枝梗分化期，如庆莲16、盐籼517等。

表1 前季稻穗分化进程与母茎各节位潜伏芽穗分化始期

母茎穗分化进程	苞分化期①	一次枝梗分化期②	二次枝梗分化期③	颖花分化期④	雌雄蕊分化期⑤	花粉母细胞形成期⑥	花粉母细胞减数分裂期⑦	花粉粒内容充实期⑧	抽穗期
庆莲16					倒4节	倒3节	倒2节		倒1节
盐籼504				倒4节	倒3节		倒2节	倒1节	
竹系26				倒4节	倒3节		倒2节	倒1节	
广陆矮4号					倒4节	倒3节		倒2节	倒1节
菲律宾1号			倒4节	倒3节	倒2节				
盐籼503				倒4节	倒3节	倒2节		倒1节	
盐籼517		倒4节	倒3节	倒2节				倒1节	

表2 前季稻抽穗母茎各节位潜伏芽穗分化进程

品 种	母茎各伸长节位			
	倒4节	倒3节	倒2节	倒1节
庆莲16	①	②	③	②
盐籼504	②	③	②	②
盐籼517	①	②	②	③
菲律宾1号	②	④	③	②
竹系26	②	②	②	②
盐籼503	①	②	②	①
广陆矮4号	①	①	②	②

注：表中①、②、③、④为幼穗分化时期的代号。

(3) 母茎秆基部一节和最上一节潜伏芽发育慢，仍处于苞分化期，中间两节位潜伏芽发育进程达一次枝梗分化期，如盐籼503等。

同一品种母茎秆各节位潜伏芽穗分化进程的差异，基部一节（倒4节）的潜伏芽穗分化进程缓慢，一般为一次枝梗分化期，少数仍处在苞分化期，茎秆上部节位潜伏芽分化进程快，多数已达二次枝梗分化期。

2.1.3 母茎收割（成熟）时茎秆各节位潜伏芽幼穗分化进程

从前季稻收割时对茎秆各节位潜伏芽幼穗分化时期的检查（表3），发现不同类型品种前季稻成熟时，母茎秆上潜伏芽幼穗发育时期已为二次枝梗—颖花分化期，基部节上芽仍为一次枝梗分化期或苞分化期，这和前季稻抽穗期母茎秆上各节位潜伏芽穗分化时期基本相同，也就是说前季稻抽穗到成熟期，母茎秆上的潜伏芽幼穗分化处于休眠状态。可见，休眠时期的潜伏芽幼穗分化似在苞分化期到颖花分化期，开始休眠时期约在母茎抽穗后。前季稻出穗到收割潜伏芽幼穗发育处于休眠阶段，时间约20天以上。

表3　前季稻成熟时不同节位潜伏芽幼穗分化进程

品　种	母茎各伸长节位			
	倒4节	倒3节	倒2节	倒1节
庆莲16	①	②	②～④	②～③
盐籼504	②～③	③～④	③～④	②
盐籼517	①	②	②	③～④
菲律宾1号	②	③～④	④	②
竹系26	②	③	②～④	③
盐籼503	①	②	②	①～②
广陆矮4号	①	②	②	

注：表中①、②、③、④为幼穗分化时期的代号。

由于潜伏芽幼穗休眠时间的长短与所处母茎秆上的节位有关。一般说母茎基部节位的潜伏芽幼穗分化开始早，穗分化速度慢，休眠早，休眠时间较长；而上部节位各潜伏芽幼穗分化始期迟，穗分化速度快，休眠迟，休眠时间较短。

2.2　水稻品种间母茎各节位潜伏芽的再生力

2.2.1　留茬高度与茎秆各节位潜伏芽的发生率

表4表明不同品种不同留茬高度茎秆各节位潜伏芽的发生率，一般为留茬低的，即留茬4～10 cm（留2～3节）供试品种均为基部一节潜伏芽发生率高；留茬中等的，即留茬15～20 cm（约留3～4节）。基部第二、三节潜伏芽发生率高；留茬高的，即留茬25～40 cm（约留4节）。其上部节潜伏芽发生率高，但不管留茬节位的多少，最上一个节发生率最低，这可能是受到水分和营养缺乏所抑制。品种间有明显的差异，如盐籼504，不论留茬高低，均以基部第一、二两节发生率高，第一节发生率均在60％以上；庆莲16却为茎秆中部第二、三节位芽发生率高；盐籼517潜伏芽的发生率一般为母茎秆基部第一和第三节高，尤以第三节芽更为明显。这和成熟时水稻品种间母茎各节位潜伏芽幼穗分化进程相一致。这是确定水稻品种留茬高度的生物学基础，留茬高度因品种而异。

表4　再生稻不同留茬高度各节位潜伏芽的再生力

品种	留茬高度/cm	实查母茎数	各节位再生苗占单茎潜伏芽的百分率/%				
			Ⅰ	Ⅱ	Ⅲ	Ⅳ	Ⅴ
盐籼517	7～10	159	46.5	28.9	24.5		
	14	161	28.0	17.4	47.2	7.4	
	18～21	226	39.8	4.9	21.7	33.6	
	30	258	29.9	1.6	15.9	48.8	3.9
庆莲16	10～12	75	26.4	40.7	20.8		
	20	106	21.1	41.5	37.4		
	30	145	13.0	42.3	40.9	4.9	
	40	144	13.1	38.6	41.3	3.0	
竹系26	10	158	53.2	33.5	10.1		
	20	195	29.0	38.6	27.1	2.3	
	35	193	5.7	32.3	45.0	17.0	
	45	241	11.2	33.2	41.1	14.1	

续 表

品种	留茬高度/cm	实查母茎数	各节位再生苗占单茎潜伏芽的百分率/%				
			Ⅰ	Ⅱ	Ⅲ	Ⅳ	Ⅴ
广陆矮4号	15	125	52.8	12.8	32.8		
	20	177	46.3	19.8	29.4	5.1	
	25	123	34.1	30.9	32.5	9.8	
	35	169	29.6	24.9	34.3	11.2	
盐籼504	4～10	167	79.9	19.2	1.8		
	12	176	74.4	15.3	9.7		
	24	138	60.9	22.5	14.5	2.2	

注：表中Ⅰ、Ⅱ、Ⅲ、Ⅳ、Ⅴ为伸长节位由下至上。

2.2.2 留茬高度与再生苗的生长

从不同品种留茬高度再生率的变化曲线中清楚地看出（图1），菲律宾1号、庆莲16两个品种留茬3.7～4.3 cm时，茎秆节位少，再生苗发生少，穗数也少；留茬12～14 cm的，茎秆节位增多，最高苗数较多，穗数多些；留茬27～34 cm，母茎节位更多，收割后再生苗呈直线上升，最高苗数最多，保持时间长，再生苗成穗率高，穗数最多，这类品种称为高节位再生稻型；而盐籼504，留茬高度

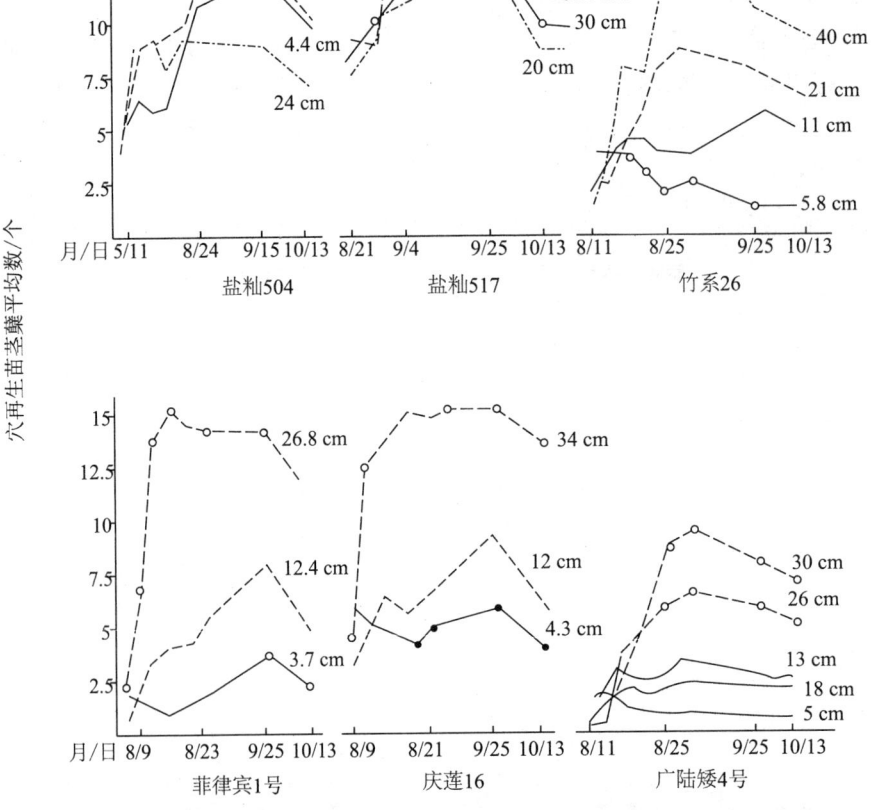

图1 再生稻不同留茬高度与平均茎蘖数变化曲线

(4.4~12 cm)的与留茬节位高的(24 cm)相比,最高苗数多,成穗率高,这类品种称为低节位再生稻型;又如盐籼517,不论留茬高度在 6.8 cm、14 cm、20 cm 和 30 cm,再生稻发生率均较高,图中看出其几条曲线比较集中,这类品种称为全节位再生稻型;竹系26和广陆矮4号最高苗数随留茬高度的增加而增加,图中不同留茬高度的几条曲线间隔相等,但最高苗数的绝对值较低,这类品种称为少节位再生稻型,由于穴发生芽率低,再生苗少,因此生产上无多大利用价值。

2.2.3 留茬高度与再生稻产量构成因素

再生稻产量因留茬高度不同而有差异。再生稻的产量与留茬高度呈正相关,再生稻的产量随着留茬的增高而增加,例如庆莲16留茬8 cm的再生稻仅为101 kg,15 cm 的为109.2 kg,20 cm 的为122.4 kg,35 cm 的为265.4 kg,40 cm 的为334.3 kg,产量随着留茬增高而直线上升,除盐籼504外,其他品种结果相同(表5)。

不同品种均表现为留茬高的再生稻产量高,原因是每亩穗数多,每亩穗数随着留茬高度的增加而增加,而每穗实粒数减少不多,差异不明显,千粒重比较稳定所致。而盐籼504低茬产量高的原因恰恰是每亩穗数比较稳定且多。可见,再生稻的产量主要决定于每亩有效穗数,找出各品种适宜的留茬高度以争得足穗,是再生稻增产的一个主要技术途径。

表5 再生稻留茬高度产量构成因素

品 种	留茬高度/cm	穗 数/(万·亩$^{-1}$)	每穗总粒数	结实率/%	千粒重/g	实产/(kg·亩$^{-1}$)
庆莲16	40	35.2	50.0	89.8	22.90	33.3
	35	29.4	55.6	83.6	20.90	256.4
	20	27.5	57.9	84.6	20.50	112.4
	15	12.9	62.7	82.3	22.50	109.2
	8	5.1	59.9	85.0	22.41	101.0
广陆矮4号	30	17.5	38.8	87.9	22.77	105.6
	25	14.6	40.2	84.8	22.40	85.6
	20	5.1	47.5	85.1	23.16	72.9
	15	5.4	44.7	85.9	21.40	39.8
盐籼504	24	23.7	56.9	86.0	21.00	197.9
	12	23.0	53.5	84.2	22.30	214.2
	4.4	23.8	63.4	81.7	21.97	268.2
盐籼517	25	27.9	43.5	94.0	20.50	217.2
	18	26.3	45.6	92.3	20.45	197.9
	14	21.2	45.6	92.5	19.20	151.6
	7	21.8	31.9	87.8	23.71	106.4
竹系26	45	26.0	47.5	74.3	22.98	174.1
	35	19.5	48.6	76.3	22.78	165.6
	20	10.9	49.7	81.2	22.33	110.0
	10	9.4	50.7	80.4	22.54	116.2

在供试的7个品种中,再生力强的是庆莲16、盐籼504和盐籼517,依据留茬高度与穗数的关系,早籼中熟品种庆莲16,属高节位型,适宜留茬高度约30 cm;早籼中熟品种盐籼504,属低节位型,留10~15 cm;中籼早熟品种盐籼517,属全节位型,因生育期长,为促进早熟,在栽培上宜采用

中高节位,留茬高度宜在 20 cm 左右。

2.3 施氮时期与潜伏芽的生长发育

前季稻收割后潜伏芽陆续出苗,约在收割后 7~10 d,其出苗数已定,所以在前季稻收割前保持稻体内较高的含氮水平,积累较多的碳水化合物,对促进潜伏芽枝梗和颖花分化,防止颖花退化有利。因此,在收割前 7~10 d,追施速效氮肥,结合湿润灌溉,有利于收割前茎秆潜伏芽形成壮芽和早发,为多穗大穗奠定基础。不同时期施氮处理对再生稻经济性状影响表明(表 6):无论株高、穗长、每穗枝梗数、粒数和千粒重收割前 7 d 施氮的比收割时施氮的高,收割时施氮的又比收割后 7 d 施氮高。同时表明早施氮处理的茎秆基部第二节(倒 3 节)长出的再生稻株高和穗部性状比基部 3 节(倒 2 节)更为明显。

3 讨论

3.1 关于水稻母茎潜伏芽幼穗分化始期

据观察再生稻的总叶数仅为前季稻的 1/3~1/4。当剥查潜伏芽叶片数时,发现叶龄余数为 3~4 时进入苞分化期,所以和常规稻叶龄余数 3.5 时,处于苞分化期,母茎基部节潜伏芽穗分化始期为抽穗前 20 天左右,约为前季稻颖花分化期到雌雄蕊分化期,这和凌启鸿(1977)在西非的观察一致,和杨开渠(1955)的观察结果基本接近。

表 6 不同施肥处理对再生稻经济性状的影响(庆莲 16)

施氮 时间	倒数 节间	株高 /cm	穗长 /cm	一次枝 梗数	二次枝 梗数	每穗总 粒数	每穗实 粒数	穗重 /g
前季稻收割前 7 d	3	54.55	14.90	6.62	5.76	58.19	51.62	1.145
	2	47.84	13.25	6.08	4.88	48.21	45.56	1.011
前季稻收割时	3	50.77	13.54	6.40	4.00	48.66	44.42	1.021
	2	45.99	12.67	5.52	4.33	44.99	42.16	0.965
前季稻收割后 7 d	3	50.10	12.42	5.13	3.93	46.55	43.35	1.055
	2	47.22	12.70	5.41	3.43	39.84	37.53	0.905

3.2 关于水稻母茎潜伏芽生长与幼穗分化后的休眠期

水稻潜伏芽生长与发育是在前季稻基部节间伸长后开始的,以后各节潜伏芽也依次逐渐分化生长和发育,直到前季稻抽穗时,低节位芽穗分化虽早,但分化速度缓慢,休眠早而长,从前季稻抽穗前到成熟仍处于一次枝梗或苞分化期;高节位芽穗分化虽迟,但分化速度快,休眠迟,前季稻抽穗时已为颖花分化期。总之潜伏芽幼穗分化休眠期在二次枝梗分化期和颖花分化期,基部节位芽(倒 4 节芽)在一次枝梗分化期或苞分化期,也就是说从前季稻抽穗后开始直到成熟时。

3.3 母茎各节位潜伏芽幼穗分化与再生力在生产上的应用

当前,再生稻的推广品种要具备几个条件,一是再生稻在安全齐穗期前齐穗,适期收获;二是再生力强,穴发生率高,能保证穗数;三是在稳定穗数的条件下,每穗粒数多,产量就高。因此,在选择品种上要选择抽穗在安全齐穗期前齐穗,同时要根据上述母茎秆上潜伏芽的再生力和幼穗分化进程的早迟,确定品种的留茬高度。在本试验条件下,早籼庆莲 16 等,高节位潜伏芽穗发育快,再生力强,生育期较短,在栽培上宜留取中上部几个节位,留茬高度 30 cm 左右;早籼 504,低、中、高节位潜伏芽幼穗发育进程差异不大,而低节位芽发育进程较快,留低节位芽,一般茬高度10～15 cm,这样长出的再生苗生育期长,生物产量高,穗大粒多;生育期较长的中籼早熟品种盐籼 517 等,低中高节位芽幼穗发育较快,为促进早熟,宜采用中高节位芽,留茬高度宜 20 cm 左右;对母茎各节位潜伏芽穗分化迟、发育又较慢、再生力低下的品种,如广陆矮 4 号没有应用价值。同时通过各节位幼穗,分化及发育的快慢,也可作为鉴定品种再生能力强弱的标志之一。

参考文献

［1］陈孝之.再生稻新品种"40-1"试验示范初报.湖北农业科学,1986(2).
［2］陈周前.再生稻栽培利用的初步研究.安徽农业科学,1986(3):10-12.
［3］杨开渠.再生稻研究.农业学报,1958(2):107-133.
［4］管康林.论再生稻.植物生理通讯,1986(6):9-14.
［5］贺万才.再生稻几个问题研究.湖北农垦科技,1985(1):43-49.
［6］管康林.再生稻生理研究初报.中国农业科学,1979(3):23-30.
［7］湖北农学院水稻系.再生稻试验结果浅析.湖北农业科技,1978(6):1-4.
［8］Masahiko I. Effect of food reserves on the ratoon growh of rice plant. Japan Jour Crop Sci, 1983, 52(1):15-21.
［9］罗文质.再生稻品种选用和栽培技术.农业科技通讯,1978(9):16-17.
［10］张善循.种好盐选 203 再生稻的几点体会.湖北农业科技,1984(4):5-6.
［11］凌启鸿."叶龄余数"在稻穗分化中的应用价值.中国农业科学,1980(14):1-10.
［12］凌启鸿,苏祖芳.水稻品种不同生育类型叶龄模式.中国农业科学,1983(1):9-17.

Studies on the Growth and Panicle Differentlation of Resting Bud and Its Application in Rice Plants

LING Qi-hong, SU Zu-fang, HOU Kang-ping, GUO Hong-wen

(Jiangsu Agricultural College, Yangzhou 225009)

Abstract: The observation on the growth and panicle differentiation of resting buds on the stem of seven varieties was carried out in Yangzhou in 1986 and 1987. The results were summarized as follows:

1. The initiation of resting bud panicle was in from differentiating stage of pistil and stamens to pollen mother cell differentiation stage.

2. In the heading stage of first crop, the resting bud panicle differentiation on the middle or upper nod positions had entered the differentiating stage of spikelet primordia, while those on the lower nod positions was in the stage of first rachis-branches, a few was in the initiation.

3. From heading to harvesting in first crop, the resting bud panicle differentiation was in the state of dormancy, and the panicle development was in from the stage of first rachis-branches to

the differentiation stage of spikelet primordial.

4. According to the generation rate of resting buds on stems, all of varieties could be divided into lower nod positions type, upper nod positions type, and whole nod positions type, etc.

5. In the 7~10 days before harvesting of first crop, dressing nitrogen fertilizer could promote the generation of resting buds, and improve the grain number and weight, etc.

Key words: regeneration rice; resting bud; panicle differentiation

现代农业发展与作物研究方法

加快吨粮田建设,实现"三高"农业

摘　要:吨粮田建设、中低产田改造、土地新资源开发是三个不同层次的建设。吨粮田建设是成建制,一方一方的建设,建成后具有稳定吨粮的综合生产能力和综合优化配套的农业技术体系,吨粮田建设是实现"三高"农业的基础和条件,按照市场经济规律调整和优化种植结构,提高经济效益,当前围绕"三高",研究如何调整和优化种植业结构,取得更高经济效益,是一个重要的研究课题。本文还提出了吨粮田建设标准、条件和加快建设的方法。

关键词:吨粮田建设;标准;综合生产能力;经济效益

1　吨粮田建设的含义

吨粮田,必须年亩产达吨粮,然而,年亩产达吨粮不等于吨粮田,更不等于吨粮田建设,吨粮田,应该是稳定年吨粮水平的农田基础建设、土壤肥力水平高及配套的栽培技术体系。而吨粮田建设是和中低产田改造、土地新资源开发利用比较而言的,是3个不同层次的建设。吨粮田建设是高产地区实现高产更高产的阶段性指标,一般高产地区亩年单产比低产田要高1~2倍。所以吨粮田建设的技术是中、低产地区在技术上的贮备。吨粮田建设不是几块田,而是一方一方田或一片一片田的建设,建成后农田工程建设配套,具有稳定吨粮的综合生产能力,以及高产、优质、高效综合配套的农业技术体系。这一方一方田或一片一片田上种植什么作物和品种,种多大面积,按市场经济规律和社会实际需要而定,以"三高"为目标,提高劳动生产率和经济效益,因此,吨粮田建设是迄今农田最高层次的建设。江苏各地吨粮田建设实践证明,高投入高产出,经济效益更高,是农业集约化经营的具体体现。吨粮田建设是一方一方完成的,吨粮田建设完成时,也是农村现代化实现之时,所以是我国社会主义农业现代化的必由之路。

中低产田改造,是指单产水平较低、土壤地力差、抗御自然灾害能力低下的地区,这些地区只要稍为增加物质投入和推广适用科学技术,并针对中低产田限制农业生产的因子,突出重点措施,进行农田的基本建设和相互配套的栽培技术的综合利用,增产潜力较大。实质上中低产田改造是吨粮田建设的昨天或过渡时期。在改造中低产田时必须与吨粮田建设结合,全面规划,分年实施,吨粮田中夹杂中低产田的要一步到位,建设吨粮田是中低产田改造的最终目标。据江苏张家港、

---

* 本文原载《耕作与栽培》,1994(6):51-53;作者:苏祖芳,张亚洁,张海泉,张娟;并在1992年江苏省吨粮田建设学术研讨会上报告。

昆山、太仓、吴江等县(市)的实践,建设吨粮田,使原来田块分散、布局混乱、耕作不便的田块成方成片,产量上升,效益提高。

土地新资源开发,是指沿海、滩涂、盐碱、荒滩等地区,它和吨粮田建设及中低产田改造有一定差别,差别在于这些地区土地等资源尚未利用,必须通过综合治理,提高抗御自然灾害的能力和综合利用水平,投资大,效益高。

不管吨粮建设、中低产田改造和土地新资源开发利用,都应围绕"三高"农业,以市场经济规律调整和优化种植结构,真正做到地尽其力,物尽其用,吨粮田建设才具有强大生命力,才能蓬勃发展。

2 吨粮田建设与"三高"农业的关系

"三高"农业是指"高产、高质、高效"农业,是遵循自然和经济规律,调整农业结构,增加物质技术投入,依靠科技进步,实现高产、优质、高效益,促进农业协调发展和繁荣。因此它是温饱农业向小康农业转变,增量农业向增效农业转变,传统农业向现代化农业转变,计划经济为主向市场调节为主转变的重要内容和标志。"三高"农业是农业生产,尤其是种植业的唯一出路。因为农业生产必须与农村经济、农民生活密切结合,推动农村经济建设和提高农民经济收入,这是当今农业发展的方向。

目前吨粮田建设,正处在基础产业的重要地位和外部环境,特别是在种粮效益偏低,种田积极性不高的形势下(当然是暂时的),通过农业内部各业结构调整的同时,优化种植业,逐步实现吨粮田建设高效益的目标,这是提高土地综合生产能力和增效农业的一个重要手段。因此建设吨粮田和"三高"农业是一致的,并不矛盾,而且吨粮田建设为"三高"农业创造了条件。从理论上说,江苏省处于亚热带和暖温带气候,兼有南北之长,光热潜力较大,积温$>10℃$在4 000度以上,无霜期较长,均在200 d以上,年日照时数达2 000~2 500 h,年亩产1 000~1 500 kg以上是不成问题的。实践证明了年亩产超吨粮是可以达到的,江苏省许多地区已超过了这一记录,小面积高产纪录已达小麦583.4 kg,杂交水稻962.5 kg,常规稻700多kg,夏玉米733 kg。

经济效益是吨粮田建设的物质基础和动力,也是衡量可否持续发展和推广的标志。据佟屏亚等对河北吨粮田调查研究分析,吨粮田比一般大田物质成本增加16.7%,但亩产值增加32.9%。纯收益增加35.8%。湖南省吨粮田每亩纯收益增加11.2%。周立达等对江苏省滨海县、高邮市吨粮田调查分析,吨粮田比一般大田增产效益26.1%~60.1%(不包括农田基本建设的投入和增收的社会效益),所以吨粮田建设经济效益是高的。

随着"三高"农业的提出,吨粮田建成的土地上,按市场经济规律,优化种植结构,提高优质产品品种的数量和质量,其效益将会更显著。吨粮田建设的长远效益是极为显著的,但如何提高当前效益这是值得深入研究的重要课题。

3 吨粮田建设的标准和条件

3.1 吨粮田建设的标准

3.1.1 农田标准

田块成方成片,其面积可以是几十亩,也可以上百亩、上千亩。统一规格、统一标准,合理布局。建成一方,成功一方,验收一方,逐步实现吨粮村、乡、县。

① 水系建设标准:沟、渠、田、林、路合理布局,桥、涵、闸、站、三沟配套,农田基本达到引得进,灌得上,排得出,降得下。地下水,控制在地面以下 1.5 m 以下,建成旱涝保收、高产、稳产、高效的农田。

② 农田土壤改良标准:具有年亩产稳定达到吨粮以上的地力水平。土壤有机质含量在 1% 以上,速效氮 60~120 mg/kg,速效磷 5~15 mg/kg,速效钾 70~288 mg/kg。耕层深厚,土壤结构良好,适宜多种作物的生长。作物生长期间,地下水位高低适宜,旱作物能控制在 1~1.5 m,水田作物搁田期间能控制在 1 m 以下。

3.1.2 农业综合配套技术体系标准

推广应用及研究高产、优质、高效的综合栽培技术体系,该体系必须能充分利用当地的光热资源,同时能在农作物生长期间形成高效、优质群体并获得高产。从种植制度和作物布局设置、播期、播种、育苗或移栽,施肥灌溉和生长调节物质的使用等技术措施的应用,要达到综合、高效的目的。

3.1.3 良种繁育体系标准

优良品种具有巨大的增产潜力,种植适销对路和人民生活需要的作物和品种,可以提高吨粮田建设的效益。目前江苏省吨粮田建设的种植制度有稻、麦、棉、油,油、稻两熟制和麦、玉米(瓜)稻及搭配小宗经济作物的三熟制。从近几年作物种类和品种转换过程中,水稻以优质粳稻,如盐粳 2 号、盐粳 2~35、盐粳 187、武育粳 2 号、武育粳 3 号、88~122 等代替原有品种或组合;小麦以扬麦 5 号、鲁麦 7 号、徐州 21、泗阳 936、冀麦 84-5418 逐步代替原有品种;玉米以掖单 2 号为优质高产品种。各地可以根据当地的温度指标,对照品种生育期长短选定品种。

为确保吨粮田建设的效益,必须种植良种。育种单位提供原种,县级良种繁育单位繁育原种,吨粮田繁育或种植良种。统一作物布局,统一供种,统一管理,保证种子质量。

3.1.4 农村科技队伍建设标准

农村科技队伍的素质是吨粮田建设及建成后能否"高效"的关键,因此必须不断提高乡、村两级农技人员科学种田水平,开展层层培训,更新知识,建成有一支适应"三高"农业为主的建设吨粮田的科技队伍,并完善农业服务体系。

3.1.5 经济效益标准

吨粮田既要达到吨粮,又要提高经济效益,从目前看江苏省在综合生产力高的田块上,其效益年产达 1 000 元以上也不乏其例。所以建设吨粮田也是提高经济效益的一个途径。这还必须从多方面进行研究,提出高效益的短期和长期指标及措施。

3.2 吨粮田建设的条件

3.2.1 领导重视,认识统一

吨粮田建设必须克服短视行为,真正认识到吨粮田建设是提高农田综合生产力和抗逆能力,最终达到发展农村经济和提高经济效益的重要目标,这样才能把吨粮田建设好。

3.2.2 吨粮方必须建在交通便利、灌排方便、土地肥力较高的地点

从今年各地吨粮田建设设置看,还是比较合理,多数在公路边,土壤、灌溉条件较好,水稻亩产 500 kg、小麦亩产 300 kg 以上田块,稍加投入,加以改进,1~2 年能达到吨粮田建设指标是不成问

题的。但少数地区吨粮田建设方设立地点偏僻，田块之间土壤、肥力等差异大，且不成方，这对于目前吨粮方的建设，不能起到典型示范作用，对现场指导也有影响。随着农村建设的发展，吨粮田建设到哪里，公路就建到哪里，这也是苏南农村建设和发展吨粮田的现实。

3.2.3 要有一定数量和具有一定技术水平的农技队伍

吨粮田建设是我国农业生产的一大创造，依靠科技进步，依靠有一定技术素质的广大科技队伍，才能应用适用科技成果，并不断深入研究新课题。目前投入力量较少，应改变这种现状。

4 加快吨粮田建设的方法

4.1 全面规划，分类、分年度实施

领导重视是吨粮田建设的保证，吨粮田建设，是建设农业现代化的必由之路，农村、农田基本建设和科技建设是一个长时期的建设内容，因此，吨粮田建设必须全面规划，综合乡、村建设，工业开发区，确立农田保护区。

根据土质、地力、地形、河流、村庄等全面规划、精心设计，分类、分年度实施，真正做到吨粮田建设与中低产田改良和土地新资源开发利用，三个建设一起上。

4.2 加强培训，提高农村科技队伍的科技素质

县、乡、村技术人员技术水平的提高是吨粮田建设的关键，分级分层次培训提高他们的技术水平，把科学种田的技术落实到农户，才能加快吨粮田的建设。

4.3 实行"四·三"结合

一是开展试验、示范、推广相结合，试验田、攻关田、示范方相结合，提高科技成果技术应用的针对性，加速实现技术的推广；二是植保、栽培、气象部门相结合；三是行政、物资、技术结合；四是产、学、研相结合。这四个三方面的结合为吨粮田建设提供可靠的组织保证和物质基础。

4.4 统一设计，分工负责，团结协作，加快建设步伐

在推广先进技术的同时，重视开展以高产群体质量及优化控制技术的试验研究，使作物生产逐步走向栽培措施定量化，这也是吨粮田建设的重要内容。

加快发展无公害优质稻米生产基地建设刍议

摘 要:本文分析了当前无公害稻米生产现状和加快发展其生产基地建设的意义,并提出了加快发展无公害优质稻米生产基地的途径和措施。

关键词:无公害稻米;生产基地建设;途径与措施

无公害优质稻米是指在符合无公害质量标准的生态环境条件下,按规定的生产操作规程生产、加工,且使用限定的化学合成物质,稻米产品质量及包装经检测、检查符合特定标准,农药、重金属等有毒有害物质控制在安全允许范围内,按照国家优质稻谷标准(NY/5116—2002)达到三级以上,经专门机构认定,许可使用无公害食品标志的稻米产品。近几年来,从各地无公害稻米生产现状看,生产基地规模较小,生产出的无公害优质大米品牌较多,但数量较小,卫生质量上达不到国家规定标准时有发生。因此,在当前形势下,加快发展无公害优质稻米生产基地建设,对保障无公害稻米数量和质量要求极为重要。

1 加快发展无公害优质稻米生产基地建设的意义

1.1 保障稻米食用安全,逐步改善和提高人民生活质量

20世纪50年代,为解决温饱问题而追求高产,忽视品质和卫生的改善。据有关部门报道:2001年上半年对江苏全省8个市42份大米、小麦、面粉样品检测结果表明,按无公害农产品标准,合格率为70%,有约30%不合格。80年代中期以来,随着人民生活水平的提高,对稻米的品质和卫生质量要求越来越高,稻米需求格局已经发生了重大的变化,买方市场已经形成。市场对无公害、好吃的优质米的需求较为迫切,需求量渐增,而劣质米过剩。虽然近两年由于各方努力和重视,生产出的稻米品质和卫生质量逐年提高,但与我国城乡人民日益迫切提高生活质量的要求尚不相适应。因此,加快无公害优质稻米生产,有条件的地区必须加快建设一批无公害生产基地,规模化生产,以向市场供应无公害、优质大米产品。

1.2 保护生态环境,实现农业生产可持续发展

近20年来发达的乡镇企业中的废气、废料和污水不断污染稻田环境,水稻在长期生产中超标准使用化学农药,土壤与水体中农药残留量增加,加上过量使用化肥,土壤物理性质恶化,大量的

---

* 本文原载《华东农业发展研究》,2003(增刊):24-26 和《耕作与栽培》,2003(12):35-38,并在华东农学会(无锡市农业局)和中国第四届科协分会(沈阳农大)上作大会发言。作者:苏祖芳,张亚洁。

氮、磷流入水体,使地表水体富营养化,导致稻区水、土环境恶化。据2000年对江苏的南京、镇江、无锡、苏州四市基本农田的土壤质量调查,共采集土壤样品40多个,超标率在5.5%左右,部分地方已危及稻米及其他农产品的安全性。因此,在安全的、没有污染或污染少的地区首先建设水稻生产基地,应在生产中实施无公害稻作技术标准,逐步扩大规模。在重视保护农田生态环境条件下,加快发展建设无公害稻米生产基地,实现农业生产可持续发展。

1.3 提高稻米质量档次,增强稻米国内外市场竞争力

随着我国稻作科技的发展,稻谷生产能力不断提高,稻米市场出现了总量相对过剩、丰年有余的局面。同时,人民生活由温饱型向小康型过渡,饮食结构发生了变化,稻米产品消费观念的现代化逐步形成,对无公害、安全优质的稻米产品消费需求渐成主流热点,市场上低质、劣质稻米相对过剩,而优质、无公害稻米市场需求量明显增加,供不应求矛盾十分突出。我国加入WTO后,稻米的国内外贸易正面临着严峻的挑战。我国部分农产品在价格上虽然有竞争优势,但始终难以打入国际市场。优质稻米的生产在数量和质量上不能满足国内市场的需求。

据统计资料反映,1998年,我国出口稻米373.4万吨,1999年出口271万吨,2000年出口295万吨,2001年出口340万吨。1999年至今(2003年),我国稻米年出口量300万吨左右,这与我国是稻米生产大国不相适应。关键是稻米品质和卫生安全质量指标达不到国际标准。随着我国对无公害大米的重视,各地陆续出现一大批无公害稻米生产基地,上述情况正在逐步改变,但我国各地无公害优质稻米生产基地比较分散,规模也较小,虽然有些地区已打响优质无公害大米的品牌,但数量有限,有些地方甚至出现以次充好现象。因此,必须加快发展无公害优质水稻生产基地建设,逐步扩大规模,打出品牌,全面提高稻米品质和稻米食用安全性,提高稻米市场的竞争力。

2 加快发展无公害优质稻米生产基地的途径和措施

2.1 搞好无公害优质稻米生产基地的规划

无公害优质稻米就是品质和卫生安全质量均达到国家优质米标准和国家稻米卫生标准的稻米。广义的无公害稻米就包含无公害精米、绿色食品稻米和有机稻米3类,由于3类稻米对环境和生产水平要求不同,所以,各地生产哪类精米这由不同稻区环境条件来决定。江苏省是我国主要商品粮基地,水热资源丰富,土地肥沃。但一些乡镇企业发达地区环境污染程度较高,乡镇企业欠发达地区环境污染少。从江苏全省大部分地区来看应先考虑发展无公害稻米或A级绿色食品稻米,局部环境优良的地区要以生产AA级绿色食品稻米或有机稻米为主。

总体来说,江苏的苏南、苏中、苏北符合无公害优质稻米生产要求的地方很多,这些地方可由政府农业部门组织出面,分乡镇或区域统一检测环境(空气、水质、土壤)指标,划定适宜无公害、绿色或有机稻米生产区域,并对这些区域进行保护。目前,交通不太方便的稻区以AA级绿色和有机稻米生产为方向进行开发,以获取更高的经济效益,其他稻区主要是向无公害优质稻米生产方向发展。

2.2 加强执法立法,切实保护农业生态环境

以防为主,防治结合,改善农业生态环境,水源、土壤、空气、生态是人类赖以生存的环境基础。在当前,农村经济内部随着第二、第三产业的发展要严格控制和禁止新污染源产业在稻米主产集

中区的建设,不能仅考虑短期经济行为而走"先污染,后治理"的老路。对已经建立的无公害稻米生产基地,要保护环境不能出现二次污染现象,加大对污染环境的执法力度,要设立保护区并以法律的形式加以保护。这样才能改善农业生态环境,从根本上解决稻米等食品的污染问题,提高稻米的卫生安全品质。

2.3 加强无公害优质稻米生产全过程的监控和技术培训

2.3.1 加强基地环境建设,监测、监控大气、土壤、水质,达到国家规定的标准

要求空气清新,水质纯净,土壤不受污染。因此,首先要进行基地环境监测,一旦选定,还要求在生产过程中坚持监测、监控。

2.3.2 加强无害化生产技术过程监控

主要是投入到农业的生产资料无害化施用,包括:控制施用化肥、农药、除草剂;示范、推广简单易行的传统农艺技术、优质高抗品种、生物防治技术、低毒和低残留的农药,从源头上监控,定期检查,坚决不允许使用禁用化学品等。

2.3.3 加强农产品加工过程监测、监控

除了对基地环境、生产过程进行监测监控外,产品收获、加工、销售过程亦要监测、监控,杜绝不合格农产品进入市场。

2.3.4 制定适合无公害稻米生产技术规程

要求生产基地和周边农户,按规程要求合理使用农药和化肥,绝对禁止使用高毒高残留农药。① 贯彻"预防为主,综合防治"的原则,在病虫害防治上,采取以农业防治为基础,优先应用生物防治技术,科学使用高效低毒低残留的化学农药,把用量压到最低,协调化学防治、生物防治及其他防治手段,把病虫为害控制在经济允许水平以下。② 倡导生物有机肥、秸秆还田,控制化学肥料施用量,示范推广高温腐熟堆肥、厩肥、生物微肥,在施肥上要掌握 5 个原则,即以有机肥为主的原则;以底肥为主的原则;测土配方施肥的原则;农田土壤中的养分输入输出相平衡的原则;农家肥及人畜粪便充分腐熟达到无公害应用的原则。禁止使用硝态氮肥和未经处理的城市垃圾和污泥,以减少硝酸盐的积累和污染。

2.3.5 强化无公害稻米生产的技术培训

省、市集中培训技术骨干,乡镇举办专题技术培训班培训农民,特别要搞好无公害生产基地农户的技术培训,并在县乡农技电视节目中开办无公害农产品技术专栏,广泛宣传无公害农产品新技术,提高稻农无公害栽培技术水平。专业技术员要在生产过程中深入田头,加强对无公害水稻生产的技术指导。

2.4 加强宣传,提高全民保护农业环境的意识

2.4.1 加强保护农业生态环境的宣传力度

要让所有人知道保护农田环境必须从自己做起,保护农田环境,让生产出的稻米卫生安全,就是保护自己的身体。

2.4.2 普及无公害农产品科技知识

不仅面向生产的主体(农民),而且要面向消费者、营销人员和各级领导。领导层的认识尤为重要,要让环境符合国家制定的标准的生产基地生产的"无公害稻米"进入市场,打出品牌,不仅要提高价格,更重要的要让消费者知道什么是无公害稻米。通过市场促进无公害稻米的生产和

发展。

2.4.3 鼓励农民使用有科学价值的传统生产方式和新技术

发展有机农业,改变和调整农业生产技术,采用高温腐熟有机肥、生物肥、生物农药,人工和机械作业,控制化学肥料、农药、除草剂等有害激素的施用。

2.5 实行订单农业,规模生产,实现产业化

无公害优质稻米既要保证质量,又要逐步增加数量以增加经济效益。以龙头企业组织在环境质量达到无公害稻米生产要求的地区建设基地,实行订单农业,形成"龙头企业＋基地农户"的产业化模式,既能保证稻米无公害,又能规模化生产。在试验示范田的影响下,可带动周边的农民参加无公害水稻的种植,为保证稻米质量要求生产者按技术规程的要求种植,在种稻前和农户签订技术服务合同和稻谷生产收购合同。这样既保证农民的利益,又能保证无公害稻米的数量和质量。

2.6 提倡秸秆还田,推广麦(油)田套直播稻种植制度

农田复种高,土壤有机质主要依靠作物的秸秆还田。推广麦田套直播稻种植制度是解决秸秆问题的最可行的途径。麦田套播稻是在麦子收割前期将处理的稻种直接撒播到麦田地表,麦稻共生,收割时留茬 30 cm 左右,机械脱粒后的秸秆就地留在田内,任其腐烂还田,这是融免耕、旱育、秸秆还田于一体,既省力又能增加地力,还杜绝了因燃烧秸秆造成的污染。

2.7 加大资金投入,开展无公害优质稻米生产研究,提高产品科技含量

以往的水稻栽培技术是与"一高两优"农业相适应的,现在以无公害、绿色甚至有机标准来生产,其相应的栽培、土肥、植保措施要作相应的改进,在无公害优质稻米生产技术研究中,更要以有机农业或生态农业的高标准来要求,有关部门必须加大资金投入,开展如水稻健身栽培,有机无害化肥源的开辟和化学肥料的科学施用研究,以及病虫害的生物防治、物理防治、农业防治等综防技术等立项研究,搞好协作攻关,使水稻优质、高产、高效在有机安全的前提下高水平协调,真正使农业可持续发展。

参考文献

[1] 张益彬,杜永林,苏祖芳.无公害优质稻米生产.上海:上海科学技术出版社,2003.

[2] 顾克礼,蒋桂宝,张圣旺.超高茬麦田稻技术问答.北京:中国环境出版社,2003.

[3] 凌启鸿.论中国特色作物栽培科学的成就和振兴.作物杂志,2003(1):1-7.

[4] 贾乃新,刘海风,王晓萍,等.对有机、绿色、无公害食品发展问题的探讨.中国农业资源与区划,2002,23(5):60-62.

[5] 凌启鸿.作物群体质量.上海:上海科学技术出版社,2000.

[6] 沈晓昆.稻鸭共作——无公害有机稻米生产新技术.北京:中国农业科学出版社,2003.

[7] 凌启鸿."吃饭与建设"问题.南京:江苏科学技术出版社,2002.

调整种植业结构　实现高效农业*

摘　要：阐述了江苏司徒乡适应市场需求，充分发挥本地农业资源优势，调整种植结构，实现高效农业的特点和具体措施。

关键词：种植结构；高效农业；措施

种植业是农业生产的基础，与畜禽、水产养殖业关系密切，历来追求高额产量为目的。随着粮食总量的不断增加，供需相对平衡，消费水平的提高，人们对农副产品的质量提出了更高要求，势必要对种植结构进行调整，以适应市场需求和人民的消费水平，促进农业生产的发展。

司徒乡是一个农业大乡，是粮、棉、油生产繁育和商品粮基地。在市场经济的形势下，几年来通过农业综合开发，依靠科技，围绕发展"优质、高效"农业，进行种植结构调整。充分发挥本地自然资源优势，发展畜牧业，实行"种、养、加"相结合，扩种优质高效作物和饲料作物，确立"粮、经、饲"三元种植结构，把农牧产品推向市场，取得了显著的经济效益、社会效益和生态效益。

1　调整的主要特点

1.1　扩大种植优质高产新品种

几年来全乡先后引进武运粳 7 号、早丰 9 号、8311、杂交 65002 和汕优 136、扬麦 10 号、苏棉 9 号、宁油 10 号等优质粮棉油新品种。这些优质高产品种的品质比原有品种有大幅度提高，效益显著，深受农民欢迎。优质良种覆盖率由开发前的 52% 上升到 1999 年的 95%～98%。为了发挥优质新品种的优势，年年有后继品种，采用引进、适应性试验示范、大面积种植相结合，在较短的时间内掌握新品种栽培技术，"良种良法"同步推广，加快品种的更新，这样使新品种的使用周期由过去的 5～6 年缩短到现在 3～4 年，取得较大的经济效益。每年良繁面积 533 hm² 左右，占种植面积的 25%～30%，并形成了从引种—示范—繁殖—加工—包装—仓储—检测的种子产业化经营体系。每年提供粮、油、棉种 250 万 kg 左右，32 个县市级种子部门和司徒乡农技站签订了供销合同。现在司徒乡已成为里下河农科所、扬州市种子公司、高邮市种子公司和扬州大学的良种繁育基地。

1.2　"粮、经"二元结构改为"粮、经、饲"三元结构

司徒乡原来以年产稻麦、棉麦、油稻等为主，种植结构单一，1995 年开始推广冬菜—马铃薯—

---

* 本文原载《耕作与栽培》，2000(2)：15-16；作者：苏祖芳，赵文明，周培南，许乃霞；被中国社会科学院社会发展研究中心评为《"十五"产业结构调整与可持续发展论坛会》优秀论文，并在会上报告。

棉花。据对种植农户调查统计，麦套棉两熟合计产值 1 390 元，棉花马铃薯套作两熟合计产值为 2 123 元，马铃薯套作棉花增加效益 720 元/亩。1996 年 5 亩"冬菜—马铃薯—棉花"的菜棉套作试验也获得成功。农户徐海铃种植 2 亩，收获冬菜 800 kg、马铃薯 550 kg，收入达 1 000 多元，棉花收入也达 1 000 多元。1997 年后扩大到 10 亩，经济效益显著。1999 年花生套作棉花试验示范，花生（收地花生），两熟合计产值达 2 000 元，增加效益 750 元/亩，比常规种植棉花增收 50%以上。

为了适应畜禽养殖业的发展，1998 年开始试种玉米—黄豆—棉花和双季玉米等饲料作物，由二元种植结构改为三元结构。司徒乡的土质分黄乌土和黑乌土两类。黄乌土含有一定量的砂粒，宜种玉米，在 1998 年小面积试验示范的基础上，1999 年在黄乌土上种植玉米 33.3 hm²，农民取得可观的经济收入，同时为司徒奶牛场提供了优质青饲料。而拓垛村的较黏性黑乌土，有机质丰富，适宜马铃薯套种棉花，实行立体种植。

1999 年秋播作物布局，根据司徒乡的实际，进行合理调整，计划优质小麦种植面积占 60%，绿肥占 10%，大麦占 30%，1999 年夏播作物布局，优质水稻占 70%，饲料玉米占 20%，棉花占 10%。

1.3 推广旱种田"三化"、"四茬"复种模式

全乡水稻面积 0.2 万 hm²，秧田面积 200 hm²，推广"三化"、"四茬"，即"苗床基地化，床土菜园化，茬口模式化"和"春育秧苗，夏种杂粮，秋育油菜苗，冬种蔬菜等"。推广旱秧田后，减少冬闲田 133.3 hm²，以稻麦单产相加 600 kg/亩计算，每年净增粮食 120 万 kg，全乡增收达 145 万多元。

"三化"、"四茬"秧田复种模式，秧田固定，一田多用（育秧苗—种春毛豆—秋育油菜苗—种冬菜），不仅增加本地的复种指数，提高了土地的利用率，而且培肥了地力，近几年司徒乡培育成壮根秧苗，为司徒乡水稻持续高产提供了保证。这一开发利用复种模式，目前在里下河地区大面积推广应用，取得了显著的经济、社会和生态效益。

2 调整的主要措施

2.1 充分利用本地农业资源

司徒乡是农业大乡，在当前大田粮食作物产量高，比较效益较低的形势下，发展奶牛产业不仅可以充分利用本地农副产品，同时为高邮城乡居民供应牛奶制品，改善营养结构，1999 年司徒乡依靠扬州大学的科技力量，办起了奶牛场，为进一步调整农业种植结构，提供了条件。

2.2 加强优质农作物新品种引进工作

几年来司徒农技站在扬州大学专业老师的指导下，积极推广优质高产新品种，提高种植业的比较效益，农民得到实惠，而且调整了作物布局，加速了种子更新，提高了优质品种的覆盖率。他们的工作主要是：年年引进生育期适宜的优质高产抗逆新品种，进行小区试验；对新品种请专家教授和有经验的农民进行生长鉴定和品质鉴定；评选出的新品种进行百亩方种植，推广群体质量栽培法。这种样板田，农民看得见，摸得着，新品种及配套技术很易推广开来。司徒乡新品种的更新，做到试验一代、种植一代、储备一代，现在种子产业已成为司徒乡的一大支柱产业。

2.3 通过种植绿肥等饲料、推广秸秆还田等措施培肥地力

随着农村经济的发展和劳力结构的变化，农田大量施用化肥，有机肥使用量大为减少，特别是绿肥面积锐减，传统有机肥如草塘肥、堆肥等很少积造，致使某些土壤有机质含量降低，在当前劣

质粮棉压库,大田种植粮棉效益较低,特别优质小麦品种抗逆性较差的情况下,调整部分土地种植紫云英等绿肥和大麦等饲料作物,不仅可以给奶牛场供应精粗饲料,而且可以发展养鹅业,同时还可以培肥地力,是农田可持续发展的必由之路。司徒乡利用丰富的秸秆资源,采用过腹还田、粉碎还田及堆肥、沼气青贮等多种形式进行秸秆还田,培育土壤肥力,提高投入产出率。

2.4 狠抓技术培训,提高农民市场意识

农民的市场意识是调整农业结构的关键。而农民对市场信息的掌握和判断,需要有一定的文化、科技和市场知识。近年来,我们狠抓这方面的技术培训,如进行有关市场与种植业结构调整、牛奶和猪肉的销售流通等方面讲座,并进行调查分析。通过这些办法和措施,使专业户的生产更适应当前市场经济形势,搞好农业种植结构调整必须具备超前意识,这样才能立于不败之地。市场是多变的,要依靠科技,捕捉市场信息,如养鸭专业户郭树林购买了电脑,在扬州大学专业老师的指导下学会上网,为其养鸭业的发展提供了广泛的信息资源。

2.5 完善服务体系,搞活流通渠道

种植业结构调整应加强产前、产中、产后的技术指导和提供销路等信息服务,促使农民发展高效农业,提高农业经济效益。全乡建立了以扬州大学和高邮市农业局、市开发局、乡农技站、乡水利站为中心的服务网络,服务到村、组、户,工作到田头,同时开展农副产品深度加工,种子、鱼、鸭、蛋品和牛奶等农副产品的推销,做到产前、产中、产后一条龙服务,促进生产和流通有机的结合,使农民真正体会到在市场导向下,调整种植结构带来的效益。

参考文献

[1] 方源良.优化种植结构,发展优质、高产、高效农业.新作与栽培,1993(2):24-28.
[2] 中国农业科学院粮食发展研究组.论中国中长期食物发展战略.中国农业科学,1993,26(1):1-12.
[3] 陈颖,邹超亚.农业可持续发展的理论与实践探讨.新作与栽培,1998,(3):1-5.
[4] 吴寿瑛.调整种植结构,提高种植效益.江苏农学院学报,1996,17(专刊):14-17.

关于提高基层农业推广服务水平的几点思考*

摘 要:针对当前我国农业推广面临的形势和要求,分析了农业推广部门的现状和存在的问题,提出了提高农业推广服务水平、加速实现农业现代化的一些思路和想法。
关键词:农业推广;服务水平;农业现代化

在计划经济条件下,农业推广对提高我国粮、棉、油等农作物的产量作出了巨大的贡献;使农产品供给由长期短缺向总量大体平衡和结构性、区域性相对过剩转变,但随着我国加入WTO,国际农业经济的竞争日趋加剧。我国传统农业在国际上缺乏竞争力,与国际市场很难接轨,传统的农业推广面临着空前的挑战。面对日趋严峻的形势,我国农业推广工作者必须及时更新农业推广服务观念,进行大胆的改革和创新,切实完善农业推广服务体系,大力提高农业推广的整体服务水平,加速实现农业现代化。

1 调动农技推广人员的积极性,稳定农业推广队伍

基层农技推广队伍是农业社会化服务体系的重要组成部分,是科技兴农的重要力量。稳定这支队伍,对于促进农业科技进步,发展农业产业化经营,加快实现农业现代化具有重要意义。

在目前的农技推广形势下,部分地区农技人员工资无着落,去留不稳定,人心不稳,为农服务体系的线断、网破现象严重,严重制约了新品种、新技术的推广,许多具有面广量大、分散性的农业中心工作,如病虫害防治技术、关键田管防治技术措施等很难及时到位。如扬州市邗江区2001年水稻生长后期由于基层缺乏农技推广人员,农业局发布的防治三化螟的信息无法及时传递给农民,导致该年的直接损失达200多万元。因此,为了稳定农技推广队伍,必须大力提高农技推广人员的待遇和社会地位,通过晋升职称、外派进修学习以及奖励、宣传表彰先进等措施,以满足基层农技推广人员不断进取、追求个人自我价值以及提高社会地位的心理需要;通过多种途径筹集乡镇农技人员养老和医疗保险经费,切实解决后顾之忧;建立多元化农技推广投入机制,变财政单一型为全社会复合型投入,鼓励社会各界和广大农民采取多种形式参与农技推广投入;鼓励基层农技推广部门开展技术与物资投入相结合服务、产后信息及加工销售服务、技术咨询、技术承包等有偿服务来获取一定的经济收入,激发其内在的推广积极性,同时政府要用法律的形式,固定财政拨

---

* 本文原载《中国科协第四届年会论文集》,2003年,沈阳;作者:苏祖芳,张亚洁,丁海红,杨连新,汪玉漳,高海霞;《农业现代化研究》,2003,24(增刊):94-95.

款中用于农业推广的金额比例,以保证农业推广人员的工资、津贴,尤其是对于社会公益性强,不能市场化运作进行创收性质工作的从业人员。财政要全额保障工资待遇和开展工作所必需的资金落实。上述措施对调动基层农技推广人员积极性,稳定农业推广队伍,健全农业推广服务体系,具有重要的意义。

2 加速农技推广人员的知识更新,提高业务素质

随着我国加入 WTO 后,我国的农副产品正逐步与国际市场接轨,各种新品种、新技术、新方法不断涌现,农技推广的手段也随之不断更新,各种音像、无线电通讯和多媒体联网被广泛应用,在这种形势下,迫使农技人员必须进一步提高自身的综合素质。据几个县、市、乡的调查,绝大部分农技人员过去一直从事的是稻麦棉油的技术推广和服务,其技术层次与结构调整的多样性已不相适应,因此,管理部门要制订培训计划,拿出一定培训经费,分批培训在职推广人员,尤其要掌握市场分析预测、信息技术、经营管理、加工流通等方面的知识,培养复合型人才。要注重与高等院校合作进行学历教育,使县乡农技人员达到大专以上学历,把人才培养放到更加突出的位置,加大知识更新力度,优化人才结构,使农技人员尽快实现观念的转变、知识的转型和职能的转换,使其真正成为帮着农民调、带动农民干、干给农民看的生力军,切实提高农业推广队伍的业务素质,提高农技推广的服务水平,更好地为市场经济条件下的农业科技服务。

3 拓宽服务领域,增强服务功能

在市场经济条件下,农业生产和结构调整必须面向市场,农民作为农业结构的实施主体,不仅迫切需要优良品种和栽培技术,而且迫切需要了解市场信息,解决产品销路。农民的需求就是农技推广部门工作的重点,帮助农民产前决策、产中质量管理、产后市场开拓,就是适应新形势的需要,如果农技推广部门不及时转变思想观念,拓宽服务职能,不仅得不到社会的重视和农民的欢迎,而且整个农技推广体系就有被时代淘汰的危险。因此,农业推广部门必须明确改革方向,勇于开拓,转变服务方式,牢固树立全方位为农服务的思想,推动农业结构调整,充分发挥技术优势,以技术为纽带,把产前、产中、产后服务有机结合起来,实现由单纯的技术服务到全面提供农产品服务的转变。在实施改革的过程中,可以按照"稳定公益性、放活经营性"的思路;以农业示范区为基地,实行股份制和承包制,积极鼓励农业推广部门人员及科技人员领办或兴办农业科技实体,技术人员在做好相应的公益性工作的同时,参与基地的分项承包和入股,调动基层技术人员的积极性,既丰富示范区的综合示范效应,又增强体系的运作。如江苏省高邮司徒乡农技服务中心,建立良种繁育基地和优质高效作物示范基地,种子运销省内外 10 多个县市。同时兴办粮食加工厂,年加工能力 380 万 kg,解决了农业大乡农民卖粮难的问题,帮助农民提高种田效益,走出了一条服务、创业双赢的路子。

4 加快农技推广和市场信息扩散,实现农技信息化

随着我国加入 WTO 和信息技术的广泛应用,农业将进一步融入世界经济一体化潮流之中,农业产业化发展面临着一个更加开放的市场环境和更加激烈的市场竞争,这就对分散经营的千家万户与大市场衔接提出了新的要求,因此农业推广人员必须充分发挥信息化的作用,将信息体系

建设与农业科技推广体系有机结合起来,实现农技推广的信息化要加强区域内以科技和信息为主要内容的农业社会化服务,要建立农业科技信息服务、农业生产资料信息服务、农产品市场信息服务、农业政策法规信息服务等区域性农业信息服务网络,并逐步建立农业信息服务体系、农业综合执法体系和农业标准化体系,从根本上保证基层农业技术推广工作的正常运行。

5　培养新型的农民,促进农村经济的持续发展

当今种植业结构要进一步优化,农业增长的科技含量要不断提高,需要造就一批有技术、素质高的新型农民。要依托县、乡、村农业推广队伍,利用县、乡农业技术学校这块阵地,采取多种形式,培养农村实用人才,重点是村级农技队伍和农业大户的培训,力争使村组农技人员、农业大户达到中专以上学历。要坚定不移地实施"绿色证书"制度,培养初中以上文化程度的村农业社会化服务体系的人员、村干部、专业户、科技示范户和一些技术性较强岗位的从业农民。培训内容要紧跟形势,结合季节,服务当前,要从单纯的技术培训向专业化领域拓展。推行农民技术员和农民经纪人持证上岗制度,培养有技术、善经营、会管理的农村技术骨干和致富带头人,促进农业结构调整和农村经济的发展。

参考文献

[1] 卢良恕. 21世纪的农业和农业科学技术[J].中国农学通报,1997(1):58-65.
[2] 陈见超.论社会主义市场条件下我国的农业推广关系与推广策划[J].农业现代化研究,1999(2):95-98.
[3] 席日峰,陈爱明,陈良.新时期强化基层农技推广工作的途径[J].南京农专学报,2000,16(4):108-109.
[4] 黄金祥,许世卫,杨华生.两高一优农业与入世后农业发展[M].北京:中国农业科学技术出版社,2002.
[5] 谢立.服务与创业双赢.扬州日报,2002-01-22(2).

农业综合开发与科技推广结合加速农村经济发展[*]

1 农业综合开发的重要意义

农业综合开发是根据我国农业发展的特点,在对农业资源及其开发利用调查研究的基础上,有组织地运用各种工程、生物技术、经济等措施进行综合开发利用,取得经济、社会和生态效益,加速农村经济发展的一种政府行为。

农业综合开发是搞好农业生产的基础。党和政府一贯将农业综合开发放在极重的地位。正如姜春云副总理在给全国农业综合开发经验交流会议信中指出:农业综合开发是我国农业和农村工作的重要组成部分,农业综合开发,在改善农业基本生产条件,提高农业综合生产能力,增加主要农产品的产量保证有效供给,增加农民收入上多方面发挥了重要作用,是加强我国农业现代化建设的有效途径。几年来,全国及我省各地开发实践均得到了证明。

农业是国民经济的基础,粮食是关系国计民生的重要物资。据测算,到2000年全国粮食生产能力达5 000亿kg以上,才能满足我国经济发展和人民生活的最低需要,也就是说,从1995年起到2000年,在这6年时间里,必须增加粮食的生产能力,在农、林、水综合治理措施的配套下,农业综合开发需承担全国新增粮食生产能力一半的任务,即新增250亿kg粮食的生产能力,现在已过去3年,还有3年时间是新增125亿kg粮食的生产能力。因此,农业综合开发工作者肩负着重任,任务艰巨而光荣。

我国是一个人多耕地少的国家,每年人口增加一千多万,由于筑公路、建工厂等,每年减少耕地面积约几百万亩,人均占有耕地量在世界上属于低水平,而且我国目前2/3的耕地属中低产田,后备资源也不丰富,据统计,全国宜农荒田约4亿多亩,滩涂3 000多万亩,荒山草地约几亿亩,可养殖的淡水水面约3 000多万亩,要使其取得效益,投资巨大,改造不易。所以解决粮食问题,根本在于增加单位面积产量。就是要加强农业综合开发力度,大搞农田基本建设,改造中低产田,改变农业生产条件,提高土壤肥力。同时,要依靠科技进步,推广农业实用科学技术,才能提高土地产出率,增加粮食产量和农田经济效益。从司徒乡几年的农业综合开发,单产大幅度提高,经济得到长足的发展,农民人均收入由江苏省高邮市的第33位(倒数第3名)上升到第3名这一事实已经得到证明。这充分说明领先农业也可以致富的,所以农业综合开发对促进农村经济发展,到20世纪末全面实现小康村目标,具有重要现实意义。

---

[*] 本文原载《耕作与栽培》,1997(4):60-63;作者:苏祖芳,吕贞龙,杜永林,张亚洁,周培南。

2 农业综合开发的目标与主攻方向

农业综合开发的宗旨,简单地说,就是"改田、增粮、创收入"。所谓改田,就是大搞农田基础设施建设,以改造中低产田,培养地力为主攻方向,适当开垦宜农荒地,努力增加农业发展后劲。增粮就是以增加粮、棉、油、肉、糖、饲料等主要农副产品的产量,特别是粮食的有效供应和生产能力为目标,坚持政府行为,兼顾市场导向,发展优势作物。创收入就是按国家制定农业发展战略,适当发展多种经营和龙头产业项目,转变增长方式,把农业增产和农民增收两个目标相结合,加快发展农村经济,致富农民。使农业开发工作得到广大农民的欢迎和受到各方面的重视,具有旺盛的生命力。

根据这一宗旨,对照农业开发的要求,首先要认识当地农业综合开发是进一步改造农业生产的基础条件,发挥资源优势,提高综合生产能力和农业经济效益对当地经济发展有着重要的意义。其次要分析农业综合开发区的经济现状和优势资源,如高邮市纯农业区提高种植业和水面荡滩养殖业的经济效益是致富农民,发展经济,寻找农业综合开发的方向和途径,在城郊结合部提高种植业和保护地蔬菜的经济效益,是致富农民、发展农村经济的必由之路。在近郊区,发展生态农业、加工农业、观光农业和白色农业是农业开发的方向。

3 农业综合开发的主要内容

3.1 生产开发

生产开发是指中低产田的改造和桥、涵、闸、站、田、林、路及田间沟渠配套的综合治理,以及土地新资源开发。中低产田改造,是指单产水平较低、土壤地力差,抗御自然灾害能力低下的地区,这些地区只要增加物质投入和推广先进实用技术,并针对中低产田限制农业生产的因子,突出重点措施,进行农田的基本建设和相互配套的栽培技术的综合利用,增产潜力较大。实质上,中低产田改造是吨粮田建设的过渡期,建设吨粮田是中低产田改造的最终目标。高邮市很多农业综合开发项目区,原来就是中低产田,通过农业综合开发,现在已成为吨粮田、高产示范田。这种例子很多。

土地新资源开发,是指沿海、滩涂、盐碱、荒滩等地块,它和中低产田改造有一定差别,差别在于这些地块土地等资源尚未利用,必须通过综合治理,提高抗御自然灾害的能力和综合利用水平,投资虽大,但效益也高。全国及我省许多荒滩水面的开发就属这一类型。

生产开发是改造地形地貌,改善生产条件的基础工作,为增加粮、棉、油产量及其效益创造了物质条件。所以生产开发后,改造中低产田必须围绕"两高一优"农业,以市场为导向,优化种植结构,推广实用先进技术,真正做到地尽其力、物尽其用,取得更大开发效益,才能达到开发促进农村经济发展的目的。

3.2 科技开发与推广

科技开发与推广是指新品种引进和推广、农业适用科技推广与开发、技术培训等内容。农业综合开发为科技成果推广提供了广阔的舞台,农业综合开发与科技推广结合具有强大的生命力。因此我们要抓住这个机遇,要把农田基本建设,科技开发及农民科技文化素质同步提高。不能只重视农业基础设施建设这个硬任务,而忽视农业实用技术推广,要使农业开发工作真正起到质的飞跃，使科技进步在农业综合开发效益中所占的份额达到 60% 以上。

4 农业科技在农业综合开发中的作用

科学技术是第一生产力。发展农业，一靠政策，二靠科学，三靠投入，但最终还是靠科学技术解决问题。农村经济发展的快慢，实质是科学技术进步快慢的问题，农业综合开发就是在改造自然条件的同时，通过科学技术加快农村经济的发展，近几年的农业综合开发成果表明，在农业综合开发中开发力度大、科技含量高、成果推广好，种植业和养殖业增产增效显著，农村经济发展迅速，年人均收入增长快，其科技贡献份额明显提高。如高邮市司徒实验区 1995 年科技贡献份额达到 69%，比示范区提高 10% 以上。

靠科学技术发展农业生产具有很大的潜力，就拿粮食生产来说，现在世界上玉米亩产（美国）最高已突破 1 500 kg。我国水稻在云南大理已出现小面积亩产 1 100 kg 以上，江苏赣榆县杂交水稻连续两年单产达 925 kg 以上，依据光能利用率测算，理论产量水稻一季产量可达 1 800 kg 以上。江苏许多市县水稻大面积单产达 600 kg 以上，小麦大面积取得 500 kg 以上的高产纪录。而且还出现双千三高效田的纪录。现在一般农田离高产田的产量相差极大，所以增产潜力很大。

农业综合开发中，生产开发是为科技推广取得巨大经济效益创造物质条件，生产发展要靠科技，因此要把落实科学技术作为中心工作来抓，不仅要千方百计地主攻单产实现高产更高产，还要提高经济效益，只有这样才能发挥科技在农业开发中的作用。为此，要狠抓适用科技成果的推广和应用。

4.1 引进和推广优良品种，保证粮食作物和经济作物生产的稳定增长

农作物的优良品种实际上是物化了的生产力，实践证明，采用优良品种是一项十分经济而有效的增产措施，一般可增产 10% 左右，高的可增产 20%～30%。据调查分析，农作物增产部分中，优良品种占 30% 左右，栽培技术占 45% 左右，其他如植保等为 25%。如司徒乡前几年种植扬麦 158 良种，百亩示范方产量比大面积增产 10% 以上，其经济效益是极为显著的。

4.2 推广和应用农业先进科技成果

为了较快、较好地发展农村经济，大力推广和应用农业科技成果也是一个重要方面。例如推广和应用作物叶龄模式群体质量栽培技术等取得了很大的效果。粮食作物，例如水稻、小麦，其产量是光合作用的产物，因此要提高水稻、小麦产量，必须要提高这些作物的光能利用效率。但是光能利用的理论具体应用到水稻高产栽培上，就易出现偏差，例如对水稻产量的构成因素，穗数、每穗粒数、粒重和结实率 4 个因素，偏重于穗数。认为密度加大以后，苗长得好，就能提高产量，这在低产变中产或低产变高产的过程中效果是显著的。但这个密度达到一定程度后光能利用率就会受到阻碍，植株就会发病或易倒伏，影响产量，俗话说"欢喜苗，叹气稻"，这是重数量轻个体质量的后果。所以应采取扩行窄株使后期株间光照充足，促进叶片光合生产能力，增加灌浆物质和运转力，提高粒重和穗粒数，从而增加产量。

4.3 搞立体种植，充分利用当地光、温资源，提高光能利用率，实现作物的高产高效益

大搞立体种植，向空间要效益 如稻田养蟹、棉田套种蔬菜等方式，棉田套种马铃薯，不仅使棉

花苗期生长良好,现蕾提早,棉花增产,而且马铃薯还能取得丰收。还有保护地蔬菜栽培,地膜覆盖,提早栽培,效益都是极为显著的。

5 加速科技成果推广的主要方法

5.1 领导重视,是搞好农业综合开发的保证

采用乡级干部分片包干,推广农业科技成果,对村级干部和村农技员布置任务,提出要求,实行严格考核和奖惩制度。这样政技结合,岗位责任明确,有利于加速科技成果的推广。

5.2 建好农村社会化服务体系

重点把乡镇和村两级农技服务网点建好,这是向农村农民传播科技成果的桥梁,是其他部门不可代替的。农业开发管理部门主要从事管理、检查等工作,所以在农业综合开发过程中,一定要农业局、水利局、多管局和开发局一起,相互配合,这样可以达到事半功倍的效果。

5.3 开展多层次、多形式培训,建立一支扎根农村的科技推广队伍

每一项实用新技术,对我们每个人,都是一个学习过程,在开发过程中,要先抓乡级干部和农技员的培训,因为他们是推广科技成果的中坚,他们懂了,掌握后,才能将实用技术推广到群众中去,才能起到宣传纽带作用。再抓好示范户、专业户的科技培训工作,这样,村村组组都有带头的农民技术能手,通过现场指导等多种形式培训,提高农民的科技素质,科技之花就能结出丰硕的果实。

5.4 种好示范方

示范方、示范户,是农业开发管理部门掌握的典型。这种典型,农民看得见,摸得着,学得会,易于推广辐射,其社会效益较为显著,是科技开发成效最具说服力的样板,也可使新技术新成果在农民群众心里开花结果。示范方也是显示我们科技水平的标牌。

5.5 搞好辅助试验田

在农业综合开发过程中,对影响高产高效的障碍因子立项进行试验、示范、探索。加速农业资源开发和经济发展的新路子、新途径和新方法,可作为技术贮备。同时对推广科技成果进行适应性试验,可少走弯路。加速科技成果的推广速度,也是取得经济效益的有效措施。

凌启鸿作物栽培学研究思想与方法*

凌启鸿教授是我们的老师,教我们作物栽培课,指导我们农业科学研究,在长期的工作接触中,深深感到凌启鸿老师带领团队在创立"叶龄模式,群体质量,精确栽培"三位一体的具有中国特色作物栽培学理论体系重大成果中作出了重要贡献,他是创始人,同时他在作物栽培学研究思想和方法上有一系列独到见解和创新。凌启鸿作物栽培学研究思想创新主要表现在以下几个方面。

1 坚持把高产作为栽培研究的主要方向

20世纪50—80年代,我国农作物单产水平低,农产品供求矛盾突出,几乎所有产品都要凭票计划供应。凌老师带领我们下乡蹲点搞样板田,在校内搞小区试验和实验室观察研究,主题都是一个,种出高产田,揭示高产规律,提高大面积产量来缓解粮食供求矛盾。主攻单产这个方向,在当时社会重大而迫切的需求下是无可非议的。

从20世纪80年代起,农村改革极大地提高了农业生产力,使新中国成立后形成的各种生产力要素(包括农业技术)的潜力集中迸发出来,很快解决了凭票供应问题。80年代后期,还出现了短期的农产品结构性"过剩"。在这种形势下,出现了农业生产不应该追求高产,而应追求品质和经济效益的思潮和倾向。20世纪90年代初,中央提出了"优质、高产、高效"的农业生产方针,把优质放在了首位。到了20世纪90年代后期,由于大批农村劳动力向城市和二、三产业转移,农业生产上出现了各种简化粗放的栽培管理方式,带来了作物单产较大幅度的下降。对于这种状况,有的专家认为,产量虽然低些,但农民投入减少了,劳动生产力和投入产出率反而高了,农民在经济上不吃亏,并提出照相上有"傻瓜"相机,栽培上应有"傻瓜"技术,一度把栽培技术的粗放作为"傻瓜"技术。甚至提出了"粮食安全=超级稻+傻瓜技术"的口号。凌老师认为,这种粗放化的技术取向

---

* 本文是2013年7月20日扬州中国特色作物栽培理论体系与论坛上的发言稿,原载《中国特色作物栽培理论发展学术研讨文集》,中国农业出版社,2013;作者:苏祖芳、戴其根。

作者苏祖芳1960年考入苏北农学院,大学二年级时凌启鸿教授作物栽培学,四年级指导毕业论文,毕业后留在苏北农学院施桥样板点锻炼,在凌老师指导下做合式秧田,培育壮秧,种高产田,学习劳模陈永康单季晚稻高产经验和研究总结劳模唐宝铭中稻高产经验。样板点锻炼结束后,留在稻麦研究室工作,成为凌老师的助手之一,在凌老师直接关心指导下,开展围绕以高产为中心的研究。1978年后凌老师是教研室主任,带领并指导我们开展水稻品种穗分化鉴定、水稻茎秆大维管束数与穗型的观察等工作。1980年至21世纪初,一直在凌老师指导下开展水稻叶龄模式、群体质量和精确栽培等研究,并在江苏各地及我国有关稻区开展示范和推广工作。戴其根1980—1984在江苏农学院上学时,就系统接受凌老师的学术思想,1992—1993年参与《稻作新理论——水稻叶龄模式》专著的校对工作和《水稻高产群体质量及其优化控制探讨》论文的组稿工作,1998年起有幸得到凌老师的直接指导,2000年跟随凌老师研究水稻精确定量施肥,成为他的重要助手。

是十分有害的。因为傻瓜相机有自动调节距离、光圈、速度的电脑装置,实则是更精准的技术集成,而粗放的傻瓜栽培是什么?只能是随心所欲。

针对我国人多地少,人均耕地不及世界人均的1/3,随着人口不断增加,经济的快速发展,耕地不断被占用减少,粮食安全日益成为经济发展、社会稳定的潜在性重要制约因素,面对这样的严峻形势,凌老师坚持认为,解决我国粮食安全的根本出路,只能依靠持续提高单产。我们不能像地多人少的西方国家那样,有时为了获取最大经济效益,宁可降低单产的做法,而应该把提高单产放在首位,在此前提下,同时兼顾品质、兼顾提高经济效益、社会效益和生态效益,采用轻简栽培,也要以提高单产,研究"精简"的高产栽培技术为方向。2002年,他将上述思想写进《论中国特色作物栽培科学的成就与振兴》一文中,提出"高产、优质、高效、生态、安全"(简称"十字"栽培)应是中国作物栽培科学的发展方向,并寄给了温家宝总理,总理批示肯定:"振兴中国特色的作物栽培科学,发展高产、优质、高效、安全、生态农业,是实现农业结构战略调整,推进农业现代化的有效措施"。从此,"高产、优质、高效、生态、安全"不仅是栽培科学的发展方向,而且是农业生产的指导方针。凌老师的这一思想引领我们创建了以高产为主导,"十字"兼顾的精确定量栽培的理论与技术体系。

2 学习总结劳模经验,从高产田里找高产规律

1958年的"大跃进",农业上开展创高产"放卫星"运动,师生们人人都要参加种高产卫星田,当时只能在书本上找,从措施技术层面拼凑试验田方案,结果往往倒伏,难以成功。而水稻生产全国劳模陈永康和省劳模唐宝铭,他们的单产分别能稳定在500 kg和400 kg以上(当时大面积单产只有200 kg)。人们开始认识到,真正高产栽培规律存在于劳模的高产田中。1960年中国农科院江苏分院(今江苏农科院),组织开展陈永康晚粳"三黄三黑"高产经验总结;1961年原苏北农学院(今扬大农学院)组织唐宝铭中粳"二黄二黑"高产经验总结。由夏永生院长主持,凌老师带领一帮青年人跟唐宝铭种大田,作试验对比,同时也参观学习陈永康经验。经过3年的学习总结,基本掌握了高产栽培技术,1964年在施桥公社大面积示范推广,同时初步学习到了劳模们的共同经验,初步找到了他们高产栽培的基本思路。即劳模们脑海中都总结有高产田生长过程的经验的理想蓝图,栽培措施都是围绕这蓝图进行的,例如陈永康把晚粳稻的生长过程概括为"小暑发棵(分蘖)"、"大暑长粗(壮株)"、"立秋长穗(开始穗分化)",首次把产量因素的形成过程和季节的关系揭示出来。高产田的生育过程要经历3次叶色"黑、黄"的节奏变化,并和产量因素的形成密切相关,即3次"黑"分别出现在"发棵"、"长粗"和"长穗期",促进分蘖、壮秆和大穗形成,3次"黄"分别出现在分蘖末期、拔节期和破口期,以利控制无效分蘖、节间伸长和提高结实率。3次"黑""黄"达到足穗、大穗、抗倒、粒饱的综合目的,围绕3次"黑""黄"变化,配合以3次施肥和3次烤田。唐宝铭的高产栽培的原理和陈永康相同,只是中粳稻的生育属"重叠"型,控制无效分蘖和节间伸长重合在一起,故省去了中间的一次"黑""黄"。劳模经验首次朴素地把栽培技术应用和产量因素的形成过程联系起来,从理论上是可以解释的。这是以往把措施作为主要研究对象的栽培学无法与之相比拟的。受劳模经验的教益和启发,凌老师开始形成作物栽培科学应该包括3个基本组成部分的理论框架,即:(1) 器官建成、产量形成过程,高产群体结构动态和叶色"黑""黄"变化规律;(2) 作物与外界环境、个体与群体、各部器官间的关系、矛盾分析和诊断;(3) 措施的作用原理、应用原则和操作规范化,定量化。在这一理论框架的指引下,凌老师组织我们团队,坚持数十年,对这3个组成部

分,一步步地深化研究,最终创建成崭新的,具有中国特色的作物栽培理论体系。

3 从器官建成的研究中探索高产形成规律

凌老师认为,作物高产的形成是建立在器官协调生长基础上的,栽培调控是通过器官调控最后反映到产量因素上的。要探求高产规律,首先必须把各个器官的形成过程和高产形成的关系揭示出来,从器官层面上,把高产栽培的理论基础夯实。他指导我们团队,先从水稻上开始,对各部器官的形成与产量形成的关系,进行了系统的研究。

3.1 叶龄模式的研究

通过研究水稻出叶与分蘖、茎、根系的生长和穗分化之间的同步同伸关系,建立了主茎叶龄诊断各部器官建成情况的叶龄模式,明确了有效分蘖临界叶龄期、拔节叶龄期和穗分化叶龄期3个最关键时期的叶龄诊断通式,为促进有效分蘖控制无效分蘖和节间伸长,以及促进大穗形成的促控技术运用的适宜时间提供了理论依据,首次把水稻生育模式化,高产调控规范化。

用水稻的研究方法,相继在小麦、玉米、棉花、油菜上建立了各自的叶龄模式,为准确掌握促控技术运用的适宜时间,提供了诊断指标。叶龄模式的研究,还明确了稻麦有效分蘖叶龄数和有效分蘖之间,棉花主茎果枝数和单株有效果节数之间,油菜长柄叶数和一次分枝数之间存在密切的数量关系,是计算合理基本苗的重要根据。

3.2 茎秆性状形成与抗倒和大穗关系的研究

3.2.1 茎秆性状与抗倒研究

1963年实习期间,凌老师指导我的毕业论文"茎秆性状与倒伏关系的研究"。他先从理论上分析了茎秆是否倒伏是由地上部下弯力矩 M 和茎基部的抗下弯力矩 R 相互作用决定的,只有 R 数倍大于 M 才能抗倒。下弯力矩 M 是由植株地上部鲜重 P 和重心高度 L 的乘积构成,即 $M = PL\cos\theta$。为了增强抗倒能力,必须降低 M 值,但单茎鲜重 P 不能减小,因为 P 值和构成大穗和壮秆是密切相关的,主攻方向应当是降低重心高度 L 值。而降低重心的高度,关键是形成基部节间粗而短,穗下节间较长的茎秆,选择既有利于重心下移,又有利于大穗形成(穗下节间长度和每穗粒数呈正相关)和上层叶片分布透光度高的株型。凌老师进而分析,最关键的是增强茎基部节间的抗折断能力,要探索出茎的粗度、茎壁厚度、大维管束数、厚壁组织的细胞层数和胞壁厚度的诸因素中,何者对增强 R 值的关系最为密切。

在理论分析指导下,我们选用野地黄金、洋稻等8个品种,在灌浆期对800多个单株进行了下弯力矩和抗折断力的测定,并在基部节间折断处,切片观测茎秆组织结构的5项性状。经过统计分析,得出两个主要结论:一是灌浆期抗折断力 R 大于下弯力矩 M 3～4倍的(矮秆为3,高秆为4)方能抗倒(M 和 R 值的单位都是 cm、g 的乘积)。二是与抗折断力关系最密切的是厚壁组织的胞壁厚度和大维管束数。(凌老师指导的这篇优秀毕业论文,在"文革"中论文原稿丢失,故没有发表。)

上述研究结果,对高产抗倒栽培的指导意义很大。在培育壮苗和合理基本苗的基础上,分蘖期必须发棵壮苗,因为茎大维管束数是分蘖期决定的,拔节期必须落黄控苗,以降低 L 值,并改善株型和群体透光条件,有利于茎秆厚壁组织和维管束鞘厚壁细胞增厚,增强抗倒能力。茎秆性状形成与抗倒关系的研究,从器官层面上阐明了高产栽培的基本原理,形成了高产栽培调控的基本途经。通过这个研究,也使我们初步懂得,进行一项科学研究,事先必须对研究主题作充分的理论分析,确定正确的研究思路和方法,测定关键的性状,才能保证获得具有规律性的结论。

3.2.2 壮秆与大穗关系的研究

稻穗一次枝梗的中心维管束是由茎大维管束逐个延伸而来。为了研明壮秆和大穗的确切关系,1978—1980 年期间凌老师带领我们对当时国内种植的 41 个不同类型品种,对茎秆大维管束数和穗部一次枝梗数之间关系,作比较观察,结果明确了不论籼稻、粳稻,品种内茎秆大维管束数与穗部一次枝梗数之间存在显著或极显著正相关关系,表明壮秆是大穗形成的组织结构基础。基部节间大维管束数与穗部一次枝梗数呈一定的比值关系,不同穗型品种间,这种比值呈规律性差异。我们将 41 个不同类型品种的资料归类分析,发现大穗型品种基部节间大维管束数(MB)与穗部一次枝梗数(PV)的比值(PV/MB)小,而小穗型品种的比值(PV/MB)大,品种间基部节间大维管束数(MB)与穗部一次枝梗数(PV)的比值(PV/MB),变动范围在 3.5～2.0,按比值大小将品种划分为小穗型,3.5 左右[(3.69～3.25):1];偏小穗型,3.0 左右[(2.76～3.25):1];偏大穗型,2.5 左右[(2.26～2.76):1]和大穗型,2.0 左右[(1.7～2.25):1]等 4 种类型。

上述结果说明,为了培育大穗,首先要选用 PV/MB 比值小的品种,在栽培上必须用培育壮秆来培育大穗,首先要促进其大维管束的分化,而后要控制基部节间的长度,并增强其充实度,在此基础上,通过穗肥攻取大穗,统一壮秆与大穗的矛盾。壮秆和大穗形成关系的研究,又一次把劳模的高产经验作了理论升华,从器官形成研究中揭示高产栽培的规律。

3.3 稻穗分化诊断的研究

20 世纪 50 年代后半期,稻穗分化与诊断的研究有松岛省三的叶龄指数法和丁颖的叶龄余数法。在实践应用中,凌老师感到叶龄指数法研究虽然很细,分为了 21 期,但把观察叶龄要换算成叶龄指数,应用不便,而且观察的材料都是 16 叶左右的品种,对江苏生产上总叶数变动在 11～20 叶的品种(当时有双季稻),用叶龄指数法诊断很不准确。丁颖的叶龄余数法不用换算,应用虽然方便,但观察的品种太少,只有 4 个,而且穗分化始期的叶龄余数为 3.0,和实际不符(和松岛观察的原始叶龄余数 3.5 也不符)。为了搞清这一问题,寻找便于生产应用准确简易的诊断方法,1972—1979 年,凌老师组织我们在国内扬州和西非几内亚两地,观察了总叶数 9～25 片的 25 个品种一万多个单株的幼穗分化和叶龄进程,最终明确:(1)叶龄余数法比叶龄指数法方便,具有广泛适用性;(2)一切品种的幼穗分化开始于叶龄余数 3.5 左右;(3)按稻穗分化的形态变化和叶龄余数的关系将稻穗分化简化为 5 期,苞分化期(穗轴分化)、枝梗分化期、颖花分化期、花粉母细胞形成及减数分裂期和花粉粒充实完成期。经历 4.5 个出叶周期(孕穗期相当于一个出叶周期),从倒 4 叶后半期起,经历倒 3、倒 2、剑叶和孕穗期,每出 1 叶,穗分化推进一个时期,诊断方便、准确。

3.4 根系生长和产量形成关系的研究

发达的根群是高产的基础。由于研究方法困难,特别是破坏性的观测方法,不易把不同时期发生的不同节位的根系对产量形成的作用搞清楚。20 世纪 80 年代,凌老师带领他的研究生们,创造了集团(构成群体)水培法,在不破坏根群的情况下,观察了不同叶龄期发生的根系的功能期和其他器官的生长对应关系来了解它们的作用。得出了一些创新的具有规律性的结论:(1)按发生时期和功能期可将根系划分为下层根(分蘖期发生的根)和上层根(拔节至抽穗前后发生的最上三台节根)。(2)下层根是分蘖到拔节穗分化期功能根系,到了结实期,功能衰退;上层根从穗分化期开始发挥功能,结实期成为主要的功能根系,根数占 60% 以上,吸收功能占绝对地位(^{32}P 吸收占

90%)。(3) 上层根比例大的群体,结实期光合功能强。(4) 分蘖穗比例大的群体,上层根占的比例大。(5) 随着品种伸长节间数的增加,上层根发生终止时间提前至孕穗前(7 个伸长节间的品种),结实期根群容易衰老,伸长节间少(4 个)的品种,上层根发生的终止时间晚,在抽穗后,结实期根群的功能相对较旺盛。

上述基本规律,揭示了为了促进分蘖和穗分化,分蘖期必须首先促进下层根的发生;为了提高结实期上层根在根群中的比例,必须在拔节至抽穗期为上层根的发生创造良好的生态环境(地上部群体良好的透光条件和土壤良好的通气条件)和壮个体(多有效分蘖)的自身条件。为了提高结实期整个根群的活力,也必须改善群体的透光条件和土壤通气条件。根系生长和产量形成关系的研究,从提高根群功能的原理上,揭示了高产栽培的规律。

3.5 各叶位叶片对产量形成作用的研究

凌老师推断水稻一生叶片生长更迭,器官建成交替,每个生育阶段长出一定的叶片和形成相应的器官,这些叶片的功能与下一阶段的器官建成成为必然的、有机的联系。因此叶片的生长和功能具有阶段性,对器官和产量的形成作用具有相对的"分工性",管住器官,必须先管住叶。因此产生了各叶位叶片对产量形成作用的研究。采用^{14}C示踪和剪叶结合的方法,观察了各叶位叶片对各部器官建成的作用,得出如下规律性结论:按叶片着生部位、形态与各部器官的同伸关系,对分蘖、根系、茎秆和穗部性状发生的直接、间接作用,将水稻一生的叶片分为三组:

第一组,近根叶又称营养叶,或蘖叶。着生在分蘖节上,功能期主要在苗期至有效分蘖期,分蘖末期逐渐处于群体中下层,功能衰退。主要功能为有效分蘖和下层根的发生、基部节间组织分化提供有机养分,对穗数、下层根数具有决定的作用,并为壮秆大穗(枝梗数)的形成奠定物质和组织结构基础。

第二组,过渡叶,着生在分蘖节的上部和基部伸长节间上。它们出生于无效分蘖期和拔节期前后,功能期主要处于无效分蘖期、拔节期和穗分化期,功能期一直要延续至灌浆结实中期。它们和无效分蘖、上层根、茎的生长和穗分化均有直接作用,反映了生理功能由营养生长向生殖生长的过渡性。在功能盛期,它们是分蘖(包括有效、无效)、根系(包括上层、下层)、茎基部节间伸长和充实、穗分化和上部叶片生长的有机养分主要供给者,到了孕穗期以后,它们处于群体的下层,但它们是茎秆基部充实、根系生长和维持功能的主体的有机养分供给者,管好这组叶十分重要。

第三组,茎生叶,又称生殖叶、穗叶。是茎秆最上 3 片叶,它们出生和穗分化同步,故该组叶片的长度(尤其是倒 2 叶)和每穗颖花数密切相关。它们的功能期始于穗分化中期,对促进颖花发育,防止退化起主要作用,抽穗后是结实灌浆的最主要的功能叶片,对结实率和粒重起决定作用。

通过上述三组叶片对产量形成作用的研究,凌老师作出科学推断,高产栽培要"管"好这三组叶,特别是第二组,既要发挥它们在巩固有效分蘖,促进根群(尤其是上层根)生长,形成壮秆,促进大穗中的积极作用,又要防止这组叶片生长过旺,带来无效分蘖旺发,封行提早,反过来削弱该叶组的功能,造成茎秆纤弱,上层根发生受阻,整个根群功能削弱,穗部退化严重,结实率下降,甚而发生倒伏的危险。关键点是通过控氮控水,控制该组叶片的长度,改善群体的通风透光来延长该叶组的功能期,增强其光合功能,管住了这组叶,就能为第三组叶的生长留有合理的空间,基本上管住了群体。但控制该叶组的长度,又得从控制第一组叶片的适当长度开始,于是又形成了"小、壮、高"栽培途径的理论推断。

从水稻各器官的生长和产量形成关系入手,研究揭示水稻高产栽培规律,是凌老师独到的研究思想和方法,他把高产栽培研究建立在生物学基本原理的基础上,结论才有普遍性。凌老师等著的《水稻叶龄模式——稻作新理论》一书,系统介绍了各部器官生长和叶龄以及产量形成关系的研究成果,对于学习水稻栽培者是必读的基本教材。有了这些基础的研究,才可能产生群体质量的理论,而要深刻理解群体质量,又必须知道水稻叶龄模式。

4. 从群体质量研究中揭示高产形成规律

凌老师告诉我们,1958年种"卫星"田遭受失败使他开始认识到要解决群体矛盾的重要性。他从当时在全国开展的群体问题学术大讨论中学习到诸如群体和个体,主茎和分蘖,LAI和NAR,生物产量和经济产量,库与源,营养生长和生殖生长等等群体矛盾的理论问题,他要从这些理论原理中找到构建高产群体的途径和方法。

4.1 结实期高的光合生产量是群体最核心的质量指标

1982年凌老师专门设置了6个品种抽穗前生物量差异极大的10多个水稻群体,由我们测定不同生育时期的生物量和最后籽粒产量的关系,结果发现:(1)抽穗前各期群体的生物量和产量均呈二次方程关系;(2)抽穗至成熟期生物量和籽粒产量呈极密切的直线相关;(3)结实期生物产量愈高,经济系数(K)愈高。

由上述结果,凌老师就形成了三点新理论:(1)产量高低决定于抽穗后结实期的群体光合生产能力。抽穗前构建的群体是为提高结实期群体的光合生产能力服务的,只能控制适宜数量,提高群体的质量。(2)产生了群体质量概念。凡对增加籽粒产量起决定作用的群体各种数量指标被确定为群体质量指标。如结实期的群体生物积累量,抽穗期的群体最适生物量,均是群体质量指标。(3)经济系数的高低,实质上是结实期光合生产量的高低。抽穗前的生物产量,绝大多数构成组织结构物质,不是经济产量的主要来源。尼奇波诺维契的产量公式:经济产量=生物产量×K(经济系数)。这条公式容易产生误导,使人们去追求抽穗前的生物产量,加剧生物产量和经济产量之间的矛盾而减产,应把公式修改为:经济产量=结实期光合积累量+抽穗期的生物量×运转率(R)。

这一理论归纳,把高产群体的创建,开始引导到控制抽穗前适宜数量,培育结实期高光效群体的正确轨道上来。

4.2 6项形态生理质量指标

(1)群体适宜LAI是高产群体的生理基础,这早已为作物生理学家和栽培学家熟知。凌老师对高产群体适宜LAI补充了两条重要的质量要求,一是达到时间必须在出完最后一片剑叶的孕穗—抽穗期,剑叶抽出期群体才能封行。二是按前述叶层分工的原理,抽穗期每个有效茎必须具有和伸长节间数相等绿色功能叶片数,茎基部叶片的功能期必须延续至抽穗后20天左右。

(2)在适宜LAI基础上大力提高群体总颖花量,这是个重大的理论突破。不断提高产量,必须不断扩大库(总颖花量)。但20世纪90年代前,学术理论界一直存在"库大会存在源不足"的理论,提出库要有限制的"最适颖花量"的观点,对进一步提高产量是一个严重的理论禁锢。凌老师一直反对这一理论,并用实际资料证明:① 库大造成源不足是由于LAI过大的结果,而在适宜LAI条件下,增加总颖花量不存在结实率和粒重下降的"源"不足现象,而且总颖花量愈多产量愈高。② 库不是一个被动的受容器官,它有主动向叶片"抽取"光合产物、提高光合强度的生理功能,在适宜LAI条件下扩库,能起扩库强源的作用,从而突破了"库限制"的理论禁锢,建立了不断增产的新理论,并把在适宜LAI基础上大力提高群体总颖花量,确定为高产群体主要的质量指标。

(3) 提高群体粒叶比。这是凌老师在得出适宜LAI条件下提高总颖花量这一结论的同时,就产生了用粒叶比来反映群体库源协调水平的想法,并通过多种实验证明,在相同LAI条件下,粒叶比的大小,是反映群体光合生产率,与产量呈密切正相关的群体质量指标。它对指导高产栽培的理论和实践意义在于:① 高产要培育"大穗小叶"的株型。群体的空间是有限的,小叶才能容纳更多的个体(穗数),大穗能增加更多的总颖花量,但占用的空间较小(每亩增加1 000万颖花,可增加200 kg以上,但只相当于0.2个LAI)。育种要以"大穗小叶"作为选择标准。栽培措施应用要注意促进颖花的增加,控制叶的增大。② 确立了产量(kg/亩)=适宜LAI×粒重(mg)/叶(cm^2)×666.7 m^2(亩)×10^{-2}公式,指明了增产的三条途径,适宜LAI和粒/叶比能同时提高的,可以取得突破性的高产。

(4) 提高有效叶面积率和高效叶面积率,这是凌老师经理论分析,通过调整叶系组成来提高群体粒叶比的两个群体质量指标,经专题研究和高产群体的实际调查,得到验证。其原理:一是控制无效分蘖的发生和生长,提高抽穗期群体有效叶面积率;二是通过控制和每穗颖花数关系不密切的茎基部叶片(低效叶)的生长,促进穗分化同步的上3叶(高效叶)的生长。这二者均可保证在抽穗期群体LAI相同的情况下,提高粒叶比,提高总颖花量。其共同的原理是在有限的群体空间中,通过控制无效和低效生长,促进有效和高效生长来构建后期高光效群体,对高产群体的合理调整,起了明确的指导作用。

同时,高效叶面积率的提出,产生了高产新株型。根据主茎各叶长度和每穗粒数的相关程度和高产田的实测资料,建立茎生各叶长度的序数为倒数2、3、1、4、5的新株型指标,以此作为抽穗结实期对群体质量诊断的标准,或以茎生各叶的实际长度分析评价栽培过程的优劣,很有应用价值。从而否定了松岛省三的塔式理想株型理论。

(5) 提高单茎茎鞘重,改善秆长结构。高产群体必须以壮秆为支架。为了强化茎的各项性状结构,抽穗后应用什么简易的指标来准确反映茎的综合指标,研究结果,选择了两项,一是单茎茎鞘重,它是茎的粗度和充实度以及比叶重和叶姿的综合反映,和产量呈正相关。二是穗下节间长占株高的比例,5个节间的品种高产田植株的穗下节间和穗一起的长度应占株高(穗顶)的50%左右,一方面反映了基部节间短(第一、二节间占株高的8%以下)壮实,植株重心降低,抗倒强;另一方面,拉开了剑叶和其他叶片的距离,扩大叶层分布空间改善群体下层叶片的受光条件,提高整个光合层的光合生产力。

上述茎秆质量指标对高产栽培的启示,首先要控制第二组过渡叶的生长,把封行期推迟到剑叶抽出期,改善群体下层叶片的受光条件,就能起到抑制基部节间伸长和促进节间长粗充实提高茎鞘重的作用。在此基础上,通过倒2叶的保花肥,起防止退化、增加结实颖花和穗下节间伸长的作用。

(6) 提高颖花根活量(或颖花根流量),把根活力直接和每朵颖花(库)联系起来,是结实期群体根质量指标的很好表达方式,这是个创新。颖花根活量和茎叶成穗率、粒叶比、净同化率、光合产物运转率和产量均呈密切的正相关。提高颖花根活量,必须提高群体根活力总量,应从增加根群总量和提高活力两方面入手,在根系生长和产量形成关系中,凌老师对这两方面的问题,已作了清晰的研究分析。

4.3 在稳定适宜穗数的同时,提高茎蘖成穗率

上述水稻群体质量指标研明后,凌老师认为,这些是抽穗期的定型群体的指标,不能在生产过程中直接掌握应用,生产上必须找出一个能够全面优化群体各项质量指标,直观、准确、简便、动态性的综合诊断指标。通过多年的资料分析,凌老师推断,在保证获得适宜穗数的前提下,提高群体的茎蘖成穗率是群体质量的综合动态诊断指标。因为适宜穗数是适宜 LAI 的基础;提高成穗率就提高了群体总颖花量、有效叶面积率和粒叶比;控制无效分蘖同时也控制了基部叶的生长,为提高单茎茎鞘重、促进上 3 叶生长、提高高效叶面积率、增加总颖花量和提高粒叶比创造了良好的条件,进而提高了颖花根活量,为此,我们专门组织了"水稻成穗率与群体质量关系"的专题试验,证实了这一推断,并得出了高产群体的茎蘖成穗率,粳稻应达到 80%～90% 的指标(以后对杂交籼稻的调查为 70%～80%)。根据这一指标和高产田的实际资料,凌老师归纳形成了高产田生育动态诊断指标。即在合理基本苗基础上,促进分蘖早发(叶色顶 4 叶深于顶 3 叶),在有效分蘖临界叶龄期($N-n$,4 个伸长节间的品种为 $N-n+1$)够苗,以后苗要"落黄"(顶 4 叶淡于顶 3 叶)稳长,把高峰苗期($N-n+3$ 叶龄期)的最高茎蘖数控制在穗数的 1.2～1.3 倍(粳)或 1.3～1.4 倍(籼),倒 3、倒 2 叶期叶色回升到顶 4 叶=顶 3 叶,剑叶抽出期封行,在抽穗期完成穗数,提高了成穗率。这一动态诊断指标,经全国各地验证,具有普遍指导意义。至此,水稻群体质量指标的研究初步告一段落。

以后,组织团队在小麦、玉米、棉花、油菜上开展群体质量研究,作物间几项质量指标的原理是共性的,仅表示方式有各自的特点。将研究成果写成专著《作物群体质量》,被教育部推荐为研究生教材。

5. 对栽培措施研究改革创新

凌老师对栽培技术研究的改革,源于学习总结劳模栽培经验,围绕作物高产生育规律这个中心,研究各项措施调控的作用,施用时间和适宜数量,改变以往以措施为中心通过单因子、多因子试验,研究最佳技术组合的研究方法。并探讨了措施定量的原理和方法,建立了新的定量的技术体系。

5.1 "小、壮、高"栽培途径与合理基本苗计算

凌老师根据高产田群体发展的研究,提出"小、壮、高"高产栽培途径,即采用较少的(适宜的)基本苗(小群体),用充分发展个体(壮个体)去构建适宜群体(适宜穗数、总茎枝数和 LAI),有利于缓解群体与个体的各种矛盾,全面优化群体质量,达到结实期高光效、高积累的目的。按照发展个体、构建合理群体的原理,凌老师提出了合理基本苗计算公式,确定群体的合理群体起点。

$$基本苗(株)=适宜群体数量/单株可能达到的最大数量$$

水稻为例:合理基本苗(万/亩)=每亩适宜穗数(万)/单株可靠穗数。单株可靠穗数是根据在水稻有效分蘖叶龄期以前有多少有效分蘖叶龄,能产生多少有效分蘖理论值,乘以分蘖发生率决定的,即充分利用有效分蘖的基本苗计算公式。用公式计算确定的基本苗,既能保证在有效分蘖叶龄期按时够苗,保证足穗,又能在无效分蘖期利用主茎和有效分蘖的竞争优势,有效抑制无效分蘖的发生,为提高成穗率和形成大穗创造条件。

基本苗公式的确立,使基本苗的确定由经验走向科学,走向精确定量。

5.2 施氮的精确定量

精确定量施肥是生产上最迫切需要解决的问题,也一直是个大难题。从20世纪90年代起,凌老师就组织团队开始预备试验,2000年开始正式立项研究。研究三要素合理配比和精确施氮(N)两个问题。鉴于当时农业部在全国范围内大规模开展测土配方施肥研究,普遍设置三要素"3414"试验,我们借用这个试验的成果,确定当地三要素的合理比例,再用我们施氮研究得出的氮量适宜值,计算出磷(P)、钾(K)的适宜用量。我们集中精力搞精确施氮研究,解决适宜施氮总量,前后运筹适宜比例和适宜施用时间(叶龄)等3个问题。

5.2.1 施氮总量的确定

肥料学家Stanford在20世纪中叶已建立了施氮量=(目标产量需氮量-土壤供氮量)/氮肥当季利用率的理论公式,由于3个参数无法确定而使公式停留在理论状态,失去了应用价值。凌老师带领我们先在水稻施氮上研究3个参数的求解方法,2000—2002年在全省10多个县设置了一组专题小区试验和高产田(亩产达700 kg以上)的测定,终于找到3个参数的求解方法。

(1) 目标产量需氮量的测定,以百千克稻谷需氮量×产量/100求取。百千克稻谷需氮量一是直接测定700 kg以上高产田求得高产田的百千克需氮量,二是通过对亩产300~700 kg以上不同产量等级的百千克稻谷需氮量用回归方法求取,两者高产田的结果相一致,得出江苏中粳稻700 kg以上高产田100 kg稻谷需氮2.1 kg(2.0~2.2 kg)的参数值以及700 kg以下不同产量等级的100 kg产量需氮的参数值。用同样的方法解决了全国各地籼、粳稻高产田和不同产量等级百千克稻谷需氮量的求取问题,并经生产应用,证明是正确适用的。

(2) 土壤供氮量的求取。直接从不施氮的空白田成熟期稻株测定吸氮量来求取,并从不同地力空白田的稻谷产量(基础产量)和土壤供氮量关系,建立回归方程,从基础产量判断土壤供氮量,比土壤学家用土壤速效氮含量×有效系数的方法准确、简便。

(3) 氮肥单季利用率的确定。氮肥利用率受多种因素影响,差异很大(20%~70%),很难确定高产计算参数值。经过专题研究发现,在施氮总量适宜的范围内基肥分蘖肥和穗肥的比(简称前后比例)对氮肥的单季利用率起决定性的作用。专题试验结果表明,当前后比例为5.5∶4.5(6∶4~5∶5)(5个以上节间的品种)和6.5∶3.5(7∶3~6∶4)(4个节间品种)时均取得最高产量和氮素当季利用率(40%~45%),高产田的测定,也是这样的结果,42.5%左右的氮素利用率就作为高产栽培氮肥计算的通用参数值,各地基本适用。

5.2.2 前氮后移运筹比例合理性的深化论证

为了提高群体的茎蘖成穗率,1990年后凌老师就提出改变施氮上前重(80%~100%)后轻(0~20%)的习惯,实行"前氮后移"的改革推论。并还组织团队对其合理性作进一步的论证。

一是从高产群体吸氮规律上明确,5个节间品种在拔节期吸肥只占一生的30%左右,拔节至抽穗期占50%,后期占20%,把穗肥由0~20%提高到40%~50%是符合吸氮规律的。4个节间品种拔节前后的吸氮约各占50%,把穗肥比例提高到30%~40%是符合该类型品种吸氮规律的。

二是从群体质量上论证。上述"前氮后移"比例的合理性。合理降低基蘖肥的比例,能在满足有效分蘖需肥的基础上,保证中期及时落黄,控制无效和低效生长,提高分蘖成穗率;以后增加穗肥比例能保证大穗等高效生长的需氮量,因此全面优化了各项群体质量。大面积生产实践证明

5.5∶4.5 和 6.5∶3.5 前后施氮比例,是具有普遍指导意义的高产(增产)施氮技术,是水稻施氮技术的重大进展。

5.2.3 施氮适期的确定

水稻叶龄模式已明确了"促—控—促"的施氮原则。凌老师又组织了施氮效应期的研究。在一般施氮量正常的情况下,N 叶施氮,N+1 叶发生效应,N+2 叶与 N+3 叶显著得力,N+4 叶逐渐减退。因此,为了保证中期落黄,分蘖肥要早,最后一次必须在有效分蘖临界叶龄的前 4 个叶龄。穗肥的施用,5 个伸长节间的品种促花肥在倒 4 叶,保花肥在倒 2 叶初;4 个伸长节间的品种,拔节期在倒 2 叶,故促花和保花合为一期,在倒 3 叶施用(穗肥比例比 5 个节间品种少,数量相对少),都有精确时间规定。

5.3 精确节水灌溉技术

高产节水是精确灌溉的研究主题:一是研明了稻田相对持水量 80%～90% 时即可满足稻株生理需水要求,除中大苗移栽活棵期需保持水层外,其他时期只需保持湿润。二是观察了处于不同发育阶段的分蘖芽对缺水反应的敏感性,得出欲控制 N+1 叶龄期分蘖的发生,必须在 N−1 叶龄期断水,在 N 叶龄期造成水分亏缺的规律,明确了为控制 N−n+1 叶龄期的无效分蘖,必须在 N−n−1 叶龄期当群体茎蘖数达穗数 80% 左右时断水搁田的时间。三是明确了从穗分化至结实期浅湿交替的湿润灌溉较长期水层灌溉增产和改进品质的生理原因和需要补水的土壤水势指标。

由于对上述三项主要调控技术的改革,建立了较为系统的精确定量的原理和方法,由此形成水稻精确定量栽培技术体系。团队的成员,在其他作物上也进行了研究,并取得部分成果,如基本苗计算,前氮后移的施肥改革等,在《作物群体质量》一书中已有反映。

6 科学的思路,严谨的治学态度

数十年来,在凌老师的指导下,团队不断成长,业务上不断提高,我们深深体会到凌老师学术造诣高深,知识渊博,治学严谨,研究思想科学正确。

6.1 注重从高产实践中寻找规律,创新理论

凌老师从学习总结劳模高产栽培经验中,学习和掌握了高产栽培技术,会种高产田,并能作为专家去国外指导。有了这个实践基础,才能亲身体会梳理出作物栽培应该包括 3 个基本理论的体系框架。但在教学时,3 个部分的具体内容是什么,又觉得研究不太清楚,处于粗线条的概念状态。他认识到 3 个方面的体系框架,仅仅是初步形成的感性认识。他说,毛泽东《实践论》中的"感觉到的东西不能立刻理解它,只有理解了的东西,才更深刻地感觉它"的精辟论述,给他教育启发很大。从劳模经验中得出的 3 个组成部分为感性认识,基本思路是正确的,但要把这 3 个组成部分升华成为真正的理性认识还必须对 3 部分一一作深入系统的研究,一一被研究清楚,才能形成揭示出作物高产栽培规律的新理论。

6.2 找准主题,开展系统研究

凌老师研究栽培规律有系统考虑,在 3 个组成部分的大框架下,每一部分都有系统的内容,每一问题的研究都要找准主题。

在对各部器官生长作系统研究时,明确其主题是揭示各部器官生长和产量因素形成关系的规

律,于是产生了叶龄模式。对茎秆生长研究中,抓住茎秆性状形成和抗倒、大穗形成关系这个主题,为培育壮秆大穗和防止倒伏找准了原因。对根系生长研究时,找准不同时期发生的根系对产量因素关系这个主题,揭示了促进上层根系发生生长,提高其活力对高产更具潜力的规律。对叶的研究,抓住了不同叶片对各部器官的生长和产量形成这个主题,揭示了管好3组叶片的生长,才能调节各部器官生长,全面优化群体质量的基本规律。

在群体质量研究中,抓住了提高结实期群体光合生产力这个主题,明确了有关形态生理质量指标;揭示了在适宜LAI基础上扩大库,不断提高产量的基本规律,以及在有限空间内,通过促进有效高效生长,控制无效低效生长,培育"小叶大穗(库)"群体,全面优化群体质量的基本原理;并抓住用什么具有综合意义的质量指标去培育优质高产群体这个主题。找出提高成穗率这个指标,根据这个指标,制定了可以直接指导生产的群体动态诊断指标与模式图。

在栽培技术研究上,抓住各项技术为培育高产群体建成的作用和节本高效精确定量这一主题,为确定合理群体的起点确立了基本苗计算公式;根据管好三组叶片,按叶龄模式控制叶色"黑"、"黄"节奏变化,建立结实期高光效群体的原理,研究了精确定量施氮技术和有效管控的节水灌溉技术体系。改变了以往以技术为主体的栽培研究思想。

凌老师的系统研究是从出苗到成熟、从个体到群体、从理论(总结)到实践(高产技术方案)的系统工程的研究,是以高产形成为中心,实现"高产、优质、高效、生态、安全"综合目标为主题的研究,因此研究成果有坚实的理论基础和长久的应用价值。

6.3 样本量要大,反复验证,慎重发表

为揭示规律,凌老师在研究方法上,一是样本量大,首先品种类型要全,才能分类归纳,其次样本数量要多,结论才准确。二是多年多地反复验证,不断完善。水稻叶龄模式、群体质量和技术的精确定量,都通过10~20年在全国不同稻区的稻作实践反复验证,被社会实践所肯定。同时,各地积累了当地高产田的生育指标、调控模式和技术参数,进行了本土化,充实完善了理论与技术体系,更具有普遍意义。如4个节间品种(包括南方双季早稻、黑龙江的单季粳稻和云贵高原的一些粳稻)的有效分蘖临界叶龄期在 $N-n+1$ 叶龄期,高产的氮肥运筹比例,都是6:4~7:3,是在各地试验中得出的规律性的结论。三是发表研究报告十分慎重。试验结果一定要经高产验证以后才发表,叶龄模式、群体质量都是如此。特别是水稻精确定量栽培,2002年对精确定量施氮已有明确结果,经江苏国家粮食丰产科技工程大面积应用验证,各地频频出现亩产700 kg以上的"万亩方"后,才于2005年发表了《水稻精确定量施氮研究》;2006年凌老师在云南永胜涛源用精确定量栽培的原理亲自设计了亩产1 300 kg的栽培技术方案,创造了1 287 kg的世界记录,于2007年才正式写作《水稻精确定量栽培理论与技术》一书。由于严谨的科学态度,几十年来,凌老师发表的论文数量虽然不太多,但每篇都经得起历史的检验,具有长远的指导意义。

6.4 海纳百川,与时俱进

凌老师认为,作物栽培学要学习、吸取、综合应用植物学、植物生理学、土壤学、肥料学、耕作学、植物保护学、农业气象学等学科的基础原理、研究方法、新的理论与技术成果来发展自己,他十分重视向其他学科学习。各部器官建成与产量形成关系的研究,叶龄模式的创立是应用植物学的研究方法。作物群体质量的研究,就是吸取作物生理学家关于源库的理论研究,特别是山田登的"相对小的营养系和相对大的受容系可能是提高群体光合生产力的内在生理机制"的理论启发而

建立的。精确施氮是肥料学家 Stanford 确立的公式,启发了凌老师为解决 3 个参数的求取方法开展的研究,等等。

时代在发展,生产上要求花工越来越少的机械化、轻简化栽培技术势在必行。机插稻是未来的高产栽培发展方向,在 15 年前,凌老师就开始这一研究,但抛秧、免耕抛秧、直播等轻简技术,目前已是必须面对的现实。这些方法与提高群体质量的要求差距较大,但凌老师能面对现实,研究这些条件下改善群体质量的有关技术定量问题。新近肥料学家研究缓释肥的有关技术问题,请教凌老师,凌老师提出了缓释肥高产的指导性意见,关键是穗肥的缓释时间问题,要根据移栽至穗分化的天数决定缓释肥的制作规格,并根据施氮总量,前后配比决定速效氮肥和缓释肥的数量,在移栽前一起施下,被接纳采用。有机稻生产是近年很受欢迎的事,但传统的方法产量很低(300 kg 左右),不符合国家稻米安全的要求。凌老师了解了三安公司技术的优越性后,组织团队将精确定量栽培指导三安技术,形成了三安精确定量栽培技术,把有机稻的产量提高到亩产 500~600 kg,达到食品安全、粮食安全和环境安全的综合要求。凡此种种,凌老师被誉为是一位与时俱进的学者。

几十年来,凌老师为了事业,对科研执著追求,坚韧不拔,不知疲倦,不断学习,不断探索,勇于创新,平易近人,是一位受人尊敬的作物栽培学大家。

译文

光照和温度对冬小麦抗寒能力和亚麻酸含量的影响

1975年Simonvitch等经常观测到植物在低温下不饱和脂肪酸含量增加,但文献报道中杨树、刺槐的皮层和土豆块茎有少数例外。低温增强冬小麦的亚麻酸积累,但亚麻酸的这种积累似乎与小麦对低温的气候驯化无关。为探讨这两种现象间的关系,我们观测了光照和温度对冬小麦抗寒能力和亚麻酸含量的影响。

1 材料与方法

1.1 植株的培育和抗寒锻炼

冬小麦"Kharkov 22 MC"栽培在砂和砾石内(体积为1∶1)置于昼温20℃,夜温15℃,光周期16 h,光强度为280 μE(微爱因斯坦)和相对湿度60%的生长室内培育12天。另用光周期8 h,光强135 μE和温度为1℃的处理,对植株进行抗寒锻炼的条件也各不相同。

1.2 抗寒能力的鉴定

通过冷冻处理后检查盆中生存的植株来估量抗寒能力。温度每1 h降低2℃,到-4℃时维持12 h,接着每2 h降低2℃。5种温度抽取5个样本。在零度时停留3 h后,接着在1℃下保持24 h,然后将盆钵重新置于开始生长的条件下,3周后计算成活植株数,植株群体有50%死亡的温度定为LT_{50}致死温度。这一温度指标是由Finney分析证明的。

1.3 脂类分析

脂类是从根和根颈中提取的,脂肪酸的含量在0.5 g鲜样中提取。在组织均质化前,加入十七(烷)酸使之一致。

1.4 BASF 13‑338(哒嗪酮同系物)处理

表7表明用100 ml含有4 mg化合物和0.32 ml乙醇的溶液50 ml浇灌植株进行BASF 13‑338处理。试验至少重复一次,并进行结果分析。

2 结果

2.1 20℃时解除抗寒锻炼

经4周的抗寒锻炼冬小麦的抗寒能力及根和根颈中亚麻酸的含量和亚麻酸与亚油酸的比值

---

* 本译文原载《国外农学——麦类作物》,1985(3);原作者T. C. Willemot, L. Pelletier;译者:苏祖芳,校者:李尧权。

均急剧增加(表1)。在开始生长的条件下,解除锻炼 8 d,这些数值显著减小。本试验和继后的试验中,在亚麻酸和亚油酸百分率之间呈显著的负相关,然而其他脂肪酸的百分率变异甚小。表2、3中表明了亚麻酸值、总的脂肪酸值和亚麻酸与亚油酸的比值。

冬小麦在黑暗中很快解除抗寒锻炼(表2)。在实验末期植株迅速黄化,总脂肪酸的含量减少到原来数值的1/3。亚麻酸的百分率和亚麻酸与亚油酸的比值低于未进行抗寒锻炼植株。

表1 1℃时抗寒锻炼、10℃时解除抗寒锻炼冬小麦幼苗的LT_{50}

脂肪酸	未抗寒锻炼	抗寒锻炼	解除抗寒锻炼的天数			
			1	2	3	4
16:0	17.5±0.3	16.6±0.5	17.5±0.1	18.4±0.7	19.2±0.5	18.0±0.5
18:0	0.8±0.2	0.5±0.2	0.5±0.1	0.4±0.1	0.6±0.1	0.7±0.1
18:1	5.1±0.8	4.3±0.6	6.9±0.7	6.2±0.6	5.6±0.9	6.0±0.8
18:2	44.4±0.5	30.0±0.4	31.1±0.3	33.4±0.9	35.3±0.6	37.9±0.6
18:3	32.3±0.6	48.6±1.5	44.0±0.8	41.6±1.1	39.4±0.8	36.0±0.9
总脂肪酸	1.49±0.26	16.0±0.24	1.80±0.29	1.6±0.62	15.0±0.22	1.8±0.29
18:3/18:2	0.73	1.62	1.42	1.24	1.12	0.96
LT_{50}(0℃)	−4.9±0.1	−21.0±0.9		−15.6±0.3	−13.±0.3	−11.5±0.3

* 碳链的长度:双键数目,16:0(原文误为16:1)表明所有样本是等量的;总脂肪酸的百分比,5次重复的平均值上标准差;每克鲜样中的毫克数。18:3/18:2 比值,即亚麻酸与亚油酸的比值,以下同。

表2 冬小麦在20℃和黑暗中锻炼对LT_{50}根和根颈中亚麻酸、总脂肪酸含量以及对亚麻酸与亚油酸比值的影响

处 理	LT_{50}(℃)	亚麻酸占总脂肪酸的%	总脂肪酸*	18:3/18:2
未抗寒锻炼	−3.5±0.3	31.8±0.8	1.24±0.05	0.70
抗寒锻炼 30 d	−15.5±0.5	44.1±0.2	1.44±0.03	1.35
解除抗寒锻炼 7 d	≥−9.6	31.4±0.6	0.81±0.01	0.82
解除抗寒锻炼 14 d	≥−6.0	25.3±1.5	0.4±70.39	0.56

* 每克鲜物质中的毫克数,两个重复的平均值±标准差;在试验中的最低温限100%死亡。

2.2 照光和叶片对抗寒锻炼的影响

移在黑暗中进行局部抗寒锻炼的植株(表3),经一周黑暗后,亚麻酸的积累停止,但在光照下抗寒锻炼的植株继续积累。总脂肪酸是在光照和气温1℃的第一周中增加的。但置于黑暗中的植株的脂肪酸减少。

表3 光照对抗寒锻炼的冬小麦(LT_{50})、根和根颈中亚麻酸、总脂肪酸含量以及对亚麻酸与亚油酸比值的影响

1℃的天数	1℃的处理	LT_{50}(℃)	亚麻酸占总脂肪酸的%	总脂肪酸*	18:3/18:2
0		−3.2±0.8	32.3±1.3	2.72±0.03	0.72
7	光照	−11.1±0.3	40.0±0.2	3.28±0.21	1.02
7	黑暗	−6.0±1.0	39.3±4.2	2.69±0.25	0.99
14	光照	−16.3±0.2	43.1±4.4	3.20±0.46	1.20
14	黑暗	−7.2±0.2	37.8±0.5	2.39±0.02	0.92

* 每克鲜物质中的毫克数,3次重复的平均值±标准差。

当植株在1℃和光照条件下抗寒锻炼之前去叶,如在黑暗中抗寒锻炼的植株一样(表3),其抗

寒能力和亚麻酸的积累急剧下降(表4)。但在去除叶片的植株中的总脂肪酸含量减低的速度,比在缺乏光照的植株中更快。

表4 去叶对冬小麦的抗寒性(LT_{50})、根和根颈中的亚麻酸、总脂肪酸含量以及对亚麻酸与油亚酸比值的影响

1℃的天数	1℃的处理	LT_{50}(℃)	亚麻酸占总脂肪酸的%	总脂肪酸*	18∶3/18∶2
0		−3.4±0.4	33.1±0.3	1.63±0.08	0.75
7	有叶	−11.6±0.2	51.5±0.3	1.65±0.10	1.11
7	无叶	−6.4±0.2	37.3±0.5	1.33±0.07	0.89
14	有叶	−15.4±0.2	46.0±0.9	1.79±0.13	1.38
14	无叶	−6.9±0.2	36.6±0.8	1.31±0.04	0.87

*每克鲜物质中的毫克数,5次重复的平均值±标准差。

2.3 光照和叶片对保持锻炼后抗性的影响

在光照中经4周抗寒锻炼的植株继后保持在1℃气温的黑暗中,继续用同样的方式进行两周抗寒锻炼,它们的抗寒性低于保持在光照下的植株(表5)。但此后,其抗寒能力,在黑暗中同光照一样略微有所降低;亚麻酸与亚油酸的比值在28 d和42 d之间无显著变化;LT_{50}的温度降低5℃多;总脂肪酸的含量在黑暗中稍有减少,而在光照下则有增加。抗寒锻炼3周后去叶保持抗寒锻炼的植株,对其抗寒能力、总脂肪酸含量、亚麻酸含量和亚麻酸与亚油酸的比值(表6)影响很小。在同一试验中,去叶前经过4周锻炼的植株在去叶后2周内,它们的亚麻酸与亚油酸比值和抗寒能力仍继续增加。

表5 在光照下经4周抗寒锻炼后于1℃黑暗中对冬小麦的抗寒性(LT_{50})、根和根颈中亚麻酸、总脂肪酸含量以及对亚麻酸与亚油酸比值的影响

1℃的天数	抗寒锻练的处理	LT_{50}(℃)	亚麻酸占总脂肪酸的%	总脂肪酸*	18∶3/18∶2
0		3.2±0.8	32.2±1.0	2.81±0.09	0.72
28		−14.9±0.2	46.0±0.7	3.70±0.28	1.51
42	光照	−22.5±0.4	45.5±0.8	3.73±0.32	1.3
42	黑暗	−20.5±1.0	46.2±3.1	3.50±0.20	1.52
58	光照	−21.5±0.4	44.8±0.8	4.11±0.17	1.63
58	黑暗	−19.2±0.1	46.3±1.8	3.55±0.27	1.56

*每克鲜物质中的毫克数,5次重复的平均值±标准差。

表6 光照条件下抗寒锻炼4周后于1℃情况下去叶对冬小麦的抗寒性(LT_{50})、根和根颈的亚麻酸、总脂肪酸含量以及对亚麻酸与亚油酸比值的影响

1℃的天数	抗寒锻炼的处理	LT_{50}(℃)	亚麻酸占总脂肪酸的%	总脂肪酸*	18∶3/18∶2
0		−4.6±0.2	32.3±0.5	1.63±0.09	0.72
28		−17.9±0.3	45.7±0.4	1.83±0.13	1.4
42	有叶	−18.0±0.2	46.8±1.0	1.91±0.11	1.52
42	无叶	−17.4±0.1	45.8±1.0	1.80±0.06	1.42
58	有叶	−17.9±0.2	48.5±1.2	1.99±0.12	1.64
58	无叶	−16.9±0.2	45.7±0.6	1.81±0.11	1.38

*每克鲜物质的毫克数,5个重复平均值±标准差。

2.4 BASF 13–338 处理在抗寒锻炼过程中的效果

抗寒锻炼 3 周后，用 BASF 13–338 处理的植株与对照株比较，发现前者的总脂肪酸百分率、亚麻酸百分率、亚麻酸与亚油酸的比值以及抗寒能力都迅速降低（表 7）。

表 7 在光照下经 3 周抗寒锻炼后 BASF 13–338 处理对冬小麦的抗寒（LT_{50}）、根和根颈中的亚麻酸、总脂肪酸以及对亚麻酸与亚油酸比值的影响

1℃的天数	抗寒锻炼的处理	LT_{50}(℃)	亚麻酸占总脂肪酸的%	总脂肪酸*	18：3/18：2
0	未抗寒锻炼	−4.4±1.0	31.5±1.8	1.57±0.17	0.70
21	抗寒锻炼	−19.6±0.2	46.4±1.2	1.94±0.12	1.45
23	对照	−19.3±0.2	46.8±1.2	1.89±0.12	1.47
23	处理	−17.5±0.2	47.5±1.4	1.80±0.09	1.48
28	对照	−18.±0.3	44.8±1.2	1.60±0.12	1.38
28	处理	−14.5±1.0	43.2±0.6	1.61±0.10	1.25
35	对照	−24.5±1.0	45.6±0.6	2.04±0.06	1.56
35	处理	−13.6±0.2	37.2±5.9	1.59±0.14	1.03
42	对照	−21.9±0.3	49.3±0.7	2.24±0.08	1.87
42	处理	−12.7±0.2	39.3±0.3	1.64±0.10	1.07

* 每克鲜物质中的毫克数，5 次重复的平均值±标准差。用 BASF13–338 处理的植株的天数。

2.5 光周期和早衰对抗寒锻炼的影响

本试验的植株是在 0、8、16、24 h 光周期中进行抗寒锻炼的。在置于黑暗中抗寒锻炼前，生长在气温 20℃，经过 48 h 的黑暗中的一组植株已经早衰。植株在黑暗中进行局部抗寒锻炼，其抗寒能力由于早衰而急剧降低（表 8）。因此，在黑暗中抗寒锻炼不可能延续到第二周，在其他同样试验中，早衰植株的 LT_{50} 温度只达到 5.6℃。

表 8 光周期和早衰对冬小麦抗寒力（LT_{50}）的影响

光周期(h)	1℃的天数		
	0	7	14
0～PE*	−3.5±0.5	−8.3±0.3	−8.8±0.2
1～0	−4.4±0.5	−11.7±0.2	−12.5±0.3
2～8		−18.2±0.5	−19.2±0.3
3～16		−19.8±0.4	−23.3±0.5
4～24		−19.6±0.2	−22.7±0.4

* 在 1℃抗寒锻炼前，于 20℃经过 48 h 黑暗中生长的早衰。

3 讨论

本文结果表明，低温有利于冬小麦的抗寒性，同时导致根和根颈中亚麻酸的积累，也确证光照是抗寒锻炼必需的条件（表 3、表 4、表 8）。在寒冷情况下，光照是使亚麻酸积累的主要因素之一（表 3、表 4）。冬小麦的抗寒性和亚麻酸积累之间不存在因果关系。事实上，在不降低温度和亚麻

酸积累情况下，干旱能促进抗寒能力。哒嗪酮同系物能降低在低温萌发的冬小麦的亚麻酸含量而不妨碍它的抗寒性。当植株在光照条件下进行抗寒锻炼后保持在黑暗中时，植株的抗寒能力（LT_{50}）显著降低，而它们的亚麻酸含量不变（表5）。冬小麦的抗寒性和亚麻酸水平之间似乎存在着间接的关系。这种关系产生于光照和低温的共同依赖性。

在抗寒性锻炼和亚麻酸积累过程中光照的作用似乎主要是产生碳水化合物和贮藏能量。如果植株缺乏 CO_2，在光照和低温下抗寒能力不能形成。在黑暗和低温中萌发的冬小麦依靠胚乳中的贮藏物质进行抗寒锻炼。如果把根浸在蔗糖浓溶液内，在黑暗中植株进行抗寒锻炼。由于早衰，促使贮藏物质的消耗，从而降低了在黑暗中获得的部分抗寒力（表8）。

一旦植株有了抗寒性，在抗寒锻炼开始时，光照似乎仍是主要因素。贮藏物质的积累在抗寒锻炼条件下比在生长条件下多而强。在低温和气候驯化关系改变后，这些贮藏的物质的利用较多。因此，在这两种情况下的黑暗中（表3、表4），贮藏物质很快耗尽，但在抗寒锻炼4周后变慢（表5、表6），然而在20℃的黑暗中解除抗寒锻炼（表2）并不比光照中快（表1），这点证明了Pomeroy等（1975）的观察结果。

在光照中锻炼后再用 BASF 13-338 处理的植株，它们的亚麻酸含量和抗寒性比锻炼后缺乏光照或去叶处理的植株降低更快（表5、表6）。这种化合物主要由于抑制了光合作用从而阻止了抗寒锻炼，同时似乎也干扰了其他代谢作用。然而，同样的哒嗪酮同系物并不影响在1℃黑暗中萌发的冬小麦的抗寒锻炼。

总之，在冬小麦中观察到的亚麻酸积累和抗寒力之间的关系似乎是间接的。

本文译自〔加〕*Canadian Journal of Plant Science*, 1980, 60(2): 349-354（法文）。

应用酶学法选择抗寒小麦品种*

利用预先结合到细胞膜上的酸性磷酸酯酶溶解能力的动态测定来估计结冰对植物细胞引起的损害。这些酶是核化学作用与细胞膜结合的蛋白质。酶和一部分内酯的结合与加进TritonX-100的促使体外酶的激活作用和增溶作用一样,在同一条件下,都受到12(烷)基磷酸钠的抑制。这就表明:这种酶是同细胞膜结合的内在的亲水脂分子的蛋白质。这些蛋白质的分子主要是由氢和疏水的相互作用的联络而与膜的变性组织结合的。这些酸性磷酸酯酶同另一些膜的分子结合取决于其大分子的理化性质,而这些大分子的结构是由存在于细胞核中的遗传密码直接决定的。膜抗结冰的胁迫而引起膜变性的能力,首先取决于遗传密码规定的分子的变性结构。因此,根据酸性磷酸酯酶的方法动态地测定膜的变性率,将是抗寒植物遗传能力的指标。

1 材料与方法

将普通小麦品种 Kbarkov 和 Champlein 秋播,采用以前介绍过的植物生长剂,游离酸性磷酸酯酶的剂量和组织化学的定位方法,并在醋酸钠缓冲剂中加进 0.005% 的 Triton X-100 以促进酶的溶解。

为使植物在田间生长,每周播种一次,粒播,粒距 2 cm,行距 15 cm,每品种 6 行,品种间交替种植,行长 7 m。生长两周后,取每品种中央 4 行的植株作室内分析。

根据选择计划确定酶促的剂量,在同一温度、湿度、光照和营养条件下,使种子萌发和幼苗生长。萌发后一周或两周,在 10 个植株的根或根颈处取 0.5 cm 长度的一段,将这 10 段根或根颈放进容量 50 ml 的细颈三角瓶中,然后把三角瓶放入冰箱,以每小时降低 0.5℃ 的速率连续下降到 -8℃ 或 -3℃。这时,每个品种取出 5~10 个三角瓶,在室温下解冻,作观察用。从冰箱中取出三角瓶,15 min 后,加进含有 0.2 mol 的氯化钠和 0.005% Triton X-100 的 pH 5.5,0.2 mol 醋酸钠缓冲剂 30 ml,尔后在室温下摇动 30 min,用纱布过滤,搜集纱布上的根段,称其鲜重和干重。然后从三角瓶中抽出双份 2 ml 过滤液加进 0.03 mol 的对硝基苯磷酸酯,在 25℃ 下温浴 15 min,后用 2 ml 的 0.1 当量的氢氧化钠阻止其反应,并读出达 400 μm 的光密度。用对硝基苯酚找出磷当量的微摩尔以确定标准曲线。每个品种另外取 5~10 个三角瓶在冰箱中冷却到 -5℃ 或 -7℃ 并重复以前的程序。酶促的活性用每毫克鲜重或干重的单位(每分钟培育的微摩尔等电点,Pi)表示。膜的变性率是用冷冻试验过程中,每摄氏度释放的酶促活性来表示。

---

* 本文原载《国外农学——麦类作物》1984(4):8-10;原作者:R.Boldue;译者:苏祖芳;校者:李尧权。

2 结果与讨论

磷酸酯酶沉淀的出现表明了酸性磷酸酯酸与质膜、液泡膜结合的强烈活性(图1a)。酶在质膜的内外层同时定位显示出这个酶固有的膜的结构(图1b)。每单位鲜物重释放出的酶促单位量与不同的结冰温度的函数表明，不进行抗寒锻炼的Champlein品种在-3℃和-5℃之间(图2a)和进行抗寒锻炼的ChamPlein品种在-5℃和-9℃之间(图2a)产生的指数变性率呈S型曲线。根据摄氏温度的绝对值的倒数与这些酶促单位的对数值呈函数的投影图，表明它们之间具有一个最大斜率的线性区段($Z_1 \sim Z_2$)，在这个区段是指数函数的膜的变性是不可逆的(图2b和3b)。事实上，在这个区段中说明了不可弥补的损害和引起植株的死亡。我们通过温室的生长试验也证实了这一点。

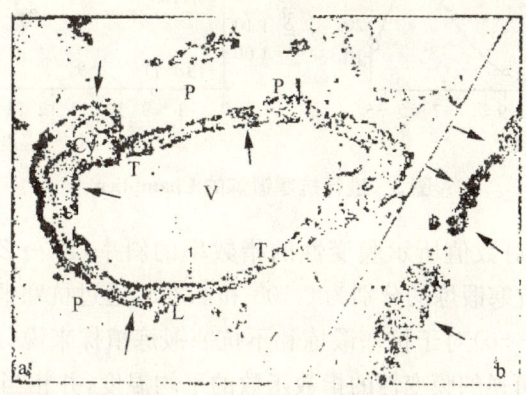

图1(a)电子显微照相说明普通小麦根颈的细胞壁(PL)和细胞间隙(C)上酸性磷酸酯酶的活性(→)水平。同样的活性也位于液胞膜(T)、细胞质(Cy)、波胞(V)上(放大2.2万倍).
(b) 酸性磷酸酯酶的活性(→)同时显示在膜的内外层上(放大5.5万倍)。

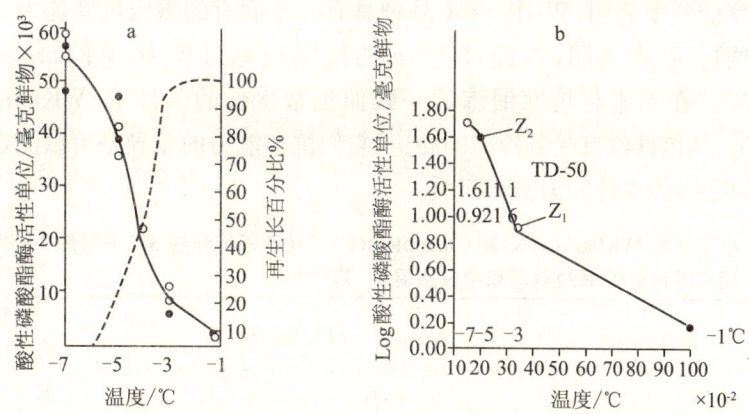

图2(a) 每毫克鲜物在结冰处理的不同温度下的酸性磷酸酯酶的溶解度(以单位表示)的动态测定(——)和在温室内的再生百分欧(……)。品种Champlein，未进行抗寒锻炼。
(b) 酶促单位(2a)的对数值与温度(℃)的绝对值倒数的函数。Z_1和Z_2点划定了线性的指数区段，该区段内的损害是不可逆的，指数函数直线区段的中位点指明不可逆的膜变性的平均温度(TD-50)。

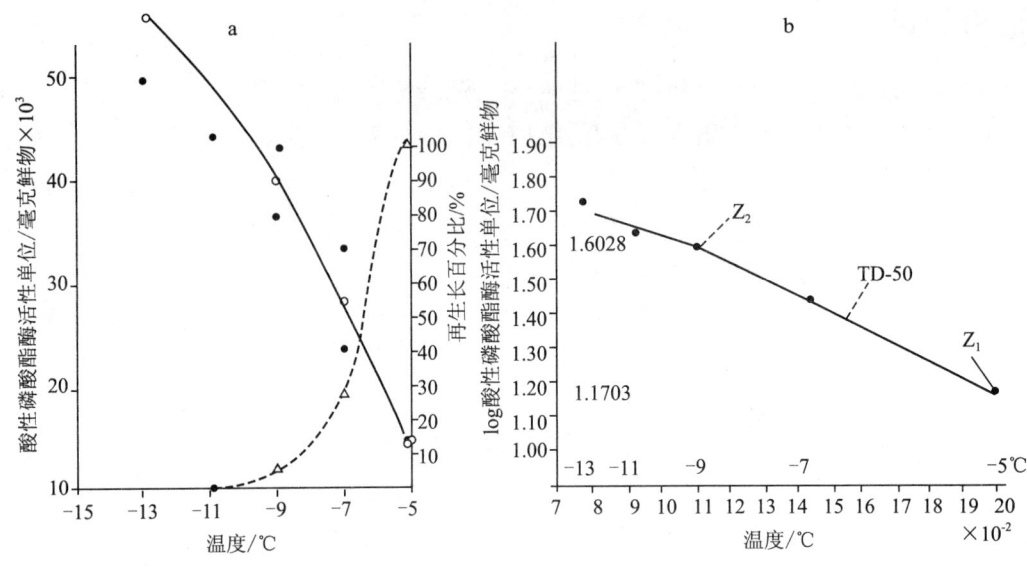

图3 进行抗寒锻炼的 Champlien

由每单位摄氏温度的对数值所示膜变性的指数率的斜率($Z_1 \to Z_2$)表明,进行抗寒锻炼的 Champlein 品种和不进行抗寒锻炼的分别为0.108和0.345,通过抗寒锻炼使斜率减少2/3。这个指数函数区段中位点(TD-50)对于抗寒锻炼和不抗寒锻炼植株来说分别为—6.4℃、—3.7C。所以这里的 TD-50 表示不可逆的膜变性的指数函数的平均温度,并相当于这种指数函数变性的弯曲点。这个方法用于另一个品种 Kharkov 后表明,抗寒锻炼和不抗寒锻炼植株的 TD-50 为—10.7℃和—3.7℃,其各自的斜率分别为0.059和0.246(表1)。这就是说,在相同的抗寒锻炼条件下,WKharkov 的膜变性率的斜率比 Champlein 的减少2倍。在两种不同的生长条件下,测定的膜变性指数函数率的斜率表明,WKllarkov 品种具有一个固有的杰出抗寒能力,而 Champlein 品种的抗寒能力较弱。事实表明,在经过12 d 的抗寒锻炼过程中,WKharkov 的 TD-50 比 Champlein 低4.3℃。在不进行抗寒锻炼的一致而正常生长的条件下,WKharkov 的斜率低于 Champlein 约1/3。如植株没有受到冷冻的胁迫,它们抗寒能力的差异是可以测定的,并且也表现出与各个品种适应寒冷的遗传能力密切相关。

表1 小麦品种 WKharkov(K)和 Champlein(C)不抗锻炼和在3℃下锻炼2 d 的细胞指数函数变性率的斜率和中位点温度(TD-50)

处 理	斜率(log10×*)		TD-50(℃)		指数函数变性的区段 Z_1Z_2:(℃)	
	K	C	K	C	K	C
未抗寒锻炼	0.246	0.345	—3.7	—3.7	3～5	8～5
抗寒锻炼	0.059	0.108	—10.7	—6.4	9～13	5～9

* 可溶性酸性磷酸酯酶的单位(鲜重/毫克)。

田间植株在7月份生长2周以后,WKharkov 表现出的不可逆膜变性的指数函数区段在—3℃～—9℃,它的斜率相当于0.102(图4),这个微小的斜率值反映出植株受到某些轻微的胁迫。如太阳辐射、表土干湿的变化以及病虫害等。根据平均酶活性测定的膜变性指数函数的斜率表明，在田间相同条件下，两个品种之间的显著差异达1‰的阈值（表2），用这个标准对植株适应冰冻的能力的函数来选择品种，将是极为灵敏的方法。这个方法便于我们在同一物种中发现两品种间适应性的差异，只要在正常条件下萌发1或2周后，不用特别的生长室就可进行抗寒锻炼。用此法后在每个世代可节省3~5周生长时间。此外，其结冰试验的温度最低也不超过-7℃。这是节约能量和不需特殊设备的好方法。

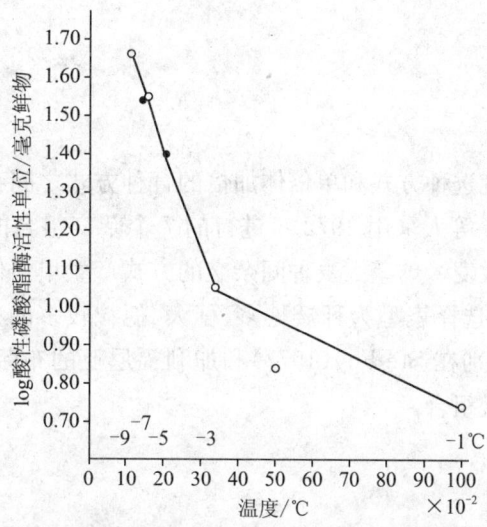

图4 在7月田间生长的Kharkov每毫克鲜重的酸性磷酸酯酶活性单位的对数值与摄氏温度绝对值的倒数的函数关系

表2 在冰冻试验中，不同结冰温度下可溶性酶数量的方差和差异显著值（7月份隔周取样）

品种	结冰温度/℃	酸性磷酸酯酶单位*	平均酶促活性**	K-C的方差	K-C方差比***
K	-3	10.68	试验1	0.386	5.3****
	-5	22.25	K=5.79		
C	-3	9.02	C=8.99		
	-5	27.00			
K	-3	14.37	试验2	0.352	3.5****
	-7	53.76	K=9.85		
C	-3	17.67	C=16.51		
	-7	83.7			

* 可溶性酸性磷酸酯酶（单位/毫克鲜重），6个观察值平均。 **（T2活性-T1活性）/ΔT。 ***（K-C）/（K-C）方差；K=品种Kharkov，C=品种Champlein。 **** 显著水准0.01。

本文译自（加）*Canadian Journal of Pant Science*，1980，60(4)：1303-1308（法文）

大麦系统选育后代和单倍体加倍后代之间的比较

遗传理论研究表明,系统选种方式和单倍体加倍的育种方式之间存在差异。法国拉瓦尔大学植物学系的 Pierre Turecotte 等人采用 1972 年进行的 7 个杂交组合的后代进行了本试验。一方面系统继续选育,一方面用大麦×球茎大麦种间杂交的方式产生单倍体加倍的后代。系统选育的初次选择是从 F2 开始,主要选择表型为秆矮穗多、穗大、穗粒较多的单株。F6 代进行产量试验。两种选择方法的对比试验分别在 Ste-Foy(1977)和加利福尼亚的布劳利(1978)进行,后代分为 6 组,每组有一对或好几对杂交组合。

结 果

(1) 除 Minnesota 64—84×Loyoila 组合的系统选育和单倍体的后代具有同样产量外,其余观察性状在二者后代之间的差异是存在的。对于产量组成,两种生态之间的相互作用有所提高,而对于株高、抗性、成熟期,几乎相互没有影响。

(2) 遗传型间的差异可能是由于产生后代的选择方法不同而异。简单对比可确定产生纯合子后代的两种方法之间的差异,但这些差异在各农艺性状之间表现不一。

(3) 从杂交后代两个种作之间的差异来看,在 Champlain×loyola 和 Q.B.58.22×loyola 两组合中未发现系统选育和单倍加倍后代之间的差异;有时这两种方法选育的后代的全部性状在 loyola×C.I.1.284 和 loyola×C.I.01242 两组合中表现有差异;Minnesota 64—84×loyola 组合中,此两种方法选育的后代,除产量外,对所有性状起到不同的影响。

(4) 杂交纯合子后代产生的方法之间的相互作用有下列几种:① 两个亲本的杂交组合(Q.B.58.22×loyola 和 Champain×loyola)之间的变异很小,不可能对一种或另一种带来任何优势;② 远亲之间的杂交(Loyola×C.I.10284)在两种方法所产生的后代之间有巨大差异;③ 中间类型的杂交(Minnesota 64—84×loyola)在纯合子后代的两种类型的某些"生长"没有明显差异。因此,两个以上亲本是遗传学的差异,而选择方法的优势较弱。这种关系似乎是由于非等位基因的相互作用,因而 Fegt 等(1976)认为,由于位点之间的相互影响,在单倍体植株上获得优势遗传型的可能性较大,如通过选择,有可能逐渐达到频率的同等遗传型。

(5) 单倍体加倍后代最主要的一个有利性状是抗倒性,麦秆较长,可是系统选育方法表现成熟期延长。此两种选育方法不能用产量和千粒重来评定。以前的遗传学研究表明,植株高的比矮的

---

* 本文原载《国外农学——麦类作物》,1984(6):23;译者:苏祖芳,校对:李尧权。

占优势,至于抗倒性,Lefnlard 等(1963)确认,矮秆性状占优势。Nilan(1964)确认,抗性在某些杂交组合中是显性,而在另一杂交组合中是隐性。

(6) 在优良选育能力上,在一种情况下单倍体加倍单株产生了较多的优势遗传型(占 7 倍的优势);在 4 种情况下,在后代组合之一出现了劣势基因型。两种方法同样都有重复出现,单倍体加倍后代表现秆矮、抗性强、成熟迟。

(7) 优势或劣势的遗传型在研究的这两种选育方法中,其平均值之间有差异。在这 17 个有差异的平均数中,7 个是优势遗传型的结合,4 个是劣势遗传型的结合。应用统计方法也得到同样的结论。

(8) 系统后代平均数的表现型的变异性几乎总是比单倍体加倍的后代占优势。可以预料,劣势单倍体后代的一小部分会被淘汰,因此,单倍体加倍的方法在大麦上产生多样的农艺纯合子性状同系统选育一样重要。

本文译自 *Canadian Journal of Plant Science*,1980,60(1)

地中海气候条件下二化螟绒茧蜂的越冬
（摘要）*

来源于日本的二化螟绒茧蜂（*Apanteless chilonis* Mun.）仅寄生水稻害虫二化螟（Chilo-suppressaus Walker）的幼虫。二化螟主要分布在热带和亚热带地区，但在日本群岛向北至北纬43°的地方也有发生，甚至在前苏联北纬47°或48°附近也发现此虫。Dufay 于1970年在靠近北纬44°的法国水稻地区发现了有这种害虫的存在。

寄主二化螟的天敌昆虫种类很多，根据 Yasumatsu（1967）的统计，寄生二化螟的天敌昆虫超过36种，而二化螟绒茧蜂是其中活跃的寄生性昆虫之一。

对二化螟绒茧蜂影响较大的气候因素有两个：一是夏天干燥而强劲的风，二是冬季漫长的严寒。夏天可以在无风的稻田里对寄生蜂进行研究。而越冬问题则有必要进行深入的探讨。

1 材料与方法

1.1 二化螟绒茧蜂的饲养

二化螟绒茧蜂被盛放在圆锥形的塑料容器内，在容器的上面安装一个仅供寄生蜂进出的铁丝网阀门，但可限制寄主幼虫的进出。在这个阀门内插入一个高 60~80 mm 用同样材料制成的圆柱体，再在圆柱体里插入一个透明的小薄纸板，将二化螟的幼虫引入圆柱体的上部。圆柱体可上下调换方向，并可以将寄生蜂从这个容器移到另一个容器内。寄生蜂的食料是浸过水的棉花团和加有蜜糖的琼脂片。

操作开始，将 500~1 000 头雌雄寄生蜂放入下面的容器内，寄主放在上面的圆柱体内，并用黑布包裹下面的容器使之黑暗，而上面的圆柱体则透明。寄生蜂趋光而进入圆柱体。寄生蜂集中到上面一个容器内对寄主幼虫进行寄生后，经 4~6 h；多数寄生蜂从这个容器内被移到另一个容器内。

随后，将被寄生的二化螟幼虫每组 30~40 头，放置在一个气体能流通的圆柱体底部。在25℃下，每天以 16 h 的光周期来诱导，约经 10 d 幼虫得到发育。离开寄主的二化螟绒茧蜂幼虫在潮湿和食料丰富的条件下化蛹，蛹期 7 d 左右。

1.2 实验室试验

为了避免由于饲料可能引起寄主幼虫抗性的变化而干扰试验的结果，秋天在稻田内采集被寄生的寄主幼虫。为了获得发育较早的寄生蜂，可根据组数多少在25℃下分别滞留1、5、7和10 d。解

---

* 本文原载《生物防治》1982(5)：100-102；原作者：P.F.Galiche；译者：苏祖芳，校者：杨联民。

剖虫体观察所属卵或幼虫的龄期。每组处理置于 15～25℃的中间温度下经 24 h，以后，在 30 d 中分别移放于 2℃、5℃、10℃、15℃ 4 种温度中。解剖每个死亡的二化螟幼虫，记录寄生蜂的数目和龄期。

1.3 室外试验

1975—1977 年 10—11 月在稻田内采集二化螟的滞育幼虫，部分幼虫在实验室内被饲养的二化螟绒茧蜂雌虫所寄生。接着，将这些幼虫放置隐蔽处以防止气温反常和阳光直射，外界环境温度仍有轻微的变化，但影响不大。人工食料可使幼虫获得营养。并在同一条件下对未寄生的幼虫进行观察作为对照，除了 1975 年放置的时间较迟以外，这些寄生过的幼虫直接置于冬眠条件中。被寄生幼虫在 21℃下保存 3 d 可诱导二化螟绒茧蜂卵的发育。以后每周两次检查二化螟的死亡幼虫数，并进行解剖，计算二化螟绒茧蜂的数量和龄期。

2 结果

2.1 室内试验

经寄生蜂产卵后的寄主幼虫置于 5℃ 或 10℃ 条件下 24 h，也就是说这些寄生蜂卵的胚胎生活过程中，没有一个个体能完成其发育。但在寄主的解剖中证明在另一些情况下，卵能孵化，并在寄主最大龄期后可以发现死亡的二化螟绒茧蜂幼虫。

一龄的幼虫在 2℃、5℃ 和 10℃ 温度下的死亡率相同，为 60%～70%。当温度回升到 25℃ 时与茧形成之间的历期也是相似的；分别为 7.6、7.3 和 7.9 d。因此 3 种温度中的任何一种温度或多或少都能影响寄生蜂的整个发育。同时可引起 2/3 的实际死亡数。

二龄的幼虫在 5℃ 的低温下，死亡率仅为 44%，在这种情况下，低温过后茧形成的时间约为 5.5 d。在 10℃ 的气温下，幼虫的死亡率提高，只形成较少数量的茧，约为 32 个，平均每个寄主仅形成一个。温度回升到 25℃ 后，茧的形成很快地由 5 d 缩短到 4.3 d。因而寄生蜂的发育能在这个温度中继续缓慢地进行。在 15℃ 气温下发育达到形成茧的数量提高到 146 个，平均每个寄主形成 5 个。在此温度下形成的蛹不能继续发育，没有 1 头成虫从茧中出来。

温度在 10℃ 时，最大龄期的幼虫死亡率提高到 98%。而温度在 5℃ 和 15℃ 时死亡率分别下降到 77% 和 73%。温度在 5℃ 时不能形成茧，但在 2.8 d 后当温度回升到 25℃ 时，仍可形成茧；另外有半数以上的茧不能羽化。温度为 10℃ 时，3 龄期幼虫只能形成 9 个茧。温度为 15℃ 时，最理想可形成 147 个茧，但在两种情况下，虽然这些幼虫能结正常茧，而不能羽化为成虫。

2.2 室外试验

冬眠对照组中二化螟的死亡率 24%～42%，二化螟绒茧蜂的死亡率变化在 90%～100%，特别影响死亡率的时期为蛹期。数年中，内寄生期的死亡率每年都高。11 月份产的卵尤为脆弱，而 10 月份产的卵处在抗寒季节中最好条件时寄生的。

冬天能影响死亡率，在冬眠结束时的 3—4 月份易于死亡。在已寄生的 28 头二化螟幼虫中，137 头二化螟绒茧蜂离开了寄主，而有 229 头死在寄主体内。内寄生生活时期后的死亡率是由于寄生蜂离开了寄主，和气温不够而引起的。

10 月份始对寄生过的寄主进行一系列的解剖表明，在 11 月中旬可以发现一龄期的二化螟绒茧蜂幼虫。一龄幼虫一直观察到 2 月中旬约 3 个月最冷的时期。二龄期幼虫约在 3 月和 4 月中旬出现,而三龄期幼虫 5 月底出现。

由于同一卵在寄主内的个体发育不是同期的,经常发现 2 龄和 3 龄幼虫的差异。

如果在秋天(11 月)产卵太迟,没有 1 头寄生蜂能完成其生活周期。冬天对活的寄主或尸体进行解剖发现,有时寄生蜂开始就未发育,卵一直未能孵化。

3　讨论

实验室内试验表明:寄生峰在 2～15℃经 30 d 引起的死亡率逐步升高。虫龄小的幼虫忍受 5℃低温的能力要比虫龄大的幼虫大。温度在 10～15℃时,一小部分幼虫化成蛹,但大部分茧畸形,蛹不能羽化。

在实验室条件下,冬天进行检查可以确定寄生蜂滞育的结构变化。首先,在一龄期幼虫和孵化期寄生蜂发育缓慢,二者之间可以延长好几个星期。有时卵的抗寒性可超出限度,每年可在最寒冷的季节以前影响幼虫的孵化,寄生蜂一龄幼虫可保持到 2 月中旬,紧接着,二龄期和三龄期的幼虫很快就出现。如果此时幼虫对热量的要求得不到满足,则发育的时间就延长或突然死亡,在法国早春出现的临界温度往往不足,每年可引起寄生蜂大量死亡。

这些发育特点导致大部分越冬寄生蜂幼虫在 4—5 月份化为成虫。在此时,二化螟幼虫群体中有一小部分仍未发育,寄生蜂将产卵寄生于其体内。

在实验室内二化螟绒茧蜂可以在芦苇上的 *Chilo Phragmitellus* HuB、玉米上的玉米螟、各种野生植物上的西北大螟 *Sesamia nongrioides Lefb*.及禾本科水稻的夜蛾上产卵,但仅能在 *Chilo phragmitellus* 上发育。

本文摘译自法国 *Entomophaga*,1979,2(24)

辐射对无性繁殖植物的作用*

1 体细胞突变在无性繁殖植物改良中有着重要作用

列举两例说明：一是苹果树，二是玫瑰树。在143个美洲苹果品种中的25%来自胚芽突变和1 440个玫瑰品种与茶的杂种中有35%来自孢子体。这些数字说明了由人工诱变引起的体细胞突变所带来的好处。

Stadlor是阐明X射线引起诱变因素作用的创始人之一。1930年前，他用X射线源处理果树的芽。此后，除硬、软X射线外，研究者们已使用^{32}P和^{35}S的β射线、^{60}Co γ射线和热中子作为诱变源；后者与γ射线慢性照射和连续照射的辐射效果一样好。

处理方法尽管多样，但都有效，处理效果主要决定于研究目的和应用的方法。辐射处理的材料可以用正处于减数分裂期的花芽，也可以用春天嫁接时休眠的树枝、接芽，生根前后的插条、块根，直生苗、割下植株的枝条顶端和整个枝条。在某些方面有性途径改良植物变得更加复杂。相反，无性繁殖植物的异质状态是明显有利于突变发生的。但是，隐性基因的变化，在一个特殊或正常二倍体状态的杂合公式中是容易定位的。然而，无性繁殖的很多植物有属于异源多倍体范围内的复杂染色体结构。

一个机体的所有细胞都有突变的可能性，但突变的方式取决于各种因素。第一，细胞必须正在有丝分裂期，同时又具有和正常细胞竞争的能力。这是基因突变和某些染色体突变的一种情况，如果这些条件不具备，在正常细胞中的突变细胞群体不能产生一个孢子体。第二，突变应发生在能表现突变性状的细胞层中，即在表皮层或在研究农艺质量条件的深层中。

初步观察表明在一个辐射株上有茎和叶的不正常状态，这些初步效果如叶片变形，主脉分开，对芽或分枝芽、嫩枝和弯曲分枝。这些初步效果并不表示发生突变，但根据Zwintscher的看法，这些初步效果与突变有3种联系。为说明这个现象，他在一个樱桃品种上嫁接了有初步效果的幼芽，得到了8%~10%突变枝，同时他在一个辐射茎上嫁接了几个芽，突变分枝的百分率小于0.7%。

初步效果的质量随着使用的剂量和诱变因素不同而变化。对于同一个剂量单位，用热中子数量高，用X射线中等，用^{32}P较弱。因此，这一数量是由电离密度决定的；这一数量还随着染色体倍数的等级而变化，在500~7 500 γ的X射线处理后，在二倍体和四倍体的苹果树上，分别以60%、

---

* 本文原载《江苏农学院译文集（一）》，1981：82-85；作者：苏祖芳；校对：顾光伟。

20%和4%计数。

在果树品种方面,最早美国和德国进行研究未得到结果,但从1948年以来,不少作者公布了许多肯定的成果。在这些成果中,有英国的Lewis和Williams,瑞典的Gkanhal和Nybom,加拿大的Bishop,德国的Bauer,Zwintzocher和Grober,美国的Hough,Weaver和Olrno。

Bauer的研究主要在黑穗醋栗(Ribes nigrum L.)上进行的,冬眠时,他使用3 000 γ剂量处理无根的插条顶端,生长停止时,在与根相齐处割掉一年生的枝条,而使潜伏芽发育,修剪的一年生枝条用来扦插。这个技术要连续重复几年,就可以分离枝条上的突变体和分析全部辐射芽的突变,结果是惊人的。在343个插条中,他标记为第一年辐射的突变体57个,第二年182个,第三年84个,三年有323个突变。Bauer把分离的突变数和辐射的插条相比较,获得的突变为插条的0.95,这个比率随着品种而变化,Goliath品种是1.19,而Boskoop Giamt品种是0.69。

Bauer把这些突变分成三个类型:大突变占全部的15.7%,微突变达64.3%,余下部分为难以确定的突变占20%。在第一类内,发现惊人的形态变化,条裂叶子。这些形态变化可在Ribes属内区分品种的特征,它们一般是不结果实的。在第二类内,作者集中了使人感兴趣的叶和芽形态多样的突变。第三类内,为各种性状的突变,如抗性增加、重量或花序长度增加、果实味道或形态变化,成熟期的改变等。这些变化是非常可贵的。

在樱桃品种上,Zwintzocher根据每次对枝条基部的芽与有初步效果的芽的系统的嫁接和修剪,分离出大量多样的突变。他使用3 000 γ的剂量辐射时,获得了许多具有农艺价值的突变。这些突变有:树的抗性,叶的形态,开花或成熟时期对病害的敏感性和化学成分,果实颜色和果实形态等。

Lewis研究了樱桃树基因的突变。作者采用了筛选的方法。为在几百万已处理的花粉粒中选择已突变的几个花粉粒,只需用同一品种未处理的胚珠或用一个不相融的品种未处理的胚珠和处理的花粉系统杂交就已足够了。

在这个技术基础上,Lewis提出:① 最有效的X射线剂量在500~1 000 γ;② 处理最有利时间是减数分裂前期,因为经过这一时期,基因的复制过程已经停止;③ 处理后温度提高到24℃左右,保持1 h可产生最好的效果。

对已辐射的花粉粒进行自然杂交,Lewis获得了363个果实,占受孕花粉的1.4%,这个百分率尽管很小,但已超过了在实验中观察到的正常百分率的10倍,上述的42个樱桃中有10株部分不孕和4株完全不孕,实验标志着基因突变出现了自花授粉植物选种的新的可能性。

Hough和Weaver在梨树上进行了研究工作,这些研究是在Brookhaven的伽玛室内进行的,辐射持续时间在8~20个月,每天的剂量是根据源的距离从几十个伦琴(R)(10~20)到几百个伦琴(200~300)变化分级进行。在这个剂量的范围内,作者可以分离出几个突变。在Fairhaven品种上,他标记早熟一星期多的3个突变体和迟于21 d的2个突变体,后者为一个硬而有颜色的果肉,这个果肉是Fairhaven品种的果实;在Elberta品种上,Hough标记了2个迟于15 d的突变体;在Brackett品种上,一个枝条结了许多下位核的果实。为解释获得下位核的果实和有色的果肉,作者用隐性基因的变化或用隐性基因的缺失来假设。

在果树上的研究是相同的,应用的剂量是相似的,在X射线方面,可用5 000~7 000 γ;至于中子,BishoP提出的适用通量是15×10^{12}热中子/cm^2,并有伽玛射线约400 γ的剂量。

由 Bishop 处理过的苹果中,重新获得了 Cortland 品种。依靠 X 射线和热中子,在这个品种的果实上自然出现的红色带的数目增加了 10 倍。同时红色带逐渐增宽,在接芽上他获得了只具有全红的果实的一个枝条。Bishop 还发现在 Golden Russel 品种上的红色突变和在 Sandow 品种上少量色泽的突变体。

另一个事实来自德国东部,Grober 辐射了 Transparent Blanche 品种,这一事实使我们确信在 4.8% 的辐射上整个果实是红色或出现部分红色条纹。然而在这个品种中,这一突变从来未引起注意。williams 在苹果树或梨树上发现了果实表皮的外貌和颜色的变化。Olrno 在不结果实的樱桃树上发现了植物形态的变化。

Heiken 在土豆(*Solanum tuberosum*)上做了很多研究,他局部使用约 400 γ 剂量的 X 射线或用最适宜的伽玛射线处理后,作者记述分离出 President 品种的各种突变情况:这些突变的一部分性状为花冠脱落、叶子变形或叶片褪色,这些性状经常出现于自发突变或诱发突变;相反,另外的两种突变体是很少发生的,一是深紫色花的突变体,二是株型矮小的突变体。

在园艺领域内,Jank 发表了鼓舞人心的成果。他的研究在菊花方面。用 1 000~2 000 γ 辐射根芽和事先去头的 3 个品种,花的颜色与玫瑰花的自然变异相似(Das Dream, Vosue, Bertatalbot)。为便于扦插,系统的切割生长发育良好的幼芽,作者得到了一个数量很大的突变带。突变影响叶子的外形、花期和花色。在色泽上显鲜玫瑰色、铜玫瑰色、铜红色、白黄色、乳玫瑰色、黄色、褐色、红色、紫色等,但从未显白色,在法国,Bilquez 宣布了这个品种的同样成果。

2 植物的无性繁殖常被认为同质生殖体

其实,可能是自发突变重新修复的一个嵌体,在产生突变的组织发生层内,开始突变细胞的群体占据一个小的区域,形成了一个周缘区分联合体,接着突变细胞的群体扩展到整个组织发生层,并出现一个稳定的周缘嵌合体。

有时,嵌合体的基因组成是很难表示的,但当异质基因起因于多倍体突变时,用简单公式、结构符号表示细胞的不同层数和图解是可行的,例如,在(2.4.4)的公式中,2 表示表皮层的二倍体状态,4 表示两个深层四倍体状态。

若突变不能用细胞来标记时,也就是说基因突变或染色体突变时,可用两种方法来确定突变的位置和认识联合体的性质。首先研究植株的连续后代,其次在茎或根部出现的不定芽上进行试验,但不是一如种类和品种都适应这个新技术的,甚至在有利条件下,常引起大量死亡,特别在果树上经常发生。

那么辐射一个联合体时会发生什么呢? Sasawa 和 Mehlquiot 使用两个石竹品种为红色品种(William Sin)和白色品种(White Sin)。这两个品种是由自发突变产生的例子。第一个品种是同质基因,第二个品种是表层周缘嵌合体,因第二个品种的后代是第一个品种的同源体。研究石竹遗传的专门作者认为红、白颜色为单基因控制的遗传性状:红色品种符合公式 Yy 和白色品种符合公式 yY。

若用 5 000 γ 处理两个品种的插条,这些用 X 射线辐射的插条区分为两份,一份留下开花,另一份在处理后持续 80 d 内,系统地抽取顶端,用来解剖分析。试验的结果是:全部对照花没有颜色上的变化。红色品种辐射后的插条出现 96% 的红花和 4% 的白花;白色品种辐射后的插条出现了各种类型的花,28%的花像对照,呈白花,58%红花,和14%双色花即红花和白花。对红色品种来说,白花的百分率低可能解释为在 y 内 Y 基因的突变;但对白色品种以回复突变的假设为理由是不可能的。

为了解释以上的结果,作者叙述对顶端解剖的观察,辐射后在第一、二天内未见到生长点的变化,接着形成一个表皮坏死组织,顶端内坏死组织并不断增加,处理 20 d 后,坏死组织停止,坏死的细胞是由下层细胞的生长来排除的。首先细胞由畸形发展和充满腋泡的细胞,接着细胞逐渐进入分裂,从第 40 d 开始,细胞组织重新构成新的顶端。在 7~8 星期后,再区分未受伤的生长点和恢复了的生长点是不可能的了。

这些事实明显看出,对石竹品种,X 射线不像诱变因素起作用,但 X 射线能藏去周缘嵌合体的表面层,因此,X 射线可以在 X 射线嵌合体的深层中发生作用。

假定 X 射线可以表现一个嵌合体的内层的存在的话,它同样可以改变在一个植株上这些层的分布。例如,Charlotte Paratt 的研究是与 Giant Spy 苹果品种有关的。Giant Spy 苹果品种是源于 Worthen Spy 品种的四倍体型(2.2.4.4)的一个嵌合体。在 3 000 γ 的辐射下,作者获得了符合公式 (2.4.4.4.)、(2.2.2.4)和(2.2.2.2)的新的嵌合体的 3 种类型。第一种结构符合靠近表皮的四倍体的一个移位,第二种结构出现相反的现象,至于后面的一个公式,表示一个二倍体类型,这二倍体类型逐渐形成植株生长点的两个表皮层。Charlotte Paratt 并未标明四倍体分枝的存在,但在他的试验中四倍体将必然出现。在石竹和苹果树上获得的成果是很容易推广的。

Assexeva 和 Howakd 提出在土豆上可通过辐射从单层周缘嵌合体变化到二层周缘嵌合体是可能的。其实,一个不遗传给后代的红色表皮层特征孢子体的 Red Ring 品种,用 X 射线处理后分离无性繁殖系,而无性繁殖系是用有性繁殖的方法来遗传红色的。因此,在 Red Ring 品种上带有花青素甙基因的细胞体只在表面层内,而处理后已进入到配子体层内了。

源于 Bart Itte(William)品种突变的 Max Red Bartltte 梨树上,发现了类似的结果。这个品种的特征是有深红色的果实,深红色的出枝和深红色的嫩叶。用 Cornice 和 Max Red Bartltte 杂交产生大约 50% 的花青素甙植株。因此,一般认为这个品种具有红色特征是异质型。用 6 000 γ 剂量的伽玛线辐射结果超过了事先的要求。在处理的同一年与茎叶一般高处出现 30% 以上缺乏花青素外的细胞世系的辐射芽。这一较高的百分率推倒了只有一个隐性基因的假设。至于一些初步效果,如分枝或弯曲和组织的脱落,这一观察到的现象与顶端放射性处理的石竹一致。在 Sagawa 和 Mehlpuist 的假设基础上,可以断定 Max Red Bartlette 品种是一个周缘嵌合体,在节间上产生绿色的巨大芽也证明了这个假设。

在具有绿色茎和叶的整个分枝上,分离了两个特殊的突变体。这两个突变体的茎是红色的,而叶在一种情况下是绿色的,在另一种情况下叶边有花青素甙。这两个突变体用插条能很好地保持。

根据 Charlotte Paratt 的结果,在避免放射性诱发突变的发生的同时会引起原组织层间简单的重新分配。这一事实可以通过两方面来证明,一方面通过伽玛射线诱变后分析这些突变的内部结构,另一方面研究突变的有性繁殖的后代。

在鳞茎植物(郁金香和 Jacinthes)方面,Mol 用 1 200 γ 辐射的 25 个品种中,分离了约 40 个不同突变,同时 Mol 还认为自发突变体是周缘嵌合体以及这些周缘嵌合体通过辐射能重新产生原来的植物。

在无性繁殖植物方面，X射线和伽玛射线的作用是经过了30多年大量的研究取得的。但在这个领域内我们的认识还不完全，还存在着大量未被提出的问题，一部分与结构和顶端的功能有联系的，另一部分在无性繁殖的选择和进化中与嵌合体有关。放射生物学的发展将有助于解决此类问题。

本文摘译自法国《原子科学》，作者：P.Dommezgues。

铝对蚕豆和扁豆吸收矿质营养的影响*

铝是生物圈的重要元素,占土壤成分的 8.2%～8.8%,以不定型的晶状体和可溶性形式存在于土壤中。可溶性铝能被植物吸收,促进植物生长,有时因抑制细胞分裂而阻碍根的生长;同时,在某些离子如钙离子吸收时会产生拮抗现象。通过蚕豆和扁豆,在温室内进行了水培的试验,结果如下。

1 植物的矿质成分

在铝含量较低情况下,蚕豆根中的钾比扁豆根中的钾显著增加,蚕豆幼叶的形态也有变化;而在铝含量较高的情况下,扁豆各个器官中钙的含量降低,而蚕豆则不同,除根外钙的含量均增加;在 5 mg/kg 铝的处理中,扁豆根中镁的含量减少一半,叶片形态也有微小的变化,镁的分布由植株基部向顶点逐渐增长,而在蚕豆上则相反;在 5 mg/kg 铝的处理中,蚕豆中磷的差异是明显的,尤其在根内,根中含量对照组为每克干物质 100 微克当量,处理组为每克干物质 171 微克当量,在扁豆上则相反,其磷的含量在各个器官中都有所降低。

2 铝的分布

铝在蚕豆和扁豆两种植物中都有局部差异,叶中含量每克干物质不超过 15 微克当量,而在老根和老叶中的含量则较多。在 5 mg/kg 铝含量中培养 28 d 的蚕豆吸收量比扁豆大 3 倍。

3 随时间变化阳离子组成的改变

根据 Wacquaut 的观点,钙的饱和能力适合离子交换能力的数值(CECR),因此扁豆具有的 CECR 比蚕豆弱得多,铝的饱和能力也为蚕豆的一半。在单离子交换环境中,蚕豆吸收的铝比扁豆多 3 倍,而在双离子环境中因钙减少对铝的吸收,扁豆减少到总数的 46%,蚕豆则为 30%。对铝的吸收作用,通过试验始末的含量差异来测定。在双离子环境中钙的存在减少了这些元素的释放,这种现象在扁豆上尤为明显。试验还明确嫌钙植物上镁和铝有较强的相互作用,而喜钙植物中铝钾有较强的相互作用。

从蚕豆和扁豆形态变化中研究镁和钾的含量表明铝的干扰是随品种而变化的,钾在蚕豆上和镁在扁豆上一样。钙和磷是根和茎内部的主要元素,这些元素是通过"铝"的处理来改变的,而与

---

* 本文原载《农业科技情报》1982(4):46;译者:苏祖芳。

这些元素的活动和被吸收的量没有直接关系，因此在扁豆上钙的释放比在蚕豆上的多；相反，具有吸铝能力较强的嫌钙植物，在双阳离子环境中保持了根中的含量，而在蚕豆上则恰好相反。因此，由于铝的这种吸收作用的减少，植株不能生长，嫌钙植物钙的吸收减少对植物是无益的。

附 录

(一) 未收入选集的其他研究论文题目

[1] 凌启鸿,蔡建中,苏祖芳.叶龄余数在稻穗分化进程鉴定中的应用价值.中国农业科学,1980(4):1-11.

[2] 凌启鸿,苏祖芳,张洪程,蔡建中,何杰升.水稻品种不同生育类型的叶龄模式.中国农业科学,1983(1):9-18.

[3] 周春和,苏祖芳,王辉斌,张亚洁.水稻生育中期群体叶面积组成与光合生产的研究.扬州大学学报(自然科学版),1999,2(4):47-50.

[4] 凌启鸿,张洪程,苏祖芳.水稻高产群体质量及其优化控制技术探讨.中国农业科学,1986(4):1-11.

[5] 杜永林,苏祖芳.氮肥运筹对水稻抽穗期群体质量的影响.耕作与栽培,1999(2).

[6] 张洪程,苏祖芳.机械水稻高产栽培新论//罗永藩等.水稻叶龄模式应用与发展.南京:江苏科学技术出版社,1992:206-212.

[7] 吴浩芳,凌励,沈新民,张朝显,苏祖芳.杂交稻制种叶龄模式高产栽培技术//罗永藩等.水稻叶龄模式应用与发展.南京:江苏科学技术出版社,1992:241-246.

[8] 张洪程,苏祖芳,戴其根,严宏生,吴志光.麦茬单季稻改善群体质量高产节本技术研究.江苏农学院学报,1989,10(2):1-6.

[9] 李贤君,苏祖芳.淮北杂交中籼稻苗类划分及因苗促控技术.江苏农学院学报,1990(专刊).

[10] 苏祖芳,张勤.水稻叶片维管束与茎秆维管束及穗部性状关系研究.江苏农学院学报,1990(专刊).

[11] 凌启鸿,苏祖芳,张洪程,蔡建中.水稻叶龄模式高产栽培.农村科学,1987(3):7-8.

[12] 苏祖芳,吕贞龙,吴寿英.科枝推广之花结出丰收硕果.农村综合开发,1996(2):38-39.

[13] 孙成明,苏祖芳,许乃霞,周培南.水稻有效分蘖叶龄期的株型特征及其与产量关系初探.江苏农业研究,2000,21(3):10-15.

[14] 孙成明,苏祖芳,张亚洁,沙爱红,桑大志.水稻拔节期株型特征及其与产量关系的研究.扬州大学学报(农业与生命科学版),2002,23(2):46-50.

[15] 杨益花,张亚洁,苏祖芳.施氮量对杂交水稻产量构成因素和干物质积累的影响.天津农学院学报,2005,12(3):29-33.

[16] 朱晓彦,苏祖芳.穗肥不同施用期对水稻产量和米质的影响.中国农学通报,2006,22(8):308-312.

[17] 苏祖芳,顾克礼.麦田套播稻高产高效生态新技术.耕作与栽培,2004(4).

[18] 王学明,季春梅,周培南,苏祖芳,苏家富.扬州丘陵地区干旱对水稻产量的影响及其防御.贵州气象,1998(5);江苏农学院学报,1996(增刊):126-129.

[19] 朱红耕,苏祖芳.山丘区开发利用水资源的措施和途径.中国农村水利水电,1998(1).

[20] 张亚洁,何丽华,沙爱红,高海霞,苏祖芳.广陵香粳不同产量水平的群体数量和质量特征研究.河南科技大学学报(农学版),2003,23(4):1-5.

[21] 许乃霞,苏祖芳,孙成明,张亚洁,沙爱红.抽穗后水稻株型和产量形成关系的研究.扬州大学学报(农业与生命科学版),2002,23(4):56-60.

[22] 王鹤平,徐茂,殷广德,苏祖芳,张亚洁,周培南.水稻旱育秧营养特性及死苗原因分析.耕作与栽培,2000(5).

[23] 苏祖芳.叶蘖同伸壮秧及其培育技术.耕作与栽培,1991(15):56-60.

[24] 张洪程,严宏生,苏祖芳,吴志光.杂交稻高效栽培株型及其塑造农艺研究//杂交水稻国际学术讨论会论文集.北京:学术期刊出版社,1986.

[25] 杨益花,许乃霞,苏祖芳.不同施氮量对水稻品种植株氮素吸收利用的影响.江苏农业科学 2010(2):79-83.

[26] 苏祖芳,张洪程,郭宏文.水稻不同叶龄期施肥对源库关系的影响.江西农业大学学报,1989(专辑):57-62.

[27] 张洪程,戴其根,钟明喜,苏祖芳,吴志光.水稻间歇浅水够苗后硬板湿润的高产节水灌溉技术研究//水稻高产高效理栽培技术及理论.南京:东南大学出版社,1991:98-100.

[28] 张洪程,戴其根,苏祖芳.机栽小苗水稻生育规律及高产途经的研究//水稻高产高效理栽培技术及理论.南京:东南大学出版社,1991:352-360.

[29] 凌启鸿,张洪程,戴其根,丁艳锋,凌励,苏祖芳,徐茂,阙金华,王绍华.水稻精确定量研究.中国农业科学,2005,38(12):2457-2467.

[30] 张亚洁,杨连新,苏祖芳,张学农.江苏里下河地区主要水稻土钾素供应状况的初步分析.土壤通报,1997,25(5):221-223.

[31] 苏祖芳,倪玉峰,张亚洁,杜永林.水稻高产株型指标及其调控技术.耕作与栽培,2002(1):14-15.

[32] 苏祖芳.水稻叶龄模式肥水管理技术.耕作与栽培,1991(3):50-53.

[33] 许乃霞,杨益花,苏祖芳.抽穗后水稻株型和高光效群体形成关系的研究.耕作与栽培,2009(5).

[34] 张亚洁,杨连新,李俊贤,翟超群,苏祖芳,杨建昌.土壤水分对旱稻米质性状及RVA谱特征参数影响.扬州大学学报(农业与生命科学版),2004,25(4):7-11.

[35] 沙爱红,苏祖芳,张亚洁.基蘖肥施氮量对水稻氮素吸收利用和产量的影响.江苏农业科学,2012(11):63-67.

[36] 彭必来,张亚洁,苏祖芳,吴福龙,王辉斌,杜永林,吴长春.司徒实验区主要农田土壤养分的初

步分析和应用.江苏农学院学报,1996(专刊):32-37.

[37] 郑长森,张亚洁,苏祖芳,吴福龙,王辉斌,杜永林,吴长春.水稻高产综合配套技术的开发与推广.江苏农学院学报,1996(专刊):37-42.

[38] 凌启鸿,苏祖芳,张洪程,蔡建中.水稻叶龄模式——水稻高产栽培技术新体系.农业科技通讯,1983(12):1-3.

[39] 苏祖芳,吕贞龙.依靠科技,农业综合开发结硕果.江苏农学院学报,1996(专刊).

[40] 苏祖芳,张洪程,侯康平,郭宏文,李永丰.再生稻的生育特性及其应用.安徽农学院学报,1991(增刊):8-18.

[41] 苏祖芳.水稻高产群体质量理论与技术.耕作与栽培,1996(5):21-25.

[42] 苏祖芳,朱红耕,彭永欣.纳米比亚的农业资源与发展前景.世界农业,1994(3).

[43] 朱红耕,苏祖芳,彭永欣.纳米比亚奥兰治河流域的水资源与农业.世界农业,1994(4).

[44] 苏祖芳,郭宏文,张洪程,李永丰.水稻叶龄进程群体叶面积与产量形成关系及调控途径.江西农学院学报,1990(11)(增刊).

[45] 苏祖芳,冯顺义.杂交水稻基本生育特性的初步研究.江苏农学院科技简报(农学专刊),1978(1):30-37.

[46] 苏祖芳,冯顺义.播期对杂交水稻产量及产量性状的影响.江苏农学院科技简报(农学专刊),1978(1):38-44.

[47] 苏祖芳,冯顺义.杂交水稻肥力适应性研究.江苏农学院科技简报(农学专刊),1978(1):45-55.

[48] 赵文明,黄建晔,吕贞龙,苏祖芳.校地紧密结合,农业科学技术开发结硕果.江苏农业科学,2002(1).

[49] 凌启鸿,苏祖芳.中国科学技术专家随略(农业编作物卷2).1999,北京:中国农业出版社:410-423.

(二) 著作、编导农业科普影视片一览

1. 出版著作

(1) 江苏农学院农学系作物栽培教研室(执笔人:苏祖芳).水稻因苗管理图册.北京:农业出版社,1977,1981(增订本).

(2) 苏祖芳.水稻高产栽培技术.北京:农村读物出版社,1983.

(3) 苏祖芳,沈巨云.水稻看苗诊断.南京:江苏科学技术出版社,1989.

(4) 苏祖芳,张洪程.玉米生理病害及其防治.上海:上海科学技术出版社,1986.

(5) 罗永藩,马继发,苏祖芳.水稻叶龄模式的应用和发展.南京:江苏科学技术出版社,1991.

(6) 凌启鸿,张洪程,苏祖芳,凌励.稻作新理论.北京:科学出版社,1993.

(7) 苏祖芳,黄士俊,吕贞龙.水稻旱育稀植栽培技术.北京:中国农业出版社,1997.

(8) 冯惟珠,苏祖芳,沈建辉,周春和.稻作高产栽培新技术.北京:中国农业出版社,1999.

(9) 张益彬,杜永林,苏祖芳.无公害稻米生产.上海:上海科学技术出版社,2002.

(10) 张海泉,华国怀,苏祖芳.水稻株型栽培理论与技术.南京:东南大学出版社,2004.

(11) 苏祖芳,周纪平,丁海红.稻作诊断.上海:上海科学技术出版社,2007.
(12) 苏祖芳.南方单季稻超高产密码.北京:中国农业出版社,2009.
(13) *凌启鸿.水稻叶龄模式的应用.南京:江苏科学技术出版社,1992.
(14) *杨立炯,崔继林,汤玉庚.江苏稻作科学.南京:江苏科学技术出版社,1989.
(15) *中国农业科学院,国务院农村发展研究中心.农业十项推广技术.北京:学术期刊出版社,1989.
(16) *周立达.江苏吨粮田建设.南京:江苏科学技术出版社,1993.
(17) *凌启鸿.作物群体质量.上海:上海科学技术出版社,2000.
(18) *林冠伦,苏祖芳,姚德生.玉米病虫害及其防治技术.北京:农村读物出版社,1984.
(19) *张洪程.水稻高效高产栽培技术与理论.南京:东南大学出版社,1991.
(20) *凌启鸿.稻麦研究新进展.南京:东南大学出版社,1984.
(21) *凌启鸿.水稻高产群体质量理论与实践.北京:中国农业出版社,1995.

2. 编导农业科教影视片

(1) 水稻因苗管理技术.北京:农业部声像中心、中央电视台农业频道播放,1989.
(2) 水稻两高一优栽培技术.北京:中国农业电视广播学校、中央电视台农业频道播放,1997.
(3) 无公害优质稻米生产.北京:中国农业电视广播学校、中央电视台农业频道播放,2004.
(4) *水稻叶龄模式.北京:中国农业电影制片厂,1986.

(三) 获奖科技成果、发明专利

1. 获奖科技成果

(1) 水稻品种不同生育类型叶龄模式,1985,国家科技进步三等奖,江苏省政府科技进步一等奖,第2完成人
(2) 江苏省水稻高产栽培开发及其应用,1986,江苏省政府科技进步二等奖,主要参加者
(3) 叶龄余数在稻穗分化进程鉴定中的价值,1985,江苏省政府科技进步三等奖,第3完成人
(4) 水稻叶龄模式的推广,1990,江苏省农林厅科技进步二等奖,第2完成人
(5) 水稻叶龄模式开发与推广,1992,国家教委科技进步二等奖,第1完成人
(6) 再生稻的生育特性与栽培技术,1992,江苏农学院科技进步二等奖,第1完成人
(7) 新型耕作栽培技术及其应用研究,1993,江苏省政府科技进步二等奖,国家科技进步二等奖,第9完成人
(8) 水稻高产群体质量指标及调控技术,1995,江苏省政府科技进步二等奖.第3完成人
(9) 稻麦轻型高效栽培技术开发与应用,1996,国家教委科技进步二等奖,第3完成人
(10) 水稻高产群体质量技术转化应用,1998,江苏省政府科技转化一等奖,第3完成人
(11) 稻作新理论,2001,中国高校科学技术二等奖,第3完成人
(12) 水稻高产高效株型指标及其调控技术,2002,江苏省政府科技进步三等奖,第1完成人
(13) 高邮司徒农业资源综合开发实验区二期(1991—1993)建设,1994,获江苏省财政厅、江苏

---

*为参编。

省农业资源开发局农业综合开发二等奖,主要完成人

(14) 高邮司徒农业资源综合开发实验区三期(1994—1996)建设,1997,获江苏省财政厅、江苏省农业资源开发局农业综合开发二等奖,主要完成人

(15) 高邮司徒农业资源综合开发实验区四期(1997—1999)建设,2000,获江苏省财政厅、江苏省农业资源开发局农业综合开发一等奖,主要完成人

2. 发明专利

水稻叶龄模式示算盘,获国家实用新型专利证书,第2完成人,1987,(专利号:第6103号)

(四) 学术专题报告与讲座(附表)

学术报告与专题讲座

年 份	内 容	地 点	邀请单位
1988	水稻不同品种叶龄模式	广水	广水市农业局
1989	水稻叶龄模式与应用	郑州	河南省农业厅作栽站
1989	水稻叶龄模式与应用	凯里	贵州黔东南苗族侗族州农业局
1990	水稻叶龄模式与应用	桂林	桂林市农业局
1991	水稻叶龄模式与发展	南宁	广西壮族自治区农业厅作栽站
1991	水稻叶蘖同伸壮秧培育技术	海安	江苏省农林厅
1991	水稻叶龄模式的应用	合肥	安徽农垦总公司
1992	水稻叶蘖同伸壮秧的培育	扬州	江苏省农林厅
1994	水稻高产途径及其群体培育技术	苏州	苏州农校
1994	水稻壮秧的培育技术	无锡	无锡市农业局
1998	水稻高产途径与技术	扬州	扬州市扶贫协会
2004	无公害优质稻米生产	长沙	农业部全国农业推广总站
2005	无公害优质稻米栽培	无锡	无锡市农委作栽站
2006	水稻叶龄模式诊断技术	常州	常州市新北区农业局